国外高等院校土木建筑类经典教材

结构分析原理

（原第 4 版）

Fundamentals of Structural Analysis

[美] Kenneth M. Leet（肯尼思·M. 利特）
Chia-Ming Uang（汪家铭）
Anne M. Gilbert（安妮·M. 吉尔伯特）　著

董军　张大长　彭洋 等　译

中国水利水电出版社
www.waterpub.com.cn
·北京·

Kenneth M. Leet，Chia-Ming Uang，Anne M. Gilbert
Fundamentals of Structural Analysis
ISBN 0－07－340109－9
Copyright © 2011 by McGraw-Hill Education.

图书在版编目（ＣＩＰ）数据

结构分析原理：原第4版 /（美）肯尼思·M.利特
(Kenneth M. Leet)，（美）汪家铭（Chia-Ming Uang），
（美）安妮·M.吉尔伯特（Anne M. Gilbert）著；董军
等译. -- 北京：中国水利水电出版社，2016.11
书名原文：Fundamentals of Structural Analysis
国外高等院校土木建筑类经典教材
ISBN 978-7-5170-4916-6

Ⅰ. ①结… Ⅱ. ①肯… ②汪… ③安… ④董… Ⅲ.
①土木工程－结构分析－高等学校－教材 Ⅳ. ①TU311

中国版本图书馆CIP数据核字(2016)第280688号

审图号：GS（2016）2185号

书　　名	国外高等院校土木建筑类经典教材 **结构分析原理（原第 4 版）** JIEGOU FENXI YUANLI
原 书 名	Fundamentals of Structural Analysis
原　　著	［美］Kenneth M. Leet（肯尼思·M.利特）　Chia－Ming Uang（汪家铭）　Anne M. Gilbert（安妮·M.吉尔伯特）
译　　者	董军　张大长　彭洋　等
出版发行	中国水利水电出版社 （北京市海淀区玉渊潭南路 1 号 D 座　100038） 网址：www.waterpub.com.cn E－mail：sales@waterpub.com.cn 电话：（010）68367658（营销中心）
经　　售	北京科水图书销售中心（零售） 电话：（010）88383994、63202643、68545874 全国各地新华书店和相关出版物销售网点
排　　版	中国水利水电出版社微机排版中心
印　　刷	北京瑞斯通印务发展有限公司
规　　格	184mm×260mm　16 开本　38.75 印张　919 千字
版　　次	2016 年 11 月第 1 版　2016 年 11 月第 1 次印刷
印　　数	0001—3000 册
定　　价	**150.00 元**

作者介绍

肯尼思·利特（Kenneth Leet） 是美国东北大学结构工程的一位名誉退休教授。他在麻省理工学院获得了结构工程专业博士学位。作为东北大学的土木工程教授，他给毕业生与非毕业生讲授钢筋混凝土设计、结构分析、基础、板、壳体等课程，以及涉及综合工程设计的顶级课程长达 30 年之久。利特教授于 1992 年获东北大学优秀教学奖。他到东北大学长期任职以前，在费城的德克塞尔（Drexel）大学任教达 10 年之久。

除了是《结构分析原理》（第 1 版）的作者，他还是《钢筋混凝土基本原理》的作者。前者最初由麦克米伦（Macmillan）出版社于 1988 年出版，后者由麦格劳·希尔（McGraw-Hill）出版社于 1982 年出版，现在已经是第 4 版。

在从事教学前，他在陆军工程兵部队担任工程管理工程师，在卡特利特克建设公司（Catalytic Construction Company）担任现场工程师，在几家结构工程公司担任结构设计师。同样作为结构顾问服务于数家政府机构和私人公司，包括美国运输部、普若克特-甘布公司（Procter & Gamble）、特里德里（Teledyne）工程服务公司，以及费城、波士顿桥梁部。

作为美国仲裁协会、美国混凝土学会、美国土木工程学会、波士顿土木工程学会的成员，利特教授许多年来积极地参与各种专业学会。

汪家铭（Chia-Ming Uang） 是加利福尼亚大学圣迭戈分校的结构工程教授。他在台湾大学获土木工程学士学位，在加利福尼亚大学伯克利分校获土木工程硕士学位与博士学位。他的研究领域包括地震分析以及钢结构、复合结构及木结构设计。

汪教授为麦格劳·希尔出版社合著了《钢结构的延性设计》。他于 2004 年获得了加利福尼亚大学圣迭戈分校的工程教学奖。他是 2001 年美国土木工程学会雷蒙德·C. 瑞斯（Raymond C. Reese）研究奖以及 2004 年美国土木工程学会莫依赛弗（Moisseiff）奖的获得者，并于 2007 年获美国土木工程学会特殊成就奖。

安妮·M. 吉尔伯特（Anne M. Gilbert） 注册工程师、结构工程委员会认证工程师，是耶鲁大学建筑学院的兼职助理教授。她是斯皮尔格-查米尼克-沙赫公司（Spiegel Zamecnik & Shah Inc.）的资深项目工程师，还是康涅狄格州和华盛顿哥伦比亚特区的注册结构工程师。她在北卡罗来纳大学获得建筑学学士学位，在康涅狄格大学获得土木工程专业硕士学位。她致力于医院、实验室、大学和住宅等建筑物的结构设计，以及高地震烈度区地震作用下结构性能评价及修复。她的工作包括编制施工图和施工管理。她的建筑设计经验包括商业及住宅楼设计，以及都市赤褐色砂石建筑的改造。

前　言

　　本书为工程与建筑学的学生介绍基本方法，用于分析大部分的结构及构成绝大多数结构的元件，包括梁、框架、拱、桁架、索。尽管作者认为读者已经完成了静力学与材料强度的基本课程，当首次提到它们时，我们会主要回顾一下来自这些课程的基本方法。为了论述清晰，我们通过仔细选择的例子来阐明所介绍的各种分析方法，只要有可能，我们会选择工程实践中的例子。

　　1. 本书特点

　　（1）发展笔记。在这一版的更新中，本书在各章中添加了发展笔记来介绍结构分析方法的成就和发展过程。

　　（2）设计荷载的扩展。第2章主要是荷载的综合讨论，包括国家建筑规范 ANDI/ASCE 7 中规定的恒载与活载、雪荷载、地震荷载与风荷载。该内容的目的是让学生对如何确定多层结构、桥梁以及其他结构的设计荷载有一些基本的理解。

　　（3）新的课外作业。大部分的问题都是新的或修订版（均有公制单位和美国惯用单位），大部分是实践中遇到的典型问题。更多的选择使得老师能根据不同的班级或重点选择适宜的问题。

　　（4）计算机问题与应用。本版书有一些新的计算机问题，使读者能更深入地了解桁架、框架、拱和其他结构形式的结构行为。这些精心设计的问题解释了重要的结构行为，过去，经验丰富的设计师需要多年的实践认识来理解和正确分析。计算机问题可以通过计算机屏幕的图标来辨识，开始于正文第4章。读者可以在关于本书的网站上，使用商业软件RISA－2D的教育版解决电脑问题。然而，任何软件，只要能够产生变形图、剪切图、弯矩图和轴向载荷图都可以用来解决问题。在关于本书的网站上可以看到RISA－2D的概述和软件作者写的使用教程。

（5）改善例题的布局。例题的全部内容都被展示在一个页面内或两个对开的页面里，这样学生可以不用翻页就能看到完整的问题。

（6）广义刚度方法讨论的扩展。关于广义刚度方法扩展的第16章，提供了更加清楚的从经典分析方法向计算机分析矩阵法的转变，矩阵法将在第17与18章中论述。

（7）更加实际、全面绘制的插图。文中的图片提供了实际结构元件，使学生能更加清晰地理解设计师是如何模拟节点与边界条件的。补充的图片说明了一些建筑物与桥梁中的失效的例子。

（8）仔细检查问题答案的正确性。作者已经对问题的答案做了大量的检查，如果读者发现任何歧义或错误，作者会十分感激。更正意见可以发送给汪家铭教授（cmu@ucsd.edu）。

（9）关于本书的网站。本书具体的网站为www.mhhe.com/leet。网站提供了一系列工具，其中包括演讲幻灯片、本书的图片库、有用的网页链接以及RISA－2D软件教育版。

（10）引导机制。引导机制是为一些对于将三维效果和使用引导机制辅助讲座感兴趣的导师设计的网站。该网站由麦格劳·希尔工程团队与美国西点军校土木与机械学院合作开发，不但能够详细指导如何通过从实验室或当地的硬件店里获得的材料构建三维工具，而且提供了一个教育者可以分享想法、交流实践、展示原创作品的平台。访问www.handsonmechanics.com获取更多信息。

2. 各章的内容与顺序

为了帮助学生学习分析方法，我们在本书中给出的主题都经过精心排序。另外，我们为处于工程教育入门水平的学生给出了解释，这些解释都是基于作者多年的教学分析经验。

第1章给出了结构工程（从最早的立柱与过梁结构到今天的高层建筑和索桥）的历史回顾，解释了分析与设计的相互关系。也描述了基本结构的本质特征，具体到它们的优点与缺点。

第 2 章关于荷载在前文中提到（见本书的特点）。

第 3～5 章涵盖了确定桁架的杆力、梁与框架的剪力及弯矩所需的基本技术。这些章节中的方法将用来解决本书其余部分的习题。

第 6、7 章使拱与索的性能相互关联，涵盖了它们的特殊性质（能承受很大的直接应力和有效地利用材料）。

第 8 章涵盖了确定静定结构中梁、框架或桁架中杆件达到最大内力时活荷载的位置。

第 9、10 章提供了计算结构挠度的方法，校验结构是否过柔，运用位移协调法分析超静定结构。

第 11～13 章介绍了几种分析超静定结构的经典方法。尽管现在大部分复杂的超静定结构都由计算机分析，用某种传统方法（例如弯矩分配法）估计高度超静定梁与框架的内力来建立计算机分析构件时的初始条件是很有用的。

第 14 章延伸了第 8 章中采用影响线方法分析超静定结构的方法。工程师们运用这两章中的方法设计桥梁或其他结构，它们承受移动荷载或是在结构上位置发生变化的活荷载。

第 15 章给出了用来估计高度超静定结构中给定位置内力的近似分析方法。工程师们可运用这些方法检验计算机分析或是核对前面几章中描述的更加传统、冗长的手算分析。

第 16～18 章介绍了矩阵分析方法。第 16 章延伸了适用于各种简单结构的广义刚度方法。刚度矩阵法适用于桁架的分析（第 17 章）、梁与框架的分析（第 18 章）。

致　谢

作为资深作者，我要感谢我妻子朱迪斯·立特（Judith Leet）长时间的校订与超过 40 年的支持，在此深深地感谢她的帮助。

我要深深地感谢理查德·斯克兰顿（Richard Scranton）、绍尔·纳梅特（Saul Namyet）、罗伯特·泰勒（Robert Taylor）玛里琳·舍夫勒（Marilyn Scheffler）为本书第 1 版提供的帮助，以及丹尼斯·伯纳尔（Dennis Bernal）撰写的第 18 章，他们都来自于东北大学。

感谢下列人员对本书第 1 版的帮助：麦格劳·希尔公司的艾米·希尔（Amy Hill）、格洛丽亚·席斯尔（Gloria Schiesl）、埃里克·芒森（Eric Munson）、帕蒂·斯科特（Patti Scott）以及利基纳出版服务社的杰夫·利基纳（Jeff Lichina）。

感谢下列人员对本书第 2、3 版的帮助：麦格劳·希尔公司的阿曼达·格林（Amanda Green）、苏桑·琼斯（Suzanne Jeans）、简·摩尔（Jane Mohr）、格洛丽亚·席斯尔（Gloria Schiesl），RPK 编辑服务公司的露丝·克南（Rose Kernan），以及第 2 版的编辑帕蒂·斯科特（Patti Scott）。

感谢下列人员对第 4 版的帮助：麦格劳·希尔公司的黛布拉·哈矢（Debra Hash）、彼得·玛莎（Petter Massar）、洛林·布斯克（Lorraine Buczek）、乔伊·沃特斯（Joyce Watters）以及罗宾·里德（Robin Reed），RPK 编辑服务公司的露丝·克南（Rose Kernan）。

我们还要感谢 RISA 技术部的布鲁斯巴特（Bruce R. Bates）提供的 RISA-2D 教育版计算机程序多种结果显示选项，以及金东武（Dong-Won Kim）先生协助准备了第 4 版的答案。

我们也要感谢本版的下列审阅者，他们提出了许多有价值的评论和建议，他们是：华盛顿州立大学的威廉·科夫（William Cofer），科罗拉多大学波尔得分校的罗斯·B. 克罗提斯（Ross B. Corotis），伦斯勒理工学院的詹卢卡·库萨提斯（Gianluca Cusatis），圣地亚哥州立大学的罗伯特·K. 道威尔（Robert K. Dowell），爱荷华州立大学的福阿德·范那思（Fouad Fanous），英属哥伦比亚大学的泰耶·豪卡斯（Terje Haukaas），密歇根理工大学的李越（Yue Li），俄勒冈州立大学的托马斯·米勒（Thomas Miller）。

肯尼思·立特（Kenneth Leet）
东北大学名誉教授
汪家铭（Chia-Ming Uang）
加利福尼亚大学圣迭戈分校教授
安妮·M. 吉尔伯特（Anne M. Gilbert）
耶鲁大学兼职助理教授

目　　录

布 鲁 克 林 大 桥

　　布鲁克林大桥于 1883 年花费 900 万美元建成开放，它被喻为"世界第八大奇迹"。在东河水面上空 135ft（英尺）处两塔之间的中心跨度接近 1600ft。该桥的设计部分来自工程判断，部分来自计算，它能够承受超过原设计 3 倍的荷载。巨大的砖石塔按计划支承在平面尺寸为 102ft×168ft 的气压沉箱上。1872 年工程主管华盛顿·A. 罗伯林（Washinton A. Roebling）上校在监督其中一个暗墩建设时由于沉箱病而导致瘫痪。虽然终生残疾，但他在妻子和工程人员的帮助下，躺在床上指导了工程的剩余部分。

第 1 章

绪　论

1.1　内容概要

作为一名从事建筑、桥梁及其他结构设计的工程师或是建筑师，你需要对结构体系作出许多技术决策。这些决策包括：①选择有效的、经济的、富有魅力的结构形式；②估计它的安全性能，即强度与刚度；③对其在临时施工荷载作用下的建造过程进行设计。

为了设计结构，你将学习运用结构分析得到设计荷载下所有节点的内力与变形。设计师要确定关键构件的内力，得到构件及连接构件的连接件的尺寸大小。设计师要计算出挠度保证结构的使用性——结构在荷载作用下不能变形或振动过大以免削弱功能。

1.1.1　基本结构构件分析

在静力学与材料强度课程中，通过计算桁架的杆件内力和画梁的剪力与弯矩图，你已经建立了一些结构分析的基础。现在通过系统地运用一系列确定基本结构构件（梁、桁架、框架、拱、索）内力和挠度的技术，可以拓宽结构分析的基础。这些构件是形成更复杂结构体系的基本组成。

而且，通过解决各种结构分析问题和检查其内力分布，你将更加深刻地理解结构在荷载作用下的应力状态与变形情况。你会逐步建立起特定设计情况下何种结构形状最佳的清晰理解。

进一步，当你对结构如何作用建立起几乎直觉的理解时，你将学会用较少的简单运算去估计大部分结构关键部位的内力近似值。这对你很有帮助，能让你：①校验大型复杂结构计算机分析结果的准确性；②在早期设计阶段当结构的暂定外形与比例确定后，可以估计确定多构件结构构件尺寸需要的初步设计内力。

1.1.2 二维结构分析

可能正像你目睹多层框架建筑施工时观察到的一样，结构处于完全暴露状态时，它的结构是由梁、柱、板、墙、对角撑构成的复杂的三维体系。尽管荷载作用在三维结构的某个点时会使所有相连的构件产生应力，但大部分荷载通常经过某个主要构件直接传到其支承构件或基础。

一旦理解了大部分三维结构的各种构件的性能与作用，通过把结构细分成诸如梁、桁架或框架的小规模二维子系统，设计师可以简化实际结构的分析。这个过程也显著降低了结构分析的复杂性，因为相比三维结构，分析二维结构更为简单快捷。除了少数例外（例如，轻型管杆构成的网格球顶），即使是设计非常复杂的三维结构，设计师也可以通过分析一系列简单的二维结构完成。本书很大篇幅是分析二维或平面结构，它们都在平面内受力。

一旦你理解了本书中涉及的基本主题，你将学会分析大部分建筑、桥梁及工程实践中遇到的典型结构所需的基本原理。当然在能够自信地进行设计与分析之前，你还需要在工程单位积累几个月的实际设计经验，以便能从专业人员的角度对总体设计过程有更深的理解。

对于立志于从事结构研究的人，掌握本书的主题将使你具有在高级分析课程中所必需的基本结构原理知识，这些高级课程包括矩阵方法或板壳理论。此外，由于设计与分析联系紧密，你将会在钢结构、混凝土、桥梁设计等专业课程中再次用到本书的许多分析方法。

1.2 设计步骤：分析与设计的关系

任何结构的设计——不论是太空交通工具的骨架、高层建筑、悬索桥，海上石油钻探平台、隧道或其他任何结构，都是经过设计与分析两个步骤的交替循环来实现的。每一步都提供了新的信息使得设计师继续下一个阶段。这些过程一直持续到分析结果表明构件的尺寸不再改变。详细步骤将在下文论述。

1.2.1 概念设计

每个工程都始于业主的特殊要求。例如，开发商可能授权工程或建筑事务所提供综合体育中心的方案，能容纳正常的足球场、60000 人的座位、4000 辆汽车的停车场以及基本设施空间。其他情况下，城市可能会聘请一位工程师设计横跨 2000ft❶ 宽的河流的桥梁，以满足一定的单位交通流量要求。

设计师开始考虑满足工程要求的所有可能的方案和结构体系。在这个阶段，建筑师和工程师顾问们通常作为一个团队一起工作，提出不仅满足建筑要求（功能与美观）而且结构体系高效的方案。接下来设计师要准备能显示结构主要构件的建筑草图，尽管结构体系的细节在这时还是粗略的。

1.2.2 初步设计

在初步设计阶段，工程师要从概念设计时的几种结构体系中选择最有希望的方案，并

---

❶ 英制单位，英尺，1ft＝0.3048m。

确定主要构件的尺寸。初步确定结构构件的大小需要对结构性能的理解有关，荷载条件（恒载、活载、风载等）的知识，它们最可能影响设计。此时，有经验的设计师可能通过粗略的计算就能估计每种结构在其关键部位的大小。

1.2.3　初步设计分析

在这个阶段，结构的精确荷载还不能确定，因为构件的精确尺寸和设计的建筑细节没有最终定下来。通过估算荷载值，在考虑确定关键部位的内力及能影响结构服务功能的任何一点挠度后，工程师能得出几种结构体系的分析。

构件的实际重量直到结构确定尺寸后才能确定。然而某些结构细节，例如机械设备的尺寸与重量，取决于结构体系，直到建筑物的容积确定后才能确定。但是设计师可根据过去类似结构的经验估计出与最终荷载值很相近的荷载值。

1.2.4　结构的二次设计

根据初步设计的分析结果，设计师重新计算所有结构的主要构件的大小。尽管每次的分析都基于估计的荷载值，但这时估计的荷载值可以表示该结构必须承担的荷载，所以即使是最终构造设计结束后，荷载大小也不会有很大改变。

1.2.5　初步设计的评价

各种初步设计都将根据费用、实用性、外观、维护、工期，及其他相关因素作出比较。最能符合业主标准的结构将被选出并在最终设计阶段进一步地改进。

1.2.6　最终设计与分析阶段

在最后的设计阶段，工程师对被选结构作一些辅助调整，以提高结构的经济性或美观性。现在，设计师可以仔细地估计恒载，并考虑使某些部位产生最大应力的活荷载不利布置。在所有重要的荷载和荷载组合——恒载与活载，以及风载、雪载、地震、温度变化、沉降等作用下，验算结构的强度与刚度是最终分析的一部分。如果最终设计的结果保证该结构能承受设计荷载，那么设计即完成；反之，如果最终设计揭示某些不足时（例如，某些构件应力超限，结构不能有效抵抗侧面的风载，构件变形过大或费用超过预算），设计师将修改结构布置或考虑另一种结构体系。

当确定构件尺寸后，设计师将参考涉及各种材料特殊性质的规范。设计过程中考虑材料的不同性质后，同样的方式可以分析钢结构、钢筋混凝土、木结构、金属结构（如铝材）。

本文主要注重如上面所述结构的分析。大多数的工程专业要将设计分散在不同的课程中。然而，因为这两个主题紧密联系，我们必须涉及一些设计问题。

1.3　强度与适用性

设计师必须布置结构，使其在任何可能的荷载条件下它们都不会失效或是变形过大。构件的设计容许荷载往往要比预期承受的荷载（实际荷载或是设计规范指定的荷载）大许多。这些富裕的承载力提供了抵抗偶然超载的安全保障。而且，通过限定应力，设计师能间接地控制结构的一些变形。构件的最大容许应力由材料的拉压强度或长细构件受压时构件（构件的某一部分）屈曲时的应力确定。

尽管设计的结构必须具备足够的安全性将可能的失效降低到可接受的水平，工程师也必须要保证结构在所有的荷载条件下有足够的刚度满足正常使用。例如，楼板梁不能过度下沉或在活荷载作用下振动。梁的过度变形会使圬工墙和抹灰顶棚产生裂缝，或者使设备偏移而造成破坏。高层建筑在风荷载作用下不能过度摇晃（否则该建筑会引起上层居民患运动病）。过度的晃动不仅打扰居住者，促使他们关注结构的安全性，而且会导致外部幕墙与窗户破裂。照片 1.1 所示是一现代办公建筑，其正面由整层高的大型玻璃板构成。在大楼完工不久，超过预期的风荷载引起许多玻璃板破裂和掉落。掉落的玻璃明显地威胁着下面街道上的步行者的安全。在充分调查和进一步测试后，清除了所有的原装玻璃。为了纠正设计缺陷，设计师加强了建筑结构的刚度，正面装上了更厚的钢化玻璃板。照片 1.1 中的深色区域是指在清除原有玻璃板与安装更耐用、可调和的玻璃期间暂时使用的胶合板，它们封闭了建筑物。

照片 1.1　风灾。在这栋高层建筑安装好瑟莫潘双层隔热玻璃窗后不久，窗户开始失效并掉落，破碎的玻璃散落到下面的行人身上。

在该建筑入住前，结构框架的刚度得到加强，所有玻璃都更换为更厚的钢化玻璃。这道昂贵的程序使建筑的开放推迟了几年

1.4　结构体系的发展历史

为了给读者提供一些结构工程的历史，我们将主要追溯结构体系的演化，即从古代埃及与希腊人的横梁立柱结构到今天的高度复杂结构。结构形式的演化与可利用的材料，建造工艺的水平，设计者对结构性能（后期的分析）的了解，以及建筑工人的技能等有很密切的关系。

凭借他们伟大的工程技艺，早期的埃及建设者采用沿尼罗河畔挖掘出来的石料建设寺庙与金字塔。由于材料的易碎性，石材的抗拉强度低且变化大（由于有过多的裂缝与空隙），为避免弯曲破坏，寺庙中梁的跨度必须很小（见图 1.1）。由于这种横梁立柱体系——厚重的石梁平衡在相对较厚的石柱上——只能承受有限的水平或偏心竖向荷载，建筑物的高度因此降低。细长柱子比粗厚柱子更易倾覆，柱子只有增加厚度才能提高稳定性。

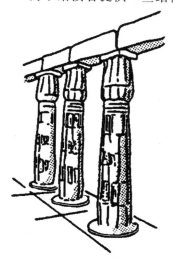

图 1.1　埃及寺庙的早期横梁立柱结构

非常注重提高石柱外表美观的希腊人在建造帕台农神庙时采用了横梁立柱结构（公元前 400 年），它被认为是迄今为止最雅致的石建筑例子之一（见图 1.2）。甚至到 20 世纪早期，在钢结构、钢筋混凝土结构取代了横梁立柱结构很久以后，建筑师仍旧强调在公共

建筑的入口处使用希腊典型寺庙的立面。在古代希腊人的文明衰落后，他们的古典传统仍影响世人数个世纪。

富有天赋的罗马工程师广泛运用了拱，经常在竞技场、沟渠、桥梁中运用了多排的拱（见照片1.2）。拱的弯曲形状允许偏离矩形线条，容许的跨度比横梁立柱石材结构的可能跨度大很多。石拱的稳定要求：①整个截面在所有荷载组合的作用下处于受压状态；②拱座或端墙要有足够的抗力承受拱底处强大的斜向推力。通过实验与吸取失败教训，罗马人发展了由石圆屋顶封闭形成内部空间的方法，正如屹立在罗马的帕台农神庙中看到的一样。

图1.2 帕台农神庙正面，柱子逐渐变细，且用凹槽作为装饰

照片1.2 罗马人率先开创了在桥梁、建筑、沟渠中使用拱。建于公元前19年的罗马沟渠蓬迪加尔，穿过加尔东谷把水输送到尼姆。其一级拱与二级拱的跨度是53~80ft（靠近法国的勒穆兰）

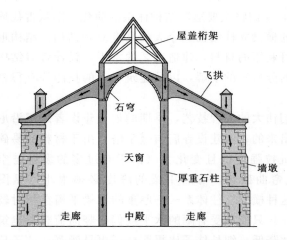

图1.3 简化的断面部分显示了哥特式建筑的主要结构构件。称作飞拱的外部石拱用来稳定中殿上方的拱形的石穹。石穹外推力通过飞拱传递到建筑外部的厚实墙墩上。在建筑底部墙墩都会加大。为保证结构的稳定，墙墩必须全部处于受压状态。箭头指示的是传力途径

在哥特式大教堂建筑时期（沙特尔，巴黎圣母院），通过清除多余的材料，拱得到了改进，它的形状变得更加细长。拱的三维形式——拱状的屋顶也出现在教堂屋顶中。外表如拱的砖石构件，术语为飞拱，与桥墩（厚石柱）或墙结合把拱形屋面的推力传递到地面（见图1.3）。在这个阶段高度经验性的工程学都基于熟练工匠所学的及传于他们学徒的知识。

在欧洲尽管建筑师们建造了数世纪的宏伟教堂和宫殿，但在中世纪铸铁工业化批量生产之前，建造工艺并没有明显变化。铸铁的推广使得工程师采用薄但高强的梁、截面密实的柱设计更轻的结构、具有更大的跨度与窗户区域成为可能，不再需要砖石结构所要求的大型

承重墙。后来，具有高拉压强度的钢材容许建造更高的建筑，最终到今天的摩天大楼。

在 19 世纪后期，除了被誉为国际知名里程碑的巴黎埃菲尔铁塔（见照片 1.3），法国工程师埃菲尔还建造了许多大跨的钢桥。随着高强钢索的发展，工程师们能够建造大跨吊桥。纽约港入口处的韦拉察诺大桥是世界上最长的桥之一，两塔之间的跨度为 4260ft。

工程师另外通过利用钢对混凝土的加强作用把无钢筋混凝土（易碎，石状材料）转变成坚韧、延性结构构件。钢筋混凝土可获得灌注时临时模板形成的形状，它能形成建造所需的各种形状。由于钢筋混凝土结构是一个整体，即意味着它们以一个连续单元发挥作用，属高度超静定结构。

在设计师运用改进的超静定分析方法预测钢筋混凝土结构的内力前，设计还处于半经验状态，即基于已观察到的性能与测试及力学原理的简化计算。随着 20 世纪 20 年代早期哈迪克罗斯的弯矩分配法的推广，工程师们掌握了分析连续结构的相对简易的方法。当设计师熟悉了弯矩分配法后，他们能够分析超静定框架，与之同时钢筋混凝土作为建筑材料的使用增长很快。

照片 1.3　由锻铁建于 1889 年的埃菲尔铁塔，在这张早期的巴黎空中照片中处于显著地位。该铁塔是现代钢框架建筑的先驱，高为 984ft（300m），基础为 330ft² （100.6m²）。宽阔的基础与逐渐变细的斜轴是抵抗风荷载倾斜的有效结构形式。在塔的顶部，风荷载最大，建筑的宽度最小

19 世纪后期焊接法的引入使钢构件的连接变得容易，焊接减少了早期铆钉方法所需的大量钢板与角钢，简化了刚接钢框架的建造。

近年来，计算机与材料科学的研究很大程度上提高了工程师建造特殊用途结构的能力，如太空交通工具。随着计算机的引进及后期梁、板、壳构件的刚度矩阵的发展，设计师能迅速准确地分析许多复杂的结构。在 20 世纪 50 年代需要工程师团队花费数月分析的工程，现在一个设计师通过使用计算机只需花几分钟就能分析得更加准确。

1.5　基本结构构件

所有结构体系都由一些基本结构构件组成，如梁、柱、吊架、桁架等。本节介绍这些构件的主要性质，读者将能掌握如何最有效地使用它们。

1.5.1　吊架、吊索——轴向抗拉构件

由于轴向受力构件的所有截面处于相同的应力状态，材料处于最有效利用状态。受拉构件的容许承载力是材料抗拉强度的正函数。由高强材料如合金钢组成的构件，即使是截面很小，也能承受很大的荷载（见图 1.4）。

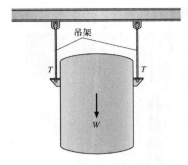

图 1.4 化学储藏罐支承在承受力 T 的受拉吊架上

这些截面较小的构件有个缺点，即非常柔软且在动荷载作用下易发生振动。为降低振动的趋向，大部分建筑规范都规定一些受拉构件必须的具有最小弯曲刚度，通过控制长细比 l/r 的上限来实现，l 是构件的长度，r 是回转半径。根据定义 $r = \sqrt{I/A}$，I 是惯性矩，A 是截面的面积。如果荷载突然反向（风或地震作用的情况），细长受拉构件在提供荷载抗力前会屈曲。

1.5.2 柱——轴向抗压构件

柱在直接应力状态下能有效的承受荷载。受压构件的承载力是长细比 l/r 的函数。如果 l/r 较大，该构件即为细长构件，在小压力作用下会屈曲破坏——通常没有预兆。如果 l/r 较小，构件即为粗短。由于粗短构件在超应力下破坏——压碎或屈服，它们的轴向承载力较高。细长柱的承载力也取决于边界条件。例如，细长悬臂柱——一端固定一端自由——提供的承载力只有两端铰接的同样柱的承载力的 1/4 [见图 1.5 (b) (c)]。

事实上，柱子只在理想的情况下仅受轴力作用。在实际工程中，设计者必须考虑柱子的初始轻微弯曲或荷载偏心引起的弯矩。在梁柱都刚接的钢筋混凝土或焊接建筑框架中，柱要承受轴力与弯矩。这种构件称为梁柱构件 [见图 1.5 (d)]。

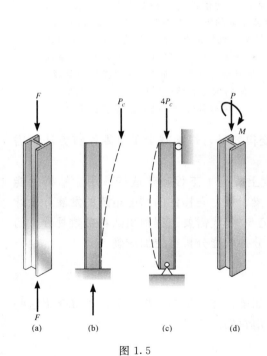

图 1.5

（a）轴向受力的柱；（b）屈曲荷载 P_c 作用下的悬臂柱；（c）屈曲荷载 $4P_c$ 作用下的铰接柱；（d）梁柱

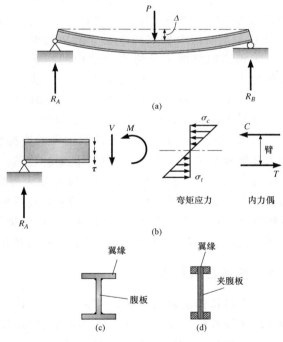

图 1.6

（a）梁变形为浅曲线形；（b）内力（剪力 V 和弯矩 M）；（c）I 型钢截面；（d）I 型胶合层压木梁

1.5.3　梁——抗剪与抗弯构件

梁是细长的构件，承受着垂直作用在其纵轴上的荷载［见图 1.6（a）］。在荷载作用下，梁纵轴因抗弯变成浅曲线。梁的典型截面的剪力 V 与弯矩 M 的发展见图 1.6（b）。除了承受较大荷载的短梁，剪力 V 产生的剪应力 τ 相对较小，但弯矩 M 产生的纵向弯曲应力很大。如果梁在弹性状态内，截面的弯曲应力（压应力在上面，拉应力在下面）沿通过截面质心的水平轴线性变化。弯曲应力直接与弯矩成比例，且沿着梁轴变化很大。

组成扁梁内部力矩的力 C 与 T 之间的力臂较小，因此它在传递荷载时效率相对较低。为增加力臂尺寸，截面中心部分经常被去掉而将材料集中于面内的顶部与底部，形成 I 型截面［见图 1.6（c）和（d）］。

1.5.4　平面桁架——所有构件轴向受力

桁架是一系列细杆组成的构件，各细杆的端点假定连接在无摩擦铰上。如果铰接桁架只承受节点荷载，所有杆件中都会产生直接应力，这样能最优利用材料。桁架通常以三角形方式组装——最简单的几何稳定结构［见图 1.7（a）］。在 19 世纪，桁架通常以创建特殊杆件结构的设计者命名［见图 1.7（b）］。

桁架的性能类似于梁，一系列垂直面内对角杆件取代了梁的实心腹板（传递剪力）。通过减少腹板，设计师可以有效降低桁架的自重。因为具有相同承载力的桁架比梁轻很多，桁架较容易安装建造。尽管大部分桁架节点通过杆件端部与连接板（节点板）焊接或栓接形成［见图 1.8（a）］，基于铰接假设的桁架分析得到的结果是可接受的。

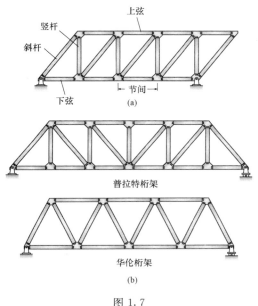

图 1.7
（a）三角构件组装成桁架；（b）两个以原设计者命名的普通桁架

虽然桁架在面内有很大的刚度，但荷载垂直作用于桁架平面上时面外刚度却很小。因此桁架受压弦杆必须由与之齐平的十字撑稳定［见图 1.8（b）］。例如，在建筑物中与上弦节点连接的屋顶或楼板体系作为侧向支撑可以避免构件的平面外屈曲。

1.5.5　拱——主要直接受压的曲线形构件

在恒载作用下，拱处于压应力状态。由于有效地利用材料，工程中采用的拱结构已经有超过 2000ft 的跨度。为达到有效的应力状态，即纯压应力，拱的形状要满足每个截面内力的合力都通过质心。对于给定的跨度与高度，在特定力系作用下产生直接应力的拱只有一种形状。在其他荷载条件下，弯矩会使细长的拱产生较大的挠度。罗马与哥特时期的早期建设者对拱的合适形状的选择表明他们对该结构性能的理解相当复杂。（历史记录记载了许多石拱失效的例子，很明显不是所有的建设者都对拱的作用很了解）。

由于拱的底部与基础支承（拱座）相交成一个很尖的角，这里产生的内力会对拱座产生水平与竖向推力。当跨度很大、荷载很大、拱的斜坡平缓时，推力的水平部分会很大。

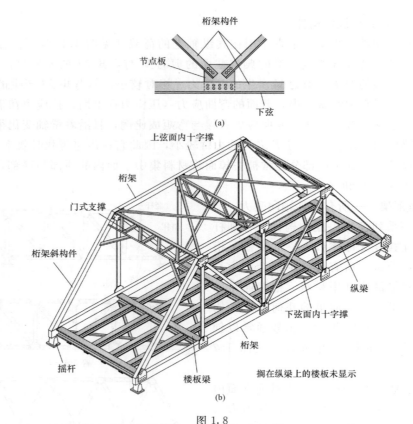

图 1.8

（a）栓接节点详图；（b）桁架桥说明了稳定两片主要桁架所需的剪刀撑

除了存在天然石墙抵抗水平推力［见图 1.9（a）］外，必须建造厚重的拱座［见图 1.9（b）］，拱的端部必须由受拉杆锚固［见图 1.9（c）］，或必须由桩支撑［见图 1.9（d）］。

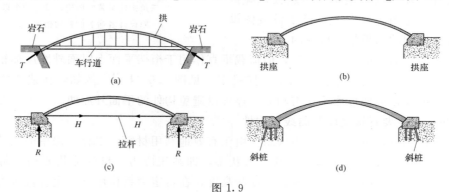

图 1.9

（a）固端拱支撑着峡谷上方的桥面，石墙为拱的推力 T 提供了天然的支持；（b）大型拱座承受拱的推力；

（c）加在底部的受拉系杆承担水平推力，基础只需满足竖向力 R 的作用；（d）基础固定在桩上，

斜桩将推力的水平部分传递到地下

1.5.6 索——横向荷载作用下的抗拉柔性构件

索是由一组高强钢丝机械拧成的相对细长的柔性构件。通过对合金钢的拉模——排列

金属微粒的程序——厂商可以生产抗拉强度高达 270000psi❶ 的金属丝。由于索没有抗弯刚度，它们只能承受直接拉应力（在很小的压力作用下就会屈曲）。因为具有高强抗拉强度和有效传递荷载的方式（直接应力状态），索结构具有承担大跨结构巨大荷载下的强度，比其他大部分结构构件更加经济。例如，当跨度超过 2000ft 时，设计师往往会选择悬索桥或斜拉桥结构（见照片 1.4）。悬索可用于建造屋顶，也可用于拉索塔。

在自重（沿着索弧线作用的均布荷载）作用下，索的形状变成一条悬链线［见图 1.10（a）］。若索承受均匀分布在跨度水平投影上的力，形状假定为抛物线［见图 1.10（b）］。当垂度（索弦与跨中索之间的竖向距离）较小时［见图 1.10（a）］，在自重作用下索产生的变形可近似认为是一条抛物线。

因不具备抗弯刚度，在集中荷载作用下索的形状变化很大。悬索屋盖和悬索桥缺乏抗弯刚度，小的干扰力（如风载）很容易导致摆动。为有效利用作为结构构件的索，工程师们已经发明出各种技术降低活荷载引起的变形与振动。加大刚度的技术包括：①预拉；②使用稳定索；③增加附加恒重（见图 1.11）。

(a)

(b)

照片 1.4

（a）金门大桥（旧金山海湾地区），于 1937 年开放，4200ft 的主跨是当时最长的单跨，保持了 29 年的记录，此前首席设计师圣约瑟·施特劳斯和安曼联合设计了纽约的乔治·华盛顿大桥；（b）靠近德国杜塞尔多夫的弗莱恩莱茵河大桥为单塔设计，单线索与上承板的中心相连，这种布局依据于桥面结构的抗扭刚度对整体稳定的贡献

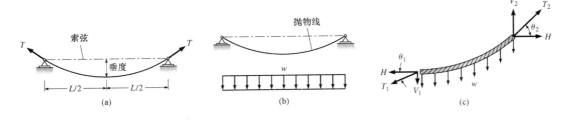

图 1.10

（a）索在自重作用下的悬链线形状；（b）均布荷载作用下的抛物线形状；（c）部分索在均布竖向荷载作用下的隔离体图；水平方向的平衡表明索拉力的水平部分 H 是常量

---

❶ 英制单位，lb/in²（磅每平方英寸），1psi＝6.895kPa。

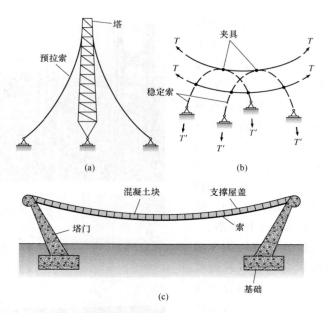

(a)   (b)

(c)

图 1.11　加大索刚度的技术

（a）拉索塔，预拉索应力约是最大极限拉应力的 50％；（b）三维索网，稳定索稳定承重索；（c）铺上
混凝土块的悬索屋盖紧压着悬索，降低了振动，索的两端支撑在大型塔门（柱）上

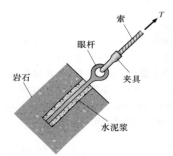

图 1.12　索锚固到岩石详图

作为索体系的一部分，设计的支座必须抵抗索端的反力。若有可利用的坚硬岩石，可利用水泥浆将锚具固定到岩石上将索锚定（见图 1.12）。若没有，必须建造厚重的基础锚固索。像悬索桥这种情况，要求有大型塔支撑索，就像晒衣绳杆支撑晒衣绳一样。

1.5.7　刚架——承受轴力与抗弯

刚架的例子（具有刚性节点的结构）如图 1.13（a）与（b）所示。能同时承受轴力与弯矩的刚架构件也叫梁柱构件。对于一个刚接的节点，当构件承受荷载时，形成节点的这些构件之间的角度必须不能变。因浇筑的混凝土具有整体性，混凝土结构的刚节点较易构造。然而，钢梁边缘汇聚形成的刚节点 ［见图 1.6（c）］ 通常需要加劲板传递这些构件

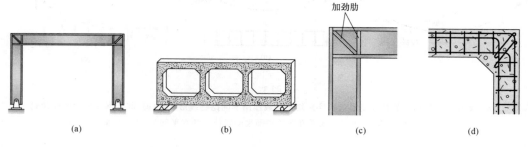

(a)   (b)   (c)   (d)

图 1.13　刚接结构

（a）一层刚性框架；（b）空腹桁架传递正应力与弯矩；（c）刚接钢框架焊接节点详图；
（d）分图（b）中混凝土框架角落加强详图

之间翼缘上的巨大内力。节点可以通过铆接或栓接形成，但焊接可以大大简化钢架刚节点的形成。

1.5.8 薄板或平板——抗弯承载

作为平面构件，板的深度（厚度）相对于长度与宽度较小。它们通常用作建筑物与桥梁的地板或储藏柜的外墙。板的性能取决于沿着边界的支座位置。若矩形板支承在对边支座上，它们弯曲成单向曲线［见图 1.14（a）］。若支座沿着边界是连续的，板将会弯曲成双向曲线。

因深度较小，板属于柔性构件，在满足挠度条件下的跨度距离相对较小（例如，钢筋混凝土板的跨度约是 12～16ft）。若要增加跨度，板要支承在梁上或通过加肋加大刚度［见图 1.14（b）］。

如果板与支承梁之间的连接设计合理，两个构件将共同作用（也称组合作用）形成 T 型梁［见图 1.14（c）］。当板发挥矩形梁的翼缘功能时，梁的刚度将会增加约 2 倍。

设计师通过采用折板形式可以创造一系列大跨的深梁（也称褶皱板）。波士顿的洛根机场，图 1.14（d）中所示的跨度为 270ft 的褶皱预应力混凝土板起了屋盖吊架的作用。

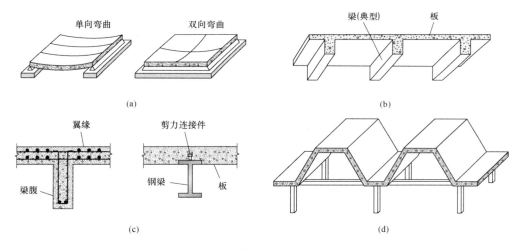

图 1.14

（a）边界条件对变形曲率的影响；（b）梁板体系；（c）梁板整体作用，左侧，混凝土板与梁浇筑
形成 T 型梁；右侧，抗剪连接件连接混凝土板与钢梁形成组合梁；（d）折板屋盖

1.5.9 薄壳（曲面构件）——主要面内受力构件

薄壳具有三维曲面。尽管厚度很小（钢筋混凝土壳体的厚度通常是几英寸），曲面形状所具有的内在强度与刚度使它们能跨越较大的距离。通常用于运动场所与储藏罐遮盖的球形穹面，是壳建筑中最普通的一种。

在均布荷载作用下，壳体产生的应力（薄膜应力）能有效抵抗外部荷载（见图 1.15）。除了数值较小的薄膜应力外，也会产生垂直于壳板的剪应力、弯矩、扭矩。若壳体的边界能够平衡每点的薄膜应力［见图 1.16（a）与

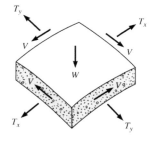

图 1.15 小单元壳体的薄膜
应力作用

（b）］，大部分的荷载将由薄膜应力承担。但若壳体的边界不能平衡薄膜应力［见图 1.16（d）］，边界附近的壳体区域会产生变形。因为这些变形使壳体的表面产生剪力和弯矩，壳体必须加厚或具有端部构件。随着离端部的距离加大，大部分壳体中的边界剪力与弯矩值下降得很快。

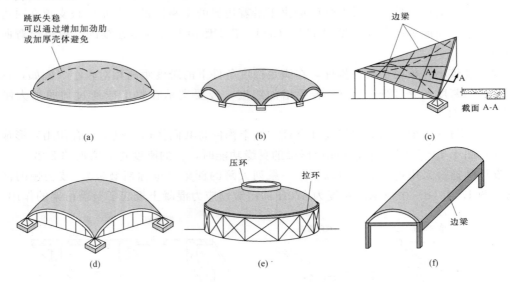

图 1.16   常见的壳体种类

（a）连续支撑的球形穹面，提供了薄膜作用所需的边界条件；（b）支座间隔很近的改良圆屋顶，因有开口，所需的条件在边界处被打乱，壳体必须加厚或在开口处设置端梁；（c）双曲抛物面，该壳体的母线为直线，需有端部构件支承薄膜应力的作用；（d）大间距支座的圆屋顶，在边界处不会产生薄膜应力，沿着周界要设端梁以及加厚壳体；（e）顶部有压缩环以及底部有张拉环的圆屋顶、这些环支承了薄膜应力的反作用，而柱只承受竖向荷载；（f）圆柱形壳

薄壳横跨大型无障碍区域的能力总是激起工程师与建筑师的很大兴趣。然而，形成壳体的巨大费用、声学问题、屋盖防水、低应力屈曲等问题限制了它们的使用。另外，薄壳在没有附加肋或其他刚性构件的前提下不能承受大的集中荷载。

1.6   组装基本构件形成稳定的结构体系

我们将详细讨论简单结构的性能，来了解设计者是如何通过组合基本构件（见 1.5 节）而形成稳定的结构体系，即如图 1.17（a）所示的一层盒状结构。该建筑由钢框架构成并具备小型储备功能，外表由轻型波形金属板覆盖。为了简化，我们忽略了窗户、门以及其他钢框架。

在图 1.17（b）中，我们给出了位于建筑物端墙内侧的一榀钢框架［图 1.17（a）中标注了 *ABCD*］。这里金属屋面板支承在梁 *CD* 上，该梁横跨在建筑物角落的两管柱之间。如图 1.17（c）所示，梁的端部与柱的顶部通过螺栓连接，螺栓穿过梁的下翼缘和焊接在柱顶的盖板。因这种类型的连接不能有效地传递梁端与柱顶之间的弯矩，设计师假定这类连接为小直径铰。

因为栓接节点不是刚性的，为增强结构的稳定性，需要在框架面内临近柱子对角之间

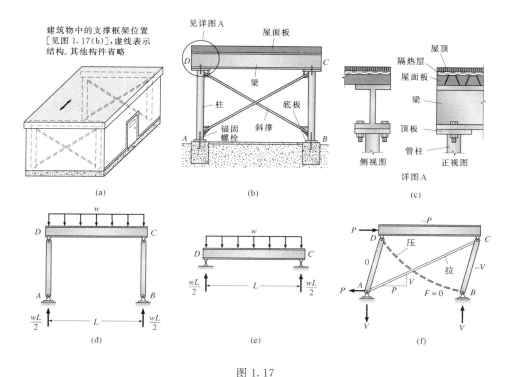

图 1.17

（a）建筑的三维视图（箭头指示屋盖板横跨的方向）；（b）剪刀撑螺栓连接框架详图；（c）梁柱连接详图；
（d）传递屋面荷载的理想结构体系模型；（e）CD 梁模型；（f）图示侧向荷载作用下
的理想桁架模型，对角构件 DB 屈曲，是无效构件

设置附加轻型构件（通常是圆杆或角钢构件）。如果没有斜撑［见图 1.17（b）］，框架抗侧向荷载的能力较小，结构的刚度将不满足。设计师在其他三道墙中增加了类似的剪刀撑，有时也会在屋盖板中增加。

框架通过螺栓与基础连接，这些螺栓穿过焊接在柱底的轻型钢支承板。锚固螺栓底部嵌入位于柱子正下方的混凝土墩。设计师通常假定这种简单的栓接为铰支座，即该连接能约束柱子的水平与竖向的位移，但没有足够的刚度约束转动（工程学的学生通常误认为栓接在混凝土墩的平支承板提供了固端条件，但他们没有考虑即使很小的弯曲变形也会导致旋转抗力的巨大损失）。

尽管栓接对柱子底端确实有微小但不确定的转动抗力，但设计师通常把它们处理为无摩擦的铰接。通常没有必要做成更加刚性的连接，因为这样做费用很大，并且通过增加柱子的惯性矩能更简单、经济地提供附加刚度。若设计师想通过柱底的刚性支座增加它的刚度，他们必须采用厚重加筋的底板，基础也必须很大。

（1）重力荷载下的框架设计。为分析重力作用下的小型框架，设计师假定屋盖的重量及任何竖向的荷载（例如雪或冰）都由屋盖板（类似于系列小型平行梁的作用）承担并传递到图 1.17 所示的框架。该框架理想化为梁与柱铰接。设计师把剪刀撑忽略为次要构件——在竖向荷载作用下不起作用。因为假定了梁端不产生弯矩，设计师可以将梁作为承受均布荷载作用下的简支梁进行分析［见图 1.17（e）］。因为梁端的作用直接加在柱的中心

线，设计师认为柱子只承受直接应力，像轴向受压构件一样发挥性能。

（2）侧向荷载的设计。设计师下一步将考虑侧向荷载。若侧向荷载 P（例如风载产生）作用在屋盖的顶部，设计师可以假定其中一根斜撑与屋盖梁及柱共同作用形成一个桁架。若斜撑是柔性构件，认为只有 AC 斜撑是有效的，当梁向右移动时斜撑受拉产生拉应力，另外 BD 斜撑在梁的侧向运动下处于压应力状态，视该斜撑屈曲。若风向发生改变，则斜撑 BD 将有效，而斜撑 AC 将屈曲。

在我们阐述这个简单的问题时，在某种荷载作用下，都有某些构件参与将荷载传递到基础。一旦设计师知道为这些荷载传递选择合理的路径，可以通过忽略无效的构件大大简化分析。

1.7   计算机分析

在 20 世纪 50 年代后期以前某些超静定结构的分析还是冗长、繁重的过程。具有许多节点与构件的结构分析（例如，空间桁架）需要有经验的工程师团队花费数月的时间。而且通常需要简化假定大量的结构性能，最终结果的准确性将变得不确定。现在可利用的计算机程序能快速准确地分析大部分结构。但也存在一些例外，若结构复杂且具有不寻常的形状，如核反应堆安全壳的厚墙或是潜水艇的船体，计算机的分析仍是费时的。

大多数结构分析的计算机程序得到的是一阶分析结果，它们假定：①线弹性体；②内力不受变形影响；③在压力作用下，柱子的抗弯刚度不降低。

本书中的经典分析方法得到的是一阶分析结果，适合于大部分结构如工程实践中遇到的桁架、连续梁、框架。当运用一阶分析时，结构设计规范提供了修正可能被低估的内力的经验方法。

当要分析更复杂的结构时，考虑了塑性性能、几何变形，及其他影响内力值的因素的二阶分析程序更为精确，得到的分析结果更准确。例如，移动荷载作用下的细长拱在几何形状上发生改变时，弯矩将显著增加。对于这些结构，必须采用二阶分析。

结构专家组为工程师们提供了通常使用的计算机程序，他们同时也是程序师和数学家。当然，如果设计师建立的结构不稳定，或是忽略了关键的荷载条件，此时分析提供的结果不足以建造安全可用的结构。

在 1977 年，支承在大型三维空间桁架（具有几千个节点）上的 300ft×360ft 哈特福德城市中心体育馆屋盖坍塌，它是设计师在结构设计中依赖不完善的计算机分析结果及不能建立安全结构的例子。造成这次灾难的诸多因素是数据错误（设计师低估了屋盖的恒载约 150 万 lb❶），计算机程序不能预计桁架中受压构件屈曲荷载的能力。这表明，结构稳定是程序中存在的一项预先假定，适用于结构分析的大部分计算机程序中都含有这一项标准假定。一场冬季暴风雪后屋盖上堆积的冰与雨雪形成了巨大的荷载，不久屋盖桁架中的一些细长受压构件屈曲，最终导致了整个屋盖的整体坍塌。幸运的是，观看篮球比赛的5000 多名球迷离开该建筑几个小时后才发生事故。假如事故提前几个小时发生，将会夺去数百条生命。尽管没有伤亡发生，该建筑在相当长时间内不能使用，清理残骸、重新设

---

❶   英制单位，磅，1lb＝4.448N。

计、重建等需要大量的资金。

尽管计算机减少了结构分析计算的时间，设计师还是必须对所有潜在失效的模式有基本的认识，以便评估计算机分析结果的可靠性。建立一个能充分代表结构的数学模型是结构工程学最重要的方面。

1.8　计算准备

每个工程师的重要职责是为每个分析提供一套清晰、全面的计算。一套组织良好的计算不仅降低了计算出错的可能，一旦将来调查现有结构的强度，也能提供本质的信息。例如，业主可能希望确定在不超载的前提下，原有结构上是否可以增加一层或更多。假如原始计算完整，工程师可以确定设计荷载、容许应力、原建筑分析与设计所基于的假定，那么改变后的结构强度计算是方便的。

有时，结构会发生事故（最坏的情况是失去生命）或不能满足使用功能（如地板下沉或振动，墙体开裂）。在这些情况下，所有当事人将会仔细地检查原始计算来确定设计师的责任。草率的或不完整的计算会毁坏工程师的名声。

书中课后习题解答所需的计算与工程师在设计事务所所做的计算类似，同学们应该视每一道作业为提高专业性质的计算技巧的一次机会。有了这一目标，我们将提供下面的一些建议：

（1）用简短的语句阐述分析的目的。

（2）用尖的铅笔和直尺准备清晰的结构草图，图上含所有荷载和构件尺寸。整洁清晰的图与数字更具有专业性的外观。

（3）准备你所有的计算步骤。除非能给出每一步，别的工程师不能轻易检查你的计算，用一到两句阐述计算内容，作解释之用。

（4）通过作静态校验检验计算的结果（就是写另外的平衡方程）。

（5）假如结构复杂，通过近似计算检验计算（见第 14 章）。

（6）检验变形的方向与荷载作用的方向的一致性。若结构采用计算机分析，结点位移（部分输出数据）可以描绘成一张清晰放大的结构变形图。

总结

• 作为学习结构分析的开始，我们回顾了计划、设计、分析之间的关系。在相关的过程中，结构工程师首先建立一至多个可能的最初结构形式，估计自重，选择关键设计荷载，并分析结构。一旦做了结构分析，就会调整大部分构件的尺寸。若设计的结果保证最初的假定都是准确的，那么设计即完成。若原始假定与最终数据有很大出入，就要更改设计，重新定尺寸和分析。这个过程持续到最终结果确认结构尺寸不再需要修改为止。

• 同时，我们回顾了构成典型桥梁、建筑的普通结构构件的性能。它们包括梁、桁架、拱、有刚节点的框架、索及壳体。

• 尽管大部分结构是三维的，具备结构性能概念的设计师分析时通常把结构细分成一系列简单的平面结构。设计师能够建立一个简化的理想模型准确地表达实际结构的本质。例如，尽管与结构框架连接的外部砌石或建筑物的窗与墙面板增加了结构的刚度，但这种相互作用通常被忽略。

　　• 由于大部分结构都采用计算机分析，结构工程师必须掌握结构构件的性能，这样他们可以通过一些简单计算检验计算机结果的合理性。结构事故不仅带来经济损失，也会导致公共财产或生命的损失。

1995 年日本神户地震中阪神高速公路被毁

  1995 年神户地震（里式 6.9 级）造成了阪神高速公路的一系列隆起倒塌。震中恰在人口高度密集的市中心，造成了巨大的人员伤亡和经济损失。在诸如美国和日本这样的国家，地震损毁的观测揭示了建筑物的损坏程度和建造时间之间的高度关联性。在 1970 年之前建造的桥梁更容易受到地震的毁坏，除非它们得到了改造。

第2章

设计荷载

本章目标

· 了解规范对设计荷载取值的重要性，这关系到生命安全，并将规范运用建造结构框架系统。

· 理解规范规定的荷载产生的最小设计荷载，同样也要把这运用到建筑结构系统静态的或动态的分析。

· 与恒载和活载类似，计算楼层材料的自重，基于建筑使用情况选择活荷载，最后了解附属结构的计算方法，主要有次梁、主梁、柱。

· 养成对线荷载的理解，通过简单的模型计算风荷载和底部剪力法计算地震力，确定因风或地震荷载产生的结构底部水平剪力和倾覆力。

2.1　建筑与设计规范

规范是一套技术细则与标准，它控制着建筑、设备、桥梁等分析、设计、建设的大部分细节。规范的目的是建造更安全经济的结构，保护公众避免劣质或不合格的设计或建设。

目前有两种规范。第一种是结构规范，由工程师和其他专家编制，他们关注每一类结构（如建筑、公路桥或核电站）的设计或某种材料的合理使用（钢材、钢筋混凝土、铝、或木材）。结构规范通常规定了设计荷载，各种类型构件的容许应力、设计假定以及材料要求。结构工程中频繁使用的结构规范包括下面这些：

（1）美国国家公路与交通协会（AASHTO）的《公路桥标准规范》覆盖了公路桥的设计与分析。

（2）美国铁道工程与维护协会（AREMA）的《铁道工程手册》覆盖了铁路的设计与

分析。

（3）美国混凝土学会（ACI）的《混凝土建筑规范要求》（ACI 318）覆盖了混凝土结构的设计与分析。

（4）美国钢结构学会（AISC）的《钢结构手册》覆盖了钢结构的设计与分析。

（5）美国森林与纸业协会（AFPA）的《国家木结构设计规程》覆盖了木结构的设计与分析。

第二种规范叫建筑规范，覆盖给定区域（城市或州）的建设。建筑规范包含了属于建筑、结构、机械、电气上的要求。考虑到建设对当地环境的影响，建筑规范的目的同样也要保护民众的利益。这些面向设计师的特殊规定覆盖了各种主题如土质条件（支承压力）、活载、风压、雪载以及地震力。现在（2002 年）的许多建筑规范采纳了美国土木工程师协会（ASCE）出版的《建筑及其他结构的最小设计荷载标准》或国际规范委员会的最新《国际建筑规范》的一些规定。

随着结构体系的改进、新材料的利用、已有体系发生重复性的事故，规范的内容就会被校正更新。对结构性能与材料的大量研究导致了两种规范的频繁改变。例如，美国钢结构学会 AISC 每 5 年会出版规范（《钢结构手册》）的修订。

如果设计师通过测试和分析研究能够证明改进符合安全设计，大部分规范规定允许设计师偏离指定的标准。

2.2 荷载

结构必须均衡，保证在荷载作用下不会失效或变形过大，所以工程师必须特别小心地估计结构必须承受的可能荷载。尽管规范规定的设计荷载能满足大部分的建筑，设计师也必须考虑这些荷载是否作用在正在考虑的结构上。例如，若某结构的形状特殊（会导致风速加大），风荷载大小会明显偏离建筑规范规定的值。在这种情况下，设计师应该对模型实施风洞试验，估计合适的设计荷载。设计师同时也要预测结构功能（因此而必须承担的荷载）在将来是否改变。例如在原先根据小荷载设计的区域布置更加沉重的设备，若这种可能存在，设计师要确定加大规范规定的荷载。设计师通常将荷载区分为两种：恒载与活载。

2.3 恒载

与结构以及其他永久成分（地板、天花板、管道等）的自重相关的荷载称作恒载。由于在确定构件尺寸之前得不到精确的恒载值，但又必须使用它计算确定构件尺寸，因此它的大小最初必须估计。在构件尺寸确定与建筑构造最终完成后，才能得到更加精确的恒载。若计算的恒载值与最初估计的荷载值近似（或略少于），分析就可以完成。但是如果估计的荷载值与计算的荷载值有较大的出入时，设计师应该采用加大后的恒载值修正计算。

大部分建筑中楼板正下方的空间容纳了各种公用管道和设备的支撑，包括风道、水与污水管道、导线管、电灯器具。设计师不会试图确定精确的恒载值与各自的位置，而是在楼板的自重基础上增加了 $10 \sim 15 \text{lb/ft}^2$（$0.479 \sim 0.718 \text{kN/m}^2$）重的荷载，保证楼板、柱、及其他结构构件的强度满足要求。

2.3.1　构架楼板体系的恒载分布

　　许多楼板体系都由支承在矩形网格梁上的钢筋混凝土板构成。支承梁降低了板的跨度，允许设计师降低板的厚度和重量。传递到楼板梁的荷载取决于梁形成的网格几何形状。为了深入理解板上特定区域的荷载如何传递到支承梁，我们将分析图 2.1 中的三种情况。第一种情况，边梁支承均匀承载的方板 [见图 2.1（a）]。我们根据对称推断板外边缘的每根梁承担同样的三角荷载。事实上，在每根梁承受三角荷载的情况下，若 x 与 y 方向均匀配筋的同类型板在均匀荷载作用下破坏，沿着主对角线将会出现较大裂缝。某根梁所分担的板的区域称作梁的从属面积。

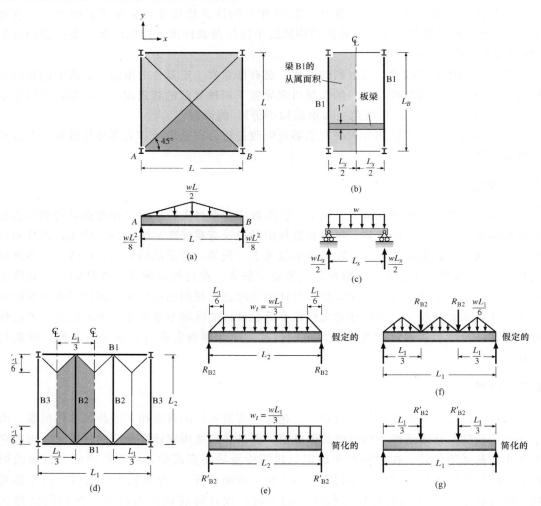

图 2.1　从属面积的概念

（a）方板，所有边梁均分担三角形区域；（b）两根边梁均匀分担荷载；（c）分图（b）中 1ft 宽板上的荷载；（d）阴影部分是梁 B1 与 B2 的从属面积；所有对角线的倾角均为 45°；（e）上图显示分图（d）中梁 B2 上最可能的荷载；下图是梁 B2 上简化的分布荷载；（f）分图（d）中梁 B1 最可能的荷载；（g）梁 B1 上简化的荷载分布

　　第二种情况，我们考虑支承在两对边平行梁上的矩形楼板［见图 2.1（b）］。像这种情况，若我们认为均匀承载的 1ft 宽板带像横跨在间距为 L_s 的梁 B1 与 B2［见图 2.1（b）］之间的一根梁一样，我们可以看到板上的荷载在边梁之间均匀平分，即每根梁端承受均匀的荷载 $wL_s/2$［见图 2.1（c）］，每根梁的从属面积是从梁的中心线向里延伸 $L_s/2$ 到板的中心线形成的矩形区域。

　　第三种情况，如图 2.1（d）所示，承受均布荷载 w 的板支承在矩形网格的梁上。图 2.1（d）中阴影部分是一个内梁与外梁的从属面积。每根内梁 B2［见图 2.1（d）］承受梯形荷载。边梁 B1 承受由两内梁传递并作用在三等分点上的荷载，同时也承受少部分的板内三角区域的荷载［见图 2.1（f）］。若板的长宽比近似于或大于 2，梁 B2 上的实际分布荷载通过保守假定可以简化，即总线荷载 $w_t = wL_1/3$ 沿着长度均匀分布，得到反力 R'_{B2}。处于这种情况下的梁 B1，我们可以假定均匀受荷的梁 B2 的反力 R'_{B2} 类似于集中力作用在三等分点上［见图 2.1（g）］，以此简化分析。

　　表 2.1（a）中列出了常用建筑材料的单位重量，表 2.1（b）包含了建设中频繁使用的建筑构件的重量。我们将通过例子和习题来运用这些表格。

表 2.1　　　　　　　　　　　　　典 型 的 设 计 恒 载

（a）材料重量

物　　质	重量/[lb/ft³(kN/m³)]	物　　质	重量/[lb/ft³(kN/m³)]
钢	490（77.0）	砌块	120（18.9）
铝	165（25.9）	木材	
钢筋混凝土		美国长叶松	37（5.8）
普通混凝土	150（23.6）	花旗松	34（5.3）
轻混凝土	90～120（14.1～18.9）		

（b）构件重量

构　　件	重量/[lb/ft³(kN/m³)]	构　　件	重量/[lb/ft³(kN/m³)]
天花板		2in 厚隔离物	3（0.14）
悬挂于金属板条的石膏板	10（0.48）	墙与隔板	
含隔音纤维瓷砖的石膏板和槽形天花板	5（0.24）	石膏板（1in 厚）	4（0.19）
地板		砌块（每 1in 厚）	10（0.48）
每英寸厚的钢筋混凝土板		空心混凝土块（12in 厚）	
普通混凝土	12½（0.60）	重集料	80（3.83）
轻混凝土	6～10（0.29～0.48）	轻集料	55（2.63）
屋盖		黏土砖（6in 厚）	30（1.44）
三层沥青毡砂砾	5½（0.26）	2×4 支柱，中心间距 16in，两面为 1/2in 石膏板	8（0.38）

　　例 2.1 与例 2.2 介绍了恒载的计算。

　　【例 2.1】　三层沥青毡与砾石屋盖及其下方的 2in 厚的隔热板支承在 18in 高、翼缘

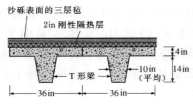

沙砾表面的三层毡

2in 刚性隔热层

4in

10in
（平均）

14in

T 形梁

36in   36in

图 2.2 钢筋混凝土梁的截面

3in 宽的预制钢筋混凝土梁上（见图 2.2）。假设隔热材料重 3lb/ft²，沥青屋盖重 5.5lb/ft²，试确定每根梁必须承担的沿长度线性分布的总恒载。

解：

梁重如下：

翼缘 $\dfrac{4}{12}$ft$\times\dfrac{36}{12}$ft$\times$1ft$\times$150lb/ft³$=$150(lb/ft)

梁 $\dfrac{10}{12}$ft$\times\dfrac{14}{12}$ft$\times$1ft$\times$150lb/ft³$=$145(lb/ft)

隔热 3lb/ft²$\times$3ft$\times$1ft$=$9(lb/ft)

屋盖 $5\dfrac{1}{2}$lb/ft²$\times$3ft$\times$1ft$=$16.5(lb/ft)

总$=$320.5lb/ft，约 0.321kip/ft

【例 2.2】 小型建筑的钢框架设计如图 2.3（a）所示。5in 厚的钢筋混凝土楼板［见图 2.3（b）断面 1－1］支承在钢梁上。梁相互之间及与柱子之间通过角钢连接，见图 2.3（c）。假定角钢为梁提供了类似的铰支座；即能传递竖向荷载，但不能传递弯矩。重 1.5lb/ft² 的隔音天花板通过近间距的吊架悬挂在混凝土板下，可以作为楼板的附加荷载处理。为考虑位于楼板与天花板（由楼板上的吊架支承）之间的输送管、配管等重量，可以假定附加恒载为 20lb/ft²。设计师最初估计梁 B1 重 30lb/ft²，轴线 1 和 2 上的 24in 的主梁重 50lb/ft²。确定梁 B1 与大梁 B2 的恒载分布。

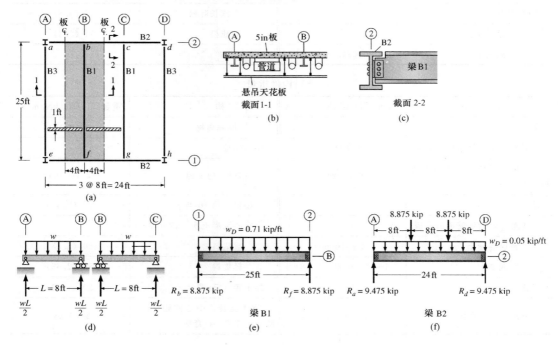

图 2.3 主梁和次梁的静荷载确定

解:

我们假定梁 B1 两侧的板中心线之间（从属面积）的所有荷载均由梁 B1 承担［见图 2.3（a）中的阴影部分］。换句话说，像以前讨论的一样，为计算传到梁上的板面荷载，我们把板处理为一系列紧密的宽 1ft 的简支梁，横跨在轴线 A 和 B 及轴线 B 和 C 上的梁之间［见图 2.3（a）中斜线阴影区域］。一半的荷载 $wL/2$ 会传到每根梁上［见图 2.3 (d)］，作用在钢梁上的单位长度上总的作用为 $wL=8w$［见图 2.3（e）］。

梁 B1 单位长度上的总恒载：

板重 $$1\text{ft} \times 1\text{ft} \times \frac{5}{12}\text{ft} \times 8\text{ft} \times 150\text{lb/ft}^3 = 500(\text{lb/ft})$$

天花板重 $$1.5\text{lb/ft}^2 \times 8\text{ft} = 12(\text{lb/ft})$$

管道等重 $$20\text{lb/ft}^2 \times 8\text{ft} = 160(\text{lb/ft})$$

预估梁重 $$= 30(\text{lb/ft})$$

总计 702lb/ft，约 0.71kip[❶]/ft

图 2.3（e）和（f）是每根梁及其承担荷载的草图。梁 B1 的反力（8.875kip）像集中荷载一样作用在轴线 2［图 2.3（f）］上的主梁 B2 的三等分点。均布荷载 0.05kip/ft 是大梁 B2 的估计自重。

2.3.2 柱子的从属面积

为确定从楼板传递到柱子的恒载，设计师可以①确定传递到柱子上的梁的反力；或②柱子周围板的从属面积乘以板上的单位荷载。柱子的从属面积是指板的中心线分割形成的柱子周围的区域。在两种柱子荷载计算方法中，从属面积法更普遍。图 2.4 中的阴影区域是角柱 A1、内柱 B2、端柱 C1 的从属面积。位于建筑周围的端柱除了承受地板荷载外，还承受墙载。

通过比较图 2.4 中板系的从属面积，当柱子的间距在两个方向近似相同时，内柱承受的板荷载约是角柱的 4 倍。当我们使用从属面积法估计柱子的荷载时，我们没有考虑楼面梁的位置，但考虑了它们的重量。

在计算柱荷载的两种方法中，从属面积使用更为普遍是因为设计师也采用它计算设计规范规定的活荷载，传递到柱子的活载部分是从属面积减函数，既当从属面积增加时，活载折减加大。如果柱子支承大型区域，则折减系数最大可达 40%～50%。我们在 2.4.1 节中将给出 ASCE 7-98 规定的折减系数。

【例 2.3】 运用从属面积法计算图 2.4 中柱 A1、B2、C1 承担的楼板恒载。重 75lb/ft² 的 6in 厚钢筋混凝土板构成了楼板体系。板梁、管道以及悬挂在楼板下方的天花板的重量假定为 15lb/ft²。边梁支承的预制外墙重 600lb/ft²。

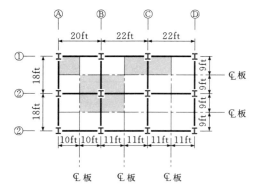

图 2.4 阴影部分是柱 A1、B2、C1 的从属面积

[❶] 英制单位，千磅，1kip=4.448kN。

解：

楼板总荷载：

$$D=75+15=90\text{lb/ft}^2=0.09(\text{kip/ft}^2)$$

柱 A1 的恒载：

从属面积

$$A_t=9\times10=90(\text{ft}^2)$$

楼板重

$$A_tD=90\times0.09\text{kip/ft}^2=8.1(\text{kip})$$

$$外墙重=均布荷载(长度)=(0.6\text{kip/ft})\times(10+9)=11.4(\text{kip})$$

$$总计=19.5(\text{kip})$$

柱 B2 的恒载：

从属面积 $=18\times21=378(\text{ft}^2)$

总恒载 $=378\text{ft}^2\times0.09\text{kip/ft}^2=34.02(\text{kip})$

2.4 活载

2.4.1 建筑荷载

能移动至结构上或离开的荷载归类为活荷载。活荷载包括人体、家具、机器、及其他设备的重量。活荷载可以随时间改变，特别是建筑功能发生改变时。规范为各种建筑规定了活荷载，保守地确定可能因建筑使用引起的最大荷载值。建筑规范规定了国家不同区域的设计活荷载。当前，许多州与城市的活载大小与设计程序规范基于 ASCE 标准，该标准建立了设计荷载值与正常运行的实际建筑的关系，并随时间改进。在确定构件尺寸时，设计师必须考虑短期施工活载，特别是当荷载较大时。过去许多建筑事故发生在施工过程中，当重型建设材料集中堆积于结构的楼板或屋盖的小区域内时，由于没有充分栓接或支撑，构件的承载能力比潜在的容许能力小。

ASCE 标准为各类建筑规定了均匀分布活载的最小值（见表 2.2）。像停车场这类结构同时也承受着集中荷载，标准要求确定构件内力时需同时考虑均布与集中荷载，结构设计是基于产生最大应力的荷载条件。例如，像停车场这种情况，ASCE 标准规定设计的构件必须要么承受均布荷载 40lb/ft² 要么承受在 20.25in² 受集中力 3000lb——两者中取较大值。

表 2.2   **典型的设计活荷载**

设 计 用 途		活载/[lb/ft²(kN/m²)]
装配区与剧院	固定座位（固定在地板）	60（2.87）
	大厅	100（4.79）
	舞台	150（7.18）
图书馆	阅览室	60（2.87）
	书库	150（7.18）
办公建筑	大厅	100（4.79）
	办公室	50（2.40）

续表

设 计 用 途		活载/[lb/ft² (kN/m²)]
旅馆	居住阁楼与睡觉区域	30 (1.44)
	储藏阁楼	20 (0.96)
	所有其他区域	40 (1.92)
学校	教室	40 (1.92)
	一层以上走廊	80 (3.83)

ASCE 标准详细说明了视隔墙为活荷载。设计者通常直接在厚重的砖石墙下布置梁并作为支撑来承受墙自重。如果房主想灵活拆墙或是偶尔重新布置房间或实验室，设计者应允许楼板承受一定的活荷载。假设隔离区是轻重量的（例如立柱墙每边 1/2 的石膏板），在楼板上额外至少有均布荷载 15lb/ft²（0.479kN/m²）是允许的。类似的，在容有重型试验设备的厂房或实验室中，其允许的真实荷载可能比规定值大 3～4 倍或更多。

ASCE 标准对屋顶详细说明了最小活荷载设计值，把这作为在普通公寓人字形或曲型屋面的一个均布有效荷载。但是，屋面活荷载设计值必须同时包括机械设备重量，特色建筑物的重量，以及在施工中潜在的活荷载，最后还包括结构的寿命。

2.4.2 活载折减

构件的从属面积较大时，区域内每点的活载都达到最大值的可能性要比小面积的小。建筑规范允许具有大型从属面积的构件折减其活荷载。活荷载大小参见表 2.2。对于这种情况，ASCE 标准允许设计活荷载 L_0 的折减，影响区域 $K_{LL}A_T$ 大于 400ft²（37.2m²）时，运用下面的等式计算。然而，对于支承一个楼板或部分单层楼板的构件，折减后的活荷载必须大于 L_0 的 50%，对于支承二层或更多的构件，不小于 L_0 的 40%：

$$L=L_0\left(0.25+\frac{15}{\sqrt{K_{LL}A_T}}\right) \text{（美国通用单位）} \tag{2.1a}$$

$$L=L_0\left(0.25+\frac{4.57}{\sqrt{K_{LL}A_T}}\right) \text{（国际单位）} \tag{2.1b}$$

式中 L_0——表 2.2 中的设计荷载；

L——活荷载折减值；

A_T——从属面积，ft²（m²）；

K_{LL}——活荷载构件因子，内柱和无悬挑板的外柱为 4，内梁和无悬挑板的外梁为 2。

通过以下 ASCE 标准屋面最小均布活荷载允许适当折减：

$$L_r=L_0R_1R_2$$

式中 L_0——屋面活荷载设计值；

L_r——屋面活荷载折减值，对于普通平板，人字形或曲型的屋顶，取值应在 12psf $\leq L_r \leq$ 20psf（国际单位制为 0.58m² $\leq L_r \leq$ 0.96m²）。

对于 $A_T \leq$ 200ft²（18.58m²）时 $R_1=1$；对于 $A_T \geq$ 600ft²（55.74m²）时 $R_1=0.6$；对于 200ft²$<A_T<$600ft²（18.58m²$<A_T<$55.74m²）时 $R_1=1.2-0.01A_T$（国际单位制为 $R_1=1.2-0.01A_T$）。

对于平板屋顶 $F \leqslant 4$ 时 $R_2 = 1.0$；$4 < F < 12$ 时 $R_2 = 1.2 - 0.05F$，当 $F \geqslant 12$ 时 $R_2 = 0.6$。这里 $F =$ 每抬起 1ft 斜屋顶坡度所需的英寸（国际单位制中，$F = 0.12 \times$ 斜率，斜率为百分比形式）。

对于支承超过一层楼板的柱子或梁，A_T 表示所有层的从属面积之和。

请注意，ASCE 标准对于特殊用房的活荷载折减只做了有限数量的规定。当在公共密集区域或是活荷载很高（$>100\mathrm{psf}$ ❶）时，活荷载设计者不允许折减。

【例 2.4】　如图 2.5（a）与（b）中所示的三层建筑，试计算下列一层构件的设计活载：①板梁 A；②主梁 B；③内柱 2B。假定所有层包括屋盖的活载 L_0 设计值为 $50\mathrm{lb/ft^2}$。

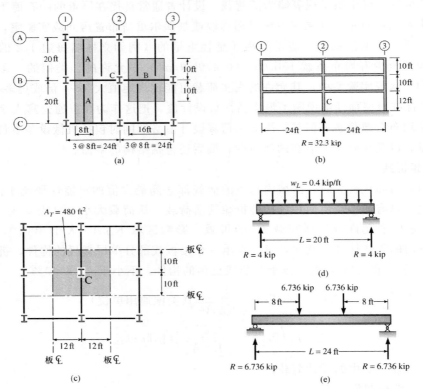

图 2.5　活荷载折减

（a）平面图；（b）立面图；（c）柱 C 所示的阴影部分为附属面积；（d）梁 A；（e）梁 B

解：

（1）板梁 A。

跨度为 20ft

从属面积
$$A_T = 8 \times 20 = 160 (\mathrm{ft^2})$$
$$K_{LL} = 2$$

确定活载是否折减：

---

❶　英制单位，磅每平方英尺，$1\mathrm{psf} = 0.04788\mathrm{kPa}$。

$$K_{LL}A_T = 2A_T = 2 \times 160 = 320(\text{ft}^2) < 400\text{ft}^2$$

因此，活荷载不需要折减。

计算梁上的均布荷载：

$$w = 50 \times 8 = 400\text{lb/ft} = 0.4(\text{kip/ft})$$

见图 2.5（d）中的荷载与反力。

（2）主梁 B。

板梁的反力加在主梁 B 的三等分点。它的从属面积是从它的纵轴向外延伸 10ft 到它两侧的板的中心 [见图 2.5（a）中的阴影区域]；所以

$$A_T = 20 \times 16 = 320(\text{ft}^2)$$
$$K_{LL}A_T = 2 \times 320 = 640(\text{ft}^2)$$

因为 $K_{LL}A_T = 640\text{ft}^2 > 400\text{ft}^2$，允许折减活荷载。运用式（2.1a）。

$$L = L_0\left(0.25 + \frac{15}{\sqrt{K_{LL}A_T}}\right) = 50 \times \left(0.25 + \frac{15}{\sqrt{640}}\right) = 50 \times 0.483 = 42.1(\text{lb/ft}^2)$$

因为 $42.1\text{lb/ft}^2 > 0.50 \times 50 = 25\text{lb/ft}^2$（下限值），故仍取 $w = 42.1\text{lb/ft}^2$。

$$\text{三等分点的荷载} = 2 \times \left(\frac{42.1}{1000} \times 8 \times 10\right) = 6.736(\text{kip})$$

设计荷载结果如图 2.5（e）所示。

（3）一层柱 C。

图 2.5（c）中的阴影区域是每层内柱的从属面积。计算每一层楼的从属面积：

$$A_T = 20 \times 24 = 480(\text{ft}^2)$$

用式（2.1c）计算屋面活荷载折减系数：

$$R_1 = 1.2 - 0.001A_T = 0.72$$
$$R_2 = 1.0$$

屋面活荷载设计折减值为：

$$L_{\text{roof}} = L_0 R_1 R_2 = 50 \times 0.72 \times 1.0 = 36.0(\text{psf})$$

计算其他两层的附属面积：

$$2A_T = 2 \times 480 = 960(\text{ft}^2)$$

于是 $K_{LL}A_T = 4 \times 960 = 3840\text{ft}^2 > 400\text{ft}^2$

所以，运用式（2.1a）折减活荷载（但不小于 $0.4L_0$）：

$$L_{\text{floor}} = L_0\left(0.25 + \frac{15}{\sqrt{K_{LL}A_T}}\right) = 50 \times \left(0.25 + \frac{15}{\sqrt{3840}}\right) = 24.6(\text{lb/ft}^2)$$

因为 $24.6\text{lb/ft}^2 > 0.4 \times 50\text{lb/ft}^2 = 20\text{lb/ft}^2$（下限值），取 $L = 24.6\text{lb/ft}^2$。

柱荷载 $= A_T L_{\text{floor}} + 2A_T L_{\text{floor}} = 480 \times 36.0 + 960 \times 24.6 = 40896(\text{lb}) = 40.9(\text{kip})$。

2.4.3 冲击

通常建筑规范规定的活荷载大小都按静力处理，因为大部分的荷载（桌子、书柜、档案橱柜等）都是固定的。若荷载瞬间作用，它们会产生附加的冲击力。当移动物体（电梯突然停下）作用在结构上时，结构会产生变形并吸收该物体的动能。作为动力分析的另一种方法，通过冲击因子的放大将动荷载作为静荷处理。表 2.3 中列出了大部分支承的冲击

因子 I。

表 2.3　　　　　　　　　　　**活 荷 载 冲 击 因 子**

加 载 情 况	冲击因子 $I/\%$
升降机及其机器的支承	100
轻型机械，轴或发动机的支承	20
循环运作的机器或电动装置的支承	50
楼板与阳台的吊架	33
有司机操作的滑动起重机的支承大梁及其连接	25

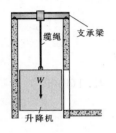

图 2.6　支承升降机的梁

【例 2.5】　确定图 2.6 中支承升降机的梁所承受的设计集中荷载。升降机重 3000lb，最多容纳 6 个平均重 160lb 的人。

解：

从表 2.3 中获得对于所有升降机荷载的冲击因子 I，为 100%。因此升降机与乘客的重量必须翻倍。

总荷载 $= D + L = 3000 + 6 \times 160 = 3960$ (lb)

设计荷载 $= (D + L) \times 2 = 3960 \times 2 = 7920$ (lb)

2.4.4　桥梁

AASHTO 规范规定了公路桥设计标准，它要求工程师要么考虑单辆 HS20 卡车，要么考虑均布荷载和集中荷载，如图 2.7 所示。HS20 卡车主导了跨度不超过约 145ft 的小跨桥设计，均布荷载则主导着大跨桥的设计。

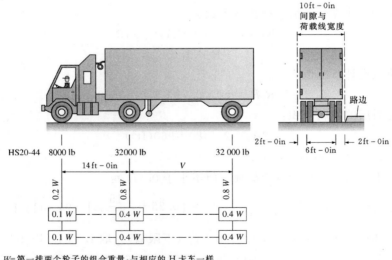

$W=$ 第一排两个轮子的组合重量，与相应的 H 卡车一样
$V=$ 间距变化-包括 14ft 至 30ft，运用间距得到最大的应力

(a)

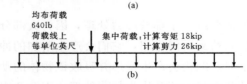

(b)

图 2.7　ASSHTO HS20-44 设计活荷载

由于移动的交通产生了冲击荷载，特别是路面粗糙起伏不平，卡车荷载必须通过下面的冲击因子放大。

$$I = \frac{50}{L+125} \qquad \text{（美国通用单位）} \qquad (2.2a)$$

$$I = \frac{15.2}{L+38.1} \qquad \text{（国际单位）} \qquad (2.2b)$$

但冲击因子没有必要大于 30%，L 是在跨度方向上构件产生最大应力部分的长度，单位是 $f(m)$。

跨长 L 在式（2.2）分母的位置说明了冲击附加力与跨长是反函数关系是跨长的减函数。换句话说，因为大跨相比小跨有更多的和更长的固有周期更加重，固有周期更长，所以动荷载在小跨桥上产生更大的冲击力。

铁路桥设计使用的 AREMA 铁道工程手册涵盖了 Cooper E80 荷载（见图 2.8）。荷载包括两个火车头及其后面的以均布荷载代表重量的运货车车厢。AREMA 手册也提供了关于冲击的等式。因为 AASHTO 与 Cooper 加载要求使用影响线确定在桥梁构件的各个点产生最大内力的车轮相应位置，阐述车轮荷载运用的设计例子将放在第 9 章。

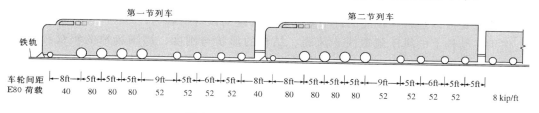

图 2.8　AREMA E80 铁路荷载

2.5　雪荷载

在寒冷地区，我们需要考虑屋顶上的雪荷载。对于平屋顶（斜率 $\leqslant 5°$，$1\text{in/ft} = 4.76°$），ASCE 标准给予了如下的雪荷载设计值计算：

$$p_f = 0.7 C_e C_t I p_g \qquad (2.3)$$

式中　p_g——基本雪压；

　　　C_e——迎风系数（迎风面取 0.7，背风面取 1.3）；

　　　C_t——热量系数（无暖气的建筑取 1.2，有暖气的建筑取 1.0，但温室除外）；

　　　I——结构重要性系数，它取决于结构的种类，代表了对于社会一个特定结构若在毁坏后的重要性；对于不同的负载情况如雪、冰、风和地震荷载，都有不同的数值。

建筑结构重要性有 4 种。种类Ⅰ代表对于人类生活只有轻度危害的结构，如农业的或小型存储设施。种类Ⅱ则是除种类Ⅰ、Ⅲ和Ⅳ的其他种类，如典型的办公和居民建筑。种类Ⅲ代表对于人类生活有重大危害的结构，如 300 以上及 300 人的公共聚集场所、小学、发电站和通信设施。种类Ⅳ代表了基础设施，如医院、急诊、消防和公安设施。雪荷载计算时，Ⅰ分别取 0.8、1.0、1.1 和 1.2 对应各自的种类Ⅰ、Ⅱ、Ⅲ、Ⅳ。

对于特定的地点，ASCE 标准或当地建筑法规给出了其基本雪压 p_g（例如，波士顿

的基本雪压为 $40lb/ft^2$，芝加哥的为 $25lb/ft^2$）。

当屋顶的斜率超过 5°时，ASCE 标准对斜屋顶的雪荷载设计值 p_s 给出如下计算：

$$p_s = C_s p_f \tag{2.4}$$

式中　C_s——屋面斜率系数，当屋面斜率增加时，其值从 1 递减；

　　　p_f——平屋顶雪压［来自于式（2.3）］。

屋面斜率系数 C_s 取决于屋面的斜率。热量系数 C_t，还取决是否屋面是无障碍的光滑屋顶或是有无障碍的非光滑屋顶。例如，沥青屋面板是非光滑屋面，所以它将在屋顶约束积雪。另外，雪荷载设计值还应考虑屋面的形状。

在设计屋面时，我们还需考虑其他雪荷载状况，如雪堆、部分不均匀荷载、易动的积雪、超负荷的雨和雪，还有因雨夹雪或学融水而产生不稳定的水洼。

2.6　风荷载

2.6.1　引言

我们已经从飓风或龙卷风引起的事故中观察得知，疾风会产生很大的作用力。因为风的速度与风向持续变化，风作用在结构上的精确压力或吸力很难确定。然而认识到风与液体类似，还是可以理解其性能的许多方面获得合理的设计荷载。

作用在结构上的风压值取决于风速、结构的形状与刚度、周围场地的粗糙程度及外形、邻近结构的影响。当风在其路径上冲击到某物体上，气体的动能将转化为风压 q_s，由下面式子得到：

$$q_s = \frac{mV^2}{2} \tag{2.5}$$

式中　m——气体的质量密度；

　　　V——风速。

风压随着气体的密度以及风速的平方变化而变化，气体密度是温度的函数。

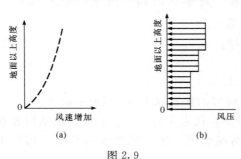

图 2.9

（a）风速随离地面高度变化而变化；（b）建筑规范规定的建筑迎风面的风压变化

场地表面与风的摩擦严重影响了风速。例如，风刮过大型开阔、铺筑过的区域（例如机场的跑道）或水面时，它的速度减缓相比摩擦较大的粗糙、植被区域要小得多。靠近地面时，气体与地表之间的摩擦降低了风速。然而在高空，摩擦的影响很小，而风速更大。图 2.9（a）给出了随离开地面的高度变化的风速近似值。这些信息由能够测风速的风力计设备提供。

风压也取决于风撞击表面的形状。对于截面为流线型的物体，风压非常小，对于钝或凹截面的物体风不能平缓地通过，此时风压最大（见图 2.10）。体型对风压的影响通过体型系数考虑，在一些建筑规范中制成了表格。

作为根据风速计算风压的另一种方法，一些建筑规范规定了等效的水平风压。该压力随着离地面高度的增加而增加［见图 2.9（b）］。风作用产生的力假定为风压与建筑物表

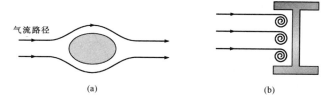

图 2.10 形状对体型系数的影响

（a）曲线表面使气体容易沿物体周围穿过（系数小）；（b）陷入
翼缘的风增加了梁腹板的压力（阻力系数大）

面面积或其他结构表面面积的乘积。

当风通过斜屋面时［见图 2.11（a）］，为了保持气流的连续性，它一定会增加速度。当风速增大时，作用在屋盖上的压力会降低（柏努利原理）。压力的降低会产生浮力——如风刮过飞机的翼缘——能吹走锚固不良的屋盖。当风加速穿过建筑物时，类似的负压力会在平行于风向的建筑物的两个侧面产生，背风面产生的负压力较小［见图 2.11（b）中的两侧面 AB 和背风面 BB］。

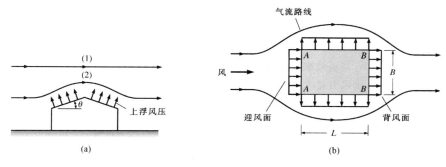

图 2.11

（a）斜屋盖的上扬力；沿路径 2 的风速比路径 1 的大是因为路径距离长；风速的增加降低了屋顶的压力，产生了建筑内外的压力差；浮力是角度 θ 的函数；（b）风速的增加引起了侧面与背风面上的负压力（吸力），正压力作用在迎风面 AA 上

漩涡脱落。当风以恒速在它的路径上穿过物体时，气粒会因为与表面的摩擦而受到阻碍。在一定条件下（临界风速与表面形状），许多受约束的小气团周期性的脱落和流逝（见图 2.12），这个过程称作漩涡脱落。当气团离开，它的速度引起气体脱落面上的压力变化。若漩涡离开表面的周期（时间间隔）与结构的固有周期相近，压力变化会导致结构的振动。这种激励随时间增加会使结构发生强烈振动。照片 2.1 中显示的塔科马海峡大桥事故是涡流造成灾害的生动例子。大型烟囱和悬挂管道是易受风致振动影响的结构。为避免涡流对振动敏感的结构带来破坏，可以将产生随机漩涡形状的阻流板（见图 2.13）或吸收能量的阻尼附在脱离表面。作为解决的另一种办法，可以调整结构的固有周期，使其处在涡流

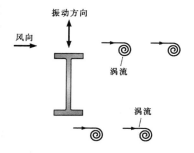

图 2.12 从钢梁上排出的漩涡。当涡流速度下降时，压力会下降，引起梁竖向运动

敏感区范围外。通常通过增加结构体系的刚度调整结构的固有周期。

照片 2.1 塔科马海峡大桥事故显示公路桥的第一节坠落到普吉特湾。
由风引起的过大共振导致了狭窄易变形的大桥的破坏

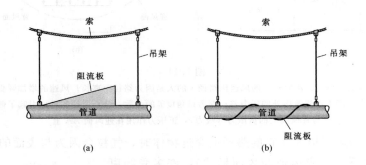

图 2.13 焊接在悬挂管道上的阻流板改变了漩涡的周期
（a）三角板用作阻流板；（b）焊接在管道上的螺旋杆用作阻流板

在塔科马海峡大桥事故发生后的几十年内，设计师在悬吊公路桥的侧面增加了刚性桁架，它有效地降低了桥板的挠度（见照片 2.2）。现在设计师采用空气动力型的箱形构件，它能有效地阻止风致变形。

2.6.2 抗风与抗震的结构支撑体系

建筑物的楼板通常都支承在柱子上。在竖直向下的恒载与活荷载（也叫重力荷载）作用下，柱子主要承受轴向压力。柱子在正应力状态下能有效地承受轴向荷载，假如业主要获得最大楼层空间，其相对较小的截面尺寸是令人满意的。

像风荷载或地震引起的惯性力等横向荷载作用在建筑上，会产生侧向位移。这些位移

照片 2.2 纽约港入口的韦拉察诺海峡大桥，连接了斯塔岛与布鲁克林，1964 年开始投入运行。
照片显示的位于桥面处的刚性桁架减弱了风致振动

在建筑的基础处为零，随着高度而增加。因为细长柱子截面相对较小，它们的抗弯刚度较小，因此若柱子是建筑物中唯一的支承构件，则会发生较大的侧向位移。这些侧向位移导致隔离墙开裂，破坏公用管线，导致住户患晕动病（特别是多层建筑的顶部几层，影响最明显）。

为了限制侧向位移，结构设计师会在建筑内合适的位置加入配筋砌体或钢筋混凝土结构墙。这些剪力墙板内性质类似具有很大抗弯刚度的悬臂梁柱，其刚度值比这些所有柱子联合的刚度大好几级。因为剪力墙具有很大的刚度，通常假定由它将所有来自风和地震的横向荷载传递到基础上。因为横向荷载垂直作用在墙的纵轴上，就像剪力作用在梁上一样，我们称之为剪力墙［见图 2.14（a）］。事实上，这些墙必须要沿两个竖向边缘加强刚度，因为它们要在任何一个方向上抗弯。图 2.14（b）显示的是典型剪力墙的剪力图与弯矩图。

具有刚性板性质的连续楼板将荷载传递到墙体上，这称作隔板效应［见图 2.14（a）］。在风荷载作用下，楼板承受来自作用在外墙上的风压。在地震荷载作用下，当建筑物因地面运动弯曲时，楼板及其从属的建筑的联合质量决定了传到剪力墙的惯性力大小。

剪力墙可以置于建筑的内部或建筑的外墙上［见图 2.14（c）］。因为墙的抗弯刚度只在面内很大，所以两个方向都需布置剪力墙。在图 2.14 中标有 W_1 的两片剪力墙抵抗建筑物短侧面上沿东西方向上作用的风荷载；标有 W_2 的四片剪力墙抵抗建筑物长侧面上的沿南北方向上作用的风荷载。

在采用钢结构建造的建筑中，作为取代剪力墙的另一种办法，设计师可以在柱子之间增加 X 形或 V 形的十字撑形成抗风深桁架，它们在桁架面内具有很大的刚度［见图 2.14（d）和照片 2.3］。

2.6.3 预测设计风压的方程

建立建筑物表面风压的主要目的是确定抗风体系构件的内力，并确定这些构件的尺

照片 2.3 在支撑平面内，剪刀撑与梁和柱紧密连在一起形成了一个竖向不间断的桁架，不仅（从基础到屋顶）延长了建筑物的高度，而且还创造了一个轻质高强的结构构件将侧向风荷载和地震力传至基础

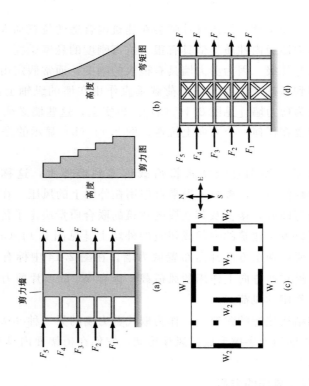

图 2.14 抵抗来自风或地震的横向荷载的结构体系

（a）钢筋混凝土剪力墙承担所有横向风荷载；（b）分图（a）中建筑物迎风面与背风面的风荷载之和产生的剪力图与弯矩图；（c）剪力墙与柱子的位置布置；（d）钢柱之间的十字撑形成桁架将横向风荷载传递到基础

寸。本节我们将讨论利用简化格式估计风压的程序，这些格式基于 ASCE 最新版的规定。

若以 59℉（15℃）时的空气质量密度代入式（2.3a），静态风压的等式将变为

$$q_s = 0.00256V^2 \quad \text{（美国通用单位）} \tag{2.6a}$$

$$q_s = 0.613V^2 \quad \text{（国际单位）} \tag{2.6b}$$

式中　q_s——静态风压，$\text{lb/ft}^2(\text{N/m}^2)$；

　　　V——基本风速，m/s。

利用基本风速可以建立美国陆地某个区域的设计风荷载，其值描绘在图 2.15 中的地图上。这些风速通过置于开阔地区离地面 33ft（10m）处的风速计测得，年超越概率为 2%。注意沿着海岸会产生很大的风速，因为风与水面之间的摩擦是最小的。

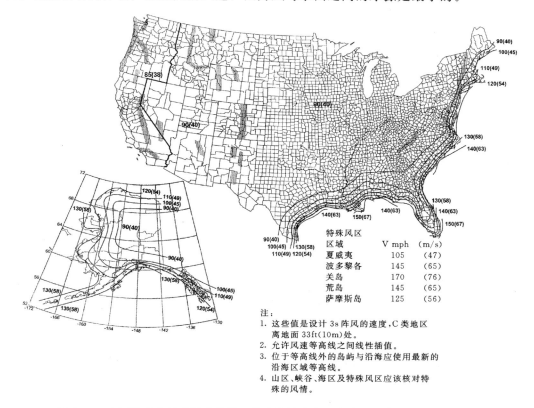

图 2.15　ASCE 基本风速等高线图。最大的风速发生在美国的东海岸与东南海岸

由式（2.4a）或式（2.4b）得到的静态风压将在式（2.5）中修正，通过四个经验因子确定离开地面各个高度的速度风压值。

$$q_z = 0.00256V^2 IK_zK_{zt}K_d \quad \text{（美国通用单位）} \tag{2.7a}$$

$$q_z = 0.613V^2 IK_zK_{zt}K_d \quad \text{（国际单位）} \tag{2.7b}$$

或运用式（2.4a），我们用 q_s 取代式（2.5）的前两项得到

$$q_z = q_sV^2 IK_zK_{zt}K_d \tag{2.8}$$

式中 q_z——离地面高度 z 处的速度风压；

      I——重要系数，代表了结构对公众的重要性；例如对于办公建筑 $I=1$，但对于医院、警局、或其他对于安全和公众利益很重要的公共场所、或发生事故会造成大量人员伤亡的地方，I 会增至 1.15；若结构事故不会带来严重的经济损失或危害公众，并且 V 超过 100mph❶，I 降至 0.87～0.77；

     K_z——风压高度变化系数，考虑了离地高度的影响和地形条件，考虑了三种地面粗糙（B～D）条件：

          B：城市及市郊地区，或具有低层建筑的森林地区；

          C：障碍物高度小于 30ft（9.1m）的开阔地区；

          D：风从大于 5000ft（1.524km）或 20 倍于建筑物高度远（二者取较大值）的开阔水面吹来的平原空旷地区；

          K_z 值列于表 2.4，并如图 2.16 所示；

     K_{zt}——地形系数，地面上的建筑物为 1；若建筑物位于一个高度的场地（山顶），考虑到风速的增加，K_{zt} 将增大；

     K_d——风向系数，考虑来自任一给定方向的最大风速降低的可能，及在任一给定风向上风压降低的可能（见表 2.5）。

  建立设计风压 p 的最后一步是通过另外的因子 G 和 C_p 修正由式（2.5a）或式（2.5b）得到 q_z：

$$p=q_zGC_p \qquad\qquad (2.9)$$

式中 p——建筑物某一外表面的设计风压；

     G——阵风影响系数，对于刚性结构是 0.85；即其固有周期小于 1s。对于固有周期大于 1s 的柔性结构，G 的大小可以在 ASCE 标准中获得；

     C_p——外部压力系数，它建立了风压［由式（2.5a）或式（2.5b）得到］是如何分配到建筑物每个表面的关系（见表 2.6）。垂直作用在建筑物的迎风面，$C_p=0.8$。在背风面，$C_p=-0.2$～-0.5。负号说明了沿建筑物表面向外作用。C_p 值是建筑物平行于风向的长度 L 与垂直于风向的长度 B 之比的函数。必须根据建筑物迎风面与背风面的风荷载之和才能确定主抗风体系的尺寸。另外，垂直于风向的两侧，也会产生负压，$C_p=-0.7$。

表 2.4   风压高度变化系数 K_z

离地高度 z		地面粗糙程度		
ft	m	B	C	D
0～15	(0～4.6)	0.57 (0.70)①	0.85	1.03
20	(6.1)	0.62 (0.70)	0.90	1.08
25	(7.6)	0.66 (0.70)	0.94	1.12

---

❶ 速度单位，英里每小时，1mph=0.44704m/s。

续表

离地高度 z		地面粗糙程度		
ft	m	B	C	D
30	(9.1)	0.70	0.98	1.16
40	(12.2)	0.76	1.04	1.22
50	(15.2)	0.81	1.09	1.27
60	(18)	0.85	1.13	1.31
70	(21.3)	0.89	1.17	1.34
80	(24.4)	0.93	1.21	1.38
90	(27.4)	0.96	1.24	1.40
100	(30.5)	0.99	1.26	1.43
120	(36.6)	1.04	1.31	1.48
140	(42.7)	1.09	1.36	1.52
160	(48.8)	1.13	1.39	1.55
180	(54.9)	1.17	1.43	1.58

① 适用于平均屋顶高度不超过 60ft（18m）的低矮建筑并且是最小的水平维度。

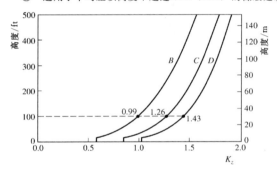

图 2.16 K_z 的变化

表 2.5 风 向 系 数

结 构 类 型		K_d
建筑物	主抗风体系	0.85
	构件与维护结构	0.85
烟囱、罐及类似结构	方形	0.90
	圆形	0.95
桁架塔	三角形、方形、矩形	0.85
	所有其他截面	0.95

表 2.6 外部压力系数 C_p

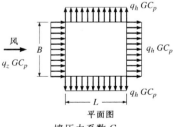

平面图

墙压力系数 C_p

表面	L/B	C_p	一道应用的系数
迎风墙	所有值	0.8	q_z
背风墙	0～1	−0.5	
	2	−0.3	q_h
	≥4	−0.2	
边墙	所有值	−0.7	q_h

注 1. 正号与负号表示风压正对着表面和背向表面作用。

2. 注意：B 为建筑物垂直于风向的水平尺寸，单位：ft（m）；L 是建筑物平行于风向的水平尺寸，单位：ft（m）。

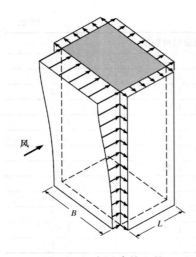

图 2.17 多层建筑上的
风荷载典型分布

风压只在向内作用的建筑的迎风面随高度而增加。在其他 3 个面上，向外作用的负风压值沿着高度是常量，K_z 值是基于屋盖高度的平均值 h 计算获得。图 2.17 所示是典型风压在多层建筑上的分布。例 2.6 阐述了高 100ft 的建筑 4 个面上的风压计算程序。

因为风能从任何一个方向作用在建筑上，设计师必须考虑风荷载在各种角度作用的可能。对于城市的高层建筑——特别是那些具有特殊外型的建筑——常采用小比例模型作风洞实验获得最大的风压。对于这些实验研究，影响气流方向的邻近高层建筑必须考虑在内。模型通常建在小平台上以便放入风洞内旋转，确定产生最大正压与负压的风向。

【例 2.6】 试确定在地表上 8 层旅馆 4 个侧面的风压分布，基本风速为 130mph。如图 2.18（a）所示，考虑劲风直接作用在建筑物的 AB 面上。假定建筑归为刚性，且固有周期少于 1s；所以阵风影响系数为 0.85。重要系数为 1.15，采用地形条件 D。因为该建筑位于地表，$K_{zt}=1$。

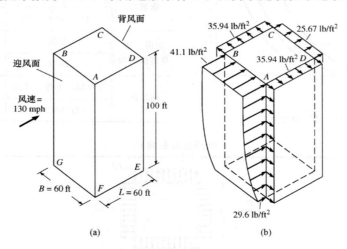

(a)   (b)

图 2.18 建筑物侧面的风压变化

解:

第一步 运用式（2.6a）计算静态风压：
$$q_s = 0.00256V = 0.00256 \times 130^2 = 43.26 (\text{lb/ft}^2)$$

第二步 运用式（2.7a）计算作用在离地表 100ft 的建筑顶部迎风面的风压值。
$$I = 1.15$$
$$K_z = 1.43 \quad (\text{图 2.16 或表 2.4})$$
$$K_{zt} = 1 (\text{地表})$$
$$K_d = 0.85 (\text{表 2.5})$$

把上述值代入式（2.8），可得离地 100ft 的风压

$$q_z = q_s I K_z K_{zt} K_d$$
$$= 43.26 \times 1.15 \times 1.43 \times 1 \times 0.85 = 60.4 (\text{lb/ft}^2)$$

注：为计算迎风面的其他高度的风压，在上述等式中只需改变列系数 K_z，列在表 2.4 中。例如在高度 50ft 处，K_z 为 1.27，$q_z = 53.64 \text{lb/ft}^2$。

第三步 运用式（2.9）确定迎风面 AB 的设计风压阵风影响系数 $G = 0.85$，$C_p = 0.8$（由表 2.6 得到）。

代入式（2.9），得到

$$p = q_z G C_p = 60.4 \times 0.85 \times 0.8 = 41.1 (\text{lb/ft}^2)$$

第四步 计算背风面的风压：

$$C_p = -0.5 (\text{表 2.6}), G = 0.85$$
$$p = q_z G C_p = 60.4 \times 0.85 \times (-0.5) = -25.67 (\text{lb/ft}^2)$$

第五步 计算垂直于风向的两侧面上的风压：

$$C_p = -0.7, G = 0.85$$
$$p = q_z G C_p = 60.4 \times 0.85 \times (-0.7) = -35.94 (\text{lb/ft}^2)$$

图 2.18（b）给出了风压的分布。

2.6.4 低层建筑风荷载的简化计算程序

除了以上论述的风荷载计算的程序外，对于封闭或半封闭、形状规则、高度不超过 60ft（18.2m）或不超过房屋水平尺寸的最小值且满足下面条件的低矮建筑，ASCE 标准提供了简化的程序。

1）楼板和屋面板必须设计为刚性板，与主抗风体系包括剪力墙、抗弯钢架、斜撑框架等连接。

2）建筑物应有相似的对称剖面，屋面的斜率不应超过 45°。

3）屋面倾角不超过 10°。建筑物视为刚性，即固有频率大于 1Hz（大多数低矮建筑的抗风体系如剪力墙、抗弯钢架、斜撑框架等都属于这个范畴）。

4）建筑物无明显扭转。

对于这样的规则矩形结构，可按如下步骤计算设计风压：

1）运用图 2.15 确定风速 V。

2）确定作用在墙上和屋顶的风压力设计值 p_s

$$p_s = \lambda K_{zt} I p_{s30} \tag{2.10}$$

这里，p_{s30} 是对应地形 B，$h = 30\text{ft}$ 和重要系数取值为 1 的简化风压力设计值（见表 2.7）。若重要系数不为 1，那将其代入式（2.10）。对于地形 C 或 D，或是 h 不为 30ft，ASCE 标准给予了调整系数 λ，见表 2.8。

在图 2.19 中，表明了风荷载作用下在横向和纵向上墙和屋顶上的分布力 p_s。

表 2.7 列出了建筑物墙和屋顶 8 个区域的平均风压力值。

- 正负号表示压力正向和背离作用在投影面上。
- 其他风速的压力在 ASCE 中也有表示。

如图 2.19 所示，这些区域分别标有序号（A～H）。表 2.7 列出了在 90mph 风速下建

表 2. 7   **简化风压设计值 p_{s30} (lb/ft^2)**

（B 类地形，$h=30$ft，$I=1.0$，$K_{zt}=1.0$）

基本风速 /mph	屋面倾角	压 力							
		水平压力				竖向压力			
		A	B	C	D	E	F	G	H
90	0°~5°	12.8	−6.7	8.5	−4.0	−15.4	−8.8	−10.7	−6.8
	10°	14.5	−6.0	9.6	−3.5	−15.4	−9.4	−10.7	−7.2
	15°	16.1	−5.4	10.7	−3.0	−15.4	−10.1	−10.7	−7.7
	20°	17.8	−4.7	11.9	−2.6	−15.4	−10.7	−10.7	−8.1
	25°	16.1	2.6	11.7	2.7	−7.2	−9.8	−5.2	−7.8
		—	—	—	—	−2.7	−5.3	−0.7	−3.4
	30°~45°	14.4	9.9	11.5	7.9	1.1	−8.8	0.4	−7.5
		14.4	9.9	11.5	7.9	5.6	−4.3	4.8	−3.1

表 2. 8   **建筑高度和地形调整系数 λ**

平均屋顶高度 h /ft	地 形		
	B	C	D
15	1.00	1.21	1.47
20	1.00	1.29	1.55
25	1.00	1.35	1.61
30	1.00	1.40	1.66
35	1.05	1.45	1.70
40	1.09	1.49	1.74
45	1.12	1.53	1.78
50	1.16	1.56	1.81
55	1.19	1.59	1.84
60	1.22	1.62	1.87

注 来自 ASCE 标准。

筑物的 p_{s30}；ASCE 标准给出了风速从 85mph 到 170mph 的完整数据。

图中的 a（见图 2.19 中 A、B、E 和 F 区域）是最大风压区域的长度，一般为建筑最小水平尺寸的 1/10 或为 0.4h。a 取较小值（h 为平均高度），但不低于最小水平尺寸的 4% 或 3ft（0.9m）。注意，在墙角和屋檐附近风压最大 ASCE 标准特规定作用在区域 A、B、C 和 D 的最小风压为 $p_s=10$psf，即使其他区域无荷载。

例 2.7 解释了运用简化的步骤来计算风压设计值，对高度 45ft 矩形建筑物进行风力分析。

【例 2.7】 图 2.15 给出了作用于图 2.20（a）中 45ft 高的三层建筑上的风速为 90mph。假设为 C 类地区，试确定由每道钢筋混凝土剪力墙传递到建筑基础的风荷载。位于建筑物每侧中心的这些剪力墙构成了主抗风体系，具有相同的尺寸，平均分担水平风荷载。结构重要系数 I 为 1，$K_{zt}=1.0$。

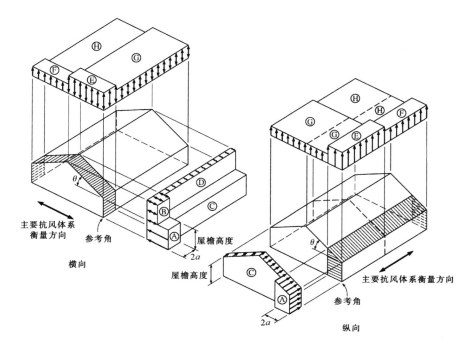

图 2.19 简化模型的风压设计值分布。见表 2.7 区域 A～H 的压力大小，
h＝60ft（来自 ASCE 标准）

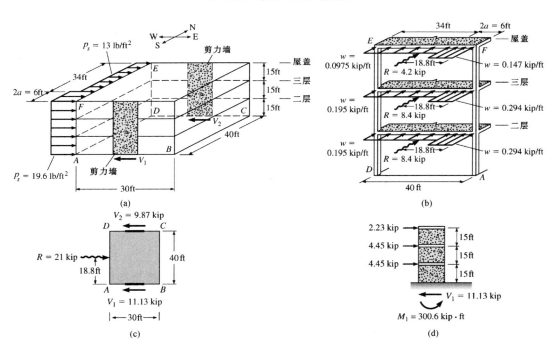

图 2.20 简化模型水平风压分析

（a）风压分布和结构受载细节；（b）荷载通过迎风墙作用到屋盖和楼板的边缘；（c）俯视图表示每道剪力墙
上合成后的风荷载；（d）在平面 ABDF 内的剪力墙断面展示了作用在楼板的风载和基础的反力

解：

计算从迎风面的墙上传递到屋盖和各层楼板的风荷载。假定每 1ft 宽的竖向墙带类似于横跨在高 10ft 的楼板之间的简支梁；这样楼层之间的风荷载的各一半分别传给假想梁两端的楼板 [见图 2.20 (b)]。

第一步 因为屋顶是平屋顶，$\theta=0$，查阅表 2.7 简化风压设计值 p_{s30}。

区域 A：$p_{s30}=12.8 \text{lb/ft}^2$

区域 B：$p_{s30}=8.5 \text{lb/ft}^2$

注意：因为该建筑没有斜屋顶，所以无需对 B 和 D 区域计算值 p_s。

第二步 地形系数 C，平均高度 $h=45 \text{ft}$，所以需对 C 类地区进行调整。见表 2.8，调整系数 $\lambda=1.53$。

计算风压力 $p_s = \lambda K_{zt} I p_{s30}$

区域 A：$p_s = 1.53 \times 1 \times 1 \times 12.8 = 19.584$ 约为 19.6lb/ft^2

区域 C：$p_s = 1.53 \times 1 \times 1 \times 8.5 = 13.005$ 约为 13lb/ft^2

第三步 计算从外墙传递到楼盖和各层楼板边缘的合力。

屋面板的线荷载 w [见图 2.20 (b)]

区域 A：$w = (15/2) \times (19.6/1000) = 0.147(\text{kip/ft})$

区域 B：$w = (15/2) \times (13/1000) = 0.0975(\text{kip/ft})$

二层与三层楼板总的线荷载

区域 A：$w = 15 \times (19.6/1000) = 0.294(\text{kip/ft})$

区域 B：$w = 15 \times (13/1000) = 0.195(\text{kip/ft})$

第四步 计算分布风压的合力。

屋面板：

$R_1 = 0.147 \times 6 + 0.0975 \times 34 = 4.197$，约为 4.2kip

二层与三层楼板

$R_2 = 0.294 \times 6 + 0.195 \times 34 = 8.394$，约为 8.4kip

总水平力 $= 4.2 + 8.4 + 8.4 = 21(\text{kip})$

第五步 确定合力的位置。对竖轴 AF 求和力矩 [见图 2.20 (c)]。

对底层楼板

$$R \bar{x} = \sum Fx$$

$$4.197 \bar{x} = 0.882 \times 3 + 3.315 \times (6 + 34/2)$$

$$\bar{x} = 18.797 \text{ft}, \text{约为 } 18.8 \text{ft}$$

由于在墙后的所有楼层的分布压力是相同的，作用在屋顶和楼板端部的合力到建筑边缘的距离为 18.8ft [见图 2.20 (b)]。

第六步 计算剪力墙底部的剪力。对以 A 点为中心的竖轴求力矩平衡 [见图 2.20 (c)]。

$$\sum M_A = 21 \times 18.8 - V_2 \times 40, \quad V_2 = 9.87 \text{kip}$$

计算

$$V_2 + V_1 = 21(\text{kip})$$

$$V_1 = 21 - 9.87 = 11.13(\text{kip})$$

注意：在屋顶区域 $E \sim H$ 内，一个完整的风压计算需要设计者需要考虑垂直压力。屋顶板和梁构成的各自结构整体承担了这些压力，再一同传递给柱子和剪力墙。在平屋顶情况下，风吹过屋顶时会产生反向压力（向上的），这会减少柱子的轴压。

2.7 地震荷载

世界上的许多地区都发生过地震。某个地区地面振动强度小的话，设计师没有必要考虑地震的影响。在其他地区——特别是靠近断层活跃带的地区，像沿着加利福尼亚西海岸的桑安德里亚断裂带——频繁发生剧烈的地面运动会破坏城市的大部分建筑、桥梁［见照片 2.4（a）与（b）］。例如，1906 年的一次地震摧毁了旧金山，它发生在建筑与桥梁的抗震规范面世之前。

(a)   (b)

照片 2.4

（a）公寓倒塌：由于地基松软，1999 年中国台湾集集地震造成了一幢公寓楼上部楼层的整体倾覆；（b）1989 年加利福尼亚的普列塔地震造成了基础的沉降，而基础支撑了托起路面板的柱，这些不均匀沉降将造成沉降大的柱子把荷载传递给那些沉降小的柱子，额外的荷载将在柱周围以剪应力的形式传给柱子，这就造成如图所示的冲切破坏

强大的地震力引起的地面运动导致了建筑前后摇晃。假设建筑固定在它的基础上，楼层位移从基础为零开始，到屋顶处最大［见图 2.21（a）］。当楼层侧向运动时，侧向支撑体系处于受压状态，起到抵抗楼层侧向移动的作用。与运动相对应的力称作惯性力，它是楼板、附属设备、隔墙等的重量与结构刚度的函数。被传递到基础的作用在所有楼层惯性力的和称为基底剪力，用 V 表示［见图 2.21（b）］。大多数建筑中各楼层的重量相近，内力的分布也与 2.6 小节论述的风荷载引起的内力分布相似。

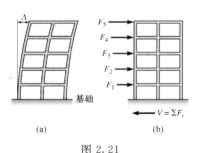

图 2.21
（a）建筑摇晃时楼层的位移；
（b）楼层运动引起的惯性力

尽管确定建筑的基底剪力的方法有好几种，我们只考虑 ANSI/ASCE 标准描述的等效侧向力方法。通过运用该方法，我们可以计算得到基底剪力值：

$$V = \frac{S_{D1} W}{T(R/I)} \tag{2.11a}$$

但不大于

$$V = \frac{S_{DS}W}{R/I} \tag{2.11b}$$

但不小于

$$V_{min} = 0.044 I S_{DS} W \tag{2.11c}$$

$$T = C_T h_n^x \tag{2.12}$$

式中 W——建筑物及其永久设备和分隔的总重量；

T——结构的基本固有周期，通过经验公式计算；

h_n——建筑高度（包括基础），ft（m）；对于刚性钢框架，$C_t=0.028$（或 0.068 国际单位）$x=0.9$，对于钢筋混凝土刚性框架，$C_t=0.016$（或 0.044 国际单位），对于其他大多数结构体系（例如，刚性构架或剪力墙体系）$C_t=0.02$（或 0.055 国际单位）$x=0.75$。结构固有周期（结构循环运动一周所需的时间）是抗侧刚度与结构质量的函数。因为基底剪力是固有周期的反比函数，随结构支撑体系的抗侧刚度增加而减小。当然，若抗侧刚度很小，侧向位移将变得很大，引起窗户、外墙、其他非结构构件产生破坏；

S_{D1}——根据地震区划图计算的因子，该因子给出周期为1s时地震设计烈度。表2.9中给出了一些地区的值；

S_{DS}——根据地震区划计算的因子，该因子给出 $T=0.2s$ 时特殊地区的地震设计烈度。见表2.9中给出了一些地区的值；

R——反应修正系数，反映了结构体系抵抗地震力的能力。系数从 8 变化到 1.25，在表2.10中列出了几种普通结构体系的值。因为 R 出现在式（2.11a）与式（2.11b）的分母中，具有较大 R 值的结构体系允许该结构的地震设计荷载有较大的下降；

I——居住重要系数，在 2.5 小节已有描述。对于计算地震荷载，I 取 1.0、1.0、1.25 和 1.5，分别对应种类 Ⅰ、Ⅱ、Ⅲ 和 Ⅳ。

表 2.9 所选城市的 S_{D1} 与 S_{DS} 代表值

城　市	S_{DS}	S_{D1}
加州，洛杉矶	$1.3g$	$0.5g$
犹他州，盐湖城	$1.2g$	$0.5g$
田纳西州，孟菲斯	$0.83g$	$0.27g$
纽约州，纽约	$0.27g$	$0.06g$

注 S_{DS} 与 S_{D1} 值基于基础支承在中等强度的岩石上。对于较低承载力的软土，这些值将会增大。

表 2.10 一些普通抗侧体系的 R 值

体　系　描　述	R	体　系　描　述	R
具有刚节点的延性钢或混凝土框架	8	普通配筋砌体剪力墙	2
普通钢筋混凝土剪力墙	4		

注 式（2.11b）给出的上限值是因为式（2.11a）得到的基底剪力对于短周期、刚度很大的建筑过于保守。ASCE标准也给出了下限值［式（2.11c）］，保证建筑设计的最小地震荷载。

各楼层的基底剪力分配

通过式（2.13）计算基底剪力分配至各楼层的力：

$$F_x = \frac{w_x h_x^k}{\sum_{i=1}^{n} w_i h_i^k} V \qquad (2.13)$$

式中　F_x——在高度 x 处的侧向地震力；

w_i，w_x——标号为 i 与 x 的楼层恒重；

h_i，h_x——基础到楼层 i 与 x 的高度；

k——$T<0.5s$ 时为 1，$T>2.5s$ 时为 2，结构自振周期为 $0.5\sim2.5s$ 时，k 根据 T 在 0.5 至 2.5 之间线性插值。

$$k = 1 + \frac{T-0.5}{2} \qquad (2.14)$$

式（2.14）的图解见图 2.22。

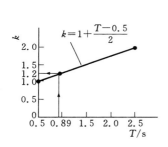

图 2.22　k 值内插

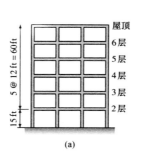

图 2.23
（a）6 层建筑；（b）横向荷载图

【例 2.8】　确定图 2.23 中 6 层办公楼每层楼板的地震设计荷载。建筑结构体系为钢框架（所有结点均为刚性），R 值为 8。75ft 高的建筑位于高地震区，$S_{D1}=0.4g$，建筑支承在岩石上，$S_{DS}=1.0g$，g 是重力加速度。每层楼的重量是 700kip。

解：

运用式（2.12）计算基本周期：

$$T = C_T h_n^x = 0.0028 \times 75^{0.8} = 0.89(\text{s})$$

假定楼板恒载考虑了柱、梁、隔墙、天花板等等。总恒载：

$$W = 700 \times 6 = 4200(\text{kip})$$

对于办公建筑，居住重要系数 I 为 1，运用式（2.8a）与式（2.8c）计算基底剪力：

$$V = \frac{S_{D1}}{T(R/I)} W = \frac{0.4}{0.89 \times (8/1)} \times 4200 = 236(\text{kip})$$

但不大于

$$V_{max} = \frac{S_{DS}}{R/I} W = \frac{1.0}{8/1} \times 4200 = 525(\text{kip})$$

同时不小于

$$V_{\min}=0.044IS_{DS}W=0.044\times1\times1.0\times4200=184.8\text{(kip)}$$

所以采用 $V=236\text{kip}$

每层楼的侧向地震力的计算摘要列于表 2.11 中。为说明计算过程，我们计算第 3 层的荷载。$T=0.89\text{s}$，位于 0.5 与 2.5 之间，我们必须采用式（2.14）线性插值获得 k 值：

$$k=1+\frac{T-0.5}{2}=1.0+\frac{0.89-0.5}{2}=1.2$$

$$F_{3层}=\frac{w_3h_3^k}{\sum\limits_{i=1}^{n}w_ih_i^k}V=\frac{36537}{415262}\times236=20.8\text{(kip)}$$

表 2.11　　横 向 地 震 力 计 算

楼层	重量 w_i /kip	楼层高度 h_i /ft	$w_ih_i^k$	$\dfrac{w_xh_x^k}{\sum\limits_{i=1}^{6}w_ih_i^k}$	F_x/kip
屋盖	700	75	124501	0.300	70.8
6	700	63	100997	0.243	57.4
5	700	51	78376	0.189	44.6
4	700	39	56804	0.137	32.3
3	700	27	36537	0.088	20.8
2	700	15	18047	0.043	10.1

$$w=\sum_{i=1}^{6}w_i=4200\qquad \sum_{i=1}^{6}w_ih_i^k=415262\qquad V=\sum_{i=1}^{6}F_i=263$$

2.8　其他荷载

ASCE 标准特别规定在适当的时候，需要考虑一系列其他的荷载。这包括在寒冷地区结构的荷载，地下结构，易预留雨水和冰雪的结构，因遭受爆炸或车辆撞击的结构，承受反复机械运动的结构，暴露于多变极端的炎热或潮湿的环境，等等。

在洪涝灾害地区需考虑防洪荷载，例如沿海岸或河流。洪涝灾害地区由有管辖权的当局制定。洪涝会在结构上产生静水荷载，动水荷载和波浪荷载。由于对结构的不断冲刷和腐蚀，这就会造成损坏会失灵。

类似地，在水平面以下土壤会产生静水压力。这必对墙有侧向土压力，必对楼板和基础有向上作用力。

平屋顶需要合理设计排水，避免雨水集聚。ASCE 标准要求：假如部分屋盖主要排水体系失效，设计的每一部分屋盖都能够承受所有雨水集聚的重量。假如在设计中没有合理的考虑，雨水荷载可能会造成屋盖梁变形过大形成积水，导致不稳定的问题（水洼），引起屋盖坍塌。

这些种类的荷载会对结构的性能、强度和稳定性产生负面影响。这还必须结合其他所有可能的荷载来确定作用在已给结构或构件上的最不利设计值。

2.9　荷载组合

上述讨论的各种荷载产生的内力（例如轴力、弯矩、剪力）需要经过一定方式的组合，通过安全系数（荷载系数）放大达到预期的安全等级。荷载组合效应，有时也称作必要设计强度，代表了构件设计所需的最小强度。ASCE 标准规定了下列所需的荷载组合，它考虑了恒载 D、活荷载 L、屋盖活荷载 L_r、风荷载 W、地震荷载 E、雪荷载 S 等产生的荷载效应。

$$1.4D \tag{2.15}$$
$$1.2D+1.6L+0.5(L_r \text{ 或 } S) \tag{2.16}$$
$$1.2D+1.6(L_r \text{ 或 } S)+(L \text{ 或 } 0.8W) \tag{2.17}$$
$$1.2D+1.6W+L+0.5(L_r \text{ 或 } S) \tag{2.18}$$
$$1.2D+1.0E+L+0.2S \tag{2.19}$$

荷载组合产生的最大内力即为构件设计所需的内力。

【例 2.9】 建筑物中的柱子只承受重力荷载。采用从属面积的概念。恒载、活载以及屋面活载产生的轴力如下

$$P_D=90\text{kip}$$
$$P_L=120\text{kip}$$
$$P_{Lr}=20\text{kip}$$

柱子所需的轴向强度是多少？

解：

$$1.4P_D=1.4\times90=126(\text{kip})$$
$$1.2P_D+1.6P_L+0.5P_{Lr}=1.2\times90+1.6\times120+0.5\times20=310(\text{kip})$$
$$1.2P_D+1.6P_{Lr}+0.5P_L=1.2\times90+1.6\times20+0.5\times120=200(\text{kip})$$

所以，设计轴力荷载为 310kip。在这种情况下，式（2.16）的荷载组合起控制作用。但是，如果恒载比活载大很多，式（2.15）可能会起控制作用。

【例 2.10】 确定混凝土框架梁端所需的抗弯强度。恒载、活载、风荷载所产生的弯矩如下

$$M_D=-100\text{kip} \cdot \text{ft}$$
$$M_L=-50\text{kip} \cdot \text{ft}$$
$$M_w=\pm200\text{kip} \cdot \text{ft}$$

负号表示端部承受逆时针弯矩，正号表示顺时针弯矩。M_w 中既有正号又有负号是因为风荷载可以从两个方向作用在建筑上。计算正弯矩与负弯矩作用下所需的抗弯强度。

解：
负弯矩：

$$1.4M_D=1.4\times(-100)=-140(\text{kip} \cdot \text{ft})$$
$$1.2M_D+1.6M_L=1.2\times(-100)+1.6\times(-50)=-200(\text{kip} \cdot \text{ft})$$
$$1.2M_D+1.6M_w+M_L=1.2\times(-100)+1.6\times(-200)+(-50)$$
$$=-490(\text{kip} \cdot \text{ft})(\text{控制})$$

正弯矩：式（2.15）与式（2.16）不需要考虑，因为它们产生的是负弯矩。

$$1.2M_D+1.6M_w+M_L=1.2\times(-100)+1.6\times(+200)+(-50)$$
$$=+150(\text{kip} \cdot \text{ft})$$

所以梁设计需考虑正弯矩＋150kip·ft，负弯矩－490kip·ft。

总结

- 工程师在设计建筑与桥梁时，必须考虑的荷载包括恒载、活载以及环境外力——风、地震、雪、雨。其他像大坝、水罐及基础等必须抵抗液体与土体的压力，对于这些情况，通常需要专家帮助确定荷载。

- 国家与地方建筑规范规定了控制结构设计的荷载。结构规范也规定了附加荷载，它们适用于钢材、钢筋混凝土、铝、及木材等建筑材料。

- 因为活荷载、雪、风、地震等的最大值不可能同时作用，考虑各种荷载组合时规范允许活载折减。除非产生有利效应，恒载一般不折减，例如对基础的反力。

- 考虑车辆、电梯、循环工作机器的支座等产生的动力效应，建筑规范规定了活荷载的冲击因子。

- 风荷载或地震力较小的区域，确定低层建筑的尺寸只需考虑恒载与活载，然后根据地区条件检验风荷载或地震力，或两者同时检验。设计也比较容易根据需要进行修改。

另一方面，对于处于强烈地震或疾风活动平常的区域的建筑，设计师必须在设计初始阶段优先考虑选择有效抵抗侧向荷载的结构体系（例如剪力墙或支撑框架）。

- 风速随高度而增加。正风压的值通过表 2.4 中的风压高度变化系数给出。矩形建筑物的其他三个侧面上的均匀负风压，可以通过建筑顶部迎风面的正风压乘以表 2.6 中的系数获得。

- 每个方向上必须设计侧向抗风体系，承担建筑物迎风面与背风面风荷载总和的作用力。

- 对于高层或体型不规则的建筑，常采用小比例模型风洞试验获得风压值及其分布。模型还必须考虑邻近建筑，它们能影响风压值及风压作用的方向。

- 地震导致的地面运动会引起建筑物、桥梁及其他结构摇晃。这种运动在建筑物中引起的横向惯性力假定集中作用在各楼层。建筑物顶部惯性力最大，位移也最大。

- 内力大小取决于地震的程度、建筑物的重量、结构的固有周期、框架结构的刚度以及场地类别。

- 对于能承受较大位移而不倒塌的延性框架建筑（能够承受大变形而不倒塌），它的地震设计荷载要比脆性结构体系（例如无筋砌体结构）的建筑如无筋砌体小得多。

习题

P2.1　计算长度为 1ft 的预应力混凝土 T 形梁的恒载，截面形式见图 P2.1。梁由轻质混凝土浇筑，重量为 120lb/ft³。

P2.2　如图 P2.2 所示，确定一段长 1ft 宽 20in 的单元屋盖的重量。支承在 2in×16in 的南方松木梁（实际尺寸小于 0.5in）上 0.75in 的夹板的重量为 3lb/ft²。

P2.3　如图 P2.3 所示，一宽翼缘钢梁支撑了砖石砌体墙、楼板、建筑物涂漆和机电系统。计算作用在梁上千磅每英尺的均布恒荷载。

　　墙高 9.5ft，为非承重墙，横向支撑在上层楼板处（未画出）。墙由 8in 的轻质混凝土砌块组成，平均每块重 90psf（lb/ft²）。混凝土组合楼板横跨在钢梁上，附属宽度为 10ft，重量为 50psf。钢结构框架，防火层，建筑特色，地面装饰和吊顶板的均布恒荷载约为 24psf，另外机械管道，水管和电力系统约为 6psf。

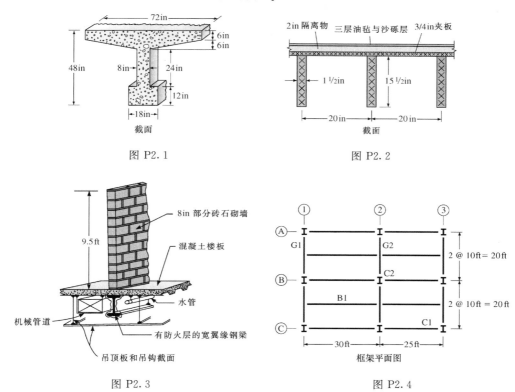

图 P2.1　　　　　　　　　　　　　　　图 P2.2

图 P2.3　　　　　　　　　　　　　　　图 P2.4

　　P2.4　参考图 P2.4 中的楼板设计。计算下列构件的影响面积：（a）板梁 B1；（b）大梁 G1；（c）大梁 G2；（d）角柱 C1；（e）内柱 C2。

　　P2.5　参考图 P2.4 中的楼板设计。计算下列构件的影响面积：（a）板梁 B1；（b）大梁 G1；（c）大梁 G2；（d）角柱 C3；（e）内柱 B2。

　　P2.6　图 P2.4 中楼板的均布活荷载为 60lb/ft²。确定下列构件的内力：（a）楼板梁 B1；（b）大梁 G1；（c）大梁 G2。若满足 ASCE 标准，考虑活荷载折减。

　　P2.7　图 P2.7 中给出的是与图 2.4 中楼板设计相配套的立面图。假定所有三层楼的活荷载为 60lb/ft²。计算柱 B2 在第三层与第一层所受的活载轴力。若满足 ASCE 标准，考虑活荷载折减。

　　'P2.8　如图 P2.8 所示的五层楼。根据 ASCE 标准，在迎风面上的风压沿高度分布如图 P2.8（c）所示。（a）考虑东西方向的迎风面风压，利用从属面积概念计算每层楼板的风载作用力；（b）计算底部剪力和建筑的倾覆弯矩。

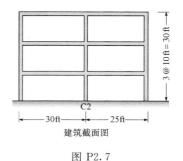

图 P2.7

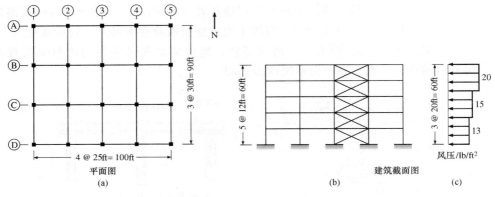

图 P2.8

P2.9　如图 2.9 所示一个机械支撑架系统。框架由钢板铺在钢梁，及四个吊架连到楼板组成。这支撑起一个运行重量 4000lb 的轻型设备，位于中央位置。（a）根据活荷载影响因素表 2.3 计算影响因素 I。（b）计算机械和在此周围为 40psf 均布荷载的单根吊索的总活荷载。（c）计算单根吊架的总恒载。楼面恒载为 25psf。忽略吊索的重量。横向支撑安装在框架的 4 个角部，这更利于稳定和侧向荷载的传递。

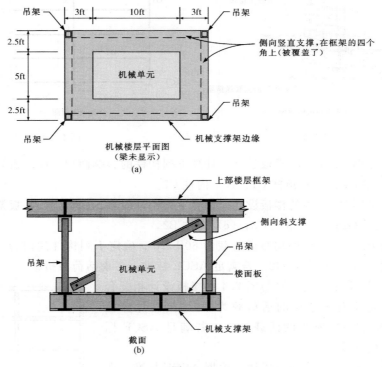

图 P2.9

P2.10　高 9m 的仓库的尺寸如图 P2.10 所示。图中给出了仓库长度方向上的迎风面与背风面的风压图。根据下面的信息确定风荷载：基本风速＝40m/s，地面粗糙程度＝C，$K_d＝0.85$，$K_{zt}＝1.0$，$G＝0.85$，迎风面 $C_p＝0.8$，背风面 $C_p＝-0.2$。K_z 值见表 2.4。

求作用在仓库长度方向上的总风荷载值。

P2.11 图 P2.11（a）给出了人字形建筑的尺寸。垂直作用在建筑山脊外部的风压如图 P2.11（b）所示。注：风压可以朝向或背离作用在迎风面屋顶平面。对于给定的建筑物尺寸，基于 ASCE 标准的屋顶 C_p 值可以从表 P2.11 中获得，正号与负号分别表

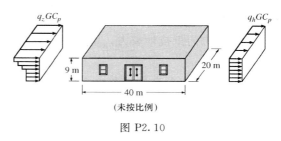

图 P2.10

示朝向或背离作用在表面。列出的 C_p 有两个值的表示迎风斜屋面承受正风压或负风压。结构设计应考虑这两种加载条件。ASCE 标准允许屋面倾角的线性插值，但是插值计算只能基于两个同号的值。根据下列数据计算正风压作用在屋顶时的风压值：基本风速 $=100\text{mi/h}$，地面粗糙程度 $=\text{B}$，$K_d=0.85$，$K_{zt}=1.0$，$G=0.85$，对于迎风面 $C_p=0.8$，背风面 $C_p=-0.2$。

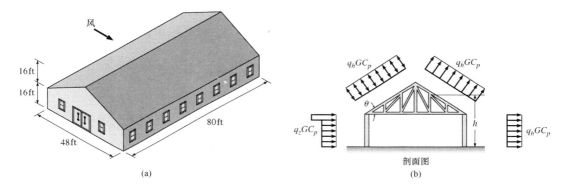

(a)

剖面图

(b)

图 P2.11

表 P2.11 屋顶风压系数 C_p

角度 θ	迎 风 面								背 风 面		
	10	15	20	25	30	35	45	$\geqslant 60$	10	15	$\geqslant 20$
C_p	-0.9	-0.7	0.4	-0.3	-0.2	-0.2	0.0	0.01θ①	-0.5	-0.5	-0.6
			0.0	0.2	0.2	0.3	0.4				

① θ 如图 P2.10 所示。

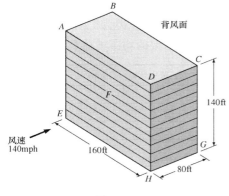

图 P2.13

P2.12 计算习题 P2.11 中当迎风面承受上浮力作用时的风压。

P2.13 （a）计算如图 P2.13 所示 10 层医院4 个方向的风荷载。该建筑坐落在佐治亚州海岸附近，根据风速等值线图，图 2.15，规定设计风速为 140mph。建筑在一水平地上，因固有周期小于 1s，故可视为刚体。在迎风面每 35ft 的竖直方向上，计算风压的大小。（b）假设在 35ft 的间距内迎风面的风压力随线性变化，计算建筑风力方向上风的合力。这包括在背风面的反向压力。

P2.14 参考图 P2.8 中的 5 层建筑。楼层和

屋顶的平均重分别为 90lb/ft²，70lb/ft²，S_{DS} 与 S_{D1} 的值分别是 $0.9g$ 和 $0.4g$。由于抗弯钢架是在南北方向抵抗地震力，所以设计 R 值为 8。计算地震基底剪力 V，并沿建筑高度分配基底剪力。

P2.15　当抗弯框架层数小于 12 层，楼层的最小高度为 10ft。ASCE 标准提供了计算近似基本周期的简单表达式：

$$T=0.1N$$

N 是建筑物的层数。运用上式计算 T 并与习题 P2.12 获得的结果比较，哪种方法得到的底部剪力更大？

P2.16　(a) 如图 P2.16 所示，一幢在纽约的 2 层医院正在设计中，基本风速为 90mi/h，地面粗糙系数为 D。重要系数 $I=1.15$，$K_z=1.0$。用简化方法计算风载设计值、基地剪力和建筑倾覆荷载。(b) 用侧向等效力方法计算地震底部剪力和倾覆荷载。在楼面和屋顶都有 90lb/ft² 均布荷载的建筑，将根据以下地震因素来设计：$S_{DS}=0.27g$ 和 $S_{D1}=0.06g$；钢筋混凝土的 R 值为 8，重要系数为 1.5。(c) 风荷载或地震力真对建筑的强度设计起到了支配作用吗？

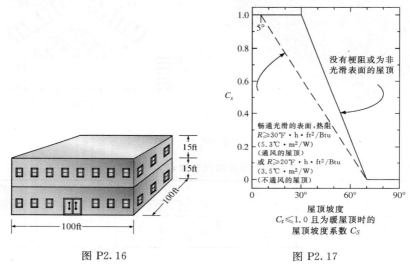

图 P2.16　　　　　　　　　　　图 P2.17

P2.17　如图 P2.11 所示的人字形屋顶结构，计算斜屋顶雪荷载 P_s。该建筑坐落在波士顿，屋内有暖气。屋顶是沥青屋面板。建筑用作工厂制造，建筑种类为Ⅱ。用 ASCE 图表 2.17 计算屋顶倾斜因数 C_s。如果屋顶桁架在 16ft 高的空中，桁架的均布雪荷载是多少？

端弯矩/(ft-kip)	跨中弯矩/(ft-kip)
恒荷载－180	＋90
活荷载－150	＋150
跨中荷载±80	0

P2.18　梁是钢架的一部分。对如下表示的恒、活荷载和地震荷载有端弯矩、跨中弯矩，梁有端弯矩和跨中弯矩。依据正负弯矩计算端部和跨中控制荷载。地震荷载能以任何方向作用，对梁会产生正负弯矩。

哈特福德城市中心体育馆的屋盖支承是空间桁架

  该大型桁架覆盖的矩形区域为 300ft×360ft，支承在 4 根角柱上。为了加快建设速度，桁架在起吊安装之前先在地面上组装。在照片中，桁架已经提升到一定的高度，允许工人在地面安装管道及其他设备。在 1978 年，那时当 5000 篮球迷离开后不久，屋顶在厚厚的积雪下倒塌了，全景照片在第 18 章。

第 3 章

结构静力学——反力

本章目标

- 回顾静力学，准备理想化的结构和辨别合理的自由体图形。利用传递的原则、静力平衡方程和变形协调方程来分析结构。
- 研究支座条件和约束，这包括允许和限制平移、回转运动。
- 计算梁、排架、多层框架和桁架的内力。
- 对静定和超静定结构分类，之后计算超静定次数。通过多余和适当的支持条件，理解和比较静定和超静定结构的安全性。
- 判断一个结构是否稳定。理解交汇力系和平行力系引起的不稳定性。

3.1 引言

通常情况下，结构必须在所有的荷载条件下保持稳定，也就是说，结构必须能够承受所施加的荷载（自重、预计的活荷载、风荷载等）而不发生形状的改变、过大的位移或是破坏。因为稳定的结构在加载时不会发生明显的位移，所以对他们的分析——内力和外力的确定（反应）——在很大程度上是基于工程力学的分支——静力学的原理和方法。前面学会的静力学主要是研究作用在静止或匀速直线运动的刚体上的力系，这两种情况下的物体加速度都为 0。

虽然本书中将研究的结构并不是完全刚性的，在加载时，会发生很小的弹性变形，在绝大多数情况下，这种变形非常小，因此我们可以：①将结构和构件看作刚体；②采用结构的初始尺寸进行分析。

我们以对静力学的简要回顾来开始这一章。在这个回顾中，考虑了力的特征，讨论了二维平面结构的静力平衡方程，并用静力平衡方程确定了多种简单静定结构的反应和内力，例如梁、桁架及简单框架。

　　本章围绕着对静定性和稳定性的讨论展开。静定性指出能否单独地由静力方程对结构作出全面的分析。如果结构不能单独由静力方程作出分析，那该结构就属于超静定的。要分析一个超静定结构，就必须补充几何变形条件的附加方程。

　　稳定性要求构件和支座的几何构成必须组成一个稳定的结构，即该结构能够承受任意方向的荷载而不产生过大的形变或刚体位移。本章所讨论稳定性和静定性的结构是单个的刚体，或几个相互连接的刚体。而适用于这些简单结构的原理在后面的章节中将被扩展到更加复杂的结构。

3.2　力

　　我们采用包含力或其分量的方程来求解典型的结构问题。力包括使物体产生转动的力偶。因为力既有大小也有方向，所以可以用向量来表示。例如，图 3.1（a）中力 F 作用在 xy 平面内并且通过 A 点。

　　力偶由一对作用在同一平面内大小相等且方向相反的力构成［见图 3.1（b）］。力偶所产生的力矩 M 的大小等于力 F 和这两个力之间的垂直距离（即力臂）d 的乘积。由于力矩是向量，因而它也有大小和方向。

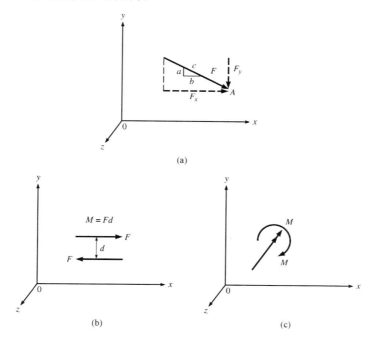

图 3.1　力和力矩向量

（a）直线力向量分解为 x 和 y 方向的分量；（b）力偶的大小 Fd；

（c）力矩 M 的另一种表示法，采用右手法则的向量

　　虽然我们经常用一个弯箭头来表示力矩，指出其是顺时针还是逆时针方向作用［见图 3.1（c）］，力矩也可以用符合右手法则的向量来表示——通常是一个双箭头。在右手法则

中，我们将右手的四个手指弯向力矩的方向，此时拇指所指的方向就是向量的方向。

在计算中，我们经常需要将一个力分解为其分量或是将几个力合成为一个单独的合力，为了方便运算，要任选横轴和纵轴——x-y 坐标系——作为基准方向。

我们可以利用力矢量的斜率和其分量之间的几何关系——相似三角形——将一个力分解为其分量。例如，按照力矢量的斜率，利用相似三角形，可以推出图 3.1（a）中力 F 的垂直分量 F_y 如下

$$\frac{F_y}{a} = \frac{F}{c}$$

即

$$F_y = \frac{a}{c} F$$

同理，其水平分量 F_x 和 F 也是成比例的，可得

$$F_x = \frac{b}{c} F$$

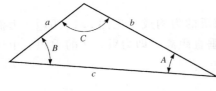

图 3.2　正弦定律图解

如果要把一个力分解为和 x-y 坐标轴不平行的方向上的分量，正弦法则指出了三角形各边的长度和其所相对的内角的正弦值之间的对应关系。如图 3.2 中的三角形。正弦法则可以表示为

$$\frac{a}{\sin A} = \frac{b}{\sin B} = \frac{c}{\sin C}$$

其中 A 是 a 边的对角，B 是 b 边的对角，C 是 c 边的对角。

例 3.1 采用正弦法则来计算一个垂直力在任意方向上的正交分量。

【例 3.1】　采用正弦法则，将图 3.3（a）中的垂直力 $F_{AB} = 75\text{lb}$ 分解为沿直线 a 和 b 方向上的分量。

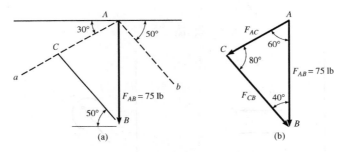

图 3.3　将一个垂直力分解为分量

解：

经过 B 点作一条平行于 b 的直线，构成三角形 ABC。由已知条件容易求出该三角形的内角，矢量 AC 和 CB［见图 3.3（b）］即为力 F_{AB} 的分量。由正弦法则可得

$$\frac{\sin 80°}{75} = \frac{\sin 40°}{F_{AC}} = \frac{\sin 60°}{F_{CB}}$$

其中：$\sin 80° = 0.985$，$\sin 60° = 0.866$，$\sin 40° = 0.643$。解出 F_{AC} 和 F_{CB} 如下

$$F_{AC} = \frac{\sin 40°}{\sin 80°} \times 75 = 48.96 \text{(lb)}$$

$$F_{CB} = \frac{\sin 60°}{\sin 80°} \times 75 = 65.94 (lb)$$

3.2.1　平面力系的合力

在某些结构问题中，需要确定一个平面力系合力的大小和作用位置，合力对物体作用的外部效应和原力系的相同。因此合力 R 必须满足以下三个条件：

（1）合力的水平分量 R_x 必须等于各个力水平分量的代数和：

$$R_x = \sum F_x \tag{3.1a}$$

（2）力的垂直分量 R_y 必须等于各个力垂直分量的代数和：

$$R_y = \sum F_y \tag{3.1b}$$

（3）合力对坐标轴中 O 点的力矩 M_O 必须等于组成原力系的所有力和力偶对 O 点力矩：

$$M_O = Rd = \sum F_i d_i + \sum M_i \tag{3.1c}$$

式中　　R——合力 $= \sqrt{R_x^2 + R_y^2}$；

$\qquad d$——计算力矩时的合力作用线到坐标轴的垂直距离；

$\qquad \sum F_i d_i$——各个力所产生的力矩之和；

$\qquad \sum M_i$——各个力偶所产生的力矩之和。

【例 3.2】　计算合力

求出图 3.4 所示三个轮压的合力 R 的大小和作用位置。

解：

由于没有作用在水平方向上的力或力的分量

$$R_x = 0$$

由式（3.1b）得

$$R = R_y = \sum F_y = 20 + 20 + 10 = 50 kN$$

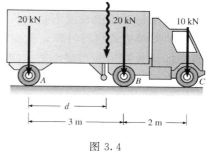

图 3.4

采用式（3.1c）来确定合力的作用位置，即原力系产生的力矩与合力产生的力矩相等。通过 A 点选定一个坐标系（A 点可任取）。

$$Rd = \sum F_i d_i$$

$$50d = 20 \times 0 + 20 \times 3 + 10 \times 5$$

$$d = 2.2 m$$

3.2.2　分布荷载的合力

除了集中力和力偶以外，许多结构还承受分布荷载，而将分布荷载用一个等价的合力来代替，就很容易掌握其外部效应（例如计算它的反力）。在前面的静力学和材料力学课程中已经学过，分布荷载合力的大小等于荷载曲线下图形的面积，作用位置在它的形心处（一些常见几何形状的面积大小和形心位置见表 A.1）。例 3.3 采用积分法来计算抛物线形分布荷载的合力的大小和作用位置。

如果分布荷载图形的形状比较复杂，设计者可以将该图形分解为几个属性已知的小块图形以简化合力大小和位置的计算。分布载荷大多数情况是均布或线性变化的，对后者，可以将其图形分成一些三角形或矩形（见例 3.7）。

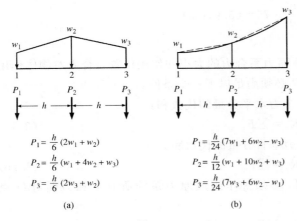

图 3.5

（a）将梯形变化的荷载转换为一系列静力等价的等距集
中荷载的公式；（b）将抛物线形变化的荷载转换为一系列
静力等价的等距集中荷载的公式，公式也适用于下凹
的抛物线，并且对高阶曲线也能给出很好的近似值

对于变化复杂的分布荷载，设计者可以用图 3.5 中的等式将其用一系列静力等价的集中荷载来代替，为采用这些等式，要把分布荷载划分为一些长度为 h 的小段，这些小段的端点称为节点。图 3.5 给出了两种典型的分段，节点被标作 1、2 和 3。荷载分段的数目由分布荷载的作用长度和形状以及需要计算的数量大小来确定。如果各节点间分布荷载的变化是线性的，各个节点上的等价集中力由图 3.5（a）中的等式计算，式中的力 P_1 和 P_3 作用于外部节点上——该节点只有一侧有分布力作用，而 P_2 作用于内部节点上——该节点的两侧都有分布力作用。

对于抛物线形变化的分布荷载（不管是凹的还是凸的），都应当采用图 3.5（b）中的公式计算，对呈高阶曲线变化的分布载荷，该公式也可以给出很好的结果（误差为 1% ～ 2%）。如果每一段的长度不是太长，图 3.5（b）中所示的曲线形分布载荷也可以用图 3.5（a）中的简单公式进行计算，此时，要将真实的荷载曲线用一系列梯形来代替，如图 3.5（b）中的虚线所示。当减小节点间的距离 h 时（或等价地增加分段的数目），梯形近似就越接近真实的曲线形状。例 3.4 演示了图 3.5 中的公式的用法。

虽然合力对物体作用的外部效应和原分布荷载相同，但两者所引起的物体的内力并不相同。例如，可以用合力来计算梁的反力，但不能用来计算内力——如剪力和弯矩，而应当采用原分布荷载。

【例 3.3】 计算图 3.6 中抛物线形分布荷载合力的大小和作用位置。原点处的斜率为 0。

解：

用积分求抛物线 $y = (w/L^2)x^2$ 下方的面积来计算 R。

$$R = \int_0^L y\mathrm{d}x = \int_0^L \frac{wx^2}{L^2}\mathrm{d}x = \left[\frac{wx^3}{3L^2}\right]_0^L = \frac{wL}{3}$$

确定形心的位置。用式（3.1c）求和对原点的力矩得：

$$R\overline{x} = \int_0^L y\mathrm{d}x(x) = \int_0^L \frac{w}{L^2}x^3\mathrm{d}x = \left[\frac{wx^4}{4L^2}\right]_0^L = \frac{wL^2}{4}$$

将 $R = (wL/3)$ 代入上式，解关于 $\overline{x}$ 的方程得：

$$\overline{x} = \frac{3}{4}L$$

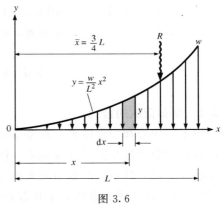

图 3.6

【**例 3.4**】 图 3.7（a）中的梁承受抛物线形分布荷载。将其用一系列静力等价的集中荷载来代替。

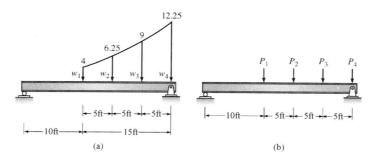

图 3.7

（a）梁受分布荷载作用（单位：kip/ft）；（b）梁受等价集中荷载作用

解：

将荷载划分为 3 段，$h=5\text{ft}$。用图 3.5（b）中的公式求等价荷载。

$$P_1=\frac{h}{24}(7w_1+6w_2-w_3)=\frac{5}{24}\times(7\times4+6\times6.25-9)=11.77(\text{kip})$$

$$P_2=\frac{h}{12}(w_1+10w_2+w_3)=\frac{5}{12}\times(4+10\times6.25+9)=31.46(\text{kip})$$

$$P_3=\frac{h}{12}(w_2+10w_3+w_4)=\frac{5}{12}\times(6.25+10\times9+12.25)=45.21(\text{kip})$$

$$P_4=\frac{h}{24}(7w_4+6w_3-w_2)=\frac{5}{24}\times(7\times12.25+6\times9-6.25)=27.81(\text{kip})$$

再用图 3.5（a）中对梯形分布荷载的公式计算 P_1 和 P_2 的近似值。

$$P_1=\frac{h}{6}(2w_1+w_2)=\frac{5}{6}\times(2\times4+6.25)=11.88(\text{kip})$$

$$P_2=\frac{h}{6}(w_1+4w_2+w_3)=\frac{5}{6}\times(4+4\times6.25+9)=31.67(\text{kip})$$

从上面的分析可以看出，本例中 P_1、P_2 近似值和精确值相差不到 1%。

3.2.3 平移原理

平移原理指出力可以沿着它的作用线平移，而对物体作用的外部效应不会发生变化，例如，在图 3.8（a）中，由 x 方向上的平衡条件，施加在梁端 A 点的水平力 P 在支座 C 处引起了大小和 P 相等的水平反力。如果施加在 A 点的力沿着它的作用线移动到梁的右端 D 点［见图 3.8（b）］，在 C 点产生同样的水平反力 P。虽然力沿其作用线的平移不会改变反力，但是荷载作用位置的改变对构件的

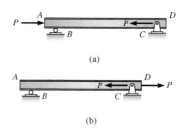

图 3.8 平移原理

内力会产生影响。例如，在图 3.8（a）中，A 和 C 之间有压应力。而如果荷载作用在 D 点，则 A、C 之间的应力为 0，并且在 C、D 间会产生拉应力［见图 3.8（b）］。

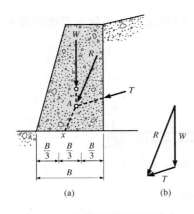

图 3.9 作用在挡土墙上的力
（a）自重 W 和土的推力 T 的合成；
（b）W 和 T 矢量合成 R

力的平移原理常常被用来简化结构分析计算，求解力的矢量图形问题，以及更好地理解结构的性能。例如，图 3.9 中，挡土墙受到的力有其自重 W 和墙后土的推力 T，将这些力的矢量分别沿其作用线平移，直到它们相交于 A 点，在该点把它们合成为一个合力 R，R 的大小和方向如图 3.9（b）中的图形所示。此时，由平移原理，将合力 R 沿其作用线移动，直到和墙的底面交于点 x，如果交点 x 在中间的一块三等份区域内，那么墙的整个底面全部受压力作用——这正是我们想要的受力状态，因为土不能承受拉力。另一方面如果交点 x 不在中间的一块三等份区域内，那么只有部分底面受压力作用，并且需要验算墙的稳定性——因为此时有倾覆和应力超限的可能。

3.3 支座

为了让结构或构件在任何荷载条件下都保持在其正确的位置，我们用支座把它们和基础或其他构件连接起来。在一些轻型结构中支座通过铆钉或是螺栓将构件和支撑墙，梁或是柱连接起来。这样的支座构造简单，很少注意设计细节。当需要支座承受较大荷载的结构时，就必须设计复杂的大型力学装置来传递大的荷载，并且只允许产生一定方向上的位移而在其他方向上不会发生位移。

虽然用作支座的装置在形状和形式上多种多样，但可以根据支座对结构所提供的约束和反力将大部分支座分为 4 大类。表 3.1 总结了一些常见支座的特性，包括铰、滚动支座、固定端和链杆。

表 3.1　　　　　　　　　　　支　座　的　特　性

类型	简图	示意图	约束	反力	未知量
（a）固定铰支座	或	或	禁止：水平，竖向位移；允许：转动	水平力，竖向力	R θ R_x R_y
（b）铰链			禁止：构件端部的相对位移；允许：水平，竖向位移，转动	大小相等，方向相反的水平力和竖向力	R_x R_x R_y R_y

类型	简图	示意图	约束	反力	未知量
（c）滚动支座		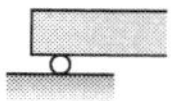 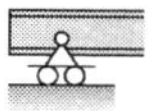	禁 止：竖 向位移； 允 许：水 平 位 移，转动	竖向力（向上或向下）①	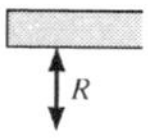 R
（d）摇杆		或			
（e）弹性垫	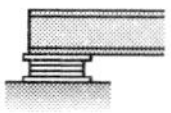				
（f）固定端	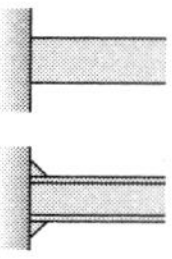	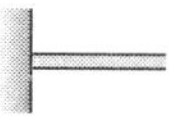	禁 止：水 平，竖向位移，转动； 允 许：无	水平力，竖向力，弯矩	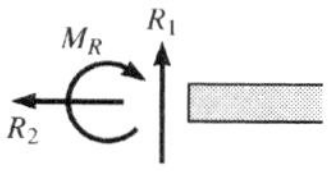 M_R R_1 R_2
（g）链杆	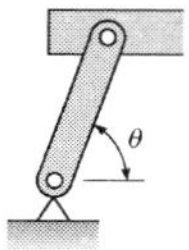	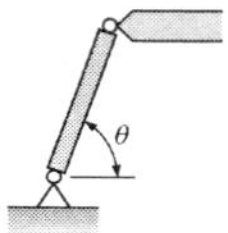	禁 止：链杆方向上的位移； 允 许：垂直于链杆方向的位移，转动	沿链杆方向的力	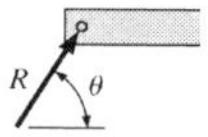 R θ
（h）定向支座	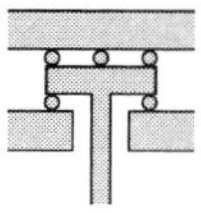	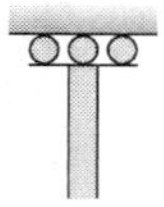	禁 止：竖向位移，转动； 允 许：水 平位移	竖向力，弯矩	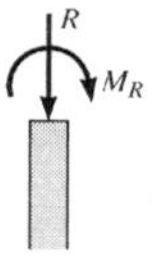 R M_R

① 虽然为了简化，滚动支座的示意图中对向上的运动没有约束，但是必须注意，滚动支座在需要时能够提供向下的反力。

铰支座见表 3.1 中的（a）类，它通过一个不计摩擦的固定铰连接构件。虽然铰支座不允许任何方向上的位移，但构件的铰接端却能够自由地转动。固定端［见表 3.1 中的（f）类］虽然不常见，但也时常会出现，比如端部深嵌入大块混凝土或坚硬岩石的构件（见图 3.11）。

设计者所选用的支座体系会影响到结构内力的分布以及传递到支承构件的力。例如，图 3.10（a）中梁的左端和墙用螺栓连接，使梁和墙不会产生相对位移，而梁右端的支座采用了氯丁橡胶垫，从而能够自由的侧向移动，而不会有约束反力。当温度升高时，梁会伸长，由于梁的右端没有纵向约束阻止这种伸长，所以在梁和墙中都不会应力产生。然而，如果同样一根梁的两端都用螺栓和砖墙相连接［见图 3.10（b）］，温升引起的梁的伸长就会把墙向外侧推，并有可能使墙开裂。如果墙是刚性的，它们就会对墙施加约束力，从而在梁中产生压应力（如果支座对构件形心是偏心的，也可能是弯曲压力）。当跨度较小或温度变化不大时，这种作用对结构影响不大，而当跨度较大或温度变化剧烈时，就会引起不良的影响（构件屈服或应力超限）。

要将钢梁或柱的端部固接很昂贵，也很少采用。对钢梁而言，若其端部深嵌入一大块钢筋混凝土中，就可以视为固定端（见图3.11）。

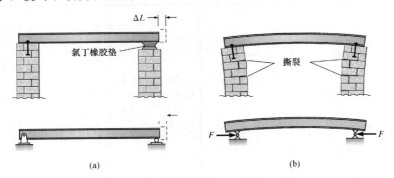

图3.10 支座的影响：上图是真实的结构，下图是理想化示意图

（a）右端可以自由地侧向伸长，当温度变化时也不会产生应力；

（b）两端都有约束，梁中产生压应力和弯曲应力，墙体开裂

照片3.1 圣地亚哥科罗拉多大桥2.1英里
长钢箱梁的铰支座

照片3.2 圣地亚哥科罗拉多大桥
的滚轴支座

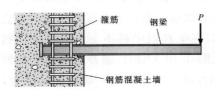

图3.11 梁左端嵌入钢筋混凝土
墙而形成固定端

若要将钢柱的底部固接，必须用一块厚钢板做柱的底板，并且在柱和底板间设置竖直的加劲肋（见图3.12）。而且，必须用高强度锚栓连接底板和支座。

然而如果是钢筋混凝土构件，就很容易做成固定端或铰，梁只要将其钢筋延伸到支承构件内一定的长度，就可以做成固接。

对钢筋混凝土柱，如果做到以下两点其底部就可以看作铰接：①柱的底部在紧靠支承墙或基础的底部做上凹口；②如图3.13（b）所示交

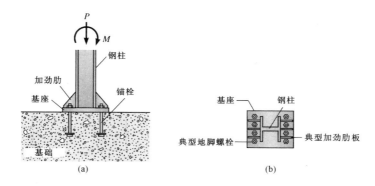

图 3.12 钢柱底部通过刚性底板和混凝土基础锚接，从而形成固定端
（a）立面图；（b）平面图

叉放置钢筋，如果柱承受较大轴向力，要确保凹口处的混凝土不被压碎，而且在柱的轴线上还要附加竖向钢筋来传递轴向力。

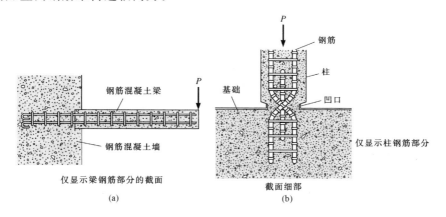

图 3.13
（a）一端固接的钢筋混凝土梁；（b）下端构造为铰接的钢筋混凝土柱

3.4 结构的理想化

在对一个结构分析以前，必须为该结构、其支座以及所承受的荷载建立一个简化的物理模型，这种模型通常可由简单的线条来表示。如图 3.14（a）所示的刚性钢框架结构，为了分析它，设计者一般将其用图 3.14（b）中的简图来表示。该图中的柱和梁用其轴线代替。虽然施加在框架梁上的最大荷载来自不均匀的雪堆，但根据规范，设计载荷可以等价地取为均布载荷 W。由于设计载荷和实际载荷是等价的，两者在结构构件中所引起的力是相等的，从而由设计载荷计算出的构件尺寸同样能够满足实际载荷的强度要求。

实际构件中焊在柱脚上的底板和基础锚接，来支承框架，有时还会在两个柱脚间设置拉杆来承受梁上的竖向荷载引起的向外侧的水平推力，这种情况下，设计者可以仅由竖向载荷确定基础或支承墙的尺寸，从而节约很大的费用。虽然柱脚的转动受到一定的约束，但在设计时通常忽略，而是将其看作铰支的，这样处理有如下几个原因：

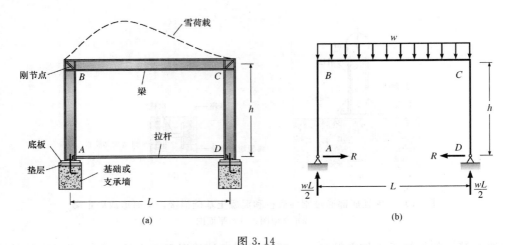

图 3.14
(a) 焊接刚性框架承受雪荷载；(b) 分析时所用的理想化框架

（1）设计者无法简便地求出转动约束的大小。

（2）由于底板的弯曲变形，锚栓的伸长以及基础微小的侧向位移，转动约束是很小的。

（3）而且柱脚处铰支座的处理是保守的（任何约束都会加大结构的刚度）。

举个例子，我们来看图 3.15 (a) 中的两根钢梁，它们之间采用典型的腹板连接。如图 3.15 (b) 所示，梁 1 的上翼缘被切掉了一部分，以保证其顶面和梁 2 齐平。两根梁的腹板通过一对角钢采用螺栓连接（或焊接），螺栓作用在梁上的力如图 3.15 (c) 所示，因为梁 2 的腹板相对容易变形，该连接一般只能在两根梁之间传递竖向荷载。虽然这种连接不能传递水平载荷，但梁 1 主要是承受重力载荷，只有很小或没有轴向载荷，设计者一般将这种连接视为铰支座或者滚动支座 [见图 3.15 (d)]。

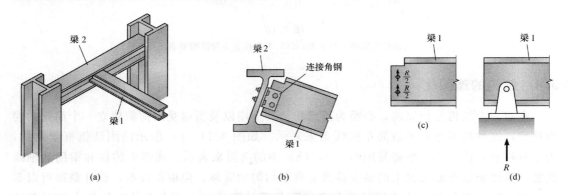

图 3.15 采用螺栓连接的腹板视为铰接
(a) 节点透视图；(b) 放大的连接细节图：梁 1 的倾斜使梁 2 的腹板弯曲，可变形节点无转动约束；(c) 连接只提供竖向约束（不计侧向约束），可以将其节点视为铰支座或滚动支座，如分图 (d) 所示

3.5 隔离体图

结构分析的第一步是做出结构或其一部分的简化示意图，图中包括作用于结构的一切

外力和内力以及必要的尺寸，我们称之为隔离体图（FBD）。例如，图 3.16（a）就是一个受两个集中荷载作用的三角铰拱的隔离体图。由于支座 A 和 C 处的反力未知，因此必须假定它们的作用方向。

设计者也可以用图 3.16（b）所示的隔离体图表示这个拱，虽然图中没有画出支座［图 3.16（a）中可见］，并且拱体是用单线条表示的，但它包含了分析该拱必需的所有信息。然而，由于 A 和 C 处的支座没有画出，对不熟悉此问题的人（并且是第一次看见该隔离体图），A 和 C 点有铰支座而不能自由移动并不是显而易见的。在实际应用时，设计者必须做出判断以确定哪些细节要表达清楚。如果要计算中间 B 点处铰链的内力，可以利用图 3.16（c）中的任一个隔离体。

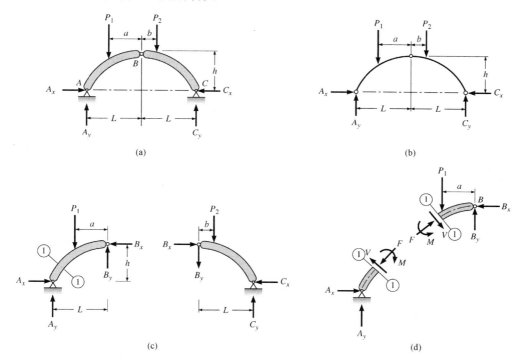

图 3.16　隔离体图

（a）三角拱的隔离体图；（b）分图（a）的简化；（c）左右拱段的隔离体图；（d）分析截面 1-1 内力的隔离体图

当作用在隔离体上力的方向未知时，可以任意假定它的方向。如果假定的方向是正确的，那么由平衡方程求出的力就是正的，而如果求出的未知力是负的，那么开始假定的方向就是错的，力的实际作用方向正好相反（见例 3.5）。

隔离体图还可以用来确定结构的内力，在计算截面上，我们用一个假想的平面将构件切开。如果这个平面垂直于构件的纵轴，并且横截面上的内力由平行和垂直于横截面的分量组成，作用于截面上的力一般包括轴力 F、剪力 V 和弯矩 M（本书不考虑扭转）。一旦求出了 F、V 和 M，我们就能由公式（材料强度课程中导出）计算横截面上的正应力、剪应力和弯曲应力。

例如，需要确定左半拱 1-1 截面上的内力［图 3.16（c）］，我们采用图 3.16（d）中的隔离体。根据牛顿第三定律"每个力都有一个大小相等，方向相反的反作用力"，可知两边截面上的内力大小相等方向相反。假设拱底处铰支座 B 的反力已知，根据图 3.16（d）中的任一隔离体，就可以由 3 个静力方程求出剪力、弯矩和轴力。

3.6　静力平衡方程

动力学中已经学过，作用于刚性结构上的平面力系总能简化为两个合力（见图3.17）。

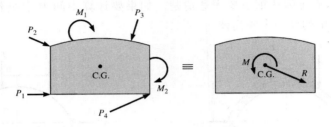

图 3.17　作用于刚体上的等价平面力系（C.G. 为重心）

（1）作用于结构重心的力 R。R 为所有力的矢量和。

（2）关于重心的力矩 M。M 为所有力和力偶对通过重心并且垂直于结构所在平面的轴线的矩的和。

根据牛顿第二定律，物体的直线加速度 a 和对重心的角加速度 α 与合力 R 和 M 的关系表达如下：

$$R = ma \tag{3.2a}$$

$$M = I\alpha \tag{3.2b}$$

其中 m 是物体的质量，I 是对物体质量对重心的惯性矩。

如果物体是静止的——即处于静力平衡状态，其直线加速度 a 和角加速度 α 都为 0。此时，式（3.2a）和式（3.2b）变为：

$$R = 0 \tag{3.3a}$$

$$M = 0 \tag{3.3b}$$

由式（3.1a）、式（3.1b）可得出 R 的分量 R_x 和 R_y，用 R_x 和 R_y 代替 R，则平面力系的静力平衡方程可以写为：

$$\sum F_x = 0 \tag{3.4a}$$

$$\sum F_y = 0 \tag{3.4b}$$

$$\sum M_z = 0 \tag{3.4c}$$

式（3.4a）、式（3.4b）保证结构在 x 和 y 方向上不发生平移，而式（3.4c）确保结构不发生转动。虽然由于我们考虑的是物体的角加速度，从而式（3.4c）中取对重心的力矩，但在结构静力平衡时，不受该限制。显而易见地，当结构静止时合力为 0，所以对平行于 z 轴并垂直于结构所在平面的轴线的力矩之合一定等于 0。

静力学课程中已经讲过，可以用弯矩方程取代式（3.4a）和式（3.4b）中的任一个或两者。一些有效的等价静力平衡方程组如下：

$$\sum F_x = 0 \qquad (3.5a)$$
$$\sum M_A = 0 \qquad (3.5b)$$
$$\sum M_z = 0 \qquad (3.5c)$$

或

$$\sum M_A = 0 \qquad (3.6a)$$
$$\sum M_B = 0 \qquad (3.6b)$$
$$\sum M_z = 0 \qquad (3.6c)$$

其中点 A、B 和 z 不在同一条直线上。

实际结构中的变形通常都很小，因此我们一般采用结构的原始尺寸来建立平衡方程。但是在柔性柱、大跨度拱以及其他柔性结构受弯时，结构和其构件在一定荷载条件下产生较大的变形，会使内力增大很多。在这些情况下，平衡方程中必须采用结构变形后的几何尺寸才能得到精确的结果。本书不讨论这种变形较大的结构。

如果作用于一个结构的力——包括反力和内力——能够利用前面的任意一组静力平衡方程求出，那么就称该结构是静定的。例 3.5～例 3.7 举例说明了利用静力平衡方程计算可被视为单个刚性的静定结构的反力。

如果结构是稳定的，但是单由静力平衡条件没有足够的方程解出结构，那么就称该结构是超静定的。要求解超静定结构，除了平衡方程以外，还必须补充由变形后结构的几何条件得出的附加方程。这些问题将在第 11～13 章中讨论。

【例 3.5】 计算图 3.18（a）中梁的反力。

解:

将作用于 C 点的力分解并假定 A、B 处反力的方向 [见图 3.18（b）]。不计梁的高度。

方法 1 采用式（3.4a）～式（3.4c）的方程求解反力，假定的正方向如箭头所示：

$$\xrightarrow{+} \quad \sum F_x = 0 \quad -A_x + 6 = 0 \qquad (1)$$
$$\uparrow^{+} \quad \sum F_y = 0 \quad A_y + B_y - 8 = 0 \qquad (2)$$
$$\circlearrowleft^{+} \quad \sum M_A = 0 \quad -10B_y + 8 \times 15 = 0 \qquad (3)$$

解方程（1）、方程（2）和方程（3），得到

$$A_x = 6\text{kip} \quad B_y = 12\text{kip} \quad A_y = -4\text{kip}$$

其中正号表示实际力的方向和假定的方向一致，负号表示两者的方向相反。最终结果见图 3.18（c）。

方法 2 采用只包含一个未知量的方程重新计算反力。其中一组如下：

$$\circlearrowleft^{+} \quad \sum M_A = 0 \quad -10B_y + 8 \times 15 = 0$$
$$\circlearrowleft^{+} \quad \sum M_B = 0 \quad A_y \times 10 + 8 \times 5 = 0$$
$$\xrightarrow{+} \quad \sum F_x = 0 \quad -A_x + 6 = 0$$

解方程同样得到 $A_x = 6\text{kip}$，$B_y = 12\text{kip}$，$A_y = -4\text{kip}$。

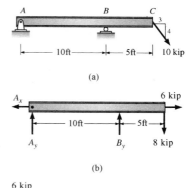

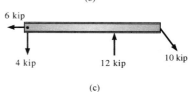

图 3.18

【例3.6】 计算图3.19中桁架的反力。

解：

将桁架看作一个刚体，假定反力的反向（见图3.19），由静力平衡方程：

$$\circlearrowright^+ \quad \sum M_C = 0 \quad 18 \times 12 - A_y \times 14 = 0 \tag{1}$$

$$\rightarrow^+ \quad \sum F_x = 0 \quad 18 - C_x = 0 \tag{2}$$

$$\uparrow^+ \quad \sum F_y = 0 \quad -A_y + C_y = 0 \tag{3}$$

解方程（1）、方程（2）和方程（3），得到

$$C_x = 18\text{kip} \quad A_y = 15.43\text{kip} \quad C_y = 15.43\text{kip}$$

注意：反力采用结构未加载时的初始尺寸计算。因为设计合理的结构位移都很小，该结果和采用结构变形后尺寸计算所得的值相差不大。

例如，假设在力 P 作用下支座向右移动0.5in，节点 B 向上移动0.25in，式（1）中 A_y 和 P 的力臂分别为13.96ft和12.02ft。把它们代入式（1），算出 $A_y = 15.47$kip，可见 A_y 的值变化不大（此处为0.3%），而结构变形后尺寸的计算繁琐耗时，所以不值得采用。

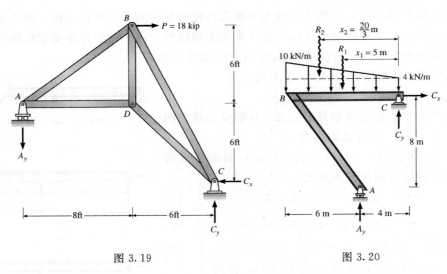

图3.19   图3.20

【例3.7】 图3.20中的框架承受4~10kN/m的分布荷载。计算其反力。

解：

将分布荷载分解为一个三角形和一个矩形（见虚线），并分别用其合力代替。

$$R_1 = 10 \times 4 = 40(\text{kN})$$

$$R_2 = \frac{1}{2} \times 10 \times 6 = 30(\text{kN})$$

计算 A_y

$$\circlearrowright^+ \quad \sum M_C = 0$$

$$A_y \times 4 - R_1 \times 5 - R_2 \times \frac{20}{3} = 0$$

$$A_y=100\text{kN}$$

计算 C_y

$$\uparrow^+ \qquad \sum F_y=0$$
$$100-R_1-R_2+C_y=0$$
$$C_y=-30\text{kN}\downarrow$$

（负号表示其实际方向和初始方向相反）

计算 C_x

$$\rightarrow^+ \qquad \sum F_x=0$$
$$C_x=0$$

【例 3.8】 计算图 3.21（a）中梁的反力，构件 AB 视为链杆。

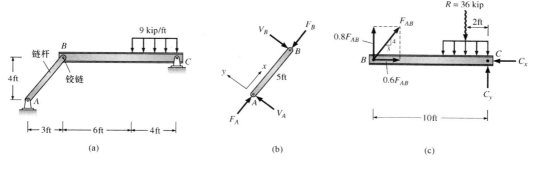

图 3.21
（a）梁 BC 由链杆 AB 支撑；（b）链杆 AB 隔离体；（c）梁 BC 隔离体

解：

首先计算链杆中的力。由于链杆 AB 两端铰接，A、B 处没有弯矩。初始假设链杆上有剪力 V 和轴力 F 作用［见图 3.21（b）］。采用 x 轴沿构件纵轴的坐标系，得到下面的平衡方程：

$$\rightarrow^+ \qquad \sum F_x=0 \quad 0=F_A-F_B \tag{1}$$

$$\uparrow^+ \qquad \sum F_y=0 \quad 0=V_A-V_B \tag{2}$$

$$\circlearrowright^+ \qquad \sum M_A=0 \quad 0=V_B\times5 \tag{3}$$

解上面的方程得

$$F_A=F_B（称为\ F_{AB}） \quad V_A=V_B=0$$

计算表明两端铰接，且跨中不受力的构件只能承受轴向荷载，也就是二力杆。

现在计算 F_{AB}，将梁 BC 作为隔离体［见图 3.21（c）］，把 B 点处的 F_{AB} 分解并求对 C 点的力矩的和。

$$\circlearrowright^+ \qquad \sum M_C=0 \quad 0=0.8F_{AB}\times10-36\times2$$

$$\rightarrow^+ \qquad \sum F_x=0 \quad 0=0.6F_{AB}-C_x$$

$$\uparrow^+ \qquad \sum F_y=0 \quad 0=0.8F_{AB}-36+C_y$$

解得 $F_{AB}=9\text{kip}$，$C_x=5.4\text{kip}$，$C_y=28.8\text{kip}$。

3.7 条件方程

一些结构可以被看作单独的刚体而求得其反力，而另外的一些静定结构，例如几个铰接的刚性构件，或是其他包括一定内部约束的结构，要求解它们的反力就必须把结构分解为几个刚体。

例如，研究图 3.16（a）中的三铰拱，会发现结构整体的平衡方程只有 3 个，却有 4 个未知反力 A_x、A_y、C_x 和 C_y，为了求解，我们必须引入一个不包括新未知量的平衡方程。考虑 B 点和端部支承间的任一段拱［见图 3.16（c）］的平衡条件，能够得出第四个独立的平衡方程。由于 B 点的铰只能传递水平力和竖向力，而不能传递弯矩（即 $M_B = 0$），我们可以由支座反力和外加荷载对 B 点的力矩求和，从而得到附加方程，即被称作条件方程。

如果拱是连续的（即 B 点没有铰），则在 B 点处就会有弯矩 M_B 存在，就无法写出不包括新未知量的附加方程。

另一种方法，求解图 3.16（c）中每个段拱的 3 个平衡方程，也能得到支座和中间铰处的反力。考虑两个隔离体，共有 6 个平衡方程，求解 6 个未知力（A_x、A_y、B_x、B_y、C_x、C_y）。例 3.9 和例 3.10 说明了对含有内部约束的结构的分析方法（例 3.9 中为铰链，例 3.10 中为滚动支座）。

【例 3.9】 计算图 3.22（a）中梁的反力。铰 C 上直接作用有 12kip 的集中荷载。

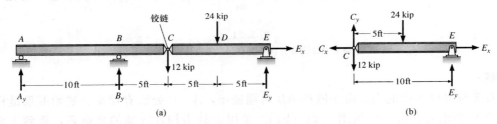

图 3.22

解：

支座共提供 4 个反力。对图 3.22（a）所示的整个结构可以建立 3 个平衡方程，铰 C 又能提供一个条件方程，由此可以求解结构。求对 C 点力矩的和来计算 E_y ［见图 3.22（b）］。

$$\circlearrowright^+ \quad \sum M_C = 0$$
$$0 = 24 \times 5 - E_y \times 10$$
$$E_y = 12\text{kip}$$

采用图 3.22（a）中的隔离体来完成分析。

$$\rightarrow^+ \quad \sum F_x = 0 \quad 0 + E_x = 0$$
$$E_x = 0$$
$$\circlearrowright^+ \quad \sum M_A = 0$$
$$0 = -B_y \times 10 + 12 \times 15 + 24 \times 20 - 12 \times 25$$

$$B_y = 36\text{kip}$$

$$\uparrow^+ \quad \sum F_y = 0 \quad 0 = A_y + B_y - 12 - 24 + E_y$$

代入 $B_y = 36\text{kip}$ 和 $E_y = 12\text{kip}$，得出 $A_y = -12\text{kip}$（方向向下）。

【例 3.10】　计算图 3.23（a）中梁的反力。

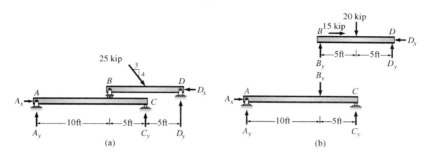

图 3.23

解：

将图 3.23（a）中的整个结构看作一个刚体，共有 5 个外部约束反力：A_x、A_y、C_y、D_x 和 D_y，而只有 3 个平衡方程，所以无法求解。由于 B 点是滚动支座，提供了两个附加条件（即 $M_B = 0$ 和 $B_x = 0$），从而能够求出结果。将结构分成两个隔离体后 [见图 3.23（b）]，可以写出一共 6 个平衡方程（每个隔离体 3 个），来求解外部约束反力和 B 处滚动支座的反力。

图 3.23（b）中构件 BD 的平衡方程如下：

$$\rightarrow^+ \quad \sum F_x = 0 \quad 0 = 15 - D_x \tag{1}$$

$$\circlearrowright^+ \quad \sum M_D = 0 \quad 0 = B_y \times 10 - 20 \times 5 \tag{2}$$

$$\uparrow^+ \quad \sum F_y = 0 \quad 0 = B_y - 20 + D_y \tag{3}$$

解方程（1）、方程（2）和方程（3），得到 $D_x = 15\text{kip}$，$B_y = 10\text{kip}$，$D_y = 10\text{kip}$。

由于 B_y 已经求得，可以建立图 3.23（b）中构件 AC 的平衡方程。

$$\rightarrow^+ \quad \sum F_x = 0 \quad 0 = A_x \tag{4}$$

$$\circlearrowright^+ \quad \sum M_A = 0 \quad 0 = 10 \times 10 - 15 C_y \tag{5}$$

$$\uparrow^+ \quad \sum F_y = 0 \quad 0 = A_y - 10 + C_y \tag{6}$$

解方程（4）、方程（5）、方程（6）得 $A_x = 0$，$C_y = 20/3\text{kip}$，$A_y = 10/3\text{kip}$。

因为 B 处的滚动支座不能在梁间传递水平力，可知作用在 BD 上的外加荷载的水平分量 15kip 必定由反力 D_x 来平衡，又 AC 上没有水平力作用，故 $A_x = 0$。

静力校验：为了检验计算的准确性，对图 3.23（a）中的整个结构有 $\sum F_y = 0$。

$$A_y + C_y + D_y - 0.8 \times 25 = 0$$

$$\frac{10}{3} + \frac{20}{3} + 10 - 20 = 0$$

$$0 = 0$$

3.8　约束反力对结构稳定性和静定性的影响

为了使结构保持稳定，必须采用一组支座以防止结构或其构件产生刚体位移。这些支座的数量和种类取决于构件的几何构成、结构内的连接（如铰接）以及支座的位置。我们可以由 3.6 节中的平衡方程来理解反力对稳定性和静定性（能够由静力平衡方程求解反力）的影响，首先研究只由一个刚体组成的结构，再将结论推广到由相互连接的多个刚体组成的结构。

要保证结构在任何可能的荷载条件下不发生移动，外加载荷和支座反力必须满足 3 个静力平衡方程：

$$\sum F_x = 0$$
$$\sum F_y = 0$$
$$\sum M_z = 0$$

我们就反力数量的不同分三种情况讨论，以建立结构稳定性和静定性的准则。

3.8.1　情况 1

支座提供的约束少于 3 个：$R < 3$（$R =$ 约束或反力的数量）。

因为要使刚体平衡，就要满足 3 个平衡方程，所以为了让结构稳定，至少需要 3 个反力。如果支座提供的反力少于 3 个，此时一个或者多个平衡方程无法满足，结构处于不平衡状态，是不稳定的。例如，用平衡方程来计算图 3.24（a）中梁的反力。该梁由两个滚动支座支承，承受跨中竖向荷载 P 和水平力 Q：

$$\uparrow^+ \quad \sum F_y = 0 \quad 0 = R_1 + R_2 - P \tag{1}$$

$$\circlearrowleft^+ \quad \sum M_A = 0 \quad 0 = \frac{PL}{2} - R_2 L \tag{2}$$

$$\rightarrow^+ \quad \sum F_x = 0 \quad 0 = Q(矛盾，不稳定) \tag{3}$$

当 $R_1 = R_2 = P/2$ 时，式（1）和式（2）能够满足，但是式（3）无法满足，因为力 Q 不等于 0。由于不能满足平衡方程，该梁是不稳定的，在当前外力作用下会向右移动。数学上称前面的方程组矛盾或不协调。

另外一个例子，图 3.24（b）中的梁 A 端固定在铰支座上，建立平衡方程：

$$\rightarrow^+ \quad \sum F_x = 0 \quad 0 = R_1 - 3 \tag{4}$$

$$\uparrow^+ \quad \sum F_y = 0 \quad 0 = R_2 - 4 \tag{5}$$

$$\circlearrowleft^+ \quad \sum M_A = 0 \quad 0 = 4 \times 10 - 3 \times 1 = 37 \tag{6}$$

当 $R_1 = 3\text{kip}$，$R_2 = 4\text{kip}$ 时，式（4）和式（5）能够满足，但式（6）无法满足。因为力矩不平衡，所以结构是不稳定的，即梁会绕 A 铰转动。

最后一个例子，对图 3.24（c）中的柱建立平衡方程：

$$\rightarrow^+ \quad \sum F_x = 0 \quad 0 = R_x \tag{7}$$

$$\uparrow^+ \quad \sum F_y = 0 \quad 0 = R_y - P \tag{8}$$

$$\circlearrowleft^+ \quad \sum M_A = 0 \quad 0 = 0 \tag{9}$$

分析可知，当 $R_x = 0$、$R_y = P$ 时，所有方程都能满足，结构处于平衡状态（因为所有的力

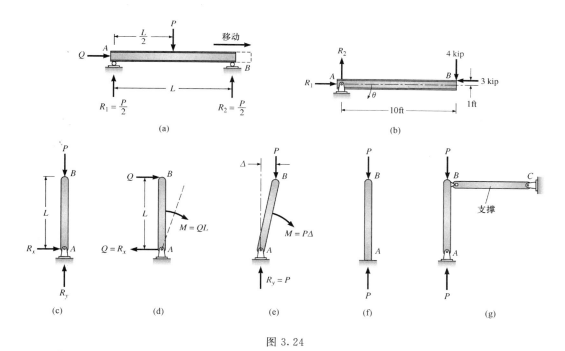

图 3.24

(a) 不稳定，缺少水平约束；(b) 不稳定，可绕 A 点自由转动；(c) 不稳定，可绕 A 点自由转动；

(d)、(e) 不平衡的力矩导致结构失效；(f)、(g) 稳定的结构

都通过力矩中心，式（9）自动满足）。当该柱承受竖向力时，平衡方程能够满足，但可以直观地看出结构是不稳定的。虽然铰支座 A 能够阻止柱底在任意方向上的平移，但它对柱没有任何转动约束。当柱上作用有很小的侧向力时［见图 3.24（d）］或是在竖向力作用下，柱的轴线偏离了竖直方向时，就会产生倾覆力矩，使其绕铰 A 转动而破坏。由本例可以看出稳定结构必须能够承受任意方向的荷载。

为了约束该柱的转动，使其成为稳定的结构，做到以下任意一点即可：

（1）用对柱底有约束力矩的固定端代替铰支座［见图 3.24（f）］。

（2）如图 3.24（g）所示，将柱顶用一水平构件 BC 和支座 C 相连（BC 一类构件的主要功能是使柱保持竖直，而不是承受载荷，称其为支撑或辅助构件）。

总之我们得到如下结论：支座反力少于 3 个的构件是不稳定的。

3.8.2 情况 2

支座提供了 3 个约束：$R = 3$。

如果支座提供了 3 个反力，通常能够满足 3 个平衡方程（未知量的数量等于方程的数量）。显而易见地，如果 3 个静力平衡方程能够满足，结构就处于平衡状态（即保持稳定），此时，能够唯一地确定 3 个反力的值，我们称结构是静定的。总之，因为必须满足 3 个平衡方程，所以要使结构在任意载荷下保持稳定，至少需要 3 个约束。

如果支座系统提供 3 个反力，却不能满足 3 个平衡方程，则该结构就是几何可变体系。例如图 3.25（a）中的构件 ABC，受水平荷载 P 和竖向力 Q 作用，由一根链杆和两个滚动支座提供的 3 个支反力。由于所有的约束都施加在竖直方向上，而对水平方向的位

移没有约束（即这些约束构成一个平行力系）。写出梁 ABC 在 x 方向上的平衡方程如下：

$$\rightarrow^{+} \quad \sum F_x = 0$$

$$Q = 0 \text{（矛盾）}$$

由于 Q 不为 0，平衡方程无法满足，因此结构是不稳定的。在力 Q 作用下，结构会向右移动，直到链杆提供水平分力来平衡 Q［因为几何构成的变化而产生的，见图 3.25（b）］。因此，稳定的结构必须由其在未加载情况下的原始方向的支座反力来平衡外加荷载，而如果在约束外力能够平衡外加荷载之前，结构要发生几何变形，则该结构是不稳定的。

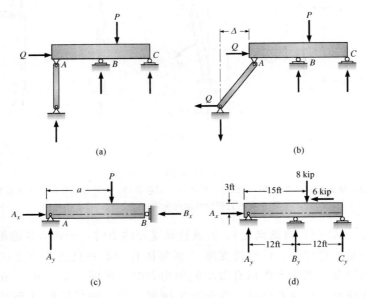

图 3.25

（a）几何可变体系，反力构成平行力系；（b）平衡位置链杆伸长或转动后产生水平反力；（c）几何可变体系——反力构成通过铰 A 的共点力系；（d）超静定梁

另一个在 3 个约束反力作用下结构不稳定的例子。我们研究图 3.25（c）中的梁，它由 A 处的铰支座和 B 处提供水平反力的滚动支座支承。虽然水平和竖直方向上的支座反力可以让结构在 x 和 y 方向上保持平衡，但没有约束能够阻止结构绕 A 转动。写出对 A 点的力矩和平衡方程有：

$$\circlearrowright^{+} \quad \sum M_A = 0$$

$$Pa = 0 \text{（矛盾）}$$

由于 P 和 a 都不为 0，Pa 不可能等于 0，该平衡方程无法满足，因而结构是不稳定的。因为所有的约束反力作用线都交于铰 A（即约束反力构成共点力系），所以它们无法阻止转动的发生。

综上，我们得到如下结论：对单个刚体，要保持结构的稳定（保持平衡状态），至少需要 3 个约束反力，而且它们不能构成平行或者共点力系。

同时，我们也发现了结构是否稳定、能否满足平衡方程与它受到的不同的荷载条件有关。如果在某种荷载条件下分析得出的结果有矛盾，也就是说结构不满足平衡方程，就可以断定结构是不平衡的。这个分析过程详见例 3.11。

3.8.3 情况 3

约束的数量大于 3 个：$R > 3$。

如果一个可以视为单个刚体的结构受到的支座约束超过 3 个，并且它们不构成平衡或是共点力系，那么就无法确定约束反力的值，因为此时未知量的数目超过可用平衡方程的数目。由于一个或者多个约束无法求解，所以结构是超静定的，超静定的次数等于约束的数量减去 3，即：

$$超静定次数 = R - 3 \tag{3.7}$$

式中　R——约束的数量；

　　　3——静力平衡方程的数目。

例如，图 3.25（d）中的梁，A 点是铰支座，B 和 C 处是滚动支座。建立 3 个平衡方程如下：

$$\rightarrow^{+} \quad \sum F_x = 0 \quad A_x - 6 = 0$$

$$\uparrow^{+} \quad \sum F_y = 0 \quad -8 + A_y + B_y + C_y = 0$$

$$\circlearrowright^{+} \quad \sum M_A = 0 \quad -6 \times 3 + 8 \times 15 - 12 B_y - 24 C_y = 0$$

一共有 A_x、A_y、B_y、C_y 4 个未知量，而只有 3 个可用方程，不可能求出完整的解（由第一个方程能解出 A_x），因此我们就称该结构为一次超静定。

如果去掉 B 处的滚动支座，结构就成为静定的，未知量的个数和平衡方程的个数相等。由此为基础，我们得到一种确定结构超静定次数的一般方法：解除结构的约束，直到其变成静定的。此时，被解除的约束的数目就是超静定的次数。例如，采用这种方法来确定图 3.26（a）中梁的超静定次数。具体做法很多，我们解除支座 A 处的转动

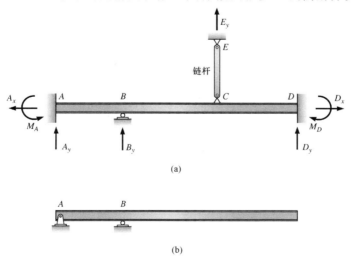

(a)

(b)

图 3.26

（a）超静定结构；（b）解除多余约束后剩下的静定结构

约束（M_A），而保留其水平方向和竖直方向上的约束，也就相当于把固定端变成铰支座。接着移去 C 处的链杆和 D 处的固定端，从而一共解除 5 个约束，形成了如图 3.26（b）所示的静定结构（被解除的约束称为多余约束）。因而，我们得出原结构是 5 次超静定的。

3.8.4 多刚体结构的静定性和稳定性

由几个刚体通过连接装置（如铰链）相互连接的结构，如果有 C 个内部约束，就能写出 C 个附加的平衡方程（也叫条件方程）来求解反力（见 3.7 节）。对这一类结构，分析其稳定性和静定性时，要将单刚体结构的准则修改如下：

（1）若 $R < 3 + C$，结构是不稳定的。

（2）若 $R = 3 + C$，并且作用于整个结构和其任一组件的约束力都不构成平行或共点力系，结构就是静定的。

（3）若 $R > 3 + C$，并且反力不构成平行或共点力系，结构是超静定的。此时，结构超静定次数的计算公式由式（3.7）变为约束反力的个数减去（$3 + C$），即可用于求解反力的平衡方程的个数，具体表达式如下：

$$超静定次数 = R - (3 + C) \tag{3.8}$$

表 3.2 和表 3.3 总结了约束反力对结构稳定性和静定性的影响。

表 3.2　单刚体结构稳定性和静定性准则

状态[1]	结 构 分 类		
	稳定		不稳定
	静定	超静定	
$R < 3$			是；任意荷载条件下都不能满足平衡方程
$R = 3$	是，当约束反力可以唯一确定时		仅当约束反力构成平行或共点力系时
$R > 3$		是，超静定次数 = $R - 3$	仅当约束反力构成平行或共点力系时

① R 是约束反力的个数。

表 3.3　多刚体结构稳定性和静定性准则

状态[1]	结 构 分 类		
	稳定		不稳定
	静定	超静定	
$R < 3 + C$			是；任意荷载条件下都不能满足平衡方程
$R = 3 + C$	是，当约束反力可以唯一确定时		仅当约束反力构成平行或共点力系时
$R > 3 + C$		是，超静定次数 = $R - (3 + C)$	仅当约束反力构成平行或共点力系时

① 其中 R 是约束反力的个数；C 是条件方程的个数。

【**例 3.11**】 分析图 3.27 (a) 中结构的稳定性。B 和 D 处是铰链。

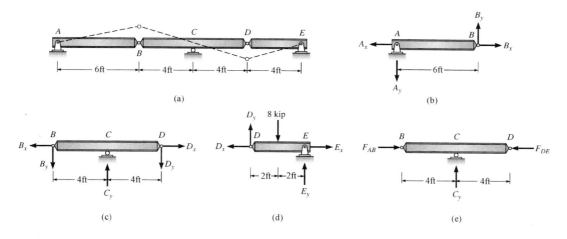

图 3.27

(a) 结构详图；(b) 构件 AB 隔离体图；(c) 构件 BD 隔离体图；(d) 构件 DE 隔离体图；
(e) 不稳定的结构（如果将 AB 和 DE 看作链杆，那么约束反力构成一共点力系）

解：

结构平衡的必要条件：

$$R = 3 + C$$

约束力的数目 R 为 5，条件方程的个数 C 为 2，必要条件能够满足。但是，由于结构中存在许多铰链和铰支座，结构仍有可能是几何可变的。为了研究这种可能性，在结构上施加任意荷载，来检验结构的每一段是否满足平衡方程。我们假定在构件 DE 的中点施加一个 8kip 的竖向荷载［见图 3.27 (d)］。

第一步：检验构件 DE 的平衡。

$$\xrightarrow{+} \quad \sum F_x = 0 \quad E_x - D_x = 0$$
$$E_x = D_x$$
$$\circlearrowright^+ \quad \sum M_D = 0 \quad 8 \times 2 - 4E_y = 0$$
$$E_y = 4\text{kip}$$
$$\uparrow^+ \quad \sum F_y = 0 \quad D_y + E_y - 8 = 0$$
$$D_y = 4\text{kip}$$

结论：虽然无法解出 D_x 和 E_x，但平衡方程还是满足的。而且，作用于隔离体上的力不构成平行或共点力系，所以没有证据表明结构是不稳定的。

第二步：检验构件 BD 的平衡［见图 3.27 (c)］。

$$\circlearrowright^+ \quad \sum M_C = 0 \quad 4D_y - 4B_y = 0$$
$$B_y = D_y = 4\text{kip}$$
$$\xrightarrow{+} \quad \sum F_x = 0 \quad D_x - B_x = 0$$
$$D_x = B_x$$

$$\uparrow^+ \quad \sum F_y = 0 \quad -B_y + C_y - D_y = 0$$
$$C_y = 8\text{kip}$$

结论：对构件 BD，所有平衡方程都能满足，因而仍然没有证据表明结构是不稳定的。

第三步：检验构件 AB 的平衡〔见图 3.27（b）〕。

$$\circlearrowright^+ \quad \sum M_A = 0 \quad 0 = -B_y \times 6（矛盾）$$

结论：前面对构件 BD 的计算得到 $B_y = 4$kip，平衡方程的右边为 -24ft·kip·ft，不等于 0，因此不能满足平衡方程，表明结构是不稳定的。对构件 BCD 作进一步的分析〔见图 3.27（e）〕，发现由构件 AB、DE 以及滚动支座 C 提供的反力会构成共点力系，从而使结构不稳定。图 3.27（a）中的虚线是结构作为不稳定的机构变形以后一种可能的形状。

3.9　结构分类

本章的主要目的之一是指导如何建立一个稳定的结构，我们已经知道要考虑结构和构件的几何形状，位置以及支座的类型。为了推导出本节的内容，我们以图 3.28 和图 3.29 中的结构为例，来考察它们在不同外加荷载下的稳定性，并且判断那些稳定的结构是静定的还是超静定的；最后，如果结构是超静定的，还要确定其超静定次数。本节中所有的结构，不管有没有内部约束，都被看作一个单独的刚体，而通过相关条件方程的个数来考虑内部铰链和滚动支座的影响。

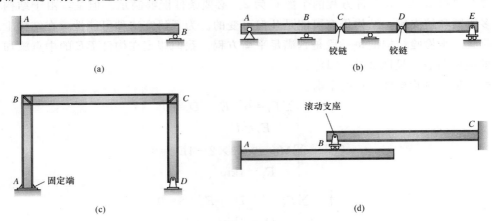

图 3.28　稳定和不稳定的结构示例
（a）一次超静定；（b）静定；（c）两次超静定；（d）一次超静定

大部分情况下，要判断一个结构是静定的还是超静定的，我们只要简单地比较外部约束和可用的平衡方程（即 3 个静力平衡方程加上所有的条件方程）的数目，然后校验反力是否构成平行或共点力系来判断结构的稳定性。如果有任何疑问，我们在结构上施加一个荷载并对其采用静力平衡方程进行分析，以此作为最终的检验。如果有解，说明结构能够满足平衡方程，因而是稳定的，而要是出现矛盾，结构就是不稳定的。

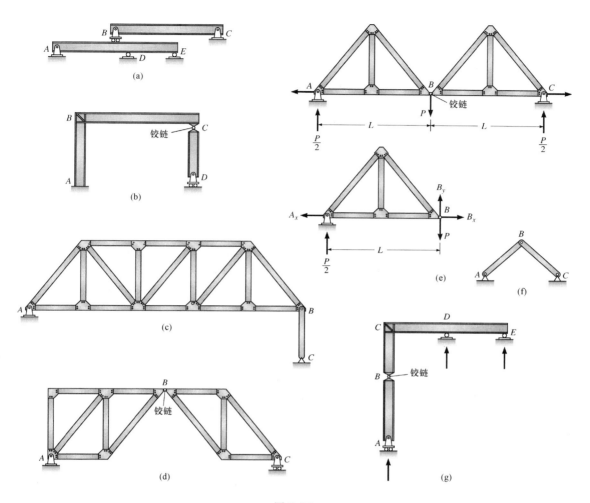

图 3.29

（a）一次超静定；（b）不稳定——CD 的约束反力构成共点力系；（c）静定；（d）不稳定，R＜3＋C；（e）不稳定，作用在每个桁架上的反力构成共点力系；（f）静定；（g）不稳定，BCDE 的约束力构成平行力系

图 3.28（a）中的梁有 4 个约束反力——3 个位于固定端，1 个位于滚动支座。由于只有 3 个平衡方程，因此结构是一次超静定的，又反力既不构成平行力系也不构成共点力系，结构显然是稳定的。

图 3.28（b）中的结构既是稳定的又是静定的，因为反力的数目和平衡方程的数目相等。支座总共提供 5 个约束反力——2 个来自铰 A，其余 3 个各来自 3 个滚动支座。为了求解反力，对整个结构有 3 个平衡方程，铰链 C 和 D 又提供了 2 个条件方程。我们也可以通过观察发现结构是稳定的。构件 ABC——由铰支座 A 和滚动支座 B 支承——是稳定的。因此，铰链 C 是不动点，如同一个铰支座，能够对构件 CD 提供水平和竖直方向的约束反力。由于结构的弹性变形，铰链 C 产生的微小位移并不影响其对构件从 CD 的约束能力。构件 CD 跨中的滚动支座又对其提供了第三个约束，因而它是稳定的，即支承它的 3

个约束反力不构成平行或共点力系。至此，铰链也可以看做一不动点。我们发现构件 DE 也处于稳定的支承条件下，即两个约束来自铰 D，一个来自滚动支座 E。

图 3.28（c）中的刚架，A 处是固定端，D 处是铰支座，只有 3 个可用的平衡方程却有 5 个约束反力，因而结构是两次超静定的。

图 3.28（d）中的结构为两根悬臂梁在 B 点通过一个滚动支座相连。如果把结构看作一个单独的刚体，A 和 C 处的固定端一共提供 6 个约束，滚动支座提供 2 个条件方程（B 点的弯矩和水平力为 0），加上 3 个静力平衡方程，从而结构是一次超静定的。另一种方法，移去 B 处仅提供一个竖向约束的滚动支座，结构变为两根静定的悬臂梁，也能够确定其超静定的次数。因为仅需要解除一个约束，就能形成静定结构（见图 3.26），我们可知结构是一次超静定的。确定超静定次数的第三种方法，是将结构拆分为两个隔离体，考察由支座和内部滚动支座提供的未知约束反力的个数。每个隔离体都受到固定端 A 或 C 的 3 个反力以及来自滚动支座 B 的竖向力的作用——两个隔离体一共有 7 个反力，而总共只有 6 个平衡方程——每个隔离体 3 个——再次得出结构是一次超静定的。

图 3.29（a）中，铰 A、铰 C、滚动支座 D 和 E 一共提供 6 个外部约束，而只有 3 个平衡方程和 2 个条件方程，所以结构是一次超静定的。梁 BC 由铰 C 和滚动支座 B 支承，是静定的，因此，不计作用在 BC 上的荷载，滚动支座 B 处的竖向反力总是可以确定的。结构之所以超静定是因为构件 ADE 有 4 个约束——2 个来自铰 A，还有 2 个分别来自滚动支座 D 和 E。

图 3.29（b）中的框架有 4 个约束——3 个来自固定端 A，1 个来自滚动支座 D，而正好有 3 个平衡方程和 1 个条件方程（铰链 C 处 $M_C = 0$），看上去该结构是静定的。然而，虽然由于 A 处是固定端，构件 ABC 显然是稳定的，但构件 CD 却是不稳定的，因为来自滚动支座 D 的竖向反力通过铰 C，从而作用于构件 CD 上的反力构成共点力系。举个例子，如果在构件 CD 上作用一水平力，对铰 C 求合力矩，就会发现平衡方程是矛盾的。

图 3.29（c）中的桁架，可以看做一个刚体，由铰支座 A 和链杆 BC 支承，3 个约束反力不构成平行或共点力系，从而结构是外部静定的（在第 4 章中，我们还要校验该桁架的构成，会发现结构也是内部静定的）。

图 3.29（d）中的桁架由两个刚体通过铰链 B 连接而成。将结构视为一个整体，A 和 C 处的支座提供了 3 个约束，但是需要满足 4 个平衡方程（3 个结构静力方程和 B 处的 1 个条件方程），从而结构是不稳定的，即平衡方程的个数多于约束反力的个数。

图 3.29（e）中的桁架包含铰链 B，将其整个视作一个刚体，铰支座 A 和 C 提供 4 个约束，对整个结构一共有 3 个平衡方程和 1 个铰链 B 的条件方程，结构看上去是静定的。但是，若是在铰链 B 上作用一竖向荷载 P，由对称性可知支座 A 和 C 各产生 $P/2$ 的竖向反力，此时将 A 和 B 之间的桁架取出作为隔离体，对铰链 B 求合力矩如下：

$$\circlearrowright^+ \qquad \sum M_B = 0$$

$$\frac{P}{2}L = 0 (矛盾)$$

平衡方程 $\sum M_B = 0$ 无法满足，因此结构是不稳定的。

图 3.29（f）中的铰接杆系，A 和 C 处的铰支座提供 4 个约束反力，且有 3 个平衡方

程和 1 个条件方程（节点 B 处），从而结构是静定的。

图 3.29（g）中的刚架由一链杆（构件 AB）和两个滚动支座支承。由于构件 $BCDE$ 的所有约束反力都作用在竖直方向上（它们构成平行力系），$BCDE$ 不能抵抗水平荷载，因此结构是不稳定的。

3.10 静定结构和超静定结构的对比

静定结构和超静定结构在实际工程中都被广泛地使用，因此设计者必须注意到两者性能上的不同，以便预计在建设和以后的使用过程中，结构可能出现的一些问题。

如果静定结构失去一个支座，就无法再保持稳定，而立即发生破坏。照片 3.3 所示的就是一座由简支梁组成的大桥在 1964 年 Nigata 地震中破坏的情形。地震使结构来回摇晃，大桥每跨支承在滚动支座上的梁端从桥墩上滑落到了河里。假如梁端是连续或相互连接的，大桥就很有可能幸存下来，而只发生很小的损伤。加利福尼亚一座简支的高速公路桥在地震中也发生了类似的破坏，因此，设计规范已经修改，要求保证桥梁在支座处连续。

照片 3.3　1964 年 Nigata 地震中，简支梁桥破坏的一个例子

相对的，在超静定的结构中，由于有多条传力路径可以将荷载传递到支座，因此失去一个或多个支座后，只要剩下的支座提供 3 个或更多的约束，并且构成合理，结构仍可以保持稳定。虽然在超静定结构中，支座的损失会使一些构件应力增大很多，这样可能造成很大的变形，甚至是局部破坏，但是按照延性设计的合理的结构有足够的强度防止发生整体破坏。损坏和变形的结构虽然无法继续使用，但却能避免人员的伤亡。

第二次世界大战中，当城市遭到轰炸时，许多超静定结构，在其主要结构构件——梁和柱——被严重破坏和炸毁后，仍然屹立不倒。例如图 3.30（a）中的梁，如果失去支座

C，仍然是静定的悬臂梁，如图 3.30（b）所示；而如果失去支座 B，就是静定的简支梁，如图 3.30（c）。

由于多余约束对结构变形的限制作用，在跨度相同的情况下，超静定结构的刚度也比静定结构的大。例如，比较图 3.31 中两根参数相同的梁变形的大小，我们会发现静定的简支梁的跨中变形是超静定的两端固定的梁的 5 倍。两根梁支座处的竖向反力是相等的，但在固定端梁中，支座处的负弯矩减小了外加荷载引起的竖向位移。

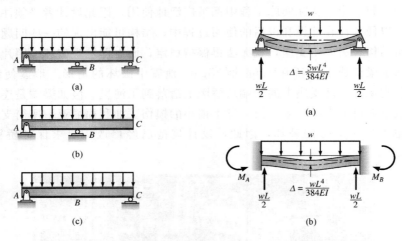

图 3.30　不同的传力路径　　　图 3.31　静定结构和超静定结构柔度的对比
（a）中静定梁的变形是（b）中超静定梁的 5 倍

由于超静定结构比静定结构受到更大的约束，因此支座沉降、徐变、温度变化和制作装配失误都会给结构的建造增加困难，或是在结构的使用过程中产生不利的附加应力。例如，假若图 3.32（a）中的梁 AB 制作得过长或是由于温度升高而伸长，结构的下端就会超出支座 C。为了建成框架，现场施工队会采用千斤顶或其他加载设备推动结构，使其变形，直到能够安装到支座上［见图 3.32（b）］，其结果就是结构在没有外加荷载时，构件中也有应力存在并且支座中有反力。

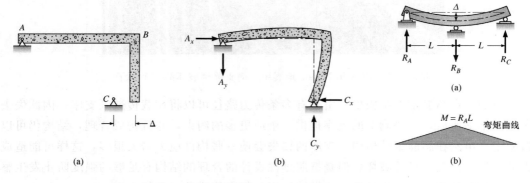

图 3.32　制作装配失误的后果
（a）梁太长使柱超出支座；（b）强行将柱底安装到支座后引起的支座反力

图 3.33
（a）支座 B 沉降引起支座反力；
（b）支座沉降引起的弯矩图

图 3.33 中的连续梁，中间的支座发生沉降后，支座中会产生反力，若忽略梁的自重，则梁上没有外加荷载作用，那么支座中的反力是自平衡的。如果这是一根钢筋混凝土梁，由支座沉降产生的弯矩加上使用荷载产生的那部分就有可能使最不利截面上的设计弯矩产生根本的变化。根据梁配筋情况的不同，这种弯矩的变化会在梁中引起过大的应力，或是在梁的某些截面处造成大范围的开裂。

总结

 • 大部分受力结构都是静止的，由支座约束其位移，因此它们的力学性能符合静力法则，对平面结构可以表达如下：

$$\sum F_x = 0$$
$$\sum F_y = 0$$
$$\sum M_O = 0$$

 • 若平面结构的支座反力和内力能够由这 3 个静力方程确定，则该结构就是静定结构；如果结构约束很多，不能由 3 个静力方程求解，则该结构是超静定结构，求解这类结构需要附加的几何变形协调方程。如果一个结构或其中的任一构件不能满足静力平衡方程，则该结构是不稳定的。

 • 采用表 3.1 所总结的一系列抽象符号来表示实际支座。这些符号只反映了某种支座的主要作用，为了简化分析，而忽略了其次要作用。例如铰支座，我们假定它只能约束任意方向的平移，没有任何转动约束，但在实际情况中，因为节点处存在摩擦，它也能提供很小的转动约束。

 • 超静定结构的支座或约束的数量大于为使结构稳定所需要的最小值，因此，它们的刚度通常大于静定结构，并且当单个支座或构件失效时，结构不一定会发生破坏。

 • 采用计算机分析静定结构和超静定结构同样简单，但是，如果计算机分析得出不合逻辑的结果，很可能是因为被分析的结构是不稳定的。

习题

P3.1～P3.6　计算图 P3.1～图 P3.6 中结构的支座反力。

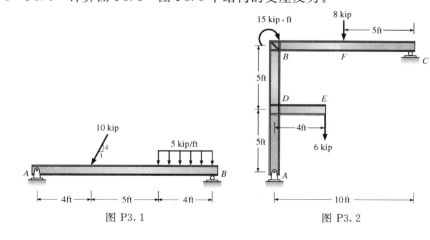

图 P3.1　　　　　　　　　　图 P3.2

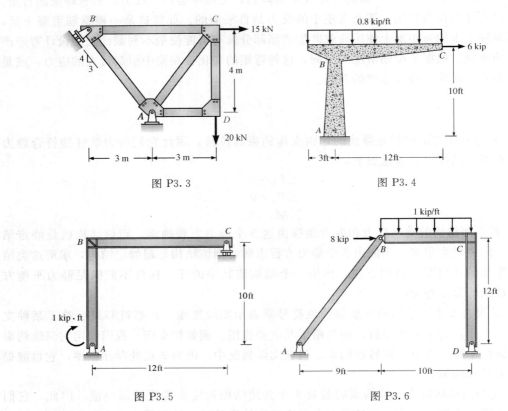

图 P3.3　　　　　　　　　　图 P3.4

图 P3.5　　　　　　　　　　图 P3.6

P3.7　支座 A 约束了转动和水平位移，但允许竖向位移。在 B 处的剪力板假设为铰接。计算 A 点弯矩和 C 点、D 点的反力。

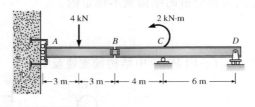

图 P3.7

P3.8　计算所有支座的反力和在铰接处 B 点的传递力。

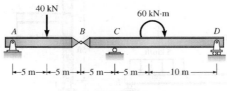

图 P3.8

P3.9～P3.11　计算每个结构的反力。构件所有的尺寸是以中心线来计算的。

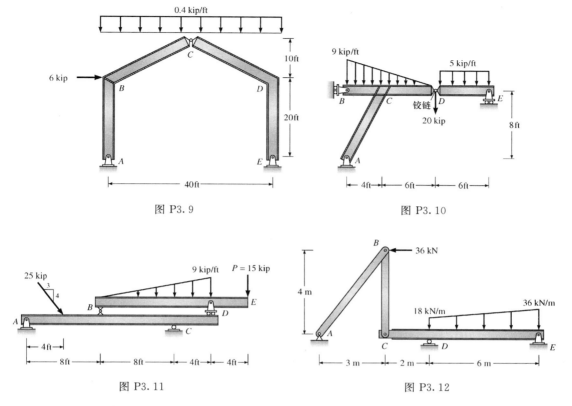

图 P3.9　　　　　　　　　　　　　图 P3.10

图 P3.11　　　　　　　　　　　　　图 P3.12

P3.12　计算所有支座反力。C 是铰链。

P3.13　计算所有反力。D 点是铰接。

P3.14　计算所有支座的反力，以及铰链 C 传递的力。

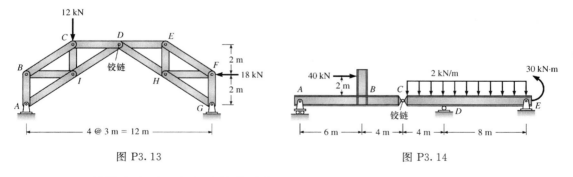

图 P3.13　　　　　　　　　　　　　图 P3.14

P3.15　计算支座 A、C 和 E 处的反力。

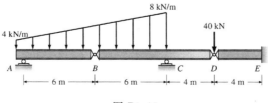

图 P3.15

P3.16 计算所有反力。节点 C 视为铰接。

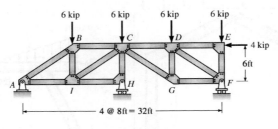

图 P3.16

P3.17 计算所有反力。梁上的均布荷载至柱的中心线为止。

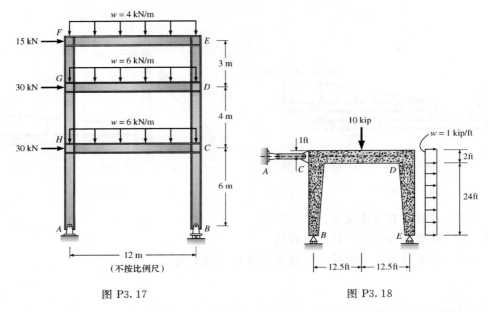

图 P3.17   图 P3.18

P3.18 如图 P3.18 所示排架 BCDE 由水平构件 AC 支撑，AC 视为链杆。计算 A、B 和 E 点的反力。

P3.19～P3.21 计算所有反力。

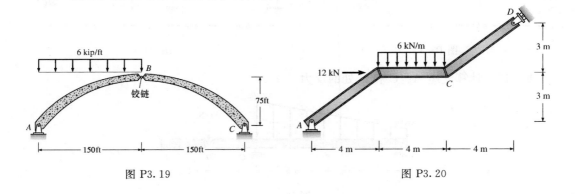

图 P3.19   图 P3.20

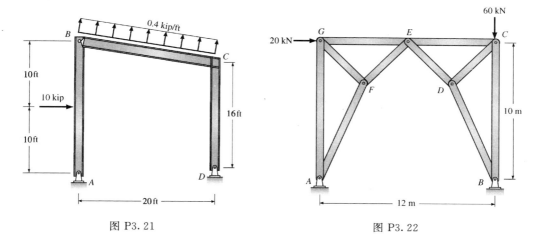

图 P3.21

图 P3.22

P3.22　计算所有支座反力。E 是铰链。

P3.23　桁架形屋架的 A 处采用螺栓和基座连接，C 处用弹性垫连接。弹性垫只提供竖直方向上的约束，而没有水平约束，可以视为滚动支座，支座 A 视为铰支座。计算风荷载在支座 A 和 C 中引起的反力。

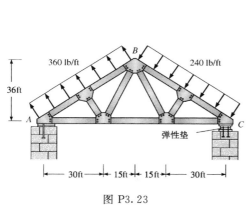

图 P3.23

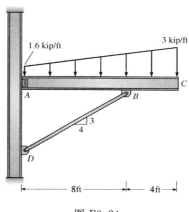

图 P3.24

P3.24　在 A 点处采用双角钢将梁的腹板和柱相连，可以等价的视为铰支座；构件 BD 视为轴向受力的铰接压杆。计算 A 和 D 处的反力。

P3.25　计算所有反力。

P3.26　计算支座 A 和 G 的反力，以及铰链对构件 AD 的作用力。

P3.27　在 A 和 D 处，柱的底板和基础采用螺栓连接，可以视为铰支座。节点 B 刚接，在 C 处，梁的下翼缘与焊接在柱上的顶板采用螺栓连接，可以视为铰链（它也能传递一小部分弯矩）。

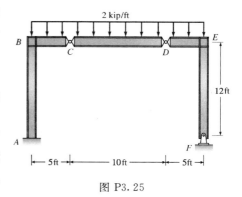

图 P3.25

计算 A 和 D 处的反力。

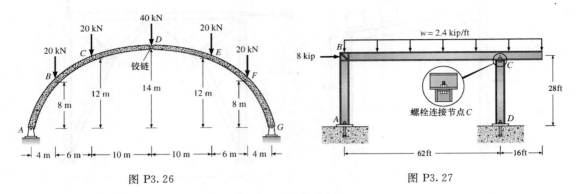

图 P3.26   图 P3.27

P3.28 分别在刚架的 A 和 B 处截断，作出柱 AB、梁 BC 和节点 B 的隔离体图，并求出它们的内力。

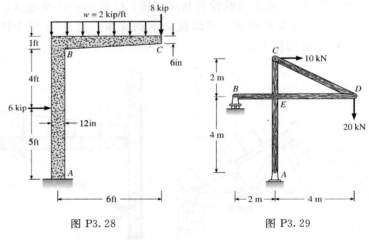

图 P3.28   图 P3.29

P3.29 图 P3.29 中框架的构件由无摩擦的铰连接，作出每个构件的隔离体图，并计算各个铰节点对构件的作用力。

P3.30 如图 3.30 所示桁架由仅受轴向力的构件铰接构成。通过桁架中心线 $1-1$ 截面计算构件 a、b 和 c 的轴力。

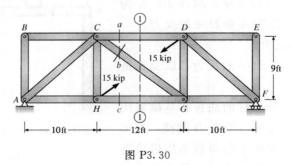

图 P3.30

P3.31 （a）图 P3.31 中的桁架 1 和桁架 2 是稳定的元件，可以视为刚体。计算所有支座反力。（b）作出每个桁架的隔离体图，并计算节点 C、B 和 D 作用在桁架上的力。

P3.32、P3.33　对图 P3.32 和图 P3.33 中的结构分类。指出它们是稳定的还是不稳定的，如果是不稳定的，说明理由；如果是稳定的，判断其是静定的还是超静定的，如果是超静定的，确定超静定的次数。

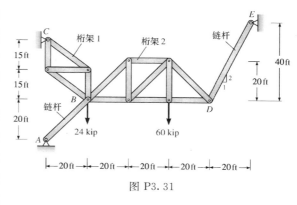

图 P3.31

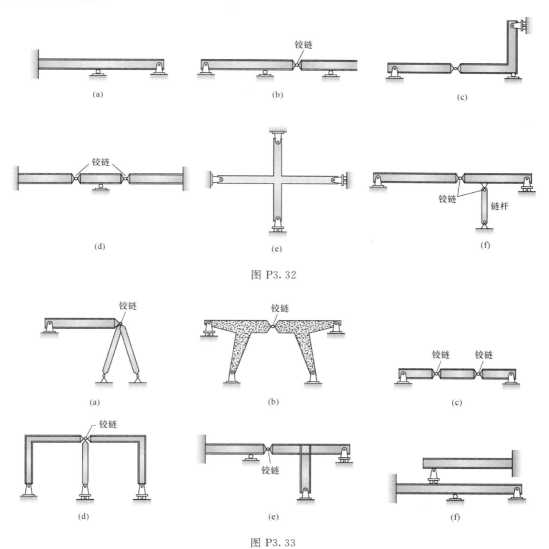

图 P3.32

图 P3.33

P3.34 实际应用：一座单车道桥，桥面钢筋混凝土板厚 10in，宽 16ft，支承在两根相距 10ft 的钢梁上。钢梁长 62ft，自重 400lb/ft，该桥的活荷载设计值为 700lb/ft 的均布荷载，满跨分布。试计算恒荷载、活荷载和动力荷载作用下，端部支座中的最大反力。假定活荷载作用于桥面的中轴线，平均分配到两根梁上。每侧混凝土路缘重 240lb/ft，栏杆 120lb/ft，单位体积碎石混凝土重 150lb/ft³。动力系数取 0.29。

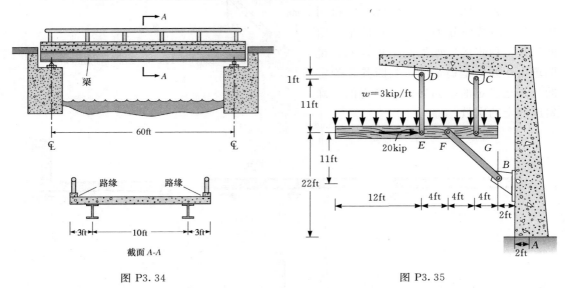

图 P3.34   图 P3.35

P3.35 如图 P3.35 所示 3 个钢链杆将一木梁固定到混凝土框架上，木梁同时承担着荷载。(a) 计算支座 A 处的反力；(b) 计算所有链杆的轴力。说明：每根链杆不是受压就是受拉。

P3.36 如图 3.36 所示单层三跨框架，分别由梁与柱铰接和柱与基础铰接组成。斜支撑 CH 两端铰接。计算 A、B、C 和 D 点的反力，与支撑的轴力。

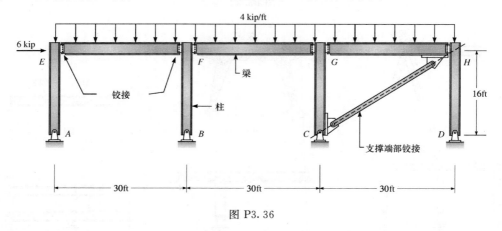

图 P3.36

P3.37 如图 P3.37 所示多跨连续梁由 2 块剪力板铰接连接，分别作用在 C 点和 D 点。中间跨梁 CD 简支在左右两端悬臂梁上。计算铰接处的力和 A、B、E 以及 F 点支座的反力。

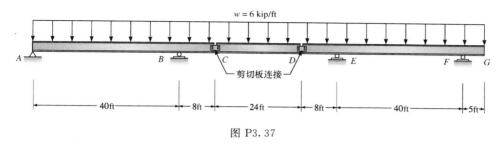

$w = 6\ \text{kip/ft}$

A   B   C   D   E   F   G

剪切板连接

40ft   8ft   24ft   8ft   40ft   5ft

图 P3.37

斯塔滕岛与新泽西州之间的奥特尔大桥

奥特尔大桥是一座悬臂桁架结构的大桥，建造于 1928 年。它包括一个长达 750ft 的主跨，两个长达 375ft 的锚臂，并且在两端各有一个 300ft 横跨桁架。桥中的 143ft 的净高是为了满足大船从桥底通过。它是纽约港务局与新泽西州地区最大跨度的大桥。随着高强材料和新的结构体系的出现，近年来新建的桁架桥已经越来越少。

第**4**章

桁　架

本章目标

- 学习桁架的特点和性能。因为桁架单元只能承受轴向荷载，所以桁架的效率和作用的关键在于各单元的布置。
- 利用结点法和截面法分析桁架结构、确定轴力。并且学习用观察法查找零杆。
- 辨别静定桁架和超静定桁架，并确定超静定桁架的超静定次数。
- 确定桁架结构是否稳定。

4.1　引言

桁架是由细长杆件相互连接而形成的稳定的结构［见图 4.1（a）］。杆件通常把桁架分隔成很多三角形的区域，以求形成一种有效的、质轻的、承载力大的构件。桁架结点的典型形式是把桁架杆件焊接或用螺栓固定于节点板上，虽然结点是刚接的［见图 4.1（b）］，但设计者通常假定杆件在结点处的连接为铰接，正如图 4.1（c）所示。（在本章的例题 4.9 中阐明了这个假设的效果。）由于铰接点处没有弯矩，所以我们假定桁架的杆件只承受沿杆轴向的力——即拉力或压力。由于桁架杆件只承受轴向力，因此它们能有效承载，且通常其横截面相对较小。

如图 4.1（a）所示，桁架上部和下部的那些水平或倾斜的杆件称为桁架的上弦和下弦，它们通过竖直杆和对角杆连接。

大多数桁架的结构功能与梁相似。事实上，桁架一般被看成是去除了多余材料以减轻其重量的梁。桁架的弦杆对应于梁的翼缘。构件的内力组成内力偶以承受使用荷载产生的弯矩。竖直杆和对角杆的主要功能是将竖向力（剪力）传递到桁架端部的支承处。一般的，单位质量桁架的成本要大于轧制钢梁，然而由于桁架对材料的利用率高，所以桁架所

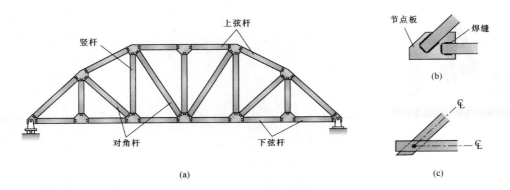

图 4.1

(a) 桁架详图；(b) 焊接节点；(c) 理想节点，杆件通过无摩擦的铰连接

需的材料比轧制钢梁少。在大跨度结构中，如 200ft 或 200ft 以上的结构，结构的自重占到了结构设计承载能力的大部分（一般为 75%～85%）。而工程师经常利用桁架替代钢梁，设计出质量轻且刚度大的结构以减少开支。

即使跨度较小时，当荷载相对较小时，浅桁架即小桁架仍经常用来代替钢梁。对于小跨度，桁架由于质量轻，和它们承载能力差不多的钢梁比起来更易于安装。此外，桁架上方是地板，下方是天花板，在腹杆的空隙处，有足够的空间，机械工程师可以利用这些空间布置供暖和空调管线，净水及污水管道，电线线路及其他必要的公共设施。

设计者除了可以改变桁架杆件的截面积外，还可以通过改变桁架的高度以来减轻它的重量。在弯矩大的区域——简支结构的中部或连续结构的支承处——桁架可以被加高（见图 4.2）。

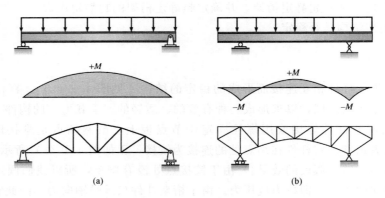

图 4.2

(a) 和 (b) 桁架的高度变化与弯矩曲线的纵坐标相适应

桁架对角杆的倾角范围从 45°～60°。在大跨度桁架中，无支撑的受压弦杆的两个节点间的距离不应超过 15～20ft（5～7m），且受压弦杆应按柱来设计。随着压杆长细比的增加，它变得越来越容易失稳。拉杆的长细比也应限制以减轻由于风载和活荷载产生的振动。

如果一个桁架在其所有的上部节点上承受相同的或大致相同的荷载，则对角杆的倾斜方向将决定对角杆是承受拉力还是压力。例如，如图 4.3 所示，两个桁架除了对角杆的倾斜方向外，其他各方面都相同（同跨度、同荷载及相同的荷载方向），我们可以很清楚地看到对角杆受力的不同（T 表示拉力，C 表示压力）。如照片 4.1 和照片 4.2 所示。

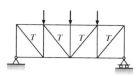
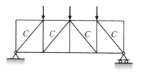

图 4.3
T 表示拉力，C 表示压力

虽然桁架在其自身平面内有很大的刚度，但在自身平面以外它们是很容易弯曲的，因此必须通过加支撑或增加其刚度以增强桁架的稳定性。由于桁架一般成对使用或一片连着一片地布置，因此我们可以把几个桁架组合在一起以形成一种稳定的盒式结构。图 4.4 展示了一个由两个桁架组成的桥体结构。在顶弦和底弦所在的水平面内，设计者增加了横向杆件来连接节点，并增加了对角支撑以提高结构的刚度。上弦和下弦与横向杆件一起在水平面内形成了一个桁架，可将侧向的风荷载传递到桥端部的支座上。工程师还在结构的端部增设了竖直方向的对角节点支撑，以确保桁架垂直于结构的顶部和底部平面。

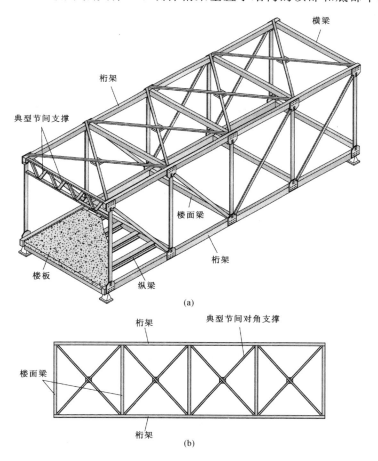

图 4.4 有楼面梁和辅助支撑的桁架
（a）透视图显示桁架与横梁和对角支撑连接，为清晰忽略位于底部平面内的对角支撑，详图见分图（b）；
（b）显示楼面梁和对角支撑的底视图，顶部平面内也需要轻型梁和支撑加强桁架侧向刚度

照片 4.1　具有螺栓节点和节点板的
重型顶部桁架

照片 4.2　改造的塔科马海湾大桥显示了桁架被用于增加
桥面体系的刚度。可参考照片 2.1 中大桥的原貌

4.2　桁架的种类

　　绝大多数现代桁架的单元是三角形的，因为即使节点为铰接，三角形仍是几何不变
的，且在荷载作用下不会变形 [见图 4.5 （a）]。而通过节点铰接形成的矩形单元，其表
现就如同一个几何可变的联动装置 [见图 4.5 （b）]，即使只承受很小的侧向荷载也会
变形。

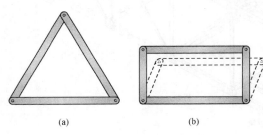
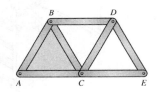

图 4.5　铰接节点框架　　　　　　　　　图 4.6　简单桁架
（a）几何不变；（b）几何可变

　　一种建立稳定桁架的方法就是构建基本三角形单元（见图 4.6 中的基本三角形单元
ABC），然后通过第一个三角形单元的节点引出连杆并结成新的节点。例如，我们可以从
节点 B 和 C 引出连杆并形成新节点 D。类似的，我们可以想象从节点 C 和 D 引出连杆形
成节点 E。用这种方法构成的桁架我们称为简单桁架。

　　如果两个或两个以上的桁架通过一个节点或是一个节点和一个铰连接在一起，则我们
称构成的桁架为组合桁架（见图 4.7）。最后，如果一个桁架———一般是不常见的形状
———既不是一个简单桁架也不是一个组合桁架，我们则称之为复杂桁架（见图 4.8）。随
着计算机被用于分析计算，以上分类对目前的实际应用已不那么重要。

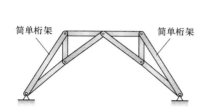

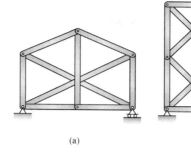

图 4.7　由简单桁架组成的组合桁架　　　　图 4.8　复杂桁架

4.3　桁架分析

当桁架所受的反力以及各轴力的大小和性质（拉力或压力）确定后，我们就可以对一个桁架进行完整的分析了。为计算一确定桁架所受的反力，我们把整个桁架看成一个刚体，如在 3.6 节所讨论的一样，应用所有可能存在的条件方程和静力平衡方程进行计算。计算杆件内力的分析方法是基于以下三个假定：

（1）杆件都是笔直的，且只承受轴力（也就是轴力都是沿着桁架杆的纵轴线）。这一假定也暗示着我们忽略了杆件的自重。如果杆件的自重不能忽略不计，则我们可以近似地把 1/2 的杆件自重分别以集中力的情形加在杆件的两个端部节点上。

（2）桁架的节点都是光滑的铰接点。这表示弯矩无法通过节点从一根杆件传递到另一根杆件。（如果节点是刚性的，且杆件的刚度很大，则结构应作为一个刚框架来分析。）

（3）荷载只作用在节点上。

作为一种符号约定（在杆件受力确定以后），我们用正号表示拉力，负号表示压力。我们也可以在杆件轴力的数值后加上字母 T 来表示所受力为拉力或字母 C 来表示所受力为压力。

如果一根杆件所受力为拉力，则杆端的轴力向外〔见图 4.9（a）〕，有使杆件延长的趋势。杆端大小相等、方向相反的力可以反映节点对杆的作用力。由于杆件施加大小相等、方向相反的力在节点上，因此受拉杆件的节点处的轴力是从节点中心向外作用的。

如果一根杆件所受力为压力，则作用于杆端的轴力向内作用并压缩杆件〔见图 4.9（b）〕。相对的，受压杆件挤压节点（也就是施加一个通过节点的中心的力直接向内挤压节点）。

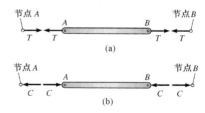

图 4.9　承受轴向荷载的杆件和
相邻的节点的隔离体图

（a）杆 AB 受拉力；（b）杆 AB 受压力

分析杆件的内力可以通过考虑节点的平衡方程——节点法——或通过考虑桁架的一个截面的平衡方程——截面法。在后一种方法中，截面是通过用一假想的平面把桁架切开而得到的。节点法将在 4.4 节中讨论；截面法将在 4.6 节中讨论。

4.4   结点法

为了用结点法确定杆件的内力，我们可以把结点隔离出来，再分析结点的隔离体图。

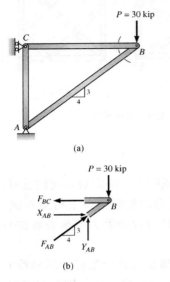

图 4.10
(a) 桁架（虚线显示用来切出节点 B 的
圆形切平面的位置）；(b) 节点
B 的隔离体

隔离体图是通过我们用一个假象的平面在节点前方的一点点地方把杆件切断而得到的。例如图 4.10 (a)，为了确定杆件 AB 和 BC 的轴力，我们把节点 B 看成隔离体，如图 4.10 (b) 所示。由于杆件只受轴力，所以各杆的轴力将沿着杆的轴线方向。

因为所有作用于节点的力都通过节点中心，它们组成了一个汇交力系。对于这种力系，只有两个静立方程可用于求解未知轴力（即 $\sum F_x = 0$ 和 $\sum F_y = 0$）。由于只有两个平衡方程，我们最多只能求解含有两个未知轴力的节点。

分析者可以按照节点法的步骤一步一步地分析。对于初学者，最好是从列杆件轴力的分力平衡方程开始。另外，对于已经有了经验并且对节点法已很熟悉的人，则不一定要列出所有的平衡方程。对于只有一根斜杆的节点汇交力系，可以通过观察外力的大小和方向直接列出平衡方程。后一种方法可以更快地分析桁架。在这一节我们要讨论这两种方法。

为了用列出平衡方程的方法求解杆件的内力，我们必须对每一个未知轴力假定一个方向（已知轴力必须标出它们正确的大小和方向）。分析者可以自由地把未知轴力假定为拉力或压力（大多数工程师喜欢把未知轴力假定为拉力，这样所有的未知轴力都可以表示为由节点中心指向外）。接着，力被分解为 X 方向和 Y 方向的分力，如图 4.10 (b) 所示，并在力或是一个力的分力后面标上字母。我们通过列出并求解两个平衡方程就可以求得未知轴力。

如果在一个特定方向上只有一个未知力，则可以很快捷的通过把这个方向上的所有已知力求和得出解。在一个分力解出之后，另一个分力可以通过分力与杆件的斜率之间的比例关系求得（杆件与轴力的斜率显然是相等的）。

如果通过平衡方程得到的力是正值，表明假定的力的方向是正确的。反之，如果值是负的，则表明力的大小是对的，但开始假定的力的方向不对，必须把隔离体图上的力的方向颠倒过来。当一个节点的力被标注好之后，工程师可以继续求解邻近的其他节点，并重复上述过程，直到所有的轴力都求出来。这一过程可以参考例 4.1。

观测法确定杆件轴力

对于在节点处有一根斜杆，且斜杆的轴力未知的桁架，我们可以通过观测作用于节点处的荷载及其余杆的轴力快速求解。在大多数情况下，标出已知力后，未知轴力的方向是相当明显的。例如，在图 4.10 (b) 中，作用于节点 B 的外力为 30kip，方向向下，杆件 AB 在 y 轴方向上的分力 Y_{AB}——唯一的一个在竖直方向上的分力，一定等于 30kip，且方向向上，以满足竖直方向上的平衡方程。如果 Y_{AB} 是向上的，则轴力 F_{AB} 一定是向上且向右的，这样它在水平方向上的分力 X_{AB} 一定是向右的。由于 X_{AB} 向右，根据水平方向上力的平衡，F_{BC} 一定向左。X_{AB} 的值可以通过简单的三角关系得出，因为杆件的轴力和杆件的斜率是一致的（见 3.2 节）。

$$\frac{X_{AB}}{4} = \frac{Y_{AB}}{3}$$

和

$$X_{AB} = \frac{4}{3} \quad Y_{AB} = \frac{4}{3} \times 30$$

$$X_{AB} = 40\text{kip} \quad 得解$$

要确定力 F_{BC}，我们只要对 x 方向上的力求和。

$$\xrightarrow{+} \sum F_x = 0$$

$$0 = -F_{BC} + 40$$

$$F_{BC} = 40\text{kip} \quad 得解$$

【例 4.1】 用节点法分析图 4.11（a）所示的桁架，反力已给出。

解：

各杆的斜率都已标注在了构件上。例如，上弦 ABC，高为 12ft，底边长 16ft，斜率为 3：4。

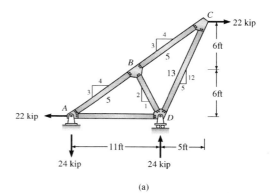

(a)

为了开始分析，我们要从一个不多于两根杆件的节点开始，点 A 或点 C 都可以。由于点 A 处只有一根斜杆，分析起来最简单，故我们从 A 点开始。取 A 点为一隔离体〔见图 4.11（b）〕，我们任意假定杆件的轴力 F_{AB} 和 F_{AD} 为拉力且方向为背向节点。接着，我们把 F_{AB} 分解为 X_{AB} 和 Y_{AB} 两个分力。列出 y 方向的力平衡方程，我们可求出 Y_{AB}。

$$\xrightarrow{+} \sum F_y = 0$$

$$0 = -24 + Y_{AB} \quad 和 \quad Y_{AB} = 24\text{kip} \quad 得解$$

由于 Y_{AB} 为正值，所以为拉力，假定的方向是正确的。通过考虑杆的斜率，由比例关系求出 X_{AB} 和 Y_{AB}。

$$\frac{Y_{AB}}{3} = \frac{X_{AB}}{4} = \frac{F_{AB}}{5}$$

和

$$X_{AB} = \frac{4}{3} Y_{AB} = \frac{4}{3} \times 24 = 32(\text{kip})$$

$$F_{AB} = \frac{5}{3} Y_{AB} = \frac{5}{3} \times 24 = 40(\text{kip}) \quad 得解$$

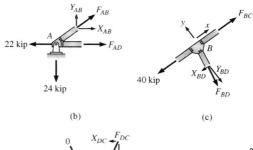

(b) (c)

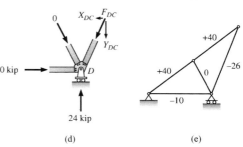

(d) (e)

图 4.11

（a）桁架；（b）节点 A；（c）节点 B；（d）节点 D；
（e）杆件内力汇总（单位为 kip）

计算 F_{AD}

$$\xrightarrow{+} \sum F_x = 0$$

$$0 = -22 + X_{AB} + F_{AD}$$

$$F_{AD} = -32 + 22 = -10(\text{kip}) \quad 得解$$

由于负号表示力 F_{AD} 的假定方向是错误的，所以杆件 AD 的轴力应为压力，而不是拉力。

接着，我们取节点 B 为隔离体，并把作用于 B 点的力都标好［见图 4.11（c）］。由于由节点 A 求得 $F_{AB} = 40\text{kip}$，且为拉力，所以它的方向为背向节点 B。在节点处建立 $x\text{-}y$ 坐标系，并把 F_{BD} 分解为 x、y 两个方向的分力，在 y 方向上力求和可得 Y_{BD}。

$$\uparrow^{+} \sum F_y = 0$$

$$Y_{BD} = 0$$

由于 $Y_{BD} = 0$，推出 $F_{BD} = 0$。根据后面 4.5 节中关于零杆的讨论，这一结果是可以预见的。

计算 F_{BC}

$$\xrightarrow{+} \sum F_x = 0$$

$$0 = F_{BC} - 40$$

$$F_{BC} = 40\text{kip}（拉力） \quad 得解$$

根据 $F_{BD} = 0$ 和将 F_{DC} 表示为压力［见图 4.11（d）］，我们对节点 D 进行分析。

$$\xrightarrow{+} \sum F_x = 0 \quad 0 = 10 - X_{DC} \quad 和 \quad X_{DC} = 10\text{kip}$$

$$\uparrow^{+} \sum F_y = 0 \quad 0 = 24 - Y_{DC} \quad 和 \quad Y_{DC} = 24\text{kip}$$

作为对结果的验算，我们注意到轴力 F_{DC} 的两个分力的比例关系同杆件的斜率是一致的。另一种验算方法是校核某一节点的全部受力，如我们可以发现作用于 C 点的所有力是符合力平衡的。所有的结果被归纳在图 4.11（e）的桁架简图上，正号表示拉力，负号表示压力。

4.5　零杆

桁架被广泛地用于公路桥以承受移动荷载。随着荷载从一点移动到另一点，桁架各杆件的受力也是变化的。荷载作用于某一个或多个位置时，有些杆件是不受力的，不受力的杆件被称为零杆。设计者可以通过标出桁架中的零杆以加快分析桁架的速度。在这一节我们将讨论零杆的两种情形。

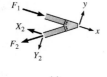

(a)

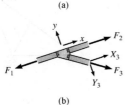

(b)

图 4.12　产生零杆的条件
（a）两根杆连接且没有外荷载，则 F_1 和 F_2 都为 0；（b）两根杆共线且没有外荷载，则第三根杆中的轴力（F_3）为 0

4.5.1　情形 1

如果在连接两根杆件的节点上没有外荷载作用，则两根杆的轴力都为 0。

为证实这个结论的正确性，我们首先假定在图 4.12（a）中的两杆节点上，一根杆的轴力为 F_1，另一根杆的轴力为 F_2。接着我们证明除非 F_1、F_2 都为 0，否则节点不能达到平衡。我们先在节点上建立一个直角坐标系，以 F_1 的方向为 x 轴的方向，接着我们把 F_2 分解为 X_2 和 Y_2，分别平行于 x 轴和 y 轴。如果我们在 y 轴方向上力求和，很明显，除非 Y_2 等于 0，否则节点不平衡，因为没有力可以平衡 Y_2。如果 Y_2 等于 0，则 F_2 等于 0，根据力平衡条件，F_1 也等于 0。

第二种情形是，当一个节点由三根杆件组成时，若其中有两根杆件共线，则第三根杆件的轴力为零。

4.5.2 情形 2

如果在连接三根杆件的节点上没有外荷载作用，且三根杆件中有两根共线，则不共线的杆件的轴力为 0。

为证实这一结论，我们再一次在节点上建立直角坐标系，并以共线杆件的轴线方向为 x 轴的方向，如果我们在 y 轴方向上力求和，则平衡方程只有在 F_3 等于 0 时才满足，因为没有其他的力可以平衡 y 轴方向上的分力 Y_3［见图 4.12（b）］。

虽然一根杆件在某一特定荷载下轴力为 0，但在其他荷载情况下，杆件是要承受力的。因此，某一杆件的轴力为 0 并不表示该杆件就是不必要的而可以被省略。

【例 4.2】 根据 4.5 节的讨论，标出图 4.13 所示的桁架在承受了 60kip 的荷载作用下所有零杆。

解：

虽然本节所讨论的两种情形适用于很多的杆件，但我们只检查节点 A、E、I 和 H，其余零杆的证明留给读者自己。由于节点 A 和 E 都是由两根杆件组成且不受外力作用，故这两根杆件的轴力均为 0（见情形 1）。

由于没有水平方向的荷载作用于桁架，因此 I 点的水平方向反力为 0。在节点 I、杆件 IJ 的轴力与 180kip 的反力是共线的，因此，由于在节点 I 没有其他的水平方向的力作用，故杆件 IJ 的轴力必为 0。节点 H 情况相同。由于杆件 IH 的轴力为 0，故杆件 HJ 的水平分力必为 0。如果一个力的分力为 0，该力也为 0。

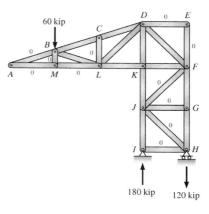

图 4.13

4.6 截面法

为了用截面法分析一个稳定的桁架，我们需想象该桁架被一个假想的贯穿整个结构的切割平面分为两个独立的部分。切割平面必须割开那些轴力已知的杆件，在杆件被割开的那一点，杆件的内力要被当成是作用于该点的外荷载。虽然对切开杆件的数量没有严格的要求，但我们一般用一个截面切开 3 根杆件，因为 3 个静力平衡方程可以很好的分析一个隔离体。例如，我们想确定如图 4.14（a）所示的桁架的内部节间的上下弦杆和对角杆的轴力，我们可以用一个竖直的截面截开该桁架，建立如图 4.14（b）的隔离体图。正如我们在节点法中所看到的一样，设计者可以假定杆件轴力的方向。如果假定的力的方向是正确的，平衡方程的解就是正值；反之，如果解为负值，则表示假定的力的方向是错的。

如果要计算直弦桁架的对角杆的轴力，我们就用一个竖直截面经过要分析的对角杆截得一个隔离体，建立 y 轴方向上的力平衡就可以求出对角杆的竖向分力了。

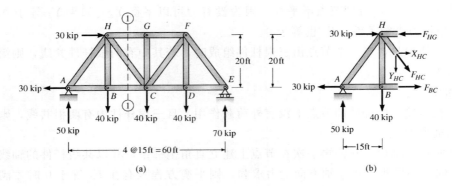

图 4.14

如果我们切开了 3 根杆件，则可以通过沿着两根杆件的轴力的作用线延伸它们的力，使它们相交的方法确定另一根特定杆件的轴力。通过对该交点列弯矩平衡方程，可以列出包含第三个力或它的一个分力的弯矩平衡方程。例 4.3 阐明了直弦桁架的典型杆件的分析。例 4.4 包括了一特定的有 4 个约束的桁架的分析，阐述了一种综合利用截面法和节点法分析复杂桁架的方法。

【例 4.3】 用截面法计算图 4.14（a）所示桁架的杆件 HC、HG 和 BC 的轴力或轴力的分力。

解：

过 1-1 截面将桁架截为如图 4.14（b）所示的隔离体，每一根杆件的轴力方向都是任意假定的。为了便于计算，杆件轴力 F_{HC} 被分解为竖直和水平方向的分力。

计算 Y_{HC}［见图 4.14（b）］：

$$\uparrow^+ \quad \sum F_y = 0$$
$$0 = 50 - 40 - Y_{HC}$$
$$Y_{HC} = 10\text{kip（拉力）} \quad 得解$$

根据斜率关系：

$$\frac{X_{HC}}{3} = \frac{Y_{HC}}{4}$$

$$X_{HC} = \frac{3}{4}Y_{HC} = 7.5\text{kip} \quad 得解$$

计算 F_{BC}：对过力 F_{HG} 和 F_{HC} 的交点 H 的轴线弯矩求和：

$$\circlearrowright^+ \quad \sum M_H = 0$$
$$0 = 30 \times 20 + 50 \times 15 - F_{BC} \times 20$$
$$F_{BC} = 67.5\text{kip（拉力）} \quad 得解$$

计算 F_{HG}：

$$\rightarrow^+ \sum F_x = 0$$
$$0 = 30 - F_{HG} + X_{HC} + F_{BC} - 30$$
$$F_{HG} = 75\text{kip（压力）} \quad 得解$$

由于以上平衡方程所得的解均为正值，故图 4.14（b）所示的力的方向都是正确的。

【例 4.4】　分析图 4.15（a）所示的指定桁架，确定所有杆件的轴力和反力。

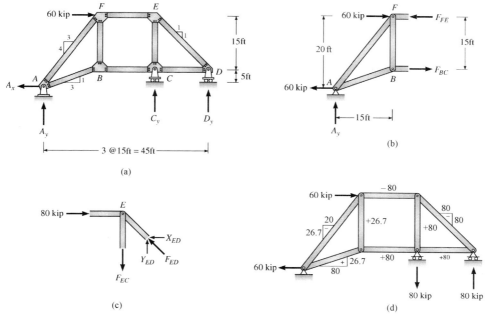

图 4.15

解：

由于点 A、C 和 D 处的支承可以给图 4.15（a）所示的桁架提供 4 个约束，而平衡方程只有 3 个，因此，对于整个结构，我们不能用 3 个静力平衡方程求得所有的反力。然而，我们可以发现只有支承 A 处有水平方向的约束，我们可以通过对 x 轴方向上的力求和得出要求的解。

$$\xrightarrow{+} \sum F_x = 0$$
$$-A_x + 60 = 0$$
$$A_x = 60\text{kip}　得解$$

由于用静力平衡方程不能得到其余的反力的值，故我们必须要用节点法或截面法。由于在一个节点有 3 个或 3 个以上的未知力，故节点法不适用。因此，我们用一个竖直的截面在桁架的中部把桁架截开以得到一个如图 4.15（b）所示的隔离体。由于截面右边的隔离体中 C、D 两点的反力和杆件 BC、FE 的轴力未知，所以我们只能用截面左边的隔离体进行计算。

计算 A_y［见图 4.15（b）］：

$$\uparrow^{+} \sum F_y = 0$$
$$A_y = 0　得解$$

计算 F_{BC}：对过节点 F 的轴线弯矩求和

$$\circlearrowright^{+}　\sum M_F = 0$$
$$60 \times 20 - F_{BC} \times 15 = 0$$

$$F_{BC} = 80\text{kip}(拉力)\quad 得解$$

计算 F_{FE}：

$$\to^+ \sum F_x = 0$$
$$+60 - 60 + F_{BC} - F_{FE} = 0$$
$$F_{FE} = F_{BC} = 80\text{kip}(压力)\quad 得解$$

现在一些内部杆件的轴力已求得，我们可以通过节点法计算其余杆件的轴力了。取节点 E 为隔离体［见图 4.15（c）］。

$$\to^+ \sum F_x = 0$$
$$80 - X_{ED} = 0$$
$$X_{ED} = 80\text{kip}(压力)\quad 得解$$

由于 ED 杆的斜率为 $1:1$，故 $Y_{ED} = X_{ED} = 80\text{kip}$。

$$\uparrow^+ \sum F_y = 0$$
$$F_{EC} - Y_{ED} = 0$$
$$F_{EC} = 80\text{kip}(拉力)\quad 得解$$

通过节点法我们可以确定杆件轴力的力平衡，并求出 C、D 两点的反力。最后结果全部标注在图 4.15（d）的桁架简图上。

【例 4.5】 用截面法求图 4.16（a）所示的桁架中杆件 HG 和 HC 的轴力。

解：

首先计算杆件 HC 的轴力。用竖直截面 $1-1$ 截开桁架，考虑截面左边的隔离体［见图 4.16（b）］。在截开处，杆件的轴力被视为外荷载作用于杆端。由于有 3 个可以利用的静力方程，故所有杆件的轴力都可由静力平衡方程求解。用 F_2 代表杆件 HC 的轴力。为简化计算，我们选择一个弯矩中心（点 a 位于轴力 F_1 和 F_3 的延长线的交点）。轴力 F_2 也沿着它的作用线延长到点 C，并被分解成 X_2 和 Y_2 两个分力。点 a 与左边支承点间的距离 x 可由简单的三角关系，即三角形 aHB 和力 F_1 的斜率（$1:4$）求得。

$$\frac{1}{18} = \frac{4}{x+24}$$
$$x = 48\text{ft}$$

对点 a 弯矩求和，解出 Y_2。

$$\circlearrowright^+ \sum M_a = 0$$
$$0 = -60 \times 48 + 30 \times 72 + Y_2 \times 96$$
$$Y_2 = 7.5\text{kip}(拉力)\quad 得解$$

根据 HC 杆的斜率，由比例关系求出 X_2。

$$\frac{Y_2}{3} = \frac{X_2}{4}$$
$$X_2 = \frac{4}{3}Y_2 = 10\text{kip}\quad 得解$$

现在计算杆件 HG 的轴力 F_1，我们选择轴力 F_2 和 F_3 的延长线的交点为弯矩中心点，即点 C［见图 4.16（c）］。延长轴力 F_1 到点 G，并将其分解为两个分力。对点 C 弯矩

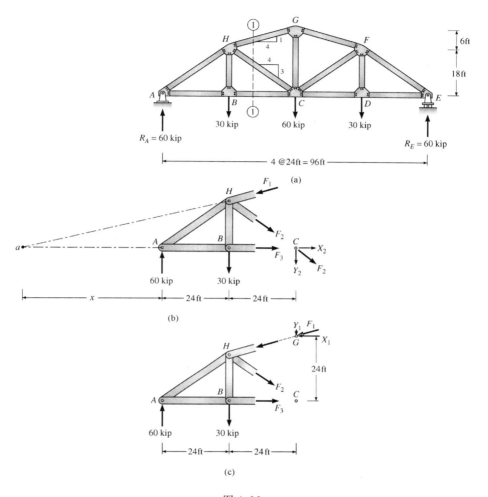

图 4.16

(a) 桁架详图；(b) 计算杆件 HC 的轴力的隔离体；(c) 计算杆件 HG 的轴力的隔离体

求和。

$$\circlearrowright^+ \quad \sum M_c = 0$$

$$0 = 60 \times 48 - 30 \times 24 - X_1 \times 24$$

$$X_1 = 90\text{kip}(\text{压力}) \quad \text{得解}$$

由比例关系得 Y_1。

$$\frac{X_1}{4} = \frac{Y_1}{1}$$

$$Y_1 = \frac{X_1}{4} = 22.5\text{kip} \quad \text{得解}$$

【例 4.6】 用截面法，计算图 4.17（a）所示 K 型桁架的杆件 BC 和 JC 的轴力。

解：

由于用任何一个竖直截面去截一个 K 型桁架都将切断 4 根杆件，这样未知力的数量

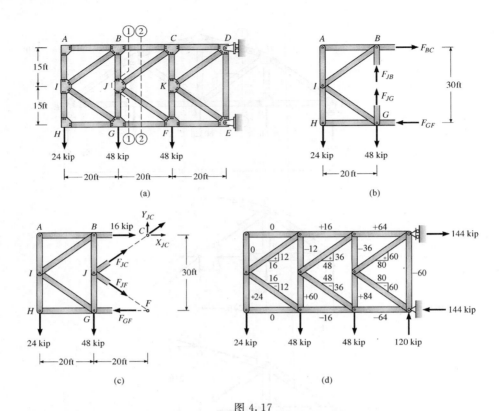

图 4.17

(a) K 型桁架；(b) 1－1 截面左边用于计算 F_{BC} 的隔离体；(c) 计算 F_{JC} 的隔离体；(d) 杆件轴力

超过了静力平衡方程的数量，所以用截面法是无法计算出杆件的轴力的。由于不存在 3 根杆件的轴力共同穿过的弯矩中心，所以用标准的竖直截面是无法求解的。如我们在这个例子中所展示的，若连续使用两个截面则有可能分析 K 型桁架，其中第一个截面为一个绕过一内部节点的特殊截面。

为计算杆件 BC 的轴力，我们使用如图 4.17 (a) 所示的 1－1 截面截开桁架。截面左边的隔离体如图 4.17 (b) 所示，对底部节点 G 弯矩求和。

$$\circlearrowright^+ \quad \sum M_G = 0$$

$$30F_{BC} - 24 \times 20 = 0$$

$$F_{BC} = 16\text{kip}(拉力) \quad 得解$$

为计算轴力 F_{JC}，我们用 2－2 截面截开桁架并再次考虑截面左边的隔离体〔见图 4.17 (c)〕。由于杆件 BC 的轴力已求得，故其余 3 根杆件的轴力就可通过静力平衡方程求得。

以 F 为弯矩中心，延长杆件 JC 的轴力到点 C，并把该力分解为 x、y 方向的分力。

$$\circlearrowright^+ \quad \sum M_F = 0$$

$$0 = 16 \times 30 + 30X_{JC} - 20 \times 48 - 40 \times 24$$

$$X_{JC} = 48\text{kip}$$

$$F_{JC} = \frac{5}{4}X_{JC} = 60\text{kip}(拉力) \quad 得解$$

注意：K 型桁架也可以用节点法进行分析，可以从外部节点开始，如点 A 或 H。所得的结果已标注在图 4.17 （d）中。K 型支撑被典型地使用在深桁架中以减少对角杆件的长度。从图 4.17 （d）所示的结果可以看出，节间剪力被平分给上下两根对角支撑，而且若一根对角支撑承受压力，则另一根承受拉力。

4.7 静定和几何不变

在本章，我们所分析的桁架都是几何不变的静定结构；即我们事先就知道我们只要用静力方程就可以完整的分析这些结构。由于在实际工程中，超静定的桁架也会被使用，而超静定的桁架又需要一种特殊的分析方法，所以一个工程师必须了解这一类型的结构。正如我们将要在十一章所讨论的，变形协调方程必须作为平衡方程的补充。

如果你要研究一个由其他工程师设计的桁架，你在开始分析之前首先要确定这一结构是静定的还是超静定的。此外，如果你负责一个特殊情况的桁架的构造，那么你显然要选择一种杆件的布置是稳定的结构。本节的目的是把 3.8 节和 3.9 节中关于几何不变和静定的讨论引入桁架中——因此，你在进行下面内容的学习之前，最好先复习一下以上两节的内容。

如果一个受荷桁架处于平衡状态，则该桁架的所有杆件和节点也一定都处于平衡状态。如果荷载只作用于节点上，且所有杆件都被假定只承受轴向荷载（一种假定，即意味着杆件的自重可以忽略不计或作为等效集中荷载作用于节点上），则作用于一个隔离体图的节点上的力将构成一个汇交力系。为了处于平衡状态，一个汇交力系必须满足以下两个平衡方程：

$$\sum F_x = 0$$
$$\sum F_y = 0$$

由于我们可以写出一个桁架中每一个节点的两个平衡方程，所以用于求解 b 个未知轴力和 r 个未知反力的平衡方程的总数应等于 $2n$（其中，n 代表节点的总数）。因此，如果一个桁架是几何不变且静定的，则杆件数、反力数和节点数之间的关系应满足以下规定：

$$r + b = 2n \tag{4.1}$$

另外，根据我们在 3.7 节所讨论的，反力引起的约束不能构成平行力系或汇交力系。

虽然 3 个静力平衡方程被用于计算静定桁架的反力，但这 3 个方程不是独立的，且它们不能被加到 $2n$ 个节点方程中。很明显，如果一个桁架的全部节点都处于平衡状态，则整个结构也一定处于平衡状态；即作用于桁架上的外力的合力为 0。如果合力为 0，则静力平衡方程在被应用到整个结构上时会自动满足，且不再需要提供补充的独立平衡方程。如果

$$r + b > 2n$$

则未知力的数量超过了可应用的静力方程，此时桁架为超静定，超静定次数 D 等于

$$D = r + b - 2n \tag{4.2}$$

最后，如果

$$r+b<2n$$

则没有足够的轴力和反力以满足平衡方程，则此结构为几何可变的。

另外，根据我们在 3.8 节所讨论的，你将会发现，对于几何可变的结构的分析将导出一个矛盾的平衡方程。因此，如果你不能确定一个结构是几何不变的还是几何可变的，你可以对该结构任意施加一个荷载后进行分析，如果解满足静力结果，则该结构为几何不变的。

为了阐明本节所介绍的关于桁架的几何不变和静定的准则，我们将把图 4.18 中的桁架分为几何不变和几何可变两类。对于那些几何不变的结构，我们进一步判断它们是静定的还是超静定的。最后，如果一个结构是超静定的，我们还要求出它的超静定次数。

图 4.18（a）中：

$$b+r=5+3=8 \quad 2n=2\times4=8$$

由于 $b+r=2n$ 且反力既不是汇交力系也不是平行力系，所以该桁架是几何不变且静定的。

图 4.18（b）中：

$$b+r=14+4=18 \quad 2n=2\times8=16$$

由于 $b+r$ 大于 $2n(18>16)$，所以该结构为二次超静定。该结构是一次外部超静定，因为支座提供了 4 个约束，还是一次内部超静定，因为中心节间有一个多余的对角支撑来传递剪力。

图 4.18（c）中：

$$b+r=14+4=18 \quad 2n=2\times9=18$$

由于 $b+r=2n=18$，且支座既不是平行力系也不是汇交力系，故结构是几何不变的。通过观察桁架 ABC，我们可以证实这一结论。桁架 ABC 是一个由 3 个约束支承的简单桁架（由三角形组成）——A 处的铰支座提供两个约束，B 处的滚动支座提供一个约束，所以它显然是整个结构的一个几何不变的部分。由于 C 点处的铰被连接到左边的静定桁架上，所以它在空间中也成了一个稳定的点。C 点如同一个铰支座，可以给右边的桁架提供水平向和竖直向的约束，由此，我们可以推断桁架 CD 也是几何不变的，就像一个由 3 个约束支撑的简单桁架，两个由 C 处的铰提供，一个由 D 处的滚动支座提供。

图 4.18（d）中：

对于图 4.18（d）中的结构可以用两种方法来进行分类。第一种方法，我们可以把三角形单元 BCE 作为一个三杆的桁架（$b=3$），由 3 根连杆支承——AB、EF 和 CD（$r=3$），由于桁架有 3 个节点（B、C 和 E），$n=3$。$b+r=6$ 与 $2n=2\times3=6$ 相等，所以该结构为几何不变且静定。

另一种方法是，我们可以把整个结构看成是一个六杆的桁架（$b=6$），有 6 个节点（$n=6$），由 3 个铰支座支承（$r=6$），$b+r=12$ 与 $2n=2\times6=12$ 相等。同样得出该结构为几何不变且静定的结论。

图 4.18（e）中：

$$b+r=14+4=18 \quad 2n=2\times9=18$$

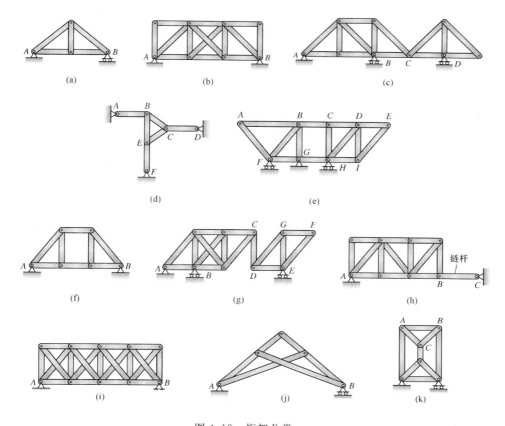

图 4.18 桁架分类

(a) 几何不变且静定；（b）二次超静定；（c）静定；（d）静定；（e）静定；（f）几何可变；
（g）几何可变；（h）几何可变；（i）四次超静定；（j）几何可变；（k）几何可变

由于 $b+r=2n$，表明该结构为几何不变且静定的；然而，由于有一个矩形节间存在于节点 B、C、G 和 H 中，所以我们将一个 4kip 的荷载竖直地作用于节点 D 上，然后对该桁架进行分析以证明该结构是几何不变的（见例 4.7）。由于由节点法可解得各杆件的轴力是唯一的，所以我们得出结论该结构是几何不变且静定的。

图 4.18（f）中：

$$b+r=8+4=12 \quad 2n=2\times6=12$$

虽然以上的式子满足几何不变且静定的必要条件，但该结构却是几何可变的，原因是结构中心的节间缺了一根对角杆，这样就不能传递竖向力了。为证明以上结论，我们将利用静力方程对该桁架进行分析（具体的过程见例 4.8）。由于导出了一个矛盾的平衡方程，我们可得出结论：该桁架是几何可变的。

图 4.18（g）中：

$$b=16 \quad r=4 \quad n=10$$

虽然 $b+r=2n$，但右边的小桁架（$DEFG$）是几何可变的，因为它的支座——连杆 CD 和滚动支座 E——组成了一个平行力系。

图 4.18（h）中：

由于反力组成了一个汇交力系，故桁架是几何可变的；即由连杆 BC 提供的反力穿过支座 A。

图 4.18（i）中：

$$b=21 \quad r=3 \quad n=10$$

因为 $b+r=24$，$2n=20$；所以该桁架是四次超静定的。虽然任何荷载的反力都可以求出，但由于所有节间中都有一对对角杆件，所以结构成为超静定的了。

图 4.18（j）中：

$$b=9 \quad r=3 \quad n=5$$

因为 $b+r=9$，$2n=10$；即约束少于静力方程所要求的，所以该结构是几何可变的。为了得到一个几何不变的结构，B 点处的滚动支座应改为铰支座。

图 4.18（k）中：

此处 $b=9$，$r=3$，$n=6$；这样 $b+r=12$，$2n=12$。然而，该结构却是几何可变的，这是因为顶部的小三角形桁架 ABC 由三根平行连杆支承，没有侧向约束。

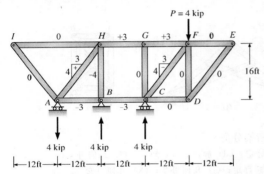

图 4.19　用节点法分析证实该桁架是几何不变的

【例 4.7】　在图 4.19 所示桁架的节点 F 处作用一个 4kip 的力，用静力方程的方法证明该桁架是几何不变且静定的。

解：

由于该桁架有 4 个反力，故我们不能从计算反力开始分析，于是用节点法来分析。我们先定出零杆。

因为节点 E 和 I 是分别只由两根杆件连接，且没有外荷载作用在节点上，所有这些杆件都是零杆（见 4.5 节情形 1）。接着节点 D 也是由两根杆件连接，没有外荷载作用在节点上，应用相同理论，这两个杆件单元也是零杆。应用 4.5 节情形 2 中的结论到节点 G，可以得出 CG 是零杆。

接着我们依次分析节点 F、C、G、H、A 和 B。由于各杆轴力和支座反力都可以通过静力方程求得（结果标在图 4.19 上），所以我们可得出结论：该桁架是几何不变且静定的。

【例 4.8】　在图 4.20（a）所示的桁架上作用一任意大小的荷载，通过导出的平衡方程自相矛盾来证明该桁架为几何可变的。

解：

在节点 B 作用一荷载，大小为 3kip，将整个结构作为一隔离体，计算支座反力。

$$\circlearrowright^{+} \quad \sum M_A = 0$$

$$3 \times 10 - 30R_D = 0 \quad R_D = 1\text{kip}$$

$$\uparrow^{+} \quad \sum F_y = 0$$

$$R_{AY} - 3 + R_D = 0 \quad R_{AY} = 2\text{kip}$$

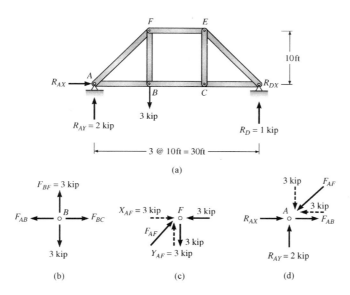

图 4.20 桁架稳定性检测

（a）桁架详图；（b）节点 B 的隔离体；（c）节点 F 的隔离体；

（d）支座 A 的隔离体

节点 B 的力平衡要求 $F_{BF}=3\text{kip}$，且为拉力。如果 $F_{AB}=F_{BC}$，则 x 轴方向上力平衡。

接着，我们考虑节点 F［见图 4.20（c）］，为了在 y 轴方向上取得平衡，F_{AF} 的竖向分力必为 3kip，且方向向上。这表明杆 AF 所受为压力。由于杆 AF 的斜率为 1∶1，所以 F_{AF} 的水平分力也是 3kip。根据节点 F 在 x 轴方向上的力平衡，杆件 FE 的轴力为 3kip，且方向向左。

现在我们检验 A 支座［见图 4.20（d）］，把支座反力 R_A 和先前所求得的杆件 AF 的分力标于节点上。写出 y 轴方向上的平衡方程，我们发现

$$\overset{+}{\uparrow} \quad \sum F_y=0$$
$$2-3\neq 0 \quad （矛盾）$$

由于平衡方程不满足，所以该结构是几何可变的。

4.8 桁架的计算机分析

本章的前面几节已经包括了桁架的分析，这些分析是基于以下假定：①各杆件的连接是无摩擦的铰接；②荷载只作用在节点上。多年以来，当荷载不是很大且变形量很小时，通过这些简化假设通常可以得到满意的设计。

因为在大多数的桁架中，节点是通过焊缝、铆钉或高强螺栓连接的，所以节点一般是刚性的。用传统的分析方法来分析带有刚性节点（一种超静定结构）的桁架，将会是一个冗长的计算过程。这就是为什么在过去，分析桁架时将节点假定为铰接点。由于计算机程序的运用，可以分析带有刚性节点的静定和超静定桁架，不但提高了计算精度，而且不再限制荷载必须作用在节点上。

因为计算机程序需要杆件截面的几何参数——面积、惯性矩——所以在开始计算之前应该先测量和计算杆件的几何参数。程序对杆件的近似尺寸估计将在本书第 15 章中讨论。在含有刚性节点的桁架结构中，假定为铰接点就可以计算轴力，再通过轴力确定杆件的最初横截面积。

为了使用计算机分析桁架，可以使用 RISA - 2D 程序。它可以在这本书的网站上下载，网址为 http：//www.mhhe.com/leet。虽然网站上提供了如何一步一步使用 RISA - 2D 程序的教程，但是下面还是给出了这个程序的使用简述。

（1）统计节点数和杆件数。

（2）打开 RISA - 2D 程序之后，点击在屏幕顶端的 Global。输入一个有特征的标题，如你的名字和截面的数目。

（3）点击 Units。用国际制标准或英制标准作为美国常用单位制。

（4）点击 Modify。设置网格的规模，使结构图在网格内。

（5）在 Data Entry Box 里填写表格，表中包括节点坐标、边界条件、材料性质、节点荷载等。点击 View，标注杆件和节点。屏幕上的图可以让你很直观地检查所有需要的信息是否正确。

（6）点击 Solve，开始分析。

（7）点击 Results，生成杆件轴力、节点缺陷和支座反力的表格。这个程序还可以绘出变形图。

【**例 4.9**】 使用 RISA - 2D 计算机程序分析图 4.21 中的静定桁架。按以下两种情况讨论：①节点假定为刚性节点；②节点假定为铰接点，并比较他们的轴力和节点位移的大小。节点用圆圈数字标注，杆件用方形数字标注。分析桁架之前应确定杆件的横截面性质的初始值（见表 4.1）。对于铰接点的形式，杆件的数据类似，但是 Pinned 这个词出现在 End Releases 一栏中。

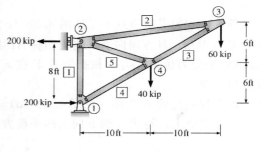

图 4.21 悬臂桁架

表 4.1					刚性节点情况下杆件的信息			
杆件标号	I 节点	J 节点	面积/in²	惯性矩/in⁴	弹性模量/ksi①	杆端释放		长度/ft
						I 端	J 端	
1	1	2	5.72	14.7	29000			8
2	2	3	11.5	77	29000			20.396
3	3	4	11.5	77	29000			11.662
4	4	1	15.4	75.6	29000			11.662
5	2	3	5.72	14.7	29000			10.198

① 英制单位，千磅每平方英寸，1ksi=6.895MPa。

表 4.2 节 点 位 移 的 比 较

刚 性 节 点			铰 接 点		
节点标号	X 轴方向变化 /in	Y 方向变化 /in	节点标号	X 轴方向变化 /in	Y 轴方向变化 /in
1	0	0	1	0	0
2	0	0.011	2	0	0.012
3	0.257	−0.71	3	0.266	−0.738
4	0.007	−0.153	4	0	−0.15

表 4.3 杆 件 内 力 比 较

刚 性 节 点					铰 接 点		
杆件标号	截面①	轴力 /kip	剪力 /kip	弯矩 /(kip·ft)	杆件标号	截面①	轴力 /kip
1	1	−19.256	−0.36	0.918	1	1	−20
	2	−19.256	−0.36	−1.965		2	−20
2	1	−150.325	0.024	−2.81	2	1	−152.971
	2	−150.325	0.024	−2.314		2	−152.971
3	1	172.429	0.867	−2.314	3	1	174.929
	2	172.429	0.867	7.797		2	174.929
4	1	232.546	−0.452	6.193	4	1	233.238
	2	232.546	−0.452	0.918		2	233.238
5	1	−53.216	−0.24	0.845	5	1	−50.99
	2	−53.216	−0.24	−1.604		2	−50.99

① 截面 1 和截面 2 表示杆端。

为了使杆件与角板更好地连接，桁架杆件常常制造成一对对背靠背的双角钢。建筑型钢的横截面参数可以在美国钢结构学会出版的钢结构手册中查阅，这个例题中就使用了这些参数。

结论：表 4.2 和表 4.3 中计算机的分析结果表明桁架杆的轴力大小和节点位移大小在刚性节点和铰接点中近视相等。假定为刚性节点时，大部分杆件的轴力都稍微比假定为铰接点时小，这是因为一部分荷载转化成了剪力和弯矩。

因为桁架单元可以高效地承受轴向荷载，所以当我们仅仅考虑轴力的大小时，横截面积可以很小。但是，横截面小时，其抗弯刚度也小。因此，当节点是刚性节点时，即使弯矩相对较小，桁架单元中的弯矩应力不可以忽略。如果检查杆件 M3 的应力，M3 由两根 $8×4×1/2$ 的角钢组成，截面弯矩为 7.797kip·ft，轴向应力为 $P/A=14.99\text{kip/in}^2$，弯矩应力 $Mc/I=6.24\text{kip/in}^2$。在这个问题中，可以得出结论，当分析桁架时，假定的节点为刚性节点，某些桁架杆件的弯矩应力应该考虑。并且设计者应该证实复合应力 21.23kip/in^2，不超过 AISC 设计规范规定的容许应力。

总结

• 桁架是由假定只受轴向力的细杆构成的。大型桁架的节点是将杆件焊接或用螺栓连接到节点板上。如果杆件相对较小或是承受的应力较小，则节点的通常情形是将竖直或对角杆件的端点直接焊接到桁架的上弦或下弦。

• 虽然桁架在其自身平面内刚度很大，但它们的侧向刚度很小；因此在所有的节点处，它们都必须添加支撑以抵抗侧向位移。

• 为达到几何不变且静定，以下关于杆件数 b、反力数 r 和节点数 n 的关系式必须成立：

$$b+r=2n$$

另外，反力产生的约束不能组成平行力系或汇交力系。

如果 $b+r<2n$，则桁架为几何可变。如果 $b+r>2n$，则桁架为超静定。

• 静定桁架用节点法或截面法都可以分析。当求一根或两根杆的轴力时可用截面法。当所有杆件的轴力都要求时，要用节点法。

• 如果对一个桁架分析后得出的几个力自相矛盾，即一个或一个以上的节点不能平衡，则该桁架是几何可变的。

习题

P4.1　将图 P4.1 中的桁架分类，是几何不变的还是几何可变的。如果是几何不变的，指出是静定的还是超静定的，如果是超静定的，指出其超静定次数。

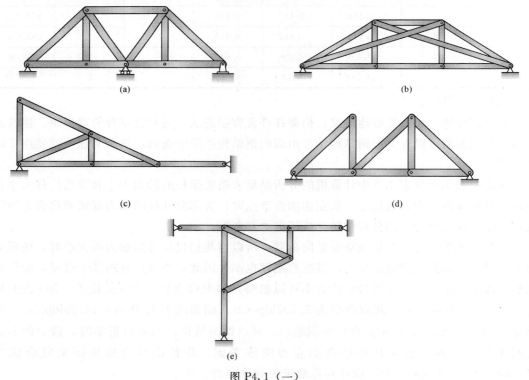

图 P4.1（一）

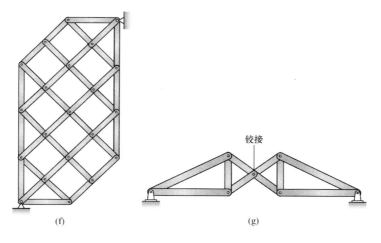

图 P4.1（二）

P4.2 将图 P4.2 中的桁架分类，是几何不变的还是几何可变的。如果是几何不变的，指出是静定的还是超静定的，如果是超静定的，指出其超静定次数。

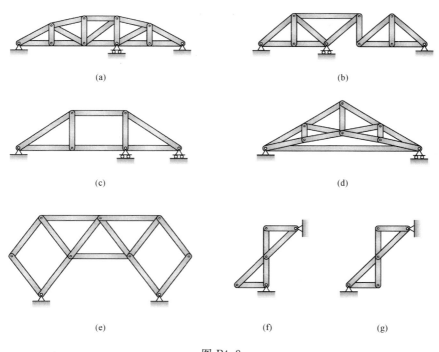

图 P4.2

P4.3、P4.4 求出桁架中所有杆件的轴力，并指出是拉力还是压力。

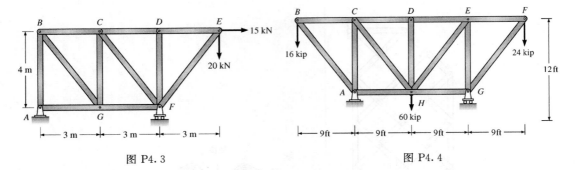

图 P4.3　　　　　　　　　　　　　图 P4.4

P4.5～P4.10　求出桁架中所有杆件的轴力，并指出是拉力还是压力。

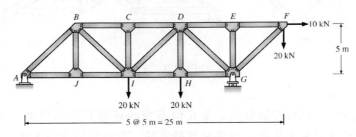

图 P4.5

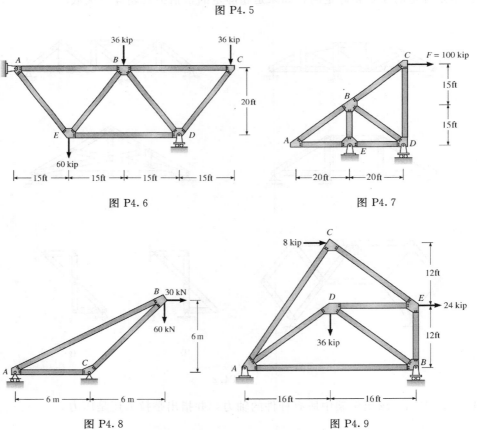

图 P4.6　　　　　　　　　　　　　图 P4.7

图 P4.8　　　　　　　　　　　　　图 P4.9

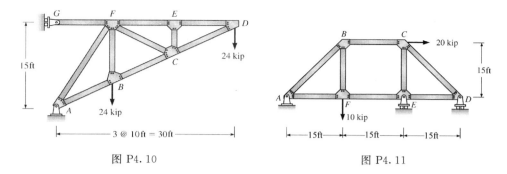

图 P4.10   图 P4.11

P4.11~P4.15 求出桁架中所有杆件的轴力，并指出是拉力还是压力。

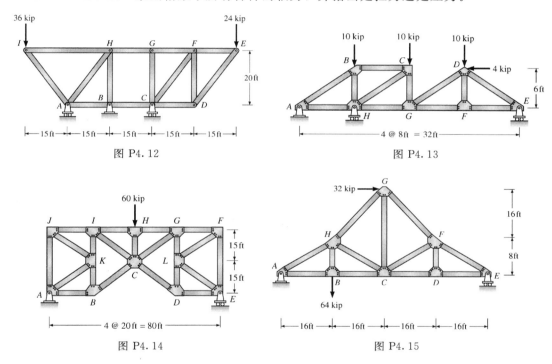

图 P4.12   图 P4.13

图 P4.14   图 P4.15

P4.16 求桁架中所有杆件的轴力。提示：如果你在计算杆件的轴力时遇到困难，可以参考例 4.6 中的 K 形桁架。

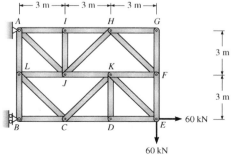

图 P4.16

P4.17～P4.21 求出桁架中所有杆件的轴力，并指出是拉力还是压力。

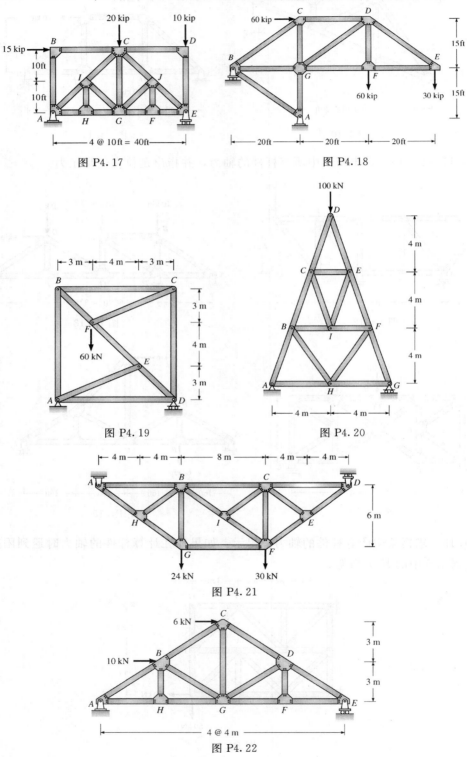

图 P4.17

图 P4.18

图 P4.19

图 P4.20

图 P4.21

图 P4.22

P4.22~P4.26 求出桁架中所有杆件的轴力，并指出是拉力还是压力。

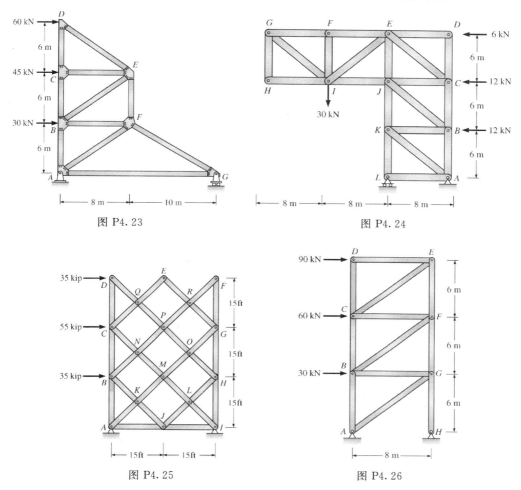

图 P4.23

图 P4.24

图 P4.25

图 P4.26

P4.27 求图 P4.27 中桁架的所有杆件的轴力。如果你的解是矛盾的，则对于该桁架你能得出什么结论？你如何修改这个桁架以使它的性能得到改进。试用你的计算机程序分析该桁架，并解释你的结果。

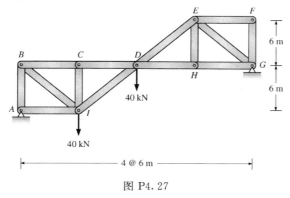

图 P4.27

P4.28～P4.31 求出桁架中所有杆件的轴力，并指出是拉力还是压力。

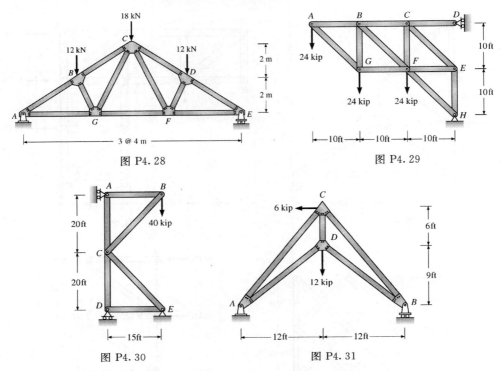

图 P4.28

图 P4.29

图 P4.30

图 P4.31

P4.32～P4.34 求出桁架中所有杆件的轴力，并指出是拉力还是压力。

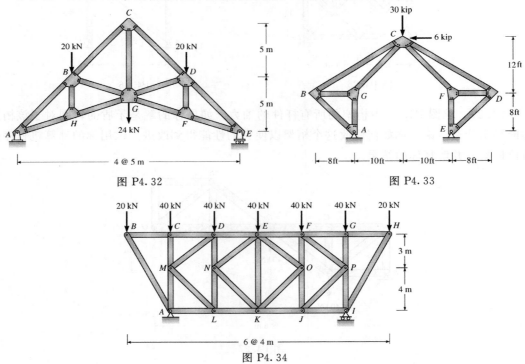

图 P4.32

图 P4.33

图 P4.34

P4.35、P4.36　利用截面法，求以图 P4.35 和图 P4.36 中指定杆件的轴力。

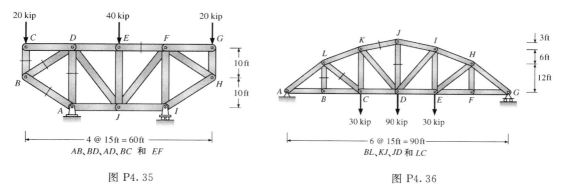

图 P4.35

图 P4.36

P4.37～P4.39　利用截面法，求以图 P4.37～图 P4.39 中指定杆件的轴力。

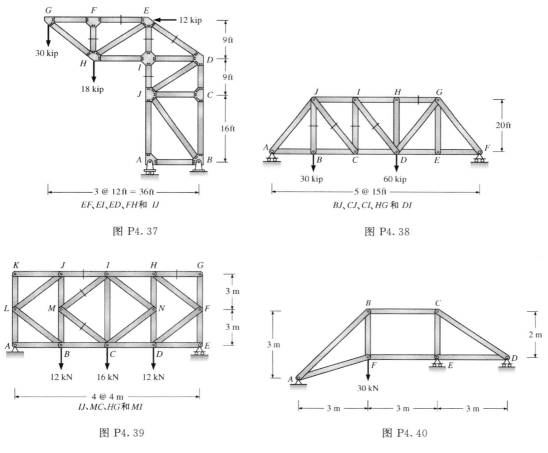

图 P4.37

图 P4.38

图 P4.39

图 P4.40

P4.40～P4.42　求图 P4.40～图 P4.42 中的桁架的所有杆件的轴力。指出拉力或压力。提示：用截面法计算。

P4.43～P4.47　求图 P4.43～图 P4.47 中的桁架的所有杆件的轴力或轴力的分力。标出拉力或压力。

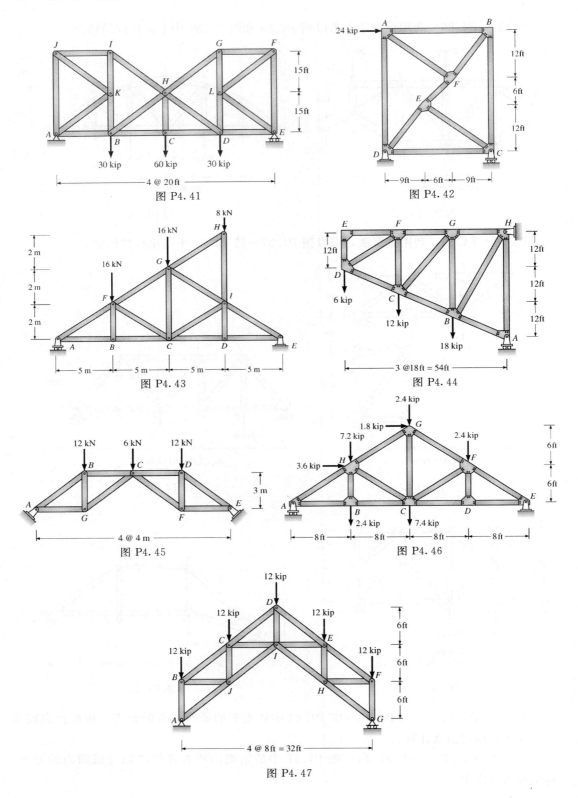

图 P4.41

图 P4.42

图 P4.43

图 P4.44

图 P4.45

图 P4.46

图 P4.47

P4.48～P4.51　求图 P4.48～图 P4.51 中的桁架的所有杆件的轴力或轴力的分力。标出拉力或压力。

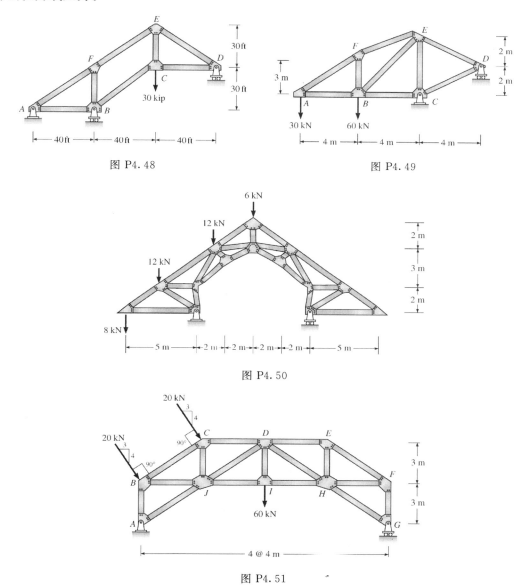

图 P4.48

图 P4.49

图 P4.50

图 P4.51

P4.52　一座两车道的公路桥，由一跨度为 64ft 的双层桁架支承，桁架上部为四根纵梁，纵梁上铺 8in 厚的混凝土路面，混凝土路面上有 2in 厚的沥青保护层。16ft 长的纵梁嵌入横梁中，横梁依次将活载和恒载传递到每个桁架的节点上。桁架左边用螺栓固定在桥墩 A 点处，可以被认为是铰支座。桁架的右端在 G 点搭在橡胶垫上。这种橡胶垫只能让节点在水平方向有位移，所以可认为是一个滚动支座。所示荷载代表全部的恒载和活载。18kip 的荷载为一附加活载，代表一个轮式荷载。试计算位于节点 I 和 J 之间的下弦杆的轴力，杆件 JB 的轴力及作用于支座 A 点处的反力。

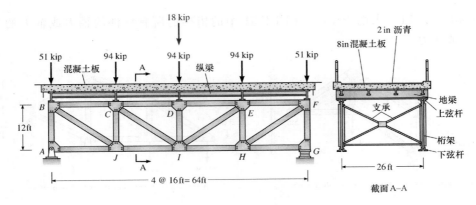

图 P4.52

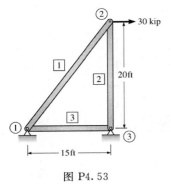

图 P4.53

P4.53 桁架的计算机分析。学习这个方法的目的是为了表明节点位移的大小和杆件内力的大小会决定结构杆件的比例大小。举个例子，建筑法规清楚地说明了容许的最大位移，是为了确保像外墙和窗这样的附属建筑不会发生过度开裂（见 1.3 节图 1.1）。

图 P4.53 中桁架的初步设计确定了杆件的截面积：杆 1 的面积为 $2.5in^2$；杆 2 的面积为 $2.3in^2$；杆 3 的面积为 $3.2in^2$。弹性模量 $E = 29000kip/in^2$。

问题一：假定节点为铰接点，计算所有杆件的内力，节点反力和节点位移。使用计算机绘出挠曲形状曲线。

问题二：如果节点 2 的最大水平位移没有超过 0.25in，试计算出桁架杆需要的最小面积。本问题中假定所有的桁架杆横截面积相等。计算面积取整。

P4.54 计算机学习。学习目的是比较静定结构与超静定结构的性能。

静定桁架杆件的轴力不受杆件刚度的影响。因此，没有必要说明静定桁架杆件的截面属性，这是我们本章前面用手算的分析方法。在静定结构中，对于一组给定的负荷，只有一种荷载传递路径，将荷载传递到支座，而在超静定结构中，有多种传递路径存在（见第 3.10 节）。在桁架问

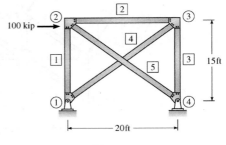

图 P4.54

题中，杆件单元的轴向刚度（是杆件单元横截面积的函数）组成了每个加载路径，轴向刚度将会影响每个荷载传递路径上的杆件单元的内力大小。在图 P4.54 中我们通过改变超静定结构桁架中某些杆件的性质，来检验这方面的性能。取弹性模量 $E = 29000kip/in^2$。

问题一：当所有杆件的截面积为 $10in^2$ 时，计算支座反力和杆件 4 和 5 的轴力。

问题二：重复问题一中的分析，这次将杆件 4 的截面积增加到 $20in^2$，其他杆件保持 $10in^2$ 不变。

问题三：重复问题一中的分析，将杆件 5 的截面积增加到 $20in^2$，其他杆件保持 $10in^2$

不变。

你从上面的学习中获得了哪些结论？

实际应用

P4.55 带有刚性节点的桁架计算机分析。如图 P4.55 中的桁架是由方钢管通过焊接构成的，节点为刚性节点。上弦杆 1、2、3、4 是 $4 \times 4 \times 1/4$in 的方管，$A = 3.59$in^2，$I = 8.22$in^4。其他的杆件是 $3 \times 3 \times 1/4$in 的方管，$A = 2.59$in^2，$I = 3.16$in^4。取弹性模量 $E = 29000$kip/in^2。

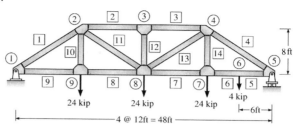

图 P4.55

（a）考虑所有节点为刚性节点，当节点 7、8、9 分别作用 24kip 的设计荷载时，求杆件的轴力、所有杆端的弯矩和跨中挠度。（不考虑这个 4kip 的荷载）

（b）如果一重物也作用在右边端杆的中间位置（节点标号为 6❶），作用一大小为 4kip 的集中荷载，求出下弦杆的轴力和弯矩（杆件 5 和 6）。如果最大应力不超过 25kip/in^2，除了 3 个 24kip 的荷载外，结构能否继续承载这个 4kip 的荷载？计算最大应力用这个公式

$$\sigma = \frac{F}{A} + \frac{Mc}{I}$$

$c = 1.5$in（下弦杆深度的一半）。

实际应用

P4.56 分析并比较图 P4.56（a）和（b）中的普拉特式桁架和豪威式桁架。这两个

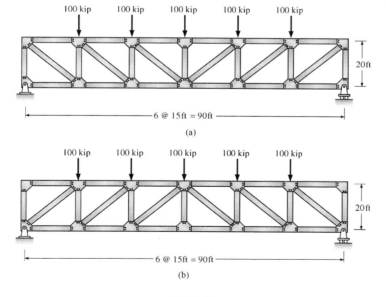

(a)

(b)

图 P4.56
（a）普拉特式桁架；（b）豪威式桁架

---

❶ 注意：如果你希望求某个特定杆件的节点的轴力和挠度，请将这个点视为一个节点。

桁架有相同的高度、相同的长度、相同的板间距、相同的外荷载和相同的支撑情况。所有的节点为铰接点。求解每个桁架中的下列问题：

(a) 求出所有杆件的轴力，并标出是拉力还是压力。

(b) 如果截面的容许拉应力为 45ksi，容许压应力为 24ksi，求出每个杆件需要的横截面积。注意容许压应力较小的原因是屈曲破坏。

(c) 把你的结果制成表格的形式，包含轴力、横截面积和长度。

(d) 计算每个桁架的总重量，并确定哪个桁架的配置更有效。并说明你的结果。

(e) 你还能从这个问题中获得哪些其他结论？

得克萨斯州的布拉索斯河桥

　　1956 年，布拉索斯河桥在建造长 973ft、用于承载公路的连续钢板主梁时，由于建造期间翼缘与腹板之间的连接应力过大而坍塌。结构在建造的过程中很容易出现这样的坍塌，这是因为加强构件，比如楼板和支撑，可能还未施工。除此之外，在建造时，当特定的连接构件只部分栓接，或没有完全焊接在构件所允许的精准位置时，结构的强度也会因此减弱。

第 **5** 章

梁和框架

本章目标

• 了解在不同构造条件和支撑条件下梁和框架的结构特点。

• 回顾梁理论和采用一阶分析荷载、剪力和弯矩之间的关系，正如以前学习的静力学和材料力学。

• 求解反力和写出剪力公式和弯矩公式，画出剪力图和弯矩图，并且绘出加载梁和框架的变形图。

• 辨别静定和超静定梁或框架结构，确定超静定结构的超静定次数，并判断梁或框架是否稳定。

5.1 引言

5.1.1 梁

梁是结构中最普通的构件之一。当一根梁承受垂直于其纵向轴的荷载时，内力（剪力和弯矩）——可以把外力荷载传递到支座上。如果梁端有由支座提供的纵向约束，或者梁是连续框架的组成部分，那么梁中都会有轴力产生。大多数情况下，梁中的轴力都很小，所以在设计时我们可以忽略梁的轴力。在钢筋混凝土梁中，较小的轴向压力实际上可以适当地提高构件的抗弯刚度（5%～10%）。

为了设计一根梁，工程师必须绘制出梁的剪力图和弯矩图以确定这些力的最大值的大小和位置。除了承受很大荷载的短梁的尺寸是由剪力控制外，其余梁的截面尺寸都是由跨度内最大弯矩的值决定的。

在最大弯矩点处的截面尺寸确定后，就要求出剪力最大点处的剪应力（一般在支座附近）要等于或小于材料的抗剪强度。最后要检验由荷载引起的挠度以确保构件有足够的刚度。最大挠度可由结构规范查得。

如果结构表现为弹性（如，构件由钢或铝制成时），且计算采用的是允许应力，则所求截面可以用基本的梁公式确定：

$$\sigma = \frac{Mc}{I} \tag{5.1}$$

式中 σ——由使用荷载弯矩 M 产生的弯曲应力；

c——要计算的弯曲应力 σ 所在处到梁的轴线的距离；

I——截面关于截面形心轴的惯性矩。

为了选择一个横截面，我们令式（5.1）中的 σ 等于允许应力 $\sigma_允$，并计算 I/c，得到的截面模量用符号 S_x 表示：

$$S_x = \frac{I}{c} = \frac{M}{\sigma_允} \tag{5.2}$$

式中 S_x——横截面弯曲能力的量度，各种外形尺寸的标准梁的 S_x 都已制成了表格，可在设计手册中查得。

在根据弯矩确定了一个横截面的尺寸后，设计者应检验最大剪力 V 所在处的剪应力，如果梁是弹性的，剪应力的计算公式为

$$\tau = \frac{VQ}{Ib} \tag{5.3}$$

式中 τ——剪力 V 产生的剪应力；

V——最大剪力（由剪力图得到）；

Q——要计算剪应力的点的上方或下方的面积矩；对于矩形或是 I 形的梁，最大剪应力发生在截面中点处；

I——横截面面积关于截面的形心的惯性矩；

b——要计算的 τ 所在高度处的截面的厚度。

当一根梁的截面为矩形时，最大剪应力发生在截面中心轴上。对于这种情况，式（5.3）简化为

$$\tau_{max} = \frac{3V}{2A} \tag{5.4}$$

式中 A——横截面的面积。

如果我们使用强度设计（强度设计已经基本取代了工作应力设计），则构件的尺寸就由设计荷载确定。设计荷载是通过把使用荷载乘以荷载系数（一般大于1）得到的。本书的主要内容是设计者如何利用设计荷载进行弹性分析。由设计荷载算出的力表示必要强度。通过考虑与特殊的破坏模式结合在一起的应力状态得出的设计强度是横截面性质、破坏时的应力条件（例如，钢筋屈服或是混凝土被压碎）以及折减系数（一个小于1的数）的函数。

梁的设计的最后一步是确定它的挠度没有超过规定（即挠度要在设计规范的限定范围内）。梁的挠度如果过大，会破坏与它连接的非结构性建筑，如石灰天花板、砌体墙、刚性管道都有可能会开裂。

由于大多数梁的跨度较小，一般在 30~40ft，为了使花费最少，它们的横截面一般采

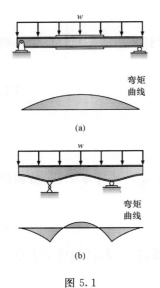

图 5.1
（a）改变翼缘的厚度以增加弯曲能力；
（b）改变厚度以提高弯曲能力

用等截面。这样除了在最大弯矩点处，其余截面都有多余的弯曲能力。如果跨度很大，在 $150\sim200$ft，甚至更大时，如果荷载也很大，则就需要用加高加重的梁去承受设计荷载了。在这种情况下，梁的重量有可能占到全部荷载的 $75\%\sim80\%$。经济的方法就是把梁做成弯矩图的形状。对于那些最大型的梁，横截面的抗弯能力可以通过改变梁的高度或是改变腹板的厚度加以调整（见图 5.1）。另外，减少了梁的重量就可以使桥墩或基础做得较小。

梁一般通过它们的支承方式进行分类。一根梁一端由铰支座支承，另一端由滚动支座支承，我们就称之为简支梁［见图 5.2（a）］。如果简支梁的一端伸出了支座，则称为悬挑梁［见图 5.2（b）］。悬臂梁的一端固定，既不能移动也不能转动［见图 5.2（c）］。由几个中间支座支承的梁称为连续梁［见图 5.2（d）］。如果梁的两端都由支座固定，则该梁就为固端梁［见图 5.2（e）］。固端梁在实际工程中并不常见，但是由各种荷载引起的端部弯矩值在很多

对超静定结构进行分析的方法中被广泛地作为初始条件（见图 2.5）。在本章，我们讨论用 3 个静力方程就可以分析的静定梁。这种类型的梁被广泛应用于各种木梁及用螺栓或铆钉连接的钢结构中。另一方面，连续梁（在 $11\sim13$ 章中分析）通常应用于刚性节点的结构——如焊接钢框架或钢筋混凝土钢框架。

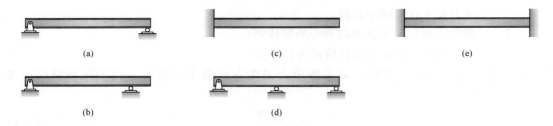

图 5.2   普通梁的类型
（a）简支梁；（b）悬挑梁；（c）悬臂梁；（d）两跨连续梁；（e）固端梁

5.1.2   框架

框架，如在第一章所讨论的，是由梁和柱通过刚性节点连接而组成的结构。梁和柱之间的角度一般为 $90°$。如图 5.3（a）和（b）所示，框架可以由一根单独的梁和柱组成，也可以由很多根梁和柱一起组成，多层建筑就属于后者。

框架可以分为两类：有支撑和无支撑。有支撑框架每层的节点可以自由旋转，但是由于节点与能够提供框架侧向约束的刚性构件连接在一起，所以节点不能侧向移动。例如，在多层建筑中，结构框架通常有剪力墙约束［刚性结构墙通常由钢筋混凝土墙或是带钢筋的砌体组成；见图 5.3（c）］。在简单的一跨框架中，连接柱子底部的轻质对角支撑被用于抵抗顶部节点的侧向位移［见图 5.3（d）］。

　　无支撑的框架［见图 5.3（e）］是由梁和柱的抗弯刚度来抵抗侧向位移的。在无支撑框架中，节点既可以侧移也可以转动。由于和有支撑框架相比，无支撑框架易于弯曲，所以在侧向荷载作用下，它们会产生很大的横向变形，以致会破坏与结构相连的非结构构件，如墙、窗等。

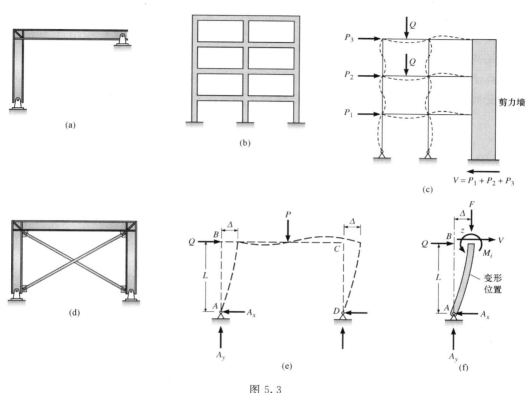

图 5.3
（a）简单框架；（b）多层连续建筑框架；（c）由剪力墙支撑的框架；（d）由对角支撑支撑的框架；
（e）无支撑框架的侧移；（f）在变形位置处柱的隔离体

照片 5.1　哈佛大桥。该桥由在两端截面发生变化的悬挑梁构成

虽然刚性框架的梁和柱都承受轴力、剪力和弯矩，但梁中的轴力一般都很小以致可以忽略，所以梁的尺寸一般只由弯矩决定。另一方面，对于柱子，轴力——尤其是多层框架下层中间的柱子——通常是很大的，而弯矩却很小，对于这种类型的柱子，截面大小主要由轴向承载能力决定。

如果框架是易弯曲的，则杆件的侧向位移会产生附加弯矩。例如，在图 5.3（e）所示的无支撑框架的柱子的顶点产生了一个向右的位移 Δ。为了计算柱中的力，我们把位于偏离位置的柱 AB 取为隔离体来考虑［见图 5.3（f）］。隔离体是由一个假想的平面过节点 B 的下方切出来的，切平面垂直于柱子轴线方向。我们可以根据柱子底部的反力以及变形形状的几何关系，对过柱子中线的 z 轴弯矩求和以表示出作用于切点处的内力矩 M_i。

$$M_i = \sum M_z$$

$$M_i = A_x(L) + A_y(\Delta) \tag{5.5}$$

在式（5.5）中，第一个公式表示由外荷载产生的弯矩，忽略了柱子轴线的侧移。这个弯矩被称为主要弯矩且与一阶分析（1.7 节介绍过）联系在一起。第二个公式，$A_y(\Delta)$ 表示由轴向荷载的偏心产生的附加弯矩，被称为次要弯矩或 P-Δ 弯矩。在以下两个条件下，次要弯矩将很小，忽略以后不会产生明显的错误：

（1）轴向力很小（小于横截面轴向承载力的 10%）。

（2）柱的弯曲刚度很大，由弯曲产生的柱轴线上的侧向位移很小。

本书我们将只做一阶分析：即不考虑次要弯矩的计算——该内容一般在结构力学的高等课程中研究。由于我们忽略了次要弯矩，框架的分析就类似于梁了；即，当我们画出基于卸荷框架的初始形状上的剪力图、弯矩图（还有轴力图），分析就完成了。

5.2　本章范围

我们通过讨论一些在挠度计算和超静定结构分析中经常用到的基本运算来开始我们对于梁和框架的学习。这些运算包括：

（1）根据施加的荷载列出某一截面的剪力和弯矩的表达式。

（2）画出剪力曲线和弯矩曲线。

（3）画出梁和框架在荷载作用下的变形简图。

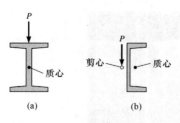

图 5.4

（a）荷载通过梁的对称截面的形心；（b）对于不对称的截面，荷载通过剪心

由于以上的这些程序大多数在以前的静力学和材料强度课程中都介绍过，所以本章的大多数内容对绝大多数读者来说是对基础知识的复习。

在本章的例子中，我们假定所有的梁和框架都是二维结构，承受同一平面内的荷载，结构可以产生剪力、弯矩，可能还有轴力，但不产生扭转，若要满足这一实践中最常见的条件，平面内荷载必须过对称截面的形心，若为非对称截面，荷载须过截面的剪切中心（见图 5.4）。

5.3 剪力和弯矩公式

我们是通过写出沿着梁的纵轴线方向的一个截面上的剪力 V 和弯矩 M 的公式来开始对梁的学习的。表达式要根据施加的荷载及截面与参照端点之间的距离列出。虽然剪力公式的使用有局限，但弯矩公式在对梁和框架的挠度计算中是很必要的。挠度计算既可以用双重积分法（见第 9 章）也可以用能量法（见第 10 章）。

你可能还记得在材料力学或是静力学中对梁的学习，剪力和弯矩是由横向的外加荷载在梁和框架中产生的内力。剪力垂直于梁的纵轴线，弯矩则表现为由弯曲应力产生的内力偶。用一个假想的垂直于梁的纵轴线的截面在一特定点截开梁［见图 5.5（b）］，再对截面左边或右边的隔离体列平衡方程就可以计算剪力和弯矩。由于剪力的作用使得在垂直于梁的纵轴线方向上的力达到平衡，因此只要对垂直于梁的纵轴线上的力求和就可以得出剪力；即，对于一根水平梁，我们只要对竖直方向上的力求和即可。在本书中，对于水平构件中的剪力，若该剪力在截面左边的隔离体表面向下作用，则为正［见图 5.5（c）］。另外，如果剪力使得隔离体有顺时针转动的趋势，也为正。剪力向下作用在截面左边的隔离体的表面则表示作用于同一隔离体的外力的合力向上作用。由于作用于截面的剪力向左表示由隔离体产生的力相对于截面为向右，因此，对于截面右边的隔离体的剪力与截面左边隔离体的剪力大小相等，方向相反，若左边剪力向下，则右边剪力向上。

某一截面处的内力矩 M 是通过对作用于截面左右任意一个隔离体上的外力对截面的形心弯矩求和得到的。如果截面的上部承受压应力，下部承受拉应力，则弯矩为正［见图 5.5（d）］。反之，如果杆件凹向下弯曲，则弯矩为负［见图 5.5（e）］。

如果一个弯曲构件是竖直的，工程师可以自由定义剪力和弯矩的正负。对于一根单独的竖直构件的情况，一种可行的方法是将该构件顺时针旋转 $90°$，使它成为水平放置，然后用图 5.5 中所示的方法即可。

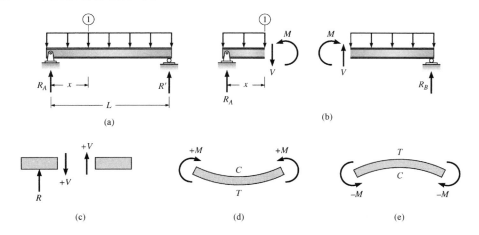

图 5.5 剪力和弯矩的符号约定

（a）截面 1 把梁切开；（b）剪力 V 和弯矩 M 作为成对的内力出现；（c）正剪力：
截面左侧的隔离体上的外力的合力 R 向上作用；（d）正弯矩；（e）负弯矩

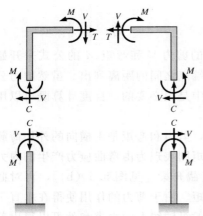

图 5.6 作用在框架的截面上的内力

对于单跨框架, 很多分析者把引起构件的外表面承受压应力的弯矩定为正弯矩, 其中内部是指框架里面的区域 (见图 5.6)。对剪力的正方向则可以任意定义, 如图 5.6 上的箭头所指。

横截面的轴力是通过把所有垂直于横截面的力求和得到的。指向截面外的力为拉力 T; 指向截面的力为压力 C (见图 5.6)。

通过将所有垂直于横截面的力相加可以得到横截面的轴力。力的方向向外时为拉力 T, 力的方向向内时为压力 C (见图 5.6)。

【例 5.1】 沿着悬臂梁的轴线方向, 写出图 5.7 中关于剪力 V 和弯矩 M 的变化的公式。利用写出的公式, 求出截面 1-1——B 点右方 4ft 处的弯矩。

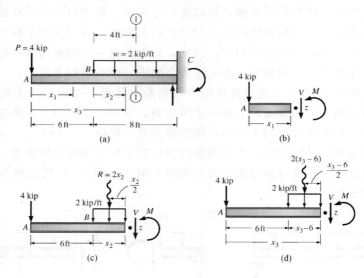

图 5.7

解:

确定点 A 和 B 之间剪力 V 的公式 [见图 5.7 (b)]; 图中 V 和 M 都为正向。以 A 为原点 ($0 \leqslant x_1 \leqslant 6$)。

$$\uparrow^+ \quad \sum F_y = 0$$
$$0 = -4 - V$$
$$V = -4 \text{kip}$$

确定点 A、B 之间的弯矩 M 的公式。以 A 为原点, 对截面弯矩求和。

$$\circlearrowright^+ \quad \sum M_z = 0$$
$$0 = -4x_1 - M$$
$$M = -4x_1 (\text{kip} \cdot \text{ft})$$

负号表示 V 和 M 的作用方向与图 5.7（b）所示的方向相反。

确定点 B、C 之间的剪力公式［见图 5.7（c）］。以 B 为原点，$0 \leqslant x_2 \leqslant 8$。

$$\uparrow^+ \quad \sum F_y = 0$$
$$0 = -4 - 2x_2 - V$$
$$V = -4 - 2x_2$$

B、C 之间的弯矩为

$$\circlearrowright^+ \quad \sum M_z = 0$$
$$0 = -4(6 + x_2) - 2x_2\left(\frac{x_2}{2}\right) - M$$
$$M = -24 - 4x_2 - x_2^2$$

对于 B 点右侧 4ft 处的截面 1-1 处的弯矩 M，我们令 $x_2 = 4\text{ft}$，则

$$M = -24 - 16 - 16 = -56(\text{kip} \cdot \text{ft})$$

另外，我们计算点 B、C 之间的 M，以 A 为原点，并引入 x_3［见图 5.7（d）］，其中 $6 \leqslant x_3 \leqslant 14$。

$$\circlearrowright^+ \quad \sum M_z = 0$$
$$0 = -4x_3 - 2(x_3 - 6)\left(\frac{x_3 - 6}{2}\right) - M$$
$$M = -x_3^2 + 8x_3 - 36$$

再次计算截面 1-1 处的弯矩；令 $x_3 = 10\text{ft}$

$$M = -10^2 + 8 \times 10 - 36 = -56(\text{kip} \cdot \text{ft})$$

【例 5.2】 对图 5.8 中的梁，列出点 B 和 C 之间的弯矩表达式，分别以以下点为原点：（a）支座 A；（b）支座 D；（c）点 B。利用上面的各表达式，计算截面 1-1 处的弯矩。为了简便，不计算截面的剪力。

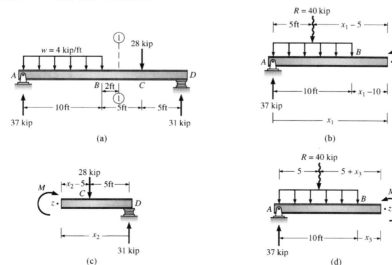

图 5.8

解:

(a) 见图 5.8 (b), 对切开点弯矩求和

$$\circlearrowleft^+ \quad \sum M_z = 0$$

$$0 = 37x_1 - 40(x_1 - 5) - M$$

$$M = 200 - 3x_1$$

在截面 1-1 处, $x_1 = 12\text{ft}$; 因此

$$M = 200 - 3 \times 12 = 164(\text{kip} \cdot \text{ft})$$

(b) 见图 5.8 (c), 对切开点弯矩求和

$$\circlearrowleft^+ \quad \sum M_z = 0$$

$$0 = M + 28(x_2 - 5) - 31x_2$$

$$M = 3x_2 + 140$$

在截面 1-1 处, $x_2 = 8\text{ft}$; 因此

$$M = 3 \times 8 + 140 = 164(\text{kip} \cdot \text{ft})$$

(c) 见图 5.8 (d), 对切开点弯矩求和, 得

$$\circlearrowleft^+ \quad \sum M_z = 0$$

$$37(10 + x_3) - 40(5 + x_3) - M = 0$$

$$M = 170 - 3x_3$$

在截面 1-1 处, $x_3 = 2\text{ft}$; 因此

$$M = 170 - 3 \times 2 = 164(\text{kip} \cdot \text{ft})$$

注意: 如本例所示, 某一截面处的弯矩是基于平衡要求的, 且值唯一。弯矩的值与坐标系中原点的选取无关。

【例 5.3】 写出图 5.9 所示梁的剪力和弯矩表达式, 选择支座 A 为原点, 以梁轴线上的点到 A 点的距离 x 为参数。把弯矩写为距离 x 的表达式。

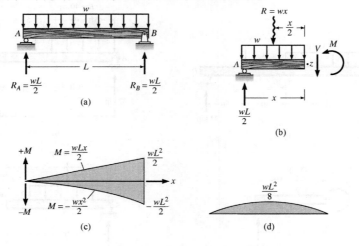

图 5.9

(a) 承受均布荷载的梁；(b) 梁段的隔离体；(c) 分块的弯矩曲线；
(d) 叠加起来的弯矩图是一条对称的抛物线

解：

在点 A 右边距离为 x 处用一假想截面把梁截开，得到如图 5.9（b）（剪力 V 和弯矩 M 都表示为正）所示的隔离体。要求 V，在 y 轴方向对各力求和：

$$\uparrow^+ \sum F_y = 0$$

$$\frac{wL}{2} - wx - V = 0$$

$$V = \frac{wL}{2} - wx \qquad (1)$$

为求 M，对切开点处过形心的 z 轴弯矩求和：

$$\circlearrowright^+ \qquad \sum M_z = 0$$

$$0 = \frac{wL}{2}(x) - wx\left(\frac{x}{2}\right) - M$$

$$M = \frac{wL}{2}(x) - \frac{wx^2}{2} \qquad (2)$$

在各表达式中 $0 \leqslant x \leqslant L$。

表达式（2）中的两个分量已分别绘在图 5.9（c）上。表达式（2）中的第一个分量（由支座 A 处的竖向反力 R_A 产生的弯矩）是 x 的线性函数，表现为一条向右上方的直线。第二个分量，由均布荷载产生的弯矩，是 x^2 的函数，表现为一条向下的抛物线。我们称这种绘制弯矩图的方法为悬臂分部法。在图 5.9（d）中，两条曲线叠加在一起得到一条抛物线，其中点处的纵坐标值为 $wL^2/8$。

【例 5.4】

（a）写出图 5.10（a）所示梁在支座 B 和 C 之间的一个竖向截面上的剪力和弯矩公式。

（b）利用（a）中的剪力公式，确定梁上剪力为零的点（最大弯矩点）。

（c）标出 B、C 之间剪力和弯矩的变化。

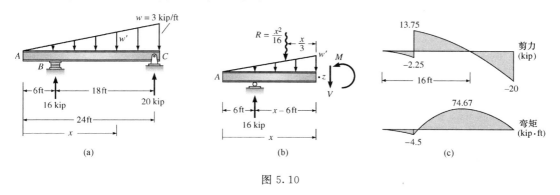

图 5.10

解：

（a）在距端点 A 右边 x 处用一截面把梁截出一个隔离体，如图 5.10（b）所示。通过相似三角形表示出 w'，即截面处的荷载值（考虑到作用于隔离体和梁上的三角形荷载）。根据 x 和支座 C 处的荷载曲线：

$$\frac{w'}{x}=\frac{3}{24} \quad 得 \quad w'=\frac{x}{8}$$

计算作用于图 5.10（b）所示隔离体上的三角形荷载的合力。

$$R=\frac{1}{2}xw'=\frac{1}{2}x\left(\frac{x}{8}\right)=\frac{x^2}{16}$$

通过竖直方向上的力求和计算 V。

$$\uparrow^+ \quad \sum F_y=0$$

$$0=16-\frac{x^2}{16}-V$$

$$V=16-\frac{x^2}{16} \tag{1}$$

通过对切开点弯矩求和计算 M。

$$\circlearrowright^+ \quad \sum M_z=0$$

$$0=16(x-6)-\frac{x^2}{16}\left(\frac{x}{3}\right)-M$$

$$M=-96+16x-\frac{x^3}{48} \tag{2}$$

（b）令 $V=0$，由式（1）解出 x。

$$0=16-\frac{x^2}{16} \quad 和 \quad x=16\text{ft}$$

（c）图 5.10（c）为 V 图和 M 图。

【例 5.5】 写出图 5.11 所示框架中杆件 AC 和 CD 的弯矩公式。取节点 C 为隔离体，表示出所有的力。

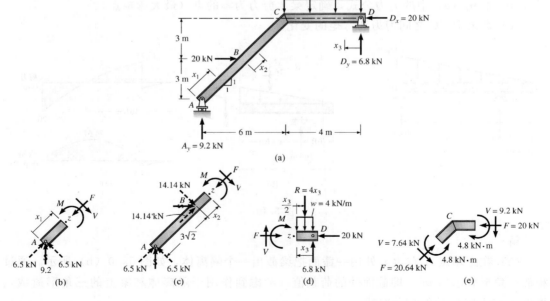

图 5.11

解：

要表示杆件 AC 内的弯矩需用两个公式。为计算 A、B 之间的弯矩，要用图 5.11（b）所示的隔离体。在支座 A 处建立沿 AC 杆方向的坐标系，引入变量 x_1。把竖向的支座反力分别按平行于和垂直于斜杆的纵轴线方向分解。对切开点弯矩求和。

$$\circlearrowright^+ \quad \sum M_z = 0$$
$$0 = 6.5x_1 - M$$
$$M = 6.5x_1 \tag{1}$$

其中　$0 \leqslant x_1 \leqslant 3\sqrt{2}$。

为计算 B、C 之间的弯矩，使用如图 5.11（c）所示的隔离体。以 B 为坐标系的原点，把 20kN 的力分解为沿杆件和垂直杆件的分力。对切开点弯矩求和。

$$\circlearrowright^+ \quad \sum M_z = 0$$
$$0 = 6.5(3\sqrt{2} + x_2) - 14.14x_2 - M$$
$$M = 19.5\sqrt{2} - 7.64x_2 \tag{2}$$

其中 $0 \leqslant x_2 \leqslant 3\sqrt{2}$。

计算 D、C 之间的弯矩需使用如图 5.11（d）所示的隔离体。以 D 为坐标原点。

$$^+ \circlearrowleft \quad \sum M_z = 0$$
$$0 = 6.8x_3 - 4x_3 \left(\frac{x_3}{2}\right) - M$$
$$M = 6.8x_3 - 2x_3^2 \tag{3}$$

节点 C 的隔离体图如图 5.11（e）所示。该节点处的弯矩可以用式（3）求得，只要将 $x_3 = 4\text{m}$ 代入即可。

$$M = 6.8 \times 4 - 2 \times 4^2 = -4.8(\text{kN} \cdot \text{m})$$

5.4　剪力和弯矩曲线

为了设计一根梁，我们必须知道沿着梁的纵轴线上所有截面处的剪力和弯矩的大小（如轴力值较大，也要考虑）。如果是等截面梁，要考虑全跨度内剪力和弯矩的最大值。如果是变截面梁，设计者必须分别计算各截面以确保梁有足够的强度以承受剪力和弯矩。

为了提供直观的信息，我们要建立剪力和弯矩曲线。这些曲线应该是有刻度的，要沿着梁的轴线方向建立坐标系，在纵坐标上标出剪力和弯矩的值。虽然我们可以采用沿着梁的轴线方向间隔地截出隔离体，然后建立平衡方程以求得特定截面处的剪力和弯矩的方法得到剪力和弯矩曲线，但最简单的方法是利用存在于荷载、剪力和弯矩之间的基本关系得出这些曲线。

5.4.1　荷载、剪力和弯矩之间的关系

为了建立荷载、剪力和弯矩之间的关系，我们将考虑如图 5.12（a）所示的一段梁。该梁段承受一随着 x 值的变化而变化的分布荷载 $w = w(x)$ 的作用，x 为梁上一点到梁段左边的坐标原点 o 的距离。当荷载向上作用时为正，如图 5.12（a）所示。

为得到荷载、剪力和弯矩的关系，我们将考虑图 5.12（d）所示的梁微元的平衡。该

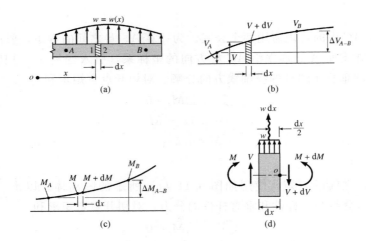

图 5.12

（a）承受分布荷载的梁段；（b）剪力曲线；（c）弯矩曲线；
（d）位于点 1、2 之间的无穷小的微元

微元是由两个假想的竖直平面过图 5.12（a）中的 1、2 两点切出来的，距原点 x。由于 dx 为一无穷小的量，分布荷载在该微元长度方向上的变化是很小的，可忽略不计，因此，我们可以假定在该微元长度方向上的分布荷载是不变的。在此假定的基础上，分布荷载的合力作用在微元的中点上。

图 5.12（b）和（c）表示沿着构件轴线方向的剪力和弯矩的变化。在图 5.12（d）中，我们用 V 和 M 分别标明左边的剪力和弯矩。为了表明在微元长度方向上由 dx 引起的剪力和弯矩的微小变化，我们在微元右边的剪力 V 和弯矩 M 上分别加上了不同的数值 dV 和 dM。微元上的所有力都是根据图 5.5（c）和（d）来定义的，且都为正值。

考虑到微元上的力的平衡，我们写出：

$$\overset{+}{\uparrow} \quad \sum F_y = 0$$
$$0 = V + wdx - (V + dV)$$

简化并求解 dV，得

$$dV = wdx \tag{5.6}$$

为了确定沿图 5.12（a）所示梁的轴线上 A、B 两点之间的剪力的差值 $\Delta V_{A\text{-}B}$，我们要对式（5.6）进行积分：

$$\Delta V_{A\text{-}B} = V_B - V_A = \int_A^B dV = \int_A^B wdx \tag{5.7}$$

式（5.7）左边表示 A、B 点之间的剪力变化为 $\Delta V_{A\text{-}B}$，在公式右边，wdx 可以解释为荷载曲线下的一个无穷小的面积，这些无穷小面积的积分或求和可表示为在点 A、B 之间的荷载曲线下的面积。因此，我们可以把式（5.7）表述为

$$\Delta V_{A\text{-}B} = A、B \text{ 点之间的荷载曲线下的面积} \tag{5.7a}$$

其中，向上的荷载产生剪力的正的变化，向下的荷载产生剪力的负的变化，方向为从左到右。

把式（5.6）两边都除以 dx，得

$$\frac{\mathrm{d}V}{\mathrm{d}x}=w \tag{5.8}$$

式（5.8）表明沿杆件轴线方向上某一点处的剪力曲线的斜率等于该点处的荷载曲线的纵坐标。

如果荷载向上作用，斜率为正（右上），如果荷载向下作用，斜率为负（右下）。在没有荷载作用的梁段，$w=0$。对于这种情况，式（5.8）表示为剪力曲线的斜率为 0——表明剪力保持不变。

为建立剪力和弯矩之间的关系，我们把所有作用于微元上的力对过点 o 并且垂直于梁平面的轴线弯矩求和［见图 5.12（d）］。点 o 为横截面的形心。

$$\circlearrowright^+ \qquad \sum M_o = 0$$

$$M+V\mathrm{d}x-(M+\mathrm{d}M)+w\mathrm{d}x\frac{\mathrm{d}x}{2}=0$$

由于最后一项 $w(\mathrm{d}x)^2/2$ 包含一个微分的二次方量，它是一次方量的一个高阶无穷小量。因此，我们去掉此项，将上式简化为

$$\mathrm{d}M=V\mathrm{d}x \tag{5.9}$$

为确定 A、B 两点间弯矩的变化 ΔM_{A-B}，我们对式（5.9）两边同时积分。

$$\Delta M_{A-B} = M_B - M_A = \int_A^B \mathrm{d}M = \int_A^B V\mathrm{d}x \tag{5.10}$$

式（5.10）的中间项反映了 A、B 两点之间的弯矩的差值 ΔM_{A-B}。由于 $V\mathrm{d}x$ 项可以解释为在剪力曲线之下，1、2 两点之间的一个无穷小的面积［见图 5.12（b）］，所以式（5.10）的右边就表示 A、B 两点之间的所有微小面积的总和，即点 A、B 之间的剪力曲线下的面积。根据以上的观察，我们可以把式（5.10）表述为

$$\Delta M_{A-B}=\text{点 } A、B \text{ 之间的剪力曲线下的面积} \tag{5.10a}$$

其中剪力曲线下的正面积产生的弯矩变化为正，剪力曲线下的负面积产生的弯矩变化为负；图 5.12（c）直观地表现出了 ΔM_{A-B}。

式（5.9）两边都除以 dx，得

$$\frac{\mathrm{d}M}{\mathrm{d}x}=V \tag{5.11}$$

式（5.11）表明沿杆件轴线方向上某一点处的弯矩曲线的斜率为该点的剪力值。

如果剪力曲线的纵坐标值为正，则弯矩曲线的斜率为正（方向为右上）。如果剪力曲线的纵坐标值为负，则弯矩曲线的斜率也为负（方向为右下）。

在 $V=0$ 的截面处，式（5.11）表明弯矩曲线的斜率为 0——确定弯矩最大值的条件。如果在一跨内有好几个截面处的剪力为 0，设计者必须计算每一个截面处的弯矩，并比较这几处弯矩的绝对值以求得最大弯矩。

式（5.6）～式（5.11）不描述集中荷载或集中弯矩的作用。集中力会使剪力曲线发生突变。如果我们考虑图 5.13（a）中的微元在竖直方向上的平衡，就会发现微元左右两边的剪力的变化等于集中力的大小。同样，某一点处的弯矩的变化等于该点处的集中弯矩 M_1 的大小［见图 5.13（b）］。在图 5.13 中，所有的力都是正的。例 5.6～例 5.8 说明了

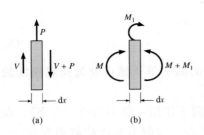

图 5.13

（a）集中荷载使得剪力发生突变；（b）施
加弯矩 M_1 使得内部弯矩发生变化

式（5.6）～式（5.11）在建立剪力和弯矩曲线中的作用。

为建立一根承受分布荷载和集中荷载的梁的剪力和弯矩曲线。我们首先算出杆件左边端点处的剪力和弯矩，接着我们向右推进，通过代数累加在剪力曲线上标出下一点，根据左边的剪力，加上两点间的荷载曲线下的面积或集中荷载，就可得到要求的力。为求第三点，要将第二点的剪力加上或减去外荷载。设置附加点的过程要一直持续到整个剪力曲线完成。通常，在每个集中力作用点或是分布荷载的起点和终点我们都要计算出这些点处的剪力。

用类似的方法，弯矩曲线上的点也是通过代数累加得到的。在特定点处，弯矩的增量是由第一和第二点之间的剪力曲线下的面积来表现的。

5.4.2　绘制梁的弯曲形状简图

在剪力和弯矩图画好后，设计者希望画出一张梁的弯曲形状简图。虽然我们将在第 5.6 节详细讨论这一主题，但先在这里简单介绍一下画图过程。梁的弯曲形状必须与支座产生的约束，和弯矩产生的曲率一致。正弯矩使梁凹向上弯曲，负弯矩使梁凹向下弯曲。

各种支座引起的约束被总结在表 3.1 中。例如，在一个固定支座处，梁的纵轴线被约束，既不能转动也没有偏移。在一个铰支座处，梁则可以自由转动但不能偏移。在例 5.6 ～例 5.8 中，弯曲形状简图的竖向比例被放大了。

【例 5.6】　画出图 5.14 所示简支梁的剪力图和弯矩图。

解：

计算反力（利用分布荷载的合力）：

$$\circlearrowright^+ \quad \sum M_A = 0$$

$$24 \times 6 + 13.5 \times 16 - 20 R_B = 0$$

$$R_B = 18 \text{kip}$$

$$\uparrow^+ \quad \sum F_y = 0$$

$$R_A + R_B - 24 - 13.5 = 0$$

$$R_A = 19.5 \text{kip}$$

（1）剪力曲线。支座 A 右边无限近处的剪力正好等于支座 A 的反力 19.5kip。由于反力向上作用，故剪力为正。支座右边的均布荷载向下作用，使剪力线性减小。在均布荷载的末端——支座右边 12ft 处——剪力为

$$V_{@12} = 19.5 - 2 \times 12 = -4.5 (\text{kip})$$

在 13.5kip 的集中荷载作用处，剪力减为 -18kip。剪力图如图 5.14（b）所示，最大弯矩发生在剪力为 0 处。为了得出零剪力点的位置，定义 x 为零剪力点到左边支座的距离，我们考虑图 5.14（e）中作用在隔离体上的力：

$$\uparrow^+ \quad \sum F_y = 0$$

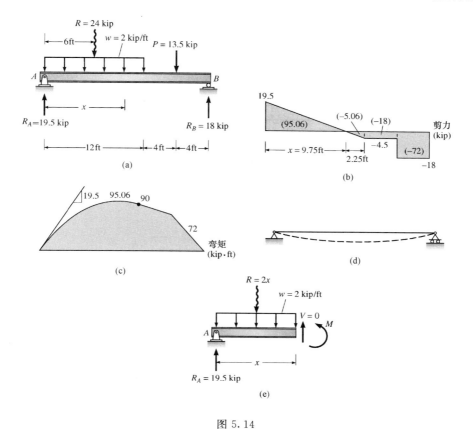

图 5.14

（a）梁的详图；（b）剪力曲线（括号中的数表示剪力曲线下的面积）；（c）弯矩曲线；
（d）弯曲形状；（e）用来确定零剪力点和最大弯矩点的隔离体

$$0 = R_A - wx \quad 其中 \quad w = 2 \mathrm{kip/ft}$$
$$0 = 19.5 - 2x \quad 和 \quad x = 9.75 \mathrm{ft}$$

（2）弯矩曲线。弯矩曲线上的点是通过弯矩的累加得出的，任意两点间的弯矩的改变等于这两点间的剪力曲线下的面积。任意选择两点，右边一点处的弯矩等于左边一点的弯矩值加上两点之间弯矩的变化值。为了这个目的，剪力曲线被分为两个三角形和两个矩形区域。各个区域的面积的值都标注在图 5.14（b）的圆括号中（单位为 kip·ft）。由于分别由一个滚动支座和一个铰支座支承，这些支座提供了无转动约束，故两端的弯矩为 0。由于弯矩在左边由 0 开始，到右边以 0 结束，故整条剪力曲线下方的面积的代数和必为 0。由于舍入误差，你会发现弯矩曲线的纵坐标值并不总是精确地满足边界条件。

在梁的左端，弯矩曲线的斜率为 19.5 kip——剪力曲线的纵坐标值。因为剪力是正的，所以斜率也是正的。随着从支座 A 的右边到支座 A 的距离的增长，剪力曲线的纵坐标值在减小，相应的弯矩曲线的斜率也跟着减小。最大弯矩 95.06 kip·ft 发生在零剪力点。在零剪力点的右边，剪力为负，弯矩曲线的斜率方向为右下。弯矩曲线如图 5.14（c）所示。由于在梁的全长范围内弯矩都是正的，故杆件凹向上弯曲，如图 5.14（d）中虚线所示。

【例 5.7】 画出图 5.15 (a) 中均布荷载作用下的梁的剪力和弯矩曲线，并画出弯曲简图。

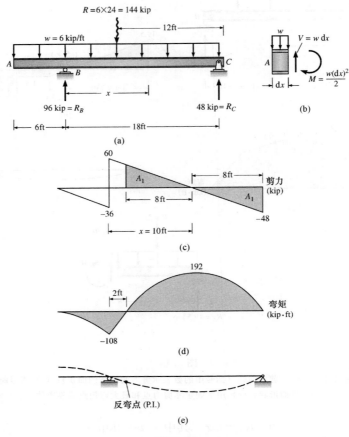

图 5.15

(a) 承受均布荷载的梁；(b) 用来确定梁的左端点处的 V 和 M 为 0 的微元；
(c) 剪力曲线 (单位 kip)；(d) 弯矩曲线 (单位 kip·ft)；(e) 大致的
弯曲形状 (竖向挠度的尺寸被放大，并用虚线表示)

解：

对支座 C 弯矩求和计算出 R_B，分布荷载由它的合力 144kip 表示。

$$\circlearrowright^{+} \quad \sum M_C = 0$$
$$18R_B - 144 \times 12 = 0 \quad R_B = 96\text{kip}$$

计算 R_C：

$$\uparrow^{+} \quad \sum F_y = 0$$
$$96 - 144 + R_C = 0 \quad R_C = 48\text{kip}$$

检验平衡：

$$\circlearrowright^{+} \quad \sum M_B = 0$$
$$144 \times 6 - 48 \times 18 = 0 \quad 满足$$

我们先算出梁的左端的剪力和弯矩。为此，我们用一个竖直截面在左端（A 点处）切出一个无穷小的微元体［见图5.15（b）］，考虑作用于该微元上的力。用均布荷载 w 和长度 dx 表示出剪力和弯矩，我们观察到 dx 接近于0，从而推出剪力和弯矩为0。

（1）剪力曲线。由于在梁的全长范围内，荷载的大小是不变的，且方向都向下，所以由式（5.8）可得剪力曲线为一直线，且直线上所有点的斜率都为常数-6kip/ft［见图5.15（c）］。从 A 点 $V=0$ 开始，我们通过计算 A、B 点之间的荷载曲线下的面积可计算出支座 B 左边的剪力［式（5.7a）］。

$$V_B = V_A + \Delta V_{A-B} = 0 + (-6) \times 6 = -36(\text{kip})$$

在支座 B 处，有向上作用的支座反力，使得剪力产生一个$+96$kip的变化；因此，支座 B 的右边的剪力升到了$+60$kip。在点 B、C 之间，剪力的变化（根据荷载曲线下的面积）等于$(-6) \times 18 = -108$kip。因此，剪力由 B 点的60kip线性下降到 C 点的-48kip。

为求出 B 点右边剪力为0的点到 B 点的距离 x，我们令图5.15（a）中荷载曲线下的面积 wx 等于 B 点处的剪力60kip。

$$60 - wx = 0$$
$$60 - 6x = 0 \quad x = 10\text{ft}$$

（2）弯矩曲线。为了画出弯矩曲线，我们要定出最大弯矩点，用式（5.10a）；即两点之间的剪力图下方的面积等于这两点之间的弯矩变化。因此我们要逐一计算剪力曲线下交替变化的正、负区域（本例中是三角形）的面积。然后，我们用式（5.11）确定最大弯矩点之间的弯矩曲线的正确的斜率。

$$M_B = M_A + \Delta M_{A-B} = 0 + \frac{1}{2} \times 6 \times (-36) = -108(\text{kip} \cdot \text{ft})$$

计算 B、C 之间的最大弯矩。最大弯矩发生在支座 B 右边10ft处，此处 $V=0$。

$$M_{\text{max}} = M_B + 点\ x = 0\ 和\ x = 10\ 之间的\ V-曲线下的面积$$
$$= -108 + \frac{1}{2} \times 60 \times 10 = +192(\text{kip} \cdot \text{ft})$$

由于弯矩曲线的斜率等于剪力曲线的纵坐标值，故 A 点处的弯矩曲线的斜率为0。在 A 点的右边，因为剪力曲线的纵坐标值在增加，所以弯矩曲线的斜率逐渐变大。由于点 A、B 之间的剪力为负，故弯矩曲线的斜率也是负的（也就是向右下）。因此，为了符合剪力曲线的纵坐标，A、B 间的弯矩曲线必须是凹向下弯曲的。

由于支座 B 右边的剪力为正，故弯矩曲线的斜率方向与原方向相反，并由负值变成了正值（斜率方向为右上）。在支座 B 与最大弯矩所在点之间，弯矩曲线的斜率逐渐由60kip/ft降为0，且弯矩曲线凹向下。在最大弯矩点的右边，剪力为负，弯矩曲线的斜率方向又一次改变，且越接近支座 C，斜率值越大。

（3）反弯点。反弯点发生在零弯矩点处。在这一点，曲率由向上凹变为向下凹。为了确定反弯点的位置，我们利用剪力曲线下的面积。由于支座点 C 和最大弯矩点之间的剪力曲线下的三角形面积 A_1 使弯矩产生了192kip·ft的变化，而 A_1 又等于从最大正弯矩点到其左侧8ft处的点之间的剪力曲线下的面积［见图5.15（c）］，后者使得最大正弯矩点左侧8ft处的弯矩降为零，所以反弯点的位置是支座 C 左侧16ft处，或等效为支座 B

右侧 2ft 处。

（4）画弯曲形状简图。梁的大致弯曲形状如图 5.15（e）所示。在梁的左端，弯矩为负，故梁凹向下弯曲。在右边，弯矩为正，故梁凹向上弯曲。虽然我们可以容易地求得沿梁轴线方向上的所有截面的曲率，但具体点的挠曲位置必须假定。例如，对于受荷梁左端的 A 点，我们可以任意地假定其挠曲在由直线表示的梁未受荷时的初始位置的上方。反之，如果悬臂梁的柔度很大，A 点也可能处于梁的初始轴线的下方，A 点的精确位置要通过计算得到。

【例 5.8】 画出图 5.16（a）所示斜梁的剪力和弯矩曲线。

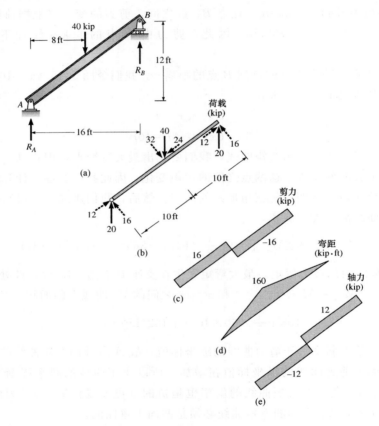

图 5.16
（a）斜梁；（b）外力和反力被分解为平行和垂直于梁的纵轴线的分力；（c）剪力曲线；
（d）弯矩曲线；（e）轴向荷载的变化——拉力为正，压力为负

解：

我们用一般的静力方程计算反力来开始分析。由于剪力和弯矩都是由垂直于杆件纵轴线的荷载产生的，所以将所有的力都沿平行纵轴线方向和垂直于纵轴线方向进行分解 ［见图 5.16（b）］。沿纵轴线方向的分力在杆件的下半段产生压力，在杆件的上半段产生拉力 ［见图 5.16（e）］。垂直杆件的分力产生的剪力曲线和弯矩曲线分别见图 5.16（c）和（d）。

【**例 5.9**】 画出图 5.17（a）所示梁的剪力和弯矩曲线，并画出弯曲简图。

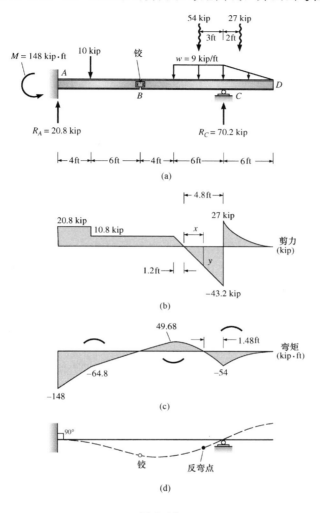

图 5.17

（a）梁（反力已给出）；（b）剪力曲线；（c）弯矩曲线；（d）弯曲形状

解：

我们从计算 C 支座的反力开始分析，利用隔离体 BCD。所有力对铰 B 弯矩求和（分布荷载的合力由波浪形箭头表示），我们计算

$$\circlearrowright^{+} \quad \sum M_{B}=0$$

$$0=54\times7+27\times12-R_{C}\times10$$

$$R_{C}=70.2\,\text{kip}$$

求出 R_C 后，把整体作为一个隔离体，通过力平衡求出支座反力。由于有支座提供的约束，故虽然有铰存在，整个结构仍是稳定的。剪力曲线和弯矩曲线分别由图 5.17（b）和（c）表示。为了检验计算的精确性，我们观察到在铰点处的弯矩为零。与正负弯矩联

系在一起的曲率（凹向上或凹向下）由弯矩曲线上面或下面的短曲线标明。

为了确定支座 C 左侧的反弯点的位置，我们令最大弯矩点与零弯矩点之间的剪力曲线下的三角形面积等于弯矩的变化 49.69kip·ft，三角形的长用 x 表示，高用 y 表示，如图 5.17（b）所示。通过相似三角形，我们得到以 x 为参数的 y 的表达式。

$$\frac{x}{y} = \frac{4.8}{43.2}$$

$$y = \frac{43.2x}{4.8}$$

剪力曲线下的面积 $= \Delta M = 49.68\text{kip·ft}$

$$\left(\frac{1}{2}x\right)\left(\frac{43.2x}{4.8}\right) = 49.68(\text{kip·ft})$$

$$x = 3.32\text{ft}$$

反弯点距 C 支座的距离为

$$4.8 - 3.32 = 1.48(\text{ft})$$

变形简图见图 5.17（d）。由于支座 A 为固定支座，没有转动，所以梁的纵轴线在支座 A 是水平的（也就是与支座的竖直面成 90°）。由于 A、B 之间的弯矩是负的，所以梁凹向下弯曲，铰产生向下的位移。由于弯矩在支座 C 的左侧由正转为负，故杆件 BCD 的曲率在 C 点两侧是相反的。虽然杆件 BCD 的大致形状与弯矩曲线是一致的，但杆端 D 点的精确位置必须由计算得到。

【例 5.10】 画出图 5.18（a）所示结构中梁 ABC 的剪力和弯矩曲线，并画出弯曲简图。刚节点连接梁与竖直杆件，C 点的弹性垫等效为滚动支座。

解： 计算支座 C 的反力。将图 5.18（a）中所有的力对 A 点弯矩求和

$$\circlearrowright^+ \quad \sum M_A = 0$$

$$0 = 5 \times 8 - 15 \times 4 + 30 \times 6 - 20R_C$$

$$R_C = 8\text{kip}$$

$$\uparrow^+ \quad \sum F_y = 0 = 8 - 5 + R_{AY}$$

$$R_{AY} = -3\text{kip}$$

$$\rightarrow^+ \quad \sum F_x = 0$$

$$30 - 15 - R_{AX} = 0$$

$$R_{AX} = 15\text{kip}$$

图 5.18（b）分别为梁和竖直杆件的隔离体图。作用于竖直杆件底部的力与作用于梁上的力互为反力，大小相等，方向相反。接下来画剪力和弯矩曲线。由于某一截面上的剪力为该截面任一边的竖向力的和，故集中弯矩和轴力对剪力没有影响。

由于结构左端为一铰支座，故端部弯矩由 0 开始。A、B 点之间的弯矩的变化由两点之间的剪力曲线下的面积提供，为 -24kip·ft。在 B 点，逆时针方向的集中弯矩引起弯矩曲线的突变，弯矩突变为 -84kip·ft。在图 5.18（b）中，集中弯矩对其所在截面的右边的弯矩产生一个直接的作用使弯矩产生变化。由于在 B 点处的弯矩与图 5.18（b）中的弯矩相反，所以它产生一个负的变化。B、C 两点间的弯矩的变化等于相对应的剪力曲线

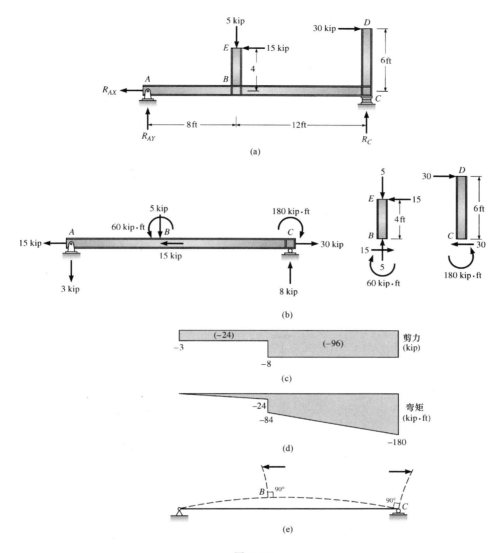

图 5.18

（a）梁的详图；（b）梁和竖直杆件的隔离体；（c）剪力曲线；（d）弯矩曲线；（e）放大尺寸的弯曲形状

下的面积。梁端 C 点处的弯矩必须平衡由杆件 CD 产生的弯矩 180kip·ft。

由于在梁的全长范围内弯矩都是负的，故整根梁凹向下弯曲，如图 5.18（e）所示。梁的轴线保持为一根光滑的曲线。

【例 5.11】 画出图 5.19（a）中连续梁的剪力和弯矩曲线，并画出弯曲简图。支座反力已给出。

解：

由于该梁为二次超静定，故支座反力需通过第 11～13 章的超静定问题的分析方法求得。一旦支座反力求得，画剪力和弯矩曲线的程序就和例 5.6～例 5.10 完全一样了。图 5.19（d）为结构的弯曲形状。小黑点为反弯点。

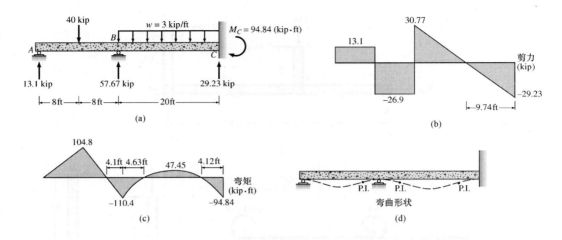

图 5.19

（a）梁（支座反力已给出）；（b）剪力曲线；（c）弯矩曲线；（d）弯曲形状

【**例 5.12**】 分析图 5.20 中支承楼面系统的主梁。纵梁 *FE* 和 *EDC* 为较小的支承楼面的纵梁，它们由主梁 *AB* 支承。画出主梁的剪力和弯矩曲线。

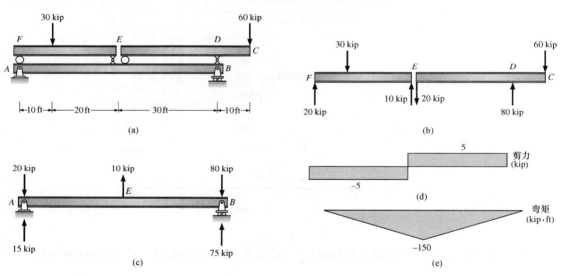

图 5.20

（a）主-纵梁系统详图；（b）纵梁隔离体；（c）主梁隔离体；（d）主梁剪力曲线；（e）主梁弯矩曲线

解：

由于纵梁 *FE* 和 *EDC* 是几何不变且静定的，它们的反力可以用如图 5.20（b）中的隔离体通过静力法求得。在算出纵梁的反力后，反力以相反的方向作用于图 5.20（c）中的主梁上。在点 *E*，我们可以求出反力的合力，然后施加一个大小为 10kip、方向向上的合力于主梁上。当梁的反力算出来后，我们就可以画剪力和弯矩曲线了［见图 5.20（d）和（e）］。

【**例 5.13**】 画出图 5.21（a）中框架杆件的剪力和弯矩曲线，并画出弯曲简图及作用于隔离体 C 上的所有的力。把 B 作为一个铰接点。

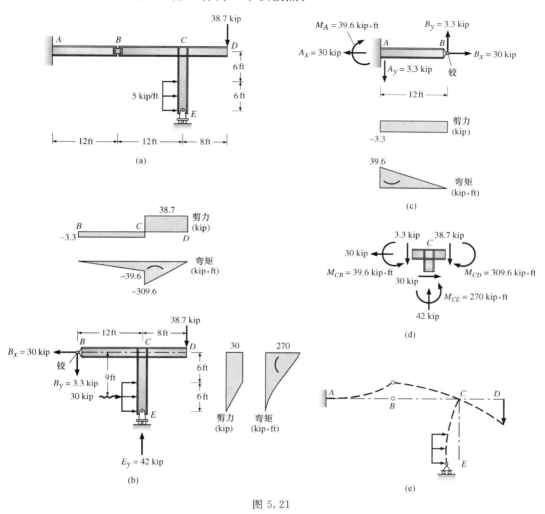

图 5.21

（a）静定框架；（b）框架 $BCDE$ 的剪力和弯矩曲线；（c）悬臂梁 AB 的剪力和弯矩曲线；
（d）节点 C 的隔离体图；（e）框架的弯曲简图

解：

把铰接点 B 两边的结构分别看成隔离体，算出支座反力，然后分析整个框架。为了计算滚动支座（E 点）的竖向反力，把作用于图 5.21（b）中的隔离体上的力对 B 点弯矩求和。

$$\circlearrowleft^+ \quad \sum M_B = 0$$
$$0 = 38.7 \times 20 - 30 \times 9 - E_y \times 12$$
$$E_y = 42 \text{kip}$$

铰点 B 的分力可以通过对 x 和 y 方向的力求和得出。

$$\rightarrow^+ \quad \sum F_x = 0$$

$$30-B_x=0 \quad B_x=30\text{kip}$$

$$\overset{+}{\longrightarrow} \quad \sum F_y=0$$

$$-B_y+42-38.7=0 \quad B_y=3.3\text{kip}$$

求出 B 点的力之后,图 5.21 (c) 中的悬臂梁可以通过静力方程分析,结果已标注在简图上。由于杆件的所有力都求得了,我们可以画出所有杆件的剪力和弯矩曲线,这些曲线都画在各杆件的下方了。各杆件的曲率如各弯矩图上的小弯曲线所示。

节点 C 的隔离体如图 5.21 (d) 所示。我们可以用静力方程证明该节点是平衡的(即 $\sum F_y=0$、$\sum F_x=0$、$\sum M=0$)。

变形简图如图 5.21 (e) 所示。由于 A 为一固定支座,故悬臂梁的纵轴线在该点是水平的。如果我们认识到轴力和由弯矩产生的曲率都不会使杆件的长度产生显著的变化,则由于杆件 CE 和 ABC 都与支座连接,支座阻止了它们沿着各自轴线的位移,故节点 C 被约束,不会有水平和竖向的位移,但可以自由转动。你可以看到,D 点的集中荷载有使节点 C 顺时针转动的趋势。另一方面,作用于杆件 CE 的 30kip 的分布荷载则有使节点 C 逆时针转动的趋势。由于杆件在全长范围内凹向下弯曲,所以顺时针转动占优势。

虽然杆件 CE 的曲率和弯矩图所显示的是一致的,但滚动支座 E 在水平方向上的最终位置是不确定的。虽然我们画出滚动支座移动到了初始位置的左边,但是,如果 CE 杆的柔度很大,E 点仍有可能移动到初始位置的右边。计算位移的方法将在第 9 章和第 10 章介绍。

5.5 叠加原理

在本书中,我们用到的很多分析方法是基于叠加原理的,该原理具体表述为:

> 如果一个结构的表现是线弹性的,那么结构上某一特定点在一系列同时作用的荷载作用下所产生的力或位移,可以通过逐一地累加(叠加)每一个荷载单独作用于结构在该点产生的力或位移得到。换言之,所有的荷载同时作用或各荷载单独作用的组合,对一个线弹性结构的反应是相同的。

通过分析图 5.22 所示悬臂梁上的力和梁产生的挠曲可以阐明叠加原理。图 5.22 (a) 显示了由力 P_1 和 P_2 产生的反力和结构的弯曲形状。图 5.22 (b) 和 (c) 分别显示了 P_1 和 P_2 单独作用于悬臂梁产生的反力和弯曲形状。叠加原理表明图 5.22 (b) 和 (c) 中的任意一点的反力、内力、或者位移的代数和将等于图 5.22 (a) 中所对应的点的反力、内力、或者位移。换言之,以下表达式是有效的:

$$R_A=R_{A1}+R_{A2}$$

$$M_A=M_{A1}+M_{A2}$$

$$\Delta_C=\Delta_{C1}+\Delta_{C2}$$

叠加原理不适用于梁-柱结构或是在荷载作用下会产生很大的几何变形的结构。例如,图 5.23 (a) 中是一个承受轴力 P 的悬臂柱。

轴向荷载 P 只产生沿柱方向的压应力;而不产生弯矩。图 5.23 (b) 所示为一水平力 H 作用于同样的柱子的顶部,该荷载既产生剪力又产生弯矩。

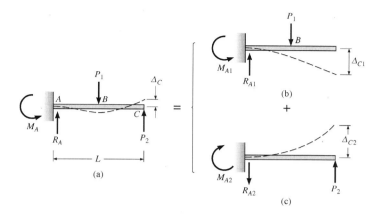

图 5.22

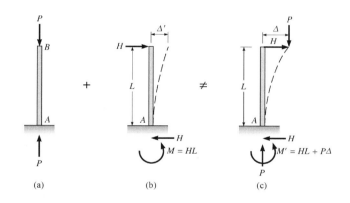

图 5.23　叠加法不适用

（a）轴力只产生法向应力；（b）侧向力产生弯矩；（c）轴力产生 $P\Delta$ 弯矩

在图 5.23（c）中，图 5.23（a）和（b）中的荷载同时作用于柱上。如果我们在通过对 A 点弯矩求和来计算柱子底部的弯矩时考虑到结构的偏移（顶部有水平方向的偏移 Δ），则底部的弯矩表示为：

$$M' = HL + P\Delta$$

第一项表示由水平荷载 H 产生的主要弯矩。第二项，被称为 $P\Delta$ 弯矩，代表由轴向荷载 P 的偏心产生的弯矩。底部的全部弯矩明显超过了情况（a）和（b）的弯矩之和。由于侧向荷载产生的柱子顶部的侧向位移引起了附加弯矩，而附加弯矩在柱子长度方向上的所有截面都存在，故图 5.23（c）中柱子的弯曲变形大于图 5.23（b）中的变形。由于轴向荷载的存在增加了柱子的偏移，于是我们知道了轴向荷载有减小柱子的弯曲刚度的作用。如果柱子的弯曲刚度大且 Δ 小或者是 P 小，则 $P\Delta$ 弯矩将很小，在大多数实际情况下就可以忽略了。

图 5.24 所示为叠加法无效的第二个例子。在图 5.24（a）中一根柔性的绳索在整跨的三分点处承受两个大小为 P 的荷载。这些荷载使绳索变形为一个对称的形状。绳索在 B 点处的下垂用 h 表示。如果荷载单独作用，它们产生的变形如图 5.24（b）和（c）所

示。虽然在图（b）、（c）中，支座反力的竖向分力的和等于图（a）中的支座的竖向反力，但计算结果很清晰地显示水平分力 H_1、H_2 的和不等于 H。同时，B 点处的竖向变形，即 h_1、h_2 的和要远大于图（a）中的值 h。

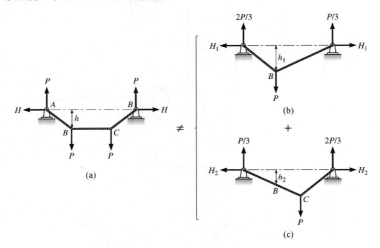

图 5.24   叠加法不适用

（a）绳索在跨长的三分点处承受两个相等的荷载；（b）绳索在 B 点承受单一的荷载；（c）绳索在 C 点承受单一的荷载

叠加原理为超静定结构的分析提供了基础。对于超静定结构可以用第 11 章的柔度法以及第 16、17、18 章的矩阵法进行分析。叠加法被广泛地用于承受多个荷载的梁的弯矩曲线的简化求解。例如，在弯矩-面积法中（一种计算沿梁轴线上某一点的挠度或该点处弯矩曲线的斜率的方法），我们必须算出某一块面积和此面积的形心与参照轴之间的距离的乘积。如果一根梁承受数个荷载，弯矩图的形状会很复杂。如果没有简单的公式来计算弯矩图下的面积或是确定面积的形心的位置，就只能通过对一个复杂的函数进行积分来求解。为了避免这种费时的计算，我们可以单独分析每一个荷载对梁的作用。用这种方法，我们可以得到几何形状简单的若干个弯矩曲线，它们的面积和形心可以用标准公式计算和定位（见附录）。例 5.14 阐明了用叠加法求解一个承受均布荷载和端部弯矩的梁的反力和弯矩曲线。

【例 5.14】   （a）图 5.25（b）、（c）、（d）为单独荷载作用下的反力和弯矩曲线。通过对（b）、（c）、（d）的叠加得到梁的反力和弯矩曲线，最终结果见图 5.25（a）。

（b）计算左支座与梁中心之间的弯矩图的面积关于过支座 A 点的轴的面积矩。

解：

（a）为了用叠加法（也称作弯矩曲线累加法）求解，我们逐一分析单个荷载作用下的梁。反力和弯矩图如图 5.25（b）、（c）和（d）所示，所有荷载一起作用所得的反力和弯矩图的纵坐标值可由各单个荷载的作用结果经代数求和得到［图 5.25（a）］。

$$R_A = 40 + 4 + (-8) = 36 (\text{kip})$$
$$R_B = 40 + (-4) + 8 = 44 (\text{kip})$$

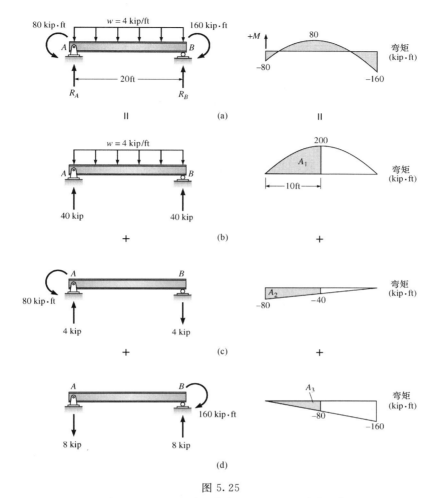

图 5.25

（a）受指定荷载作用的梁（右边为弯矩曲线）；（b）只有均布荷载作用；（c）反力
以及 80kip·ft 弯矩对应的弯矩图；（d）反力以及由作用于 B 处
的 160kip·ft 的弯矩产生的弯矩图

$$M_A = 0 + (-80) + 0 = -80(\text{kip} \cdot \text{ft})$$

$$M_{中心} = 200 + (-40) + (-80) = 80(\text{kip} \cdot \text{ft})$$

（b）面积矩 $= \sum_{n=1}^{3} A_n \cdot \overline{x}$（见附录中有关面积的性质）

$$= \frac{2}{3} \times 10 \times 200 \times \frac{5}{8} \times 10 + (-40) \times 10 \times 5$$

$$+ \frac{1}{2} \times (-40) \times 10 \times \frac{10}{3} + \frac{1}{2} \times 10 \times (-80) \times \frac{2}{3} \times 10$$

$$= 3000(\text{kip} \cdot \text{ft}^3)$$

5.6 绘制梁或框架的弯曲形状简图

为确保结构是耐用的——即在使用荷载下，较大的柔性使结构产生较大挠度和振动不会影响结构的功能——设计者必须计算一个结构中的所有危险点处的挠度并与建筑规范所允许的值进行比较。作为这一程序的第一步，设计者必须为其所设计的梁或框架绘制一张精确的弯曲图。与结构的尺寸相比，梁和框架的设计挠度的一般是很小的。例如，许多建筑规范限定活载作用下的简支梁的最大挠度为跨度的 1/360。因此，如果一根简支梁的跨度为 20ft(240in)，则在活荷载作用下，跨中的最大挠度不能超过 2/3in。

如果我们用一条 2in 长的直线代表一根跨度为 20ft 的梁，我们就相当于沿着梁的轴线方向把梁的尺寸缩小了 120 倍（或者我们可以说我们用一个 1/120 的比例尺沿着梁的轴线方向来表示这段距离）。如果我们用同样的比例尺来显示跨中的挠度，2/3in 的位移将变为 0.0055in。这一尺寸差不多为一个点的大小，用肉眼很难看出来。为了画一张清晰的弯曲形状图，我们必须用比杆件的纵向尺寸大 50～100 倍的比例尺来放大挠度。由于我们用不同的水平向和竖直向的比例尺来描绘梁和框架的弯曲形状，故设计者必须意识到失真的概念一定要被引入弯曲形状图，以确保弯曲变形的形状是受荷结构的精确描述。

一张精确的弯曲形状图必须符合以下原则：

（1）曲率必须和弯矩曲线一致。

（2）弯曲形状必须满足边界约束。

（3）刚性节点处的初始角度（一般为 90°）保持不变。

（4）变形杆件的长度与未受荷杆件的初始长度相同。

（5）梁的水平投影或柱的竖直投影与杆件的初始长度相同。

（6）同弯曲变形相比，轴向变形忽略不计。

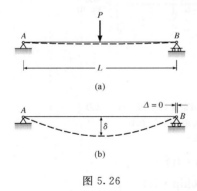

图 5.26

例如，在图 5.26（a）中，承受使用荷载的简支梁的真实的挠曲形状由虚线表示。由于挠度用肉眼很难看出，所以这样的图对于致力于计算梁的轴线方向上某一点处的斜率和挠度的计算者来说是没有用的。因此，为了清晰地显示出挠曲形状，我们要画失真的弯曲图，见图 5.26（b）。在图 5.26（b）中，在跨中用于描绘挠度 δ 的比例是描绘杆件长度的比例的 75 倍。当我们用一个失真的比例去显示弯曲杆件的长度时，沿着杆件的弯曲轴的长度显得比两端点之间的连接弦线长得多。如果一个设计者没有经验，他或她可能会认为梁的右端的滚动支座向左边移动了一个距离 Δ。由于跨中的挠度很小 [见图 5.26（a）]，根据原则 4，我们认识到受力杆件和未受力杆件在长度上没有明显差异。我们得出结论，B 点的滚动支座的水平位移为零，支座 B 仍在初始位置。

作为第二个例子，我们画出图 5.27（a）中竖向悬臂梁的弯曲形状。由作用于 B 点的水平荷载产生的弯矩曲线如图 5.27（b）所示。弯矩曲线中的短曲线定性地表示了杆件的曲率。在图 5.27（c）中，悬臂梁在水平方向上的弯曲变形被放大了。由于柱子底部连接在一固定支座上，故弹性曲线与支座的夹角为 90°。由于假定柱子的竖向投影等于初始长度 [原则（5）]，故悬臂梁顶部的竖向挠度假定为零；即 B 水平移动到 B'。为了与弯矩产生的曲率相一致，悬臂梁顶部的侧向位移必须向右。

在图 5.28 中，我们用虚线画出在梁 BD 的跨中承受一个单一的集中荷载的有支撑框架的弯曲形状。在有支撑框架中，所有节点都被支座或与不动支座连接的杆件约束而不能产生侧向位移。例如，节点 B 不能侧向移动，因为它通过梁 BD 与铰接点 D 相连。我们可以假定 BD 的长度不变，原因是：①轴向变形很小，可忽略不计；②弯曲不会使长度发生变化。为了画出弯曲形状，我们让柱子在竖直方向离开 A 点的固定支座，由弯矩产生的曲率显示柱子下半段截面外表面承受压应力，内表面承受拉应力。在弯矩减小为 0 的点——反弯点（P.I.）——曲率变

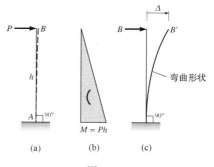

图 5.27

(a) 虚线表示实际尺寸的变形形状；(b) 分图
(a) 中悬臂柱的弯矩图；(c) 为了看清而放大
尺寸的水平挠度

号，柱子对节点 B 反向弯曲。荷载使梁向下弯曲，使节点 B 顺时针转动，使节点 D 逆时针转动。由于节点 B 是刚性的，所以梁柱之间的夹角保持为 90°。

图 5.29（a）所示为一承受水平荷载的 L 型悬臂梁，水平荷载作用于柱子顶端 B 点

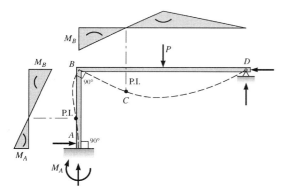

图 5.28 支撑框架的弯曲形状。弯矩图
在框架的上面和左边

处。作用于 B 点的荷载产生的弯矩使柱子向右弯曲［见图 5.29（b）］。由于梁 BC 上没有弯矩，所以 BC 保持挺直。图 5.29（c）所示为一放大比例的弯曲形状图，因为在固定支座 A 点斜率（90°）和挠度（0）都是知道的，我们从该点开始画弯曲形状图。由于 B 节点的转角很小，所以我们可以认为梁 BC 的水平投影等于杆件的初始长度。我们注意到节点 B 和 C 产生了相同的向右的水平位移 Δ。根据图 5.27 中的柱子的顶端的例子，节点 B 被认为只有水平位移。另一方面，节点 C 除了和节点

B 一样有一个向右的位移外，由于杆件 BC 转动了一个 θ 角度，所以 C 点还有一个向下的位移 $\Delta_v = \theta L$。如图 5.29（d）所示，B 节点顺时针的转动可以从 x 轴或 y 轴方向来测量。

在图 5.30（a）中，作用于框架 B 节点处的侧向荷载产生的弯矩使得柱 AB 和梁 BC 的外表面都承受压力，为了画弯曲形状图，我们从铰支座 A 点——在弯曲框架中唯一的最终位置已知的点开始。我们将假定柱 AB 的底部从铰支座 A 处竖直往上升，由于弯矩曲线显示柱子向左弯曲，故节点 B 将水平移动到 B'［图 5.30（b）］。由于节点 B 是刚性的，我们画出杆件 BC 在端点 B 处垂直于柱子的顶部。由于杆件 BC 凹向上弯曲，节点 C 将移动到 C'。虽然框架在各方面都有正确的变形，但节点 C 的位置违反了 C 点的滚动支座的边界条件。由于 C 受约束，只能有水平方向的位移，故 C 节点不可能竖直移动到 C'。

我们可以通过把整个结构想象为一个刚体，关于铰支座 A 沿顺时针方向转动，直到节点 C 落回滚动支座所在的水平面上（C''）来确定框架的正确的位置。在绕 A 转动的过

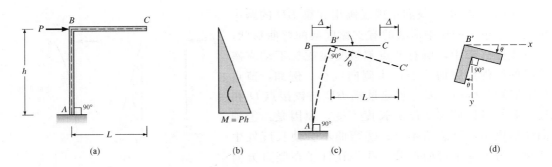

图 5.29

（a）虚线显示实际的弯曲形状；（b）弯矩图；（c）放大尺寸的弯曲形状图；（d）节点 B 的转动

程中，C 的下落路线如 C' 和 C'' 之间的箭头所示。随着刚体的转动，节点 B 水平向右移动到 B'' 点。

　　如图 5.30（c）所示，该图为一错误的弯曲图，杆件 AB 的端点 B 不能以一个向左上的斜率进入节点 B，因为如果梁的向上的曲率也要保持，则节点 B 处的 $90°$ 角就无法保留了。由于节点 B 随着柱子的弯曲可以自由地侧向移动，故该框架属无支撑框架。

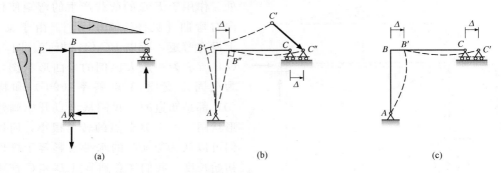

图 5.30

（a）框架 ABC 的弯矩曲线；（b）框架最终的变形图；（c）错误的弯曲形状图：B 处的角未保持 $90°$

　　在图 5.31（a）中，一个对称受荷无支撑框架在它的 BC 梁的跨中承受一个集中荷载。根据初始尺寸，我们得出铰支座 A 和滚动支座 B 的支座反力均为 $P/2$。由于支座上没有水平方向的支座反力，各柱的弯矩均为 0（它们只受轴力），所以柱子保持挺直。梁 BC，表现就如一根简支梁，凹向上弯曲。如果我们假定它不发生侧向位移，可用虚线画出弯曲形状图。由于在节点 B 和 C，框架都要保持正确的角度，故柱子底部端点将发生水平位移，A 和 D 分别移动到 A' 和 D'。虽然弯曲形状是正确的，但由于 A 为铰支座不能移动，所以正确的框架位置是把整个框架看成一个刚体向右平移一个距离 Δ［见图 5.31（b）］。如此图所示，节点 B 和 C 只有水平位移，受荷梁的长度与初始未变形时的长度 L 一样。

　　图 5.32 所示为一 C 点处为铰的框架。由于杆件 AB 的曲率及节点 A 和 B 的最终位置都知道，故我们从杆件 AB 的弯曲形状开始，画出整个框架的弯曲图。由于节点 B 是刚性的，故 B 处的 $90°$ 角要保持，BC 的斜率必为右向下。由于 C 处的铰提供无转动约束，又因为不同的弯矩曲线显示不同的曲率，所以铰两边的杆件必然以不同的斜率嵌入铰中。

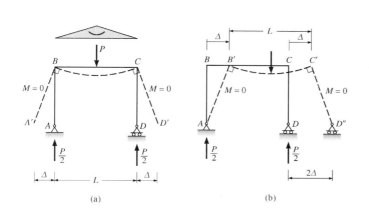

图 5.31

（a）虚线表示由荷载产生的变形；（b）支座的最终位置

照片 5.2 钢筋混凝土刚框架的
两个支柱，框架支承悬索桥

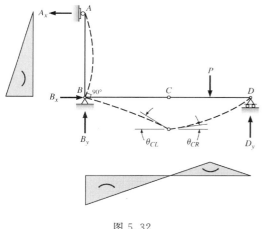

图 5.32

照片 5.3 由钢板制成的刚框架的腿

5.7 超静定次数

在前面第 3 章我们对几何不变和静定的讨论中，我们所考虑的是一组由于由铰或滚轴提供了内部释放，从而可被看成是一个单刚体或多刚体的结构。现在，我们想把讨论范围扩展到超静定框架——由在某一给定截面承受剪力、轴向荷载和弯矩的杆件组成的结构。我们在第 3 章讨论过的基本方法仍然适用。我们从分析图 5.33（a）中的矩形框架开始我们的讨论。这一刚接结构，一开始为一根单独杆件，由铰支座 A 和滚动支座 B 支承，在 D 点有一小间隔，CD 和 ED 分别为由节点 C 和 E 引出的悬臂梁。由于支座提供的三个约束既不是平行力系，也不是汇交力系，所以得出结论：该结构是几何不变且静定的，即 3 个静力方程可以求出 3 个支座反力。求出支座反力后，任一截面上的内力——剪力、轴力和弯矩都可以通过用一平面切开截面后对任一隔离体列平衡方程求得。

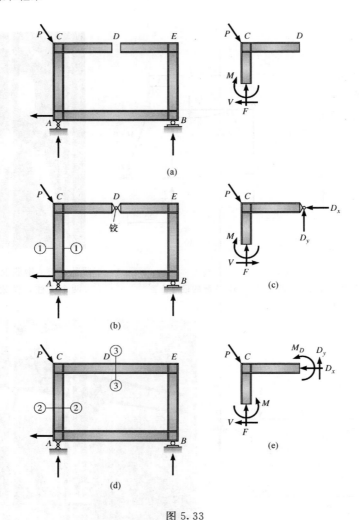

图 5.33

(a) 几何不变，外部静定的框架；(b) 内部二次超静定框架；(c) 铰接框架的左上部拐角的
隔离体；(d) 内部三次超静定的封闭环；(e) 封闭环的左上部拐角的隔离体 [见 (d)]

如果在 D 点插入一个铰把两根悬臂梁连接起来 [见图 5.33 (b)]，该结构将不再是几何不变的静定结构。虽然对于任意荷载仍可用静力方程去计算支座反力，但结构的内力却无法确定了，因为无法截得一个只有 3 个未知力的隔离体了。例如，如果想求出图 5.33 (b) 中杆件 AC 的中点处截面①-①上的内力，我们从截面①-①到铰点 D 取出隔离体，考虑该隔离体的平衡 [见图 5.33 (c)]，有 5 个内力——截面①-①处 3 个，铰点处 2 个——必须算出。因为只有 3 个静力方程可用于求解，所以得到该结构为二次超静定的结论。我们可以通过移走 D 点处的铰，则结构变为图 5.33 (a) 中的静定结构来得到相同的结论。换言之，当用一个铰把结构的两个端点连接起来后，在 D 点就增加了水平约束和竖直约束。这些约束提供了另外的荷载路径，使结构成为超静定结构。例如，如果一个水平力作用在图 5.33 (a) 中的静定框架的 C 点，则全部荷载将通过杆件 CA 传递到铰支座 A 和滚动支座 B。另一方面，如果同样的力作用于图 5.33 (b) 中的框架，则该力的一个

分力会通过铰传递到结构右边的杆件 DE，并通过杆件 EB 传到铰支座 B。

如果在 D 点处将结构的两根杆件焊接成一根连续的杆件 ［见图 5.33 （d）］，则该截面不仅能传递剪力和轴向荷载，还可以传递弯矩。D 点增加的弯曲约束将使框架的超静定次数变为 3 次。如图 5.33 （e）所示，结构的任一部分的一个代表性的隔离体有 6 个未知内力，由于只有 3 个平衡方程，故该结构为三次超静定。总之，一个封闭环是 3 次超静定的几何不变结构，要确定由一系列封闭环组成的结构的超静定次数（如，一焊接钢结构框架），我们可以去掉约束——无论是内部的还是外部的约束——直到剩下一个稳定的基本结构。去掉的约束的数目就等于超静定的次数。这一方法在 3.7 节中已介绍过；可参考情形 3。

为了阐明通过去掉约束确定一个刚性框架的超静定次数的整个过程，我们将分析图 5.34 （a）所示的框架。当确定一结构的超静定次数时，设计者对于去掉哪几个约束总是有很多种选择的。例如，在图 5.34 （b）中，我们可以想象在固定支座 B 的上方将框架切断，这样就去掉了 3 个约束 B_x、B_y 和 M_b，但是留下了一个与固定支座 A 连接的稳定的 U 形结构，于是得出结论：全结构为三次超静定。另一种方法是我们在梁的跨中把梁切开，这样就可以去掉 3 个约束（M、V 和 F），而留下两个静定的 L 形悬臂结构 ［见图 5.34 （c）］。最后一个例子 ［见图 5.34 （d）］，我们可以通过去掉 A 点处的弯矩约束（等效于用铰支座代替固定支座）以及 B 点处的弯矩约束和水平约束（等效于用滚动支座代替固定支座）得到一静定的基本结构。

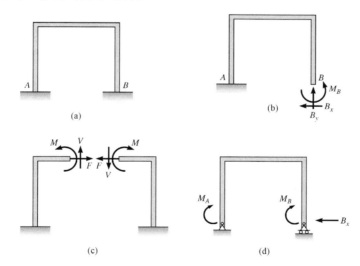

图 5.34　通过去掉支座得到一个静定结构来确定超静定次数
（a）端部固定的框架；（b）去掉 B 处的固定支座；（c）切开主梁；（d）用滚动支座消除 B 处的弯矩和水平约束，用铰支座消除 A 处的弯矩

作为第二个例子，我们将通过去掉内部约束和外部约束来确定图 5.35 （a）中框架的超静定次数。一种可行的方法是 ［见图 5.35 （b）］：我们可以通过完全地去掉 C 处的铰支座以消除两个约束，第三个外部约束（抵抗水平位移）可以通过把 B 点的铰支座改为滚动支座来去掉。现在我们已去掉了足够多的约束使结构成为一个外部静定的结构。如果我们现在切断梁 EF 和 ED，可去掉 6 个多余约束，则只剩一个几何不变的静定结构了。由

于一共去掉了 9 个多余约束，故该结构为九次超静定。图 5.36 所显示的结构的超静定次数是用同一种方法求得的，读者可以验算一下结果以检查自己对这一程序的理解程度。

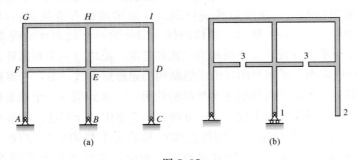

图 5.35

(a) 需计算的框架；(b) 去掉约束（数字表示为得到一个基本结构在该点需去掉的约束个数）

对于图 5.36 (f) 中的框架，一种确定其超静定次数的方法就是把图 5.35 (a) 中框架的 3 个铰支座 A、B 和 C 全部换成固定支座，经过这一修改，我们将得到一个除了内部的铰之外其余都与图 5.36 (f) 类似的框架，该框架的超静定次数由 9 次增为 12 次。现在图 5.36 (f) 中的多余的 8 个铰使得结构去掉了 8 个内部的弯矩约束，得到一个四次超静

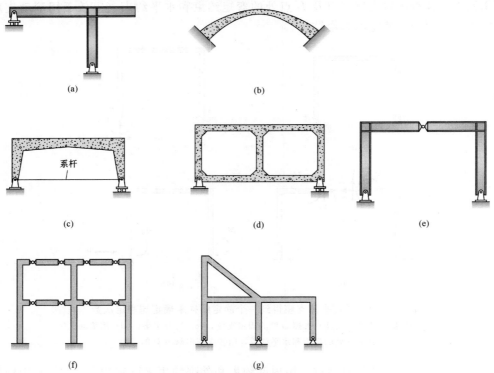

图 5.36　刚性框架分类

(a) 几何不变且静定，3 个反力，3 个静力方程；(b) 无铰拱，3 次超静定，6 个反力，3 个静立方程；

(c) 一次超静定，3 个反力和 1 个连杆中的未知力，3 个静力方程；(d) 六次超静定（内部）；

(e) 几何不变的静定结构，4 个反力，3 个静力方程和铰点处的 1 个条件方程；

(f) 四次超静定；(g) 六次超静定

定的稳定结构。

总 结

* 在我们对梁和框架的讨论中，我们认为杆件主要承受垂直于杆件纵轴线方向的力（或分力），这些力使杆件弯曲并在垂直于杆件纵轴线的截面上产生内力（剪力和弯矩）。
* 我们对作用于截面两边的任意一个隔离体上的所有力弯矩求和以得出截面上弯矩的值。力的弯矩可通过对过截面形心的水平轴线求矩得到。弯矩求和必须包括所有作用于隔离体上的反力。对于水平杆件，我们规定，当曲率为凹向上时，弯矩为正；当曲率为凹向下时，弯矩为负。
* 剪力是平行作用于梁的横截面上的力的合力，我们通过对平行于所求截面的力或力的分力求和可得出要求的剪力，横截面的任意一边都可用于求解。
* 我们按照步骤写出沿着杆件的轴线方向上所有截面的剪力和弯矩公式。这些公式在第 10 章计算实际工程中的梁和框架的挠度时将用到。
* 我们还建立了荷载、剪力和弯矩之间的 4 种关系。这些关系将便于剪力图和弯矩图的绘制：
 （1） 两点之间的剪力变化等于两点间荷载曲线下的面积。
 （2） 在一确定点处，剪力曲线的斜率等于对应的荷载曲线上该点的纵坐标。
 （3） 两点之间弯矩的变化 ΔM 等于两点间剪力曲线下的面积。
 （4） 在一确定点处，弯矩曲线的斜率等于对应的剪力曲线上该点的纵坐标。
* 我们还确定在梁的变形图中，反弯点（曲率由正变负）发生在弯矩值为零处。
* 我们还学会了用弯矩图提供必要的信息来画出梁和框架精确的弯曲形状图。设计者拥有画出精确的弯曲形状图的能力在第 9 章的弯矩–面积法中是必要的。弯矩–面积法是一种用于计算梁或框架上一指定点的斜率和挠度的方法。
* 最后，我们建立了确定一根梁或框架是静定还是超静定的方法，以及如果是超静定的，如何求超静定次数。

习题

P5.1　把点 B 和 C 之间的剪力和弯矩公式表示为图 P5.1 中沿梁轴线方向上的距离 x 的函数。分别以：（a） 点 A 为 x 的原点；（b） 点 D 为 x 的原点。

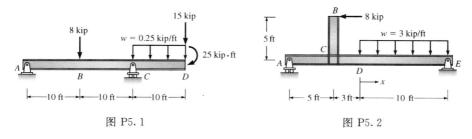

图 P5.1　　　　　　　　　　图 P5.2

P5.2　列出点 D 和 E 之间的剪力和弯矩公式，选择 D 为原点。

P5.3　列出点 A 和 B 之间的剪力和弯矩公式。选定 A 为原点，在梁的简图下方画出剪力图和弯矩图。A 处的摇杆等效为一滚动支座。

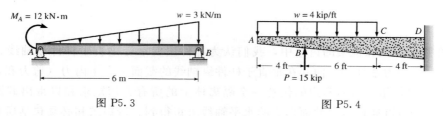

图 P5.3 图 P5.4

P5.4 列出点 B 和 C 之间的剪力 V 和弯矩 M 公式。选定 A 为原点，利用公式计算出 C 点的剪力 V 和弯矩 M。

P5.5 把点 B 和 C 之间的弯矩公式表示为图 P5.5 中沿梁轴线方向上的距离 x 的函数。分别以：（a）点 A 为 x 的原点；（b）点 B 为 x 的原点。

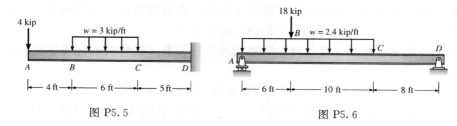

图 P5.5 图 P5.6

P5.6 列出沿图 P5.6 中梁的全长方向上的弯矩公式，以点 A 为原点，然后以点 D 为原点再计算一次，证实用两种公式得出的点 C 处的弯矩是一样的。

P5.7 分别利用图中的坐标原点，写出剪力和弯矩公式。利用以 D 为坐标原点时的公式，计算出 C 点的剪力和弯矩。

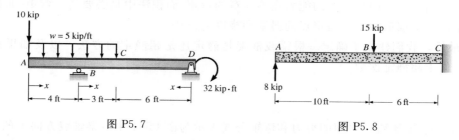

图 P5.7 图 P5.8

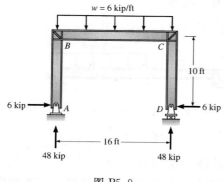

图 P5.9

P5.8 在图 P5.8 中的梁上，以点 A 为原点，根据沿梁轴线方向上的距离 x 列出剪力 V 和弯矩 M 的公式。

P5.9 列出图 P5.9 中的刚结框架中点 B 和 C 之间的弯矩公式。

P5.10 把图 P5.10 中框架的 AB 杆和 BC 杆的弯矩表示为沿杆件纵轴线方向上的距离的函数，原点已在图上标出。

P5.11 列出图 P5.11 中刚框架上点 B 和 C 之间的剪力和弯矩公式，选择点 C 为原点。

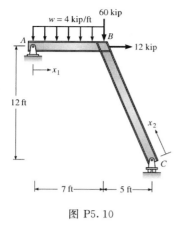

图 P5.10

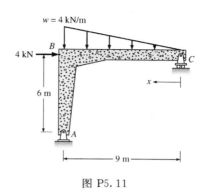

图 P5.11

P5.12　考虑图 P5.12 中所示梁。

（a）以 A 为原点，列出梁的剪力和弯矩公式。

（b）利用以上公式，计算截面 A 处的弯矩。

（c）确定 B、C 之间剪力为零的点的位置。

（d）计算 B、C 之间的最大弯矩。

（e）以 C 为原点，列出剪力和弯矩公式。

（f）计算截面 A 处的弯矩。

（g）确定最大弯矩截面的位置并计算 $M_{\max}$。

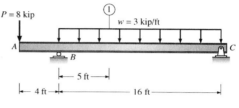

图 P5.12

（h）以 B 为原点，列出 B、C 之间的剪力和弯矩公式。

（i）计算截面 A 处的弯矩。

P5.13～P5.19　画出每一根梁的剪力图和弯矩图，标上最大剪力和最大弯矩的值，确定反弯点的位置，并画出精确的弯曲变形图。

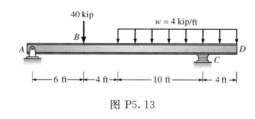

图 P5.13

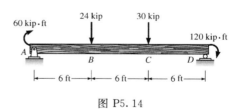

图 P5.14

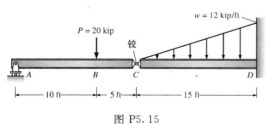

图 P5.15

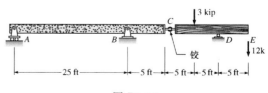

图 P5.16

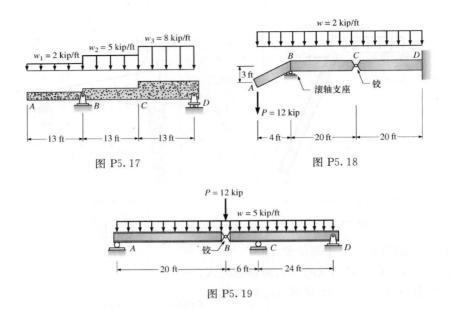

图 P5.17　　　　　　　　　　　图 P5.18

图 P5.19

P5.20　画出主梁 *BCDE* 的剪力图和弯矩图，并画出变形图。支座 *E* 视为滚动支座，节点 *A*、*D*、*E* 和 *F* 处的连接视为无摩擦铰。

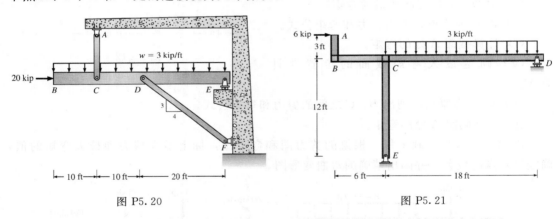

图 P5.20　　　　　　　　　　　图 P5.21

P5.21　画出图 P5.21 中的框架每根杆件的剪力图和弯矩图，并画出变形图。

P5.22　画出图 P5.22 中的框架每根杆件的剪力图和弯矩图，并画出变形图。

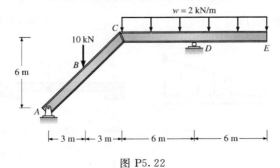

图 P5.22

P5.23 画出图 P5.23 中的框架每根杆件的剪力图和弯矩图。画出铰 B 和铰 C 处的变形图。

P5.24 画出图 P5.24 中梁的每根杆件的剪力图和弯矩图。画出变形图。

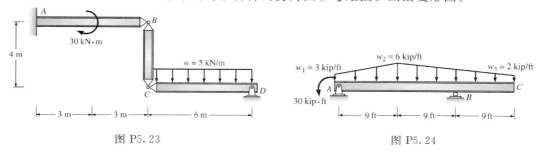

图 P5.23   图 P5.24

P5.25 画出图 P5.25 中框架的每根杆件的剪力图和弯矩图。画出变形图。

P5.26 画出图 P5.26 中框架的每根杆件的剪力图和弯矩图。画出变形图。

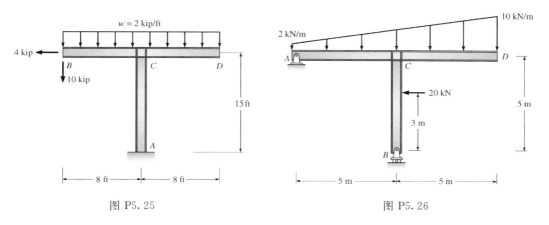

图 P5.25   图 P5.26

P5.27 画出图 P5.27 中框架的每根杆件的剪力图和弯矩图。画出变形图。

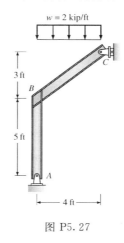

图 P5.27

P5.28 画出图 P5.28 中梁的每根杆件的剪力图和弯矩图。画出变形图。B 处的连接相当于一个铰。

P5.29 画出图 P5.29 中梁的每根杆件的剪力图和弯矩图。画出变形图。

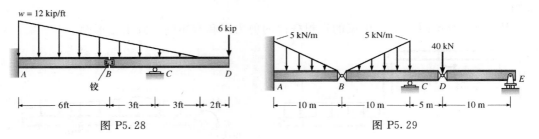

图 P5.28   图 P5.29

P5.30 画出图 P5.30 中梁的剪力图和弯矩图。画出变形图。

P5.31 画出图 P5.31 中超静定梁的剪力图和弯矩图。支座 A 的支座反力已经在图中给出，画出变形图。

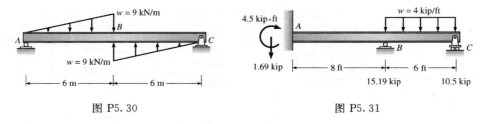

图 P5.30   图 P5.31

P5.32 画出图 P5.32 中梁的剪力图和弯矩图。画出变形图。

P5.33 画出图 P5.33 中梁的剪力图和弯矩图。支座 B 点的支座反力已给出，确定所有零剪力点和零弯矩点的位置，画出变形图。

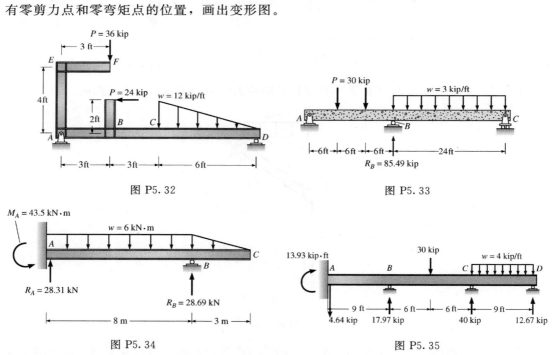

图 P5.32   图 P5.33

图 P5.34   图 P5.35

P5.34、P5.35 画出以下各超静定梁的剪力图和弯矩图。支座反力已给出。确定剪力最大值和弯矩最大值，并找出它们的位置。画出变形图。

P5.36、P5.37 画出剪力图和弯矩图，并画出变形图。

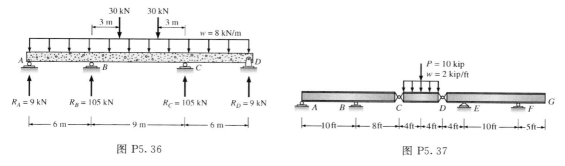

图 P5.36   图 P5.37

P5.38 （a）画出图 P5.38 中框架的剪力图和弯矩图，并画出变形图；（b）列出柱 AB 的剪力公式和弯矩公式，以 A 为原点；（c）列出主梁 BC 的剪力公式和弯矩公式，以节点 B 为原点。

P5.39 画出图 P5.39 中框架的每根杆件的剪力图和弯矩图，并画出变形图。

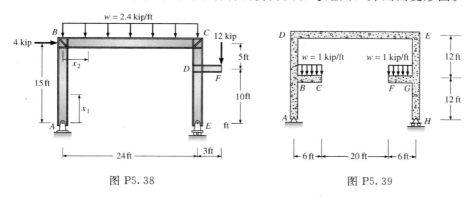

图 P5.38   图 P5.39

P5.40 画出图 P5.40 中框架每根杆件的剪力图和弯矩图，并画出变形图。节点 B 和 D 都是刚性的。

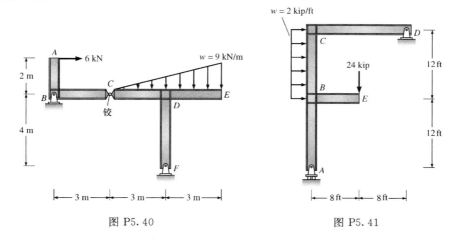

图 P5.40   图 P5.41

P5.41 画出图 P5.41 中框架的每根杆件的剪力图和弯矩图，并画出框架的变形图。节点 B 和 C 都是刚性的。

P5.42 画出图 P5.42 中框架的每根杆件的剪力图和弯矩图，并画出变形图。把 C 处的剪切板连接当作一个铰。

P5.43 画出框架的每根杆件的剪力图和弯矩图，并画出框架的变形图。节点 B 和 C 都是刚性的。

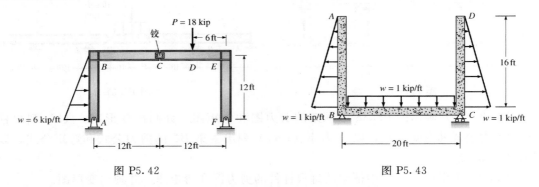

图 P5.42   图 P5.43

P5.44 画出图 P5.44 中柱的剪力图和弯矩图，并画出框架的变形图。荷载 P 的大小为 55kip，作用点偏离柱中心 10in。

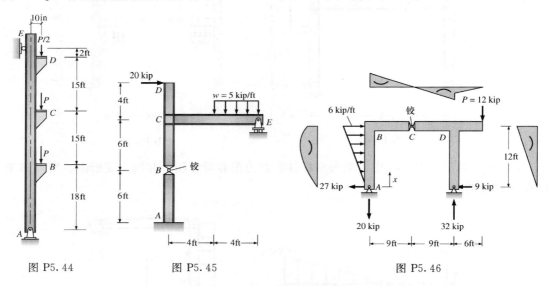

图 P5.44   图 P5.45   图 P5.46

P5.45 对于图 P5.45 中的框架，画出所有杆件的剪力图和弯矩图，然后画出框架的变形图。在节点 C 的隔离体图上标出所有作用力。

P5.46 （a）准确地画出图 P5.46 中框架的变形图，支座反力和弯矩图已给出，曲率也已标明。节点 B 和 D 都是刚性的。C 点处为铰。（b）以 A 为原点，根据外荷载和距离 x 列出杆件 AB 的剪力公式和弯矩公式。

P5.47 画出图 P5.47 中的框架所有杆件的剪力图和弯矩图，并画出变形图。

P5.48 图 P5.48 中空心截面结构梁 $ABCD$ 由滚动支座 D 和 BE、CE 两根链杆固定。

计算出所有的支座反力，画出梁的剪力图和弯矩图，并画出结构的变形图。

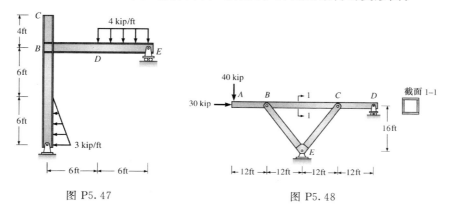

图 P5.47　　　　　　　　　　　图 P5.48

实际应用

P5.49　图 P5.49 所示的联合基础可被当作一根较窄的钢筋混凝土梁来设计。基础要符合一定的比例，这样柱子荷载的合力才能通过基础的形心，以产生作用于地基底部的均布土压力。画出沿基础纵轴线方向的剪力图和弯矩图。基础的宽度由允许地基压力控制，不影响分析。

P5.50　图 P5.50 所示的联合基础上作用两个集中荷载，产生了梯形分布的土压力。画出剪力图和弯矩图，标出所用图的纵坐标，并画出变形图。

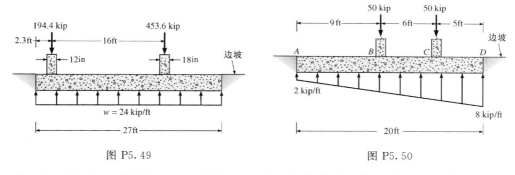

图 P5.49　　　　　　　　　　　图 P5.50

P5.51、P5.52　将图 P5.51 和图 P5.52 中的结构分类，指出哪些是几何不变的，哪些是几何可变的。如果是几何不变的，指出是静定的还是超静定的；若为超静定，确定超静定次数。

P5.53　图 P5.53 所示为一典型的仓库楼板的角板，它由支承于钢梁上的 10in 厚的钢筋混凝土板构成，板重为 $125\text{lb}/\text{ft}^2$，板上的涂层重量估计为 $5\text{lb}/\text{ft}^2$。外梁 B_1 和 B_2 支承了高度为 14ft 的砖墙，砖墙由轻质、中空的混凝土块砌成，重量为 $38\text{lb}/\text{ft}^2$。我们假定每根梁分配到的板重由图 P5.53 中的虚线包含的面积给出。另外，梁的自重加上梁上的防火涂层的重量加在一起被估计为 $80\text{lb}/\text{ft}$。画出在所有恒载作用下，梁 B_1 和 B_2 的剪力图和弯矩图。

P5.54　连续梁的计算机分析。图 P5.54 中的连续梁是由宽翼缘工字钢 $W18\times106$ 构成，其 $A=31.1\text{in}^2$，$I=1910\text{in}^4$。计算支座反力，画出剪力图和弯矩图，并画出变形图。

估计误差。梁的自重忽略不计。$E = 29000\text{ksi}$。

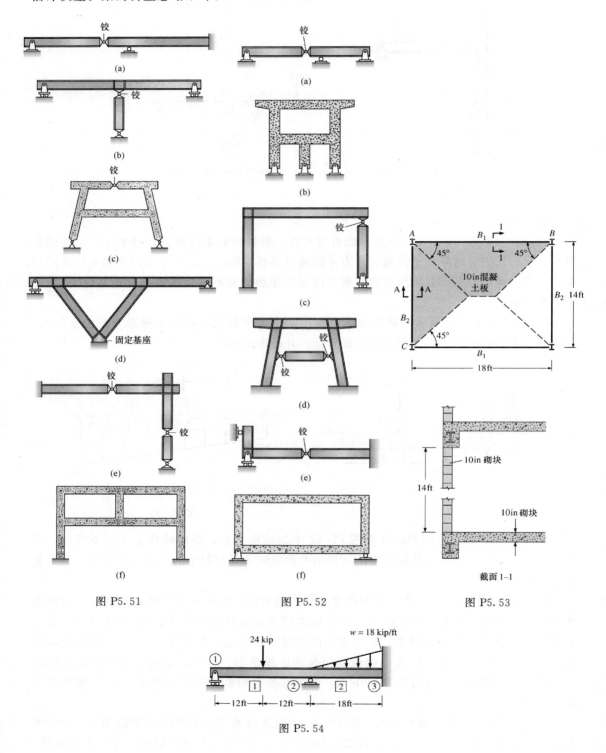

图 P5.51

图 P5.52

图 P5.53

图 P5.54

P5.55　计算机分析。图 P5.55（a）中的超静定刚性框架的柱子和梁是由宽翼缘工字钢 W18×130 构成，其 $A=38.2\text{in}^2$，$I=2460\text{in}^4$。框架受竖直向下的 4kip/ft 均布荷载和侧向 6kip 的风荷载；取 $E=29000\text{kip/in}^2$。4kip/ft 的均布荷载包含了梁的自重。

（a）使用计算机程序，计算支座反力，画出变形图，并画出梁和柱的剪力图和弯矩图。

（b）为了防止屋顶成为积水库❶，梁应做一个拱起，拱起的高度等于在均布荷载作用下梁跨中的挠度。确定该拱起的高度［见图 P5.55（b）］。

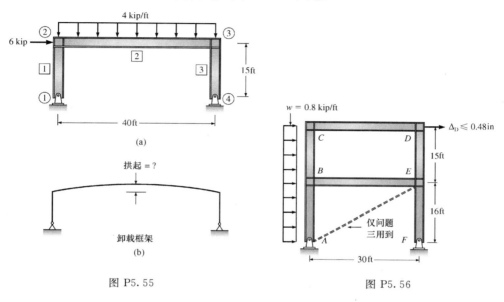

图 P5.55　　　　　　　　　　　图 P5.56

P5.56　计算机研究风荷载作用下的建筑框架。

问题一：图 P5.56 中刚建筑框架中的柱和梁是详细的根据建筑法规设计的，最初是为了竖向荷载。横梁与柱的节点为刚节点。作为设计的一部分，在 0.8kip/ft 的风荷载作用下，建筑框架必须检查其侧向挠度，保证其侧向位移不会损害结构框架的外墙。建筑法规规定屋顶最大的侧向位移不能超过 0.48in，问该建筑框架是否有足够的刚度来满足这个要求，保证外墙不被损坏？

问题二：如果将柱子与基础的连接用固定支座代替固定铰支座，节点 D 的侧向位移会减少多少？

问题三：如果在支座 A 与节点 E 之间增加一根铰接的 2in×2in 正方形截面的斜支撑，确定节点 D 的侧向位移。假定节点 A 和节点 E 为固定铰支座。

柱取 $I=640\text{in}^4$，$A=17.9\text{in}^2$；梁取 $I=800\text{in}^4$，$A=11.8\text{in}^2$；斜杆取 $A=4\text{in}^2$。取 $E=29000\text{ksi}$。

---

❶　积水库是指当屋顶排水系统不能迅速将雨水排走或发生堵塞时，屋顶上形成的池塘。这种状况下可能导致结构倒塌。为了防止形成积水库，梁可以向上做一个拱起，便可以让雨水不能聚集在屋顶的中心区域上。见图 P5.55（b）。

位于美国南卡罗来纳州查尔斯顿的库珀河大桥

新库珀河大桥是斜拉桥，主跨长1546ft。竣工于2006年，该桥提供了一个长1000ft的航道，最小垂直净空为186ft。塔墩由菱形混凝土制成，高574ft，为防止船舶的碰撞，塔基周围均由岩石岛屿保护。

第**6**章

索

本章目标

- 了解索的特点与应用。由于索是柔软的，只能承受拉力，不能承受压力和弯矩。
- 分析确定的索结构，通过两种方法，即通过静力平衡方程和一般索定理，计算支撑的反应，以及确定在沿其长度方向上各段特定点的索力。
- 根据索在自身重力作用下产生的有效变形，计算索在竖直荷载下产生的拱形状。

6.1 引言

正如 1.5 节中讨论的，由高强钢丝组成的索十分柔软，但是抗拉强度是其他结构钢的4～5 倍。因为强重比很大，设计师利用索建造大跨结构，包括悬索桥、大型屋盖、会议大厅的屋盖。为了有效地利用索结构，设计师必须解决两个问题：

（1）在随着时间或方向变化的活荷载作用下，设法避免索发生大位移和振动。

（2）承受巨大拉力的索需要有合适的锚固方式。

为有效地利用索的高强性能，将负面性能降低到最小，相对于普通梁柱结构，设计师必须发挥的创造性和想象力的要求更高。例如，图 6.1 所示的是屋盖的示意图，该屋盖由索、中心受拉环、外部受压环构成。中心小环在索反力作用下对称受力，主要处于直接应力状态，而外环承受大部分的轴向压力。通过设计由直接应力状态的构件组成的自我平衡体系，设计师可以创造简易的承受重力荷载的

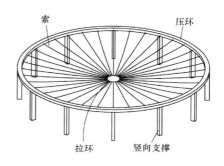

图 6.1 三种构件组成索承屋盖：索、中心拉环、外部压环

结构形式，只需要沿周边设置的竖向支承，包括纽约麦迪逊花园广场在内的大部分体育场都采用这种类型的索体系做屋盖。

照片 6.1　杜勒斯机场的候机楼。屋盖支承在钢索网上，这些
钢索横跨在大型倾斜的钢筋混凝土塔门上

在典型的索结构分析中，设计师确定端承的位置、作用的荷载值、索轴的另一点高度［下垂点通常在跨中，见图 6.2（a）］。基于这些参数，设计师应用索理论计算端部反力、索中每点的内力、沿着索轴的每点的位移。

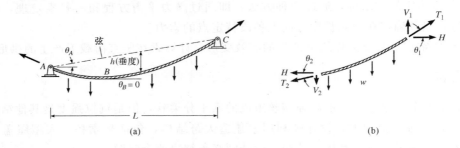

图 6.2　竖向荷载作用下的索
（a）斜弦索——弦与索之间的竖向距离 h 称作垂度；（b）承受竖向荷载的一段索隔离体，尽管索的
合力 T 随着索的角度变化，但 $\sum F_x = 0$，使得 T 的水平部分 H 对于每个断面都是常量

6.2　索的性质

索是一组高强钢丝拧成的一股绳，它的极限抗拉强度约为 270kip/in^2（1862MPa）。扭转使每根钢丝都成螺旋状。

在生产过程中拉拔穿过拉丝模的钢丝，提高了钢材的屈服点，同时也降低了它的塑性。与具有普通屈服点［即 36kip/in^2（248MPa）］的结构钢材的 $30\% \sim 40\%$ 极限延长量相比，钢丝能承受 $7\% \sim 8\%$ 的极限延长量。与结构钢的弹性系数 29000kip/in^2（200GPa）相比，钢索的弹性系数约为 26000kip/in^2（179GPa）。钢索的系数较低是因为在荷载作用下成螺旋状的钢丝会被拉直。

由于索只能承受直接应力，每个截面上的合成轴力 T 必须切向作用在索的纵轴上 [见图 6.2（b）]。因为索不具有抗弯刚度，在设计索结构时，设计师必须严格保证活荷载作用下不会导致过大的变形或振动。在早期的例子中，许多斜拉桥和屋盖发生了很大的风致位移（摆动），最终导致结构失效。1940 年 11 月 7 日发生的塔科马海峡大桥的完全破坏是最典型的大型索承结构事故之一。该大桥的跨度为 5939ft（1810m），横跨在华盛顿州塔科马市附近的皮吉特湾上，在桥面体系破坏掉进水中之前振动产生的最大竖向位移幅值达到 28ft（8.53m）（见照片 2.1）。

照片 6.2　坦帕海湾的索拉桥

6.3　索内力的变化

如果索只承受竖向荷载，索拉力 T 的水平部分 H 沿着索轴的每一个截面都是常量。通过建立一段索隔离体 [见图 6.2（b）] 的平衡方程 $\sum F_x = 0$ 可以证明这个结论。假定索的拉力以水平部分的力 H 和索的倾角 θ 来表示：

$$T = \frac{H}{\cos\theta} \tag{6.1}$$

在索体水平的那一点 [例，见图 6.2（a）中的 B 点]，θ 等于 0。因为 $\cos\theta = 1$，式（6.1）表明 $T = H$。T 的最大值通常发生在支座处，该处的索的倾角最大。

6.4　重力（竖向）荷载作用下的索分析

重量可以忽略的索在一组集中力作用下，索的形状将变成一系列直线段 [见图 6.3（a）]，这种最终的形状称作索多边形。图 6.3（b）显示的是作用在索微元 B 点处的力。因为这段索处于平衡状态，索内力与外作用力构成的矢量图形成了闭合的力多边形 [见图 6.3（c）]。

竖向荷载作用下的索 [例如，见图 6.3（a）] 是静定结构。可通过建立 4 个平衡方程计算支座提供的 4 个反力。这些方程包括索的隔离体的 3 个静力平衡方程和一个条件方程，$\sum M_z=0$。因为在索的每个截面上的弯矩都是 0，一旦索的垂度（索弦与索的竖向距离）已知，这个条件方程可以在任何一个截面上建立。通常设计师要将垂度设定为最大来保证所需的净空和设计的经济性。

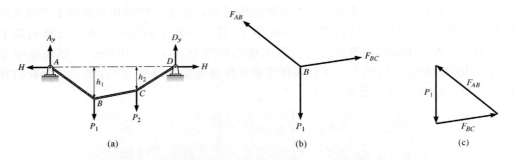

图 6.3 矢量图

(a) 承受两个竖向荷载的索；(b) 作用在索微元 B 点处的荷载；(c) 分图 (b) 中矢量的力多边形

为了阐述支座反力和沿着索轴的各点内力的计算，我们将分析图 6.4（a）中的索。索在荷载 12kip 作用点处的垂度设为 6ft。在这个分析过程中我们假定索的自重非常小（相对于作用的荷载），可以忽略掉。

第一步：通过对作用在支座 A 处的弯矩求和计算 D_y

$$\circlearrowright^+ \quad \sum M_A=0$$
$$12\times30+6\times70-D_y\times100=0$$
$$D_y=7.8\text{kip} \tag{6.2}$$

第二步：计算 A_y

$$\uparrow^+ \sum F_y=0$$
$$0=A_y-12-6+7.8$$
$$A_y=10.2\text{kip} \tag{6.3}$$

第三步：B 点［图 6.4（b）］弯矩求和计算 H

$$\sum M_B=0$$
$$0=A_y\times30-Hh_B$$
$$h_BH=10.2\times30 \tag{6.4}$$
$$\text{设定 } h_B=6\text{ft}$$
$$H=51\text{kip}$$

得到 H 后，通过考虑 C 点右边的一段索隔离体［图 6.4（c）］，我们可以确定 C 点的垂度。

第四步：

$$\circlearrowright^+ \sum M_C=0$$
$$-D_y\times30+Hh_c=0$$
$$h_c=\frac{30D_y}{H}=\frac{30\times7.8}{51}=4.6\text{(ft)} \tag{6.5}$$

为计算这三段索的内力，我们给出 θ_A、θ_B、θ_C，并运用式（6.1）。

计算 T_{AB}

$$\tan\theta_A = \frac{6}{30} \quad \theta_A = 11.31°$$

$$T_{AB} = \frac{H}{\cos\theta_A} = \frac{51}{0.981} = 51.98(\text{kip})$$

计算 T_{BC}

$$\tan\theta_B = \frac{6-4.6}{40} = 0.035 \quad \theta_B = 2°$$

$$T_{BC} = \frac{H}{\cos\theta_B} = \frac{51}{0.991} = 51.03(\text{kip})$$

计算 T_{CD}

$$\tan\theta_C = \frac{4.6}{30} = 0.513 \quad \theta_C = 8.7°$$

$$T_{CD} = \frac{H}{\cos\theta_C} = \frac{51}{0.988} = 51.62(\text{kip})$$

因为图 6.4（a）中各段索体的倾角相对较小，上述计算结果表明索拉力的水平部分 H 值与总拉力 T 值之间的差别很小。

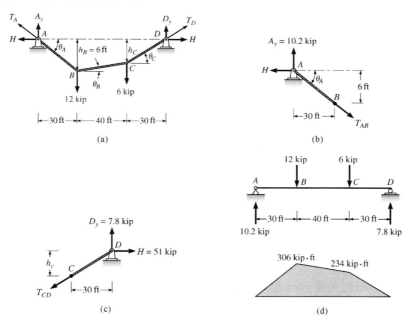

图 6.4

（a）对悬索施加竖向荷载，B 点的垂度为 6ft；（b）B 截面左半部分受力图；

（c）C 截面右半部分受力图；（d）等效简支梁的荷载图以及弯矩图

6.5 广义索定理

当我们得到图 6.4（a）中索分析的计算结果时，你可能发现某些计算与分析简支梁类似，只要简支梁具有与索相同的跨度，承受相同的荷载。例如在图 6.4（d）中我们把索的荷载作用在相同跨度的梁上。若我们对支座 A 点的弯矩求和，计算右支座的竖向反力 D_y，弯矩等式与先前计算索的右支座的反力的式（6.2）是一样的。另外，你会注意到索的形状与图 6.4 中的梁弯矩图是一样的。通过索和承受相同索荷载的简支梁的计算比较，可以得到下面的广义索定理：

如果梁的跨度与索的跨度相同，在竖向荷载作用下，索的任何一点处垂度 h 与索拉力的水平分量 H 的乘积等于相同位置承受相同荷载的简支梁在同样位置的弯矩。

上述的关系可以通过下式描述：

$$Hh_z = M_z \qquad (6.6)$$

式中　H——索拉力的水平分量；

　　　h_z——计算 M_z 的 z 点处索垂度；

　　　M_z——承受相同索荷载的简支梁在 z 点处的弯矩。

由于 H 在每个截面上是个常量，式（6.6）表明索的垂度与弯矩曲线的纵坐标成比例。

为了验证式（6.6）给出的广义索定理，将证明索轴上任一点 z 处，索轴向力的水平分量 H 与索的垂度 h_z 的乘积等于承受相同索荷载的简支梁在相同位置的弯矩（见图 6.5）。假定索的端部支座处于不同的高度。两个支座的竖向距离可以由索弦的倾角 α 及索的跨度 L 表示：

$$y = L\tan\alpha \qquad (6.7)$$

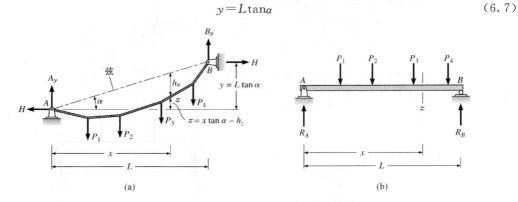

图 6.5

在索的正下方给出的是承受相同荷载的简支梁。两个构件的荷载位置相同。在梁和索距离左支座 x 处选取任一截面，验证式（6.6）。

首先以竖向荷载和 H 表示支座 A 处索的竖向反力［图 6.5（a）］。

$$\circlearrowright^{+} \qquad \sum M_B = 0$$

$$0 = A_y L - \sum m_B + HL\tan\alpha \qquad (6.8)$$

式中　$\sum m_B$——作用在索上的竖向荷载（$P_1 \sim P_4$）在支座 B 处的弯矩求和。

在式（6.8）中力 A_y 与 H 是未知的。我们考虑 z 点左边的隔离体，通过对 z 点的弯矩求和得到关于未知量 A_y 与 H 的第二个方程。

$$\circlearrowright^{+} \qquad \sum M_z = 0$$

$$0 = A_y x + H(x\tan\alpha - h_z) - \sum m_z \tag{6.9}$$

式中　$\sum m_z$ ——索隔离体 z 点左边的荷载对 z 点的弯矩。

解式（6.8）得到 A_y

$$A_y = \frac{\sum m - HL\tan\alpha}{L} \tag{6.10}$$

将式（6.10）中的 A_y 代入式（6.9）中简化得到

$$Hh_z = \frac{x}{L}\sum m_B - \sum m_z \tag{6.11}$$

接下来我们计算梁在 z 点处的弯矩 M_z［见图 6.5（b）］：

$$M_z = R_A X - \sum m_z \tag{6.12}$$

为得到式（6.12）中的 R_A 值，我们对所有力在 B 支座处产生的弯矩求和。因为梁与索承受的荷载是一样的，两个结构的跨度也一样，所以外加力（$P_1 \sim P_4$）在 B 处产生的弯矩也等于 $\sum m_B$。

$$\circlearrowright^+ \quad \sum M_B = 0$$
$$0 = R_A L - \sum m_B$$
$$R_A = \frac{\sum m_B}{L} \tag{6.13}$$

将式（6.13）中的 R_A 值代入式（2.12）得到

$$M_z = x\frac{\sum m_B}{L} - \sum m_z \tag{6.14}$$

因为式（6.11）与式（6.14）的右边是一样的，所以左边也应相等，$Hh_z = M_z$，这样就验证了式（6.6）。

6.6　建造索状拱

当沿着拱轴的每个截面都处于直接应力状态时，建造拱所需的材料量最少。拱在一组荷载作用下，如果断面都处于直接应力状态，该拱称作索拱。将拱所承受的荷载作用到索上面，设计师可以自动得到荷载产生的索变形。将索的形状上下颠倒，则可以得到索状拱。因为恒荷载往往要比活荷载大很多，所以设计师可以利用它们得到索的形状（见图6.6）。

【例 6.1】　现在我们分别采用静力平衡方程和广义索定理来确定跨中荷载为 120kip 时所产生的支座反力（见图 6.7）。索的自重忽略不计。

解：

（a）由于索的支座不在同一高度，我们必须建立两个平衡方程来求解支座 C 处的未知反力。首先考虑图 6.7（a）。

$$\circlearrowright^+ \quad \sum M_A = 0$$
$$0 = 120 \times 50 + 5H - 100C_y \tag{1}$$

接下来考虑图 6.7（b）

$$\circlearrowright^+ \quad \sum M_B = 0$$
$$0 = 10.5H - 50C_y$$

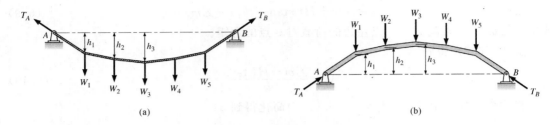

图 6.6 索状拱的建立

（a）拱承受的荷载作用到索上，跨中的垂度 h_3 与拱的跨中高度相等；

（b）处于直接应力状态的拱（根据索的形状得到）

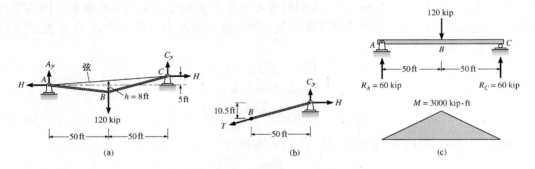

图 6.7

（a）跨中有竖向荷载的索；（b）B 点右端的隔离体；（c）与索等跨的简支梁。梁承受索的荷载

$$H=\frac{50}{10.5}C_y \qquad (2)$$

将式（2）中的 H 值代入式（1）：

$$0=6000+5\times\frac{50}{10.5}C_y-100C_y$$

$$C_y=78.757\text{kip}$$

再将 C_y 值代入式（2）得

$$H=\frac{50}{10.5}\times78.757=375(\text{kip})$$

（b）运用广义索定理，在跨中处使用式（6.6），此处索的垂度 $h_z=8\text{ft}$，$M_z=3000\text{kip}\cdot\text{ft}$ ［见图 6.7（c）］。

$$Hh_z=M_z$$

$$8H=3000$$

$$H=375\text{kip}$$

确定 H 后，对图 6.7（a）中的 A 点弯矩求和，计算得到 $C_y=78.757\text{kip}$。

注：尽管图 6.7（a）中索与图 6.7（c）中梁的支座反力不同，但是最终结果还是一样。

【例 6.2】　一索承屋盖承受均布荷载 $w=0.6\text{kip/ft}$ ［见图 6.8（a）］。设索在跨中的垂

度为 10ft，求 B 点与 D 点之间和 A 点与 B 点之间索的最大拉力。

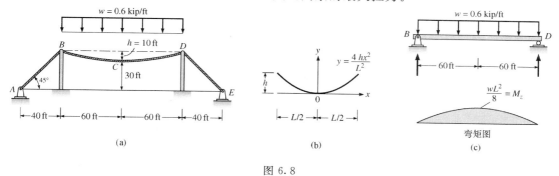

图 6.8

解：

（a）在跨中处运用式（6.6）分析 B 点与 D 点之间的索。计算简支梁在均布荷载作用下跨中的弯矩 M_z ［见图 6.8（c）］，因为弯矩曲线为抛物线，索在 B 点与 D 点之间的形状也为抛物线。

$$Hh = M_z = \frac{wL^2}{8}$$

$$H \times 10 = \frac{0.6 \times 120^2}{8}$$

$$H = 108\text{kip}$$

索在 BD 跨中的最大拉力发生在支座处，此处倾角最大。

为确定支座处的倾角，我们对索的变形方程 $y = 4hx^2/L^2$ 进行微分 ［见图 6.8（b）］。

$$\tan\theta = \frac{\mathrm{d}y}{\mathrm{d}x} = \frac{8hx}{L^2}$$

$x = 60\text{ft}$，$\tan\theta = 8 \times 10 \times 60/120^2$，$\theta = 18.43°$：

$$\cos\theta = 0.949$$

代入

$$T = \frac{H}{\cos\theta}$$

$$T = \frac{108}{0.949} = 113.8(\text{kip})$$

（b）若我们忽略掉 A 点与 B 点之间的索自重，索可以作为直线构件来处理。因为索的倾角 θ 为 45°。索的拉力为

$$T = \frac{H}{\cos\theta} = \frac{108}{0.707} = 152.76(\text{kip})$$

总结

• 由多股冷拉高强钢丝拧成的索的抗拉强度在 250～270kip 之间。索通常用来建造大跨结构，例如悬索桥和索拉桥，还用来建造需要无柱空间的大型场馆的屋盖（运动场和展览大厅）。

- 因为索很柔软，在移动荷载作用下索能产生很大的几何变形；所以设计师必须提供稳定构件避免索发生过度变形。索端的支座必须承受很大的反力。若没有岩床锚固悬索桥的索端，则需要大型的钢筋混凝土墩座。

- 因为索不具有抗弯刚度（柔软性），所以沿着索的每一个截面上的弯矩都为 0。

- 广义索定理可通过建立简单的等式来确定水平拉力 H 和索的垂度 h 与假想的等跨简支梁上产生的弯矩的联系：

$$Hh_z = M_z$$

式中　　H——索拉力的水平分量；

　　　　h_z——计算 M_z 的 z 点处垂度，垂度是索弦与索的竖向距离；

　　　　M_z——等跨且承受相同荷载的简支梁在 z 点处的弯矩。

- 当索用在悬索桥中时，桥面要有很大的刚度将汽车或卡车轮子的集中荷载传递到多重吊杆，使路面的变形最小。

- 在荷载作用下，索处于直接应力状态，通过上下颠倒索的形状即得到索状拱的外形。

习题

P6.1　求解图 P6.1 中支座的反力、B 点和 C 点的索垂度、索在各段张力的大小和索的总长。

P6.2　图 P6.2 中的索下部悬挂 4 个简支梁，简支梁下面有均布荷载 4kip/ft。（a）如果索的最大应力为 60kip/m^2，求解 $ABCDE$ 的最小截面。（b）确定 B 点的下垂高度。

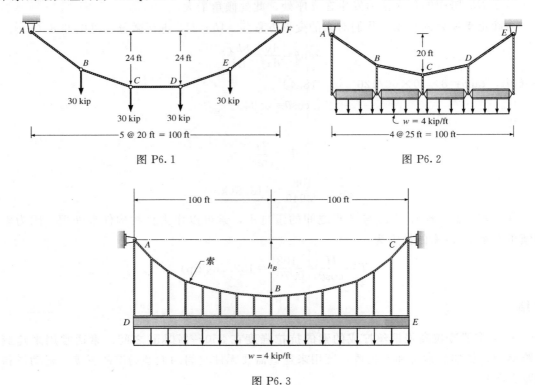

图 P6.1　　　　　　　　　　　　　　　　图 P6.2

图 P6.3

P6.3　在图 6.3 中，索下悬挂梁 DE，梁下面有均布荷载 $w=4\mathrm{kip/ft}$，支撑之间间隔不计，索的形状为光滑曲线，求解支座 A 和 C 的反力，如果索承受的极限荷载为 600kip，试求索在中间位置的下垂高度。

P6.4　(a) 确定图 P6.4 中支座 A 与 E 处的反力及索的最大拉力。(b) 计算索的 C 点与 D 点的垂度。

P6.5　计算图 P6.5 中主索的支座反力及其最大拉力。假定悬梁两端为铰支。

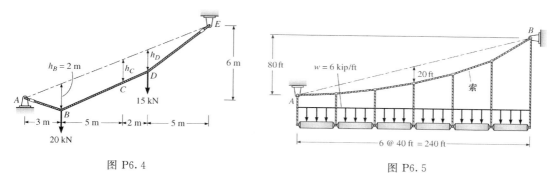

图 P6.4　　　　　　　　　　　　　　图 P6.5

P6.6　图 P6.6 中索承受 100kip 的荷载，求索的材料使用最少时所对应的 θ 值。索的容许应力是 $150\mathrm{kip/in^2}$。

P6.7　图 P6.7 中索的尺寸满足当主索受拉时在每根竖向索中产生 3kip 的拉力。求在支座 B 与 C 处必须施加多大的张拉力 T 才能拉紧该体系?

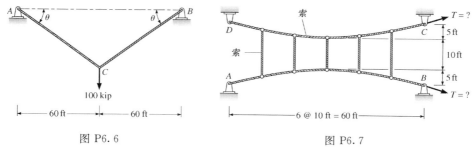

图 P6.6　　　　　　　　　　　　　　图 P6.7

P6.8　计算图 P6.8 中索的支座反力及其最大拉力。

P6.9　图 P6.9 中梁在均布荷载作用下下沉，梁下部添加索和立柱，使梁下沉减小。索张紧，直至立柱在梁中产生的弯矩与荷载产生的大小相等、方向相反。计算索和立柱的内力以及支座反力。

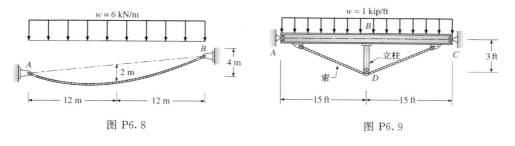

图 P6.8　　　　　　　　　　　　　　图 P6.9

P6.10 在图 P6.10 中，集中荷载 $P=60$kip 作用在梁 AE 的中点 C 上，梁下连有一根索和两个支撑。索的拉力和 P 单独作用下在梁内产生的弯矩大小相等、方向相反，试求：索的拉力，两支撑的轴力，梁 AE 的轴力以及支座反力。

P6.11 计算图 P6.11 中索的支座反力及其最大拉力。

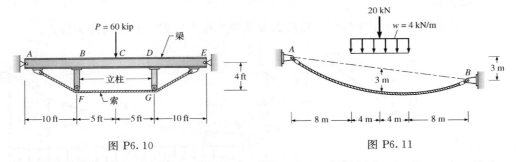

图 P6.10   图 P6.11

P6.12 如图 P6.12 索 $ABCD$，拉力作用在 E 端，刚性构件 DF 通过 D 点与索链接。计算 P 的大小，使得 B、C 两点距离 AD 竖直高度为 2m。F 点水平分力为 0。计算 F 的竖直分力。

P6.13 计算图 P6.13 支座反力和索中最大拉力，索中间 C 点下降 12ft，每个支撑可以为梁提供简单拉力。求解 B、D 的下降高度。

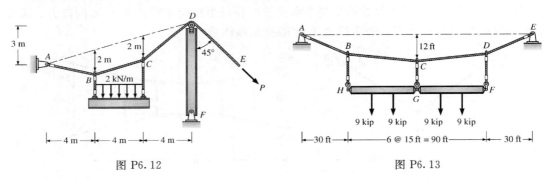

图 P6.12   图 P6.13

P6.14 索的 B、C 两点分别下降 3m、2m，如图 P6.14 所示，试求荷载位置以及 A、D 的支座反力。

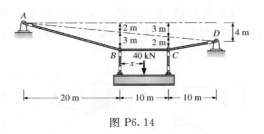

图 P6.14

实际应用

P6.15 图 P6.15 所示的是夏令剧场的索承屋盖，由 24 根从中心拉环横跨到外部压环的等间距索组成。拉环在压环下方 12ft。屋盖在其水平投影面积上的自重是 $25 lb/ft^2$。

若每根索的跨中垂度是 4ft，确定每根索作用到压环上的拉力。若容许应力为 100kip/in²，求每根索所需的截面及拉环的重量。

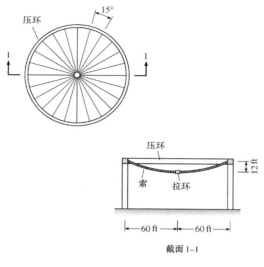

图 P6.15

P6.16   利用计算机研究斜拉桥。图 P6.16 为由混凝土的甲板和塔组成的双跨钢筋混凝土斜拉桥。桥的截面面积为 15ft²，转动惯量为 19ft⁴，梁的自重为 4kip/ft。此外，按最危险截面设计，活荷载设计值 0.6kip/ft。竖直塔位于中间位置，截面面积 24ft²，转动惯量为 128ft⁴。4 根索的截面面积均 13in²，有效弹性系数 26000kip/in²，连接点位于甲板的三等分点处。混凝土的弹性模量 5000kip/in²。假设索可以承担路面荷载。路面梁和塔铰接。

（a）求解在自重以及满载下，画出梁的弯矩图、轴力图、索的内力、梁的最大挠度。

（b）在自重以及左跨 ABCD 满载作用下，求解两跨的轴力和弯矩图、索的轴向力，绘制塔的弯矩和轴力图，以及索塔的横向挠度。

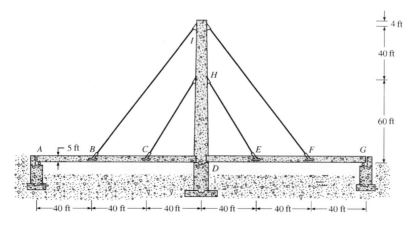

图 P6.16

比克斯比河大桥位于加利福尼亚州的大苏尔

20世纪上半叶，钢筋混凝土拱桥广泛采用优雅的开放式拱肩，在美国造就了许多著名的历史，包括比克斯比河大桥。比克斯比河大桥长714ft，主跨为320ft，高超过280ft。抗震加固，在1996年完成，不仅确保了大桥在强烈的地震晃动中保持稳定，也解决了在对生态敏感以及交通不便的峡谷进行改造建设中所面临的重要的美学和环境问题。

第 7 章

拱

本章目标
- 了解拱的特点、类型以及性质。
- 分析确定三铰拱和桁架拱。
- 利用拱的理论建立合理轴线，使得三绞拱只受压力，且重力最小。

7.1 引言

正如 1.5 节中讨论的，在荷载作用下，拱的每个截面上的内力几乎都是轴向压力，因此它能充分利用材料。在本章中我们将阐述对于给定的一组荷载，设计师如何建立拱的一种形状——索状——在这种形状中每个截面都处于直接压力状态（弯矩为 0）。

通常恒载是拱所承受的荷载中的主要部分。如果索的形状根据恒荷载的分布来确定，那么与恒荷载分布不同的活荷载将在每个截面上产生弯矩。但是对于大部分的拱，活载弯矩产生的弯曲应力与轴压应力（即每个截面都存在的净压应力）相比很小。因为拱能有效地利用材料，所以设计师通常采用拱作为主要结构构件用在大跨桥梁（400～1800ft）或具有大型无柱空间的建筑物中，例如用于机场吊架、运动场馆、或是会议大厅。

在这章中我们将阐述三铰拱的特点与分析方法。作为本章的一部分，我们将导出均布荷载下的索拱方程，利用广义索定理（6.5 节）得到任意一组集中荷载作用下的索拱。最后，我们运用结构优化原理确定集中荷载作用下三铰拱的最小重量。

7.2 拱的种类

拱通常根据其含有的铰的数目或基底建造方式来分类。图 7.1 给出了三种主要的类型：三铰拱、二铰拱、固端拱。三铰拱是静定结构，其他两种是超静定结构。三铰拱最容易分析和建造。因为它是静定结构，温度变化、支座沉降、制作误差等都不会产生应力。另外，它含有 3 个铰，比其他两个拱更具柔性。

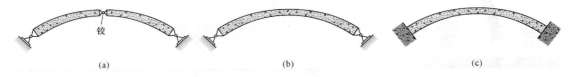

（a）　　　　　　　　　　　　　（b）　　　　　　　　　　　　　（c）

图 7.1　拱的种类

（a）三铰拱，静定而且稳定；（b）二铰拱，一次超静定；（c）固端拱，三次超静定

当拱座支承在岩石、大型砌块、较重的钢筋混凝土基础上时，固端拱通常采用砌体或混凝土来建造。超静定拱可以运用第 11 章的柔度方法或更加简单快速的计算机程序来分析。为了利用计算机计算沿拱轴任意点的内力与位移，设计师把这些点作为节点来处理，让它们能够自由变形。

在大跨的桥梁中，可采用两个主拱肋来支撑路面梁。路面梁既可以支承在拱的拉杆上［见图 1.9（a）］，也可以支承在由拱支承的柱子上（见照片 7.1）。因为拱肋基本上处于压应力状态，设计师必须要考虑屈曲的可能性——特别是当拱肋为细长构件时［见图 7.2（a）］。若拱由钢构件建造，可采用组合肋或箱形截面增加横截面的抗弯刚度，降低屈曲的可能性。在许多拱体中，常采用面板体系或抗风体系加强刚度抵抗侧向屈曲。在如图 7.2（b）中所示的桁架拱桥中，竖向构件与斜构件支撑拱肋来抵抗竖直面内的屈曲。

照片 7.1　瑞士维森附近的兰瓦沙峡谷铁路桥（1909）。砌块结构。主体拱是抛物线状，跨度 55m，
拱高 33m。因该铁路为单线，故桥比较窄。拱肋在顶部仅 4.8m，到支座处逐渐变为 6m

因为拱的外表美观，设计师通常采用低拱结构横跨公园内或公共场所的小河流或道路。存在岩石侧壁的地方，设计师通常利用筒拱建造短跨的公路桥（见图 7.3）。利用钢筋混凝土或精确铺设的砌块建造的筒拱，由一系列宽且浅的拱组成，它可支承厚重密实的填料，工程师则在这些填料上面布置路面板。填料的巨大重量可在筒拱中产生足够的压应力，这样能够平衡由任何重型交通工具产生的拉应力。尽管筒拱承受的荷载相当大，但因

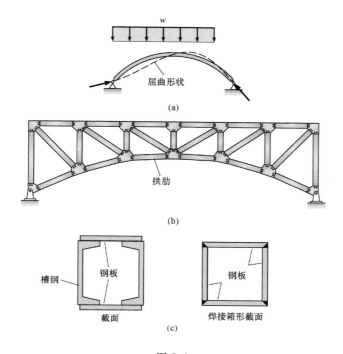

图 7.2

（a）无支撑拱的屈曲；（b）桁架拱，竖向构件与斜构件支撑拱肋抵抗竖向平面内的屈曲；
（c）用来建造拱肋的两种类型的组合钢横截面

为拱的横截面积也很大，这样在拱体上产生的直接应力通常很小——300～500psi。专家对一些建于 19 世纪中期费城的砌块筒拱桥做了研究，结果表明它们抵抗交通工具荷载的能力是 ASSHTO 卡车标准的 3～5 倍（见图 2.7），该卡车荷载是现行公路桥的设计标准。另外，由于融雪用的盐会腐蚀金属，许多 100 多年前建造的钢桥或钢筋混凝土桥现在都不能再使用了，但是许多由优质石块建造的拱却没有恶化。

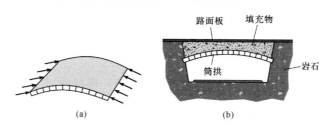

图 7.3

（a）类似曲板的筒拱；（b）筒拱支承密实的填料和路面板

7.3 三铰拱

为论证拱的某些性质，我们将阐述图 7.4 中随着铰接拱的杆倾角的改变，杆的内力是如何变化的。因为这些构件只承受轴向力，所以该形状的拱即为跨中承受集中荷载的索状拱。

由于对称，支座 A 与 C 处的竖向反力值相同，都等于 $P/2$。杆 AB 与 CB 的倾角用 θ 表示，我们可以用 P 和倾角 θ［见图 7.4（b）］表示杆的内力 F_{AB} 与 F_{CB}：

$$\sin\theta=\frac{P/2}{F_{AB}}=\frac{P/2}{F_{CB}}$$

$$F_{AB}=F_{CB}=\frac{P/2}{\sin\theta} \tag{7.1}$$

式（7.1）表明当 θ 从 $0°$ 增大至 $90°$ 时，每根杆的内力从无穷大减至 $P/2$。同时我们也发现当倾角 θ 增大时，杆的长度及所需的材料量也会增加。

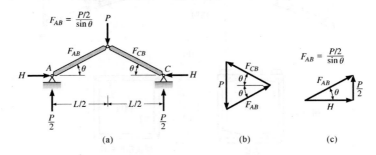

图 7.4

（a）受集中荷载作用的三铰拱；（b）B 处的力矢量图，$F_{CB}=F_{AB}$（对称）；（c）杆件 AB 的力及分力图

对于给定跨度 L，为了计算最经济的结构倾角，我们根据结构的几何尺寸和材料的受压强度来表示荷载 P 作用下的杆的体积 V：

$$V=2AL_B \tag{7.2}$$

式中 A——杆构件断面面积；

L_B——杆件长度。

为了用荷载 P 表示杆所需的面积，我们将式（7.1）给出的杆内力除以容许压应力 $\sigma_{容许}$：

$$A=\frac{P/2}{(\sin\theta)\sigma_{容许}} \tag{7.3}$$

同时也用 θ 和跨度 L 来表示杆长度 L_B：

$$L_B=\frac{L/2}{\cos\theta} \tag{7.4}$$

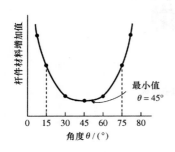

图 7.5 图 7.4（a）中材料体积随杆件倾角的变化

将由式（7.3）和式（7.4）得到的 A 与 L_B 代入式（7.2）中，进行简化并运用三角恒等式 $\sin2\theta=2\sin\theta\cos\theta$，计算得到：

$$V=\frac{PL}{2\sigma_{容许}\sin2\theta} \tag{7.5}$$

若将式（7.5）中的 V 作为 θ 的函数画成曲线（见图 7.5），我们发现材料用量最小时，角度 $\theta=45°$。图 7.5 同时也表明浅拱（$\theta\leqslant15°$）和深拱（$\theta\geqslant75°$）所需的材料相当多；另外，θ 在 $30°\sim60°$ 之间的这段平缓曲线表明相对该范围内的角度变化，杆件体积的变化不明显。所以设计师可以在这个范围内选择结构的倾角，而不会明显影响结构的重量与造价。

对于均布荷载作用下的拱，工程师同样也能确定结构材料的用量，使其处于对拱深变化不敏感的某个范围内。显然，非常浅或非常深的拱的造价远大于深度适中的拱。最后，在确定拱的形状过程中，设计师也要考虑场地条件、基础所需的承重材料的位置、工程的建筑要求与使用要求。

7.4 均布荷载作用下的索状拱

大多数拱所承受的作用在其跨度上的荷载都为均布或近似均布荷载。例如，桥的板面体系每单位长度上的重量通常为常量。为得到均布荷载作用下的索状拱——该形状使得沿拱轴上的所有点只产生直接应力——我们将考虑图 7.6（a）中的对称三铰拱。拱的高度（深度）用 h 表示。由于对称，支座 A 与 C 处的竖向反力都等于 $wL/2$（结构承受的总荷载的一半）。

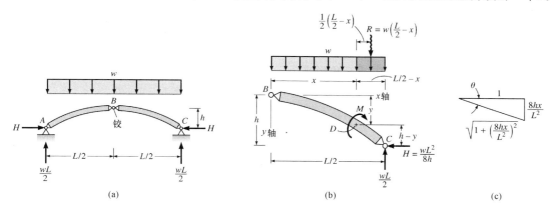

图 7.6 确定均布荷载作用下的索形

考虑图 7.6（b）中的中心铰右边的隔离体，拱座的水平推力可以利用荷载 w 和拱的几何尺寸来表示。通过对中心铰 B 点的弯矩求和，我们得到

$$\circlearrowright^{+} \quad \sum M_B = 0$$

$$0 = \left(\frac{wL}{2}\right)\frac{L}{4} - \left(\frac{wL}{2}\right)\frac{L}{2} + Hh$$

$$H = \frac{wL^2}{8h} \tag{7.6}$$

为了确定拱轴方程，我们建立了直角坐标系，原点位于拱的 B 点。纵轴 y 的正方向竖直向下。这样我们可通过 D 点（D 点在拱轴上）与铰点 C 之间的隔离体确定任意截面的弯矩 M。

$$\circlearrowright^{+} \quad \sum M_D = 0$$

$$0 = \left(\frac{L}{2} - x\right)^2 \frac{w}{2} - \frac{wL}{2}\left(\frac{L}{2} - x\right) + H(h - y) + M$$

解得 M

$$M = \frac{wL^2}{8h} - \frac{wx^2}{2} \tag{7.7}$$

若拱轴线满足索的形状，则任意截面的弯矩 $M=0$。将 M 的值代入式（7.7）中，解得 y，建

立 y 与 x 的下列数学关系：

$$y = \frac{4h}{L^2}x^2 \tag{7.8}$$

式（7.8）表示一抛物线方程。这样即使图 7.6 中的抛物线拱是固端拱——假定拱轴变形在几何上没有明显的改变——所有截面上仍将只产生直接应力，因为对于均布荷载，索状拱只有一种。

考虑水平方向的方程，我们可知拱的任何截面上的水平推力都等于支座水平反力 H。对于均布荷载作用下的抛物线拱，距离原点 B［见图 7.6（b）］x 处的拱轴总推力 T 用该截面的倾角 θ 与 H 表示为

$$T = \frac{H}{\cos\theta} \tag{7.9}$$

为计算 $\cos\theta$，我们首先将式（7.8）对 x 求微分得到

$$\tan\theta = \frac{\mathrm{d}y}{\mathrm{d}x} = \frac{8hx}{L^2} \tag{7.10}$$

θ 角的正切可由图 7.6（c）中的三角形来表示。在这个三角形中我们可以通过 $r^2 = x^2 + y^2$ 计算三角形斜边 r：

$$r = \sqrt{1 + \left(\frac{8hx}{L^2}\right)^2} \tag{7.11}$$

根据图 7.6（c）中的三角形各边与余弦函数之间的关系，我们可以得到

$$\cos\theta = \frac{1}{\sqrt{1 + \left(\frac{8hx}{L^2}\right)^2}} \tag{7.12}$$

将式（7.12）代入式（7.9）得到

$$T = H\sqrt{1 + \left(\frac{8hx}{L^2}\right)^2} \tag{7.13}$$

式（7.13）表明推力最大值发生在支座处，此时 x 达到它的最大值 $L/2$。如果拱的 w 或跨度很大，设计师会改变（变小）断面面积，使之与推力 T 值成正比例，这样可以保证每个断面上的应力为常量。

例 7.1 将阐述三铰拱在一组与其索形相符的荷载作用下和在一集中荷载作用下的分析方法。例 7.2 将阐述如何运用索理论确定例 7.1 中那一组荷载作用下的索状拱。

【例 7.1】　拱下弦的几何形状是拱在荷载荷作用下的形状。分析图 7.7（a）中的三铰桁架拱，恒载作用在上弦杆。KJ 构件不传递轴力，它作为简支梁取代桁架中的构件。假定节点 D 为铰点。

解：

因为拱与所承受的荷载对称，支座 A 与 G 的反力都等于 180kip（作用荷载的一半）。计算支座 G 的水平反力。

考虑铰点 D 右侧的拱隔离体［见图 7.7（a）］，对 D 点的弯矩求和。

$$\circlearrowright^+ \quad \sum M_D = 0$$
$$0 = 60 \times 30 + 60 \times 60 + 30 \times 90 - 180 \times 90 + 36H$$
$$H = 225\text{kip}$$

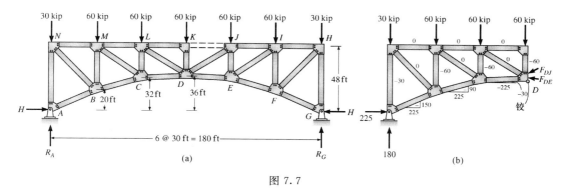

图 7.7

我们现在运用节点法从支座 A 开始分析桁架。图 7.7（b）中的桁架草图给出了分析结果。

　注：因为拱肋的形状为索状，对于作用在上弦的荷载，除了拱肋以外只有一种构件承受它们，即竖向柱子，它们将荷载传递到拱上。当加载图与索形不符时，斜杆与上弦杆将产生内力。图 7.8 显示的是结点 L 处的集中荷载作用下的同一桁架产生的内力。

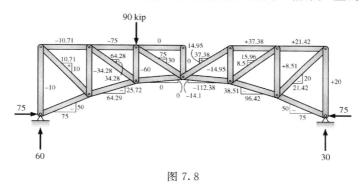

图 7.8

【例 7.2】　确定施加在图 7.7 中桁架拱上的那组荷载作用下的索拱形状。拱的跨中高度设为 36ft。

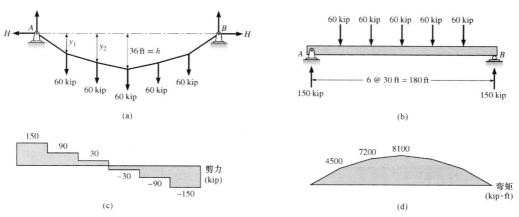

图 7.9　根据广义索定理确定索拱形状

解：

我们设想这一组荷载作用在与拱同样跨度的索上［见图 7.9（a）］。索的垂度设为

36ft——拱的跨中高度。因为跨端荷载 30kip 直接作用于支座，它们不会影响索的内力和形状，故可以忽略它们。运用广义索定理，我们假定索上的荷载作用到与索跨度相等的假想简支梁上 ［见图 7.9 (b)］。接下来我们确定剪力与弯矩曲线。根据广义索定理可得到在每一点都有

$$M = Hy \tag{7.14}$$

式中　M——梁的任意点弯矩；

　　　H——支座反力的水平分量；

　　　y——索在任意点的垂度。

跨中 $y = 36\text{ft}$，$M = 8100\text{kip} \cdot \text{ft}$，我们可以运用式 (7.14) 确定该点 H 值。

$$H = \frac{M}{y} = \frac{8100}{36} = 225(\text{kip})$$

求出 H 值后，接下来我们建立距离支座 30ft 和 60ft 处的式 (7.14)。计算 30ft 处的 y_1：

$$y_1 = \frac{M}{H} = \frac{4500}{225} = 20(\text{ft})$$

计算 60ft 处的 y_2：

$$y_2 = \frac{M}{H} = \frac{7200}{225} = 32(\text{ft})$$

　　因为只能承受直接应力，变形后该结构仍为索状。若将索的形状上下颠倒，则可以得到索状拱。将索体的荷载作用在拱体上，它们在任何截面上产生的压力值等于索体相应截面上产生的拉力值。

总结

　　• 因为短跨石拱外形美观，所以它们通常建在风景区。对于承受大型均布恒载和提供宽阔的无障碍空间（适用于会议大厅、运动场、能为高大船只提供通航空间的桥梁）的大跨结构，采用拱也能获得良好的经济性能。

　　• 拱通过成形（索状拱）可使其在恒载作用下只产生直接应力——此时结构重量最轻。

　　• 对于给定的一组荷载，索拱形状可通过索定理来确定。

习题

　　P7.1　如图 P7.1 所示的抛物线拱，绘制 $h = 12\text{ft}$、24ft、36ft、48ft 和 60ft 时支座 A 处的推力 T 的变化曲线。

　　P7.2　计算图 P7.2 中的三铰拱在支座 A 与 E 处的反力。

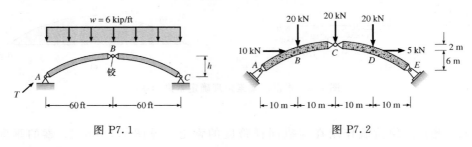

图 P7.1　　　　　　　　　　　　　　图 P7.2

P7.3　如图 P7.3 所示，确定三铰圆拱在支座 A 与 C 处的反力。

P7.4　如图 P7.4 所示，拱的水平推力超过支座 C 的承载力时，水平推力有滚轴 C 承担。暂时去掉荷载 P，则 AC 拉力增大。如果 AB 和 BC 的极限荷载为 750kip，P 的最大荷载为多少（不计拱的自重）？杆的承载力为 32ksi，确定其内力。

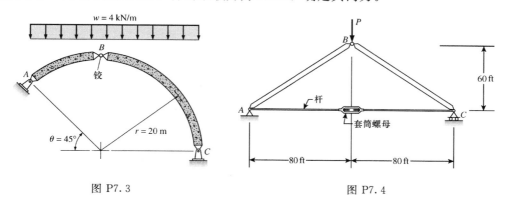

图 P7.3　　　　　　　　　　　　图 P7.4

P7.5　如图 P7.5 所示，在 A 处有一个固定铰支座，在 C 处有一滚轴链接。确定支座反力，以及杆 AC 的内力。

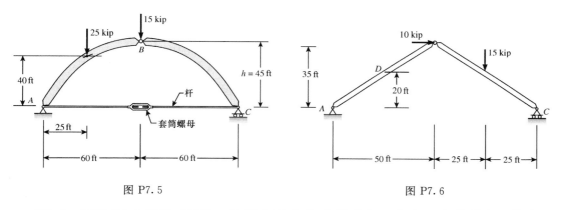

图 P7.5　　　　　　　　　　　　图 P7.6

P7.6　如图 P7.6 所示三绞拱，计算支座 A 和 C 的反力。确定 D 点的轴力、剪力和弯矩。

P7.7　计算图 P7.7 三绞拱中 AE 的支座反力。计算 1/4 跨处 B 和 D 的剪力、轴力和弯矩。

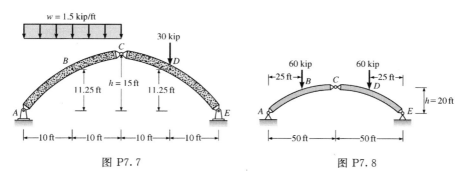

图 P7.7　　　　　　　　　　　　图 P7.8

P7.8 如图 P7.8 所示，三绞拱的 1/4 跨处施加荷载 60kip。确定 B 和 D 左右截面的剪力，弯矩和轴力。拱的曲线方程为 $y = 4hx^2/L^2$。

P7.9 计算图 P7.9 中拱的支座反力。（提示：需建立两个弯矩方程，一是取整体为研究对象，二是取铰 B 左侧或右侧的隔离体为研究对象。）

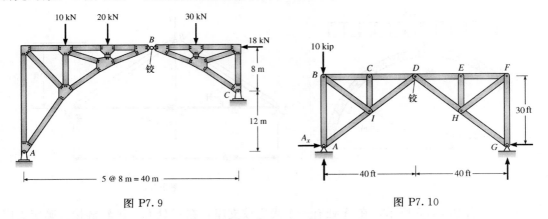

图 P7.9   图 P7.10

P7.10 （a）如图 P7.10 所示，计算 10kip 作用在 B 点时，支座 A 的水平反力 A_x。（b）若分别在 C 点与 D 点之间某点作用 10kip 荷载，计算支座 A 的水平反力 A_x。

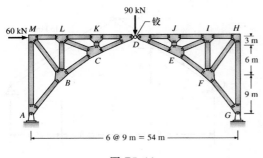

图 P7.11

P7.11 （a）在图 P7.11 荷载下计算桁架拱中所有杆的内力。

情况 A：只在 D 点作用 90kN 的力。

情况 B：在 D 点作用 90kN 的力和 M 点作用 60kN 的力。

（b）求桁架 B 点的最大内力。

P7.12 求解在图 P7.12 荷载下拱的最优曲线。

P7.13 如图 P7.13 所示，确定三铰拱所有构件处于纯压状态时的荷载 P 值、高度 y 值。

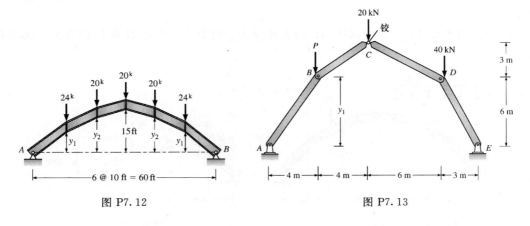

图 P7.12   图 P7.13

P7.14 荷载如图 P7.14 所示，如果拱 *ABCDE* 只承受压力，试求 *B* 和 *D* 点的高度。

P7.15 荷载如图 P7.15 所示，试确定下轩杆节点 *B*、*C* 和 *E* 的高度，使得拱在如图所示恒荷载下受力和索相同。

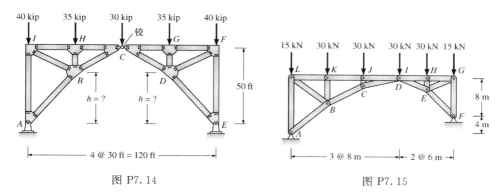

图 P7.14   图 P7.15

P7.16 利用计算机研究双铰拱。其目标是建立在均布荷载作用下和单个集中荷载作用下抛物线拱的差别。（a）在图 P7.16 中，拱下连接一多跨简支梁支撑的路面，梁和桥通过高强锚索连接，锚索的截面积 $A = 2\text{in}^2$，弹性模量 $E = 26000\text{ksi}$。（每一个锚索分别将 36kip 的荷载传递到拱上。）确定每一个节点的反力、轴力、剪力和弯矩，以及每点的挠度。绘制挠曲线。将拱每节点之间换作直杆，拱的截面面积为 $A = 24\text{in}^2$，$I = 2654\text{in}^4$，$E = 29000\text{ksi}$。（b）当只在节点 18 处施加 48kip 的荷载，分析拱的内力。当每个节点都施加荷载时，确定每个节点的挠度，和（a）的结果进行比较。简要说明它们的不同点。

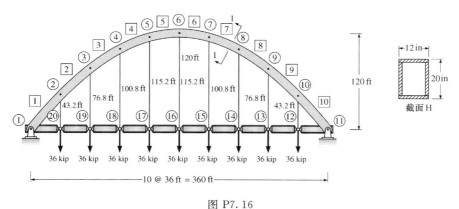

图 P7.16

P7.17 利用计算机研究连续地板梁的拱。问题如 P7.16 的（b），连续梁的截面面积 $A = 102.5\text{in}^2$，$I = 40087\text{in}^4$，如图 P7.17 所示，确定拱和梁每个节点的内力。讨论 P7.16 和 P7.17 分别在荷载 48kip 作用下时产生的结果，特别是内力以及挠度。

P7.18 减少图 P7.16 路面上的竖直荷载，仅在节点 18 处施加 48kip 的力，斜锚索的直径为 2in，如图 P7.18 所示。在这种结构下，计算梁的每个节点的竖直挠度。通过绘制①～⑪每个节点的竖直位移曲线，与 P7.16 的情况（b）中比较位移大小。假设斜锚索的

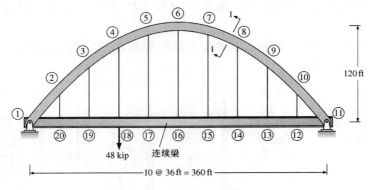

图 P7. 17

性能与竖直锚索一样。

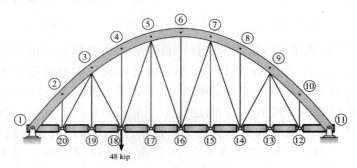

图 P7. 18

希腊 Rion – Antirion 大桥

　　Rion – Antirion 大桥竣工于 2004 年，长 7388ft，横跨科林斯海湾，是世界上最长的多跨斜拉桥。在不利的条件下，设计人员必须考虑包括水深 213ft 处恶劣的土壤条件、强烈的地震作用和油轮可能会对结构发生的碰撞。完全隔断连续甲板是为了将它在地震作用中设计为一个钟摆，阻尼器用于减少甲板在强风中的晃动。每 4 个挂架建立在一个直径为 297ft 的沉井上，它位于海底碎石层上，这样的结构可以在地震发生过程中保持灵活和自由滑动。

第 **8** 章

活荷载：静定结构的影响线

本章目标

- 理解结构在移动荷载作用下影响线的概念。
- 运用基本概念和静力学知识绘制影响线。
- 学习利用米勒-布瑞斯劳原理，以图形方式确定结构的影响线。
- 学习利用影响线确定移动荷载的最不利位置（例如：内力和反应）。

8.1 引言

在前面的学习中，我们在分析各种荷载作用下的结构时，没有考虑集中荷载的作用位置或是均布荷载的分布情况。此外，我们也没有区分恒载（作用位置固定）和活载（作用位置可变）。我们学习本章的目的就是要掌握如何布置活荷载（如一辆卡车或是一列火车），可使结构的一个指定截面上的特定的力（在梁中为剪力或弯矩，在桁架中为轴力）取得最大值。

8.2 影响线

一个移动荷载经过一个结构，结构中每一点处的内力都是要变化的。我们直观地认识到：一个集中荷载作用于一根梁的跨中时，梁产生的弯曲应力和挠度要远大于同样的荷载作用于梁的支座附近的情况。例如，假想你要用一块很旧的、易弯的且已部分破损的木板通过一条满是鳄鱼的河，在你处于木板的跨中时，你对这块木板能否承受住你的重量的关注程度会远大于你站在木板的端部时（见图 8.1）。

如果一个结构要求设计安全，我们必须合理地布置杆件和节点，以使由活载和恒载在每一个截面所产生的最大的力都小于或等于截面的承载能力。要确定危险截面处由活载产

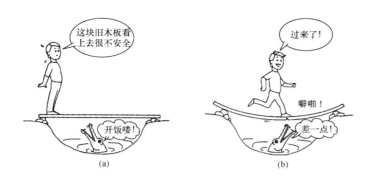

图 8.1　弯曲随着荷载的位置而变化
(a) 荷载在支座处，跨中处不发生弯曲；(b) 当荷载在跨中时，
跨中弯矩和挠度达到最大值，板断裂

生的力的最大值。我们就要用到影响线。

影响线是一张图，它的纵坐标是沿梁跨长方向距离的函数，给出了当一个单位荷载，如 1kip 或 1kN 经过结构时，结构上一特定点处的内力、反力或是位移。

当建立了一条影响线后，我们可以用它：①根据所画的是何种力的影响线，确定在何处布置活荷载以使对应的力（剪力、弯矩、或其他力）取得最大值；②计算由活荷载产生的力的大小（由影响线表示）。虽然一条影响线表示的是一个单独的移动荷载的作用，但它也可以用来确定在几个集中荷载或是一个均布荷载作用下的结构上某一点处的力。

8.3　影响线的绘制

为了介绍画影响线的步骤，我们将详细地讨论绘制图 8.2（a）中简支梁的支座 A 处的反力 R_A 的影响线的各步骤。

根据前面的介绍，当一个单位荷载沿着跨长移动时，我们连续地求出它在每一点时，支座 A 所对应的支座反力 R_A。这样就可以建立反力影响线的纵坐标。我们一开始把单位荷载放在支座 A 点上，然后对支座 B 弯矩求和 [见图 8.2（b）]，我们得出 $R_A = 1\mathrm{kip}$。接着我们把单位荷载移动到 A 右侧 $L/4$ 处，再一次对支座 B 弯矩求和，得 $R_A = \frac{3}{4}\mathrm{kip}$ [见图 8.2（c）]。然后，我们把单位荷载移到跨中位置，得 $R_A = \frac{1}{2}\mathrm{kip}$ [见图 8.2（d）]。最后，我们把荷载放在支座 B 上，得 $R_A = 0$ [见图 8.2（e）]。为了得到影响线，我们把单位荷载在各点处所对应的 R_A 的数值直接标注在图上。最终的影响线如图 8.2（f）所示。该影响线显示了当荷载作用于 A 点时，A 点反力为 1，当荷载作用在 B 点时，R_A 为 0，此过程呈线性变化。由于在 A 处，反力的单位是 kip，所以影响线的纵坐标的单位也是 kip。

当你熟悉影响线的绘制后，你只要将单位荷载逐一地作用在梁的轴线方向上的 2 个或 3 个位置，就可以画出形状正确的影响线了。关于图 8.2（f）有几点总结要牢记：

（1）影响线的所有纵坐标的值都表示 R_A 的值。

（2）R_A 的每一个值都直接标注在产生它的单位荷载的作用位置的下方。

（3）当单位荷载作用在 A 点时，R_A 取得最大值。

（4）由于影响线的所有纵坐标值都是正的，所以当一个竖直向下的荷载作用于跨长内任一处时，A 点的反力都是向上的（负坐标值表示 A 点的反力向下）。

（5）影响线为一直线。你将发现，静定结构的影响线要么是直线，要么由几条直线段组成。

通过标出单位荷载在不同位置所对应的 B 点的反力，我们可以得到 R_B 的影响线，如图 8.2（g）所示。由于无论单位荷载作用于什么位置，A 点和 B 点的反力之和都等于 1（施加荷载的值），所以在任一截面上，两个影响线的纵坐标值的和也必须等于 1kip。

在例 8.1 中，我们要画一根悬挑梁的反力影响线。例 8.2 显示了梁的剪力影响线和弯矩影响线。如果先画反力影响线，那么对于同一结构，反力影响线将有助于其他力的影响线的绘制。

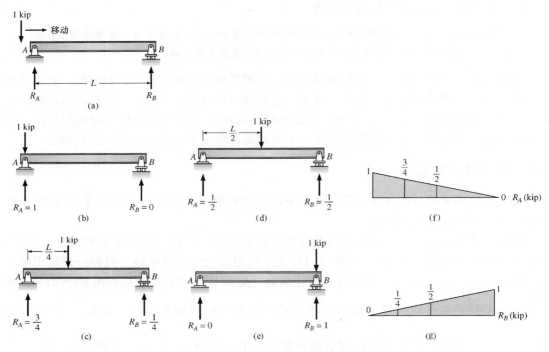

图 8.2 A 和 B 处支座反力的影响线

（a）梁；（b）、（c）、（d）和（e）所示为单位荷载连续作用的几个位置；（f）R_A 的影响线；（g）R_B 的影响线

【例 8.1】 画出图 8.3（a）中梁 A 点和 C 点的反力影响线。

解：

为了得到单位荷载在支座 A 和 C 之间任一位置处所对应的 R_A 的一般表达式，我们将单位荷载到支座 A 的距离定为 x_1，然后对支座 C 弯矩求和。

$$\circlearrowright^+ \quad \sum M_C = 0$$
$$10R_A - 1 \times (10 - x_1) = 0$$

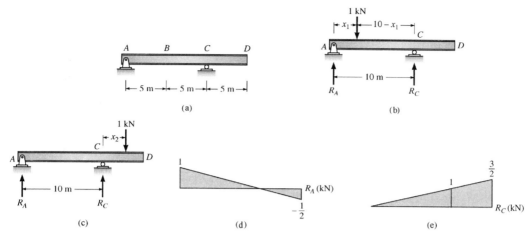

图 8.3 支座 A 和 C 的反力影响线

（a）梁；（b）荷载位于 A、C 之间；（c）单位荷载位于 C 和 D 之间；（d）R_A 的影响线；（e）R_C 的影响线

$$R_A = 1 - \frac{x_1}{10} \tag{1}$$

其中　$0 \leqslant x_1 \leqslant 10$。

令 $x_1 = 0\text{m}$、5m 和 10m，计算出对应的 R_A

x_1	R_A
0	1
5	$\frac{1}{2}$
10	0

推广到整根梁，当单位荷载作用于 C、D 之间时，我们可对图 8.3（c）所示的隔离体中的 C 点弯矩求和。

$$\circlearrowright^+ \quad \sum M_C = 0$$
$$10R_A + 1 \times x_2 = 0$$
$$R_A = -\frac{x_2}{10} \tag{2}$$

其中　$0 \leqslant x_2 \leqslant 5$。

式（2）中的负号表明当单位荷载位于 C、D 之间时，R_A 向下作用，当 $x_2 = 0$ 时，$R_A = 0$；当 $x_2 = 5$ 时，$R_A = -\frac{1}{2}$。利用前面的式（1）和式（2）得到的 R_A 的值，我们画出影响线，如图 8.3（d）所示。

为了画出 R_C 的影响线［见图 8.3（e）］，我们可以让单位荷载在跨长范围内移动，从而得到 C 点处的反力的值，也可以用 1 减去图 8.3（d）中的影响线的纵坐标值，因为单位荷载作用于任一位置时，各支座反力之和必须等于 1——施加荷载的值。

【例 8.2】　画出图 8.4（a）中梁的 B 截面的剪力和弯矩影响线。

解：

截面 B 的剪力和弯矩影响线如图 8.4（c）和（d）所示。影响线的纵坐标值是通过单位荷载沿着梁的跨长分别作用于5个位置计算得出的。5个位置都用有圆圈的数字标在图8.4（a）上了。为了计算B上由单位荷载产生的剪力和弯矩，我们用一个假想平面在B处将梁截开，并考虑截面左边的隔离体的平衡［剪力和弯矩的正方向如图8.4（b）的定义］。

为了确定V_B和M_B的影响线的左端（支座A）的值，我们直接把单位荷载作用在支座A上，计算此时截面B上的剪力和弯矩。由于此时所有的单位荷载都由支座A的反力承受，梁处于无应力状态；故截面B处的剪力和弯矩均为0。接着，我们把单位荷载移到点2处，它与截面B左侧的距离为无限小，计算此时截面上的剪力V_B和弯矩M_B［见图8.4（e）］。对过截面B的轴线弯矩求和得出B处的弯矩。我们发现，单位荷载经过弯矩中心，对M_B没有贡献。另一方面，当我们在竖直方向上用力求和去计算V_B时，单位荷载出现在求和式中。

我们接下来把单位荷载移到位置3，它与截面B右侧的距离为无限小。虽然A点的反力和刚才一样，但单位荷载已不再作用于截面左侧的隔离体上了［见图8.4（f）］，因此剪力方向改变并在大小上有1kip的变化（从$-\frac{1}{4}$kip变为$+\frac{3}{4}$kip了）。发生在截面两边的1kip的突变是剪力影响线的一个特征。当单位荷载从截面一侧移动到另一侧产生了一个无限小的位移时，弯矩不会发生变化。

因为B处的剪力和弯矩都是支座A的反力的直接函数，而在单位荷载从B到D移动的过程中，A点反力是呈线性变化的，所以当单位荷载从B移动到D时，影响线的纵坐标值线性减小，到支座D时，减小为0。

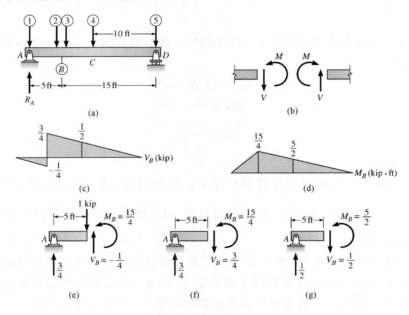

图8.4 截面B处的剪力和弯矩影响线

（a）单位荷载的作用位置；（b）定义的剪力和弯矩的正方向；（c）B处剪力的影响线；（d）B处弯矩的影响线；（e）单位荷载作用于截面B的左侧；（f）单位荷载作用于截面B的右侧；（g）单位荷载作用于跨中

【**例 8.3**】 对于图 8.5 中的框架，画出支座 A 的反力的水平方向和竖直方向的分力 A_x、A_y 的影响线以及 BD 杆在 B 节点处的竖直分力 F_{By} 的影响线。BD 杆通过螺栓连接在梁上可以看成铰接，使得 BD 杆成为一根二力杆（或一根连杆）。

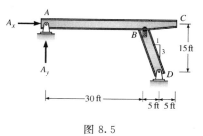

图 8.5

解：

为得出影响线的纵坐标值，我们取杆件 ABC 为隔离体，并在其上作用一单位荷载，单位荷载与支座 A 之间的距离用 x_1 表示 [见图 8.6 (a)]。接下来，我们根据单位荷载及距离 x_1，应用 3 个平衡方程去表达 A 点、B 点处的反力。

由于 BD 杆件的轴力 F_B 沿杆件的轴线方向作用，F_B 的水平和竖直分力与杆件的斜率成比例关系；因此：

$$\frac{F_{Bx}}{1} = \frac{F_{By}}{3}$$

和

$$F_{Bx} = \frac{F_{By}}{3} \tag{1}$$

对作用在杆件 ABC 上的力沿 y 方向求和：

$$\overset{+}{\uparrow} \quad \sum F_y = 0$$
$$0 = A_y + F_{By} - 1$$
$$A_y = 1 - F_{By} \tag{2}$$

接下来，对 x 方向上的力求和：

$$\overset{+}{\rightarrow} \quad \sum F_x = 0$$
$$A_x - F_{Bx} = 0$$
$$A_x = F_{Bx} \tag{3}$$

把式（1）代入式（3），我们可用 F_{By} 表达 A_x：

$$A_x = \frac{F_{By}}{3} \tag{4}$$

为了用 x_1 表达 F_{By}，将作用于杆件 ABC 上的力对铰支座 A 弯矩求和：

$$\overset{+}{\circlearrowright} \quad \sum M_A = 0$$
$$1 \times x_1 - F_{By} \times 30 = 0$$
$$F_{By} = \frac{x_1}{30} \tag{5}$$

把式（5）中的 F_{By} 代入式（2）和式（4），我们就可以用 x_1 表达 A_y 和 A_x 了：

$$A_y = 1 - \frac{x_1}{30} \tag{6}$$

$$A_x = \frac{x_1}{90} \tag{7}$$

为了得到如图 8.6（b）、（c）和（d）所示的反力影响线，我们要计算 F_{By}、A_y 和 A_x。利用已得的式（5）、式（6）和式（7）并令 $x_1 = 0\text{ft}$、30ft 和 40ft，可得：$F_{By} = 0$、1 和 4/

3；$A_y = 1$、0 和 $-1/3$；$A_x = 0$、$1/3$ 和 $4/9$。

我们可以通过观察例 8.1～例 8.3 中影响线的形状，得出静定结构的影响线是由一系列的直线组成的。因此，我们可以通过把影响线上的几个关键点连接起来的方法得出整条影响线。所谓关键点就是沿着梁的轴线方向，影响线的斜率改变或是影响线在该点不连续的点。这些点位于支座、铰、悬臂梁的端点以及在剪力情况中，剪力发生突变的截面的两边。为了阐明以上画影响线的步骤，我们将画出例 8.4 中梁的支座反力的影响线。

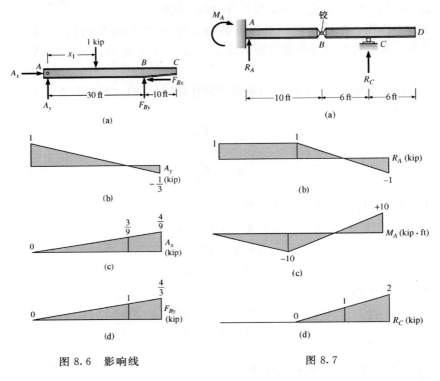

图 8.6　影响线　　　　　　　　　　　图 8.7

【例 8.4】　画出固定支座 A 处的反力 R_A 和 M_A 的影响线及滚动支座 C 的反力 R_C 的影响线［见图 8.7（a）］。图 8.7（a）中的箭头指明各反力的正方向。

解：

在图 8.8（a）、（b）、（c）、（d）和（e）中，我们把单位荷载分别作用于 4 个点以得到画支座反力的影响线所需的力。在图 8.8（a）中，我们把单位荷载布置在固定支座 A 上，在这种情况下，全部的荷载都直接作用在支座上，产生了支座反力 R_A。由于没有荷载经结构的其余部分传递，所以其他的反力都为 0，结构处于无应力状态。

我们接着把单位荷载移动到铰点 B 上［见图 8.8（b）］。如果我们把铰右侧的梁 BCD 当成一个隔离体来考虑［见图 8.8（c）］，并对铰点 B 弯矩求和，由于没有外荷载作用在 BD 梁上，所以支座反力 R_C 必为 0。如果我们在竖直方向上对力求和，则铰点 B 处的反力 R_B 也等于 0。因此，我们得出结论，全部荷载由悬臂梁 AB 承受，并在 A 处产生反力，如图 8.8（b）所示。

我们接着把单位荷载直接施加在支座 C 上［见图 8.8（d）］。在这种情况下，荷载通

过梁全部传到支座 C 上，梁的平衡是显然的。最后一种情况，我们把单位荷载移动到悬臂梁的端点 D 点 [见图8.8（e）]，对 B 点弯矩求和

$$\circlearrowright^{+} \quad \sum M_B = 0$$

$$0 = 1 \times 12 - R_C \times 6$$

$$R_C = 2\text{kip}$$

在竖直方向上对杆件 BCD 上的力求和，我们得到在杆件 BCD 的铰点 B 处有一个向下作用的 1kip 的力，因此在杆件 AB 的铰点 B 上必有一个等值反向的力，进而得出支座 A 处的反力。

现在我们已有画影响线所需的所有信息了，如图8.8（b）、（c）和（d）所示。图8.8（a）提供了三个影响线在 A 支座处的影响线的纵坐标值；也就是，在图8.7（b）中，$R_A = 1\text{kip}$，在图8.7（c）中，$M_A = 0$，及在图8.7（d）中，$R_C = 0$。

图8.8（b）提供了单位荷载在 B 点时的 3 个影响线的纵坐标值，即 $R_A = 1\text{kip}$、$M_A = -10\text{kip·ft}$（逆时针）及 $R_C = 0$。图8.8（d）提供了单位荷载在 C 点时的 3 个影响线的纵坐标值，图8.8（e）给出了单位荷载在 D 点时的影响线的纵坐标值。用直线把这 4 个点连接起来就得到了 3 个反力的影响线。

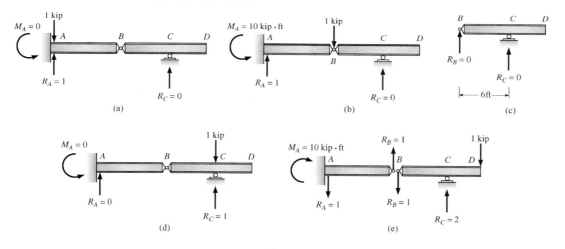

图8.8

8.4 米勒-布瑞斯劳原理

米勒-布瑞斯劳原理提供了一种简便地确定梁中内力（剪力和弯矩）及反力的影响线形状的方法。可以快速地画出定性的影响线，其具体应用有以下三种：

（1）检验通过将一个活荷载在结构上移动得出的影响线的形状是正确的。

（2）在不计算影响线的纵坐标的具体值的情况下，就可以确定在何处布置活荷载可以使结构上一指定截面处的内力取得最大值。一旦确定了荷载的临界位置，我们只要判断荷载的类型就可以分析各种结构，这比画出影响线要简单多了。

（3）确定影响线纵坐标的最大值和最小值的位置，这样在计算影响线的纵坐标时，只需要考虑单位荷载在很少的几个位置的作用。

虽然米勒-布瑞斯劳方法适用于静定梁和超静定梁，但在本章我们仅讨论该方法在静定梁中的应用。超静定梁的影响线的画法将在第14章中讨论。由于该方法的推导要求掌握虚功原理，而虚功原理将在第10章介绍，故此方法的证明也在第14章。

米勒-布瑞斯劳原理表述如下：

把结构的一个约束去掉，然后在该处引入一个对应于被移走的约束的位移，得到的变形形状与对应于约束的力或内力（剪力、弯矩）的影响线呈比例关系。

该单元的变形是指一个单位位移反应，相对单位位移剪切和相对单位旋转的力矩。为了阐明这一方法，我们将画出图8.9（a）中简支梁 A 点处的反力影响线。我们先把 A 处的竖向约束移走，得到如图8.9（b）所示的释放结构，接着我们让梁的左端沿着 R_A 的方向产生一个竖向位移，一个单位位移［见图8.9（c）］。由于该梁必须绕铰点 B 转动，故它的变形形状与影响线几何相似，是一个三角形——由 B 处的0变为 A' 处的1.0。这一结果证实了我们在8.2节中画出的 A 处反力的影响线是正确的［见图8.2（f）］。

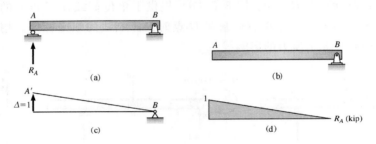

图8.9　利用米勒-布瑞斯劳原理绘制 R_A 的影响线
（a）简支梁；（b）释放结构；（c）引入的对应于 A 的支座反力的位移，该变形形状与影响线相似；（d）R_A 的影响线

作为第二个例子，我们将画出图8.10（a）中 B 处的反力影响线。图8.10（b）所示为 B 处支承被移走后的释放结构，我们接着在 B 处引入一个对应于反力的竖向位移 Δ，从而使整个结构发生变形，其变形形状就是 B 处反力的影响线［见图8.10（c）］。

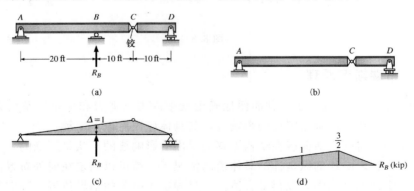

图8.10　B 处反力的影响线
（a）C 处由铰连接的悬臂梁；（b）去掉反力，得到释放结构；（c）由 B 处反力使释放结构产生变形从而得出影响线的形状；（d）B 处的反力影响线

通过相似三角形，我们得出影响线在 C 处的纵坐标值为 $\frac{3}{2}$。

为了用米勒-布瑞斯劳方法画梁的一个截面的剪力影响线，我们必须消除截面传递剪力的能力，但要保留截面传递轴力和弯矩的能力。我们想象把图 8.11（a）中所示由金属板和滚轴组成的装置插入梁中，则可以获得以上假想的效果。

为了阐明米勒-布瑞斯劳法，我们将画出图 8.11（b）中所示梁 C 点处的剪力影响线。在图 8.11（c）中，我们将金属板滚轴装置插入截面 C 以释放该横截面传递剪力的能力。然后我们使 C 点的左右截面发生 Δ_1 和 Δ_2 的位移，这样就可以产生相对位移（$\Delta_1+\Delta_2=1$）〔见图 8.11（c）〕。因为在 C 存在滑动约束，仍然可以承担弯矩，所以截面没有相对转动。因此单元 AC 和 CD 应该保持平行，则他们与水平夹角 θ 相同，如图 8.11（d）所示。

$$\Delta_1=5\theta \qquad \Delta_2=15\theta$$

以及

$$\Delta_1+\Delta_2=5\theta+15\theta=20\theta=1$$

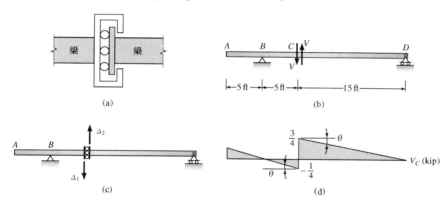

图 8.11 利用米勒-布瑞斯劳法画剪力影响线
（a）用以解除截面传递剪力的能力的装置；（b）梁的详图；（c）解除 C 截面传递剪力的能力；
（d）C 截面处的剪力影响线

可求得 $\theta=\frac{1}{20}$，$\Delta_1=\frac{1}{4}$（有负号），$\Delta_2=\frac{3}{4}$。

为了用米勒-布瑞斯劳法画梁的任意截面的弯矩影响线，我们将一个铰插入对应的截面以得到释放结构。例如，要画出图 8.12（a）中的简支梁在跨中截面的弯矩影响线，我们就在梁的跨中处插入一个铰，如图 8.12（b）所示。然后我们向上移动铰 C，移动 Δ，使得 AC 和 CB 的夹角 $\theta=1$。由图 8.12（c）的结论可知，$\theta_A=\frac{1}{2}$，$\Delta=\frac{1}{2}\times10=5$，所得图形就是影响线，最终的影响线如图 8.12（d）所示。

在图 8.13 中，我们用米勒-布瑞斯劳法画出悬臂梁的固定支座的弯矩 M 的影响线。在左侧支座处引入一个铰可以得到释放结构。使 B 端向上移动 11 个单位位移，所得图形就是固端弯矩的影响线。最终的影响线如图 8.13（d）所示。米勒-布瑞斯劳法的理论基础是在 10.9 节的麦克斯韦尔-贝蒂位移互等定理，将在 14.3 节中详细介绍。

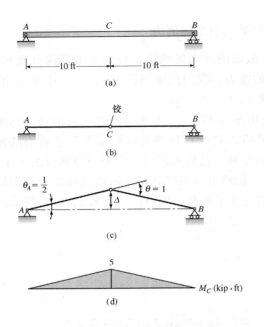

图 8.12 弯矩影响线
（a）梁的详图；（b）释放结构——将一个铰插入跨中；
（c）由弯矩引起的释放结构的位移；
（d）跨中处的弯矩影响线

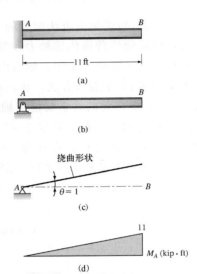

图 8.13 支座 A 的弯矩影响线
（a）结构详图；（b）释放结构；（c）由支座 A 处
的弯矩产生的变形；（d）A 处弯矩影响线

8.5 影响线的使用

由前述可知，我们通过绘制影响线以求得由活载产生的反力或内力的最大值。在本节我们将介绍当一个活荷载——无论是集中活载还是变长度的均布荷载作用于结构上任意位置时，我们都可以利用影响线算出要求的函数的最大值。

由于影响线的纵坐标表示的是一个单位荷载产生的确定的函数值。将影响线的纵坐标值乘以集中荷载的值就可以得到集中荷载作用下的真实值。由此我们可以通过施加荷载与单位荷载之间的比例关系直接求出弹性结构的内力。

如果影响线在一定区域内为正，而在其他区域为负，则由影响线表示的函数要根据活荷载的确切位置转变正负号。为了设计力的方向对结构表现有显著影响的构件，我们必须通过将影响线上的最大正纵坐标值和最大负坐标值与集中荷载的值相乘以确定在每一个方向上的最大力的值。例如，如果支座反力的方向会发生变化，则支座必须按照既可将拉力（抗拔力）的最大值又可将压力的最大值完整地传递到基础来设计。

在建筑和桥梁的设计中，活载通常由均布荷载来表示。例如，建筑规范可以要求在设计车库的楼板时，用一定大小的均布活荷载代替一组轮式集中荷载。

为计算由变长度的均布荷载 w 产生的函数的最大值，我们必须把荷载分布在构件的一定的区域上。这些区域所对应的影响线的纵坐标值有正也有负。我们接下来将要证实由分布荷载作用于影响线上一定区域产生的函数的值等于该区域对应的影响线下的面积与分布荷载的大小 w 的乘积。

为了计算作用于梁上 A、B 点之间，长度为 a、大小为 w 的均布荷载产生的函数 F 的值（见图 8.14），我们将用一系列无穷小的力 $\mathrm{d}P$ 代替分布荷载，然后对由无穷小的力产生的函数的增量（$\mathrm{d}F$）求和。如图 8.14 所示，在梁上取一个微元，长度为 $\mathrm{d}x$，作用在 $\mathrm{d}x$ 上的均布荷载 w 产生的力 $\mathrm{d}P$ 等于均布荷载的大小与微元长度的乘积，即

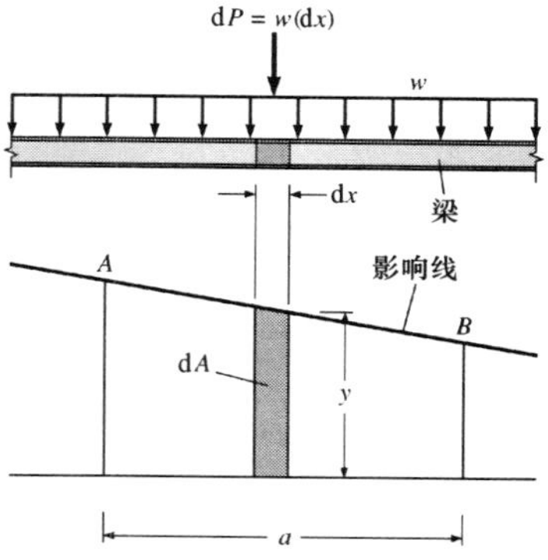

$$\mathrm{d}P = w\mathrm{d}x \qquad (8.1)$$

为了求得由力 $\mathrm{d}P$ 产生的函数的增量 $\mathrm{d}F$，我们把该点处的影响线的纵坐标值 y 与 $\mathrm{d}P$ 相乘，得

$$\mathrm{d}F = (\mathrm{d}P)y \qquad (8.2)$$

把式（8.1）中的 $\mathrm{d}P$ 代入式（8.2）中，得

$$\mathrm{d}F = w\mathrm{d}xy \qquad (8.3)$$

为了计算函数 F 在 A、B 之间的值的大小，我们对式（8.3）两边定积分：

$$F = \int_A^B \mathrm{d}F = \int_A^B w\mathrm{d}xy \qquad (8.4)$$

由于 w 的值为一常数，所以我们把它提到积分号外，得

$$F = w\int_A^B y\mathrm{d}x \qquad (8.5)$$

我们发现 $y\mathrm{d}x$ 表示影响线下的一个微元的面积 $\mathrm{d}A$，我们可以将式（8.5）右侧的积分解释为在 A、B 之间的影响线下的面积。因此：

$$F = w(\text{面积}_{AB}) \qquad (8.6)$$

式中　面积$_{AB}$——A、B 点之间的影响线下的面积。

在例 8.5 中，我们利用本节所建立的原理去计算一根梁跨中处的最大正弯矩和最大负弯矩，该梁承受一个变长度的均布荷载和一个集中荷载。

【例 8.5】 一个 $0.8\mathrm{kip/ft}$ 的均布荷载，其长度可变。活荷载可作用于跨长范围内的任意处。点 C 处的弯矩影响线在图 8.15（b）中已给出。计算：（a）活荷载作用下，截面 C 处的最大正弯矩和最大负弯矩；（b）由梁的自重在 C 处产生的弯矩。

解：

（a）为了计算活载产生的最大正弯矩，我们在影响线的纵坐标值为正的区域布置活荷载［见图 8.15（c）］。集中荷载布置在影响线的最大正值处：

$$\text{Max.} + M_C = 30 \times 5 + 0.8 \times \frac{1}{2} \times 20 \times 5 = 190(\mathrm{kip \cdot ft})$$

（b）对于 C 处的最大负弯矩，我们如图 8.15（d）所示布置荷载。由于对称，如果 $30\mathrm{kip}$ 的荷载布置在 E 点，所得结果相同。

$$\text{Max.} - M_C = 30 \times (-3) + 0.8 \times \frac{1}{2} \times 6 \times (-3) \times 2 = -104.4(\mathrm{kip \cdot ft})$$

（c）对于恒载作用下 C 处的弯矩，用整条影响线下的面积乘以恒载的大小即可。

$$M_C = 0.45 \times \frac{1}{2} \times 6 \times (-3) \times 2 + 0.45 \times \frac{1}{2} \times 20 \times 5$$

$$= -8.1 + 22.5 = +14.4(\mathrm{kip \cdot ft})$$

右上角图：

$\mathrm{d}P = w(\mathrm{d}x)$　　w　　梁
$\mathrm{d}x$
影响线
A　　$\mathrm{d}A$　　y　　B
a

图 8.14

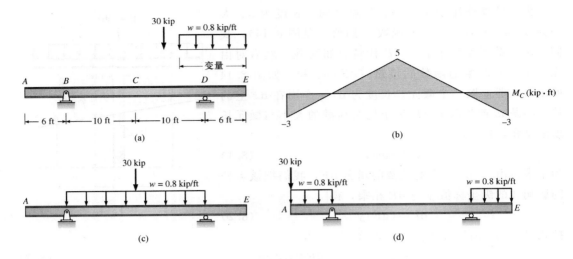

图 8.15

（a）梁的尺寸，左边为设计荷载的值；（b）C 处的弯矩影响线；（c）C 处的正弯矩取得最大值时的荷载的布置；
（d）C 处的负弯矩取得最大值时的荷载的布置。另外，也可以把 30kip 的集中荷载布置在 E 点

8.6　支承楼板系统的主梁的影响线

　　图 8.16（a）所示为一张通常用于支承桥面的框架系统结构的简图。该系统由三种梁组成：纵梁，横梁和主梁。为了清楚地展示主要的弯曲构件，我们通过省略桥面、横向支撑和构件间的细小连接来简化结构图。

　　在该系统中，相对容易弯曲的混凝土板由一组较小的纵向梁——纵梁（横跨在横向的横梁上的梁）来支承。纵梁的跨度一般为 8～10ft。混凝土板的厚度取决于纵梁的间距。如果将纵梁的间距减小，混凝土板的跨度就减小，设计者就可以减小混凝土板的厚度。当纵梁的间距增加时，混凝土板的跨度跟着增加，这样混凝土板的厚度也必须增加以承受更大的设计弯矩及限制挠度。

　　荷载经过纵梁被传递到横梁上，横梁接着把荷载连同其自重传递到主梁上。在一座钢桥的实例中，如果纵梁与横梁的连接，横梁与主梁的连接都是由标准的钢制钳角制成的，我们就假定这种连接只传递竖向荷载（没有弯矩）并把它们（连接）看成简支。除了主梁的自重之外，所有的荷载都由横梁传递到主梁上，横梁与主梁连接处的点被称为节点。

　　在板型桥上，公路被架在主梁的顶部［见图 8.16（b）的横截面图］。在这种构造中，我们可以把混凝土板悬挑出主梁以增大公路的宽度。通常悬挑部分作为人行道。如果横梁被布置在靠近主梁的底部翼缘处［见图 8.16（c）］——半穿式桥——从桥的底部到车辆的顶部的距离被减小了。如果一座桥必须从另一座桥的下方以及一条公路的上方穿过（例如，在三条公路的交汇处），半穿式桥将减少所需的上部空间。

　　为了分析主梁，我们要建立如图 8.16（d）所示的模型。在本图中，纵梁被表示为简支梁。为了看得清楚，我们一般省略纵梁下的铰支座和滚动支座，把它们画成直接搁置在横梁上。我们认识到在图 8.16（d）中的主梁其实代表了图 8.16（a）中的两根主梁。我

们必须通过另外的计算以确定汽车的轮式荷载分布于每一根主梁上的比例关系。例如，如果一辆汽车在路中间，则每根主梁承受 1/2 的车的重量。另一方面，如果轮式荷载的合力作用在一根横梁的 1/4 处，则靠近汽车的梁承受 3/4 的车重，远离汽车的主梁承受 1/4 的车重〔见图 8.16（e）〕。

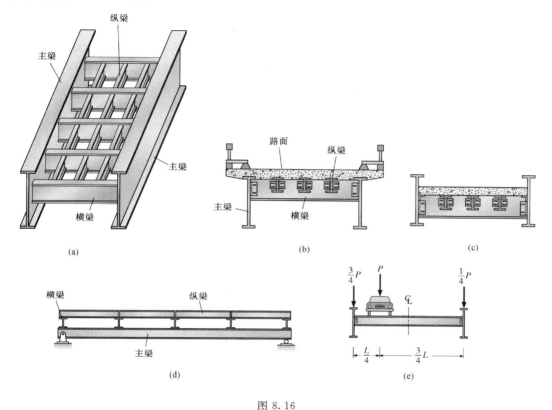

图 8.16
（a）纵梁、横梁和主梁系统构造图；（b）上承式桥；（c）半穿式桥；（d）分图（a）的剖面图；
（e）桥承受一侧车道上的荷载作用

【例 8.6】 对于图 8.17（a）中的主梁，画出 A 点的反力影响线，BC 节间的剪力影响线和 C 处的弯矩影响线。

解：

为确定影响线的纵坐标值，我们将一个 1kN 的单位荷载沿着纵梁移动并求出画影响线所需的力和反力。纵梁上方的箭头表示我们将要考虑的单位荷载作用的位置。我们一开始把单位荷载作用在支座 A 上。把整个结构看成一个刚体，对右支座弯矩求和，得 $R_A = 1$kN。由于单位荷载直接传到了支座上，结构的平衡无须强调。因此，主梁上的各点的剪力和弯矩都为 0，剪力 V_{BC} 和弯矩 M_C 的影响线的左端纵坐标值都为 0，如图 8.17（c）和（d）所示，为了计算 B 处影响线的纵坐标值，我们接着把单位荷载移动到节点 B。我们求得 $R_A = \dfrac{4}{5}$kN〔见图 8.17（e）〕。由于单位荷载直接作用在横梁上，所以 1kN 的单位荷载在节点 B 传递到了主梁上，而所有横梁的反力都为 0。为了计算节间 BC 内的剪力，我们用截面 1 切开主梁，得到如图 8.17（e）中所示的隔离体。根据 5.3 节中对正剪力的定义，我们标出 V_{BC} 向下作用于截面的表面。为求出 V_{BC}，我们在 y 方向上考虑力的平衡：

$$\overset{+}{\uparrow} \quad \sum F_y = 0 = \frac{4}{5} - 1 - V_{BC}$$

$$V_{BC} = -\frac{1}{5}\text{kN}$$

其中负号表明剪力方向与隔离体图上所标方向相反［见图 8.17（e）］。为求出单位荷载作用于 B 时，C 处的弯矩，我们用截面 2 切开主梁，得到如图 8.17（f）所示的隔离体。对垂直于杆件所在的平面且在 C 点过杆件截面的形心的轴弯矩求和，我们得出 M_C。

$$\sum M_C = 0$$

$$\frac{4}{5} \times 12 - 1 \times 6 - M_C = 0$$

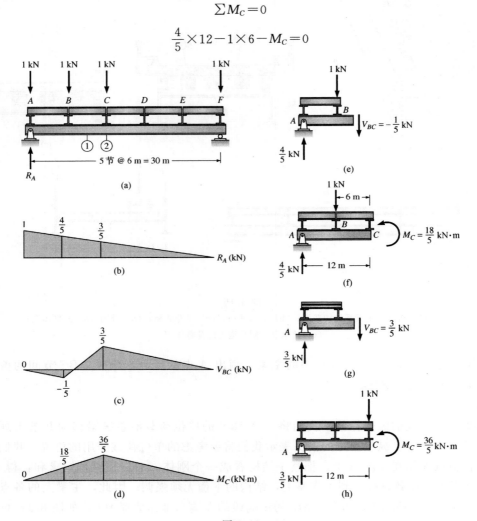

图 8.17

（a）结构的尺寸；（b）R_A 的影响线；（c）BC 节间中的剪力影响线；（d）主梁 C 处的弯矩影响线；（e）当单位荷载作用于 BC 节间的 B 点处时，为求剪力所需的隔离体；（f）单位荷载作用于 B 时，M_C 的计算；（g）单位荷载作用于 C 时，V_{BC} 的计算；（h）单位荷载作用于 C 时，M_C 的计算

$$M_C = \frac{18}{5} \text{kN} \cdot \text{m}$$

我们现在把单位荷载移动到节点 C，得到 $R_A = \frac{3}{5}$ kN。为求得 V_{BC}，我们考虑截面 1 左侧的隔离体的平衡 ［见图 8.17（g）］。由于单位荷载在 C 点，所以没有力通过 A 点和 B 点处的横梁而作用在主梁上，且 A 点反力是唯一作用于隔离体上的外力。在 y 方向上对力求和，我们得出

$$\uparrow^+ \quad \Sigma F_y = 0 = \frac{3}{5} - V_{BC}, \quad V_{BC} = \frac{3}{5} \text{kN}$$

利用图 8.17（h）中的隔离体，我们对 C 点弯矩求和，得出 $M_C = \frac{36}{5}$ kN $\cdot$ m。

当我们把单位荷载布置在节点 C 的右侧时，在截面 1 和截面 2 左侧隔离体图上的横梁的反力都为 0（支座 A 处的反力是唯一的外力）。由于载荷在从点 C 移动到点 F 的过程中，A 处反力是呈线性变化的，所以 V_{BC} 和 M_C（都是 A 处反力的线性函数）——也是线性变化的，在主梁的右端点处减为 0。

【例 8.7】 画出图 8.18（a）中所示主梁的 C 点处的弯矩 M_C 的影响线。支座反力 R_G 的影响线已在图 8.18（b）中绘出。

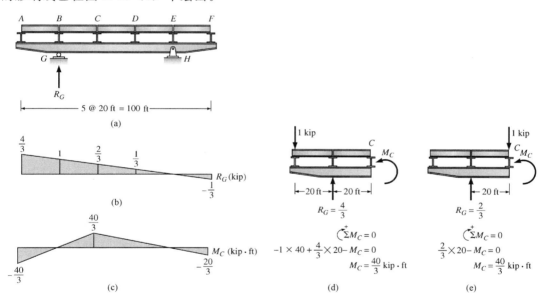

图 8.18　悬臂桥主梁的影响线

（a）楼板系统的详图；（b）R_G 的影响线；（c）M_C 的影响线；（d）、（e）对应的隔离体和 M_C 的计算过程

解：

为了画出表示 M_C 的变化的影响线，我们把单位荷载依次布置在每一个节点上（横梁所处的位置）。用一个竖直平面在 C 点处把板梁系统切开得到一个隔离体，通过这个隔离体我们可算出主梁上的弯矩。主梁左侧支座的反力 R_G 的值可从图 8.18（b）中 R_G 的影响线上读出。

无须计算，我们就可以得出影响线上两点处的值。经过观察，我们发现当单位荷载作用于主梁的两个支座——点 B 和点 E 时，全部的荷载都直接传递到了支座上，在主梁内没有应力发展，因此过 C 点的截面上的弯矩为 0。当单位荷载作用在 A 点和 C 点上时，对应的隔离体和 M_C 的计算过程如图 8.18（d）和（e）所示。M_C 的完整的影响线如图 8.18（c）所示。我们又一次观察到静定结构的影响线是由直线组成的。

【例 8.8】 画出过主梁上 B 点的竖直截面的弯矩影响线［见图 8.19（a）］。在点 A 和 F 处，纵梁与横梁的连接等效为铰支座。在点 B 和 E 处，纵梁与横梁的连接等效为滚动支座。A 处的反力影响线如图 8.19（b）所示。

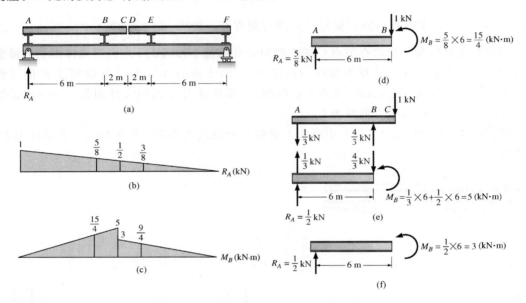

图 8.19 桥的主梁的影响线，该桥的纵梁为悬臂梁

解：

当我们把单位荷载布置在 A 点时，全部荷载穿过横梁进入了 A 处的铰支座。由于支座处的主梁截面内没有应力发展，所以点 B 处截面上的弯矩为 0。

我们接着把单位荷载移到点 B 处，点 A 处产生了一个 $\frac{5}{8}$ kN 的反力 R_A［见图 8.19（b）］。对点 B 处的截面弯矩求和，得 $M_B=\frac{15}{4}$ kN·m［见图 8.19（d）］。

接下来，我们把单位荷载移动到 C 点——悬挑梁的顶端，产生的纵梁反力如图 8.19（e）所示。作用在主梁上的力与纵梁反力大小相等，方向相反。我们再一次对点 B 所在的竖直截面弯矩求和，得 $M_B=5$ kN·m。当单位荷载移动了一个无穷小的距离穿过间隙到达右侧悬挑梁的顶端 D 点时，纵梁 ABC 不再受荷；然而，A 处的反力——唯一的作用于 B 截面左侧的主梁隔离体上的力，仍保持为 $\frac{1}{2}$ kN。我们现在对 B 弯矩求和，发现 M_B 减小到了 3kN·m（见图 8.19）。当单位荷载从 D 点移动到 F 点时，计算表明截面 B 处的弯矩线性减小为 0。

8.7 桁架的影响线

由于桁架的杆件通常被设计为承受轴力，所以为了提高材料的有效利用率，桁架杆件的截面都相对较小。由于小截面的桁架杆件容易弯曲，直接作用于桁架的节点之间的杆件上的横向荷载会使杆件产生较大的挠曲变形。因此，如果桁架的杆件只承受轴力，则荷载必须作用在节点上。如果在一个由桁架支承的结构系统中没有楼板系统，设计者就必须增加一组次梁把荷载传递到节点上（见图 8.20）。这些构件，与顶部平面和底部平面内的轻质对角支撑一起组成了一个刚性水平桁架，可以稳定主要的竖直桁架，并防止受压弦杆发生侧向失稳。虽然一个独立的桁架在其自身平面内有很大的刚度，但它的侧向刚度很有限。没有侧向支撑系统，桁架的受压弦杆在很小的压力下就会屈曲，这就限制了桁架承受竖向荷载的能力。

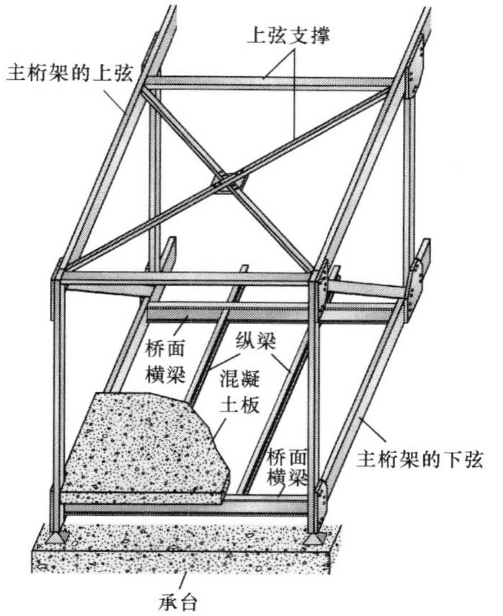

由于荷载通过次梁系统被传递到了桁架上，而该次梁与图 8.16（a）中所示的支承楼板系统的主梁相似，所以桁架杆件的影响线的绘制过程类似于带有楼板系统的主梁的影响线的绘制过程；即，我们把单位荷载依次布置在连续的节点上，再把对应的轴力直接标在荷载位置的下方。

荷载既可以通过顶部节点也可以通过底部节点传递到桁架上。如果荷载作用在上弦的节

图 8.20 桁架桥梁的一个典型节间，显示了支承混凝土桥面的楼板系统。作用在桥面上的荷载由横梁传递到了桁架的下弦节点上

点上，该桁架就被称为上承式桁架。如果荷载作用在下弦的节点上，该桁架就被称为下承式桁架。

8.7.1 桁架的影响线的绘制

为了阐明桁架的影响线的绘制过程，我们将计算图 8.21（a）中的桁架上 A 处的反力影响线及杆件 BK、CK 和 CD 的轴力影响线的纵坐标值。在本例中，我们将假定荷载是通过下弦节点传递到桁架上的。

我们先画 A 处反力的影响线。由于该桁架为一刚体，所以我们可以把单位荷载布置在桁架下弦的任意一个节点上，然后对过支座 B 的轴线弯矩求和，就可以算出 A 处的反力影响线的纵坐标值。计算显示 A 处的反力影响线为一条直线，其纵坐标值由左支座处的 1 变为右支座处的 0 ［见图 8.21（b）］。本例显示简支梁与桁架的支座反力的影响线是完全相同的。

为画出 BK 杆的轴力影响线，我们将单位荷载布置在一个节点上，然后用一竖直平面在桁架的第二个节间处把桁架切开以得到一个隔离体 ［见图 8.21（a）中的截面 1］。通过对该隔离体的分析可得 BK 杆的轴力。图 8.22（a）所示为截面 1 左侧的隔离体，单位荷

载作用在第一个节点上。通过对 y 方向上的力求和，我们得到杆件 BK 的轴力的竖向分力 Y_{BK}：

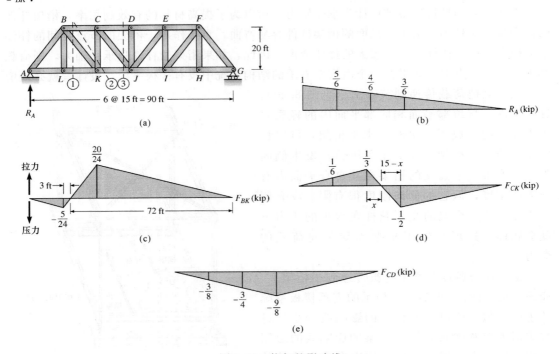

图 8.21　桁架的影响线

（a）桁架详图；（b）A 处的反力影响线；（c）BK 杆的轴力影响线；（d）CK 杆的轴力影响线；

（e）CD 杆的轴力影响线

$$\uparrow^{+} \qquad \sum F_y = 0$$

$$\frac{5}{6} - 1 + Y_{BK} = 0$$

$$Y_{BK} = \frac{1}{6} \text{kip（压力）}$$

由于由杆件组成的三角形边长比率为 $3:4:5$，所以我们由简单的比例关系可求得 F_{BK}。

$$\frac{F_{BK}}{5} = \frac{Y_{BK}}{4}$$

$$F_{Bk} = \frac{5}{4} Y_{BK} = \frac{5}{24} (\text{kip})$$

因为 F_{BK} 是压力，所以我们在影响线上给它标上负号［见图 8.21（c）］。

图 8.22（b）所示为截面 1 左侧的隔离体，单位荷载作用在节点 K 上。由于单位荷载不再作用于隔离体上，故 BK 杆的轴力的竖向分力必为 $\frac{4}{6}$ kip，且向下作用以平衡支座 A 的反力。把 Y_{BK} 乘以 $\frac{5}{4}$，我们得到拉力 F_{BK} 等于 $\frac{20}{24}$ kip。随着单位荷载移动到右支座，支座 A 的反力线性减小为 0，BK 杆的轴力影响线也呈线性减小，并在右支座减小为 0。

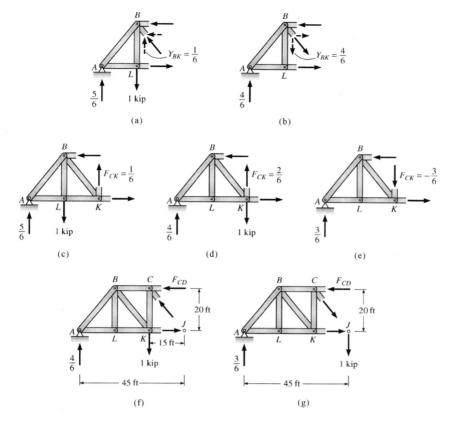

图 8.22　用于绘制影响线的隔离体图

为了算出 CK 杆的轴力影响线的纵坐标值，我们将分析截面 2 右侧的隔离体。截面 2 如图 8.21（a）所示。图 8.22（c）、（d）和（e）分别展示了单位荷载在 3 个位置时所对应的该隔离体。通过对 y 方向上的力求和，可算得在单位荷载由节点 K 移动到节点 J 的过程中，杆 CK 的轴力由拉力变为压力。最终的 CK 杆的轴力影响线如图 8.21（d）所示。点 K 右侧影响线的值为 0 的点到 K 点的距离可由相似三角形算得

$$\frac{\dfrac{1}{3}}{x}=\frac{\dfrac{1}{2}}{15-x}$$

$$x=6\text{ft}$$

用一竖直截面过桁架的第三节间切出一个隔离体［见图 8.21（a）中的截面 3］，CD 杆的轴力影响线就是通过对这个隔离体的分析得出的。图 8.22（f）所示为截面 3 左侧的隔离体，一单位荷载作用在节点 K 上。CD 杆的轴力是通过对另两根杆的交点 J 弯矩求和得出的。

$$\circlearrowright^{+}\quad \sum M_{J}=0$$

$$\frac{4}{6}\times 45-1\times 15-F_{CD}\times 20=0$$

$$F_{CD} = \frac{3}{4} \text{kip}（压力）$$

图 8.22（g）所示为截面 3 左侧的隔离体。单位荷载作用于节点 J。我们再一次对 J 点弯矩求和得出 F_{CD}。

$$\circlearrowright^+ \quad \sum M_J = 0$$

$$0 = \frac{3}{6} \times 45 - F_{CD} \times 20$$

$$F_{CD} = \frac{9}{8} \text{kip}（压力）$$

CD 杆的轴力影响线如图 8.21（e）所示。

8.7.2 拱形桁架的影响线

作为另一个例子，我们将画出图 8.23（a）中的三铰拱形桁架 A 处的反力影响线以及杆件 AI、BI 和 CD 的轴力影响线。该拱形桁架是由两片桁架通过一个位于中部的铰连接而成的。我们假定荷载通过上弦节点传递。

为了展开分析，我们先画 A_y 的影响线，A_y 为支座 A 的竖向反力，通过对过铰支座 G 的轴线弯矩求和可算得 A_y。由于两个支座的水平反力都通过 G，故影响线纵坐标值的计算同简支梁完全相同。A_y 的影响线如图 8.23（b）所示。

单位荷载在任意位置的 A_y 都知道了，接下来我们要求 A_x 的影响线，A_x 为支座 A 的水平反力。我们把铰点 D 左侧的桁架取为隔离体，对其进行分析。例如，图 8.24（a）所示即为该隔离体。我们把单位荷载布置在第二个节点上，对铰点 D 弯矩求和，可列出 A_x 为唯一未知量的方程。

$$\circlearrowright^+ \quad \sum M_D = 0$$

$$0 = \frac{3}{4} \times 24 - A_x \times 17 - 1 \times 12$$

$$A_x = \frac{6}{17} \text{kip}$$

完整的 A_x 的影响线如图 8.23（c）所示。

为求 AI 杆的轴力，我们取支座 A 为隔离体 [见图 8.24（b）]。由于 AI 杆的轴力的水平分力必等于 A_x，所以 AI 的轴力影响线的纵坐标值必与 A_x 的影响线的纵坐标值成比例关系。由于 AI 杆的倾角为 45°，所以 $F_{AI} = \sqrt{2} X_{AI} = \sqrt{2} A_x$。$F_{AI}$ 的影响线如图 8.23（d）所示。

图 8.24（c）所示为用于求 CD 杆的轴力影响线的隔离体图。该隔离体是由一贯穿桁架第二个节间的中心的竖直截面切出的。利用图 8.23（b）和（c）中 A_x 及 A_y 的影响线上的值，我们可以通过对过节点 I 的参考轴弯矩求和解出 CD 杆的轴力。标出单位荷载作用在各个位置时所对应的 F_{CD} 的值，最后我们得到 F_{CD} 的影响线，如图 8.23（e）所示。

为了确定 BI 杆的轴力，我们用一竖直截面切开桁架的第一节间，考虑截面左侧的隔离体 [见图 8.24（d）]。我们通过将所有的力对过点 X（杆 AI 和 BC 的轴力作用线的交点）的轴线弯矩求和，可以写出一个关于力 F_{BI} 的弯矩方程。接着我们把力 F_{BI} 沿着它的作用线延伸到节点 B，为了简化计算，把力 F_{BI} 分解。由于 X_{BI} 过弯矩中心 X，所以在弯

矩方程中只剩 F_{BI} 在 y 方向上的分力。根据斜率关系，我们把 F_{BI} 表示为

$$F_{BI} = \frac{13}{5} Y_{BI}$$

F_{BI} 的影响线如图 8.23（f）所示。

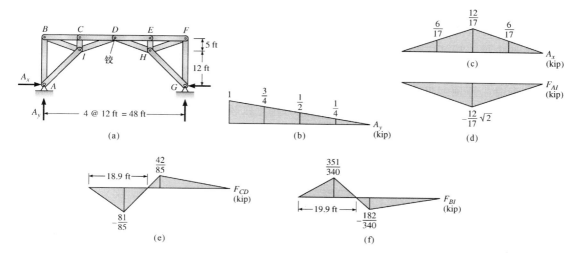

图 8.23 拱形桁架的影响线

（a）桁架详图；（b）A_y 的反力影响线；（c）A_x 的反力影响线；（d）AI 杆的轴力影响线；
（e）CD 杆的轴力影响线；（f）BI 杆的轴力影响线

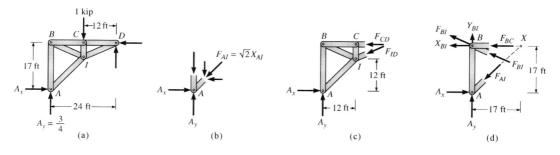

图 8.24 用于分析图 8.23（a）中的三铰拱的隔离体

8.8 公路和铁路桥梁上的活荷载

在 8.5 节中，我们介绍了如何利用影响线去计算一个截面上由均布或是集中活荷载产生的力。现在我们要把这一讨论推广到求一个截面上由一组移动荷载——如卡车或火车的车轮产生的最大的力。在本节中，我们要简要介绍活荷载的特性（标准卡车和火车），以用于公路和铁路桥梁的设计。在 8.9 节，我们要介绍确定轮载位置的增-减法。

8.8.1 公路桥

在美国，公路桥上的活荷载必须要经过设计。这是美国国家公路运输管理协会（AASHTO）明确规定的。现在，主要的公路桥在设计时，每条车道的荷载有两种形式，

一种为标准的 72kip 六轮 HS20 - 44 卡车，如图 8.25（a）所示，另一种是一均布荷载加上一集中荷载，如图 8.25（b）所示。当构件的跨度小于 145ft 时，标准卡车产生的力一般控制了构件的设计。当跨度超过 145ft 时，车道荷载产生的力一般大于由标准卡车产生的力。如果是次要公路上的桥，预计只有轻型车辆通过，则标准卡车和车道荷载可以减小 25％或 50％，这取决于预计通过车辆的重量。这些较轻车辆的荷载可分别归为 HS15 型荷载和 HS10 型荷载。

虽然未被工程师广泛使用，但是 AASHTO 规范也规定次要公路桥只能通行较轻的（40kip）四轮 HS20 卡车，而不允许重型卡车通过。由于一座桥一般有 50～100 年，甚至更长的寿命，且预测将来要通过这座桥的车辆的类型会让设计者把构件设计得较厚，这样桥梁抵抗由盐雨或酸雨腐蚀而导致倒塌的能力将比以较轻的卡车为荷载设计出的桥梁的抵抗能力强。

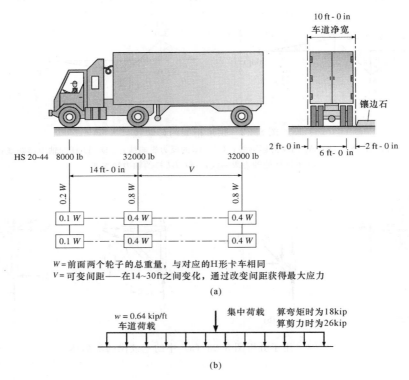

图 8.25　用于设计公路桥的车道荷载

（a）标准的 72kip、HS20 - 44 型卡车；（b）均布荷载加上集中荷载，其中集中荷载被布置在使结构内力取得最大值的位置

虽然标准 HS 卡车的前轮与中部车轮之间的距离是固定的 14ft［见图 8.25（a）］，但设计者可以自由地把中间车轮与后轮的距离 V 的值在 14～30ft 之间调整。设计者所选取的轮距应使被计算的设计力取得最大值。在全部设计中，设计者应考虑卡车在跨长任一方向移动的可能性。

虽然考虑两辆或两辆以上的卡车作用在跨度为 100ft 或 100ft 以上的桥上看起来是符

合逻辑的，但 AASHTO 明确指出：设计者在设计时，只需要考虑一辆卡车或考虑车道荷载。虽然由于年久失修、结构缺陷、材料缺陷等原因偶尔会有公路桥损毁，但还没有记录表明当桥的构件根据 HS 15 或 HS 20 卡车设计时，桥却因为受力过大而损毁。

8.8.2　铁路桥

关于铁路桥的设计荷载被收录在美国铁路工程协会（AREMA）的规范中。AREMA 规范要求桥被设计成有一列由两个火车头拖着后面排成一条线的车厢组成的火车作用在桥上。如图 8.26 所示，火车头的车轮通过集中荷载来表示，车厢由均布荷载表示。表示火车重量的活荷载根据库珀 E 荷载来详细说明。目前，大多数桥梁是根据图 8.26 所示的库珀 E‑72 荷载来设计的，其中的数字 72 代表由火车头的主动轮产生的以 kip 为单位的轮轴荷载。其他的库珀荷载也可以使用。这些荷载与库珀 E‑72 之间有比例关系。例如，要建立一个库珀 E‑80 荷载，则图 8.26 中的所有力都要乘以一个大小为 80/72 的系数。

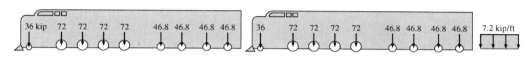

图 8.26　用于铁路桥设计的库珀 E‑72 型火车（轮式荷载的单位为 kip）

8.8.3　冲击

如果你坐过卡车或小汽车，你可能会知道当汽车在公路上行驶时，它们会上下颠簸——而弹簧被用来减弱这种振动。汽车的这种竖向的运动是公路表面凹凸程度的函数。颠簸，则路面不平坦，有凸起、凹坑、碎石块以及其他造成汽车做竖向正弦运动的因素。汽车竖直向下的运动增大了通过车轮作用在桥上的力。由于动力荷载是桥和车的固有周期的函数，我们很难预计，所以我们通过引入冲击系数 I 以增大活荷载的值来解决该问题。对于公路桥，AASHTO 规范给出用于特殊构件的 I 值

$$I = \frac{50}{L+125} \quad \text{但不能大于 } 0.3 \tag{8.7}$$

式中　L——荷载作用下产生最大应力的截面与端点的距离。

例如，要计算图 8.21（a）中的桁架的 BK 杆的拉力冲击系数，我们利用图 8.21（c）中的影响线，得到 $L=72\text{ft}$（影响线的纵坐标值为正的区域的长度），把该长度代入 I 的公式，得

$$I = \frac{50}{72+125} = 0.254$$

因此，在 BK 杆中由活荷载产生的力应该乘以 1.254，这样就得到了由活载和冲击共同产生的力。

如果我们是计算活载在 BK 杆中产生的最大压力，冲击系数会改变。根据图 8.21（c）中的影响线，当活荷载在支座 A 右侧 18ft 的范围内作用时，杆件的轴力为压力。把 $L=18\text{ft}$ 代入冲击公式，我们得

$$I = \frac{50}{18+125} = 0.35 \quad （取 0.3）$$

由于 0.35 超过了 0.3，所以我们用上限 0.3。

恒载应力不需通过冲击系数增加。其他的桥梁规范也有类似的考虑冲击的公式。

8.9　增-减法

在 8.5 节，我们讨论了当活荷载是由一个单独的集中荷载或是均布荷载表示时，如何利用影响线去计算一个函数的最大值。有时一个活荷载是由一组集中荷载组成的，且它们之间的相对位置固定，而我们现在就是要求在这种活荷载情况下函数的最大值问题。这种一组荷载的情况可以表示卡车或火车的车轮产生的力。

在增-减法中，我们把一组荷载全部布置在结构上，并使最前面的荷载被布置在了影响线的最大纵坐标值所对应的点上。例如，图 8.27 中所示为一根设计承受由 5 个轮子组成的活荷载的梁。为了开始分析，我们想象荷载被移动到了结构上，力 F_1 直接作用在影响线的最大纵坐标值 y 下方的点上，在这种情况下，荷载 F_5 没有作用在结构上，所以我们不计算。

现在，我们把整个组合荷载向前移动一个距离 x_1，使第二个轮子被布置在了影响线的最大纵坐标点处。作为变换的结果，函数（由影响线表示）的值改变了。第一个轮子的力 F_1 对函数的贡献减小了（也就是，在新位置处影响线的纵坐标值 y' 比原来的纵坐标值 y 小）。另一方面，力 F_2、F_3 和 F_4 对函数的贡献增加了，因为它们移到的新位置处的影响线的纵坐标值比原来的大。由于轮式荷载 F_5 现在已在结构上了，所以它也压迫了杆件。如果函数值减小了，则荷载的第一位置比第二位置危险，我们可以通过用位置 1 处〔见图 8.27（c）〕荷载的值乘以对应的影响线的纵坐标的值（即，F_1 乘以 y）。可是，如果荷载移动到位置 2〔见图 8.27（d）〕后函数的值增加了，则第二位置比第一位置危险。

为了确认第二位置是最危险的，我们要将全部荷载再向前移动一个 x_2 的距离，使得 F_3 处于最大纵坐标点处〔见图 8.27（e）〕。我们再一次计算改变后产生的函数的大小。如果函数减小了，前一位置是危险位置。如果函数增大了，我们就再一次改变荷载。这一过

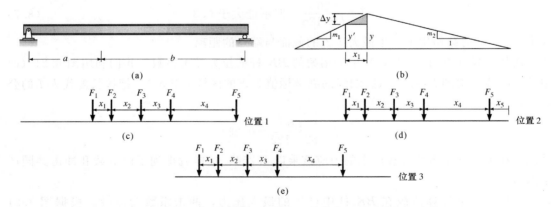

图 8.27　利用增-减法求一组集中活荷载产生的函数的最大值

（a）梁；（b）某一函数的影响线的最大纵坐标值为 y；（c）位置 1：将第一个 F_1 的轮式荷载布置于最大纵坐标值为 y 的点处；（d）位置 2：所有的轮式荷载都移动了一个 x_1 的距离，使得 F_2 的轮式荷载作用于纵坐标值最大的点上；（e）位置 3：所有的轮式荷载都移动了一个 x_2 的距离，使得 F_3 的轮式荷载作用于纵坐标值最大的点上

程一直持续到荷载改变后的函数减小为止。一旦我们得到了这一结论，我们就确定荷载的前一位置使函数取得最大值。

由指定的轮子的移动产生的函数的值的变化等于两个位置处轮子的荷载与对应影响线的纵坐标值的乘积的差值。例如，当轮式荷载 F_1 向前移动 x_1 的距离产生的函数的变化 Δf 等于

$$\Delta f = F_1 y - F_1 y'$$
$$\Delta f = F_1(y - y') = F_1(\Delta y) \tag{8.8}$$

其中影响线的纵坐标的差值 $\Delta y = y - y'$。

如果 m_1 是移动的区域中的影响线的斜率，我们就可以把 Δy 表示为一个斜率和移动的值的函数，其中要考虑斜三角形与阴影面积之间的比例关系，如图 8.27（b）所示：

$$\frac{\Delta y}{x_1} = \frac{m_1}{1}$$
$$\Delta y = m_1 x_1 \tag{8.9}$$

把式（8.9）代入式（8.8），得

$$\Delta f = F_1 m_1 x_1 \tag{8.10}$$

其中斜率 m_1 可正可负，F_1 为轮式荷载。

如果一个荷载移上结构或移下结构，它对函数的贡献 Δf 可以通过把它实际移动的距离代入式（8.10）求得。例如，随着力 F_5［见图 8.27（d）］移上结构，它的贡献等于

$$\Delta f = F_5 m_2 x_5$$

式中 x_5——从梁的端点到荷载 F_5 的距离。

增-减法在例 8.9 中有详细的解释。

【例 8.9】 图 8.28（b）中长度为 80ft 的桥梁要支承如图 8.28（a）所示的轮式荷载，利用增-减法确定节点 B 处的弯矩的最大值。轮子可以向任一方向移动。节点 B 的弯矩影响线如图 8.28（b）所示。

解：

情形 1 10kip 的荷载从右向左移动。从 10kip 的荷载作用在节点 B 开始［见图 8.28（b）中的位置］，计算所有荷载向左移动 10ft 后弯矩的变化；即荷载 2 移动到了节点 B 处（见位置 2）。利用式（8.10）

$$弯矩增量 = (20 + 20 + 30 + 30) \times \frac{1}{4} \times 10 = +250(\text{kip} \cdot \text{ft})$$

（荷载 2、3、4 和 5）

$$弯矩减量 = 10 \times \left(-\frac{3}{4}\right) \times 10 = -75(\text{kip} \cdot \text{ft})$$

（荷载 1）

$$净变化 = +175(\text{kip} \cdot \text{ft})$$

结论 位置 2 比位置 1 危险。

再一次移动荷载以确定弯矩是否继续增加。计算所有荷载一起向左移动 5ft 到达位置 3 处时弯矩的变化；即荷载 3 移动到了节点 B 上。

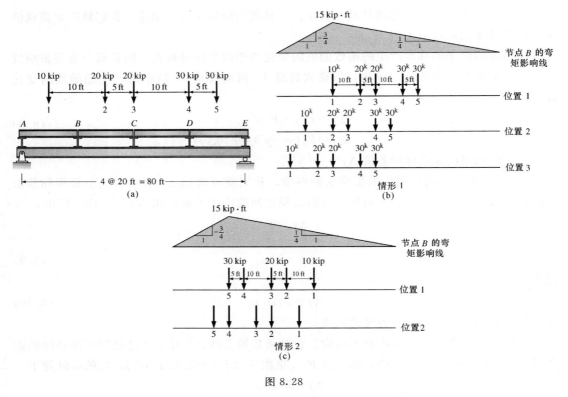

图 8.28

$$弯矩增量＝(20＋30＋30)\times 5\times\frac{1}{4}＝＋100.0(kip\cdot ft)$$

（荷载 3、4 和 5）

$$弯矩减量＝(10＋20)\times 5\times\left(-\frac{3}{4}\right)＝-112.5(kip\cdot ft)$$

（荷载 2 和 3）

$$净变化＝-12.5 kip\cdot ft$$

结论 位置 2 比位置 3 危险。

计算节点 B 处的最大弯矩。把每一个荷载的值乘以相对应的影响线的纵坐标值（括号中的数）。

$$M_B＝10\times7.5＋20\times15＋20\times13.75＋30\times11.25＋30\times10$$
$$＝1287.5(kip\cdot ft)$$

情形 2 30kip 的荷载从右向左移动。从 30kip 的荷载作用在节点 B 开始［见图 8.28（c）中的位置 1］。计算当所有荷载向左移动 5ft 到达位置 2 处时弯矩的变化。

$$弯矩增量＝80\times5\times\frac{1}{4}＝＋100.0 （kip\cdot ft）$$

（荷载 4、3、2 和 1）

$$弯矩减量＝30\times5\times\left(-\frac{3}{4}\right)＝-112.5 （kip\cdot ft）$$

（荷载 5）

$$净变化 = -12.5 kip \cdot ft$$

结论　位置 1 比位置 2 危险。

利用影响线的纵坐标值计算节点 2 处的弯矩。

$$M_B = 30 \times 15 + 30 \times 13.75 + 20 \times 11.25 + 20 \times 10 + 10 \times 7.5$$
$$= 1362.5 (kip \cdot ft) 起控制作用 > 1287.5 kip \cdot ft$$

8.10　活荷载产生的绝对值最大的弯矩

8.10.1　情形 1：单个集中荷载

作用在一根梁上的单个集中荷载会产生一个三角形的弯矩曲线，其最大值发生在荷载作用点处。当一个集中荷载在一根简支梁上移动时，最大弯矩值从荷载作用于支座上时的 0 增加到荷载作用于跨中时的 $0.25PL$。图 8.29（b）、（c）和（d）显示了集中荷载分别作用于距左端支座 $L/6$、$L/3$ 和 $L/2$ 时所对应的弯矩曲线。在图 8.29（e）中，虚线被称为弯矩包络线，它表示了一个活动的集中荷载在图 8.29（a）所示的简支梁的任一截面上所能产生的最大弯矩值。弯矩包络线是通过把图 8.29（b）～（d）中的弯矩曲线的纵坐标的最大值用连线连起来建立的。由于在设计梁时，我们要求它的每一个截面都要能承受该截面可能产生的最大弯矩，因此杆件的弯曲能力一定要等于或是超过弯矩包络线〔而不是图 8.29（d）的弯矩曲线〕所给出的值。活荷载引起的绝对值最大的弯矩发生在活载作用于梁的跨中处时。

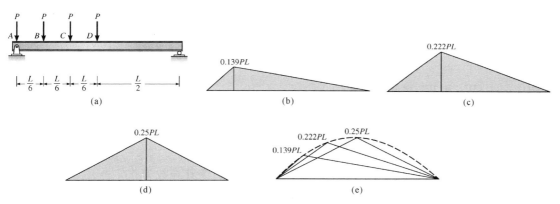

图 8.29　简支梁上的集中荷载的弯矩包络线

（a）用于绘制弯矩包络线的 4 个荷载作用的位置（A 到 D）；（b）荷载作用于 B 点时的弯矩曲线；（c）荷载作用于 C 点时的弯矩曲线；（d）荷载作用于 D 点（跨中）时的弯矩曲线；（e）弯矩包络线，曲线所示为任一截面上的最大弯矩值

8.10.2　情形 2：轮式荷载的排列

增-减法提供了求一组活荷载在一根梁的任一截面产生的最大弯矩值的方法。用这种方法，我们首先要画出要求弯矩的截面处的弯矩影响线。虽然我们知道一组轮式荷载在跨中附近的截面上产生的最大弯矩会大于在支座附近的截面上产生的最大弯矩，但我们还不能确定在跨长范围内到底哪一个截面，活荷载在其上产生的弯矩是最大的。为了定出简支梁上的这一截面，为了求得一组特定的轮式荷载所能产生的绝对值最大的弯矩，我们将研

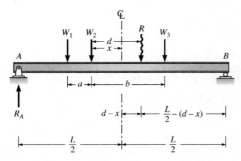

图 8.30 轮式荷载作用下产生合力 R

究图 8.30 中作用于梁上的轮式荷载产生的弯矩。在本讨论中，我们假定轮式荷载的合力 R 被布置在轮 2 右侧 d 处（对一组集中荷载的合力的定位的方法在例 3.2 中已介绍）。

虽然我们不能绝对肯定地指出轮载作用在哪一点会产生最大弯矩，但经验告诉我们它很有可能发生在邻近力系合力的一个轮子下面。根据我们对于单个集中荷载产生的弯矩的经验，我们认识到当轮式荷载被布置在梁的中点附近时，最大弯矩产生。我们任意假定最大弯矩发生在轮 2 下，轮 2 在梁的中心线的左侧 x 处。为了得出 x 的值，我们将轮 2 下梁的弯矩表示为 x 的函数。

通过对关于 x 的弯矩表达式的微分，使其导数为 0，我们就可以定下取最大弯矩时轮 2 的位置。为了计算轮 2 下的弯矩，我们利用轮式荷载的合力 R 去求支座 A 的反力。对支座 B 弯矩求和：

$$\circlearrowright^+ \quad \sum M_B = 0$$

$$R_A L - R\left[\frac{L}{2} - (d-x)\right] = 0$$

$$R_A = \frac{R}{L}\left(\frac{L}{2} - d + x\right) \tag{8.11}$$

通过对轮 2 下的梁上对应点的截面弯矩求和，得出该点处的弯矩 M：

$$M = R_A\left(\frac{L}{2} - x\right) - W_1 a \tag{8.12}$$

式中 a——W_1 和 W_2 之间的距离。

把式（8.11）中的 R_A 代入式（8.12），简化后得

$$M = \frac{RL}{4} - \frac{Rd}{2} + \frac{xRd}{L} - x^2 \frac{R}{L} - W_1 a \tag{8.13}$$

为求得 M 的最大值，我们对式（8.13）的 x 微分，令其导数为 0：

$$0 = \frac{\mathrm{d}M}{\mathrm{d}x} = d\frac{R}{L} - 2x\frac{R}{L}$$

和

$$x = \frac{d}{2} \tag{8.14}$$

根据 x 等于 $d/2$，我们得出结论：在布置荷载时，要把假定其下发生最大弯矩的轮子和力系的合力对称地布置在中，我们将用这一原理去求由一组轮式荷载在一根简支梁上产生的绝对值最大的弯矩。

【例 8.10】 求如图 8.31（a）所示的一组荷载，在跨度为 30ft 的简支梁上所能产生的绝对值最大的弯矩。

解：

计算图 8.31（a）所示组合荷载的合力的大小和位置。

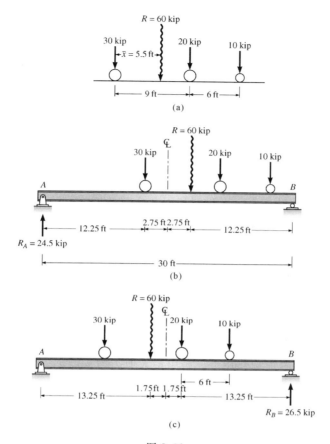

图 8.31

(a) 轮式荷载；(b) 用以检查 30kip 的荷载下方能产生的最大弯矩所对应的组合荷载的布置；

(c) 用以检查 20kip 的荷载下方能产生的最大弯矩所对应的组合荷载的布置

$$R = \sum F_y = 30 + 20 + 10 = 60(\text{kip})$$

通过对 30kip 的荷载弯矩求和定出合力的位置。

$$R\,\overline{x} = \sum F_n x_n$$

$$60\,\overline{x} = 20 \times 9 + 10 \times 15$$

$$\overline{x} = 5.5\text{ft}$$

假定最大弯矩发生在 30kip 的荷载下，我们按图 8.31 (b) 所示布置荷载，即，梁的中心线平分 30kip 的荷载与合力之间的距离。通过对 B 点弯矩求和得出 R_A。

$$\curvearrowright^+ \quad \sum M_B = 0 = R_A \times 30 - 60 \times 12.25$$

$$R_A = 24.5\text{kip}$$

30kip 的荷载处的弯矩 $= 24.5 \times 12.25 = 300(\text{kip} \cdot \text{ft})$

假定最大弯矩发生在 20kip 的荷载下，我们按图 8.31 (c) 所示布置荷载，即，梁的中心线平分 20kip 的荷载与合力之间的距离。

通过对 A 点弯矩求和得出 R_B。

$$\circlearrowright^{+} \quad \sum M_A = 0 = 60 \times 13.25 - R_B \times 30$$

$$R_B = 26.5\text{kip}$$

20kip 的荷载处的弯矩 $= 13.25 \times 26.5 - 10 \times 6 = 291.1$（kip·ft）绝对值最大的弯矩 $=$ 300kip·ft（位于 30kip 的荷载作用下）。

8.11 最大剪力

梁（简支或连续）中剪力的最大值通常发生在邻近支座处。在简支梁中，梁端处的剪力等于该处的反力；因此，要使剪力最大，我们只要布置荷载使反力最大即可。反力影响线［见图 8.32（b）］表明荷载应尽可能地接近支座布置且应在全跨范围内布置荷载。如果一根简支梁承受一组移动荷载，则我们利用 8.9 节的增-减法可以确定荷载在杆件上什么位置时，反力最大。

为使指定的 B-B 截面处剪力最大，图 8.32（c）中的影响线表明荷载的布置要：①只布置在截面的一边；②要布置在距支座远的一边。例如，如果图 8.32（a）中的梁承受一长度可变的均布活荷载，为使截面 B 处剪力最大，应该将活荷载布置在点 B 和 C 之间。

如果一根简支梁承受一长度可变的均布活荷载，设计者希望通过绘制最大剪力包络线确定在沿着梁的轴线方向上的各截面上的临界活载剪力。一种可行的包络线的绘制方法是用一条直线把支座处的最大剪力和跨中处的最大剪力连接起来（见图 8.33）。支座处最大剪力为 $wL/2$，发生在满跨荷载作用下。跨中最大剪力为 $wL/8$，发生在半跨荷载作用下。

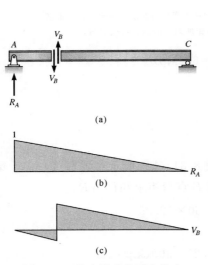

图 8.32 简支梁中的最大剪力
（a）B 处剪力的正值表达形式；（b）R_A 的影响线；
（c）截面 B 处的剪力影响线

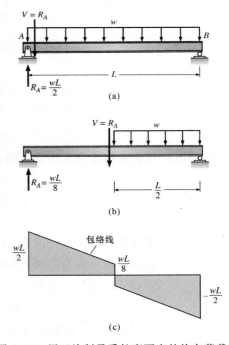

图 8.33 用于绘制承受长度可变的均布荷载的简支梁的剪力包络线的荷载条件
（a）满跨荷载使得支座处产生最大剪力；（b）半跨荷载使得跨中处产生最大剪力；（c）剪力包络线

总结

· 影响线被用于确定在结构的何处布置一个移动荷载或一个可变长度的均布活荷载以使得梁、桁架或其他类型的结构的指定截面内的内力取得最大值。

· 影响线是通过计算结构上指定点处的内力或反力随着一个单位荷载在该结构上移动而不断变化的值绘制出来的。内力的值直接画在对应的单位荷载的作用点的下方。

· 静定结构的影响线由一系列的直线组成，超静定结构的影响线由一系列的曲线组成。

· 米勒-布瑞斯劳原理提供了一种定性地确定影响线的形状的简单方法，该原理表述为：把结构的一个约束去掉，并在该处引入一个对应于被移走的约束的位移，得到的变形形状与对应于约束的力的影响线呈比例关系。

习题

P8.1　如图 P8.1 所示，画出 A 处的反力影响线及 B 点和 C 点的剪力和弯矩影响线。D 点为链杆支座。

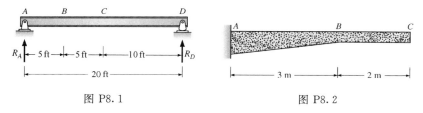

图 P8.1　　　　　　　　　图 P8.2

P8.2　如图 P8.2 所示梁，画出 A 处的反力影响线及 B 点的剪力和弯矩影响线。

P8.3　如图 P8.3 所示，画出 A 处和 C 处的反力影响线，B 点的剪力和弯矩影响线，C 点左侧剪力的影响线。

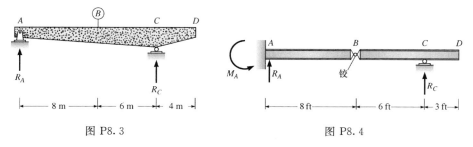

图 P8.3　　　　　　　　　图 P8.4

P8.4　(a) 画出图 P8.4 中梁的各反力 M_A、R_A 和 R_C 的影响线。(b) 假定该梁承受一大小为 1.2kip/ft，长度可变的均布荷载，求以上各反力的最大正值和最大负值。

P8.5　(a) 画出图 P8.5 中梁的各反力 R_B、R_D 和 R_F 的影响线以及 E 点剪力和弯矩的影响线。(b) 假定该梁承受一大小为 1.2kip/ft，长度可变的均布荷载，求以上各反力的最大正值和最大负值。

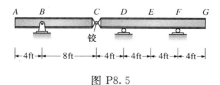

图 P8.5

P8.6　如图 P8.6 所示连续梁，画出 B、C、E

和 G 处的反力影响线及 C 点和 E 点的弯矩影响线。如果一个均布荷载 2kip/ft 作用在整个梁上，计算 B、C、D、E 处的反力大小及 C 点和 D 点的弯矩大小。

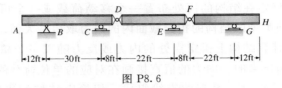

图 P8.6

P8.7 如图 P8.7 所示，荷载在梁 $BCDE$ 上移动。画出 A 处和 D 处的反力影响线、C 点的剪力和弯矩影响线、D 点弯矩影响线，C 点在 A 点的正上方。

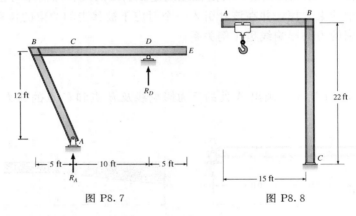

图 P8.7   图 P8.8

P8.8 起重荷载在梁 AB 上移动，如图 P8.8 所示。画出 C 点轴力的影响线，画出 B 处和 C 处弯矩影响线。

P8.9 如图 P8.9 所示，梁 AD 通过 C 点与索链接。画出索 CE 拉力的影响线、A 点的剪力和 B 点弯矩的影响线。

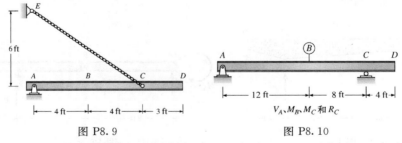

图 P8.9   图 P8.10

P8.10～P8.13 利用米勒-布瑞斯劳原理，画出图 P8.10～图 P8.13 中支座反力以及下面标注的影响线。

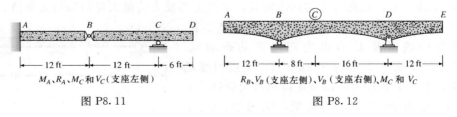

M_A、R_A、M_C 和 V_C（支座左侧） R_B、V_B（支座左侧）、V_B（支座右侧）、M_C 和 V_C

图 P8.11   图 P8.12

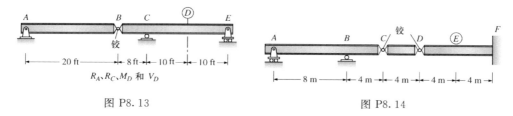

图 P8.13

图 P8.14

P8.14 如图 P8.14 所示梁，画出 A、B 和 F 处的反力影响线，F 点的弯矩、剪力影响线，支座 B 的左侧和右侧的剪力影响线，E 点的剪力影响线。

P8.15 对于图 P8.15，画出 A、B 两点间的剪力影响线以及图中主梁 GH 上 E 点处的弯矩影响线。

P8.16 对于上图 P8.15，画出 B、C 两点间的剪力影响线以及图中主梁上 C、E 点处的弯矩影响线。

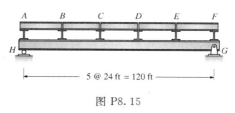

图 P8.15

P8.17 对于图 P8.17，画出 A 点的反力影响线，C 点处的弯矩影响线以及图中主梁 AE 上 B、C 点处的剪力影响线。

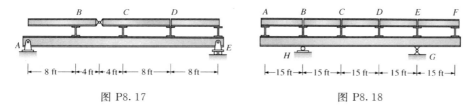

图 P8.17

图 P8.18

P8.18 （a）画出图 P8.18 中主梁 HG 上 B 和 E 处的反力影响线、CD 之间的剪力影响线、B 和 D 处的弯矩影响线。（b）如果我们把楼板系统（纵梁和平板）的恒载近似地看成一大小为 3kip/ft 的均布荷载，横梁的恒载对于每个节点的反力为 1.5kip，另主梁自重为 2.4kip/ft，求主梁上 D 处的弯矩和 C 点右侧的剪力。假定楼板系统由两个外部主梁支承。

P8.19 对于图 P8.19 中的主梁，画出 I 处的反力影响线，支座 I 右侧的剪力影响线，C 处的弯矩影响线和 CE 间的剪力影响线。

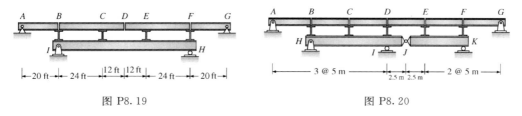

图 P8.19

图 P8.20

P8.20 （a）对于图 P8.20 中所示主梁 HIJ，画出 C 处的弯矩影响线。（b）画出支座 H 和 K 的反力影响线。

P8.21 对于图 P8.21 中所示主梁，荷载只能作用在点 B 和 D 之间。画出 A 处的反力影响线、D 处的弯矩影响线及支座 A 右侧的剪力影响线。

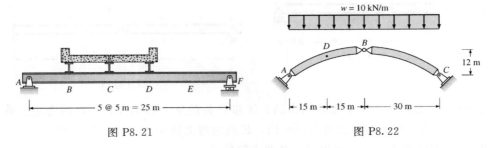

图 P8.21　　　　　　　　　　　图 P8.22

P8.22　（a）图 P8.44 所示的三铰拱式桁架呈抛物线的形状。画出 A 处的水平反力和竖直反力的影响线及 D 处的弯矩影响线。（b）如果该拱式桁架承受一大小为 10kN/m 的均布荷载，计算支座 A 的水平反力和竖直反力。（c）计算 D 点处的最大弯矩。

P8.23　对于图 P8.23 中所示半圆形三铰拱 ABC，画出 A 和 C 处的反力影响线，F 处的剪力、轴力和弯矩的影响线，一大小为 2kip/ft 的均布荷载作用在主梁 DE 上，通过连杆把力传到三铰拱上，计算支座 A、C 的反力，利用影响线计算 F 的剪力、轴力和弯矩。

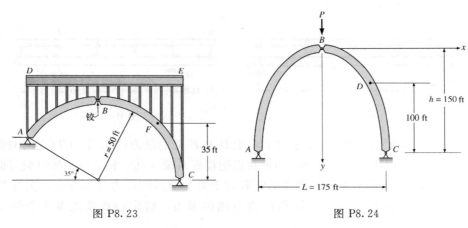

图 P8.23　　　　　　　　　　　图 P8.24

P8.24　对于图 P8.24 中所示三铰拱，荷载可以作用在点 A 和 C 之间。画出 C 处的反力影响线，D 处的剪力、轴力、弯矩的影响线。三铰拱的曲线为 $y = 4hx^2/L^2$。如果荷载 $P = 3$kip 作用在点 B，计算 D 的剪力、轴力、弯矩的大小。

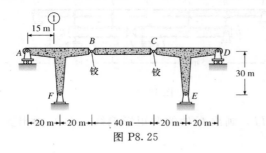

图 P8.25

P8.25　画出 A 和 F 的反力影响线，截面 1 处的剪力和弯矩的影响线。当梁上作用 10kN/m 的均布荷载时，利用影响线求 A 和 F 的反力，如图 P8.25 所示。

P8.26　水平荷载 P 可以作用在图 P8.28 中杆件 AC 上的任一位置。画出截面 1 处的弯矩和剪力影响线以及截面 2 处的弯矩影响线。

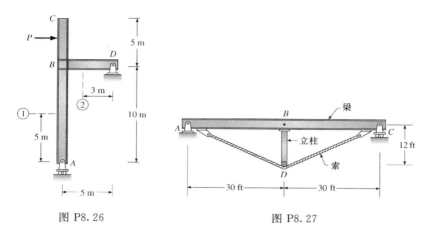

图 P8.26   图 P8.27

P8.27　荷载在倒置吊杆桁架桥上移动。画出索的拉力影响线、BD 轴力的影响线、梁 ABC 的点 B 处弯矩的影响线，当梁 ABC 上作用 2kip/ft 的均布荷载时，利用影响线求解索和立柱内力、点 B 处弯矩。

P8.28　荷载在横梁 BC 上移动。画出 A 的反力影响线和距离 AB 轴线 1ft 的截面 1 处的弯矩影响线。

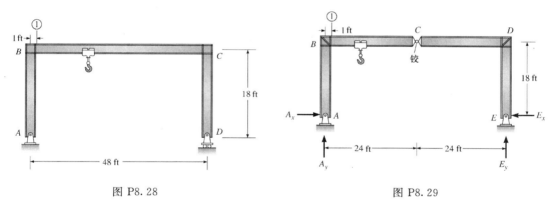

图 P8.28   图 P8.29

P8.29　画出左侧支座 A_x 和 A_y 处的反力影响线和距离 AB 轴线 1ft 的截面 1 处的弯矩影响线。

P8.30　如果活荷载作用在图 P8.30 中的桁架下弦上，试画出杆件 AB、BK、BC 和 LK 中的轴力影响线。

P8.31　如果活荷载逐一作用在图 P8.30 中的桁架下弦的各节点上，试画出杆件 DE、DI、EI 和 IJ 中的轴力影响线。

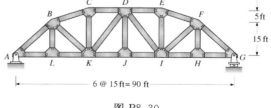

图 P8.30

P8.32　(a) 如果活荷载作用在图 P8.32 中的桁架下弦上，试画出杆件 HC、HG、和 CD 中的轴力影响线。(b) 如果桁架 B、C、D 各承受一大小为 12kip 的荷载，计算杆件 HC 的内力。

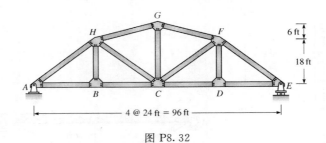

图 P8.32

P8.33 活荷载作用在图 P8.33 中的桁架下弦上，试画出杆件 AD、EF、EM 和 NM 中的轴力影响线。竖直杆 EN 和 GL 长 18ft，FM 长 16ft。

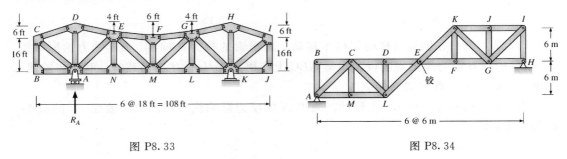

图 P8.33   图 P8.34

P8.34 画出图 P8.34 中所示的桁架杆件 CD、EL 和 ML 的轴力影响线。荷载沿着桁架的 BH 杆移动。

P8.35 对于图 P8.35 中所示的悬臂桁架，如果我们将活荷载逐一施加在桁架的下弦各节点上，试画出杆件 ML、BL、CD、EJ、DJ 和 FH 的轴力影响线。

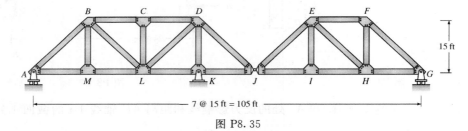

图 P8.35

P8.36 画出左侧支座 A 处的水平和竖直 A_x 和 A_y 反力影响线和杆件 AD、CD 和 BC 的轴力影响线。如果 4kip 大小的荷载施加在桁架拱的上面，试求杆件 AD、CD 内力大小。

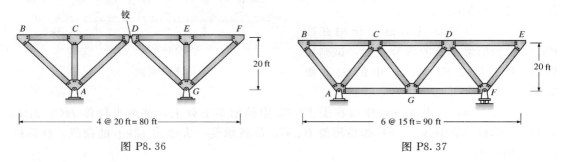

图 P8.36   图 P8.37

P8.37　画出杆件 *AC*、*CD* 和 *CG* 的轴力影响线。荷载通过路面传到桁架节点上（未画出）。大小为 0.32kip/ft 的均布活荷载和集中荷载 24kip 可以任意布置，试求杆件 *CG* 的轴力最大值（拉力、压力或者都有）。

P8.38　一座桥由两个桁架构成，其构造如图 P8.38 所示。桁架的上弦节点承受纵梁和横梁系统的反力的作用，纵梁和横梁支承着桥面。画出杆 *FE* 和 *CE* 的轴力影响线。假定汽车沿着路的中线行进，则每片桁架支承 1/2 的汽车荷载。如果一辆全重为 70kN 的汽车经过该桥，求由此活荷载引起的杆 *FE* 和 *CE* 的轴力的值。假定汽车既可以从左往右开，也可以从右往左开。考虑杆中轴力为压力和拉力的可能性。

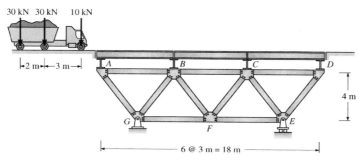

图 P8.38

P8.39　画出图 P8.39 中的杆件 *AL* 和 *KJ* 的轴力影响线。利用这些影响线，求出一辆 54kip 的卡车在经过这座由两个桁架组成的桥时，杆件中产生的最大轴力（拉力和压力都要考虑）。假定该卡车沿着路面的中线行进，这样每片桁架都承受 1/2 的车重。假定该卡车既可以从左往右过桥，也可以从右往左过桥。

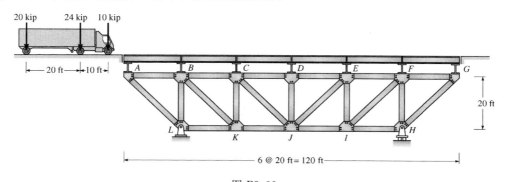

图 P8.39

P8.40　(a) 图 P8.40 所示为一三铰拱式桁架。荷载通过横梁和纵梁系统施加在桁架的上弦节点上。画出支座 *A* 的水平反力和竖直反力的影响线及杆件 *BC*、*CM* 和 *ML* 的轴力或轴力的分力的影响线。(b) 假定拱和楼板系统的恒载可以用一大小为 4.8kip/ft 的均布荷载代替，试求由该恒载引起的杆件 *CM* 和 *ML* 的轴力。(c) 如果活载由一大小为 0.8kip/ft 且长度可变的均布荷载及一大小为 20kip 的集中荷载代替，试求由该活载产生的杆件 *CM* 的轴力的最大值。拉力和压力都要考虑，节点 *E* 可看成一个铰。

P8.41　计算在两个间距为 10ft 的 20kip 集中荷载作用下的简支梁中产生的剪力和弯

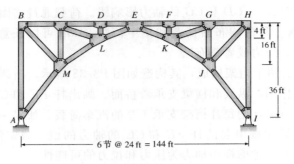

图 P8.40

矩的绝对值的最大值。梁的跨度为30ft。

  P8.42 一简支梁，跨度为24ft，承受一大小为0.4kip/ft且长度可变的均布荷载及一大小为10kip的集中活荷载（见图P8.42），画出简支梁的最大剪力和弯矩的包络线。10kip的荷载可作用于梁上任意一点。计算支座处、1/4点处和跨中处包络线的值。

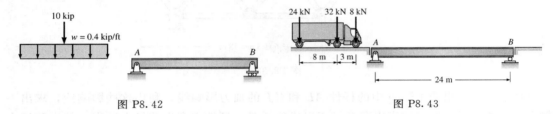

图 P8.42   图 P8.43

  P8.43 求：（a）轮式荷载在梁中产生的剪力和弯矩的最大绝对值；（b）当中部的轮式荷载作用在梁的中点处时，弯矩的最大绝对值。如图P8.43所示。

  P8.44 求：（a）由图示活载在跨度为50ft的纵梁上产生的弯矩和剪力的最大绝对值；（b）跨中处的弯矩最大值（见图P8.44）。提示：对于问题（b），可利用弯矩影响线。

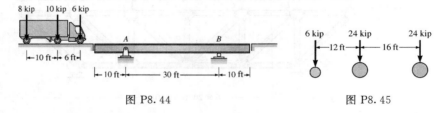

图 P8.44   图 P8.45

  P8.45 求图P8.45所示的轮式活荷载在一跨度为40ft的简支梁上所能产生的剪力和弯矩的最大绝对值。

  P8.46 图P8.46所示的梁承受一大小为80kN的活荷载。画出该梁的最大正弯矩和最大负弯矩的包络线。

  P8.47 考虑图P8.46所示的梁不承受大小为80kN的活荷载。梁承受长度任意分布的大小为6kN/m的均布荷载，画出该梁的最大剪力的包络线。

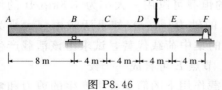

图 P8.46

P8.48 计算机应用。画出超静定梁的影响线。（a）图 P8.48 所示的超静定梁，梁上施加一单位荷载，画出梁的各反力 M_A、R_A 和 R_B 的影响线。（b）运用（a）中所画出的影响线，在图示荷载作用下，求 R_B 的最大值。

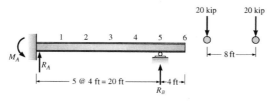

图 P8.48

P8.49 如图 P8.49 所示的简支梁，承受如图所示的移动荷载。梁承受的荷载在冲击荷载的影响下将要增大（见表 2.3），（a）确定荷载位置，并求出最大弯矩和最大位移。（b）重新确定荷载位置，使荷载在跨内对称布置，求出最大弯矩和最大位移。比较哪种情况下产生的位移较大。

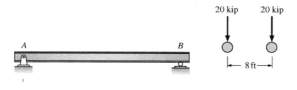

图 P8.49

台湾的台北 101 大厦

台北的 101 大厦在 2010 年比它还高 1000ft 的迪拜哈利法塔建成之前，是世界第一高的建筑。101 大厦的设计可以让它抵抗剧烈的地震和强烈的台风。101 大厦的基本周期大约是 7s。这么高的建筑在刮风的时候会发生摇晃，这会让位于其中的人感觉不舒服。为了减少这类晃动，在 101 大厦的 87～92 楼放置了直径为 18ft，重约 1450kip 的钟摆型的被动调谐质量阻尼器。于是质量的振动能量便被 8 个对角放置的液压黏滞阻尼装置所耗散。

第 **9** 章

梁和框架的挠度

本章目标

- 介绍几种计算弹性梁和弹性框架的挠度和转角的方法。
- 学习基于弹性曲线的基本微分方程的双重积分法，这种方法将曲率和沿构件纵轴方向上的 M/EI 联系到了一起。
- 学习沿纵轴两点之间，基于 M/EI 图的弯矩-面积法。这是一种几何方法，它要求正确地画出挠曲线。
- 学习弹性荷载（比如 M/EI）以及更有效的共轭梁法来计算构件轴线上任意点处的挠度和转角。

9.1 引言

当结构承受荷载作用时，它的受力部分会发生变形。在桁架中，受拉杆件伸长，受压杆件缩短。梁弯曲而钢索伸长。当这些变形发生时，结构会改变形状，结构上的点会产生位移。虽然这些挠度一般都很小，但作为全部设计的一部分，工程师必须检验这些变形是在设计规范所规定的限度之内以确保结构是安全耐用的。例如，梁的过大的挠曲会导致非结构构件如石膏天花板、墙或易碎的管道发生破裂。我们一定要限制由风荷载引起的建筑的侧向位移，以防止墙和窗的破裂。由于挠度的大小也是构件刚度的量度标准，因此，限制挠度也可以确保建筑物的楼面和桥梁的桥面不会因移动荷载而产生过大的振动。

挠度计算也是分析超静定结构、计算屈曲荷载、确定振动构件的自振周期等一系列的分析过程中必不可少的一部分。

本章我们将研究几种计算沿着梁和框架的轴线上的指定点的挠度和转角的方法。这些方法都是基于梁的弹性曲线的微分方程。这一方程把沿梁的纵轴线上某一点的曲率和该点处的弯矩以及截面和材料的特性联系在了一起。

9.2 双重积分法

双重积分法是一种求受荷梁沿纵轴线（弹性曲线）上一点处的转角和挠度公式的方法。公式是通过对弹性曲线的微分方程进行两次积分得到的，因此该方法被称为双重积分法。该方法假定所有变形都是由弯矩产生的。剪切变形通常对梁的弯曲变形的贡献不到1％，一般被忽略。但是如果梁很高、腹板很薄，或者梁是由弹性模量很小的材料（如胶合板）构成的，则剪切变形的大小较显著，此时剪切变形也要考虑。

要理解双重积分法的理论基础，我们首先回顾曲线的几何图，接着得到了弹性曲线的微分方程——该方程把弹性曲线上一点的曲率和横截面的弯矩及弯曲刚度联系了起来。最后一步，对弹性曲线的微分方程积分两次，然后通过考虑隐藏在支座处的边界条件算出积分常数。第一次积分得到转角公式；第二次积分得到挠度公式。虽然在实际应用中并不经常使用这一方法，因为对很多类型的梁，计算积分常数是一件很费时的事，但我们要用这种方法开始对挠度的学习，因为其他几种重要的计算梁和框架的挠度的方法都是以弹性曲线的微分方程为基础的。

9.2.1 浅曲线的几何图

为了建立用于列出弹性曲线的微分方程的几何关系，我们将考虑图 9.1 (a) 中的悬臂梁的变形。弯曲形状通过纵轴线（也称为弹性曲线）的移位表现在图 9.1 (b) 中。我们建立原点在固定端的 $x-y$ 坐标系作为参考轴。为了便于观察，在本图中，杆件的竖向位移被放大了。例如，转角通常是很小的——不到 1/10 度。如果我们展示实际的弯曲形状，杆件将表现为一条直线。

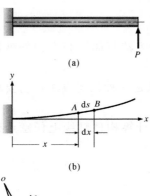

为了画出弯曲杆件的几何图，我们将分析一个距固定端 x，长度为 ds 的微元，如图 9.1 (c) 所示。我们用 ρ 表示弯曲段的半径，我们在 A 点和 B 点画出曲线的切线。两根切线间的无穷小的角用 dθ 表示。由于曲线的切线分别在 A 点和 B 点垂直于半径，因此半径之间的夹角也为 dθ，点 A 处曲线的转角等于

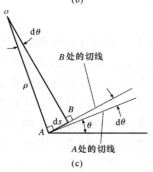

图 9.1

$$\frac{dy}{dx}=\tan\theta$$

如果角很小（$\tan\theta \approx \theta$ 弧度），则转角可写成

$$\frac{dy}{dx}=\theta \tag{9.1}$$

根据图 9.1 (c) 中的三角形 ABo 的几何关系我们写出

$$\rho d\theta = ds \tag{9.2}$$

方程两边同除以 ds，重新排列得

$$\Psi=\frac{d\theta}{ds}=\frac{1}{\rho} \tag{9.3}$$

其中 $\mathrm{d}\theta/\mathrm{d}s$ 表示沿曲线长度方向上每单位长度上转角的改变，我们称之为曲率，用符号 Ψ 来表示。由于在实际的梁中转角都很小，所以 $\mathrm{d}s \approx \mathrm{d}x$，于是我们就可以把式（9.3）表示为

$$\Psi = \frac{\mathrm{d}\theta}{\mathrm{d}x} = \frac{1}{\rho} \tag{9.4}$$

式（9.1）两边同时关于 x 微分，我们可将式（9.4）中的曲率 $\mathrm{d}\theta/\mathrm{d}x$ 用直角坐标系来表示：

$$\frac{\mathrm{d}\theta}{\mathrm{d}x} = \frac{\mathrm{d}^2 y}{\mathrm{d}x^2} \tag{9.5}$$

9.2.2 弹性曲线的微分方程

为了利用作用于梁上指定点处的弯矩和梁的横截面的性质表达梁上该点处的曲率，我们需要考虑梁上长度为 $\mathrm{d}x$ 的微元的弯曲变形，如图 9.2（a）中阴影部分所示。两条竖直线代表微元的两边，均垂直于受荷梁的纵轴线，随着荷载作用在梁上，梁上有弯矩产生，梁弯曲［见图 9.2（b）］；微元变形成一个梯形，两边的边线仍为直线，两条边线穿过截面的形心［见图 9.2（c）］绕水平轴（中性轴）转动。

在图 9.2（d）中，变形后的微元被叠加在未受力时长度为 $\mathrm{d}x$ 的微元上。我们把左边线排成一条直线，这样变形就被显示到了右边。如图所示，在中性轴以上的微元的纵向纤维都缩短了，因为它们所受为压力。在中性轴以下的微元的纵向纤维都增长了，因为它们所受为拉力。由于在中性轴上纵向纤维的长度变化（弯曲变形）为 0，所以在这条线上应力和应变都为 0。图 9.2（e）所示为随着梁的高度的变化，纵向应变的变化情况。由于应变等于纵向变形除以原长 $\mathrm{d}x$，所以它呈线性变化——与纵向纤维和中性轴之间的距离成正。

考虑图 9.2（d）中的三角形 DEF，我们可以根据 $\mathrm{d}\theta$ 和顶部纤维与中性轴之间的距离 c 来表示顶部纤维长度的变化 $\mathrm{d}l$：

$$\mathrm{d}l = \mathrm{d}\theta c \tag{9.6}$$

由定义，上表面的应变 ε 可以表示为

$$\varepsilon = \frac{\mathrm{d}l}{\mathrm{d}x} \tag{9.7}$$

利用式（9.6）消去式（9.7）中的 $\mathrm{d}l$，得

$$\varepsilon = \frac{\mathrm{d}\theta}{\mathrm{d}x} c \tag{9.8}$$

利用式（9.5）以直角坐标系来表示曲率 $\mathrm{d}\theta/\mathrm{d}x$，我们可以把式（9.8）写为

$$\frac{\mathrm{d}^2 y}{\mathrm{d}x^2} = \frac{\varepsilon}{c} \tag{9.9}$$

如果表现为弹性，弯曲应力 σ，可以通过胡克定律与顶部应变关系 ε 联系起来，表述为

$$\sigma = E\varepsilon$$

式中 E——弹性模量。

解出 ε：

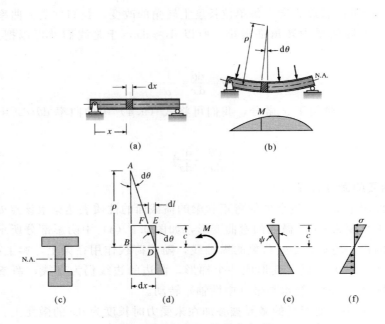

图 9.2 微元 dx 的弯曲变形

（a）未受荷的梁；（b）受荷梁和弯矩曲线；（c）梁的横截面；
（d）梁微元的弯曲变形；（e）纵向应变；（f）弯曲应力

$$\varepsilon = \frac{\sigma}{E} \tag{9.10}$$

利用式（9.10）消去式（9.9）中的 ε，得

$$\frac{\mathrm{d}^2 y}{\mathrm{d}x^2} = \frac{M}{EI} = \frac{-P(L-x)}{EI} \tag{9.11}$$

弹性情况下，顶部纤维的弯曲应力和作用于截面上的弯矩之间的关系为

$$\sigma = \frac{Mc}{I}$$

把式（5.1）中 σ 的值代入式（9.11），我们就得到了弹性曲线的基本微分方程

$$\frac{\mathrm{d}^2 y}{\mathrm{d}x^2} = \frac{M}{EI} \tag{9.12}$$

在例 9.1 和 9.2 中，我们用式（9.12）列出梁的弹性曲线的转角和挠度公式。首先，根据施加的荷载和沿梁轴线上的距离 x 列出弯矩的表达式，把弯矩表达式代入式（9.12），再积分两次。当荷载和支座条件使得弯矩在杆件的全长范围内都可以用一个简单的式子表示时，这种方法是最简单的——例 9.1 和例 9.2 就是这种情况。对于等截面的梁，E 和 I 沿着杆件的长度方向上是常数。如果 E 或 I 变化了，弯矩表达式仍然要以 x 的函数来表示以使式（9.12）的积分可以执行。如果荷载或是截面沿着杆件的轴线变化很复杂，则关于弯矩或 I 的公式会很难积分。在这种情况下，我们可以利用近似法来进行简便地计算（例如，见例 10.16 的有限求和法）。

【**例 9.1**】 用双重积分法，列出图 9.3 中承受均布荷载的梁的转角和挠度公式。计算

跨中的挠度和支座 A 处的转角。EI 为常数。

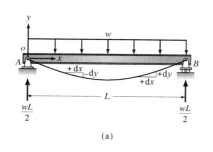 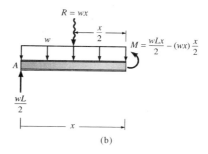

图 9.3

（a）产生挠度的梁；（b）去除约束的分段受力分析图

解：

以支座 A 为原点建立直角坐标系。由于转角随着 x 的增加而增加（在 A 处转角为负，跨中为 0，B 处为正），故曲率为正。如果我们用一个竖直截面在距原点 A 右侧 x 处把梁截开，考虑截面左边的隔离体［见图 9.3（b）］，我们可以写出截面处的内力矩

$$M = \frac{wLx}{2} - \frac{wx^2}{2}$$

把 M 代入式（9.12），得

$$EI \frac{\mathrm{d}^2 y}{\mathrm{d}x^2} = \frac{wLx}{2} - \frac{wx^2}{2} \tag{1}$$

对 x 积分两次，得

$$EI \frac{\mathrm{d}y}{\mathrm{d}x} = \frac{wLx^2}{4} - \frac{wx^2}{6} + C_1 \tag{2}$$

$$EIy = \frac{wLx^3}{12} - \frac{wx^4}{24} + C_1 x + C_2 \tag{3}$$

为解出积分常数 C_1 和 C_2，我们利用支座 A 和 B 处的边界条件。在 A 处，$x=0$ 和 $y=0$。代入式（3），得 $C_2=0$。在 B 处，$x=L$ 和 $y=0$。代入式（3），解出 C_1

$$0 = \frac{wL^4}{12} - \frac{wL^4}{24} + C_1 L$$

$$C_1 = -\frac{wL^3}{24}$$

把 C_1 和 C_2 代入式（2）和式（3），两边同除以 EI，得

$$\theta = \frac{\mathrm{d}t}{\mathrm{d}x} = \frac{wLx^2}{4EI} - \frac{wx^3}{6EI} - \frac{wL^3}{24EI} \tag{4}$$

$$y = \frac{wLx^3}{12EI} - \frac{wx^4}{24EI} - \frac{wL^3 x}{24EI} \tag{5}$$

把 $x=L/2$ 代入式（5），得到跨中处的挠度

$$y = \frac{5wL^4}{384EI} \quad \text{得解}$$

把 $x=0$ 代入式（4），得到 A 处的转角

$$\theta_A = \frac{\mathrm{d}y}{\mathrm{d}x} = -\frac{wL^3}{24EI} \quad \text{得解}$$

【例 9.2】 对于图 9.4（a）中的悬臂梁，通过双重积分法列出转角和挠度的公式，并求出悬臂梁段的转角 θ_B 和挠度 Δ_B 的值。EI 为常数。

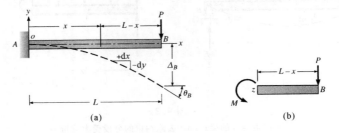

图 9.4
（a）产生挠度的梁；（b）去除约束的分段受力分析图

解：

在固定支座 A 处建立直角坐标系。（y-轴）以向上为正，（x-轴）以向右为正。由于斜率是负的，且沿 x 轴正方向越来越陡，故曲率为负。我们在梁上距原点 x 处用一截面把梁截开，考虑截面右边的隔离体［见图 9.3（b）］，我们可以把截面处的弯矩表示为

$$M = P(L - x)$$

把 M 代入式（9.12），因为曲率为负，所以加上一个负号，导出

$$\frac{\mathrm{d}^2 y}{\mathrm{d}x^2} = \frac{M}{EI} = \frac{-P(L - x)}{EI}$$

积分两次后，我们得出转角和挠度的公式

$$\frac{\mathrm{d}y}{\mathrm{d}x} = \frac{-PLx}{EI} + \frac{Px^2}{2EI} + C_1 \tag{1}$$

$$y = \frac{-PLx^2}{2EI} + \frac{Px^3}{6EI} + C_1 x + C_2 \tag{2}$$

为求出式（1）和式（2）中的积分常数 C_1 和 C_2，我们利用隐藏在固定支座 A 处的边界条件：

（1）当 $x = 0$ 时，$y = 0$；代入式（2），得 $C_2 = 0$。

（2）当 $x = 0$ 时，$\mathrm{d}y/\mathrm{d}x = 0$；代入式（1）得，$C_1 = 0$。

最终的公式为

$$\theta = \frac{\mathrm{d}y}{\mathrm{d}x} = \frac{-PLx}{EI} + \frac{Px^2}{2EI} \tag{3}$$

$$y = \frac{-PLx^2}{2EI} + \frac{Px^3}{6EI} \tag{4}$$

为解出 θ_B 和 Δ_B，我们把 $x = L$ 代入式（3）和式（4），得

$$\theta_B = \frac{-PL^2}{2EI} \quad \text{得解}$$

$$\Delta_B = \frac{-PL^3}{3EI} \quad \text{得解}$$

9.3 弯矩-面积法

正如我们在双重积分法中观察到的，基于式（9.12），梁或框架的弹性曲线上的点的转角和挠度都是弯矩 M、惯性矩 I 以及弹性模量 E 的函数。在弯矩-面积法中，我们将建立一种利用弯矩图的面积（实际为 M/EI 图）来计算沿着梁或框架的轴线上某一指定点处的转角和挠度的方法。

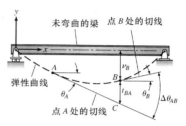

这种方法需要一张准确的弯曲形状图和两个定理。一个定理用来计算弹性曲线上两点间转角的变化。另一个定理用来计算弹性曲线上的一点与弹性曲线上的第二点的切线的竖直距离（称为切线偏差）。这些量都标注在图 9.5 中。在点 A 和 B 处，各自的切线与由弹性曲线引出的水平轴形成了转角 θ_A 和 θ_B。根据坐标系的显示，A 处的转角为负，B 处的转角为正。点 A、B 之间转角的变化用 $\Delta\theta_{AB}$ 来表示。点 B 处的切线偏差——弹性曲线上的

图 9.5　A、B 两点间转角和切线的变化

点 B 与由点 A 引出的切线上的 C 点之间的竖直距离——由 t_{AB} 表示。我们用两个下标来标注所有的切线偏差。第一个下标指出切线偏差的位置，第二个下标指出引出切线的点。如你在图 9.5 中看到的，t_{AB} 并不是点 B 的挠度（v_B 才是挠度）。经过一些指导，你将很快学会应用切线偏差和转角改变去计算弹性曲线上任一指定点的转角和挠度。在下一节，我们要进一步研究这两种弯矩-面积定理并展示它们在各种梁和框架中的应用。

9.3.1 弯矩-面积定理的推导

图 9.6（b）显示了一根受荷梁的弹性曲线的一部分。曲线上点 A 和 B 的切线已经画出。两条切线的夹角用 $\Delta\theta_{AB}$ 表示。为了根据截面特性和荷载产生的弯矩表示出 $\Delta\theta_{AB}$，我们将分析点 B 左侧 x 处，长度为 $\mathrm{d}s$ 的微元体上的角度变化的增量 $\mathrm{d}\theta$。此前，我们已建立了弹性曲线上任一点处的曲率表达式。

$$\frac{\mathrm{d}\theta}{\mathrm{d}x} = \frac{M}{EI}$$

式中　E——弹性模量；

I——惯性矩。

上式两边同乘以 $\mathrm{d}x$，得

$$\mathrm{d}\theta = \frac{M}{EI}\mathrm{d}x \tag{9.13}$$

为求出总的角度变化 $\Delta\theta_{AB}$，我们必须用积分的方法把点 A 和点 B 之间的所有长度为 $\mathrm{d}s$ 的微元的 $\mathrm{d}\theta$ 增量累加起来。

$$\Delta\theta_{AB} = \int_A^B \mathrm{d}\theta = \int_A^B \frac{M\mathrm{d}x}{EI} \tag{9.14}$$

我们可以通过将弯矩曲线的纵坐标值除以 EI 得到 M/EI 曲线［见图 9.6（c）］，然后用图解法计算式（9.14）中的积分量 $M\mathrm{d}x/EI$。如果在沿梁的轴线方向上 EI 为常数（大多数情况如此），则 M/EI 曲线与弯矩图有相同的形状。我们认识到式子 $M\mathrm{d}x/EI$ 表示了高为 M/EI，长为 $\mathrm{d}x$ 的一个无穷小的面积［见图 9.6（c）中划斜线的区域］。我们可以把

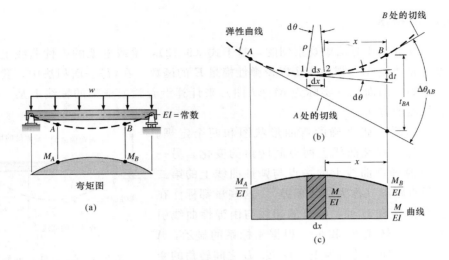

图 9.6

（a）梁及其弯矩曲线；（b）A、B 两点间的 M/EI 曲线

式（9.14）的积分式解释为在点 A、B 之间的 M/EI 图下方的面积。这一关系构成了第一弯矩-面积定理，表述为：

> 连续弹性曲线上任意两点间的转角的变化等于这两点之间的 M/EI 曲线下的面积。

你将注意到第一弯矩-面积定理只能应用在两点之间的弹线曲线是连续的情况。如果两点之间有一个铰，则 M/EI 图下的面积不能说明铰任意一侧的转角的差异。因此，我们必须通过铰任意一侧的弹性曲线求得铰点处的转角。

为了建立能使我们计算切线偏差的第二弯矩-面积定理，我们必须把所有长度为 dt 的无穷小增量累加以得出总的切线偏差 t_{BA}［见图 9.6（b）］。典型增量 dt 通过弹性曲线上点 1 和点 2 间的典型微元 ds 的曲率组成了切线偏差 t_{AB}。

增量 dt 的大小可由微元端点切线间的夹角和点 B 与微元的距离 x 表示：

$$\mathrm{d}t = \mathrm{d}\theta x \tag{9.15}$$

把式（9.13）中 dθ 的表达式代入式（9.15），得

$$\mathrm{d}t = \frac{M\mathrm{d}x}{EI}x \tag{9.16}$$

为解出 t_{BA}，我们必须通过对点 A、B 之间的全部无穷小微元的积分把所有的 dt 的增量累加：

$$t_{BA} = \int_A^B \mathrm{d}t = \int_A^B \frac{Mx}{EI}\mathrm{d}x \tag{9.17}$$

记住分式 $M\mathrm{d}x/EI$ 表示 M/EI 图下的一块无穷小的面积，x 为该面积到 B 点的距离，我们可以把式（9.17）中的积分式解释为点 A、B 之间的 M/EI 图下方的面积关于点 B 的面积矩。这一结果构成了第二弯矩-面积定理，表述如下：

> 平滑连续弹性曲线上的一点 B 与弹性曲线上第二点 A 处引出的切线的竖直距离即切线偏差，等于两点间的 M/EI 图下方面积关于 B 点的面积矩。

虽然通过把弯矩 M 表示为 x 的函数，然后对式（9.17）进行积分是可以解出式（9.17）中的积分式的，但用图解法将更快更简单。在这一方法中，我们把 M/EI 图的区域分解成简单的几何形状——矩形、三角形、抛物线等。然后每块面积的面积矩可通过把各自的面积乘以要计算切线偏差的点与图形形心之间的距离得出。对于这种计算，我们可以利用表 3（见附录），经常遇到的面积的性质都已列成表。

9.3.2 弯矩-面积定理的应用

计算杆件的弹性曲线上一点的转角或是挠度的第一步是画出准确的弯曲形状图。如在 5.6 节讨论的，弹性曲线的曲率必须与弯矩曲线一致，杆件的端部必须满足隐藏在支座的约束。一旦画好了弯曲形状图，下一步就是找弹性曲线上关于曲线的切线的斜率已知的一点。有了这条参照切线后，弹性曲线上其他任何一点的转角或挠度都可用弯矩-面积定理轻松求得。

用弯矩-面积法计算转角和挠度要根据结构的支承和荷载情况。大多数连续杆件可列入以下 3 种情形：

1）悬臂梁。

2）承受对称荷载的关于竖向轴对称的结构。

3）结构含有一根杆件，杆件的端点在此杆件的纵轴线的原点处的直角方向上不产生位移。

如果一根杆件由于有铰的存在而不连续，则我们要先算出铰点的挠度以确定杆件端点的位置，这一方法将在例 9.10 中阐明。在下一节我们将讨论如何计算前面提到的各种杆件的转角和挠度。

（1）情形 1。在悬臂梁中，在固定支座处可引出一条斜率已知的弹性曲线的切线。例如，在图 9.7（a）中，弹性曲线在固定支座处的切线是水平的（也就是，弹性曲线在 A 点处的转角为 0，这是因为固定支座阻止了杆件端点的转动）。弹性曲线上第二点——B 点的转角就可以根据 A 处的转角，A、B 点之间的转角的变化 $\Delta\theta_{AB}$ 通过代数叠加得出，具体关系表述如下

$$\theta_B = \theta_A + \Delta\theta_{AB} \tag{9.18}$$

式中 θ_A——固定端处的转角（即，$\theta_A = 0$）；

$\Delta\theta_{AB}$——点 A、B 之间的 M/EI 图下的面积。

由于参照切线是水平的，故切线偏差——切线与弹性曲线间的竖直距离——实际上就是位移。例 9.3～例 9.5 介绍了悬臂梁的转角和挠度的计算。例 9.4 阐明了对于惯性矩发生变化的杆件，如何修正其 M/EI 曲线。在例 9.5 中，由均布荷载和集中荷载共同产生的弯矩图被分别画出以便于得到已知几何图形的弯矩曲线（见附录中表 3 关于这些面积的特性）。

（2）情形 2。图 9.7（b）和（c）所示为对称结构的例子。对称结构是结构自身以及所受荷载都关于结构中点处的竖向对称轴对称。由于对称，弹性曲线的转角在对称轴插入弹性曲线的点处为零。在这一点处，弹性曲线的切线是水平的。对于图 9.7（b）和（c）中的梁，我们得出结论：根据第一弯矩-面积定理，在弹性曲线上任一点的转角等于该点与对称轴之间的 M/EI 曲线下的面积。

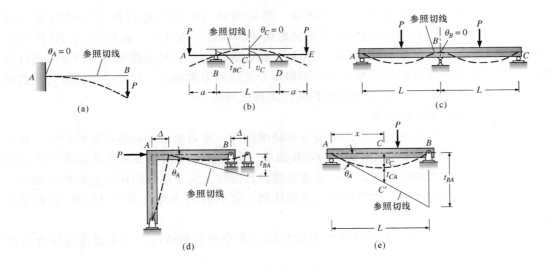

图 9.7 切线的位置

（a）悬臂梁，切点位于固定支座处；（b）、（c）承受对称荷载的对称构件，切点位于对称轴和
弹性曲线的交点；（d）、（e）切点位于 AB 杆的左侧端点

图 9.7 （c）中的梁的轴线上的点的挠度计算，图中梁的跨数为偶数，这与图 9.7 （a）中的悬臂梁很相似。在正切点（点 B），弹性曲线的挠度和转角都为 0。由于弹性曲线的切线是水平的，因此，其他点的挠度等于由支座 B 引出的切线的切线偏差。

当一个对称结构的跨数为奇数时（一、三等），前面的方法要做轻微修改。例如，在图 9.7 （b）中，我们观察到弹性曲线在对称轴处的切线是水平的。转角的计算将再一次以正切点 C 作为参考点。然而，梁的中线已向上移动了一个距离 v_C；因此，从参考切线得出的切线偏差往往不是挠度。我们注意到在支座 B 或在 C 点处，切线和弹性曲线之间的竖直距离就是切线偏差，其值等于 v_C。例如，在图 9.7 （b）中，v_C 等于 t_{BC}。在 v_C 求出后，其他的位于未受荷时的初始位置上方的点的挠度就等于 v_C 减去该点关于参照切线的切线偏差。如果一个点位于梁的未弯曲位置的下方（例如，悬挑梁的顶点 A 或 E），挠度就等于这个点的切线偏差减去 v_C。例 9.6 和例 9.7 阐明了对称结构的挠度计算。

（3）情形 3。结构是不对称的，但包含一根杆件，其端点在垂直于杆件的纵轴线方向上不发生位移。这种情形的例子如图 9.7 （d）和（e）所示。由于图 9.7 （d）中的框架不对称且图 9.7 （e）中的梁所受为非对称荷载，所以弹性曲线的切线是水平的点的位置一开始不知道。因此，我们必须用一条倾斜的切线作为参照切线来计算弹性曲线上各点的转角和挠度。对于这种情形，我们先求杆件端部的弹性曲线的转角。在杆件的一个端点处我们画出曲线的切线，在另一个端点求切线偏差。例如，在图 9.7 （d）或（e）中，因为挠度很小，弹性曲线在 A 点处的切线斜率可以写成

$$\tan\theta_A = \frac{t_{BA}}{L} \tag{9.19}$$

因为 $\tan\theta_A \approx \theta_A$ （rad），所以把式（9.19）写成

$$\theta_A = \frac{t_{BA}}{L}$$

在第二点 C 处，转角为

$$\theta_C = \theta_A + \Delta\theta_{AC}$$

式中　$\Delta\theta_{AC}$——点 A、C 之间的 M/EI 曲线下的面积。

为计算支座 A 右侧 x 处的点 C 的位移 [见图 9.7（e）]，先计算纵轴线的初始位置与参照切线之间的竖直距离 CC'。由于 θ_A 很小，可以写为

$$CC' = \theta_A(x)$$

CC' 和切线偏差 t_{CA} 之间的差值等于挠度 v_C：

$$v_C = CC' - t_{CA}$$

例 9.8～例 9.12 阐明了用倾斜的参照切线计算杆件的转角和挠度的过程。

如果弹性曲线上两点间的 M/EI 图上既有正面积也有负面积，则两点间的净转角为面积的代数和。如果一张精确的弯曲形状图已画出，则角度改变的方向和挠度的方向是很明显的，如果转角或挠度增减，读者不必建立正式的符号规定去求解。在弯矩为正处 [见图 9.8（a）]，杆件凹向上弯曲，弹性曲线各端的切线都位于曲线的下方。换言之，可以把切线偏差的正值解释为从切线向上移动到弹性曲线的距离。相反，如果切线偏差与 M/EI 曲线下方的负面积联系在一起，则切线在弹性曲线上方 [见图 9.8（b）]，从切线竖直向下移动可到达弹性曲线。

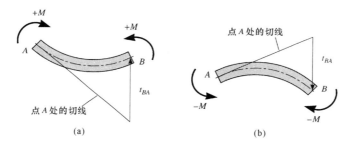

图 9.8　参照切线的位置

（a）正弯矩；（b）负弯矩

【例 9.3】　计算图 9.9（a）中悬臂梁顶端的转角 θ_B 和挠度 v_B。EI 为常数。

解：

画出弯矩曲线，再把所有的纵坐标值都除以 EI [图 9.9（b）]。用 A 处转角加上点 A、B 之间转角的变化 $\Delta\theta_{AB}$ 计算 θ_B。由于固定支座阻止了转动，所以 $\theta_A = 0$。

$$\theta_B = \theta_A + \Delta\theta_{AB} = \Delta\theta_{AB} \tag{1}$$

根据第一弯矩-面积定理，$\Delta\theta_{AB}$ 等于点 A、B 之间的 M/EI 曲线下的面积。

$$\Delta\theta_{AB} = \frac{1}{2}L\left(\frac{-PL}{EI}\right) = \frac{-PL^2}{2EI} \tag{2}$$

把式（2）代入式（1），得

$$\theta_B = -\frac{PL^2}{2EI} \quad \text{得解}$$

由于在 B 处的切线的斜率是向右下的，故它的转角是负的。在本题中，M/EI 曲线的负坐标给出了正确的符号。在很多问题中，转角的方向在弯曲形状图中是很明显的。

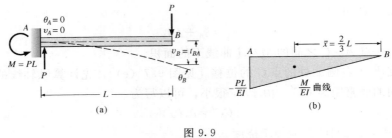

图 9.9

(a) 梁；(b) M/EI 曲线

利用第二弯矩-面积定理计算悬臂梁顶端的挠度。M/EI 曲线中的黑点表示面积的形心。

$$v_B = t_{BA} = M/EI \text{ 图关于点 } B \text{ 的三角形面积矩}$$

$$v_B = \frac{1}{2}L\left(\frac{-PL}{EI}\right)\frac{2L}{3} = -\frac{PL^3}{3EI}（负号表示切线在弹性曲线上方）\quad 得解$$

【例 9.4】 变惯性矩的梁

计算图 9.10 中悬臂梁顶点 C 的挠度。设 $E = 29000\text{kip/in}^2$，$I_{AB} = 2I$，且 $I_{BC} = I$，其中 $I = 400\text{in}^4$。

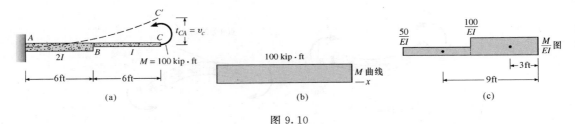

图 9.10

(a) 弯曲形状；(b) 弯矩曲线；(c) M/EI 图被分成两个矩形

解：

为了画出 M/EI 曲线，弯矩曲线的纵坐标要除以各自的惯性矩。由于 I_{AB} 是 I_{BC} 的两倍，所以 A、B 之间的 M/EI 曲线的纵坐标值将是 B、C 之间的 M/EI 曲线的纵坐标值的 $1/2$。由于是 C 处的挠度，我们用 v_C 表示，其值等于 t_{CA}。我们计算 M/EI 图关于点 C 的面积矩。为便于计算，我们把 M/EI 图分成两个矩形图形。

$$v_C = t_{CA} = \frac{100}{2EI} \times 6 \times 9 + \frac{100}{EI} \times 6 \times 3 = \frac{4500}{EI}$$

$$v_C = \frac{4500 \times 1728}{29000 \times 400} = 0.67（\text{in}）\quad 得解$$

其中，1728 为立方英尺转化为立方英寸的系数。

【例 9.5】 通过"分块"应用弯矩曲线

计算图 9.11（a）中所示悬臂梁在 B 和 C 处弹性曲线的转角，以及在 C 处的挠度；EI 为常数。

解：

为了画出形心位置已知、几何形状简单的图形，我们分别画出由集中荷载 P 和均布

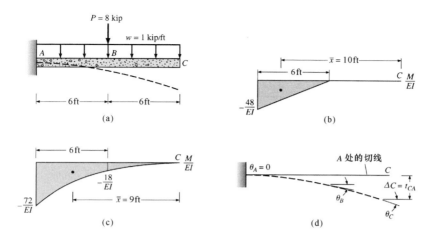

图 9.11 "分块"画出的弯矩曲线

(a) 梁；(b) 与 P 联系在一起的 M/EI 曲线；(c) 与均布荷载 w 联系
在一起的 M/EI 曲线；(d) 弯曲形状

荷载 w 产生的弯矩图，并把弯矩图都除以 EI，如图 9.11（b）和（c）所示。附录中表 3 提供了计算常见图形的面积和形心位置的公式。

计算 C 处转角，其中 $\Delta\theta_{AC}$ 是图 9.11（b）和（c）中的 M/EI 图下面积之和；$\theta_A = 0$ [见图 9.11（d）]。

$$\theta_C = \theta_A + \Delta\theta_{AC}$$

$$= 0 + \frac{1}{2} \times 6 \times \left(\frac{-48}{EI}\right) + \frac{1}{3} \times 12 \times \left(\frac{-72}{EI}\right)$$

$$\theta_C = -\frac{432}{EI} (\text{rad}) \quad \text{得解}$$

计算 B 处的转角。在图 9.11（c）中 A、B 之间的面积是通过从 A、C 之间的总面积中扣除 B、C 之间的抛物线的面积得到的。由于 B 处转角小于 C 处转角，故 B、C 之间的面积将被看作是一个减小了 C 处负转角的正值。

$$\theta_B = \theta_C + \Delta\theta_{BC}$$

$$= -\frac{432}{EI} + \frac{1}{3} \times 6 \times \frac{18}{EI}$$

$$\theta_B = -\frac{396}{EI} (\text{rad}) \quad \text{得解}$$

计算 Δ_C——C 处的挠度。C 处挠度等于 C 对于 A 处的弹性曲线的切线的切线偏差 [见图 9.11（d）]。

$$\Delta_C = t_{CA} = \text{图 9.11(b)和(c)中，点 } A、C \text{ 之间的 } M/EI \text{ 曲线下的面积矩}$$

$$= \frac{1}{2} \times 6 \times \left(\frac{-48}{EI}\right) \times (6+4) + \frac{1}{3} \times 12 \times \left(\frac{-72}{EI}\right) \times 9$$

$$\Delta_C = \frac{-4032}{EI} \quad \text{得解}$$

【例 9.6】 对称梁的分析

对于图 9.12（a）中的梁，计算 B 处的转角及跨中和点 A 处的挠度。EI 为常数。

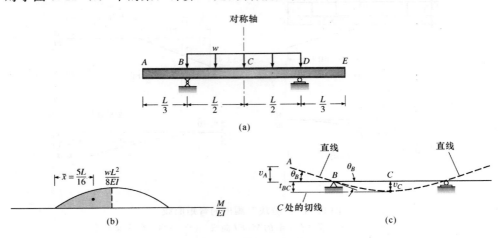

图 9.12

（a）对称梁；（b）M/EI 曲线图；（c）弯曲形状的几何图形

解：

因为梁和其上的荷载都关于跨中的竖直对称轴对称，所以在跨中处，弹性曲线的转角为 0，该点处的切线是水平的。由于悬挑梁上没有弯矩产生（它们不承受荷载），故在点 A 和 B、点 D 和 E 之间的弹性曲线是直线。见附录中关于抛物线面积的几何特性。

计算 θ_B。

$$\theta_B = \theta_C + \Delta\theta_{CB}$$
$$= 0 + \frac{2}{3}\left(\frac{L}{2}\right)\left(\frac{wL^2}{8EI}\right)$$
$$= \frac{wL^3}{24EI} \quad \text{得解}$$

计算 v_C。由于 C 处的切线是水平的，所以 v_C 等于 t_{BC}。利用第二弯矩-面积定理，我们计算 B、C 之间的抛物线关于点 B 的面积矩。

$$v_C = t_{BC} = \frac{2}{3}\left(\frac{L}{2}\right)\left(\frac{wL^2}{8EI}\right)\left(\frac{5L}{16}\right) = \frac{5wL^4}{384EI} \quad \text{得解}$$

计算 v_A。由于悬挑梁 AB 是直的，所以

$$v_A = \theta_B\frac{L}{3} = \frac{wL^3}{24EI}\frac{L}{3} = \frac{wL^4}{72EI} \quad \text{得解}$$

其中 θ_B 前面已求得。

【例 9.7】 图 9.13 中的梁在跨中（点 C）处承受一集中荷载 P。计算点 B 和 C 处的挠度。计算 A 处的转角。EI 为常数。

解：

计算 θ_A。由于结构承受对称荷载，所以跨中处弹性曲线的切线的斜率为 0，即 $\theta_C = 0$〔见图 9.13（c）〕。

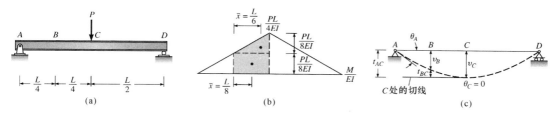

图 9.13

（a）梁的详图；（b）M/EI 曲线图；（c）弯曲形状

$$\theta_A = \theta_C + \Delta\theta_{AC}$$

其中 $\Delta\theta_{AC}$ 等于点 A、C 间的 M/EI 曲线下的面积。

$$\theta_A = 0 + \frac{1}{2}\left(\frac{L}{2}\right)\left(\frac{PL}{4EI}\right) = \frac{PL^2}{16EI}\text{(rad)} \quad 得解$$

计算 v_C——跨中处挠度。由于 C 处切线是水平的，所以 $v_C = t_{AC}$，其中 t_{AC} 等于 A、C 间的 M/EI 曲线下的三角形关于点 A 的面积矩。

$$v_C = \frac{1}{2}\left(\frac{L}{2}\right)\left(\frac{PL}{4EI}\right)\left(\frac{2}{3}\times\frac{L}{2}\right) = \frac{PL^3}{48EI} \tag{1}$$

计算 v_B——1/4 点处的挠度。如图 9.13（c）所示：

$$v_B + t_{BC} = v_C = \frac{PL^3}{48EI} \tag{2}$$

其中 t_{BC} 是 B、C 之间的 M/EI 曲线下的面积关于点 B 的面积矩。我们把这块面积分成一个三角形和一个矩形。见图 9.13（b）中的阴影面积。

$$t_{BC} = \frac{1}{2}\left(\frac{L}{4}\right)\left(\frac{PL}{8EI}\right)\left(\frac{L}{6}\right) + \frac{L}{4}\left(\frac{PL}{8EI}\right)\left(\frac{L}{8}\right) = \frac{5PL^3}{768EI}$$

把 t_{BC} 代入式（2），可求得 v_B。

$$v_B = \frac{11PL^3}{768EI} \quad 得解$$

【**例 9.8**】 对图 9.14（a）中的梁，计算点 A 和点 C 处弹性曲线的转角。另外计算点 A 处的挠度。假定点 C 处的摇杆等效于一个滚动支座。

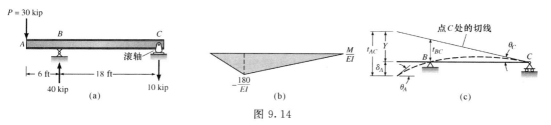

图 9.14

（a）梁；（b）M/EI 图；（c）弯曲形状的几何图

解：

由于沿着梁的轴线所有截面上的弯矩都是负的，所以梁凹向下弯曲［见图 9.14（c）中的虚线］。为了计算 θ_C，我们在点 C 处画出弹性曲线的切线，并计算 t_{BC}：

$$\theta_C = \frac{t_{BC}}{18} = \frac{9720}{EI}\times\frac{1}{18} = -\frac{540}{EI} \quad 得解$$

其中　$t_{BC}=$ 面积$_{BC}\cdot\overline{x}=\dfrac{1}{2}\times18\times\left(-\dfrac{180}{EI}\right)\times\dfrac{18}{3}=-\dfrac{9720}{EI}$（由于切线向右下倾斜，所以转角 θ_C 是负的。）

计算 θ_A：

$$\theta_A=\theta_C+\Delta\theta_{AC}$$

其中 $\Delta\theta_{AC}$ 是 A、C 之间 M/EI 曲线下的面积。由于弹性曲线在 A、C 之间凹向下弯曲，所以 A 处的转角在符号上必与 C 处转角相反；因此，$\Delta\theta_{AC}$ 必须被看成是一个正值。

$$\theta_A=-\dfrac{540}{EI}+\dfrac{1}{2}\times24\times\dfrac{180}{EI}=\dfrac{1620}{EI}\quad\text{得解}$$

计算 δ_A：

$$\delta_A=t_{AC}-Y[\text{见图 9.14(c)}]=\dfrac{8640}{EI}\quad\text{得解}$$

其中　　　　　　$t_{AC}=$ 面积$_{AC}\cdot\overline{x}=\dfrac{1}{2}\times24\times\dfrac{180}{EI}\times\dfrac{6+24}{3}=\dfrac{21600}{EI}$

［见表 3 中情形（a）的$\overline{x}$的公式。］

$$Y=24\theta_C=24\times\dfrac{540}{EI}=\dfrac{12960}{EI}$$

【例 9.9】　用倾斜的参照切线进行分析

对于图 9.15（a）中的钢梁，计算 A 和 C 处的转角，另外确定挠度最大值的大小和位置。如果最大挠度不能超过 0.6in，则 I 的最小值为多少？已知 EI 为常数且 $E=29000\text{kip/in}^2$。

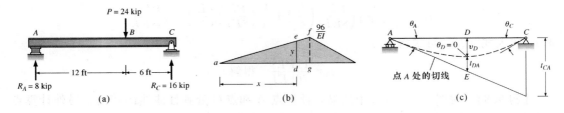

图 9.15

（a）梁；（b）M/EI 图；（c）弯曲形状的几何图

解：

通过在 A 处画一条与弹性曲线相切的线算出支座 A 处的转角 θ_A。这将建立一条已知方向的参照线［见图 9.15（c）］。

$$\tan\theta_A=\dfrac{t_{CA}}{L}\tag{1}$$

由于角度很小，$\tan\theta_A\approx\theta_A$（rad），所以式（1）可写成

$$\theta_A=\dfrac{t_{CA}}{L}\tag{2}$$

$t_{CA}=A$、C 间 M/EI 曲线下的面积关于 C 的面积矩

$$=\dfrac{1}{2}\times18\times\dfrac{96}{EI}\times\dfrac{18+6}{3}=\dfrac{6912}{EI}$$

其中力矩臂的表达式在附录中表 3 右栏情形(a)中给出。把 t_{CA} 代入式(2),得

$$\theta_A = \frac{-6912/EI}{18} = -\frac{384}{EI}(\text{rad}) \quad \text{得解}$$

负号要加上,因为是沿 x 正方向移动,切线方向向下,为负转角。

计算 θ_C:

$$\theta_C = \theta_A + \Delta\theta_{AC}$$

其中 $\Delta\theta_{AC}$ 等于 A、C 之间 M/EI 曲线下的面积。

$$\theta_C = -\frac{384}{EI} + \frac{1}{2} \times 18 \times \frac{96}{EI} = \frac{480}{EI}(\text{rad}) \quad \text{得解}$$

计算最大挠度。最大挠度发生在点 D,该点处弹性曲线的转角为 0(即,$\theta_D = 0$)。为定出该点的位置,我们假定点 D 与支座 A 的距离为 x,我们可以确定在支座 A、点 D 间的 M/EI 曲线下的面积等于支座 A 处的转角。令 y 等于 M/EI 曲线在点 D 处的纵坐标值 [见图 9.14(b)]:

$$\theta_D = \theta_A + \Delta\theta_{AD}$$

$$0 = -\frac{384}{EI} + \frac{1}{2}xy \tag{3}$$

通过相似三角形 afg 和 aed [见图 9.14(b)],用 x 表示 y:

$$\frac{96/(EI)}{12} = \frac{y}{x}$$

$$y = \frac{8x}{EI} \tag{4}$$

把前面得出的 y 的值代入式(3),解出 x:

$$x = 9.8\text{ft}$$

把 x 代入式(4),得

$$y = \frac{78.4}{EI}$$

在 $x = 9.8$ft 处计算最大挠度 v_D:

$$v_D = DE - t_{DA} \tag{5}$$

式(5)示于图 9.14(c)中。

$$DE = \theta_A \cdot x = \frac{384}{EI} \times 9.8 = \frac{3763.2}{EI}$$

$$t_{DA} = (\text{面积}_{AD})\overline{x} = \frac{1}{2} \times 9.8 \times \frac{78.4}{EI} \times \frac{9.8}{3} = \frac{1254.9}{EI}$$

把 DE 和 t_{DA} 代入式(5),得

$$v_D = \frac{3763.2}{EI} - \frac{1254.9}{EI} = \frac{2508.3}{EI} \tag{6}$$

若 v_D 不能超过 0.6in,计算 $I_{\min}$;把 $v_D = 0.6$ 代入式(6),解得 $I_{\min}$。

$$v_D = \frac{2508.3 \times 1728}{29000 I_{\min}} = 0.6(\text{in}) \quad \text{得解}$$

$$I_{\min} = 249.1\text{in}^4 \quad \text{得解}$$

【例 9.10】 图 9.16 (a) 中的梁在 B 处有一个铰。计算铰的挠度 v_B、支座 E 处弹性曲线的转角、铰每一边的梁端转角 θ_{BL} 和 θ_{BR} [见图 9.16 (d)]。另外标出 BE 跨上的最大挠度点的位置。EI 为常数。E 处的弹性垫等效为一滚动支座。

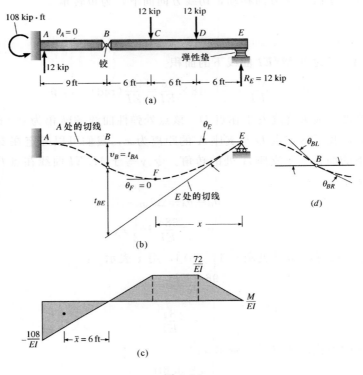

图 9.16
(a) B 处为铰的梁；(b) 弯曲形状；(c) M/EI 曲线；
(d) 显示铰两边弹性曲线的转角的差异的详图

解：

B 处铰的挠度用 v_B 表示，等于 t_{BA}——点 B 对于由固定支座 A 引出的切线的切线偏差。挠度 t_{BA} 等于 A、B 间的 M/EI 曲线下的面积关于 B 的面积矩 [见图 9.16 (b)]。

$$v_B = t_{BA} = \text{面积} \cdot \overline{x} = \frac{1}{2} \times \left(-\frac{108}{EI} \right) \times 9 \times 6 = -\frac{2916}{EI}$$

计算悬臂梁 AB 端点 B 的转角 θ_{BL}。

$$\theta_{BL} = \theta_A + \Delta\theta_{AB}$$

$$= 0 + \frac{1}{2} \times 9 \times \left(\frac{-108}{EI} \right) = \frac{-486}{EI} \text{(rad)}$$

其中 $\Delta\theta_{AB}$ 等于 A、B 之间 M/EI 曲线下的三角形面积且 $\theta_A = 0$，原因是固定支座 A 阻止了转动。

计算 θ_E，E 处弹性曲线的转角 [见图 9.16 (b)]。

$$\theta_E = \frac{v_B + t_{BE}}{18} = \left(\frac{2916}{EI} + \frac{7776}{EI} \right) \times \frac{1}{18} = \frac{594}{EI} \text{(rad)}$$

其中 t_{BE} 等于 B、E 点之间 M/EI 曲线下的面积关于 B 的面积矩。通过把梯形分成两个三角形和一个矩形可简化计算［见图 9.16（c）中的虚线］。

$$t_{BE}=\frac{1}{2}\times6\times\frac{72}{EI}\times4+6\times\frac{72}{EI}\times9+\frac{1}{2}\times6\times\frac{72}{EI}\times14=\frac{7776}{EI}(\text{rad})$$

标出 BE 跨上最大挠度点的位置。把最大挠度点标为点 F，该点位于 BE 跨上弹性曲线的切线斜率为 0 处。把 F 和支座 E 的距离标为 x，在 F 和 E 之间，转角从 0 变为 θ_E。由于转角的变化量是由两点间的 M/EI 曲线下的面积提供的，故我们写出：

$$\theta_E=\theta_F+\Delta\theta_{EF} \tag{1}$$

其中 $\theta_F=0$，$\theta_E=594/EI$（rad）。点 D 和 E 之间转角的变化是由两点间的 M/EI 曲线下的面积产生的，为 $216/EI$。由于这个值小于 θ_E，故 D 处的转角为正值：

$$\theta_D=\theta_E-\Delta\theta_{ED}=\frac{594}{EI}-\frac{216}{EI}=\frac{378}{EI}(\text{rad}) \tag{2}$$

D 和 E 之间的 M/EI 曲线下的面积为 $432/EI$。由于这一转角变化的值超过了 $378/EI$，所以零转角点必在 C 和 D 之间。现在，我们可以用式（1）解出 x。

$$\frac{594}{EI}=0+\frac{1}{2}\times\frac{72}{EI}\times6+\frac{72}{EI}(x-6)$$
$$x=11.25\text{ft}$$

计算 θ_{BR}。

$$\theta_{BR}=\theta_E-\Delta\theta_{BE}$$
$$=\frac{594}{EI}-\left[\frac{72}{EI}\times6+\frac{1}{2}\times6\times\frac{72}{EI}\times2\right]$$
$$=-\frac{270}{EI}(\text{rad})$$

【例 9.11】 对于图 9.17（a）中的支撑框架，确定 C 处铰的挠度及节点 B 的旋转角度。所有杆件的 EI 为常数。

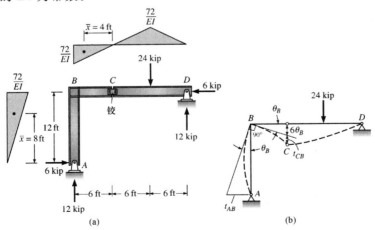

图 9.17
（a）框架和 M/EI 曲线；（b）弯曲形状

解：

为了求节点 B 的旋转角度，我们考虑图 9.17（b）中杆件 AB 的弯曲形状。（由于杆件 BCD 中含有一个铰，所以它的弹性曲线是不连续的，不可能一开始就求出沿着轴线方向上任一点的转角。）

$$\theta_B = \frac{t_{AB}}{12} = \frac{\frac{1}{2} \times 12 \times \frac{72}{EI} \times 8}{12} = \frac{288}{EI} \quad 得解$$

铰的挠度：

$$\Delta = 6\theta_B + t_{CB}$$

$$= 6 \times \frac{288}{EI} + \frac{1}{2} \times 6 \times \frac{72}{EI} \times 4 = \frac{2592}{EI} \quad 得解$$

【例 9.12】 计算图 9.18（a）所示框架节点 B 的水平侧移。所有杆件 EI 为常数。假定 C 处的弹性垫等效于一滚动支座。

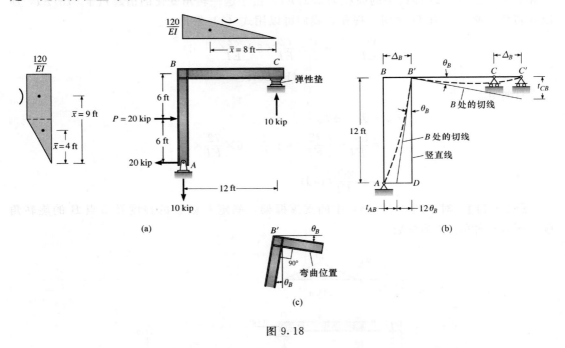

图 9.18

解：

我们从求节点 B 处梁的转角开始。

$$\theta_B = \frac{t_{CB}}{L} \tag{1}$$

其中 $\quad t_{CB} = \frac{1}{2} \times \frac{120}{EI} \times 12 \times 8 = \frac{5760}{EI} \quad$ 和 $\quad L = 12\text{ft}$

因此 $\qquad \theta_B = \frac{5760}{EI} \times \frac{1}{12} = \frac{480}{EI}(\text{rad})$

因为节点 B 是刚性的，所以柱 AB 的顶部也转动了一个角度 θ_B ［见图 9.18（c）］。由于节

点 B 处的侧移 Δ_B 等于柱子底部的水平距离 AD，故我们写出

$$\Delta_B = AD = t_{AB} + 12\theta_B$$
$$= \frac{120}{EI} \times 6 \times 9 + \frac{1}{2} \times \frac{120}{EI} \times 6 \times 4 + 12 \times \frac{480}{EI}$$
$$= \frac{13680}{EI} \quad \text{得解}$$

其中 t_{AB} 等于点 A 和 B 之间的 M/EI 图下面积关于 A 的面积矩，M/EI 图被分成两块。

9.4 弹性荷载法

弹性荷载法是一种用于计算简支梁转角和挠度的方法。虽然这种方法的计算结果同弯矩-面积法得出的完全相同，但我们用我们更熟悉的绘制梁的剪力和弯矩曲线的方法代替了切线偏差和转角变化的计算，故此方法更简单。因此弹性荷载法省去了以下条件：①画出准确的杆件弯曲形状图；②考虑需计算哪一个切线偏差和角度变化以求得指定点的挠度或转角。

在弹性荷载法中，我们想象 M/EI 图（其纵坐标代表每单位长度角度的变化）被作为荷载（弹性荷载）施加在梁上。然后，我们计算剪力和弯矩曲线。接下来我们要证明在每一点处的剪力曲线和弯矩曲线的纵坐标值分别等于真实梁中该点处的转角和挠度。

为了证明当角度变化被当做一个假想的荷载作用于一根简支梁上时，由其在一个截面处产生的剪力和弯矩等于此截面处的转角和挠度，我们将检查一根梁的弯曲形状，其纵向轴线由两条直线段组成，两条直线段的夹角为 θ。弯曲杆件的几何图形如图 9.19 中的实线所示。

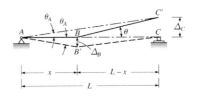

图 9.19 点 B 处有一角度
变化为 θ 的梁

如果梁 ABC' 与支座在 A 处连接使得 AB 部分呈水平，则梁的右端将位于支座 C 上方 Δ_C 处的 C' 点。根据梁的尺寸和角 θ（见三角形 $C'BC$），我们发现

$$\Delta_C = \theta(L - x) \tag{9.20}$$

斜线 AC'，与梁端连接，过 A 点与水平轴呈一个角度 θ_A。考虑右边的三角形 ACC'，我们用 Δ_C 把 θ_A 表示为

$$\theta_A = \frac{\Delta_C}{L} \tag{9.21}$$

把式（9.20）代入式（9.21），得

$$\theta_A = \frac{\theta(L - x)}{L} \tag{9.22}$$

我们现在把杆件 ABC' 绕铰支座 A 顺时针转动到 AC' 弦与水平线 AC 重合且点 C' 落在滚动支座 C 上。梁的最终位置如虚线 $AB'C$ 所示。作为转动的结果，AB 部分向右下倾斜了 θ_A 的角度。

为了根据弯曲杆件的几何图形表示 B 处的竖向挠度 Δ_B，考虑三角形 ABB'。假定角度很小，可写出

$$\Delta_B = \theta_A x \tag{9.23}$$

把式（9.22）中给出的 θ_A 代入式（9.23），得

$$\Delta_B = \frac{\theta(L-x)x}{L} \tag{9.24}$$

换种方法，可以把角度变化 θ 作为一个弹性荷载作用于梁上 B 点处，通过计算由此产生的剪力和弯矩得到完全一致的 θ_A 和 Δ_B 的值 ［见图 9.20（a）］。对支座 C 弯矩求和解出 R_A：

$$\circlearrowright^+ \quad \sum M_C = 0$$

$$\theta(L-x) - R_A L = 0$$

$$R_A = \frac{\theta(L-x)}{L} \tag{9.25}$$

求出 R_A 后，用常规方法画出剪力和弯矩曲线 ［见图 9.20（b）和（c）］。由于支座 A 右侧的剪力等于 R_A，所以观察到由式（9.25）给出的剪力等于式（9.22）给出的转角。进一步，因为剪力在支座和 B 点之间不变。所以真实结构的转角在这一区域内也是不变的。

我们认识到 B 点的弯矩 M_B 等于 A 和 B 点之间的剪力曲线下的面积，我们发现

$$\Delta_B = M_B = \frac{\theta(L-x)x}{L} \tag{9.26}$$

比较由式（9.24）和式（9.26）给出的 B 处挠度的值，我们确定由荷载 θ 产生的弯矩 M_B 等于基于弯曲梁的几何图形得出的 Δ_B 的值。我们也观察到最大挠度发生在由弹性荷载产生的剪力为零的截面处。

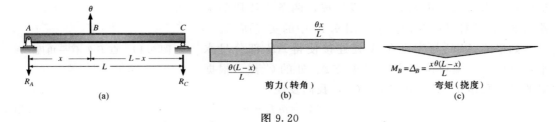

图 9.20

（a）角度变化 θ 被当作一个荷载作用在 B 点；（b）由荷载 θ 产生的剪力等于真实梁中的转角；
（c）由 θ 产生的弯矩等于真实梁中的挠度（见图 9.19）

符号约定

如果把施加在梁上的 M/EI 图的正值看作是向上作用的分布荷载，把 M/EI 图的负值看作是向下作用的分布荷载，则正剪力表示正转角，负剪力表示负转角（见图 9.21）。另外，弯矩的负值表示向下的挠度，弯矩的正值表示向上的挠度。

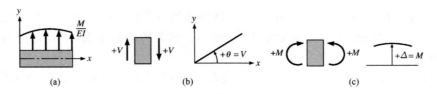

图 9.21

（a）正弹性荷载；（b）正剪力和正转角；（c）正弯矩和正（向上的）挠度

例 9.13 和例 9.14 阐明了用弹性荷载法计算简支梁的挠度。

【例 9.13】 计算图 9.22（a）中梁的最大挠度及每个支座处的转角。注意：EI 为一常数。

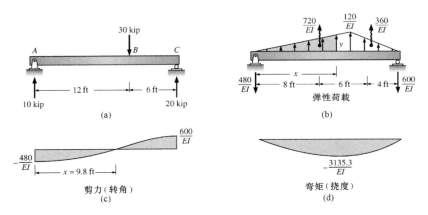

图 9.22
（a）梁；（b）梁承受 M/EI 图荷载的作用；（c）转角的变化；（d）弯曲形状

解：

如图 9.22（b）所示，M/EI 图被作为一个向上的荷载作用于梁上。AB 和 BC 之间的三角形分布荷载的合力的值分别为 $720/EI$ 和 $360/EI$，已用粗箭头标出。即

$$\frac{1}{2} \times 12 \times \frac{120}{EI} = \frac{720}{EI} \text{ 和 } \frac{1}{2} \times 6 \times \frac{120}{EI} = \frac{360}{EI}$$

利用合力，我们得出支座 A 和 C 处的反力。由习惯画法得出的剪力和弯矩曲线如图 9.22（c）和（d）所示。为求得最大挠度所在点，我们根据荷载曲线下的面积（阴影部分）应平衡 $480/EI$ 的左支座处反力。

$$\frac{1}{2} xy = \frac{480}{EI} \tag{1}$$

利用相似三角形［见图 9.22（b）］，得

$$\frac{y}{120/EI} = \frac{x}{12}$$

$$\text{和} \quad y = \frac{10}{EI} x \tag{2}$$

把式（2）代入式（1），解出 x：

$$x = \sqrt{96} = 9.8 \text{(ft)}$$

为计算最大挠度，我们在 $x = 9.8$ft 处用一竖直截面把梁截开，取截面左侧为隔离体。所有作用在该隔离体上的力对截面处弯矩求和。［见图 9.22（b）中阴影部分。］

$$\Delta_{\max} = M = -\frac{480}{EI} \times 9.8 + \frac{1}{2} xy \times \frac{x}{3}$$

利用式（2），根据 x 表示 y，并把 $y = 9.8$ft 代入，得

$$\Delta_{\max} = -\frac{3135.3}{EI} \downarrow \quad \text{得解}$$

端部转角的值直接从图 9.22（c）中的剪力曲线上读出，分别为

$$\theta_A = -\frac{480}{EI} \qquad \theta_C = \frac{600}{EI} \quad \text{得解}$$

【例 9.14】   计算图 9.23（a）中梁上点 B 的挠度，并指出最大挠度点的位置；E 为常数，但 I 如图所示变化。

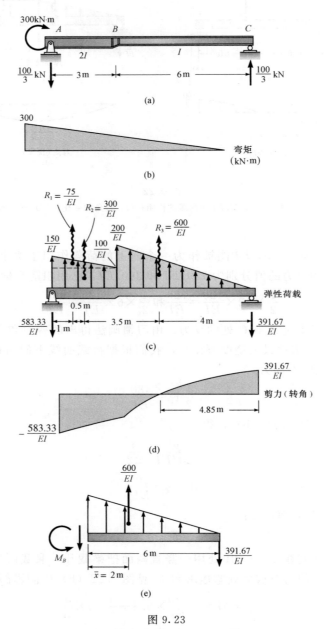

图 9.23

解：

为确定 M/EI 曲线，我们把 A 和 B 之间的弯矩曲线的纵坐标值除以 $2EI$，把 B 和 C

之间的弯矩曲线的纵坐标值除以 EI［见图 9.23（b）］。得到的 M/EI 图被作为一个向上的荷载作用在梁上，如图 9.23（c）所示。最大挠度发生在支座 C 左侧 4.85m 处，该处的弹性剪力为零［见图 9.23（d）］。

为计算 B 处的挠度，我们利用图 9.23（e）所示的隔离体求出弹性荷载在 B 点处产生的弯矩。通过对 B 点弯矩求和，我们算出

$$\Delta_B = M_B = \frac{600}{EI} \times 2 - \frac{391.67}{EI} \times 6$$

$$\Delta_B = -\frac{1150}{EI} \downarrow \quad \text{得解}$$

9.5　共轭梁法

在 9.4 节中，我们用弹性荷载法计算了简支梁上点的转角和挠度。本节的标题——共轭梁法，让我们通过利用共轭支承代替实际支承以产生共轭梁，把弹性荷载法推广到其他支承类型和边界条件的梁。这些假想支承的作用是利用可以确定剪力和弯矩的边界条件，把 M/EI 图作为荷载施加在梁上，产生的剪力和弯矩分别等于实际梁的转角和挠度。

为了解释这一方法，我们考虑图 9.24（a）所示的悬臂梁的剪力和弯矩（由弹性荷载产生的）和梁的弯曲形状三者之间的关系。与作用在真实结构上的集中荷载 P 联系在一起的 M/EI 曲线确定了沿着梁的轴线上的所有点的曲率［见图 9.24（b）］。例如，在 B 处，该处弯矩为 0，曲率为 0。另一方面，在 A 处，曲率是最大的，等于 $-PL/EI$。由于沿着杆件轴线上所有截面的曲率都是负的，所以梁在其全长范围内是凹向下弯曲的，如图 9.24（c）中①号曲线所示。虽然由①号曲线提供的弯曲形状与 M/EI 图一致，但我们认识到它没有表现悬臂梁的正确的弯曲形状，因为在左端点处的转角与固定支座 A 提供的边界条件不一致；即 A 处的转角（和挠度）必须为 0，如图中②号曲线所示。

因此，我们可以推论，如果 A 处的转角和挠度必须为 0，则 A 处弹性剪力的值和弹性弯矩的值也必须为 0。由于满足这些要求的边界条件只能是一个自由端，所以我们必须假想支座 A 被移走了——如果没有支座存在就没有反力产生。通过在杆端确定了的正确的转角和挠度，我们确认杆件的指向是正确的。

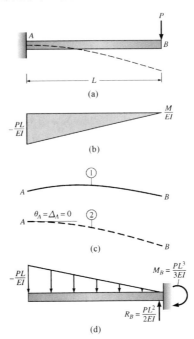

图 9.24

（a）悬臂梁的弯曲形状；（b）确定曲率变化的 M/EI 图；（c）曲线①展示了与分图（b）中的 M/EI 图一致的弯曲形状，不过在 A 处不满足边界条件，曲线②所示为将曲线①作为一个刚体顺时针转动直到 A 处转角为零；（d）弹性荷载作用下的共轭梁

另一方面，由于在实际的悬臂梁的自由端既可以存在转角也可以存在挠度，所以在 B 处必须有一个可以提供剪力和弯矩的支座。因此，在共轭梁中，我们必须在 B 处引入一个假想的固定支座。图 9.24（d）展示了 M/EI 图作用下的共轭梁。在共轭梁中，由弹性荷载（M/EI 图）产生的 B 处的支座反力给出了实际梁的转角和挠度。

图 9.25 所示为对应于各种标准支承的共轭支承。其中有两种支承我们以前没有讨论过——内部滚轴和铰——如图 9.25（d）和（e）所示。由于内部滚轴（图 9.25）只提供竖向约束，所以滚动支承处的挠度为 0，但杆件可以自由转动。由于杆件是连续的，所以节点两边的转角是一样的。为了满足这些几何要求，共轭支承处必须没有弯矩（零挠度），但支承两边必须有剪力，且值相等——因此为铰。

因为在真实结构中，铰不约束挠度和转动［见图 9.25（e）］，所以引入共轭结构中的装置必须确保在节点处有弯矩且节点两边有不相等的剪力。这些要求要通过把一个内部滚轴引入共轭结构来满足。弯矩之所以可以产生是因为支承上的梁是连续的，且滚轴两边的剪力很明显地可以有不同数值。

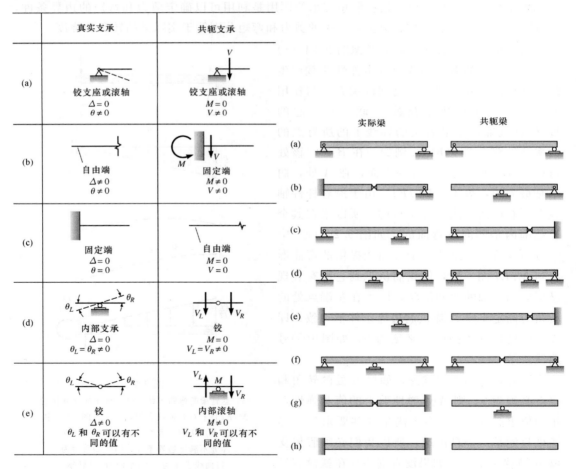

图 9.25 共轭支承

图 9.26 共轭梁的例子

图 9.26 所示为 8 组对应于真实结构的共轭结构的例子。如果真实结构是超静定的，

则共轭结构将是几何可变的［见图 9.26（e）～（h）］。对于这一情况不用担心，因为会发现由作用在真实结构上的力产生的 M/EI 图能产生弹性荷载可以保持共轭结构处于平衡状态。例如，图 9.27（b）展示了一个与集中荷载作用在真实的固端梁的跨中联系在一起的 M/EI 图作用下的共轭结构。对整体结构列方方程，我们可以证实无论是在竖直方向上的力求和还是对结构上任一点的弯矩求和，共轭结构都处于平衡状态。

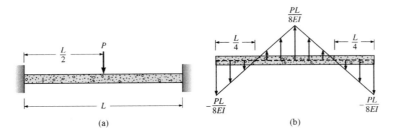

图 9.27

（a）跨中处承受集中荷载的两端固定梁；（b）承受 M/EI 曲线荷载的共轭梁，
该共轭梁没有支撑，通过施加在其上的荷载保持平衡

总之，用共轭梁法计算任何种类梁的挠度，我们都按以下步骤。

（1）画出真实结构的弯矩曲线。

（2）把弯矩图的纵坐标除以 EI 得出 M/EI 曲线。在这一步中，E 或 I 可能是变化的。

（3）通过用图 9.25 中的对应的共轭支承代替实际的支承或铰以建立共轭梁。

（4）把 M/EI 图作为荷载作用在共轭结构上，计算出要求的转角和挠度所在点处的剪力和弯矩。

例 9.15～9.17 阐明了共轭梁法。

【例 9.15】 对于图 9.28 中的梁，用共轭梁法求出支座 A 和 C 之间的最大挠度及悬挑梁的顶端的挠度。EI 为常数。

解：

M/EI 图作为一个向上的荷载作用在共轭梁上，如图 9.28（c）所示（见图 9.25 中对应的真实支承和共轭支承）。通过对铰弯矩求和解出 A 处反力。

$$\circlearrowright^+ \quad \sum M_{铰}=0$$

$$-18R_A+\frac{720\times10}{EI}+\frac{360\times4}{EI}=0$$

$$R_A=\frac{480}{EI}$$

计算 R_D：

$$\uparrow^+ \quad \sum F_y=0$$

$$\frac{720}{EI}+\frac{360}{EI}-\frac{480}{EI}-R_D=0$$

$$R_D=\frac{600}{EI}$$

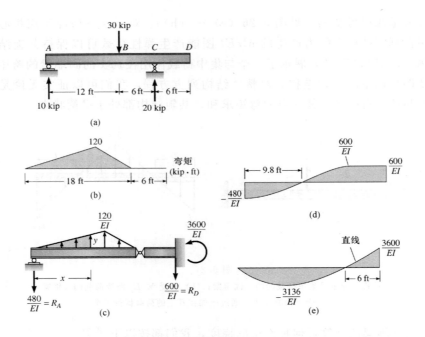

图 9.28

（a）梁的详图；（b）弯矩曲线；（c）弹性荷载作用下的共轭梁；

（d）弹性剪力（转角）；（e）弹性弯矩（挠度）

画剪力和弯矩曲线［见图 9.28（d）和（e）］。D 处弯矩（等于 C、D 间的剪力曲线下的面积）是

$$M_D = \frac{600}{EI} \times 6 = \frac{3600}{EI}$$

通过求出用以平衡 R_A 的荷载曲线下的面积（阴影部分）可定出支座 A 右侧零剪力点的位置，然后求出最大挠度：

$$\frac{1}{2}xy = \frac{480}{EI} \tag{1}$$

根据相似三角形［见图 9.28（c）］：

$$\frac{y}{\frac{120}{EI}} = \frac{x}{12} \quad 和 \quad y = \frac{10}{EI}x \tag{2}$$

把式（2）代入式（1），解出 x：

$$x = \sqrt{96} = 9.8\text{ft}$$

计算负弯矩的最大值。由于支座 A 右侧的剪力曲线为抛物线，故面积 $= \frac{2}{3}bh$。

$$\Delta_{\max} = M_{\max} = \frac{2}{3} \times 9.8 \times \left(-\frac{480}{EI}\right) = -\frac{3136}{EI} \quad 得解$$

计算 D 处的挠度：

$$\Delta_D = M_D = \frac{3600}{EI} \quad 得解$$

【**例 9.16**】 比较使图 9.29（a）和（c）中的梁左端产生单位转角（$\theta_A = 1\text{rad}$）所需弯矩的大小。除了右端的支座外——铰支座对固定支座——两个梁的尺寸和性质完全一样。EI 为常数。分析表明一个顺时针弯矩 M 作用在图 9.29（c）中梁的左端，会在固定支座处产生一个顺时针的、大小为 $M/2$ 的弯矩。

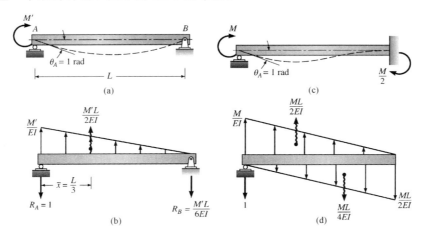

图 9.29 端部约束对于弯曲刚度的影响

（a）A 处承受荷载的远端铰支梁；（b）分图（a）中梁的共轭梁结构承受 M/EI 图荷载作用；
（c）A 处承受荷载的远端固定梁；（d）分图（c）中梁的共轭梁结构承受 M/EI 图荷载作用

解：

图 9.29（a）中的铰支承梁所对应的共轭梁如图 9.29（b）所示。由于施加了弯矩 M'，在 A 处产生了一个顺时针的 1rad 的转动，所以左支座的反力等于 1。因为 A 处的转角是负的，所以反力向下作用。

为了计算 B 处的反力，我们对支座 A 弯矩求和。

$$\circlearrowright^+ \quad \sum M_A = 0$$

$$0 = R_B L - \frac{M'L}{2EI}\left(\frac{L}{3}\right)$$

$$R_B = \frac{M'L}{6EI}$$

在 y 方向力求和，我们根据杆件的特性把 M' 表示为

$$\uparrow^+ \quad \sum F_y = 0$$

$$0 = -1 + \frac{M'L}{2EI} - \frac{M'L}{6EI}$$

$$M' = \frac{3EI}{L} \quad \text{得解} \tag{1}$$

图 9.29（c）中固定端梁所对应的共轭梁如图 9.29（d）所示。各端点弯矩的 M/EI 图被分开画出。为了用梁的特性表示 M，我们对 y 方向上的力求和。

$$\uparrow^+ \quad \sum F_y = 0$$

$$0 = -1 + \frac{ML}{2EI} - \frac{1}{2}\frac{ML}{2EI}$$

$$M = \frac{4EI}{L} \quad \text{得解} \tag{2}$$

注意 梁的绝对弯曲刚度可以被定义为使梁一端支承在滚动支座上，另一端固定〔见图 9.29（c）〕的端部转过 1rad 的角度所需弯矩的值。虽然边界条件的选择是任意的，但这组特殊的边界条件是方便的，因为它与用弯矩分布法（一种将在第 13 章介绍的分析超静定梁和框架的方法）分析梁的端部条件很类似。梁的刚度越大，产生单位转动所需的弯矩就越大。

如果一个铰支座替代了一个固定支座，如图 9.30（a）所示，则梁的弯曲刚度就减小了，因为滚动支座不能在杆件端部施加一个约束弯矩。如本例所示，通过比较产生单位转动〔见式（1）和（2）〕所需的弯矩，我们发现铰接端梁的弯曲刚度是固接端梁的 3/4。

$$\frac{M'}{M} = \frac{3EI/L}{4EI/L}$$

$$M' = \frac{3}{4}M$$

【例 9.17】 求图 9.30（a）中梁的最大挠度。已知 EI 为常数。

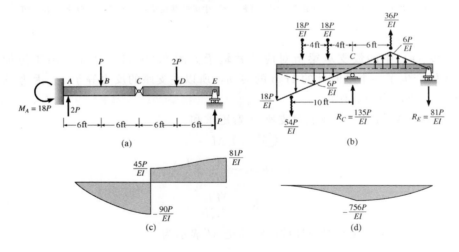

图 9.30

(a) 梁；(b) 承受 M/EI 图荷载作用的共轭结构；(c) 弹性剪切（转角）；

(d) 弹性弯矩（挠度）

解:

集中荷载作用在图 9.30（a）所示的真实结构上，得出的弯矩图的纵坐标除以 EI 后，将 M/EI 图作为一个分布荷载作用在图 9.30（b）中的共轭梁上。接下来，我们把分布荷载按三角形面积划分，并计算每一块 面积的合力（如粗箭头所示）。

计算 R_E：

$$\circlearrowright^+ \quad \sum M_C = 0$$

$$\frac{36P}{EI} \times 6 + \frac{18P}{EI} \times 4 + \frac{18P}{EI} \times 8 + \frac{54P}{EI} \times 10 - 12R_E = 0$$

$$R_E = \frac{81P}{EI}$$

计算 R_C：

$$\uparrow^+ \quad \sum F_y = 0$$

$$-\frac{54P}{EI} - \frac{18P}{EI} - \frac{18P}{EI} - \frac{81P}{EI} + \frac{36P}{EI} + R_C = 0$$

$$R_C = \frac{135P}{EI}$$

为了确定沿梁的轴线上转角和挠度的变化，我们画出共轭梁的剪力和弯矩图［见图 9.30 (c) 和（d)］。最大挠度发生在点 C 处（真实铰的位置），等于 765P/EI。这个值是通过计算过 C 点的截面左侧的所有作用在共轭梁上的力关于 C 的弯矩得到的［见图 9.30（b)］。

9.6 梁的辅助设计

为了进行合理的设计，梁必须有足够的刚度，就像有足够的强度一样。在使用荷载下，一定要限制挠度。这样，非结构构件——隔墙、水管、天花板和窗户才不会损坏或是无法使用。显然，楼面梁下陷过多或是由于施加的活荷载引起梁的振动都是不满足要求的。为了限制活载下的挠度，大多数建筑规范规定了活载挠度的最大值，表示为跨长的几分之一———一般为跨长的 1/360～1/240。

反拱

图 9.31　对梁起反拱

如果钢梁在恒载作用下过分下陷，则可以对它们起反拱。即通过弯曲或是加热的方式使梁在制作时具有初始曲率，这样梁的中心就被升高了一段距离，这段距离要等于或大于恒载挠度（见图 9.31）。例 10.12 阐明了一个把曲率和反拱联系起来的简单过程。起反拱的钢筋混凝土梁的中心被提高了等于或稍大于恒载挠度的高度。

在实际应用中，设计者通常利用手册和参考书中的表格来计算各种支承和荷载条件下梁的挠度。美国钢结构协会（AISC）出版的《钢结构手册》是一本信息很全的参考书。

表 9.1 给出了很多支承和荷载条件下梁的弯矩图和最大挠度的值。我们将在例 9.18 中利用这些公式。

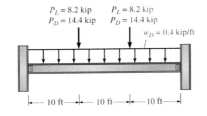

$P_L = 8.2$ kip
$P_D = 14.4$ kip

$P_L = 8.2$ kip
$P_D = 14.4$ kip

$w_D = 0.4$ kip/ft

10 ft — 10 ft — 10 ft

图 9.32　梁通过腹板上的节点板与柱连接，按简支静定梁分析

【例 9.18】　一跨度为 30ft 的简支钢梁承受 0.4kip/ft 的均布恒载，其中包括了梁的自重以及由梁支承的一部分地板和天花板的重量（见图 9.32）。梁在其三分点处还承受两个一样的集中荷载，这两个集中荷载都是由 14.4kip 的恒载和 8.2kip 的活载组成的。为支承这些荷载，设计者选择了一根高为 16in 的宽翼缘钢梁，其弹性模量 $E = 29000$ksi，惯性矩 $I = 758$in^4。

（a）确定梁抵消全部恒载挠度和 10％的活载挠度所需的反拱。

（b）证明在只受活载作用的情况下，梁的挠度不超过其跨度的 1/360。（这一结论确保梁在活载作用时不会过分弯曲和振动。）

解：

我们先利用表 9.1 中的情形 1 和 3 提供的挠度公式，计算恒载所需的反拱。

表 9.1　　　　　　　　　　　　　弯矩图和最大挠度公式

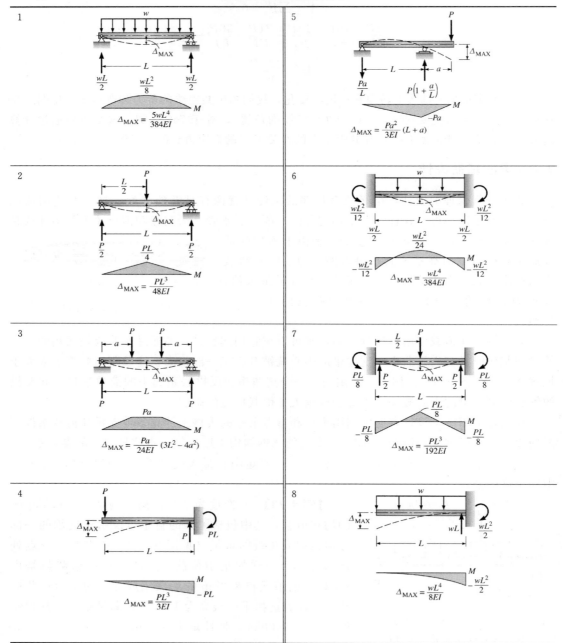

（a）由均布荷载产生的恒载挠度为

$$\Delta_{D1} = \frac{5wL^4}{384EI} = \frac{5 \times 0.4 \times 30^4 \times 1728}{384 \times 29000 \times 758} = 0.33\,(\text{in})$$

由集中荷载产生的恒载挠度为

$$\Delta_{D2} = \frac{Pa(3L^2 - 4a^2)}{24EI} = \frac{14.4 \times 10 \times (3 \times 30^2 - 4 \times 10^2) \times 1728}{24 \times 29000 \times 758}$$

$$\Delta_{D2} = 1.08\,(\text{in})$$

总的恒载挠度：$\Delta_{DT} = \Delta_{D1} + \Delta_{D2} = 0.33 + 1.08 = 1.41$ （in）

活载挠度：

$$\Delta_L = \frac{Pa(3L^2 - 4a^2)}{24EI} = \frac{8.2 \times 10 \times (3 \times 30^2 - 4 \times 10^2) \times 1728}{24 \times 29000 \times 758}$$

所需反拱 $= \Delta_{DT} + 0.1\Delta_L = 1.41 + 0.1 \times 0.62 = 1.47$ （in）

在实际应用中这些系数理论上并不是固定的，我们可以对其进行修正，一些设计人员在设计时采用了梁的理论挠度的 80% 来作为反拱所需值。

反拱 $= 0.8 \times 1.47 = 1.18(\text{in})$，接近 $1\frac{1}{4}$　得解

（b）允许的活载挠度是

$$\frac{L}{360} = \frac{30 \times 12}{360} = 1(\text{in}) > 0.62\text{in}　得解$$

因此，满足要求。

总结

- 梁和框架的最大挠度都要经过检验以确保结构不会过分弯曲。梁和框架的过大的挠度会使与之相连的非结构构件开裂（如墙、窗等），也会使楼板和桥面在移动荷载作用下产生过大的振动。在第 11 章中用弹性法解超静定结构时也需要把结构的挠度求出。

- 梁和框架的挠度是弯矩 M 和杆件弯曲刚度的函数。弯曲刚度把杆件的惯性矩 I 和弹性模量 E 联系在一起。由剪力引起的挠度一般都忽略不计，除非梁很厚、剪应力很大且剪切模量 G 很小。

- 为了建立弹性曲线（梁中心线的弯曲形状）的转角和挠度公式，我们要从对弹性曲线的微分方程的积分开始对挠度的研究

$$\frac{\mathrm{d}^2 y}{\mathrm{d}x^2} = \frac{M}{EI}$$

当荷载以一个复杂的方式变化时，这一方法会变得难以胜任。

- 接下来我们考虑弯矩-面积法，该方法将 M/EI 图作为荷载来计算沿梁轴线上一指定点处的转角和挠度。这种方法在 9.3 节中介绍，它需要精确的弯曲形状图。

- 我们再回顾一下弹性荷载法（弯矩-面积法的一种变化），该方法可用于计算简支梁的转角和挠度。在这种方法中，M/EI 图被作为荷载施加在结构上。任一点处的剪力就是转角，弯矩即为挠度。最大挠度发生在剪力为零的点。

- 共轭梁法是弹性荷载法的一种变化，可应用在各种边界条件的构件上。该方法要求利用假想的支承代替实际支承以使边界条件得以利用。当共轭梁承受 M/EI 图荷载作

用时，梁中的剪力和弯矩分别等于真实结构的转角和挠度。

• 计算某一特定的梁在指定荷载情况作用下的最大挠度的公式在结构工程参考书的表（见表 9.1）中都可以查到。参考书提供了用于分析和设计梁的所有重要数据。

习题

用双重积分法解习题 P9.1～P9.6。所有杆件的 EI 为常数。

P9.1 列出图 P9.1 中悬臂梁的转角和挠度公式。计算 B 处的转角和挠度。把结果表示为 EI 的形式。

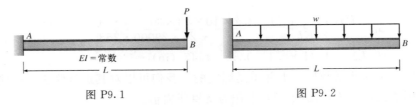

图 P9.1   图 P9.2

P9.2 列出图 P9.2 中梁的转角和挠度公式。比较 B 处的挠度和跨中处的挠度。

P9.3 列出图 P9.3 中梁的转角和挠度公式。计算梁的最大挠度。提示：最大挠度发生在转角为 0 处。

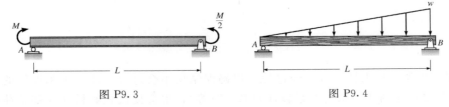

图 P9.3   图 P9.4

P9.4 列出图 P9.4 中梁的转角和挠度公式。标出最大挠度点的位置并计算其大小。

P9.5 建立图 P9.5 中梁的转角和挠度公式。计算每一个支座处的转角。结果表示为 EI 的形式。

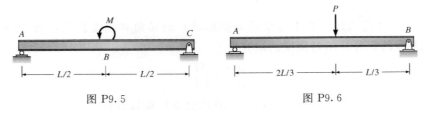

图 P9.5   图 P9.6

P9.6 列出图 P9.6 中梁的转角和挠度公式。求出各支座处的转角和跨中处的挠度值。（提示：利用对称性；跨中处的转角为 0。）

利用弯矩-面积法解习题 P9.7～P9.12。除非另外注明，否则所有杆件的 EI 为常数。如无特别注明，答案都要用 EI 表达。

P9.7 计算图 P9.7 中 B 点和 C 点的转角及挠度。

P9.8 （a）计算图 P9.8 中 A 和 C 处的转角及 D 处的挠度。（b）标出最大挠度点的位置并计算其大小。

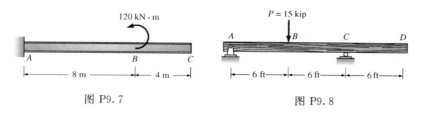

图 P9.7

图 P9.8

P9.9 计算图 P9.9 中梁上 A、C 处的转角和 B 处的挠度。

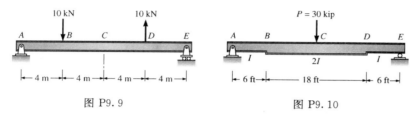

图 P9.9

图 P9.10

P9.10 （a）计算图 P9.10 中梁上 A 处的转角和跨中处的挠度。（b）如果跨中处的挠度不能超过 1.2in，则 I 的最小值为多少？ $E=29000\text{kip/in}^2$。

P9.11 （a）计算图 P9.11 中梁上 A 处的转角和挠度。（b）确定 BC 跨上最大挠度的位置和大小。

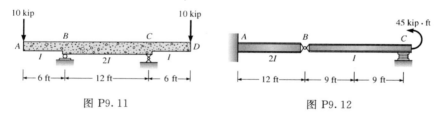

图 P9.11

图 P9.12

P9.12 计算图 P9.12 中梁的铰点 B 两侧的点的转角、铰的挠度及 BC 跨上的最大挠度。C 处的弹性支座相当于一个滚轴。

P9.13 计算图 P9.13 中支座 A 处转角和 B 处挠度。把 D 处的摇杆看成一个滚轴。把结果用 EI 表示。

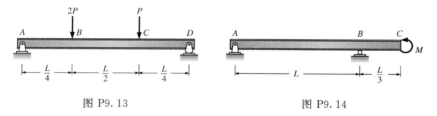

图 P9.13

图 P9.14

P9.14 计算图 P9.14 中 A、B 处的转角和 C 处的挠度。把结果用 M、E、I、L 表示。

P9.15 确定图 P9.15 中梁上 C 点的转角和挠度。（提示：分块画出弯矩图）。

P9.16 一屋顶梁施加了如图 P9.16 所示的荷载。假设在天花板或屋顶材料破坏前悬臂端可以发生 3/8 的挠度，试求梁所需的惯性弯矩。令 $E=29000\text{ksi}$。

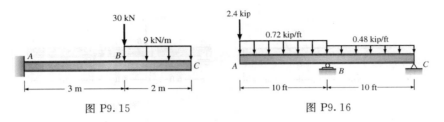

图 P9.15

图 P9.16

P9.17 计算 B、D 两点在 32kip 荷载作用下的转角和挠度。反力已给出。$I = 510in^4$，$E = 29000kip/in^2$。画出弯曲形状。

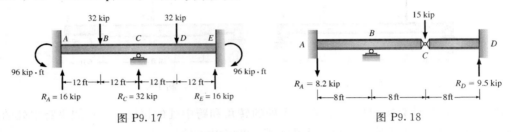

图 P9.17

图 P9.18

P9.18 图 P9.18 中超静定梁 A、D 支承处的竖向反力已经给出。试求 B 点处的转角以及 C 处的挠度。EI 为常数。

用弯矩-面积法解题 P9.19～P9.23。不做特殊说明，EI 为常数。

P9.19 求当 P9.19 中 C 点的竖向挠度为 0 时，力 P 的大小。

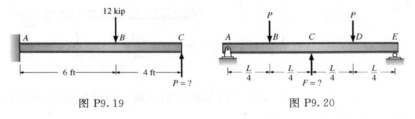

图 P9.19

图 P9.20

P9.20 假设梁跨中（比如 C 点）竖向挠度为 0。求力 F 的大小。EI 为常数。将 F 用 P 和 EI 表达。

P9.21 计算图 P9.21 中 D 点的水平挠度和 B 点处的竖向挠度。C 点处的弹性板视为滚轴。

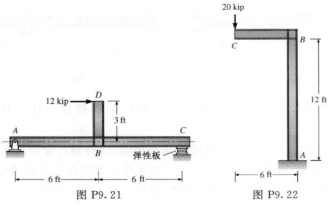

图 P9.21

图 P9.22

P9.22 计算图 P9.22 中结构的 C 点处的水平和竖向挠度。EI 为常数。

P9.23 计算 C 点处的转角和竖向挠度以及 D 点处水平位移。$I_{AC} = 800\text{in}^4$，$I_{CD} = 120\text{in}^4$，$E = 29000\text{kip/in}^2$。

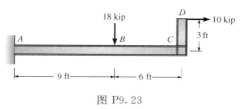

图 P9.23

用弯矩-面积法解题 P9.24～P9.27。EI 为常数。

P9.24 图 P9.24 中梁的惯性矩是柱的两倍。如果 D 处的竖向挠度没有超过 1in，C 处的水平挠度没有超过 0.5in。求惯性矩的最小值。$E = 29000\text{kip/in}^2$。B 处的弹性板等价为滚轴。

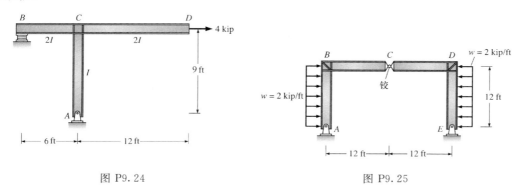

图 P9.24   图 P9.25

P9.25 计算图 P9.25 中铰 C 处的竖向位移。EI 为常数。

P9.26 荷载作用在一支承楼梯的柱上，外板面如图 P9.26 所示。试求柱的惯性矩，使其最大侧向挠度不大于外板面制造商所定的 1/4in。令 $E = 29000\text{kip/in}^2$。

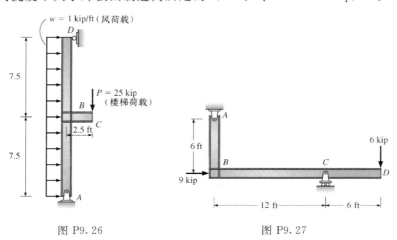

图 P9.26   图 P9.27

P9.27 计算图 P9.27 中 A 点的转角以及 D 处的竖向挠度。

用弯矩-面积法解题 P9.28～P9.30。EI 为常数。

P9.28 计算图 P9.28 中节点 B 处的水平位移。由 12kip 荷载产生的弯矩图已给出。点 A 和 E 处的柱子的底部可看成是固定支座。（提示：先画出弯曲形状图，利用弯矩图求出杆件的曲率。弯矩的单位是 kip·ft。）

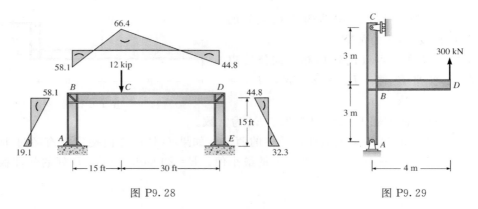

图 P9.28　　　　　　　　　　　图 P9.29

P9.29　计算 B 点处的转角以及 D 点处的竖向挠度。已知 $E=200\text{GPa}$，$I_{AC}=400\times 10^6 \text{mm}^4$，$I_{BD}=800\times 10^6 \text{mm}^4$。

P9.30　一水平荷载加载于如图 P9.30 所示的结构中的 B 点处。试计算 B 点和 D 点处的水平位移。对于所有构件，$E=200\text{GPa}$，$I=500\times 10^6 \text{mm}^4$。

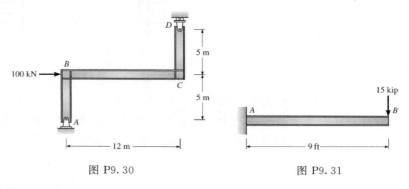

图 P9.30　　　　　　　　　图 P9.31

用共轭梁法解题 P9.31～P9.37。

P9.31　试求图 P9.31 中悬臂梁 B 点处的转角和挠度。EI 为常数。

P9.32　如图 P9.32 所示一两端固结梁，其跨中作用 $200\text{kip} \cdot \text{ft}$ 弯矩，梁的弯矩图已给出。试计算梁的最大竖向挠度和最大转角及其位置。

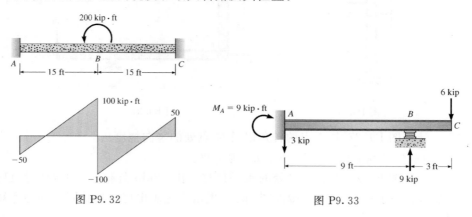

图 P9.32　　　　　　　　　图 P9.33

P9.33 试计算图 P9.33 中梁 C 点处的转角和挠度，并且计算 A 点和 B 点之间的最大挠度。梁上反力已经给出，EI 为常数。B 处的弹性板视为滚轴。

P9.34 计算图 P9.34 中梁 A 点处的转角和 C 点处的挠度。E 为常数。

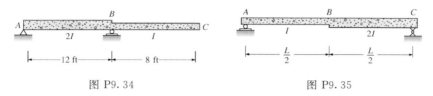

图 P9.34   图 P9.35

P9.35 试计算图 P9.35 中梁在弯矩作用在 A 点和弯矩作用在 C 点时的抗弯刚度。E 为常数。（以例 9.16 为参考）

P9.36 计算图 P9.36 中 B 节点两侧的挠度和转角。EI 为常数。

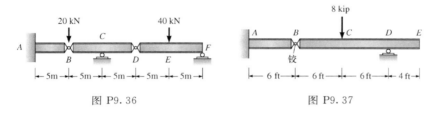

图 P9.36   图 P9.37

P9.37 计算图 P9.37 中梁的 BD 跨的最大挠度以及铰两侧的转角。

P9.38 用共轭梁法解题 P9.11。

P9.39 用共轭梁法解题 P9.12。

P9.40 用共轭梁法解题 P9.17。

P9.41 用共轭梁法解题 P9.18。

P9.42 如图 P9.42 所示梁，用共轭梁法解 C 铰两侧的竖向挠度和转角。已知：$E = 200\text{GPa}$，$I_{AC} = 100 \times 10^6 \text{mm}^4$，$I_{CF} = 50 \times 10^6 \text{mm}^4$。

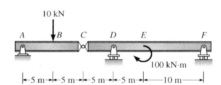

图 P9.42

挠度计算的实际应用

P9.43 图 P9.43（a）所示的钢筋混凝土主梁通过一根钢索被施加了预应力。钢索对混凝土梁施加了一个偏心为 7in、大小为 450kip 的压力，该预应力等效为一大小 450kip 的轴向荷载加上一个大小 262.5kip·ft 的端部弯矩 [见图 P9.43（b）]。轴力使得梁缩短但不会引起弯曲变形。端部弯矩 M_P 使梁向上弯曲 [见图 P9.43（c）]，这样梁的全部重量由其端部支承，整个构件就如同一根简支梁。随着梁向上弯曲，梁的自重表现为一均布荷载使得梁向下弯曲。求张拉刚结束时，此梁的反拱高度。注意：随着时间的增长，由于混凝土的徐变，初始变形会增加 100%～200%。由两端的弯矩引起的跨中处的挠度为 $ML^2/(8EI)$。已知：$I = 46656\text{in}^4$，$A = 432\text{in}^2$，梁的自重 $w_G = 0.45\text{kip/ft}$，$E = 5000\text{kip/in}^2$。

P9.44 由于基础条件较差，需要用一根高度为 30in 的悬挑梁来支承一根承受了 600kip 的恒载和 150kip 的活载的外部柱（见图 P9.44）。点 C 悬挑梁的顶端的初始反拱为多大才能消除由全部荷载产生的挠度？忽略梁的自重。已知：$I = 46656\text{in}^4$，$E_S = 30000\text{ksi}$。见

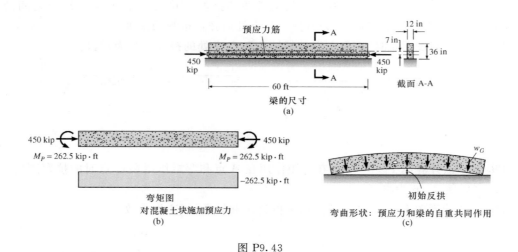

图 P9.43

表 9.1 的公式中的情形 5。A 处的节点板连接可看成是铰接，B 处的盖板支承可看成是一个滚轴。

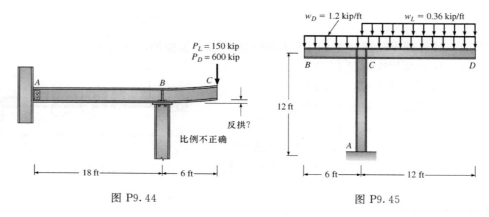

图 P9.44

图 P9.45

P9.45 如图 P9.45 所示，基础固结于地面的刚性节点钢构件受恒载和活载作用。所有的柱和梁都由相同尺寸的构件制成。当 D 点在如图所示的荷载作用下所产生的竖向挠度不超过 0.5in 时，试求结构构件的最小惯性矩。令 $E=29000\text{ksi}$。

P9.46 用电脑研究多层建筑结构的性能。此研究的目的是为了检验由两种常用连接形式构成的建筑结构的性能。当把内部大空间以及未来灵活应用作为首要考虑时，建筑结构可以用比如焊接这种刚性连接来构造。刚性连接［见图 P9.46（b）］制作较贵，考虑不同尺寸的构件，刚性连接的价格从 700 美元到 850 美元不等。因为焊接构件抵抗侧向荷载的能力取决于梁和柱的抗弯刚度，所以当侧向荷载很大或者对侧向挠度有限制时，常用重型构件。相对的，结构也可以用角钢或板将梁网同柱相连来建造，这种连接方式叫剪切连接，而这种建造方式也相对便宜，现在每个连接大约花费为 80 美元［见图 P9.46（c）］。如果剪切连接被采纳使用，通过连接柱和板梁而形成的纵深桁架——斜撑就非常需要提供侧向稳定（除非楼板可以和用加强砌体或混凝土做成的刚性剪力墙相连）。

构件性能

本题中所有的构件都由钢制成，令 $E=29000\text{kip/in}^2$。

所有梁：$I=300\text{in}^4$，$A=10\text{in}^2$。

所有柱：$I=170\text{in}^4$，$A=12\text{in}^2$。

斜撑用 2.5in 方形中空结构管［只适用于情况三——见图 P9.46（a）中的虚线］。$A=3.11\text{in}^2$，$I=3.58\text{in}^4$。

用 RISA - 2D 软件，分析在重力和风荷载作用下的如下三种情况下的结构。

情况一　刚性连接的无支撑结构

（a）分析如图 P9.46（a）中所示荷载作用下的结构。计算第 7 分块出沿构件轴线方向的力和位移。用电脑程序画出剪力和弯矩图。

（b）考虑如果相邻楼层的相对位移超过 3/8in，此相对位移的设置是为了防止外立面发生破坏。

（c）用电脑程序画出结构的挠曲线。

（d）考查节点 4 和节点 9 的竖向和侧向位移大小，有什么发现？

情况二　剪切连接的无支撑结构

（a）重复情况一的步骤（a）、（b）、（c）。假设剪切连接作用和铰一样，就是说，剪切连接只能传递剪力和轴力而不能传递弯矩。

（b）关于无支撑结构抵抗侧向位移你能得出什么结论？

情况三　剪切连接的有支撑结构

和情况二中一样，所有梁通过剪切连接与柱相连，但是加入了斜撑与梁和柱一起构成了竖向桁架［见图 P9.46（a）中的虚线］。

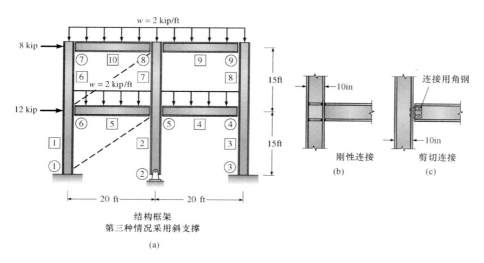

图 P9.46

（a）重复情况一中的步骤（a）、（b）、（c）。

(b) 当斜构件的面积和惯性矩为原来的 2 倍时，请计算结构的侧向挠度。将本情况中的结果与（a）中原始的轻型支撑的结果进行比较，证明本情况中的重型支撑的性能。

(c) 在以上三种情况下，将节点④和节点⑨的侧向位移制成表格进行对比，简单讨论研究结果。

密西西比 NASA 火箭引擎实验支架

位于密西西比州格尔夫波特史坦尼斯空间中心的 A－3 实验支架，高 235ft，它用来测试阿瑞斯一号宇宙飞船的 NASA 火箭引擎 J－2X，阿瑞斯一号将执行月球和火星探索的任务。结构设计的挑战来自多方面，实验支架要承受来自引擎的 1000kip 的推力，150mph 的侧向风荷载以及在 300kip 侧向力作用下发生最大达到 1/4ft 的侧向挠度时提供足够的刚度来维持稳定。

第 **10** 章

功－能法计算位移

本章目标
- 理解能量的概念（外力做功和内应变能）。
- 利用能量守恒定律导出实功原理。学习用这种方法进行挠度计算的缺陷。
- 通过虚荷载系统（或称 Q 力系）和实荷载系统（或称 P 力系）导出计算挠度的虚功原理。运用这种非常有效的方法计算桁架、梁、框架的挠度。这种方法也可以用于温度变化、支座发生位移、制作误差等问题。
- 学习虚位移的伯努利原理。
- 导出麦克斯韦尔–贝蒂位移互等定理。

10.1 引言

当结构承载时，产生应力的构件发生变形，此时，结构将发生形状改变，结构上的各点均产生位移。如果结构设计得比较合理，这些位移就较小。例如：如图 10.1（a）所示，一根加载的悬臂梁被任意分为 4 个矩形。在 B 点施加一个竖向荷载 P，沿着长度方向各部分都将产生弯矩，这些弯矩将产生纵向拉伸和压缩弯曲应力，矩形也变成了梯形，并使得悬臂梁末端的 P 点竖直向下移动到 B 点，位移 Δ_B 按比例绘于图 10.1（b）中。

同样，在如图 10.1（c）所示的桁架中，荷载 P 使杆件产生轴向力 F_1、F_2、F_3，这些力使得各杆件产生如虚线所画的轴向变形，由于这些力的作用，桁架上节点 B 斜向移动到 B'。

能量法提供了计算位移的基本方法，之所以可以采用能量法计算位移是因为未知的位移可以直接体现在功的表达式——力和位移的乘积中。在典型的位移计算中，设计荷载的大小和方向是确定的，并且各部分的比例是知道的；因此，一旦各杆件的外力计算出来，

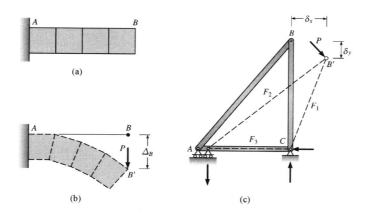

图 10.1　受力结构的变形

（a）未加荷载的梁；（b）B 点施加荷载时的弯曲变形；
（c）桁架施加荷载后的变形

就能计算各杆件积聚的能量。该能量就等于结构上的外力所做的功，由能量守恒定律，结构上外力所做的功等于结构中各杆件所积聚的应变能。假设荷载是缓慢施加于结构上的，既不产生动能也不产生热能。

我们研究能量法从回顾外力或力矩沿一微小位移所做的功开始，然后再推导轴向受力杆件和梁中积聚的应变能，最后举一个计算简单桁架节点位移的例子来说明能量法——也称为实功法。由于实功法有严格的局限性（例如，只能用于计算简单桁架在荷载方向的位移分量），所以本章的重点是讨论虚功法。

虚功法是最通用的计算位移的方法之一，可以应用于从简单桁架到复杂的板和壳等许多结构的位移计算。尽管虚功法对于弹性结构和非弹性结构都适用，但此方法要求几何变形较小（该方法不能应用于施加一集中荷载而产生较大变形的索结构）。虚功法的另一个优点是设计者在位移计算中可以考虑支座沉降、温度变化、徐变以及制造误差的影响。

10.2　功

功的定义是力和沿力的作用线方向的位移的乘积，在位移计算中我们考虑力和力矩所做的功。如一个大小不变的力 F，从 A 移动到 B [见图 10.2（a）]，则功 W 可以表示为

$$W = F\delta \tag{10.1}$$

式中　δ——位移沿力方向的分量。当力和位移的方向相同时功为正，当二者方向相反时功为负。

当二者方向垂直时功为 0，如图 10.2（b）所示。如果力的大小和方向保持不变，力和位移的方向不同，总的功等于各分解的力在相应的位移 δ_x、δ_y 上所做功之和。例如，在图 10.2（c）中，将 F 从 A 移动到 B 点所做的功表示为

$$W = F_x\delta_x + F_y\delta_y$$

类似的，如果力矩沿着角位移 θ 保持不变 [见图 10.2（d）和（e）]，所做的功之和等于力矩和角位移 θ 的乘积：

$$W = M\theta \tag{10.2}$$

力偶所做的功可以由每个力 F 沿着角位移的圆弧移动所做的功之和得到，即

$$W = -Fl\theta + F(l+a)\theta$$

简化为

$$W = Fa\theta$$

因为 $Fa = M$，所以

$$W = M\theta$$

若力的大小沿着位移方向是变化的，当力和其在同一直线上的位移的函数关系可以确定时，则功可由积分求出。该计算过程如图 10.3（a）所示，位移被分为若干微小的长度增量 $d\delta$，功的增量 dW 和 $d\delta$ 有关，等于 $Fd\delta$，总的功就是所有增量的求和：

$$W = \int_0^\delta Fd\delta \tag{10.3}$$

类似的，一个变化的力矩沿着一系列无穷小的角位移 $d\theta$ 移动，总的功如下所示：

$$W = \int_0^\theta Md\theta \tag{10.4}$$

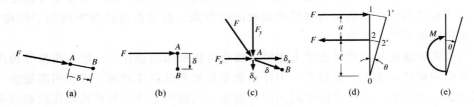

图 10.2 力和力矩所做的功

(a) 力和位移共线；(b) 力和位移垂直；(c) 力和位移不共线；(d) 力偶发生角位移 θ；
(e) 力偶的另一种表示方法

将力和位移的关系绘制成图 [见图 10.3（a）]，式（10.3）和式（10.4）中的积分单元可看成曲线下的无穷小的面积，所做的功——所有无穷小的面积之和——就是曲线下的整个面积。如果力或力矩沿着位移线性变化，从 0 增大到 F 或 M，功还可以表示为力-位移曲线下的三角形面积 [见图 10.3（b）]，此时功可以表示为

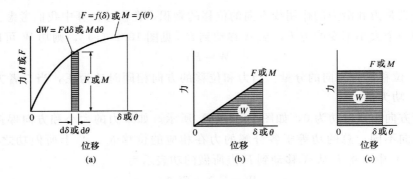

图 10.3 力-位移曲线

(a) 阴影部分为变化荷载做功的增量 dW；(b) 力或力矩从零线性变化到
F 或 M 时所做的功（阴影面积）；(c) 恒力或力矩所做的功

对于力
$$W = \frac{F}{2} \delta \tag{10.5}$$

对于力矩
$$W = \frac{M}{2} \theta \tag{10.6}$$

式中　F、M——力和力矩的最大值；

　　　　δ、θ——最终的线位移和转角位移。

当力和位移之间存在线性关系时，且力是由 0 增大到极值，功的表达式中有 1/2 的系数，如式（10.5）和式（10.6）所示；而如果力或力矩的大小沿着位移方向保持不变 [式（10.1）和式（10.2）]，功的积分图形是一个矩形 [见图 10.3（c）]，没有系数 1/2。

10.3　应变能

10.3.1　桁架杆

当一根杆件轴向受力时将会产生变形，并产生应变能 U。例如，如图 10.4（a）所示的杆件，外荷载 P 和轴向力 F 的大小相等（即 $F=P$），如果该杆为弹性的（胡克定律适用），当力从零线性增大到 F，同时杆件长度改变了 ΔL，此时产生的应变能 U 等于：

$$U = \frac{F}{2} \times \Delta L \tag{10.7}$$

其中
$$\Delta L = \frac{FL}{AE} \tag{10.8}$$

式中　L——杆件长度；

　　　　A——杆件横截面积；

　　　　E——弹性模量；

　　　　F——最终的轴力值。

将式（10.8）代入式（10.7），用杆件内力 F 和杆件特性参数可将应变能 U 表示为

$$U = \frac{F}{2} \times \frac{FL}{AE} = \frac{F^2 L}{2AE} \tag{10.9}$$

如果轴向力的大小保持不变，杆件长度改变了 ΔL，不考虑外部影响（例如温度变化），杆件产生的应变能等于

$$U = F \Delta L \tag{10.10}$$

注意：当杆件轴向变形发生时，内力保持不变，U 的表达式中没有系数 $\frac{1}{2}$ [式（10.7）和式（10.10）对比]。

物体中聚集的能量和力所做的功也可以用图形表示（见图 10.3）。如果用图形表示杆件的内力变化和杆件长度改变 ΔL 的关系，曲线下的面积表示杆件所积聚的应变能 U。图 10.4（c）是式（10.7）的图——杆内力从零线性增大到极值 F 的情形。式（10.10）的图形形式——杆件长度改变而杆件内力不变——如图 10.4（d）所示。类似的，梁的力和变形的关系曲线如图 10.4（b）所示。对于梁单元，我们画出弯矩 M 和转角 $d\theta$ 的关系图。

10.3.2　梁

长度为无穷小 dx 的一段梁 [见图 10.4（b）]，受弯矩 M 作用，该弯矩由零线性增大

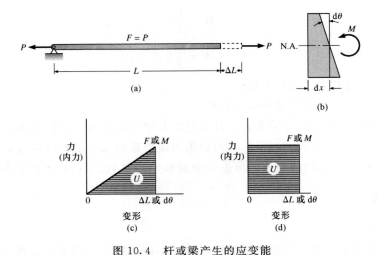

图 10.4 杆或梁产生的应变能

（a）轴向受力杆件的变形；（b）弯矩作用下无穷小梁段的旋转变形；

（c）由零线性增加到极值的力和变形图；（d）恒载

作用下的力和变形曲线

到极值 M，该小段梁一侧旋转了 $\mathrm{d}\theta$ 的角度，此时，产生的应变能增量 $\mathrm{d}U$ 等于：

$$\mathrm{d}U = \frac{M}{2}\mathrm{d}\theta \tag{10.11}$$

如前所述，$\mathrm{d}\theta$ 可以表示如下

$$\mathrm{d}\theta = \frac{M\mathrm{d}x}{EI}$$

式中　E——弹性模量；

　　　I——截面关于中性轴的惯性矩。

将式（9.13）代入式（10.11），可得长为 $\mathrm{d}x$ 的梁段产生的应变能增量为

$$\mathrm{d}U = \frac{M}{2} \times \frac{M\mathrm{d}x}{EI} = \frac{M^2\mathrm{d}x}{2EI} \tag{10.12}$$

计算 EI 不变的梁总的应变能 U，只要将所有无穷小梁段上产生的应变能求和，将式（10.12）两边积分

$$U = \int_0^L \frac{M^2\mathrm{d}x}{2EI} \tag{10.13}$$

要对式（10.13）右边积分，M 要用力 F 和跨度 x 来表示（见 5.3 节），在荷载变化的每一个截面处，弯矩的表达式都要改变。若 I 沿梁的轴线变化，I 也必须表示为 x 的函数。

如果弯矩 M 在梁段上保持不变，梁段在其他荷载作用下产生了 $\mathrm{d}\theta$ 的转角，不考虑其他的影响，则其中产生的应变能增量为

$$\mathrm{d}U = M\mathrm{d}\theta \tag{10.14}$$

当式（10.14）中的 $\mathrm{d}\theta$ 是由大小为 M_P 的弯矩引起时，我们可利用式（9.13）消去 $\mathrm{d}\theta$，将 $\mathrm{d}U$ 表达为

$$\mathrm{d}U = \frac{MM_P\mathrm{d}x}{EI} \tag{10.14a}$$

10.4 功-能法计算位移（实功法）

我们可以由能量守恒定律采用功-能法建立计算结构上某一点位移的方程：

$$W=U \tag{10.15}$$

式中　W——施加在结构上的外荷载所做的功；

　　　U——结构上各部分产生的应变能。

式（10.15）假设外力所做的功全部转化为应变能，为满足此要求，理论上荷载应当缓慢施加，以避免产生动能和热能。在结构和桥梁设计中的正常荷载，我们总假设能满足此条件，因此式（10.15）是适用的。由于一个方程只能求解出一个未知量，式（10.15）——基本的实功法——只能应用于受单个荷载作用的结构。

功-能法在桁架中的应用

从零线性增大到 P 的荷载，作用于桁架上一点，将式（10.5）和式（10.9）代入式（10.15）就得出计算该点位移的方程：

$$\frac{P}{2}\delta=\sum\frac{F^2L}{2AE} \tag{10.16}$$

其中 P 和 δ 在同一直线上，求和符号 $\sum$ 表示各杆件中的应变能要相加。例 10.1 说明了采用式（10.16）计算图 10.5 中桁架节点 B 水平位移的方法。

如图 10.5 所示，节点既有水平位移又有垂直位移，由于 30kip 的外荷载是水平方向的，我们可以计算水平方向的位移，但不能用实功法计算该点垂直方向的位移，因为外荷载不在垂直方向上做功。随后将讨论的虚功法，可以计算任意荷载作用下，任一节点在任意方向的位移，而没有实功法的局限性。

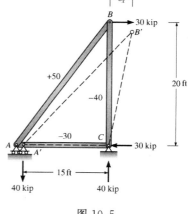

图 10.5

【**例 10.1**】 用实功法计算图 10.5 所示桁架节点 B 的水平位移 δ_x。所有杆件 $A=2.4\text{in}^2$，$E=30000\text{kip/in}^2$，变形后的形状如虚线所示。

解：

由于外荷载 $P=30\text{kip}$ 作用在所求的位移方向上，可以采用实功法，利用式（10.16）计算：

$$\frac{P}{2}\delta_x=\sum\frac{F^2L}{2AE}$$

杆件内力值 F 标在图 10.5 中的桁架上：

$$\frac{30}{2}\delta_x=\frac{50^2\times25\times12}{2\times2.4\times30000}+\frac{(-40)^2\times20\times12}{2\times2.4\times30000}+\frac{(-30)^2\times15\times12}{2\times2.4\times30000}$$

$$\delta_x=0.6\text{in}\quad\text{得解}$$

10.5 虚功法：桁架

10.5.1 虚功法

虚功法是一种求结构上任意一点在某个方向上位移的方法，这种方法能应用于从简单的梁到复杂的板和壳的各种结构，而且该方法允许设计者考虑支座沉降、温度变化以及制造误差等对位移计算的影响。

要采用虚功法计算某个方向的位移，需要在该点施加一个和所求位移同向的力。该力通常被称为虚力，因为如同口技表演者手中的假人（或木偶）一样，它所引起的位移实际上是其他因素的作用，这些因素包括真实荷载、温度变化以及支座沉降等。虚力及其引起的反力和内力组成 Q 力系，和该力系相关的力、功、位移等都加上下标 Q。虽然可以任意设定虚力的大小，但通常采用 1kip 或 1kN 的力来计算线位移，以及 1kip·ft 或 1kN·m 的力矩来计算转角。

除了虚力以外，结构上还作用有实际荷载——称为 P 力系，和 P 力系相关的内力、功、位移都加上下标 P。结构在实际荷载作用下产生变形，外力虚功 W_Q 即虚力在结构真实位移下所做的功。根据能量守恒原理，结构中会产生大小相等的虚应变能 U_Q，即

$$W_Q = U_Q \tag{10.17}$$

结构中产生的应变能等于虚力引起的内力和实际荷载（如 P 力系）引起的结构构件的变形（如轴心受力构件长度的改变）的乘积。

10.5.2 虚功法分析桁架

为了说明式（10.17）功-能方程中出现的各个变量，我们将采用虚功法确定图 10.6 (a) 中单杆桁架 B 处滚动支座的水平位移 δ_P。

杆件仅受轴力作用，横截面积为 A，弹性模量为 E。如图 10.6 (a) 所示，在 P 力系（实际荷载）作用下，杆件产生内力 F_P，伸长 ΔL_P，节点 B 发生水平位移 δ_P。杆件受拉伸长了 ΔL_P，即

$$\Delta L_P = \frac{F_P L}{AE}$$

假设 B 点的荷载是缓慢施加的（所做的功均转化为应变能），且该力由零最终增大到 P，我们可用式（10.5）来表达力 P 所做的实功 W_P：

$$W_P = \frac{1}{2} P \delta_P \tag{10.18}$$

尽管 B 点产生竖向反力 P_v，但它并不随滚动支座的移动而做功，因为该力作用在 B 点位移的法线方向。节点 B 的位移和外荷载 P 的关系如图 10.6 (b) 所示，由 10.2 节已知荷载-位移曲线下的三角形面积 W_P 表示荷载 P 对结构所做的实功。由于 P 做了实功，AB 杆中会产生大小相等的应变能 U_P，由式（10.7）可将其表示为

$$U_P = \frac{1}{2} F_P \Delta L_P \tag{10.19}$$

杆件中应变能与杆件内力 F_P 和杆件伸长量 ΔL_P 的函数关系图如图 10.6 (c) 所示。根据能量守恒，W_P 等于 U_P，所以图 10.6 (b) 和 (c) 中斜线下的阴影面积 W_P 和 U_P 必定相等。

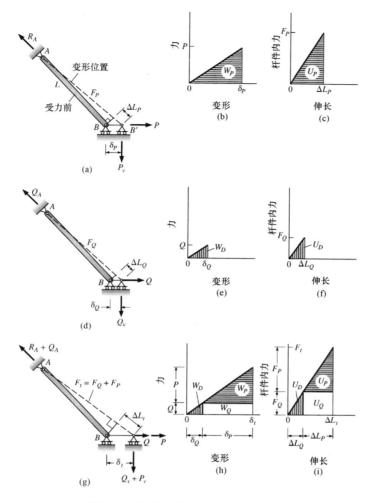

图 10.6 虚功法中功和能的图形表示

(a) P 力系：实际荷载 P 产生的内力和变形；(b) 分图 (a) 中滚轴支座从 B 移动到 B'，力 F 做的功 W_P；
(c) 杆 AB 伸长 ΔL 时产生的实际应变能 U_P（$U_P = W_P$）；(d) 虚力 Q 产生的内力和变形；
(e) 虚力 Q 所做的功 W_D；(f) 虚力作用在杆 AB 中产生的应变能 U_D；
(g) 力 P 和 Q 共同作用时产生的内力和变形；(h) Q 和 P 做的
总功 W_t；(i) Q 和 P 产生的总应变能 U_t

接下来我们考虑虚力 Q 对杆件做功所产生的应变能。如图 10.6 (d) 所示，在虚力作用下，杆件产生内力 F_Q、变形 ΔL_Q，节点 B 发生水平位移 δ_Q。假设虚力缓慢施加，并且从零线性增加到 Q，我们可将虚力所做的功 W_D 表示为

$$W_D = \frac{1}{2}Q\delta_Q \tag{10.20a}$$

虚力的荷载-位移曲线如图 10.6 (e) 所示，斜线下三角形的面积表示虚力 Q 所做的功 W_D，杆件中产生的应变能为

$$U_D = \frac{1}{2}F_Q\Delta L_Q \tag{10.20b}$$

虚力作用下，杆件 AB 伸长而使结构中产生的应变能如图 10.6（f）所示。根据能量守恒原理，W_D 和 U_D 相等，因此，图 10.6（e）和（f）中阴影部分的三角形面积相等。

　　将虚力和真实荷载同时作用在结构上［见图 10.6（g）］，由于已假设杆件处于弹性状态，根据叠加原理，最终变形、杆件内力、反力等（但不包括功和应变能，他们的算法就在后面给出）等于 Q 和 P 分别作用时引起的之和［见图 10.6（a）和（d）］。图 10.6（h）给出了在 B 点水平位移 $\delta_t = \delta_Q + \delta_P$ 时，力 Q 和 P 所做的总功 W_t；图 10.6（i）给出了在力 Q 和 P 作用下，结构中产生的总的应变能 U_t。

　　为了清楚地说明虚功和虚应变能的物理意义，我们将图 10.6（h）和（i）中表示总功和总应变能的面积分为如下 3 个部分：

　　（1）三角形区域 W_D 和 U_D（竖线阴影所示）。

　　（2）三角形区域 W_P 和 U_P（水平线阴影）。

　　（3）两个矩形区域 W_Q 和 U_Q。

　　由能量守恒原理有 $W_D = U_D$，$W_P = U_P$，$W_t = U_t$，以及，因此分别表示外力虚功和虚应变能的两个矩形的面积 W_Q 和 U_Q 必定相等，即

$$W_Q = U_Q$$

如图 10.6（h）所示，W_Q 可以表示为

$$W_Q = Q\delta_P \tag{10.21a}$$

式中　Q——虚力的大小；

　　　　δ_P——P 力系引起的在力 Q 方向上的位移或者位移分量。

　　如图 10.6（i）所示，U_Q 可以表示为

$$U_Q = F_Q \Delta L_P \tag{10.21b}$$

式中　F_Q——虚力 Q 引起的杆件内力；

　　　　ΔL_P——P 力系引起的杆件长度的变化。

　　将式（10.21a）和（10.21b）代入式（10.17），可得单杆桁架的虚功方程为

$$Q\delta_P = F_Q \Delta L_P \tag{10.22}$$

在式（10.22）的两边加上求和符号，就得到式（10.23），即适用于任意类型桁架的通用虚功方程。

$$\sum Q\delta_P = \sum F_Q \Delta L_P \tag{10.23}$$

式（10.23）左边的求和符号表示在某些情况下（如例 10.8 所示），有多个外力 Q 做虚功；式（10.23）右边加上求和符号是因为大多数桁架都有多个杆件。

　　由式（10.23）可知，Q 力系提供内力及外力，而结构的位移和变形是由 P 力系引起的。"虚"字即表示虚力作用下的位移是由其他作用（如 P 力系）引起的。

　　由式（10.8），我们可将杆件受力产生的变形 ΔL_P 用杆件内力和其特性参数来表示，则式（10.23）可写成

$$\sum Q\delta_P = \sum F_Q \frac{E_P L}{AE} \tag{10.24}$$

　　我们将举例说明式（10.24）的应用，计算例 10.2 中简单两杆桁架节点 B 的位移。由于 B 点合位移的方向未知，无法确定虚力的方向，因此我们对两个方向分别进行分析

计算。首先，利用水平虚力计算 x 方向的位移分量 [见图 10.7 (b)]，再利用竖向虚力计算 y 方向的位移分量 [见图 10.7 (c)]，最后将两个方向的分量进行矢量合成，就得到实际位移的大小和方向。

【**例 10.2**】 在 30kip 荷载作用下，图 10.7 (a) 中桁架的节点 B 移动到 B'（变形如虚线所示），采用虚功法计算节点 B 位移的分量。所有杆件 $A = 2in^2$，$E = 30000kip/in^2$。

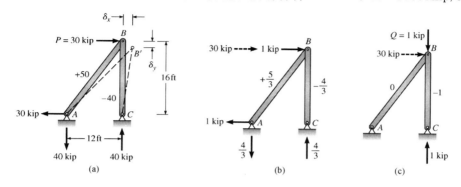

图 10.7

(a) 实际荷载（P 力系引起杆件内力 F_P）；(b) 用于计算 B 点水平位移的虚力（Q 力系引起内力 F_Q），虚线箭头表示引起分图 (a) 中内力 F_P 的实际荷载；(c) 用于计算 B 点竖向位移的虚力（Q 力系）

解：

要计算节点 B 的水平位移 δ_x，设大小为 1kip 的水平虚力作用于 B 点，图 10.7 (b) 所示为虚力引起的支座反力和杆件内力。再将实际荷载 30kip 作用于 B 点（虚线箭头所示），在杆件中引起内力为 F_P，使桁架产生变形。此时虚力和实际荷载共同作用在结构上，为了清楚，我们将真实荷载 $P = 30kip$ 引起的力和变形单独表示在图 10.7 (a) 上。得到杆件内力后，采用式（10.24）计算 δ_x：

$$\sum Q\delta_P = \sum F_Q \times \frac{F_P L}{AE}$$

$$1 \times \delta_x = \frac{5}{3} \times \frac{50 \times 10 \times 12}{2 \times 30000} + \left(-\frac{4}{3}\right) \times \frac{(-40) \times 16 \times 12}{2 \times 30000}$$

$$\delta_x = 0.5in \rightarrow \quad 得解$$

要计算节点 B 的竖向位移 δ_y，设大小为 1kip 的竖向虚力作用于 B 点 [见图 10.7 (c)]，再加上实际荷载。由于杆 AB 中内力 F_Q 的值为 0 [见图 10.7 (c)]，因此杆中不会产生应变能，我们只需计算 BC 杆中的应变能。由式（10.24）得

$$\sum Q\delta_P = \sum F_Q \times \frac{F_P L}{AE}$$

$$1 \times \delta_y = \frac{(-1) \times (-40) \times 16 \times 12}{2 \times 30000} = 0.128(in) \downarrow$$

可以看出，如果一个杆件在 P 力系和 Q 力系作用下不产生内力，则其对桁架中虚应变能的贡献为 0。

注：图 10.7 (b) 和 (c) 中的 1kip 虚力是任意的，采用任一值都能得到同样的结果。

例如，如果图 10.7（b）中的虚力加倍到 2kip，杆件内力 F_Q 将是图中所示值的 2 倍，将 2kip 虚力产生的内力代入式（10.24）中，外力功——关于 Q 的函数，和内部的应变能——关于 F_Q 的函数，都将加倍，因此计算得到的位移值和采用 1kip 虚力得到的值是相同的。

如果 δ_x 和 δ_y 是正的，表示位移和虚力的方向相同；如果由虚功方程解出的位移为负值，则位移和虚力的方向相反。因此在计算时，不需要事先假定位移的方向。虚力的方向可以任意选取，根据计算结果的符号来确定真实的位移方向：正号表示和虚力的方向一致，负号表示和虚力的方向相反。

为了计算式（10.24）右侧虚应变能表达式中的 $(F_Q F_P L)/(AE)$（特别是当桁架由许多杆件组成时），许多工程师采用表格进行计算（见例 10.3 中的表 10.1）。表 10.1 中的第 6 列为 F_Q、F_P 和 L 的乘积除以 A，将其再除以 E 就得到杆件中的应变能。

桁架中的总应变能等于表 10.1 中第 6 列中的数据除以 E 后再求和，求和结果写在第 6 列的最下方。如果所有杆件的 E 均相同，则可以先对第 6 列求和后再除以 E。如果某个杆件的 F_Q 或 F_P 值为零，则其应变能也为零，无需参与求和计算。

如果要求多个位移分量，表中需要添加其他虚力引起的 F_Q 对应的列；当有多个外加荷载作用时，还要添加相应的 F_P 的列。

【**例 10.3**】 计算图 10.8（a）中桁架节点 B 的水平位移 δ_x。已知：$E=30000\mathrm{kip/in^2}$，杆 AD 和 BC 的横截面积为 $5\mathrm{in^2}$，其余杆为 $4\mathrm{in^2}$。

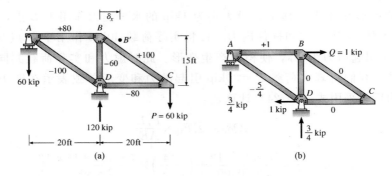

图 10.8

(a) P 力系承受荷载作用；(b) Q 力系

解：

P 力系引起的杆件内力 F_P 如图 10.8（a）所示，图 10.8（b）所示为 1kip 的虚力引起的杆件内力和支座反力。表 10.1 列出了计算式（10.24）右侧应变能 U_Q 所需的相关数据。由于 E 为常数，在求和时不必考虑，所以没有列入表中。

将 $\sum F_Q F_P L/A = 1025$ 代入式（10.24），并在等式右侧乘以 12，将英尺转化为英寸，可得

$$\sum Q\delta_P = \sum F_Q \times \frac{F_P L}{AE} = \frac{1}{E}\sum F_Q \times \frac{F_P L}{A}$$

$$1\times\delta_x = \frac{1}{30000}\times 1025 \times 12$$

$$\delta_x = 0.41\text{in} \rightarrow \quad 得解$$

表 10.1

杆件 (1)	F_Q /kip (2)	F_P /kip (3)	L /ft (4)	A /in² (5)	$F_Q F_P L / A$ /(kip² · ft/in²) (6)
AB	$+1$	$+80$	20	4	$+400$
BC	0	$+100$	25	5	0
CD	0	-80	20	4	0
AD	$-\dfrac{5}{4}$	-100	25	5	$+625$
BD	0	-60	15	4	0
			$\sum F_Q F_P L/A = 1025$		

10.5.3 温度变化和制造误差引起的桁架变形

当杆件的温度改变时，其长度将发生变化，温度升高时杆件伸长，温度降低时杆件缩短，杆件长度的变化 ΔL_{temp} 可以表示为

$$\Delta L_{\text{temp}} = \alpha \Delta T L \tag{10.25}$$

式中 α——热膨胀系数，单位：in/[in · (°)]；

     ΔT——温度变化；

     L——杆件长度；

要求桁架在温度改变时所产生的位移，首先设虚力，然后假设温度改变，杆件长度发生变化。随着杆件长度的变化和桁架位移的发生，虚力也将做功，由杆件长度的改变而产生的应变能 U_D 等于内力 F_Q（由虚力引起）和杆件的温度变形 ΔL_{temp} 的乘积，只需将式（10.23）中的 ΔL_P 用 ΔL_{temp} 代替，即得到计算节点位移的虚功方程。

由制造误差引起的杆件长度的变化 ΔL_{fabr} 可采用和温度改变时相同的方法来求解，例 10.4 将举例说明桁架由于温度变化和制造误差所产生的位移的计算过程。

如果桁架杆件的长度变化同时由荷载、温度改变和制造误差引起，则式（10.23）中的 ΔL_P 等于各种影响之和，即

$$\Delta L_P = \frac{F_P L}{AE} + \alpha \Delta T L + \Delta L_{\text{fabr}} \tag{10.26}$$

将式（10.26）得到的 ΔL_P 代入式（10.23），可得虚功法求解桁架位移的一般方程：

$$\sum Q \delta_P = \sum F_Q \left(\frac{F_P L}{AE} + \alpha \Delta T L + \Delta L_{\text{fabr}} \right) \tag{10.27}$$

【**例 10.4**】   如图 10.9（a）所示桁架，计算节点 B 的水平位移 δ_x。温度改变为 $60°\text{F}$，制造误差为 BC 杆短了 0.8in 以及 AB 杆长了 0.2in。已知 $\alpha = 6.5 \times 10^{-6} \text{in}/(\text{in} \cdot °\text{F})$

解：

因为结构是静定的，温度改变和制造误差均不产生内力，如果杆件长度改变，仍然能固定于支座上，且各杆件能联结在一起。由例题中的条件，杆件 AB 将被拉长，而杆 BC 将缩短，我们假设杆件在变形状态下被固定到铰支座 A 和 C 上［见图 10.9（c）］，杆 AB

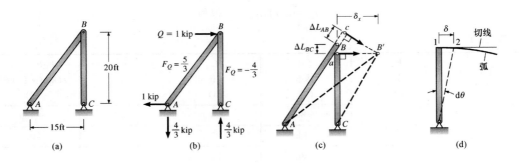

图 10.9

（a）桁架；（b）Q 力系；（c）杆件长度改变引起的节点 B 的位移；（d）当位移很小时，
自由端初始垂直于杆件轴线移动

将要从 B 点延长 ΔL_{AB} 到 c 点，杆 BC 的顶部将位于 B 点下方 ΔL_{BC} 的 a 点。如果桁架杆件绕铰支座转动，杆件的末端将沿圆弧转动到 B'，桁架变形后的位置如图中虚线所示。各杆件的初始位移方向是沿着圆弧的切线方向，对于位移较小时我们可以假设杆件是沿着切线方向移动的（垂直于半径），例如在图 10.9（d）中所示点 1 和 2 之间，切线和圆弧近似重合。

温度升高引起的长度变化：

$$\Delta L_{\text{temp}} = \alpha \Delta T L$$

杆 AB：$\qquad \Delta L_{\text{temp}} = 6.5 \times 10^{-6} \times 60 \times 25 \times 12 = 0.117(\text{in})$

杆 BC：$\qquad \Delta L_{\text{temp}} = 6.5 \times 10^{-6} \times 60 \times 20 \times 12 = 0.094(\text{in})$

要计算 δ_x，首先在 B 点设虚力 1kip［见图 10.9（b）］，相应杆件产生变形，用式（10.2）计算

$$\sum Q \delta_P = \sum F_Q \Delta L_P = \sum F_Q (\Delta L_{\text{temp}} + \Delta L_{\text{fabr}})$$

$$1 \times \delta_x = \frac{5}{3} \times (0.117 + 0.2) + \left(-\frac{4}{3}\right) \times (0.094 - 0.8)$$

$$\delta_x = 1.47\text{in} \rightarrow \quad 得解$$

10.5.4　支座沉降引起位移的计算

以可压缩的土（如软黏土和散沙）为基础的结构常产生一定的沉降，这些沉降会导致杆件的转动和节点的移动。如果结构是静定的，支座移动时不产生应力，因为结构可以自由的适应新支座的位置；然而，在超静定结构中，微小的支座沉降会引起很大的内力，这些力的大小是杆件刚度的函数。

虚功法为计算支座移动引起的转角和位移提供了一种简便的方法。计算支座移动的位移时，在要求的位移方向上设一虚力，虚力及其反力组成 Q 力系，当结构的某个支座发生移动时，虚力及其反力都要做功。由于静定结构在支座移动时构件不发生变形，所以虚应变能为 0。

计算由支座移动引起的位移和转角的方法将通过例 10.5 中的简单桁架进行阐述，静定梁及框架的计算过程与其相同。

10.5.5 非弹性性能

式（1.24）右侧给出的应变能的表达式是基于所有桁架杆件均工作在弹性范围内的假设，即应力的大小不超过材料的比例极限 σ_{PL}。

当桁架中有杆件的应力超过比例极限，进入非弹性范围时，要应用虚功法，需要材料的应力-应变曲线。要计算杆件的轴向变形，我们先计算杆件中的应力，再由应力求出应变，最后根据基本关系求出长度的改变 ΔL_P

$$\Delta L_P = \varepsilon L \tag{10.28}$$

例 10.8 给出了计算含有非弹性杆件的桁架节点位移的过程。

【例 10.5】 图 10.10（a）中桁架的支座 A 沉降 0.6in，并且向左移动了 0.2in，计算：（a）节点 B 的水平位移 δ_x；（b）杆 BC 的转角 θ。

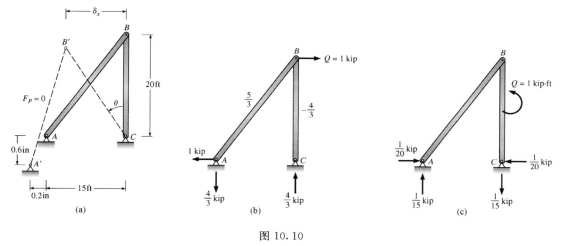

图 10.10

（a）支座 A 移动（不产生内力 F_P）引起的变形（见虚线）；（b）计算 B 点水平位移的 Q 力系；
（c）计算杆 BC 转角的 Q 力系

解：

（a）要计算 δ_x，设 1kip 的水平虚力作用于 B 点 ［见图 10.10（b）］，计算所有反力。支座发生移动，计算得外力虚功为 0。由于支座移动不会在杆件中引起内力 F_P，即式（10.24）中 $F_P = 0$，可得

$$\sum Q \delta_P = 0$$

$$1 \times \delta_x + 1 \times 0.2 + \frac{4}{3} \times 0.6 = 0$$

$$\delta_x = -1 \text{in} \quad \text{得解}$$

负号表示 δ_x 的方向向左。

（b）要计算杆 BC 的转角 θ，在杆上任意处施加 1kip·ft 的弯矩 ［见图 10.10（c）］，计算支座反力。支座发生的移动如图 10.10（a）所示，虚力和支座反力均做虚功。由式（10.2），单位虚弯矩 M_Q 所做的功为 $M_Q \theta$，将其和 W_Q 相加，又 $U_Q = 0$，则虚功方程为

$$W_Q = \sum (Q \delta_P + M_Q \theta_P) = 0$$

将所有项的都单位转化为 kip·in（M_Q 乘以 12）得

$$1 \times 12 \times \theta_P - \frac{1}{15} \times 0.6 - \frac{1}{20} \times 0.2 = 0$$

$$\theta_P = 0.00417 (\text{rad}) \quad 得解$$

为了检验杆件 BC 的转角 θ，我们将 δ_x 除以 20 ft 得：

$$\theta_P = \frac{\delta_x}{L} = \frac{1}{20 \times 12} = 0.00417 (\text{rad}) \quad 得解$$

【例 10.6】 确定图 10.11（a）所示桁架节点 C 的水平位移 δ_{CX}。B 点作用有 48kip 的荷载，杆 AB 和 BC 的温度变化 ΔT 为 $+100\degree F$ $[\alpha = 6.5 \times 10^{-6} \text{in}/(\text{in} \cdot \degree F)]$，杆 AB 和 CD 均被制作长了（3/4）in，支座 A 建造在位于 A 点下方（3/5）in 的位置。所有杆件的 $A = 2\text{in}^2$，$E = 30000\text{kip}/\text{in}^2$。在上述几种因素共同作用下，要使节点 C 的净水平位移为 0，杆 CD 和 DE 应当伸长或缩短多少？

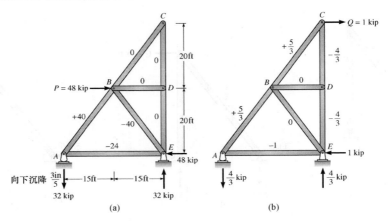

图 10.11

（a）桁架杆件内力 F_P（P 力系）；（b）节点 C 作用 1kip 虚力引起的
杆件内力和反力（Q 力系）

解：

设 1kip 虚力水平作用于 C 点，如图 10.11（b）所示，计算杆件内力 F_Q 及反力。在虚力作用的同时，B 点作用有 48kip 的外荷载，A 点发生支座沉降，并且杆件长度由于多种因素而变化。支座沉降引起外力虚功；杆件产生内力 F_Q 而变形，外加荷载、温度变化以及制造误差产生虚应变能。内力 F_Q 为 0 或长度变化为 0 的杆件不会产生应变能，因此只要计算杆 AB、AE、CD 和 BC 中的应变能，由式（10.27）得

$$\sum Q \delta_P = \sum F_Q \left(\frac{F_P L}{AE} + \alpha \Delta T L + \Delta L_{\text{fabr}} \right)$$

$$1 \times \delta_{CX} + \frac{4}{3} \times \frac{3}{5} = \frac{5}{3} \times \left(\underset{\text{杆}AB}{\frac{40 \times 25 \times 12}{2 \times 30000} + 6.5 \times 10^{-6} \times 100 \times 25 \times 12 \times} + \frac{3}{4} \right)$$

$$- 1 \times \left[\underset{\text{杆}AE}{\frac{(-24) \times 30 \times 12}{2 \times 30000}} \right] + \underset{\text{杆}CD}{\left(-\frac{4}{3} \right) \times \frac{3}{4}}$$

$$+ \underset{\text{杆}BC}{\frac{5}{3} \times 6.5 \times 10^{-6} \times 100 \times 25 \times 12}$$

$$\delta_{CX} = 0.577\text{in} \quad \text{向右} \quad \text{得解}$$

计算当节点 C 水平位移为 0 时，杆 DE 和 CD 长度的改变。

$$\sum Q\delta_P = \sum F_Q \Delta L_P$$

$$1 \times (-0.577) = -\frac{4}{3} \times \Delta L_P \times 2$$

$$\Delta L_P = 0.22\text{in} \quad \text{得解}$$

因为 ΔL 为正值，所以杆件是伸长的。

【例 10.7】 （a）计算 F 点在 60kip 荷载作用下 ［见图 10.12 （a）］，节点 B 和 E 在其对角线方向上的相对位移。AF、FE 和 ED 杆的面积为 1.5in^2，其余杆件为 2in^2，$E=30000\text{kip/in}^2$。

（b）计算在 60kip 荷载作用下，节点 F 的竖向位移。

（c）如果在桁架未受力时，其节点 F 的初始位置比支座 A 和 D 的水平连线高了 1.2in，确定桁架下弦各杆件长度的缩短值。

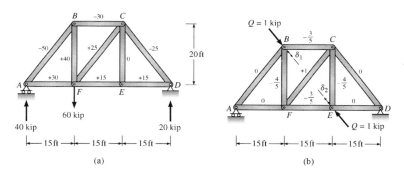

图 10.12

（a）P 力系及杆件内力 F_P；（b）Q 力系及杆件内力 F_Q

解：

（a）要计算节点 B 和 E 之间的相对位移，我们在节点 B 和 E 上作用一对共线的虚力 1kip，如图 10.12 （b）所示。由于所有杆件的 E 都相同，在式（10.24）右侧求和时，可将其提取到求和符号以外作为因子，可得

$$\sum Q\delta_P = \sum F_Q \times \frac{F_P L}{AE} = \frac{1}{E} \sum F_Q \times \frac{F_P L}{A}$$

其中 $\sum F_Q (F_P L/A)$ 在表 10.2 的第 6 列中已经计算得出，将其代入上式，并将单位转化为 kip 和 in 得到

$$1 \times \delta_1 + 1 \times \delta_2 = \frac{1}{30000} \times 37.5 \times 12$$

在上式左侧提取出 1kip，令 $\delta_1 + \delta_2 = \delta_{\text{Rel}}$，得

$$\delta_{\text{Rel}} = \delta_1 + \delta_2 = 0.015(\text{in}) \quad \text{得解}$$

因为相对位移的符号是正的，所以节点 B 和 E 相互靠近。在本例中，我们无法求出 δ_1 和 δ_2 的确切值，因为一个方程不能求解两个未知数。如果要计算 δ_1，需要设单独的一个虚力沿对角线方向作用于 B 点，再利用虚功方程进行求解。

（b）要计算如图 10.12（a）所示 60kip 荷载作用时节点 F 的竖向位移，设一竖向虚力作用于 F 点。虽然通常虚力取为 1kip（如前面的例 10.2），但虚力的大小是可以任意选取的；因此我们取实际荷载 60kip 作为虚力，桁架的 P 力系以及 F_Q 的值如图 10.12（a）所示，$F_Q = F_P$，由式（10.24）得

$$\sum Q\delta_P = \sum F_Q \times \frac{F_P L}{AE} = \frac{1}{E} \sum F_P^2 \times \frac{L}{A}$$

表 10.2

杆件 (1)	F_Q /kip (2)	F_P /kip (3)	L /ft (4)	A /in² (5)	$F_Q F_P \dfrac{L}{A}$ / [(kip · ft)/in²] (6)	$F_P^2 \dfrac{L}{A}$ / [(kip² · ft)/in²] (7)
AB	0	-50	25	2	0	31250
BC	$-\dfrac{3}{5}$	-30	15	2	$+135$	6750
CD	0	-25	25	2	0	7812.5
DE	0	$+15$	15	1.5	0	2250
EF	$-\dfrac{3}{5}$	$+15$	15	1.5	-90	2250
FA	0	$+30$	15	1.5	0	9000
BF	$-\dfrac{4}{5}$	$+40$	20	2	-320	16000
FC	$+1$	$+25$	25	2	$+312.5$	7812.5
CE	$-\dfrac{4}{5}$	0	20	2	0	0

$$\sum F_Q F_P \frac{L}{A} = +37.5 \qquad \sum F_P^2 \frac{L}{A} = 83125$$

其中 $\sum F_P^2 (L/A)$ 已经在表 10.2 的第 7 列中给出，等于 83125，解 δ_P 得

$$60\delta_P = \frac{1}{30000} \times 83125 \times 12$$

$$\delta_P = 0.554\text{in} \downarrow$$

（c）因为图 10.12（a）中的 60kip 荷载作用于竖直方向，我们可以把它作为虚力，用来计算由于下弦各杆缩短而引起的节点 F 的竖向位移（反挠度）。令 ΔL_P 表示三根下弦杆每一根的缩短值，利用式（10.23），得出 $\delta_P = -1.2\text{in}$

$$\sum Q\delta_P = \sum F_Q \Delta L$$

$$60 \times (-1.2) = 30\Delta L_P + 15\Delta L_P + 15\Delta L_P$$

$$\Delta L_P = -1.2\text{in} \quad \text{得解}$$

式（10.23）左边的 δ_P 取 -1.2in 是因为节点位移的方向和 60kip 荷载的方向相反。

【例 10.8】 计算图 10.13（a）中桁架节点 C 的竖向位移 δ_y，桁架杆件由铝合金制成，其应力-应变曲线 ［见图 10.11（c）］对于轴向拉伸和压缩均适用。区分弹性和塑性的比例极限为 20kip/in²，杆 AC 的横截面积为 1in²，杆 BC 为 0.5in²，在弹性区内 $E = 10000\text{kip/in}^2$。

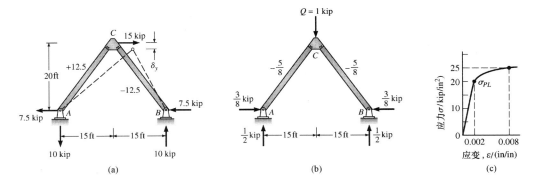

图 10.13

（a）P 力系杆件内力；（b）Q 力系杆件内力；（c）应力-应变曲线（应力超过 20kip/in^2 时进入塑性阶段）

解：

P 力系及内力 F_P 如图 10.11（a）所示标示在杆上，Q 力系和 F_Q 如图 10.11（b）所示。首先判断杆件工作在弹性阶段还是非弹性性阶段，我们计算杆件的轴向应力，并与比例极限比较。

对于杆 AC：

$$\sigma_{AC} = \frac{F_P}{A} = \frac{12.5}{1} = 12.5 (\text{kip/in}^2) < \sigma_{PL}（弹性工作阶段）$$

由式（10.8）得

$$\Delta L_{AC} = \frac{F_P L}{AE} = \frac{12.5 \times 25 \times 12}{1 \times 10000} = 0.375 (\text{in})$$

对于杆 BC：

$$\sigma_{BC} = \frac{F}{A} = \frac{12.5}{0.5}$$

$$= 25.0 (\text{kip/in}^2) > \sigma_{PL} \quad （杆件进入非弹性阶段）$$

为计算 ΔL_P，由图 10.13（c）求出 ε：$\sigma = 25$ksi，读出 $\varepsilon = 0.008$in/in。

$$\Delta L_{BC} = \varepsilon L = -0.008 \times 25 \times 12 = -2.4 (\text{in}) \quad （缩短）$$

用式（10.23）计算 δ_y。

$$1 \times \delta_y = \sum F_Q \Delta L_P$$

$$\delta_y = \left(-\frac{5}{8}\right) \times (-2.4) + \left(-\frac{5}{8}\right) \times 0.375$$

$$= 1.27 (\text{in}) \downarrow \quad 得解$$

10.6 虚功法：梁和框架

剪力和弯矩都能使梁产生变形，但是剪力所引起的梁的变形所占的比例通常较小（一般小于弯曲变形的 1%），因此本书中将其忽略（设计惯例），而仅考虑弯矩引起的变形。如果梁较高（跨高比在 2 和 3 之间）、梁腹板较薄或者梁材料的剪切模量较小（如木材），则剪切变形可能会很大，设计时应当考虑。

　　用虚功法计算梁的位移分量的过程和桁架的计算过程类似（只是应变能的表达式明显不同）。首先在所求位移的方向上施加虚力 Q，虽然虚力可以设为任意值，我们一般采用单位荷载 1kip 或 1kN 来计算线位移以及 1kip·ft 或 1kN·m 来计算转角位移。例如，要计算图 10.14 中梁上 C 点的位移，我们在 C 点施加 1kip 的虚力 Q。虚力在长度为 dx 的微小梁段中引起弯矩 M_Q，如图 10.14（b）所示。在虚力作用的同时，将实际荷载（P 力系）施加于梁上，由 P 力系引起的弯矩 M_P 使得梁弯曲到平衡位置，如图 10.14（a）中虚线所示。图 10.14（c）所示为由两个竖直平面截取的长度为 dx 的微小梁段，它与支座 A 的距离为 x。随着 P 力系引起的内力增大，弯矩 M_P 使得梁段的侧面转动 $d\theta$ 角。不考虑剪切变形，我们假设梁的平截面在弯曲后仍保持为平面；因此，梁的纵向变形在横截面中和轴的两侧呈线性变化。由式（9.13），$d\theta$ 可以表示为

$$d\theta = M_P \frac{dx}{EI}$$

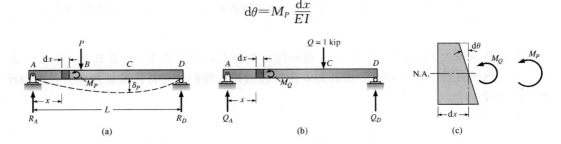

图 10.14

(a) P 力系；(b) 作用于 C 点的虚力的 Q 力系；(c) 无穷小梁段；M_P 引起的 $d\theta$

当梁变形后，虚力 Q（以及支反力，如果支座沿反力方向移动）沿着其方向移动实际位移 δ_P 所做的功为 W_Q，我们得到

$$W_Q = \sum Q\delta_P$$

　　当弯矩 M_Q 沿着 P 力系引起的转角转动 $d\theta$ 时，每微小梁段都产生应变能 dU_Q，即

$$dU_Q = M_Q d\theta$$

　　要计算梁中总的应变能的大小，只要将各无穷小段梁的应变能求和——通常是积分。将式（10.14）两边沿梁长 L 积分，得到

$$U_Q = \int_{x=0}^{x=L} M_Q d\theta \qquad (10.29)$$

　　根据能量守恒原理，虚功 W_Q 和应变能 U_Q 相等，我们可以用式（10.20）计算 W_Q，用式（10.29）计算 U_Q，从而得到梁的虚功基本方程为式（10.30）：

$$\sum Q\delta_P = \int_{x=0}^{x=L} M_Q d\theta \qquad (10.30)$$

或者按式（9.13）用弯矩 M_P 和截面特性表达 $d\theta$，可得

$$\sum Q\delta_P = \int_{x=0}^{x=L} M_Q \frac{M_P dx}{EI} \qquad (10.31)$$

式中　Q——虚力及其反力；

　　　δ_P——实际荷载（P 力系）引起的沿虚力方向的位量；

　　　M_Q——虚力引起的弯矩；

M_P——实际荷载引起的弯矩；

E——弹性模量；

I——梁横截面对其形心轴的惯性矩。

用单位力矩 $Q_M = 1\text{kip} \cdot \text{ft}$ 作为虚力来计算梁轴线上一点由实际荷载引起的转角 θ_P，外力虚功 W_Q 等于 $Q_M \theta_P$，虚功方程可写为

$$\sum Q_M \theta_P = \int_{x=0}^{x=L} M_Q \frac{M_P \, \mathrm{d}x}{EI} \tag{10.32}$$

要解式（10.31）或式（10.32）得到位移 δ_P 或倾角的改变值 θ_P，弯矩 M_Q 和 M_P 要表示为 x 的函数，x 为沿梁轴线的距离。因此，虚功方程右侧可以积分。如果沿着长度方向横截面保持不变，且由性质一样的单一材料做成，即 EI 保持不变。

变换方法计算 U_Q

当 M_Q 和 M_P 图为变化的简单几何形状或者构件的 EI 值恒定时，作为计算式（10.32）的一种变换的方法，是一种名为"乘积积分的价值"的图解方法，该方法在文章后面给出。比如，如果 M_Q 和 M_P 沿跨度线型变化并且 EI 恒定，那么积分可以如下表示：

$$\int_{x=0}^{x=L} M_Q M_P \frac{\mathrm{d}x}{EI} = \frac{1}{EI}(CM_1 M_3 L) \tag{10.33}$$

式中 C——见乘积积分表（表4）；

M_1——M_Q 的大小；

M_3——M_P 的大小；

L——构件长度。

附录中表4中列出了其他情况下的 M_Q 和 M_P 的分配。上述方法连同传统积分方法在例10.10和例10.11中应用。

如果构件的高度沿着梁的纵轴是变化的，或者材料的性质沿着该轴发生变化，则 EI 是一变量，必须表示为 x 的函数才能用虚功方程计算。如果直接积分可能会很困难，但是采用变换方法，我们可以将梁分成许多部分，然后采用求和的方法，这种方法如例10.16所述。

在下面的例子中，我们用式（10.31）、式（10.32）和式（10.33）来计算静定梁或框架轴线上点的位移或转角。在结构分析完以及作出弯矩图以后该方法还可以用于超静定的梁或框架。

【**例 10.9**】 用虚功法计算图 10.15（a）中受均布荷载悬臂梁末端的挠度 δ_B 以及转角 θ_B，EI 为常数。

解：

（a）要计算 B 点的竖向位移，设 1kip 的虚力竖直作用于 B 点 [见图 10.15（b）]。虚力对距 B 点 x 的微小梁段 $\mathrm{d}x$ 的影响，产生弯矩 M_Q，可用隔离体法计算，如图 10.15（d）所示。将隔离体求和得

$$M_Q = 1 \times x = x (\text{kip} \cdot \text{ft}) \tag{1}$$

我们先假设弯矩为正值，逆时针作用于该段的末端。假想均布力和虚力共同作用于梁上 [见图 10.15（a）]，为了清楚，将虚力和均布荷载分别表示在图中。虚力移动 δ_B，做功为

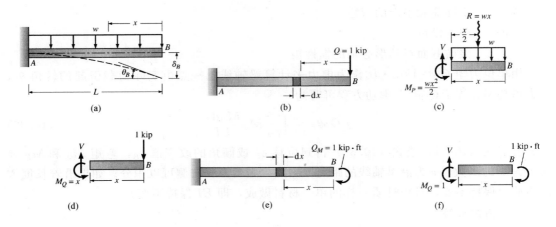

图 10.15

(a) P 力系；(b) 计算 δ_B 的 Q 力系；(c) 计算 M_P 的隔离体；(d) 求 δ_B 所需的计算 M_Q 的隔离体；
(e) 计算 θ_B 的 Q 力系；(f) 求 θ_B 所需的计算 M_Q 的隔离体

$$W_Q = 1 \times \delta_B$$

利用图 10.15（c）中的隔离体计算均布荷载引起的弯矩 M_P，将各部分求和得

$$M_P = wx \times \frac{x}{2} = \frac{wx^2}{2} \tag{2}$$

由式（1）和（2）求出的 M_Q 和 M_P，代入式（10.31）并积分，可得 δ_B：

$$W_Q = U_Q = \sum Q\delta_P = \int_0^L M_Q \times \frac{M_P \mathrm{d}x}{EI} = \int_0^L x \times \frac{wx^2 \mathrm{d}x}{2EI}$$

$$1 \times \delta_B = \frac{w}{2EI}\left[\frac{x^4}{4}\right]_0^L = \delta_B = \frac{wL^4}{8EI} \downarrow \quad 得解$$

（b）要计算 B 点的转角，在 B 点设 1kip·ft 的虚力 ［见图 10.15（e）］，取图 10.15（f）所示隔离体，将隔离体求和得出 M_Q，$M_Q = 1$kip·ft。

因为 B 点在外力施加以前初始角度为 0，最终为 θ_B，由式（10.32）计算倾角的变化：

$$\sum Q_M \theta_P = \int_0^L M_Q \times \frac{M_P \mathrm{d}x}{EI} = \int_0^L \frac{1 \times wx^2}{2EI} \mathrm{d}x$$

$$1 \times \theta_B = \left[\frac{wx^3}{6EI}\right]_0^L$$

$$\theta_B = \frac{wL^3}{6EI} \quad 得解$$

【例 10.10】 一均布荷载作用与如图 10.16（a）所示结构上，试计算 B 点处的竖向位移以及其转角。EI 为常数。乘积积分表见书后附录 D。

解：

求出应变能以计算图 10.16（a）中 B 点处的竖向位移。

$$1 \times \delta_B = \frac{1}{EI}(CM_1M_3L)$$

$$= \frac{1}{EI}\left[\frac{1}{4}(-L)\left(\frac{-wL^2}{2}\right)L\right] = \frac{wL^4}{8EI} \quad 得解$$

求出应变能以计算图 10.16（a）中 B 点处的转角。

$$1 \times \theta_B = \frac{1}{EI}(CM_1M_3L)$$

$$= \frac{1}{EI}\left[\frac{1}{3} \times (-1) \times \left(\frac{-wL^2}{2}\right) \times L\right] = \frac{wL^3}{6EI} \quad \text{得解}$$

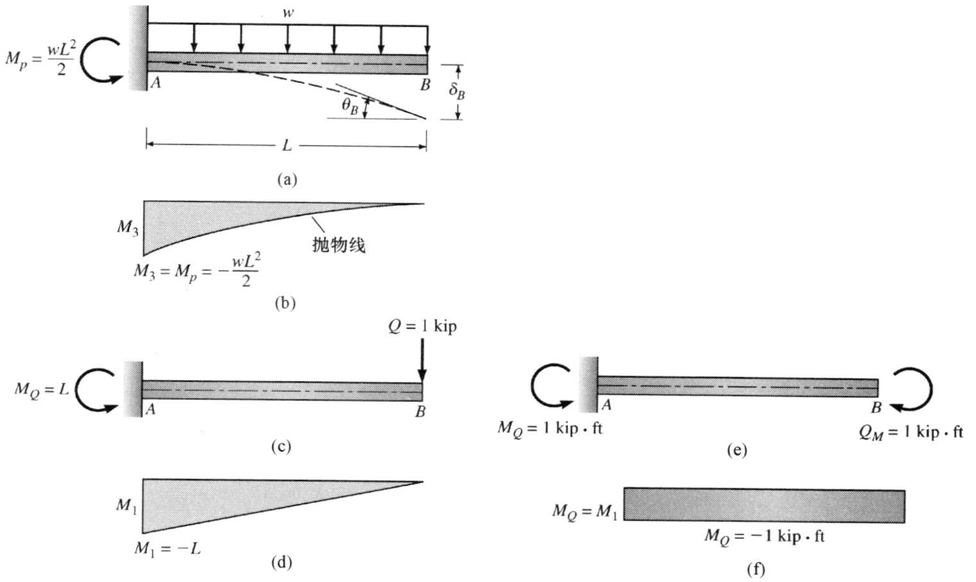

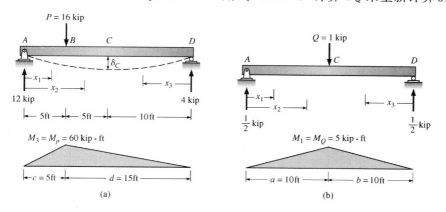

图 10.16　用乘积积分表计算应变能

（a）P 力系；（b）均布荷载作用下分图（a）中悬臂梁的弯矩图；（c）计算 B 点挠度的 Q 力系；（d）分图（c）中 Q 力系的弯矩图；（e）计算 B 处转角的 Q 力系；（f）分图（e）中 Q 力系的弯矩图

【例 10.11】　（a）用虚功法计算图 10.16（a）中的梁跨中的竖向位移 δ_C。已知：EI 为常量，$I = 200\text{in}^4$，$E = 29000\text{kip/in}^2$。（b）用式（10.33）计算 U_Q 来重新计算 δ_C。

图 10.17

（a）真实梁（P 力系）；（b）虚荷载及其反力（Q 力系）

解:

（a）本例中无法用单一表达式表达整个梁长上 M_Q 和 M_P，因为隔离体上的荷载沿着梁的轴线变化，截面每经过虚力系或实际荷载中的一个力时，弯矩 M_Q 和 M_P 的表达式都会发生变化；因此，对于图 10.17 中的梁，我们要用 3 个积分来计算总的应变能。为了区分清楚，我们将对每个隔离体进行标注，并用带有下标的 x 表示所求弯矩的截面的位置。图 10.17 中原点的位置是任意选取的，如果选择其他位置作为原点，得出的结果也一样，仅仅是 x 的限定范围不同。梁每个截面 M_Q 和 M_P 的表达式如下：

梁端	端点	fx 的范围	M_Q	M_P
AB	A	$0 \leqslant x_1 \leqslant 5\text{ft}$	$\dfrac{1}{2}x_1$	$12x_1$
BC	A	$5\text{ft} \leqslant x_2 \leqslant 10\text{ft}$	$\dfrac{1}{2}x_2$	$12x_2 - 16(x_2 - 5)$
DC	D	$0 \leqslant x_3 \leqslant 10\text{ft}$	$\dfrac{1}{2}x_3$	$4x_3$

在 M_Q 和的 M_P 表达式中，定义正的弯矩使截面上部纤维受压。由式（10.31）求解挠度。

$$Q\delta_C = \sum_{i=1}^{3} \int M_Q \frac{M_P \mathrm{d}x}{EI}$$

$$1 \times \delta_C = \int_0^5 \frac{x_1}{2} \times (12x_1) \frac{\mathrm{d}x}{EI} + \int_5^{10} \frac{x_2}{2} \times [12x_2 - 16(x_2 - 5)] \frac{\mathrm{d}x}{EI}$$

$$+ \int_0^{10} \frac{x_3}{2} \times (4x_3) \frac{\mathrm{d}x}{EI}$$

$$\delta_C = \frac{250}{EI} + \frac{916.666}{EI} + \frac{666.666}{EI}$$

$$= \frac{1833.33}{EI} = \frac{1833.33 \times 1728}{240 \times 29000} = 0.445(\text{in}) \quad \text{得解}$$

（b）用式（10.33）重新计算 δ_C（见书后附录 D 乘积积分表中第 5 行第 4 列）：

$$Q\delta_c = U_Q = \frac{1}{EI}\left[\frac{1}{3} - \frac{(a-c)^2}{6ad}\right] M_1 M_3 L$$

$$1\delta_c = \frac{1}{29000 \times 240} \times \left[\frac{1}{3} - \frac{(10-2)^2}{6 \times 10 \times 15}\right] \times 5 \times 60 \times 20 \times 1728$$

$$\delta_c = 0.455\text{in} \quad \text{得解}$$

【例 10.12】 计算图 10.18（a）中梁上 C 点的挠度。已知 EI 为常数。

解:

采用式（10.31）。要计算虚应变能 U_Q，需要将梁分为 3 段。下面的表格列出了 M_P 和 M_Q 的表达式。

梁段	x		$M_P/(\text{kN} \cdot \text{m})$	$M_Q/(\text{kN} \cdot \text{m})$
	端点	范围/m		
AB	A	$0 \sim 2$	$-10x_1$	0
BC	B	$0 \sim 3$	$-10(x_2+2)+22x_2$	$\dfrac{4}{7}x_2$
DC	D	$0 \sim 4$	$20x_3 - 8x_3(x_3/2)$	$\dfrac{3}{7}x_3$

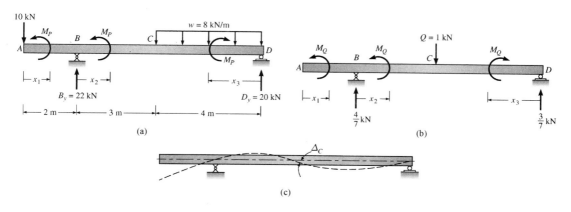

图 10.18

（a）坐标系及 P 力系；（b）Q 力系；（c）变形曲线

因为 AB 段中 $M_Q = 0$，该段总的积分也为 0；因此，我们只需对 BC 和 CD 段积分：

$$1 \times \Delta_C = \sum \int M_Q \frac{M_P \mathrm{d}x}{EI}$$

$$\Delta_C = \int_0^2 0 \times (-10x_1) \frac{\mathrm{d}x}{EI} + \int_0^3 \frac{4}{7}x_2(12x_2 - 20)\frac{\mathrm{d}x}{EI} + \int_0^4 \frac{3}{7}x_3(20x_3 - 4x_3^2)\frac{\mathrm{d}x}{EI}$$

代入积分限并积分得到

$$\Delta_C = 0 + \frac{10.29}{EI} + \frac{73.14}{EI} = \frac{83.43}{EI} \downarrow \quad \text{得解}$$

正的 Δ_C 值表示位移的是向下的（和虚力方向一致）。梁的挠曲线如图 10.18（c）所示。

【例 10.13】 图 10.19 中梁的曲率半径是常数，跨中矢高 1.5in，用虚功法求曲率半径 R。已知：EI 为常量。

解：

采用式（10.30）。

$$\sum Q\delta_P = \int M_Q \mathrm{d}\theta$$

由于 $\mathrm{d}\theta/\mathrm{d}x = 1/R$，$\mathrm{d}\theta = \mathrm{d}x/R$［见式（9.4）］，$\delta_P = \frac{1.5}{12} = 0.125\,\text{(ft)}$，$M_Q = \frac{1}{2}x$［见图 10.19（b）］，将

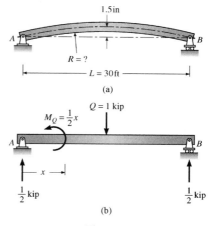

图 10.19

（a）梁以常曲率半径 R 弯曲形成跨中矢高 1.5in（P 力系）；（b）Q 力系

式 $\mathrm{d}\theta$、δ_P 和 M_Q 代入式（10.30）（根据对称性，我们只要从 0 积分到 15 再将积分结果乘以 2）得

$$1 \times 0.125 = 2\int_0^{15} \frac{x}{2}\frac{\mathrm{d}x}{R}$$

代入积分限并积分得到

$$0.125 = \frac{225}{2R}$$

$$R = 900 \text{ft} \quad 得解$$

【例 10.14】 同时考虑轴力和弯矩引起的应变能，计算图 10.20（a）所示框架节点 C 的水平位移。各段构件的横截面都相同：$I = 600 \text{in}^4$，$A = 13 \text{in}^2$，$E = 29000 \text{kip/in}^2$。

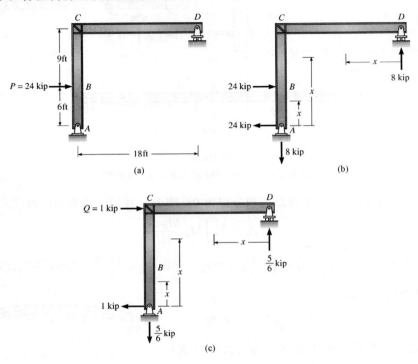

图 10.20

（a）框架详图；（b）P 力系；（c）Q 力系

解：

确定 P 力系和 Q 力系引起的内力（见图 10.20）。

AB 段，$x = 0$ 到 $x = 6 \text{ft}$：

$$M_P = 24 \cdot x \quad F_P = +8 \text{kip} \quad （拉力）$$

$$M_Q = 1 \cdot x \quad F_Q = +\frac{5 \text{kip}}{6} \quad （拉力）$$

BC 段，$x = 6 \text{ft}$ 到 $x = 15 \text{ft}$：

$$M_P = 24x - 24(x-6) = 144 (\text{kip} \cdot \text{ft}) \quad F_P = 8 \text{kip}$$

$$M_Q = 1 \cdot x \quad F_Q = \frac{5 \text{kip}}{6}$$

DC 段，$x = 0$ 到 $x = 18 \text{ft}$：

$$M_P = 8x \quad F_P = 0$$

$$M_Q = \frac{5}{6}x \quad F_Q = 0$$

用虚功法计算水平位移 δ_{CH}，在计算 U_Q 时同时考虑弯曲变形和轴向变形，只有构件

AC 承受轴向荷载：

$$W_Q = U_Q$$

$$\sum Q\delta_{CH} = \sum \int \frac{M_Q M_P \mathrm{d}x}{EI} + \sum \frac{F_Q F_P L}{AE}$$

$$1 \times \delta_{CH} = \int_0^6 \frac{x \times 24x\mathrm{d}x}{EI} + \int_6^{15} \frac{x \times 144\mathrm{d}x}{EI} + \int_0^{18} \frac{(5x/6) \times 8x\mathrm{d}x}{EI}$$

$$+ \frac{(5/6) \times 8 \times 15 \times 12}{AE}$$

$$= \left[\frac{8x^3}{EI}\right]_0^6 + \left[\frac{72x^2}{EI}\right]_6^{15} + \left[\frac{20x^3 \mathrm{d}x}{9EI}\right]_0^{18} + \frac{1200}{AE}$$

$$= \frac{28296 \times 1728}{600 \times 29000} + \frac{1200}{13 \times 29000}$$

$$= 2.8\mathrm{in} + 0.0032\mathrm{in} \quad 取整为 2.8\mathrm{in} \quad 得解$$

上式中，2.8in 是弯曲变形引起的位移，0.0032in 是柱轴向变形引起的位移增量。在大多数结构中，当变形是由轴力和弯矩共同引起时，轴向变形相对于弯曲变形通常很小，可以忽略不计。

【**例 10.15**】 在 5kip 荷载作用下，支座 A 顺时针转动了 0.002rad，并且沉降了 0.26in ［图 10.21 （a）］。计算在所有因素作用下，D 点产生的总的竖向位移，只考虑构件的弯曲变形（即忽略轴向变形）。已知：$I=1200\mathrm{in}^4$，$E=29000\mathrm{kip/in}^2$。

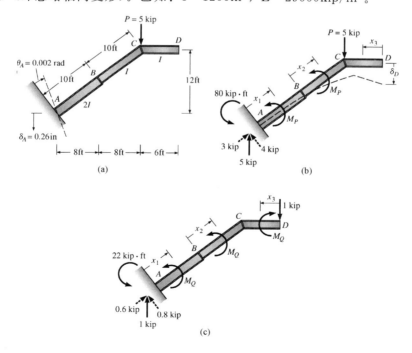

图 10.21

（a）5kip 荷载使支座 A 产生沉降和转动以及构件 ABC 的弯曲；（b）P 力系 ［支座 A 仍然产生分图 （a）所示的沉降和转动］；（c）1kip 向下的虚力作用于 D 点引起的 Q 力系

解：

由于点 A 和 B 之间的惯性矩是受弯构件其余部分的两倍，因此在求应变能时，必须对 AB、BC 和 DC 段分别积分。图 10.21（b）和（c）根据外加荷载给出了坐标 x 的原点，需要代入式（10.31）的 M_Q 和 M_P 的表达式见下表。

分段	x		$M_P/$	$M_Q/$
	起点	范围/ ft	(kip·ft)	(kip·ft)
AB	A	$0 \sim 10$	$-80+4x_1$	$-22+0.8x_1$
BC	B	$0 \sim 10$	$-40+4x_2$	$-14+0.8x_2$
DC	D	$0 \sim 6$	0	$-x_3$

因为 $M_P=0$，DC 段的虚应变能——M_Q 和 M_P 的乘积——等于 0；因此，在积分求 U_Q 时无需考虑该段。

采用式（10.31）计算 δ_D。由于支座 A 转动 0.002rad，并且沉降了 0.26in，外力虚功应当包括 A 处虚力的反力所做的虚功。

$$W_Q = U_Q$$

$$\sum M_Q \theta_P + Q\delta_P = \sum \int M_Q \frac{M_P \mathrm{d}x}{EI} - 22 \times 12 \times 0.002 - 1 \times 0.26 + 1 \times \delta_D$$

$$= \int_0^{10} (-22+0.8x_1)(-80+4x_1) \frac{\mathrm{d}x}{E \times 2I}$$

$$+ \int_0^{10} (-14+0.8x_2)(-40+4x_2) \frac{\mathrm{d}x}{EI}$$

$$-0.528 - 0.26 + \delta_D = \frac{7800 \times 1728}{1200 \times 29000}$$

$\delta_D = 1.18\text{in} \downarrow$ 得解

10.7 有限求和法

前面我们用虚功法分析的结构是由等截面杆件（即柱体），或是包含几段等截面杆的构件组成的。如果构件的高度或宽度沿着其轴线方向而变化，则为非柱体，其惯性矩 I 必然也沿着纵轴变化。若要由虚功法采用式（10.31）或式（10.32）计算含有变截面构件的梁或框架的变形，应变能项中的惯性矩就必须表示为 x 的函数，以便进行积分。当惯性矩的函数关系比较复杂时，就很难将其表示为 x 的函数，此种情况下，我们可以采用有限求和代替积分（无穷小求和）以简化应变能的计算。

在有限求和法中，我们将杆件划分为连续的小段，通常是等长度的。假设每一段全长都是等截面的，截面惯性矩以及其他属性是基于每段中点处的横截面面积，要计算构件中的虚应变能 U_Q，只要对每一小段中的应变能求和。我们假设每一段的弯矩 M_Q 和 M_P 是不变的，都等于各部分中点处的值，以进一步地简化计算，可以将虚应变能以有限求和的形式表达见下式：

$$U_Q = \sum_1^N M_Q M_P \frac{\Delta x_n}{EI_n} \tag{10.34}$$

式中　Δx_n——第 n 段的长度；

　　　I_n——每段中点处横截面的惯性矩；

　　　M_Q——虚力（Q 力系）引起的每段中点处的弯矩；

　　　M_P——实际荷载（P 力系）引起的每段中点处的弯矩；

　　　E——弹性模量；

　　　N——构件的分段数。

　　尽管有限求和法得到的是应变能的近似值，但即使杆件分段较少（如 5 或 6）时，其结果通常也比较准确。如果构件的横截面在某个区域内变化很快，就应当采用较小的分段长度，以模拟惯性矩的变化；另一方面，如果构件截面沿长度变化较小，则可以减少分段的数量。如果每一小段的长度都相同，可以将 Δx_n 从求和符号中提取出来以简化计算。

　　【例 10.16】　采用有限求和法计算图 10.22（a）中悬臂梁末端的位移 δ_B。梁的宽度为 12in，锥度不变，$E=3000\text{kip/in}^2$。

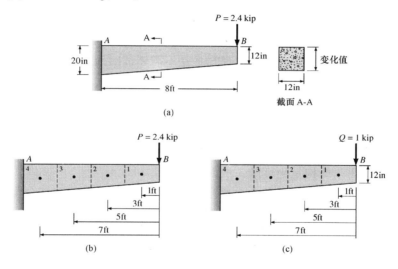

图 10.22

（a）楔形梁细部；（b）P 力系；（c）Q 力系

解：

　　将梁分为等长的 4 段（$\Delta x_n=2\text{ft}$），取各段中点处的梁高计算其惯性矩（见表 10.3 的第 2 和第 3 列）。M_Q 和 M_P 的值列于表 10.3 的第 4 和第 5 列中。利用式（10.33）计算式（10.31）的右端，求解 δ_B。

$$W_Q = U_Q$$

$$1 \times \delta_B = \sum_{n=1}^{4} \frac{M_Q M_P \Delta x_n}{EI} = \frac{\Delta x_n}{E} \sum \frac{M_Q M_P}{I}$$

将 $\sum M_Q M_P/I=5.307$（见表 10.3 第 6 列最下方）、$\Delta x_n=2\text{ft}$ 以及 $E=3000\text{kip/in}^2$ 代入式（10.33）得到 U_Q，解得

$$\delta_B = \frac{2 \times 12 \times 5.307}{3000} = 0.042(\text{in}) \quad 得解$$

表 10.3

分段 (1)	高度 /in (2)	$I=bh^3/12$ /in⁴ (3)	M_Q /(kip·ft) (4)	M_P /(kip·ft) (5)	$M_QM_P(144)/I$ /(kip²/in²) (6)
1	13	2197	1	2.4	0.157
2	15	3375	3	7.2	0.922
3	17	4913	5	12	1.759
4	19	6859	7	16.8	2.469

$$\sum \frac{M_QM_P}{I}=5.307$$

注　第 6 列中的弯矩乘上了 144，以将 M_Q 和 M_P 的单位转换为 kip·in。

10.8　伯努利虚位移原理

伯努利虚位移原理是一个基本的结构原理，是虚功原理的一种变化。该原理可以用作理论推导，也可以用来计算结构产生刚体位移时，其上点的位移，例如支座沉降或制造误差。贝努利虚位移原理从其表述可以发现几乎是不需要证明的，即：

> 如果在一组力系作用下处于平衡状态刚体，由于外部作用产生很小的虚位移，则该力系所做的虚功 W_Q 为零。

上述中的虚位移是指结构由平衡力系以外的作用引起的实际或理论位移；并且，该虚位移必须足够小，以保证当结构从初始位置变形到最终位置时，原力系的几何布置和大小不发生大的变化。由于结构是刚性的，所以 $U_Q=0$。

在伯努利原理中，虚功等于各个力或力矩与其作用方向上的虚位移分量的乘积，因此伯努利原理可以用下式表示：

$$W_Q=U_Q=0 \quad \sum Q\delta_P+\sum Q_m\theta_P=0 \tag{10.35}$$

式中　Q——平衡力系中的力；

δ_P——和 Q 共线的虚位移；

Q_m——平衡力系中的力矩；

θ_P——虚转角位移。

伯努利虚位移原理可以解释为：刚体在共面力系 Q（包括反力）作用下处于平衡状态。在大多数情况下，力系包括力和力矩。由 3.6 节可知，作用在物体上的外力系可以合成为作用于任一点的合力 R 和力矩 M，如果物体处于静力平衡状态，则合力为 0，即

$$R=0 \quad M=0$$

或者将 R 表示为直角坐标分量：

$$R_x=0 \quad R_y=0 \quad M=0 \tag{10.36}$$

假设刚体产生微小的虚位移，包括线位移 ΔL 和角位移 θ，其中 ΔL 可以分解为 x 方向上的分量 Δ_x 和 y 方向上的 Δ_y，沿这些位移所做的虚功 W_Q 等于

$$W_Q=R_x\Delta_x+R_y\Delta_y+M\theta$$

由式（10.35）知上式中的 R_x、R_y 以及 M 等于 0，则可以证明伯努利原理，即

$$W_Q = 0 \tag{10.36a}$$

【例 10.17】 如果图 10.23（a）中 L 形梁的支座 B 沉降了 1.2in，确定：（a）C 点的竖向位移 δ_C；（b）D 点的水平位移 δ_D；（c）A 点的转角 θ_A。

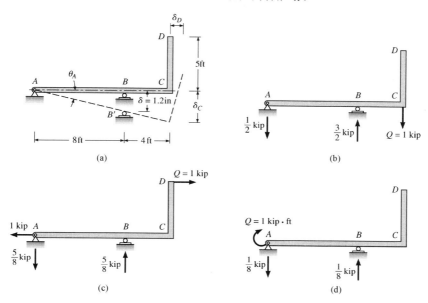

图 10.23

（a）支座 B 沉降引起的变形；（b）计算 C 点位移的 Q 力系；（c）计算 D 点水平位移的 Q 力系；
（d）计算 A 点转角的 Q 力系

解：

（a）本例中的梁为刚体，因为当梁（静定结构）由于支座 B 的下沉而发生位移时，其中没有产生内力，因此也没有变形产生。要计算 C 点的竖向位移，设 1kip 的竖向虚力作用于 C 点 [见图 10.23（b）]，接着根据静力平衡方程计算支座反力。

虚力及其反力共同组成平衡力系——Q 力系。设图 10.23（b）中受力后的梁发生图 10.23（a）中所示的支座沉降，根据伯努利原理，令 Q 力系所做的虚功为 0，解出 δ_C。

$$W_Q = 0$$

$$1 \times \delta_C - \frac{3}{2} \times 1.2 = 0$$

$$\delta_C = 1.8\text{in} \quad 得解$$

在上式中，B 处反力所做的虚功是负的，因为向下的 1.2in 位移和 $\frac{3}{2}$kip 反力的方向相反。支座 A 没有发生移动，其反力不做虚功。

（b）要计算节点 D 的水平位移，设 1kip 的水平虚力作用于 D 点，求出支座反力，得到 Q 力系 [见图 10.23（c）]。设图 10.23（c）中的 Q 力系发生图 10.23（a）所示的虚位移，计算虚功并令其等于 0，解出 δ_D。

$$W_Q = 0$$

$$1 \times \delta_D - \frac{5}{8} \times 1.2 = 0$$

$$\delta_D = 0.75\text{in} \quad 得解$$

（c）设 1kip·ft 虚力矩作用于 A 点 ［见图 10.23 （d）］来计算 θ_A。设力系发生如图 10.22 （a）所示的虚位移，并计算虚功。1kip·ft 力矩乘上 12 将单位转换为 kip-in，使 θ_A 的单位为 rad。

$$W_Q = 0$$

$$1 \times 12\theta_A - \frac{1}{8} \times 1.2 = 0$$

$$\theta_A = \frac{1}{80}\text{rad} \quad 得解$$

10.9 麦克斯韦尔-贝蒂位移互等定理

根据实功法，我们可以推导出一个基本的结构原理：麦克斯韦尔-贝蒂位移互等定理。利用该定理，我们可以推断出：第 11 章中由柔度法求解两次或高次超静定结构的相容方程中的柔度系数构成对称矩阵，这样就可以减少此种分析中位移的计算量。麦克斯韦尔-贝蒂定理也应用于作超静定力的影响线。

应用于常温下，不沉降支座上的稳定弹性结构（如梁、桁架或框架）的麦克斯韦尔-贝蒂定理可以表述为：

作用在 B 点处方向 2 上的单位荷载引起的 A 点处方向 1 上的位移分量与作用在 A 点处方向 1 上的单位荷载引起的 B 点处方向 2 上的位移分量大小相等。

根据麦克斯韦尔定理，图 10.24 中所示桁架的位移分量 Δ_{BA} 和 Δ_{AB} 是相等的。方向 1 和 2 用带圆圈的数字表示。位移有两个下标：第一个下标表示位移发生的位置，第 2 个表示引起位移的荷载作用的位置。

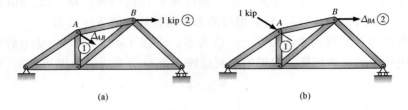

(a)   (b)

图 10.24

我们可以通过研究图 10.25 （a）和（b）中 A 点和 B 点的位移来证明麦克斯韦尔定理。图 10.25 （a）中，B 点作用竖向力 F_B，引起 A 点竖向位移 Δ_{AB} 以及 B 点位移 Δ_{BB}。类似地，图 10.25 （b）中，A 点作用竖向力 F_A，引起 A 点竖向位移 Δ_{AA} 以及 B 点位移 Δ_{BA}。然后，按不同的顺序将两个力 F_A 和 F_B 施加到简支梁上，计算它们所做的总功。假设力从零线性增大到最终值。第一种情况，先施加 F_B 再施加 F_A；第二种情况，先施加 F_A 再加 F_B。不管施加的顺序，梁在两个荷载作用下的最终变形是一样的，因此两种加载顺序下，它们所做的总功也是相同的。

图 10.25

10.9.1 情况 1：先施加 F_B，再施加 F_A

（1）F_B 施加时做的功：

$$W_B = \frac{1}{2} F_B \Delta_{BB}$$

（2）F_B 作用在梁上，再施加 F_A 时所做的功：

$$W_A = \frac{1}{2} F_A \Delta_{AA} + F_B \Delta_{BA}$$

在施加 F_A 使梁变形时，F_B 保持不变，因此 F_B 该阶段所做的功（上式中的第二项）等于 F_B 乘以 F_A 引起的位移 Δ_{BA}。

$$\begin{aligned} W_{\text{total}} &= W_B + W_A \\ &= \frac{1}{2} F_B \Delta_{BB} + \frac{1}{2} F_A \Delta_{AA} + F_B \Delta_{BA} \end{aligned} \qquad (10.37)$$

10.9.2 情况 2：先施加 F_A，再施加 F_B

（1）F_A 施加时做的功：

$$W'_A = \frac{1}{2} F_A \Delta_{AA}$$

（2）F_A 作用在梁上，再施加 F_B 时所做的功：

$$W'_B = \frac{1}{2} F_B \Delta_{BB} + F_A \Delta_{AB}$$

$$\begin{aligned} W'_{\text{total}} &= W'_A + W'_B \\ &= \frac{1}{2} F_A \Delta_{AA} + \frac{1}{2} F_B \Delta_{BB} + F_A \Delta_{AB} \end{aligned} \qquad (10.38)$$

令式（10.37）和式（10.38）给出的情况 1 和 2 的总功相等，化简后得到

$$\frac{1}{2} F_B \Delta_{BB} + \frac{1}{2} F_A \Delta_{AA} + F_B \Delta_{BA} = \frac{1}{2} F_A \Delta_{AA} + \frac{1}{2} F_B \Delta_{BB} + F_A \Delta_{AB}$$

$$F_B \Delta_{BA} = F_A \Delta_{AB} \qquad (10.39)$$

当 F_A 和 F_B 等于 1kip 时，将式（10.39）化简就得到麦克斯韦尔-贝蒂定理的表达式：

$$\Delta_{BA} = \Delta_{AB} \qquad (10.40)$$

麦克斯韦尔-贝蒂定理也适用于转角以及转角和线位移同时发生的情况。换言之，力矩 M_A 先作用于 A 点，再在 B 点施加 M_B 所做的总功，与调换两者的施加顺序，在同一构件上所做的总功相等。因此麦克斯韦尔-贝蒂定理也可以表述如下：

作用在 B 点处方向 2 上的单位力矩引起的 A 点处方向 1 上的转角与作用在 A 点处方向 1 上的单位力矩引起的 B 点处方向 2 上的转角相等。

根据上述的麦克斯韦尔-贝蒂定理，图 10.26（a）中的 α_{BA} 和图 10.26（b）中的 α_{AB} 相等。此外，A 点的力偶与 B 处力偶引起的 A 处的转角方向相同（逆时针）。类似的，B 点的力偶与 A 处力偶引起的 B 处的转角方向也相同（顺时针）。

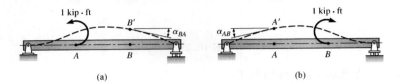

图 10.26

麦克斯韦尔-贝蒂定理的第三种表述为：

作用在 B 点处方向 2 上的单位力矩引起的 A 点处方向 1 上的线位移分量与作用在 A 点处方向 1 上的单位荷载引起的 B 点处方向 2 上的转角（以 rad 为单位）大小相等。

图 10.27 说明了上述的麦克斯韦尔-贝蒂定理。图 10.27（a）中 A 点的竖向单位荷载引起的 B 点处的转角 α_{BA}，与图 10.27（b）中 B 点的单位力矩引起的 A 点的竖向位移 Δ_{AB} 大小相等。图 10.27 还表明，Δ_{AB} 和 A 点荷载的方向相同，转角 α_{BA} 和 B 点力矩也同为逆时针方向。

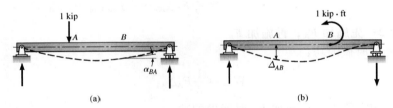

图 10.27

更一般的，麦克斯韦尔-贝蒂定理可以用于含有两种不同支承情况的结构，该定理的上述一些应用都是如下原理的特例：

在一稳定的线弹性结构上任取一些点，力或力矩作用于其中的一些点或者所有点上，分为两个不同的力系。第一个力系在第二个力系引起的位移上所做的虚功与第二个力系在第一个力系引起的位移上所做的虚功相等。如果一个支座在任一力系作用下都发生位移，其反力应当包含在另一个力系中做功。此外，给定截面的内力也可以包含在任一力系中，即假设内力所对应的约束从结构上移除，将内力视为作用在截面两侧的外力。

上面的表述在例 10.18 中予以了说明，并且可以采用下式表示：

$$\sum F_1 \delta_2 = \sum F_2 \delta_1 \tag{10.41}$$

其中 F_1 表示力系 1 中的力或力矩，δ_2 是力系 2 引起的 F_1 对应的位移。类似地，F_2 表示力系 2 中的力或力矩，δ_1 是力系 1 引起的 F_2 对应的位移。

【例 10.18】 图 10.28 所示为同一根梁的两种不同的支座条件及加载情况，证明式（10.41）。已知的位移注明在图中。

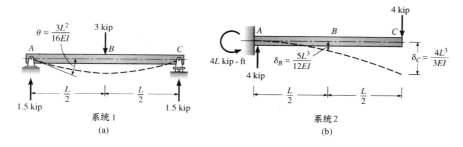

图 10.28　同一根梁的两种不同的支座条件

解:

$$\sum F_1 \delta_2 = \sum F_2 \delta_1 \tag{10.42}$$

$$1.5 \times 0 + 3 \times \frac{5L^3}{12EI} - 1.5 \times \frac{4L^3}{3EI} = -4L + 4 \times 0 + 4 \times 0$$

$$-\frac{3L^3}{4EI} = -\frac{3L^3}{4EI} \quad \text{得解}$$

总结

· 虚功法是第 10 章的主题。设计者可以采用该方法，每次计算一个单独的位移分量。

· 基于能量守恒原理，虚功法假设荷载是缓慢施加的，因此既不产生动能也不产生热能。

· 用虚功法计算某点位移时，我们假设一个力（称为虚力）作用在该点所求位移的方向上，这个力和它的反力称为 Q 力系。如果要求的是转角，则施加虚力矩。在虚力作用的同时，实际荷载——称为 P 力系——也作用在结构上。当结构在实际荷载作用下产生变形时，虚力在 P 力系引起的实际位移上做虚功 W_Q，同时结构中产生大小相等的应变能 U_Q，即

$$W_Q = U_Q$$

· 尽管虚功法可以应用于所有类型的结构，包括桁架、梁、框架、平板以及壳体，这里我们将虚功法的应用限定在三种最普通的平面结构，即桁架、梁和框架。我们还忽略剪力的影响，因为由剪力引起的浅梁和框架的变形可以忽略不计。只有对较短的承载很大的深梁或者刚性模量较小的梁，剪力的影响较大。该方法还可以用来求解由温度变化、支座沉降以及制造误差引起的位移。

· 如果位移既有水平分量又有竖直分量，就要分两次应用虚功法求解：先在竖直方向上施加单位力，再将单位力施加在水平方向上；实际位移是这两个正交位移分量的矢量和。对于梁或桁架，设计者一般只对活荷载作用下的最大竖向位移感兴趣，因为设计规范对其有限制规定。

· 不一定要使用单位荷载来建立 Q 力系。但是，由于单位荷载引起的位移（称为柔度系数）在超静定结构分析中需要用到（见第 11 章），因此实际应用中通常都采用单位

荷载。

• 要计算变截面梁的虚应变能，可以采用有限求和法，将梁划分为若干小段，以考虑横截面特性的变化（见 10.7 节）。

• 10.9 节介绍了麦克斯韦尔-贝蒂位移互等定理，第 11 章中利用该定理证明了采用柔度法求解超静定结构时所需的矩阵是对称的。

习题

P10.1　计算图 P10.1 中所示桁架节点 B 在 100kip 荷载作用下的水平和竖向位移分量。所有杆件的面积 $A=4\text{in}^2$，$E=24000\text{kip/in}^2$。

P10.2　计算图 P10.1 所示桁架节点 A 的竖向位移和节点 C 的水平位移。

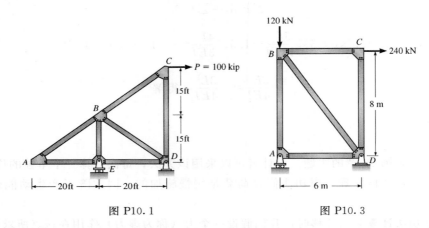

图 P10.1　　　　　　　　　图 P10.3

P10.3　计算图 P10.3 所示桁架节点 C 的水平和竖向位移分量。所有杆件的面积＝200mm^2，$E=200\text{GPa}$。

P10.4　计算图 P10.3 所示桁架节点 B 的竖向位移和 A 处滚动支座的水平位移。

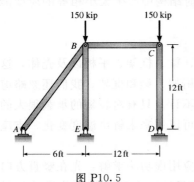

图 P10.5

P10.5　计算图 P10.3 所示两竖向荷载作用于铰接结构上。试求 B 节点的竖向位移。结构会发生水平摆动吗？如果发生，试求 B 节点的水平位移。所有杆件的面积 $A=5\text{in}^2$，$E=29000\text{kip/in}^2$。

P10.6　如图 P10.5 所示的铰接结构，除了原来的竖向荷载，再施加一水平向右的水平荷载于 B 节点上，大小 30kip。试求 B 节点的水平和竖向位移。

P10.7　如图 P10.7 所示，如果要使 C 节点的竖向位移为零，那么施加于桁架 C 节点上的力 P 应为多大？所有杆件 $A=1.8\text{in}^2$，$E=30000\text{kip/in}^2$。

P10.8　当向如图 P10.8 的桁架施加荷载时，E 支座发生 0.6 的沉降，A 支座向右发生 0.4 的侧向位移。试求 C 节点出的水平和竖向位移。所有杆件面积为 2in^2，$E=29000\text{kip/in}^2$。

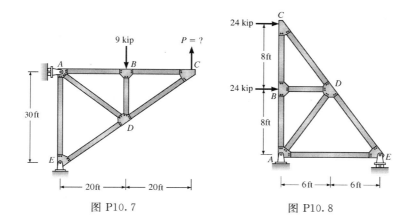

图 P10.7   图 P10.8

P10.9 如图 10.9 所示，桁架 B 节点上作用一 20kip 的荷载，支座 A 发生 $\frac{3}{4}$in 的沉降以及 $\frac{1}{2}$in 水平向右的侧移。试求 B 节点的竖向位移。所有杆件的面积＝2in²，$E=$ 30000kip/in²。

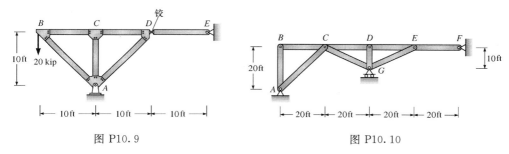

图 P10.9   图 P10.10

P10.10   在图 P10.10 中，如果支座 A 向右水平移动 2in，支座 F 竖向沉降 1in，计算滚动支座 G 的水平位移。

P10.11   试求图 P10.11 中桁架节点 C 的水平和竖向位移。除了 C 节点处的荷载外，BD 杆的温度升高 60°F。对于所有杆件，$E=$29000kip/in²，$A=4$in²，$\alpha=6.5\times10^{-6}$（in/in）/°F。

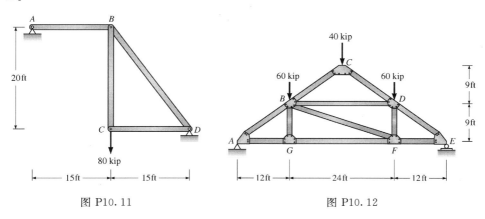

图 P10.11   图 P10.12

P10.12 如图 P10.12 所示桁架，试求节点 G 的竖向位移。所有杆件面积均为 5in^2，$E = 29000\text{kip/in}^2$。

P10.13 (a) 计算图 P10.13 中 30kip 荷载作用下节点 D 产生的竖向位移。所有杆件的横截面积均为 2in^2，$E = 9000\text{kip/in}^2$。(b) 假设桁架未加荷载。如果杆 AE 增长 $8/5\text{in}$，滚动支座 B 必须向右水平移动多远，才能使节点 D 不产生竖向位移？

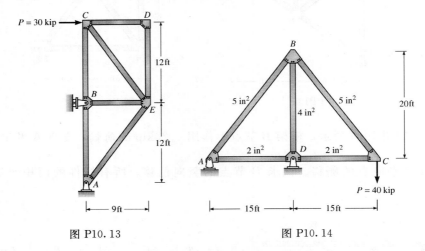

图 P10.13　　　　　　图 P10.14

P10.14 (a) 计算图 P10.14 所示桁架受 40kip 荷载作用时，节点 B 的水平位移。所有杆件的面积都标在图中，单位为 in^2，$E = 30000\text{kip/in}^2$。(b) 要将节点 B 在水平方向上恢复到其初始位置，杆 AB 要缩短多少？(c) 如果 AB 和 BC 杆的温度升高 $80°\text{F}$，计算节点 C 的竖向位移。

$\alpha_t = 6.5 \times 10^{-6} (\text{in/in})/°\text{F}$，支座 A 可视为滚动支座。

P10.15 (a) 如图 P10.15 所示，计算节点 E 在所示荷载作用下的竖向和水平位移。杆件 AB、BD、CD 的截面积均为 2in^2，其余杆件面积 $= 3\text{in}^2$，$E = 30000\text{kip/in}^2$。(b) 如果杆件 AB 和 BD 由于制作误差，长了 0.75in，导致 D 支座沉降 0.25in，试求 E 节点的竖向位移。忽略其他荷载。

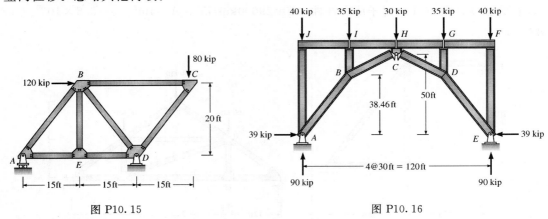

图 P10.15　　　　　　　　　图 P10.16

P10.16 如图 P10.16 所示荷载作用于结构上，这些绳索荷载直接在拱的各部分产生压力。柱仅仅将轴向力从路梁传递到拱上。假设路梁和柱不对拱产生约束。所有反力已给出。拱部分 $A=70\text{in}^2$，$I=7800\text{in}^4$，$E=30000\text{kip/in}^2$。

P10.17　如果对于图 10.16 的结构，在节点 B 竖直方向处只有一个大小为 60kip 的集中荷载作用于其上，试求点 C 处铰的水平和竖向位移。

P10.18　试计算图 10.18 中支座 A 处的转角和 B 处的挠度。EI 是常数。将答案用 E、I、L、M 的形式表达。

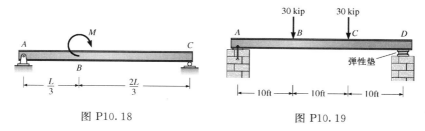

图 P10.18　　　　　　　　　　　图 P10.19

P10.19　计算图 P10.19 中梁的跨中挠度以及 A 点的转角。EI 为常量，转角以度为单位，挠度以英寸为单位。A 视为铰支座，D 视为滚动支座，$E=29000\text{kip/in}^2$，$I=2000\text{in}^4$。

P10.20　（a）计算图 P10.20 中悬臂梁上点 B 和 C 的竖向位移及转角。已知：EI 不变且为常量，$L=12\text{ft}$，$E=4000\text{kip/in}^2$，要使 C 点的位移不超过 0.4in，I 至少为多少？

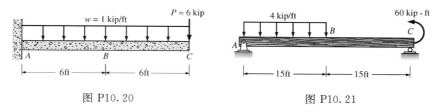

图 P10.20　　　　　　　　　　　图 P10.21

P10.21　计算图 P10.21 中 B 点的挠度和 C 点的转角。已知 EI 为常量。

P10.22　如图 P10.22，如果 A 处的转角为 0，试求梁左端的弯矩值的大小。EI 为常数。假设支座 D 为滚轴。

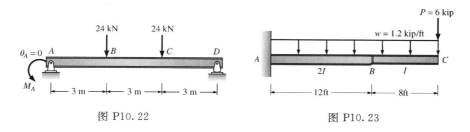

图 P10.22　　　　　　　　　　　图 P10.23

P10.23　计算图 P10.23 中 C 点的竖向位移。已知：$I=1200\text{in}^4$，$E=29000\text{kip/in}^2$。

P10.24　计算图 P10.24 所示梁跨中的挠度。已知：$I=46\times10^6\text{mm}^4$，$E=200\text{GPa}$，$E$ 处视为滚动支座。

P10.25　图 P10.25 中的拱在恒载作用下铰 B 将向下移动 3in。要消除该位移，需要将支座 A 向右移动以减小支座间的距离，确定支座 A 移动的距离。

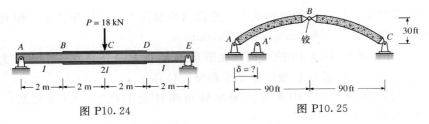

图 P10.24   图 P10.25

P10.26   如图 P10.26 所示，如果支座 A 和 E 的间距的实际尺寸的为 30.17ft，而其设计尺寸为 30ft，同时，支座 E 向上发生了 0.75 的位移。试求 C 铰处的竖向和水平位移以及当结构竖直时 AB 的转角。

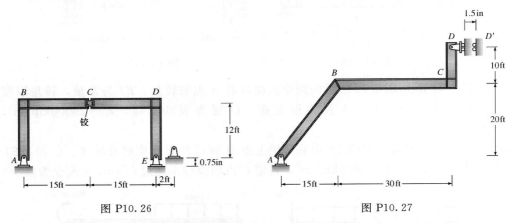

图 P10.26   图 P10.27

P10.27   图 P10.27 中，支座 D 建造在原定位置偏右 1.5in 处，利用 10.8 节中的伯努利原理计算：（a）节点 B 的水平和竖向位移分量；（b）构件 BC 的转角。

P10.28   计算图 P10.28 中 D 点的水平和竖向位移分量。EI 为常量，$I=120in^4$，$E=29000kip/in^2$。

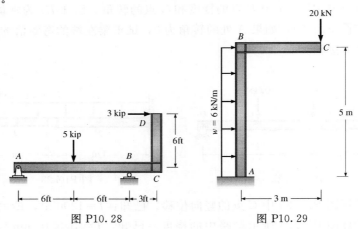

图 P10.28   图 P10.29

P10.29   计算图 P10.29 中 C 点的水平和竖向位移分量。$E=200GPa$，$A=25\times 10^3 mm^2$，$I=240\times 10^6 mm^4$。

P10.30   计算图 P10.30 中框架节点 B 和 C 的竖向位移。已知：$I=360in^4$，$E=$

30000kip/in², 仅考虑弯曲变形。

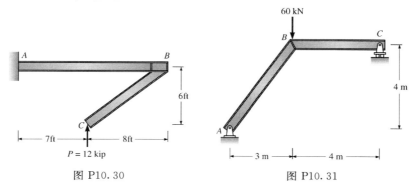

图 P10.30   图 P10.31

P10.31   计算图 P10.31 中刚性钢架上节点 B 的转角以及支座 C 的水平位移。已知：$E=200\text{GPa}$，$A=500\text{mm}^2$，$I=80\times10^6\text{mm}^4$。

P10.32   (a) 计算图 P10.32 中 A 点的转角和 B 点的水平位移。所有杆件 EI 为常量，仅考虑弯曲变形。已知：$I=100\text{in}^4$，$E=29000\text{kip/in}^2$。(b) 如果要使 B 点的水平位移不超过 3/8in，I 的值至少为多少？

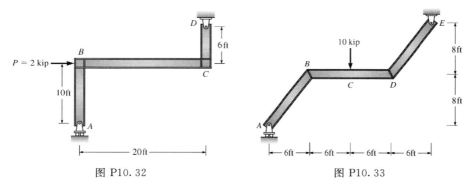

图 P10.32   图 P10.33

P10.33   如图 P10.33 的结构，试求节点 B 处的水平和竖向位移。已知：$I=150\text{in}^4$，$E=29000\text{kip/in}^2$。只考虑弹性变形。

P10.34   (a) 计算图 P10.34 中铰 C 的竖向位移。所有杆件的 EI 为常量，$E=200\text{GPa}$，$I=1800\times10^6\text{mm}^4$。(b) 设计者希望通过移动支座 A 来消除铰 C 的竖向位移。试问支座 A 应当水平移动多少？

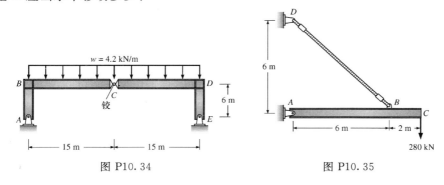

图 P10.34   图 P10.35

P10.35　计算图 P10.35 中梁上 C 点的竖向位移。梁的 $A = 5000\text{mm}^2$，$I = 360 \times 10^6\text{mm}^4$，$E = 200\text{GPa}$，索的横截面积 $A = 6000\text{mm}^2$，$E = 150\text{GPa}$。

P10.36　计算图 P10.36 中节点 C 的竖向位移，构件 ABC 中仅考虑弯曲应变能。已知：$I_{AC} = 340\text{in}^4$，$A_{BD} = 5\text{in}^2$。如果要使 C 点在 16kip 荷载作用下竖向位移为 0，杆 BD 应当伸长多少？

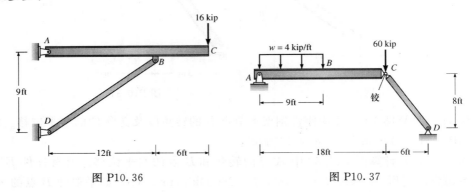

图 P10.36　　　　　　　　图 P10.37

P10.37　计算图 P10.37 中 B 点的竖向位移和 C 点的水平位移。已知：$A_{CD} = 3\text{in}^2$，$I_{AC} = 160\text{in}^4$，$A_{AC} = 4\text{in}^2$，$E = 29000\text{kip/in}^2$。同时考虑轴向变形和弯曲变形产生的应变能。

P10.38　计算图 P10.38 中 B 处的竖向和水平位移以及梁 CD 跨中的竖向位移，考虑轴向和弯曲变形。已知：$E = 29000\text{kip/in}^2$，$I = 180\text{in}^4$，柱横截面积为 6in^2，梁横截面积为 10in^2。

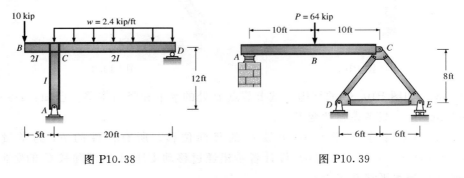

图 P10.38　　　　　　　　图 P10.39

P10.39　梁 ABC 在 C 点支承于三杆桁架上，A 点支承在相当于滚动支座的弹性垫上。（a）计算在图 P10.39 所示荷载作用下，B 点产生的竖向位移。（b）计算要使 B 点向上移动 0.75in，DE 杆长度的变化，是缩短还是伸长？已知：$E = 29000\text{kip/in}^2$，所有桁架杆的面积为 1in^2，梁横截面积为 16in^2，$I = 1200\text{in}^4$。

P10.40　如果要使图 P10.40 中框架上节点 B 的水平位移不超过 0.36in，对构件的 I 有什么要求？杆 CD 的面积为 4in^2，$E = 29000\text{kip/in}^2$，构件 AB 和 BC 仅考虑弯曲变形，CD 仅考虑轴向变形。

P10.41　对于图 P10.41 的钢结构，试求 B 节点的水平位移。对于 BCD 部分，$A = 600\text{mm}^2$，$I = 600 \times 10^6\text{mm}^4$。对于 AB 部分，$A = 300\text{mm}^2$。所有构件 $E = 200\text{GPa}$。

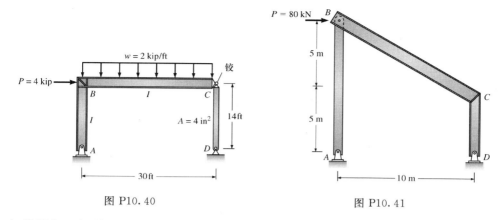

图 P10.40   图 P10.41

钢筋混凝土梁的有效惯性矩

注意：此处的注意适用于习题 P10.42～P10.44。因为钢筋混凝土的破坏是由于弯矩和剪力产生的拉应力造成的，初始弹性挠度是在对全尺寸梁的实验研究（《美国混凝土学会规范》9.5.2.3 节）的基础上，基于惯性矩的经验公式得出的。这个经验公式根据横截面的截面积给出了有效惯性矩 I_e 从惯性矩 I_G 的 0.35～0.5 倍的变化。由于收缩和徐变产生的额外初始挠度不予考虑。

P10.42   用有限求和法计算图 P10.42 所示梁跨中的挠度。已知：$E = 3000\mathrm{kip/in^2}$，每段长度取 3ft。假设 $I = 0.5I_G$。

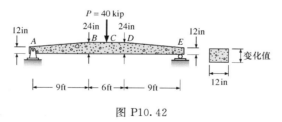

图 P10.42

P10.43   用有限求和法计算图 P10.43 中锥形梁上 C 点的挠度。$E = 24\mathrm{GPa}$。基于 $0.5I_G$ 进行分析。

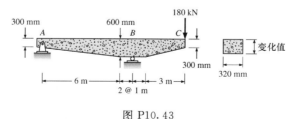

图 P10.43

P10.44   计算机学习——支座对框架移动的影响。

（a）使用计算机程序 RISA - 2D，计算图 P10.44 中刚体跨中初始弹性挠度，D 处支座为滚轴。在计算机的分析中，它将图中的锥形构件用 3 ft 长的等高的分块取代，每一个分块的性质由各分块跨中的尺寸决定；也就是说，将会产生 9 个构件和 10 个节点。当你开始着手这个问题时，在 GLOBAL（整体）选项中设定力从三部分计算。这个设定可以计算出每个分块两端和中点的力的大小。为了计算钢筋混凝土的开裂，假设刚体 *BCD* 的 $I_e=0.35I_G$，对于柱 *AB*，假设 $I_e=0.7I_G$（柱中的压应力抵消了开裂）。因为梁的挠度以及单层刚体结构的挠度基本上大部分由于弯矩产生，很少受构件截面面积的影响，所以总面积用构件性能表（Member Properties Table）替代。

（b）将图 P10.44 中支座 *D* 处的滚轴用销固定住以防止节点 *D* 的水平位移，然后重新分析结构。此时，结构变成了超静定结构。将你的结果和（a）部分的进行对比；简单讨论两种情况下结构挠度和弯矩数值上的差异。

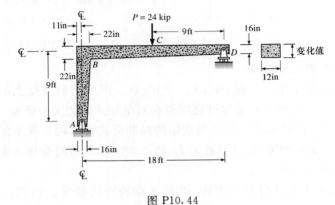

图 P10.44

俄亥俄河上的东亨廷顿大桥

    该桥是一座长 1500ft 的斜拉桥，桥面采用钢和混凝土组合梁，梁高 5ft。该桥于 1985 年通车，由高强度的钢材和混凝土建造而成。注意这座具有流线型桥面和高耸桥塔的现代化桥梁和布鲁克林大桥之间的对比（见第 1 章开始处的照片）。

第 **11** 章

利用柔度法分析超静定结构

本章目标

- 说明仅仅使用静力平衡方程不能解决超静定问题，需要使用附加方程。
- 学习使用柔度法把附加的未知变形或内力作为多余约束来建立附加方程（例如变形协调方程）。
- 找出多余约束并使用第 9 章或第 10 章学过的任何方法计算在基本体系上外力和多余约束产生的变形，来建立变形协调方程。

11.1 引言

　　柔度法，也称一致变形法或叠加法，是一种分析线弹性超静定结构的方法。虽然这种方法可以应用在几乎所有种类的结构上（梁、桁架、框架、壳体等），但计算量随着超静定次数的增加呈指数增长。因此，当这一方法应用在超静定次数比较小的结构时是很有效的。

　　所有超静定分析的方法都要求解答需要满足静力平衡条件和变形协调条件。所谓变形协调就是结构要紧密地结合在一起——没有间隙存在——且弯曲形状必须和支座提供的约束一致。在柔度法中，我们将在分析的每一步中使用静力平衡方程以满足静力平衡要求。变形协调要求将通过列一个或多个表述结构内部没有间隙或是结构变形与支座隐含的几何性质一致的方程（也就是变形协调方程）来满足。

　　作为柔度法中关键的一步，超静定结构的分析要被几何不变的静定结构的分析取代。这种结构——称为释放结构或基本结构——是通过假想原来的超静定结构的某些约束（如支座）被暂时撤去而得到的。

11.2 多余约束的概念

在 3.7 节我们已经知道，如果 3 个约束不构成平行或汇交力系，则它们就是组成一个稳定结构所需的最少约束。即，阻止刚体在任何荷载条件下发生位移。例如，铰支座 A 处的水平和竖向反力和滚动支座 C 处的竖向反力阻止了梁在任何类型的力系下的平移和转动。由于 3 个平衡方程可以解出 3 个反力，所以结构是静定的。

如果在 B 处装了第三个支座［见图 11.1（b）］，则附加的反力 R_B 被用来支承梁。由于 B 处的反力对于结构的稳定不是完全必要的，故它被称为多余反力。在很多结构中，哪一个反力是多余反力是任意的。例如，在图 11.1（b）中，C 处反力也可以合理地被当作是多余反力，这是因为 A 处的铰支座和 B 处的滚动支座也提供了足够的约束，可以形成一个稳定的静定结构。

虽然 B 处附加的滚动支座使结构具有一次超静定（存在 4 个反力但只有 3 个静力方程可用），但滚动支座也提供了几何条件，即 B 处的竖向位移为 0。这一几何条件使得我们可以写出一个补充方程，将该补充方程与静力方程结合使用可解出所有的反力。在 11.3 节我们将简述柔度法的主要性质并通过分析各种超静定结构来阐明它的用法。

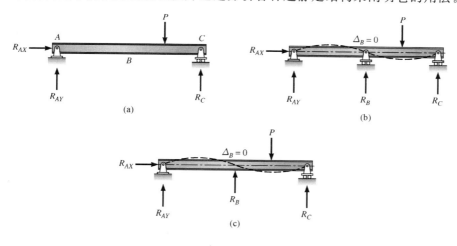

图 11.1
（a）静定梁；（b）R_B 为多余力的超静定梁；（c）把 B 处的反力作为外力施加在结构上则得到（b）中梁的释放结构

11.3 柔度法的基本原理

在柔度法中，人们假想把多余的约束（如支座）从超静定结构中移走以得到一个几何不变的、静定的释放结构。被移走的约束的数量等于超静定次数。设计荷载是指定的，至于多余力，其大小现在还不知道，它们都作用在释放结构上。例如图 11.1（c）所示的静定的释放结构，就是把图 11.1（b）中 B 处的反力作为多余力施加在结构上得到的。由于图 11.1（c）中的释放结构与初始结构所受荷载完全一样，所以它的内力和变形与初始的超静定结构也是一致的。

　　我们接着分析承受施加荷载和多余力作用的静定释放结构。在这一步，我们要分别分析以下情况：①施加荷载作用在结构上；②每一个未知的多余力单独作用在结构上。对每一种情况，多余力作用点的挠度都要计算。由于我们假定结构是弹性的，所以这些独立的分析可以结合起来——叠加——以得到一个包含了所有施加力和多余力的作用的总的分析。为了解出多余力，我们把多余力作用点处的挠度累加，然后令其等于知道的挠度值。

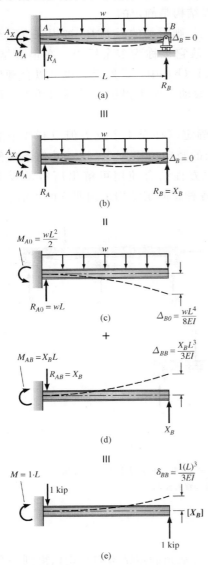

图 11.2　利用柔度法进行分析
(a) 一次超静定的梁；(b) 承受大小为 w 的荷载及多余力 R_B 作用的释放结构；(c) 大小为 w 的荷载在释放结构上产生的力和位移；(d) 多余力 X_B 在释放结构上产生的力和位移；(e) 单位多余力在释放结构上产生的力和位移

例如如果一个多余力是由滚动支座提供的，则在垂直于滚动支座的移动平面的方向上的挠度为 0。这一过程产生的变形协调方程的数量等于多余力的数量。一旦我们得出多余力的值，结构的平衡就可以用静力方程分析了。下面，我们从分析一次超静定结构开始对柔度法的学习。11.7 节将介绍多次超静定结构。

　　为了阐明前边所说的方法，我们将对图 11.2 (a) 中承受均布荷载的梁进行分析。由于只有 3 个静力方程可用于求解由一个固定支座和一个滚动支座提供的 4 个约束力，所以该结构为一次超静定。要解出反力，必须要一个附加方程去补充 3 个静力方程。为建立这个方程，我们把右端的滚动支座撤走，把反力 R_B 作为多余力。图 11.2 (a) 中的梁的隔离体图已被重新画在图 11.2 (b) 中。R_B 已成为一个多余力。梁的右端是滚动支座 B 的反力 R_B 而不是滚动支座 B 了。通过假想滚动支座被撤掉，我们可以把原来的超静定结构看成是一根在自由端承受未知力 R_B 作用，同时在全长承受均布荷载 w 作用的静定悬臂梁。通过这一修改，我们就可以用静力的方法分析这一静定结构了。由于图 11.2 (a) 和 (b) 中的梁承受相同的荷载，所以它们的剪力和弯矩曲线是一致的，它们的变形也是相同的。尤其在支座 B 处的竖向挠度 Δ_B 等于 0。为了引起注意——由滚动支座提供的反力现在是多余力了，我们用 X_B 表示 R_B [见图 11.2 (b)]。

　　接下来，我们把对悬臂梁的分析分成两部分，分别如图 11.2 (c) 和 (d) 所示。图 11.2 (c) 显示了由大小已知的荷载 B 处

引起的反力和挠度 Δ_{B0}。由施加荷载产生的释放结构的挠度用两个下标来表示。第一个下标表明挠度的位置;第二个下标为 0,这样可把释放结构和实际结构区分开。图 11.2(d)显示了 B 处的反力和挠度,Δ_{BB} 是由大小还不知道的多余力 X_B 产生的。假定结构的表现是弹性的,我们可以把图 11.2(c)和(d)中的两种情况累加(叠加)成图 11.2(b)或(a)所示的初始情况。由于真实结构中的滚动支座给出了几何条件,即 B 处的竖向位移为 0,所以图 11.2(c)和(d)中的竖向位移的代数和必须为 0。这一几何条件或变形协调条件可表示为

$$\Delta_B = 0 \tag{11.1}$$

把图 11.2(c)中的施加荷载在 B 处产生的挠度和图 11.2(d)中的多余力在 B 处产生的挠度叠加起来,我们可把式(11.1)写成

$$\Delta_{B0} + \Delta_{BB} = 0 \tag{11.2}$$

挠度 Δ_{B0} 和 Δ_{BB} 可用弯矩-面积法或是虚功法求出,也可从图 11.3(a)和(b)中查出。

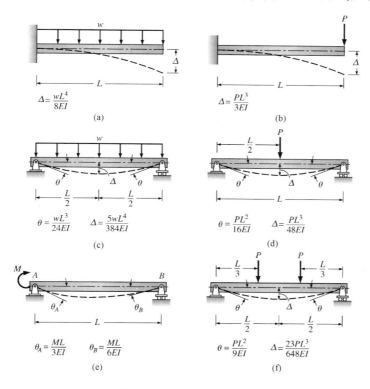

图 11.3 棱柱状梁的位移

作为一种符号约定,我们假定位移在多余力的作用方向上时为正。在此过程中你可以自由地假定多余力作用的方向。如果你选择了正确的方向,会得到正的多余力。反之,如果结果为一负的反力值,则其大小是对的,但它的方向应和初始假定方向相反。

根据施加荷载和杆件的特性列出挠度的表达式,我们把式(11.2)写成

$$-\frac{wL^4}{8EI} + \frac{X_B L^3}{3EI} = 0$$

解出 X_B：

$$X_B = \frac{3wL}{8} \tag{11.3}$$

在 X_B 解出后，我们可以把它施加在图 11.2（a）中的结构上，用静力法解出 A 处的反力；或用另一种方法，把图 11.2（c）和（d）中的对应的反力分量求和也可。例如，支座 A 处的竖向反力等于

$$R_A = wL - X_B = wL - \frac{3wL}{8} = \frac{5wL}{8}$$

同样的，A 处的弯矩等于

$$M_A = \frac{wL^2}{2} - X_B L = \frac{wL^2}{2} - \frac{3wL \times L}{8} = \frac{wL^2}{8}$$

一旦反力求出，我们就可以用 5.3 节介绍的符号约定画出剪力和弯矩曲线（见图 11.4）。

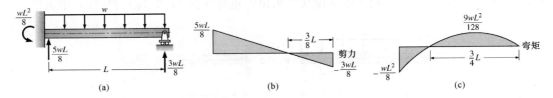

图 11.4　图 11.2（a）中梁的剪力和弯矩曲线

在前边的分析中，式（11.2）为变形协调方程，由两个挠度 Δ_{B0} 和 Δ_{BB} 表示。我们在建立超静定次数大于 1 的结构的变形协调方程时，最好是把所有未知的多余力都列出来。为了写出这种形式的协调方程，我们可以在 B 点［见图 11.2（e）］作用一个单位荷载的多余力（本例中为 1kip），然后乘以 X_B——多余力的实际值。为了表明单位荷载（以及它产生的所有力和位移）乘以多余力了，我们用括号把多余力括起来，并标在单位荷载旁边［图 11.2（e）］。由单位荷载的多余力产生的挠度 δ_{BB} 被称为柔度系数。换言之，柔度系数的单位是距离每单位荷载。例如，in/kip 或 mm/kN。由于图 11.2（d）和（e）中的梁是相同的，故它遵从：

$$\Delta_{BB} = X_B \delta_{BB} \tag{11.4}$$

把式（11.4）代入式（11.2），得

$$\Delta_{B0} + X_B \delta_{BB} = 0 \tag{11.5}$$

和

$$X_B = -\frac{\Delta_{B0}}{\delta_{BB}} \tag{11.5a}$$

在图 11.2 中的梁上应用式（11.5a），我们可算出 X_B：

$$X_B = -\frac{\Delta_{B0}}{\delta_{BB}} = -\frac{-wL^4/(8EI)}{L^3/(3EI)} = \frac{3wL}{8}$$

在 X_B 求出后，我们通过把图 11.2（c）中的力和图 11.2（e）中对应的力乘以 X_B 后的力结合起来，就可以确定初始梁上任意一点处的反力和内力。例如，固定支座处的弯矩 M_A 等于

$$M_A = \frac{wL^2}{2} - LX_B = \frac{wL^2}{2} - L\frac{3wL}{8} = \frac{wL^2}{8}$$

11.4 柔度法的另一种见解（闭合间隙）

在各种问题中——尤其是那些通过释放结构内部的约束得到的释放结构——研究者如果把多余力考虑成用以闭合间隙的力来列变形协调方程（或包含几个多余力的方程组）会容易些。

举个例子，在图 11.5（a）中，我们再一次考虑右端由刚性滚轴支承的承受均布荷载的梁。由于梁搁在滚动支座上，所以梁底部和滚动支座顶部的间隙为 0。根据前面的例子，我们选择 B 处的反力为多余力并考虑图 11.5（b）中作为释放结构的静定悬臂梁。我们第一步是把 $w = 2\text{kip/ft}$ 的均布荷载施加在释放结构上 ［见图 11.5（c）］并计算出 Δ_{B0}，其值为 7.96in，表示支座的初始位置与悬臂梁的顶端的间隙为 7.96in（为了看得清楚，支座被水平向右移动了）。为了表明支座没有移动，我们标出梁的端点与滚动支座间的水平距离为 0。

我们现在把一个向上的、1kip 的荷载布置在 B 处，并计算出顶部的竖直挠度 $\delta_{BB} = 0.442\text{in}$ ［见图 11.5（d）］。挠度 δ_{BB} 表示由于单位荷载的多余力的作用使得间隙闭合的值。由于梁的表现是弹性的，故位移直接与荷载成比例。如果我们用 10kip 代替 1kip，则间隙会闭合 4.42in（即原来的 10 倍）。如果我们把多余力 X_B 当作一个系数，则用它乘以 1kip 后得到的力将使间隙 Δ_{B0} 闭合，即

$$\Delta_B = 0$$

其中 Δ_B 表示梁的底部和滚动支座间的间隙，我们可以把这一要求表示为

$$\Delta_{B0} + \delta_{BB}X_B = 0 \tag{11.6}$$

式中　Δ_{B0}——由施加荷载产生的间隙或一般情况下由荷载或其他作用（如支座移动）产生的间隙；

δ_{BB}——单位多余力使间隙缩小的量；

X_B——单位荷载与之相乘后产生的力可关闭间隙，也等于多余力的值。

作为符号约定，我们将假定任何引起间隙增大的位移为负位移，任何使间隙减小的位移为正位移。基于这一规定，δ_{BB} 总是正的。式（11.6）如此，式（11.5）也如此。用图 11.3 去计算 Δ_{B0} 和 δ_{BB}，我们把它们代入式（11.6），解出 X_B，得

$$\Delta_{B0} + \delta_{BB}X_B = 0$$
$$-7.96 + 0.442X_B = 0$$
$$X_B = 18.0\text{kip}$$

如果我们被告知，当荷载作用时支座 B 沉降了 2in 到达 B' ［见图 11.5（e）］。间隙 Δ'_{B0} 将减去 2in，等于 5.96in。为了计算新的用以关闭间隙的多余力 X'_B，我们再把 Δ'_{B0} 代入式（11.6），得

$$\Delta'_{B0} + \delta_{BB}X'_B = 0$$
$$-5.96 + 0.442X'_B = 0$$
$$X'_B = 13.484\text{kip}$$

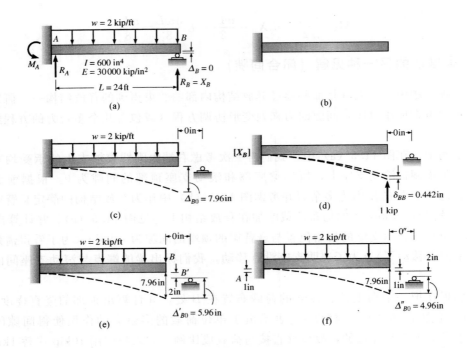

图 11.5

（a）梁的特性；（b）释放结构；（c）由荷载 w 产生的间隙 Δ_{B0}；（d）单位多余力使间隙缩小的量；

（e）B 处支座的沉降使得间隙减小了 2in；（f）A 和 B 处支座沉降的影响

作为最后一个例子，如果固定支座 A 由于意外而被装在了它的原定位置上方 1in 的 A' 处，且 B 支座沉降了 2in，梁所受荷载不变，则支座和受荷梁的顶端的间隙 Δ''_{B0} 将等于 4.96in，如图 11.5（f）所示。为计算此时用以关闭间隙的多余力 X''_B，我们把 Δ''_{B0} 代入式（11.6），得

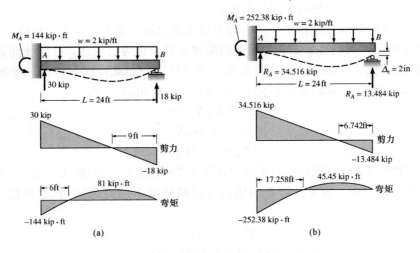

图 11.6　支座沉降对于剪力和弯矩的影响

（a）没有沉降；（b）支座 B 沉降了 2in

$$\Delta''_{B0} + \delta_{BB} X''_B = 0$$

$$-4.96 + 0.442 X''_B = 0$$

$$X''_B = 11.22\text{kip}$$

你可以从本例看出，超静定结构的支座沉降或是构造错误可以使反力产生明显地改变（见图 11.6 对支座 B 没有沉降和有 2in 的沉降两种情况下的剪力及弯矩曲线的比较），虽然超静定梁或结构经常会受到由意外的支座沉降产生的弯矩的作用，引起局部应力过大，但柔性结构通常拥有强度储备，使其可以变形而不会倒塌。

【**例 11.1**】 把固定支座处的弯矩 M_A 作为一个多余力，利用柔度法分析图 11.7（a）中的梁。

解：

A 处的固定支座阻止了梁的左端发生转动。去掉转动约束而保留水平和竖直约束就等同于用一个铰支座取代了固定支座。释放结构受多余力和实际荷载作用，如图 11.7（b）所示。现在在图 11.7（c）中分析释放结构受实际荷载作用，在图 11.7（d）中分析释放结构受多余力作用。由于 $\theta_A = 0$，所以由均布荷载产生的转动 θ_{A0} 和由多余力产生的转动 $\alpha_{AA} X_A$ 叠加应为 0。根据这一几何条件，列出变形协调方程：

$$\theta_{A0} + \alpha_{AA} X_A = 0 \tag{1}$$

式中　θ_{A0}——均布荷载在 A 处产生的转角；

　　α_{AA}——单位多余力（1kip·ft）在 A 处产生的转角；

　　X_A——多余力（A 处弯矩）。

把图 11.3 中提供的 θ_{A0} 和 α_{AA} 的表达式代入式（1），可得

$$-\frac{wL^3}{24EI} + \frac{L}{3EI} X_A = 0$$

$$X_A = M_A = \frac{wL^2}{8} \tag{2}$$

由于 M_A 是正的，所以多余力的假定方向（逆时针）是正确的。M_A 的值验证了前面图 11.4 中的解。

【**例 11.2**】 求图 11.8（a）中所示桁架的各杆轴力和支座反力。注意：所有杆件的 AE 为常数。

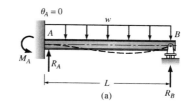

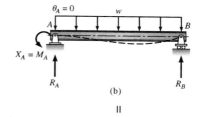

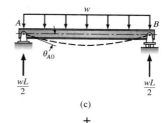

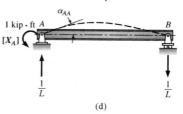

图 11.7　利用柔度法进行分析，将 M_A 作为多余力

（a）一次超静定的梁；（b）承受均布荷载及作为外荷载的多余力 M_A 作用的释放结构；（c）承受实际荷载的释放结构；（d）承受单位多余力产生的反力作用的释放结构

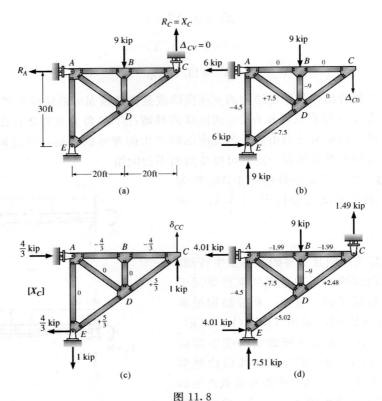

图 11.8

(a) 一次超静定的桁架；(b) 承受实际荷载的释放结构；(c) 承受单位
多余力的释放结构；(d) 通过将情形 (b) 和情形 (c) 的乘积进行
叠加得到的最终的各杆轴力和支座反力 (所有轴力的单位都是 kip)

解：

由于该桁架为外部一次超静定 (反力提供 4 个约束)，所以需要一个变形协调方程。任意选定滚动支座 C 的反力为多余力。我们现在对释放结构施加实际荷载 [图 11.8 (b)] 和多余力 [图 11.8 (c)]。由于滚动支座阻止了竖向位移 (即 $\Delta_{CV}=0$)，故我们通过对 C 处的挠度进行叠加可得出以下变形协调方程：

$$\Delta_{C0}+X_C\delta_{CC}=0 \tag{1}$$

式中　Δ_{C0}——由实际荷载在释放结构上产生的挠度；

δ_{CC}——由单位多余力在释放结构上产生的挠度 (位移和力都以向上为正。)

用式 (10.24) 的虚功法计算 Δ_{C0} 和 δ_{CC}。为了计算 Δ_{C0} [见图 11.8 (b)]，我们将图 11.8 (c) 中的荷载作为 Q 系统。

$$\sum Q\delta_P=\sum F_Q\frac{F_PL}{AE}$$

$$1\times\Delta_{C0}=\frac{5}{3}\times\frac{(-7.5)\times25\times12}{AE}$$

$$\Delta_{C0}=-\frac{3750}{AE}\downarrow$$

为了计算 C 处的 1kip 荷载产生的 δ_{CC}［见图 11.8（c）］，我们仍然把图 11.8（c）中的荷载作为 Q 系统。

$$1 \times \delta_{CC} = \sum \frac{F_Q^2 L}{AE}$$

$$\delta_{CC} = \left(-\frac{4}{3}\right)^2 \times \frac{20 \times 12}{AE} \times 2 + \left(\frac{5}{3}\right)^2 \times \frac{25 \times 12}{AE} \times 2 = \frac{2520}{AE} \uparrow$$

把 Δ_{C0} 和 δ_{CC} 代入式(1)，得

$$-\frac{3750}{AE} + \frac{2520}{AE} X_C = 0$$

$$X_C = 1.49$$

把图 11.8（c）中由单位荷载产生的反力和轴力乘以 1.49 后再与图 11.8（b）中对应的反力和轴力叠加可得到最后的结果。最后的反力和轴力如图 11.8（d）所示。例如

$$R_A = 6 - \frac{4}{3} \times 1.49 = 4.01 (\text{kip})$$

$$F_{ED} = -7.5 + \frac{5}{3} \times 1.49 = -5.02 (\text{kip})$$

【**例 11.3**】 求框架的反力，并画出它的弯矩曲线。

解：

为得到一个几何不变的静定的释放结构，我们任意选定水平反力 R_{CX} 为多余力，用一个滚动支座代替原来的铰支座，这样就去掉了水平约束，但保留了支座传递竖向荷载的能力。由施加荷载在释放结构上产生的变形和反力如图 11.9（b）所示。多余力在释放结构上的作用如图 11.9（c）所示。

由于在实际结构中，节点 C 处的水平位移 Δ_{CH} 为 0，故变形协调方程为

$$\Delta_{C0} + \delta_{CC} X_C = 0 \tag{1}$$

用弯矩-面积原理计算 Δ_{C0}［见图 11.9（b）的弯曲形状］。从图 11.3（d）中我们可以求出梁右端的转角

$$\theta_{B0} = \frac{PL^2}{16EI} = \frac{10 \times 12^2}{16EI} = \frac{90}{EI}$$

由于节点 B 是刚性的，所以柱 BC 顶部的转角也等于 θ_{B0}。因为柱子不承受弯矩作用，所以它仍是直的，且

$$\Delta_{C0} = 6\theta_{B0} = \frac{540}{EI}$$

利用虚功法计算 δ_{CC}［见图 11.9（c）］。把图 11.9（c）中的荷载既作为 Q 系统也作为 P 系统（也就是 P 和 Q 系统是相同的）。为了计算 M_Q 和 M_P，我们选择主梁中的 A 点和柱中的 C 点为坐标系的原点。

$$1 \times \delta_{CC} = \int M_Q M_P \frac{\mathrm{d}x}{EI} = \int_0^{12} \frac{x}{2} \cdot \frac{x}{2} \frac{\mathrm{d}x}{EI} + \int_0^6 xx \frac{\mathrm{d}x}{EI}$$

经过积分得

$$\delta_{CC} = \frac{216}{EI}$$

把 Δ_{C0} 和 δ_{CC} 代入式（1）得

$$-\frac{540}{EI}+\frac{216}{EI}X_C=0$$

$$X_C=2.5$$

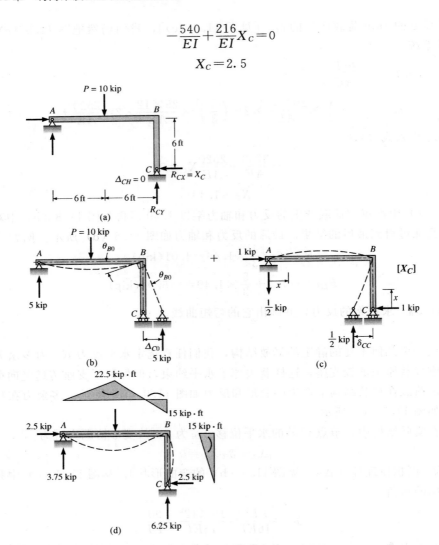

图 11.9

(a) 一次超静定的框架，选择 R_{CX} 为多余力；(b) 设计荷载施加在释放结构上；(c) 由单位
多余力在释放结构上产生的反力和变形；(d) 将 (c) 中的值乘以 (X_C) 后与 (b) 中的
值进行叠加可得到最终的力 (弯矩曲线如图所示，单位为 kip·ft)

把图 11.9 (c) 中的各力乘以 $X_C=2.5$ 后与图 11.9 (b) 中对应的力叠加就得到了最终的反力 [见图 11.9 (d)]。

【例 11.4】 用柔度法求解图 11.10 (a) 中连续梁的反力。已知：EI 为常数。

解：

此梁为一次超静定（也就是 4 个反力，3 个静力方程）。我们任意选定 B 处反力为多余力。释放结构为一跨度从 A 到 C 的简支梁。该释放结构承受指定荷载和多余力 X_B 的作用，如图 11.10 (b) 所示。由于滚动支座阻止了 B 处的竖向挠度，故几何方程为

$$\Delta_B=0 \tag{1}$$

为求多余力，我们把由（1）外荷载［见图 11.10（c）］和（2）单位多余力与大小为 X_B 的多余力的乘积［见图 11.10（d）］在 B 处叠加起来。根据这些位移，表达式（1）可写为

$$\Delta_{B0} + \delta_{BB} X_B = 0 \tag{2}$$

利用图 11.3（c）和（d），我们计算 B 处的位移。

$$\Delta_{B0} = -\frac{5w \times (2L)^4}{384EI} \quad \delta_{BB} = \frac{1 \times (2L)^3}{48EI}$$

把 Δ_{B0} 和 δ_{BB} 代入式（2），解出 X_B：

$$R_B = X_B = 1.25wL$$

我们通过累加来计算反力的平衡，在对应的点处，图 11.10（c）中的力加上图 11.10（d）中的力与 X_B 的乘积：

$$R_A = wL - \frac{1}{2} \times 1.25wL = \frac{3}{8}wL$$

$$R_C = wL - \frac{1}{2} \times 1.25wL = \frac{3}{8}wL$$

剪力和弯矩曲线如图 11.10（e）所示。

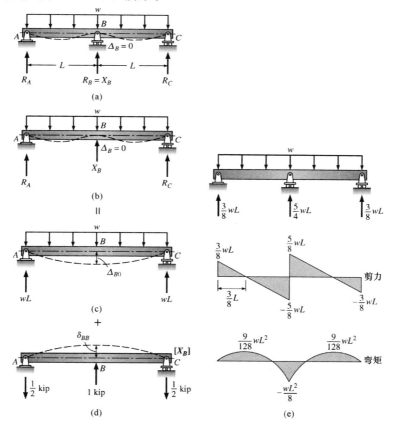

图 11.10　利用一致变形进行分析
（a）一次超静定的连续梁，把 B 处反力作为多余力；（b）承受外荷载和多余力作用的释放结构；
（c）承受外荷载作用的释放结构；（d）承受多余力作用的释放结构；（e）剪力和弯矩曲线

11. 5　利用内部释放进行分析

在前面用柔度法分析超静定结构的例子中，我们选定支座反力为多余力，如果支座不沉降，则变形协调方程表示的几何条件为：在多余力方向上的位移为 0。我们现在将要把柔度法推广到另一组结构中。在这组结构中，释放结构是通过去掉内部约束建立的。对于这种情况，多余力被作为成对的内力，变形协调方程所基于的几何条件是：在多余力作用的截面的端点之间没有相对位移发生（也就是没有间隙）。

我们从分析一根自由端由一根弹性连杆［见图 11.11（a）］支承的悬臂梁开始我们的学习。由于固定端加上连杆一共有 4 个约束作用在梁上，但只有 3 个平衡方程可用于这个平面结构，故该结构为一次超静定。为了分析这个结构，我们选定 BC 杆的拉力 T 为多余力。释放结构受 6kip 的实际荷载以及如同一个外荷载的多余力的作用，如图 11.11（b）所示。根据我们前面提到的，你可以自由地假定多余力的作用方向。如果变形协调方程解出的多余力是正的，则假设的方向是对的，而负值表示多余力必须反向作用。由于多余力 T 被假定向上作用在梁上，向下作用在连杆上，所以以梁向上的位移是正的，向下的位移是负的。对于连杆，在 B 处向下的位移是正的，向上的位移是负的。

在图 11.11（c）中，设计荷载被施加在释放结构上，产生了梁端和未受荷连杆之间的间隙 Δ_{B0}。图 11.11（d）展示了内部多余力 T 使间隙闭合。单位多余力使杆伸长了 δ_1 且使悬臂梁的顶端向上移动了 δ_2。为得到多余力的实际值，由单位荷载产生的力和位移都乘以 T——多余力的大小。

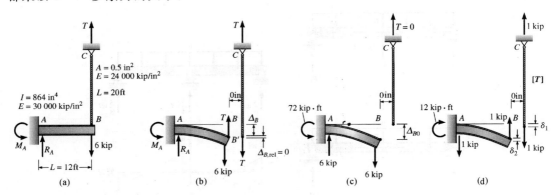

图 11. 11

（a）由弹性连杆支承的悬臂梁，把连杆轴力 T 作为多余力；（b）承受 6kip 荷载和多余力作用的释放结构；（c）6kip 荷载作用在释放结构上；（d）把单位多余力施加在释放结构上以确定柔度系数 $\delta_{BB} = \delta_1 + \delta_2$

注意：图中所示为梁承受 6kip 的荷载时的弯曲形状。在单位荷载作用下，梁向上挠曲 δ_2，连杆 CB 向下延长 δ_1，间隙闭合了 $\delta_1 + \delta_2$

用于求解多余力的变形协调方程是基于我们观察到梁右端的变形和连杆 BC 的伸长都是 Δ_B——因为它们通过一个铰连接。或者，我们可以规定梁的顶点与连杆之间的相对位移 $\Delta_{B,rel}$ 为 0［见图 11.1（b）］。本节将用后一种方法。

把图 11.11（c）和（d）中 B 处的挠度叠加，我们可列出变形协调方程：

$$\Delta_{B,\text{rel}} = 0 \tag{11.7}$$
$$\Delta_{B0} + \delta_{BB}(T) = 0$$

式中　Δ_{B0}——梁向下的位移（也就是由 6kip 的荷载作用在释放结构上引起的间隙的扩大）；

　　　δ_{BB}——由单位多余力使间隙闭合的距离［即，$\delta_{BB} = \delta_1 + \delta_2$；见图 11.11（d）］。

在图 11.11（c）中，Δ_{B0} 可由图 11.3（b）求解：

$$\Delta_{B0} = -\frac{PL^3}{3EI} = -\frac{6 \times (12 \times 12)^3}{3 \times 30000 \times 864} = -0.2304(\text{in})$$

和 $\delta_{BB} = \delta_1 + \delta_2$，其中 $\delta_1 = FL/(AE)$，δ_2 已由图 11.3（b）给出。

$$\delta_1 = \frac{FL}{AE} = \frac{1 \times 20 \times 12}{0.5 \times 24000} = 0.02(\text{in})$$

$$\delta_2 = \frac{PL^3}{3EI} = \frac{1 \times 12^3 \times 1728}{3 \times 30000 \times 864} = 0.0384(\text{in})$$

$$\delta_{BB} = \delta_1 + \delta_2 = 0.02 + 0.0384 = 0.0584(\text{in})$$

把 Δ_{B0} 和 δ_{BB} 代入式（11.7），我们可解出多余力 T：

$$-0.2304 + 0.0584T = 0$$
$$T = 3.945\text{kip}$$

B 处的实际挠度［见图 11.11（b）］可通过计算连杆长度的变化得到

$$\Delta_B = \frac{FL}{AE} = \frac{3.945 \times 20 \times 12}{0.5 \times 24000} = 0.0789$$

或通过将图 11.11（c）和（d）中梁的顶部的挠度累加求得

$$\Delta_B = \Delta_{B0} - T\delta_2 = 0.2304 - 3.945 \times 0.0384 = 0.0789(\text{in})$$

在多余力解出后，反力和内力可通过对图 11.11（c）和（d）中的力进行叠加求得；如

$$R_A = 6 - 1 \times T = 6 - 3.945 = 2.055(\text{kip})$$

$$M_A = 72 - 12 \times T = 72 - 12 \times 3.945 = 24.66(\text{kip} \cdot \text{ft})$$

【例 11.5】 分析图 11.12（a）中的连续梁，选定 B 处的内部弯矩为多余力。该梁为一次超静定。EI 为常数。

解：

为了清楚地显示角度变形，我们将假定把两根指针焊在节点 B 的两边。两根指针之间的间距为 0，且垂直于梁的纵向轴。当集中荷载作用于 AB 跨时，节点 B 逆时针转动，则梁的纵向轴和指针转过了一个 θ_B 的角度，如图 11.12（a）和（b）所示。由于指针布置在同一点，所以它们保持平行（也就是它们之间的夹角为 0）。

我们现在假想一个可以传递轴力和剪力但不能传递弯矩的铰被引入连续梁的支座 B 处，就产生了一个由两根简支梁组成的释放结构［见图 11.12（c）］。在引入铰的同时，我们把原来梁中的实际内弯矩 M_B 想象为外荷载作用于 B 处铰两边的梁的端部［见图 11.12（c）和（d）］。由于释放结构的各部分所受荷载和支承都和初始的连续梁一样，故释放结构的内力和初始结构的内力完全相同。

为求解，我们分别地分析释放结构：①实际荷载［见图 11.12（e）］；②多余力［见图 11.12（f）］。然后我们把这两种情况叠加。

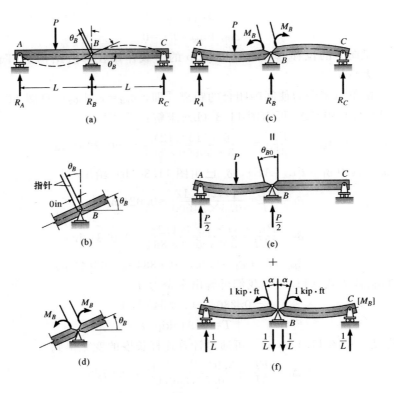

图 11.12

(a) 一次超静定的连续梁；(b) 节点 B 的详图，显示了纵轴线的转角 θ_B；(c) 受实际荷载 P 和多余

弯矩 M_B 作用的释放结构；(d) (c) 中节点 B 的详图；(e) 实际荷载作用下的释放结构；

(f) 多余力作用下的释放结构，所示的力由多余弯矩 M_B 的单位值产生

变形协调方程是基于几何条件——在支座 B 处，连续梁的端点之间不存在角间隙，或等效于指针之间的夹角为 0。这样，我们列出变形协调方程：

$$\theta_{B,\text{rel}} = 0$$

$$\theta_{B0} + 2\alpha M_B = 0 \tag{11.8}$$

利用图 11.3 (d) 解出 θ_{B0}：

$$\theta_{B0} = \frac{PL^2}{16EI}$$

利用图 11.3 (e) 解出 α：

$$\alpha = \frac{1L}{3EI}$$

把 θ_{B0} 和 α 代入式 (11.8) 解出多余力：

$$\frac{PL^2}{16EI} + 2\frac{L}{3EI}M_B = 0$$

$$M_B = -\frac{3}{32}PL$$

叠加图 11.12 (e) 和 (f) 中的力，得

$$R_A = \frac{P}{2} + \frac{1}{L}M_B = \frac{P}{2} + \frac{1}{L} \times \left(-\frac{3}{32}PL\right) = \frac{13}{32}P \uparrow$$

$$R_C = 0 + \frac{1}{L} \times \left(-\frac{3}{32}PL\right) = -\frac{3}{32}P \downarrow \text{（负号表示向上的假定方向是错的）}$$

类似的，把 AB 右端的转角累加可得 θ_B：

$$\theta_B = \theta_{B0} + \alpha M_B = \frac{PL^2}{16EI} + \frac{L}{3EI} \times \left(-\frac{3}{32}PL\right) = \frac{PL^2}{32EI} \text{\reflectbox{$\circlearrowleft$}}$$

或对 BC 左端的转角累加：

$$\theta_B = 0 + \alpha M_B = \frac{L}{3EI} \times \left(-\frac{3}{32}PL\right) = -\frac{PL^2}{32EI} \text{\reflectbox{$\circlearrowleft$}}$$

【**例 11.6**】 求图 11.13 中桁架的所有杆件的轴力。所有杆的 EI 为常数。

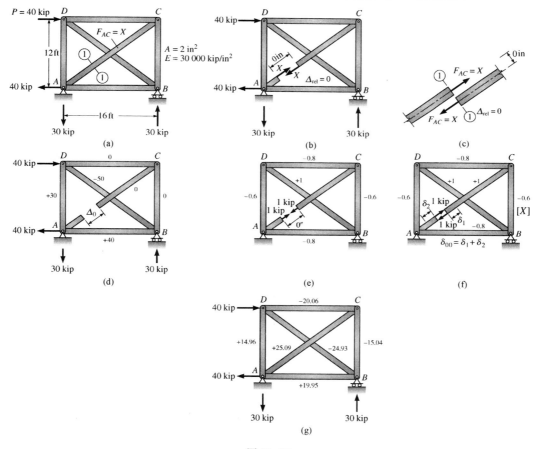

图 11.13

（a）桁架详图；（b）受多余力 X 和 40kip 荷载作用的释放结构；（c）多余力详图；（d）40kip 荷载作用于释放
结构上；（e）用于计算 Δ_0 的 Q 系统；（f）单位多余力作用在释放结构上；（g）最终结果

解：

图 11.13（a）中的桁架为内部一次超静定。未知力——轴力和反力——一共有 9 个，
但只有 $2n = 8$ 个方程可用于求解。从观察发现，一根多余的、对稳定性不起作用的对角杆

件被加了进来，并把侧向荷载传递到支座 A 上。

作用于 D 处的 40kip 的水平力使得桁架的所有杆件都产生了轴力。我们选择 AC 杆的轴力 F_{AC} 为多余力，并用符号 X 来表示它。我们现在假定 AC 杆被一个假想的截面 $1-1$ 截开。在截开点的每一边，多余力 X 就如同一个外力作用于杆的端点［见图 11.13（b）］。截点的详图如图 11.13（c）所示。为了显示在截开点的各边内力的作用，两根杆被错开了。两根杆件的纵轴线的间距为 0 表明两根杆实际上是共线的。为了显示杆端没有间隙存在，我们在图中标出两根杆的端部之间的相对位移 Δ_{rel} 为 0。

$$\Delta_{\mathrm{rel}} = 0 \tag{11.9}$$

在实际结构中，杆件的端点之间没有间隙存在这一条件构成了变形协调方程的基础。

和前面的例子一样，下面的分析也将分成两部分。在图 11.13（d）中，我们分析承受 40kip 的施加荷载的释放结构。随着释放结构的受力杆的变形，截面 $1-1$ 处的杆端间隙 Δ_0 会张开。我们用 Q 系统去计算 Δ_0，过程如图 11.13（e）所示。在图 11.13（f）中，我们分析受多余力作用的释放结构。由单位多余力产生的杆端点处的相对位移 δ_{00} 等于位移 δ_1 和 δ_2 之和。为了计算 δ_{00}，我们再一次将图 11.13（e）所示的力系作为 Q 系统使用。在本例中，Q 系统和 P 系统完全相同。

根据施加荷载和多余力产生的位移，利用式（11.9），我们写出几何条件：

$$\Delta_0 + X\delta_{00} = 0 \tag{11.10}$$

把 Δ_0 和 δ_{00} 的数值代入式（11.10），解出 X：

$$-0.346 + 0.0138X = 0$$
$$X = 25.07\mathrm{kip}$$

根据施加荷载和多余力产生的位移，利用式（11.9），我们写出几何条件：

$$\Delta_0 + X\delta_{00} = 0$$

把 Δ_0 和 δ_{00} 的数值代入式（11.10），解出 X：

$$-0.346 + 0.0138X = 0$$
$$X = 25.07\mathrm{kip}$$

利用虚功计算 Δ_0 和 δ_{00} 的过程如下。

Δ_0：利用图 11.13（d）中的 P 系统和图 11.13（e）中的 Q 系统。

$$W_Q = \sum \frac{F_Q F_P L}{AE}$$

$$1 \times \Delta_0 = \frac{1 \times (-50) \times 20 \times 12}{AE} \overset{DB杆}{} + \frac{(-0.8) \times 40 \times 16 \times 12}{AE} \overset{AB杆}{} + \frac{(-0.6) \times 30 \times 12 \times 12}{AE} \overset{AD杆}{}$$

$$\Delta_0 = -\frac{20736}{AE} = -\frac{20736}{2 \times 30000} = -0.346(\mathrm{in})$$

δ_{00}：利用图 11.13（f）中的 P 系统和图 11.13（e）中的 Q 系统（注意：P 和 Q 系统是一样的；因此，$F_Q = F_P$）。

$$W_Q = \sum \frac{F_Q^2 L}{AE}$$

$$1 \times \delta_1 + 1 \times \delta_2 = \frac{(-0.6)^2 \times 12 \times 12}{AE} \times 2 + \frac{(-0.8)^2 \times 16 \times 12}{AE} \times 2 + \frac{1^2 \times 20 \times 12}{AE} \times 2$$

由于 $\delta_1 + \delta_2 = \delta_{00}$，所以

$$\delta_{00} = \frac{829.44}{AE} = \frac{829.44}{2 \times 30000} = 0.0138 (\text{in})$$

把图 11.13（d）和（f）中的力叠加可得到各杆的轴力。例如，杆 DC、AB 和 DB 的轴力为

$$F_{DC} = 0 + (-0.8) \times 25.07 = -20.06 (\text{kip})$$

$$F_{AB} = 40 + (-0.8) \times 25.07 = 19.95 (\text{kip})$$

$$F_{DB} = -50 + 1 \times 25.07 = -24.93 (\text{kip})$$

最后结果如图 11.13（g）所示。

11.6 支座沉降、温度变化和制作误差

支座沉降、制作误差、温度变化、徐变、收缩等都会使超静定结构内部产生力。为确保结构的设计是安全的，并且不会产生过大的挠曲，设计者要考虑以上这些作用的影响——尤其是当结构是不规则的或设计者对结构的表现不熟悉时。

由于在正常情况下，设计者都假定杆件将按照精确的尺寸制造且支座将按照结构图被准确地放置在设计好的位置和高度，很少有工程师在设计常规结构时会考虑制作和施工误差的影响。如果问题是在建造过程中出现的，一般由现场人员就可以解决。例如，如果支座建得太低，我们可以用钢板——薄垫片——插入到柱子的底部把柱子垫高。如果问题是在建造工作完成以后才出现的，而用户很挑剔或是结构无法使用，那就要牵涉到法律赔偿了。

另一方面，大多数建筑规范要求设计师考虑建造在压缩性土（软黏土和流沙）上的结构的不同沉降产生的力，AASHTO 规范要求桥梁设计师要计算由温度变化、收缩等产生的力。

支座沉降、制作误差等的影响通过修改变形协调方程的特定几项就可被包含到柔度法中。我们通过分析支座沉降开始我们的讨论。一旦你理解了如何把这些影响融合到变形协调方程中，其他影响就很容易解决了。

11.6.1 情形 1：支座运动相当于多余力

如果一个预定的支座运动发生相当于一个多余力，我们就简单地令变形协调方程的值（在没有支座沉降的情况下为 0）等于支座运动的值。例如，如果图 11.14 中的悬臂梁受荷时其支座 B 下降了 1in，我们就列出变形协调方程：

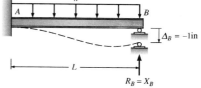

$$\Delta_B = -1 \text{in}$$

在 B 处叠加位移

$$\Delta_{B0} + \delta_{BB} X_B = -1$$

式中 Δ_{B0} ——释放结构在施加荷载作用下 B 处的挠度；

图 11.14 多余力处的支座沉降

δ_{BB} ——释放结构在单位多余力作用下 B 处的挠度，如图 11.2 所示。

根据前面的惯例，支座沉降 Δ_B 被认为是负的，因为它与多余力的假定方向相反。

11.6.2 情形2：支座沉降不相当于多余力

如果一个支座运动发生不相当于一个多余力，则我们把它的影响当作对受荷释放结构的分析的一部分。这时你计算的位移相当于由其他支座的运动产生的多余力。当结构的几何形状简单时，支座运动被显示在释放结构的简图中。通常这一条件已足够求出相当于多余力的位移了。如果结构的几何形状复杂，则你可以用虚功法去计算位移。举个例子，我们将列出图11.14中悬臂梁的变形协调方程，假定支座 A 沉降了 0.5in 并顺时针转动了 0.01rad，支座 B 沉降了1in。图11.15（a）显示了 B 处的位移，用 Δ_{BS} 表示，是由支座 A 的 -0.5in 的沉降和 -0.01rad 的转动引起的。图11.15（b）显示了由施加荷载在 B 处产生的挠度。我们可以列出用于求解多余力 X 的变形协调方程：

$$\Delta_B = -1$$
$$(\Delta_{B0} + \Delta_{BS}) + \delta_{BB}X_B = -1$$

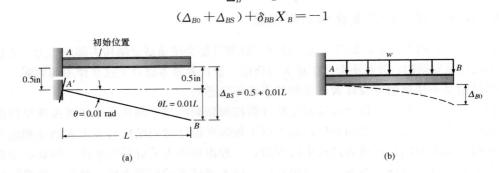

图 11.15
（a）由支座 A 处的沉降和转动引起的 B 处的挠度；（b）由施加荷载引起的 B 处的挠度

【**例 11.7**】 图 11.16（a）为一连续梁，如果支座 B 沉降了 0.72in，支座 C 沉降了 0.48in，求支座反力。已知：EI 为常数，$E=29000$kip/in^2，$I=288$in^4。

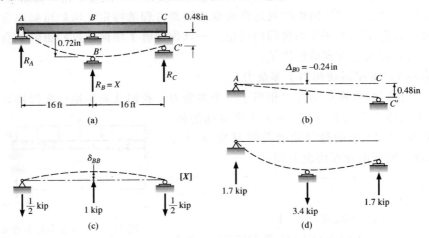

图 11.16
（a）指定支座沉降量的连续梁；（b）支座 C 在位移位置处的释放结构（杆件无反力或内力）；
（c）单位多余力作用于结构上；（d）通过将（b）和 $[X] \times$（c）叠加得到的最终反力

解：

任意选定支座 B 的反力为多余力，图 11.16（b）显示了支座 C 在其位移位置处的释放结构。因为释放结构是静定的，所以它不会由于支座 C 的沉降而产生应力，故它保持直线状态。由于梁轴线的位移从 A 开始呈线性变化，所以 $\Delta_{B0}=0.24$in。由于 B 支座的最终位置在图 11.16（b）所示梁轴线的下方，故 B 支座的反力很明显要向下作用以把梁推到支座上。由单位多余力产生的力和位移如图 11.16（c）所示。利用图 11.3（d）计算 δ_{BB}：

$$\delta_{BB}=\frac{PL^3}{48EI}=\frac{1\times32^3\times1728}{48\times29000\times288}=0.141\text{(in)}$$

由于支座 B 沉降了 0.72in，故变形协调方程为

$$\Delta_B=-0.72\text{in} \tag{1}$$

因为位移与多余力的假定方向相反，所以位移是负的。把图 11.16（b）和（c）中 B 处的位移叠加，我们把式（1）写为

$$\Delta_{B0}+\delta_{BB}X=-0.72$$

把 Δ_{B0} 和 δ_{BB} 的值代入，我们可解出 X：

$$-0.24+0.141X=-0.72$$

$$X=-3.4\text{kip}\downarrow$$

最终的反力可由静力法解出，也可以通过将图 11.6（b）和（c）中的力叠加得到，最终结果如图 11.16（d）所示。

【例 11.8】 计算图 11.17（a）中桁架的支座 C 的反力。假定杆 AB 的温度升高了 $50°$F，

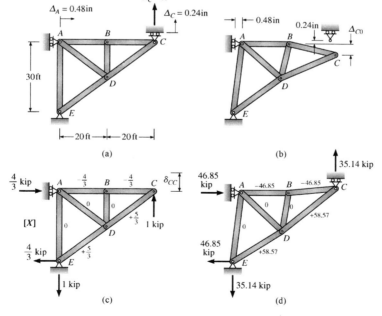

图 11.17

（a）超静定桁架的详图；（b）在支座发生位移、杆件由于温度改变和制作误差产生
变形共同作用下的释放结构的弯曲形状；（c）由单位多余力引起的释放结构中
的杆件轴力和支座反力；（d）最终的分析结果

杆 ED 在制作时短了 0.3in，支座 A 被装到了原定位置的右侧 0.48in 处。支座 C 被装到了原定位置的上方 0.24in 处。对所有杆件 $A=2\text{in}^2$，$E=30000\text{kip/in}^2$，温度膨胀系数 $\alpha=6\times10^{-6}(\text{in/in})/{}^{\circ}\text{F}$。

解：

我们任意选定支座 C 的反力为多余力。图 11.17（b）显示了在放大的尺寸下释放结构的弯曲变形。弯曲形状是由支座 A 向右的 0.48in 的位移引起的，AB 杆伸长，ED 杆缩短。由于释放结构是静定的，所以支座 A 的位移或是杆件长度的微小改变不会引起杆件产生内力或支座产生反力；然而，节点 C 竖向移动了一个距离 Δ_{C0}。图 11.17（b）显示的是支座 C 的"实际装配位置"。图 11.17（c）显示了由单位多余力产生的力和位移。

由于支座 C 被装在了原定位置上方 0.24in 处，所以变形协调方程为

$$\Delta_C = 0.24\text{in} \tag{1}$$

把图 11.17（b）和（c）中支座 C 处的挠度叠加，我们写出

$$\Delta_{C0} + \delta_{CC}X = 0.24 \tag{2}$$

为求出 X，我们用虚功法算出 Δ_{C0} 和 δ_{CC}。

为了计算 Δ_{C0} ［见图 11.17（b）］，把图 11.17（c）中的力系作为 Q 系统。用式（10.25）计算杆 AB 的 $\Delta L_{温度}$：

$$\Delta L_{温度} = \alpha\Delta TL = (6\times10^{-6})\times50\times20\times12 = 0.072(\text{in})$$

$$\sum Q\delta_P = \sum F_Q\Delta L_P$$

其中 ΔL_P 由式（10.26）给出

$$1\times\Delta_{C0} + \frac{4}{3}\times0.48 = \frac{5}{3}\times(-0.3) + \left(-\frac{4}{3}\right)\times0.072$$

$$\Delta_{C0} = -1.236\text{in} \downarrow$$

在例 11.2 中，计算 δ_{CC} 为

$$\delta_{CC} = \frac{2520}{AE} = \frac{2520}{2\times30000} = 0.042(\text{in})$$

把 Δ_{C0} 和 δ_{CC} 代入式（2），解出 X：

$$-1.236 + 0.042X = 0.24$$

$$X = 35.14\text{kip}$$

由各因素引起的最终的杆件轴力和支座反力可通过对图 11.17（b）中的力（都为 0）和图 11.17（c）中的力与多余力 X 的乘积的叠加得到，最终结果如图 11.17（d）所示。

11.7 多次超静定结构的分析

多次超静定结构的分析与一次超静定结构的分析过程是一样的。设计者通过选定反力或内力为多余力建立一个静定的释放结构。未知的多余力和实际荷载一起作用在释放结构上，然后分析结构在每一个多余力和实际荷载分别作用下的情况。最后变形协调方程的数量要等于多余力的个数，而多余力又是和位移对应的。这些方程的解决将使我们得到多余力的值。一旦多余力知道了，我们通过静力平衡方程或是叠加法就可以完成对结构的平衡的分析。

为了阐明这一方法，我们分析图 11.18（a）中的两跨连续梁。由于反力在梁上有 5 个约束，而可用的静力方程只有 3 个，故此梁为两次超静定。为建立一个释放结构（在本例中为固定在 A 处的静定悬臂梁），我们将选定支座 B 和 C 处的反力为多余力。由于支座不发生移动，所以 B 和 C 处竖向挠度都为 0。我们接着把对梁的分析分为三种情况，这三种情况以后是要叠加的。首先，分析多余结构受外荷载的作用［见图 11.18（b）］，接着是每一个多余力单独作用［见图 11.18（c）和（d）］。先用一个单位多余力作用于释放结构，由此单位多余力产生的力和挠度的值都要乘以多余力的值。为表明单位荷载要乘以多余力，我们把多余力标在受荷杆件简图边的括号中。

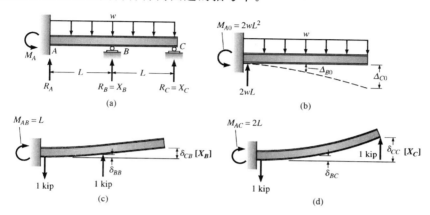

图 11.18

（a）选定 R_B 和 R_C 为多余力的两次超静定梁；（b）受实际荷载作用的释放结构产生的挠度；
（c）单位多余力作用于释放结构的 B 点处，结构产生的挠度；（d）单位多余力作用于释放
结构的 C 点处，结构产生的挠度

为求出多余力，我们在支座 B 和 C 处列出变形协调方程。这些方程表述了点 B 和 C 处的挠度的总和，即图 11.18（b）～（d）叠加的结果必须为 0。这一条件引出以下的变形协调方程：

$$\Delta_B = 0 = \Delta_{B0} + X_B \delta_{BB} + X_C \delta_{BC}$$
$$\Delta_C = 0 = \Delta_{C0} + X_B \delta_{CB} + X_C \delta_{CC} \tag{11.11}$$

一旦求出 6 个挠度的数值并把这些值代入式（11.11），多余力也就解出来了。利用麦克斯韦-贝蒂法则可使计算有一些简化，即 $\delta_{CB} = \delta_{BC}$。你会发现，计算量随着超静定次数的增加而快速增加。对一个三次超静定的结构，你要列出 3 个变形协调方程并计算 12 个挠度（利用麦克斯韦-贝蒂法则可使未知挠度的数目减为 9 个）。

【例 11.9】 分析图 11.19（a）中的两跨连续梁，把支座 A 和 B 处的弯矩作为多余力。EI 为常数。荷载作用于梁的跨中处。

解：

释放结构——两个简支梁——是通过在原结构 B 点处插入一个铰并把 A 处的固定支座改成一个铰支座构成的。把两根垂直于梁的纵轴线的指针缚在梁上 B 点处。这一装置是为了清楚地表示出铰两边的梁端的转动。释放结构承受外荷载和多余力的作用，如图 11.19（c）所示，变形协调方程是基于以下的几何条件：

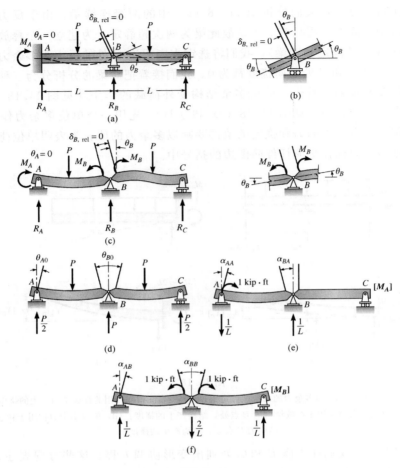

图 11.19

（a）两次超静定的梁；（b）节点 B 的详图，显示了 B 的转角和梁端点的相对转角之间的差异；
（c）承受实际荷载和如同外荷载的多余力共同作用的释放结构；（d）实际荷载作用于
释放结构；（e）单位多余力作用在释放结构上的 A 点处；（f）单位
多余力作用在释放结构上的 B 点处

（a）固定支座 A 处的转角为 0。

$$\theta_A = 0 \tag{1}$$

（b）在中间支座的两边，梁的转角是一样的［见图 11.19（b）］。等效为，我们可以说两个端点间的相对转角为 0（也就是指针是平行的）。

$$\theta_{B,\text{rel}} = 0 \tag{2}$$

对承受外荷载的释放结构的分析如图 11.19（d）所示，在图 11.19（e）中，一个单位多余力作用于释放结构的 A 点处，在图 11.19（f）中，一个单位多余力作用于释放结构的 B 点处。根据变形协调式（1）和式（2）叠加以上角度变形，我们列出

$$\theta_A = 0 = \theta_{A0} + \alpha_{AA} M_A + \alpha_{AB} M_B \tag{3}$$

$$\theta_{B,\text{rel}} = 0 = \theta_{B0} + \alpha_{BA} M_A + \alpha_{BB} M_B \tag{4}$$

利用图 11.3（d）和（e）计算角度变形。

$$\theta_{A0} = \frac{PL^2}{16EI} \quad \theta_{B0} = 2\left(\frac{PL^2}{16EI}\right) \quad \alpha_{AA} = \frac{L}{3EI}$$

$$\alpha_{BA} = \frac{L}{6EI} \quad \alpha_{AB} = \frac{L}{6EI} \quad \alpha_{BB} = 2\left(\frac{L}{3EI}\right)$$

把以上的角度变形值代入式（3）和式（4），解出多余力

$$M_A = -\frac{3PL}{28} \quad M_B = -\frac{9PL}{56}$$

负号表示多余力的实际方向与图 11.19（c）中初始的假定方向相反。图 11.20 所示为用于计算端部剪力的梁的隔离体图和最终的剪力及弯矩曲线。

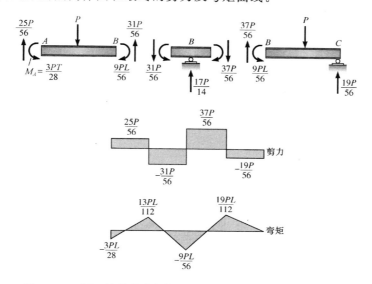

图 11.20 用于计算剪力的梁的隔离体图以及剪力图和弯矩图

【例 11.10】 求图 11.21（a）中静定桁架的杆件轴力和支座反力。

解：

由于 $b+r=10$ 和 $2n=8$，所以该桁架为二次超静定。我们选定截面 1-1 处的力 F_{AC} 和水平反力 B_x 为多余力。

图 11.21（b）所示为释放结构承受被当作外荷载的多余力的作用。

列变形协调方程的根据是：1）B 处没有水平位移：

$$\Delta_{BX} = 0 \tag{1}$$

2）在截面 1-1 处，杆端没有相对位移：

$$\Delta_{1,\text{rel}} = 0 \tag{2}$$

叠加释放结构中截面 1-1 处和支座 B 处的挠度［见图 11.21（c）～（e）］，我们可列出变形协调方程：

$$\Delta_{1,\text{rel}} = 0: \quad \Delta_{10} + X_1\delta_{11} + X_2\delta_{12} = 0 \tag{3}$$

$$\Delta_{BX} = 0: \quad \Delta_{20} + X_1\delta_{21} + X_2\delta_{22} = 0 \tag{4}$$

为求解以上的方程，我们必须用虚功法计算出式（3）和式（4）中的 6 个挠度 Δ_{10}、Δ_{20}、δ_{11}、δ_{12}、δ_{21} 和 δ_{22}。

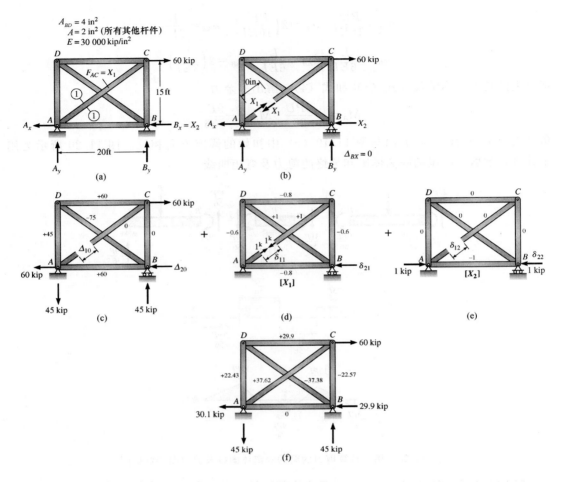

图 11.21

（a）桁架详图；（b）受多余力 X_1 和 X_2 以及 60kip 荷载作用的释放结构；（c）受实际荷载作用的释放结构；（d）由多余力 X_1 的单位值产生的释放结构的力和位移；（e）由多余力 X_2 的单位值产生的释放结构的力和位移；（f）最终的杆件轴力和支座反力 $=(c)+X_1(d)+X_2(e)$

Δ_{10}：把图 11.21（d）中的力系作为 Q 系统。

$$\sum \delta_P Q = \sum F_Q \frac{F_P L}{AE}$$

$$1 \times \Delta_{10} = (-0.8) \times \frac{60 \times 20 \times 12}{2 \times 30000} \times 2 + (-0.6) \times \frac{45 \times 15 \times 12}{2 \times 30000} + 1 \times \frac{(-75) \times 25 \times 12}{4 \times 30000}$$

$$\Delta_{10} = -0.6525\text{in（间隙开放）}$$

Δ_{20}：把图 11.21（e）中的力系作为 Q 系统，而把图 11.21（c）中的力系作为 P 系统。

$$1 \times \Delta_{20} = (-1) \times \frac{60 \times 20 \times 12}{2 \times 30000}$$

$$\Delta_{20} = -0.24\text{in} \rightarrow$$

δ_{11}：图 11.21（d）中的力系既是 P 系统也是 Q 系统。由于 $F_Q = F_P$，$U_Q = F_Q^2 L/(AE)$

$$1 \times \delta_{11} = \frac{(-0.8)^2 \times 20 \times 12}{2 \times 30000} \times 2 + \frac{(-0.6)^2 \times 15 \times 12}{2 \times 30000} \times 2 + \frac{1^2 \times 25 \times 12}{2 \times 30000} + \frac{1^2 \times 25 \times 12}{4 \times 30000}$$

$$\delta_{11} = +0.0148 \text{in}（间隙关闭）$$

δ_{12}：把图 11.21（d）中的力系作为 Q 系统，而把图 11.21（e）中的力系作为 P 系统。

$$1 \times \delta_{12} = (-0.8) \times \frac{(-1) \times 20 \times 12}{2 \times 30000}$$

δ_{21}：把图 11.21（e）中的力系作为 Q 系统，而把图 11.21（d）中的力系作为 P 系统。

$$1 \times \delta_{21} = (-1) \times \frac{(-0.8) \times 20 \times 12}{2 \times 30000}$$

$$\delta_{21} = 0.0032 \text{in}$$

（另外，利用麦克斯韦-贝蒂法则，$\delta_{21} = \delta_{12} = 0.0032 \text{in}$）

δ_{22}：图 11.21（e）中的力系既是 P 系统也是 Q 系统。

$$1 \times \delta_{22} = (-1) \times \frac{(-1) \times 20 \times 12}{2 \times 30000}$$

$$\delta_{22} = 0.004 \text{in}$$

把以上的位移代入方程（3）和（4），解出 X_1 和 X_2
$$X_1 = 37.62 \text{kip} \quad X_2 = 29.9 \text{kip}$$
最终的杆件轴力和支座反力如图 11.21（f）所示。

【例 11.11】（a）选择 C 处 ［图 11.22（a）］ 的水平和竖直反力为多余力。画出实际荷载和多余力分别作用下的释放结构，并清楚地标出列变形协调方程所需的所有位移。根据以上的位移列出变形协调方程，但不用计算位移的值。

（b）根据以下的支座运动修改（a）中的变形协调方程：支座 C 竖直向上移动 0.5in。支座 A 顺时针转动 0.002rad。

解：

（a）根据符号的约定，图 11.22（a）多余约束方向上的位移是正的。见图 11.22（b），注意，符号是位移的标志。

$$\Delta_1 = 0 = \Delta_{10} + \delta_{11} X_1 + \delta_{12} X_2$$

$$\Delta_2 = 0 = \Delta_{20} + \delta_{21} X_1 + \delta_{22} X_2$$

其中 1 表示支座 C 的竖直方向，2 表示支座 C 的水平方向。

（b）根据支座运动修改变形协调方程。见图 11.11（c）。

$$\Delta_1 = 0.5 = \Delta_{10} + (-0.48) + \delta_{11} X_1 + \delta_{12} X_2$$

$$\Delta_2 = 0 = \Delta_{20} + (-0.36) + \delta_{21} X_1 + \delta_{22} X_2$$

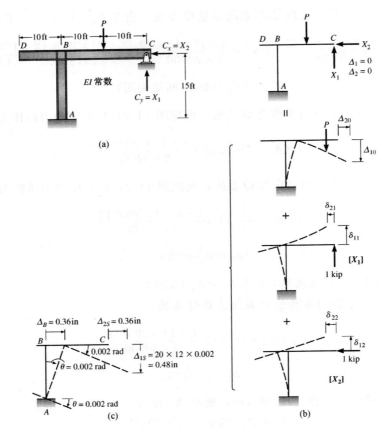

图 11.22
（c）由支座 A 顺时针的转动产生的位移

11.8 弹性支承梁

当结构受荷载作用时，它的支承会发生变形。例如，在图 11.23（a）中，主梁 AB 右端的支承是梁 CD，当梁 CD 获得从梁 AB 传来的端部反力时会发生变形。如果梁 CD 的表现是弹性的，则它可以被认为是一根弹簧［见图 11.23（b）］。对于弹簧，外荷载 P 和变形 Δ 之间的关系是

$$P = K\Delta \tag{11.12}$$

式中 K——弹簧的刚度，也就是产生单位变形所需的力。

例如，如果一个 2kip 的力使一根弹簧产生了 0.5in 的变形，则 $K = P/\Delta = 2/0.5 = 4$kip/in。从而由式（11.12）可得 Δ：

$$\Delta = \frac{P}{K} \tag{11.13}$$

分析梁在一个弹性支承上的过程类似于梁在一

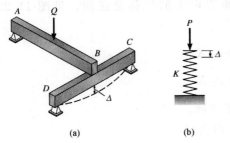

图 11.23
（a）梁 AB 在 B 处有一弹性支承；（b）弹性支承可理想化成一根线弹性的弹簧（$P = K\Delta$）

个不屈服的支承上，区别只有一个。如果弹簧产生的力 X 被当作多余力，则变形协调方程必须表明梁在多余力作用处产生的变形 Δ 等于

$$\Delta = -\frac{X}{K} \tag{11.14}$$

负号表示事实上弹簧的变形方向与它产生的用于支承梁的力的方向相反。例如，如果一根弹簧受压，它会产生一个向上的力，但位移是向下的。如果弹簧的刚度很大，由式（11.14）可知它的变形 Δ 就很小。如果我们取极值，即 K 接近于无穷大，则式（11.14）的右边接近于 0，这样式（11.14）就和简支梁的变形协调方程完全相同了。我们将在例 11.12 中阐明式（11.14）的用法。

【**例 11.12**】 列出图 11.24（a）中梁的变形协调方程。求出 B 点的挠度。弹簧的刚度 $K = 10\text{kip/in}$，$w = 2\text{kip/ft}$，$I = 288\text{in}^4$，$E = 30000\text{kip/in}^2$。

解：

图 11.24（b）显示了释放结构受外荷载和多余力作用。为了看得清楚，弹簧被侧移到了右边，但位移被标注为 0 以表示弹簧实际上是位于梁端点的正下方的。按照前面所建立的符号约定（也就是位移方向如果和多余力作用方向一致，则位移为正），梁右端的位移若向上则为正，若向下则为负。弹簧的变形向下为正。因为梁的顶端和弹簧是连接的，所以它们的变形都是 Δ_B，也就是

$$\Delta_{B,\text{梁}} = \Delta_{B,\text{弹簧}} \tag{1}$$

利用式（11.13），我们写出弹簧的 Δ_B 为

$$\Delta_{B,\text{弹簧}} = \frac{X_B}{K} \tag{2}$$

把式（2）代入式（1），得

$$\Delta_{B,\text{梁}} = -\frac{X_B}{K} \tag{3}$$

因为梁端的位移向下，所以式（3）的右边要加上负号。

如果通过叠加图 11.24（c）和（d）中梁端 B 点处的位移算出了 $\Delta_{B,\text{梁}}$ ［式（3）的左边］，则我们把式（3）写为

$$\Delta_{B0} + \delta_1 X_B = -\frac{X_B}{K} \tag{4}$$

利用图 11.3 计算出式（4）中的 Δ_{B0} 和

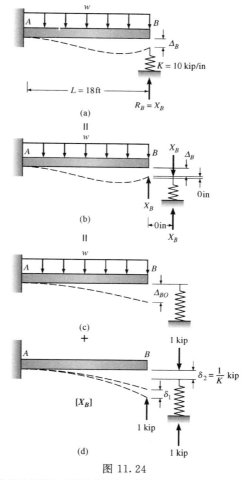

图 11.24

(a) 均匀受荷梁位于弹性支承上，结构为一次超静定；(b) 释放结构受均布荷载和多余力 X_B 作用，X_B 被当作外荷载既作用于梁上也作用于弹簧上；(c) 释放结构受实际荷载作用；(d) 释放结构受多余力 X_B 的单位值作用产生的力和位移

δ_1，我们就可以计算 X_B 了：

$$-\frac{wL^4}{8EI}+\frac{L^3}{3EI}X_B=-\frac{X_B}{K}$$

把各材料的已知条件代入上式，我们可得到

$$-\frac{2\times18^4\times1728}{8\times30000\times288}+\frac{18^3\times1728}{3\times30000\times288}X_B=-\frac{X_B}{10}$$

$$X_B=10.71\text{kip}$$

如果支座 B 为一滚动支座并且没有沉降，则式（4）的右边就为 0，X_B 会增加到 13.46kip。

且
$$\Delta_{B,\text{梁}}=-\frac{X_B}{K}=-\frac{10.71}{10}=1.071(\text{in})$$

总结

* 柔度法，也称为一致变形法，是分析超静定结构的最古老、最经典的方法之一。
* 在有关结构分析的广义计算程序产生和发展之前，柔度法是用于分析超静定桁架的唯一方法。柔度法的原理是逐一去掉结构的约束，直到得到一个几何不变的静定的释放结构。由于工程师可以选择去掉哪一个约束，所以柔度法的这一特性决定了它对于广义计算机程序的发展起不了作用。
* 对于那些一般构造和部件是标准的，但构造和部件的尺寸发生变化的结构，柔度法仍然适用。对于这种情况，约束被去掉后均改为一个多余力，编好的计算机程序可解出这些多余力。

习题

P11.1 计算图 P11.1 中梁的反力，画出剪力和弯矩曲线，并标出梁中最大挠度点的位置。EI 为常数。

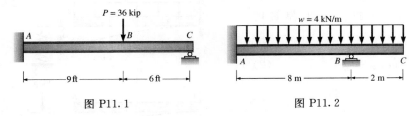

图 P11.1　　　　　　　　　　图 P11.2

P11.2 计算图 P11.2 中梁的反力，画出剪力和弯矩曲线，并计算 C 端的挠度。$E=29000\text{ksi}$，$I=180\text{in}^4$。

P11.3 计算图 P11.3 中梁的反力，画出剪力和弯矩曲线。EI 为常数。

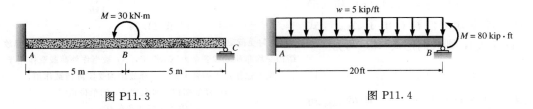

图 P11.3　　　　　　　　　　图 P11.4

P11.4　计算图 P11.4 中梁的反力，画出剪力和弯矩曲线。EI 为常数。

P11.5　计算图 P11.5 中梁的反力，画出剪力和弯矩曲线，并标出梁中最大挠度点的位置。当整个杆上的 I 为常数时，再次计算。E 为常数。结果用 E、I、L 表示。

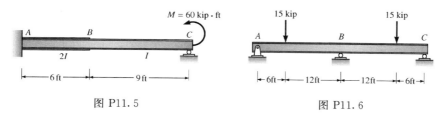

图 P11.5　　　　　　　　　图 P11.6

P11.6　计算图 P11.6 中梁的反力，画出剪力和弯矩曲线。EI 为常数。

P11.7　对于图 P11.7 中梁，当均布荷载施加在结构上时，固定支座顺时针转动了 0.003rad，支座 B 沉降了 0.3in，试求梁的反力。已知：$E=30000$ksi/in^2，$I=240in^4$。

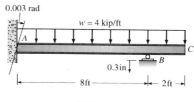

图 P11.7

P11.8　对于习题 P11.1，如果其他条件不变而支座 C 沉降了 0.25in，试解出原题中列出的各问题。$E=30000$ksi/in^2，$I=320in^4$。

P11.9　假设没有荷载作用，支座 A 沉降了 0.5in，支座 C 沉降 0.75in，计算图 P11.1 中梁的反力，画出剪力和弯矩曲线。已知：$E=29000$ksi/in^2，$I=150in^4$。

P11.10　计算图 P11.10 中梁的反力，画出剪力和弯矩曲线。E 为常数。

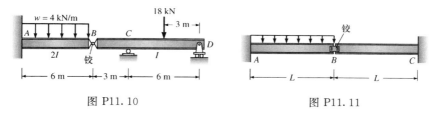

图 P11.10　　　　　　　　　图 P11.11

P11.11　计算图 P11.11 中梁的反力并画出剪力和弯矩曲线。EI 为常数。B 处腹板的螺栓连接可假定为一个铰。把铰 B 处的剪力作为多余约束。结果用 E、I、L、ω 表示。

P11.12　（a）求图 P11.12 中梁的反力并画出剪力和弯矩曲线。已知：EI 为常数，$E=30000$ksi/in^2，$I=288in^4$。（b）如果除了施加荷载之外，支座 B 沉降了 0.5in，支座 D 沉降了 1in，试重复（a）中的计算。

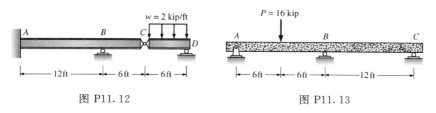

图 P11.12　　　　　　　　　图 P11.13

P11.13　（a）假定支座不发生移动，试计算图 P11.13 中梁的所有反力；EI 为常数。

（b）当荷载施加在结构上时，支座 C 向上移动了 288/（EI），试重复（a）中的计算。

P11.14　求图 P11.14 中梁的所有反力并画出剪力和弯矩曲线。EI 为常数。

P11.15（a）假定没有荷载作用在图 P11.14 中的梁上，但支座 B 在装配时低了 0.48in，试计算梁的反力。已知：$E=29000\text{ksi/in}^2$，$I=300\text{in}^4$。（b）如果支座 B 在施加荷载作用下沉降了 $\frac{2}{3}$in，试计算梁的反力。

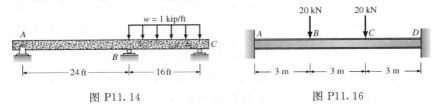

<table>
<tr><td>图 P11.14</td><td>图 P11.16</td></tr>
</table>

P11.16　计算图 P11.16 中梁的反力并画出剪力和弯矩曲线。已知：EI 为常数。利用对称性，把固端弯矩作为多余约束。

P11.17　计算图 P11.17 中梁的反力并画出剪力和弯矩曲线。已知：EI 为常数。把 B 端反力作为多余约束。

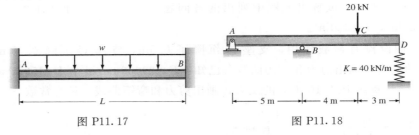

图 P11.17　　　　　　　　　图 P11.18

P11.18　计算图 P11.18 中梁的反力并画出该梁的剪力和弯矩曲线。已知：所有杆件的 EI 为常数。$E=200\text{GPa}$，$I=40\times10^6\text{mm}^4$。

P11.19　计算图 P11.19 中梁的反力并画出该梁的剪力和弯矩曲线。除了施加荷载，C 处的支座沉降了 0.1m。所有杆件的 EI 为常数。$E=200\text{GPa}$，$I=60\times10^6\text{mm}^4$。

P11.20　如果图 P11.19 中的梁上没有施加荷载作用，也没有支座沉降，但支座 A 顺时针转动了 0.005rad，试计算梁的反力并画出剪力和弯矩曲线。

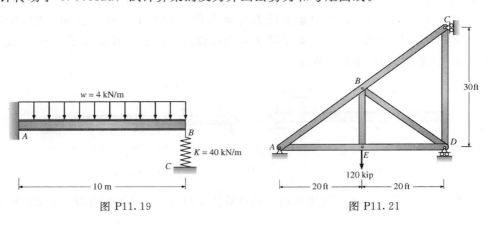

图 P11.19　　　　　　　　　图 P11.21

P11.21　计算图 P11.21 中所示桁架的反力和所有杆件的轴力。所有杆的横截面积均为 5in²，$E=30000$kip/in²。

P11.22　假定图 P11.21 中的 120kip 荷载被移走，而杆 AB 和 BC 的温度升高了 60°F，试计算结构的反力和所有杆件的轴力；温度膨胀系数 $\alpha=6\times10^{-6}$(in/in)/°F。

P11.23～P11.25　对于图 P11.23～图 P11.25 中所示的各桁架，计算在施加荷载作用下，各桁架的反力和所有杆件的轴力。已知：AE 为常数，$A=1000$mm²，$E=200$GPa。

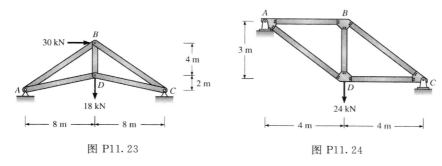

图 P11.23　　　　　　　图 P11.24

P11.26　当图 P11.26 中桁架的上弦（$ABCD$）的温度变化了 50°F 时，试求出桁架的反力及杆件的轴力。已知：所有杆件的 AE 为常数，$A=10$in²，$E=30000$ksi/in，$\alpha=6.5\times10^{-6}$(in/in)/°F。

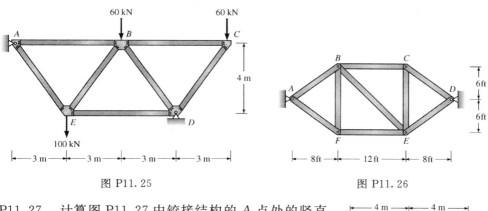

图 P11.25　　　　　　　图 P11.26

P11.27　计算图 P11.27 中铰接结构的 A 点处的竖直和水平位移。已知对于所有杆件：$E=200$GPa，$A=500$mm²。

P11.28　计算图 P11.27 中铰接结构的 A 点处的竖直和水平位移。已知：$E=200$GPa，$A_{AB}=1000$mm²，$A_{AC}=A_{AD}=500$mm²。

P11.29（a）计算图 P11.29 中的荷载情况下，结构的反力和所有杆件的轴力。（b）如果在荷载作用下支座 B 沉

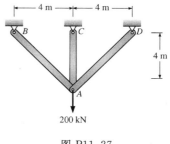

图 P11.27

降了 1in，支座 C 沉降了 0.5in，重复计算结构的反力和所有杆件的轴力。所有杆件的横截面积均为 2in²，$E=30000$kip/in²。

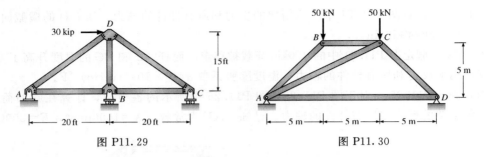

图 P11.29　　　　　　　　　　图 P11.30

P11.30　求图 P11.30 中桁架的反力和所有杆件的轴力。已知对于所有杆件：$E=$ 200GPa，$A=1000\text{mm}^2$。

P11.31　如果图 P11.30 中的桁架不受荷载作用但杆件 AC 短了 10mm，试求出该桁架的反力和所有杆件的轴力。

P11.32　求图 P11.32 中桁架的反力和所有杆件的轴力。已知对于所有杆件：$E=$ 200GPa，$A=1000\text{mm}^2$。

P11.33　如果图 P11.32 中的桁架不受荷载作用但支座 A 沉降了 20mm，试求出该桁架的反力和所有杆件的轴力。

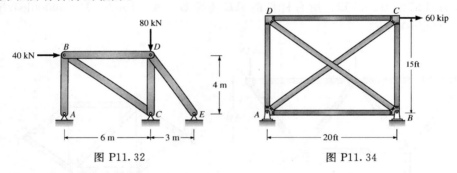

图 P11.32　　　　　　　　　　图 P11.34

P11.34　求图 P11.34 中桁架的反力和所有杆件的轴力。已知：BD 杆的面积为 4in^2，其余杆的面积为 2in^2，$E=30000\text{kip/in}^2$。

P11.35　计算图 P11.35 中 A 和 C 处的反力。所有杆件的 EI 均为常数。

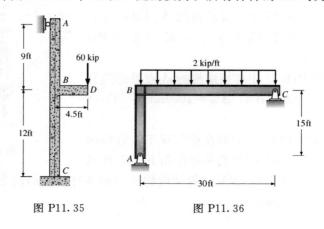

图 P11.35　　　　　　　　图 P11.36

P11.36　求图 P11.36 中桁架的反力和所有杆件的轴力。已知：$I_{AB} = 600in^4$，$I_{BC} = 900in^4$，$E = 29000kip/in^2$。忽略轴向变形。

P11.37　假定图 P11.36 中的荷载被移走，但杆件 BC 制造时长了 1.2in，试计算该框架的全部反力。

P11.38　（a）计算图 P11.38 中 C 处的反力。EI 为常数。（b）计算节点 B 的竖向位移。

P11.39　试求出图 P11.39 中结构的所有反力，并画出 BC 梁的剪力和弯矩曲线。EI 为常数。

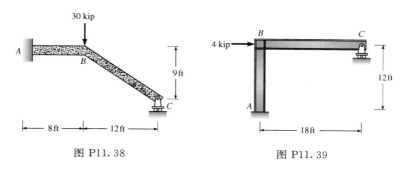

图 P11.38　　　　　　　　图 P11.39

P11.40　对于图 P11.39 中所示的框架，如果在荷载作用下支座 C 沉降了 0.36in，而支座 A 被安装在了原定位置上方 0.24in 处，试计算该框架的反力。$E = 30000kip/in^2$，$I = 60in^4$。

P11.41　（a）试求出 P11.41 框架中所有杆件的反力，并画出剪力和弯矩曲线。已知：EI 为常数。（b）计算 60kip 荷载作用下主梁上节点 C 的竖向位移。

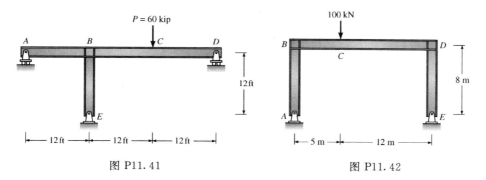

图 P11.41　　　　　　　　图 P11.42

P11.42　试求出图 P11.42 中支座 A 和 E 的反力。所有杆件的 EI 均为常数。

P11.43　试求出图 P11.43 中刚性框架的反力。除施加荷载外，梁 BC 的温度增加了 60°F。已知：$I_{BC} = 3600in^4$，$I_{AB} = I_{CD} = 1440in^4$，$\alpha = 6.5 \times 10^{-6}$（in/in）/ °F，$E = 30000kip/in$。

P11.44　试求出图 P11.44 中支座 A 和 E 处的反力。EC 杆的横截面积为 2in²，$I_{AD} = 400in^4$，$A_{AD} = 8in^2$；$E = 30000kip/in^2$。

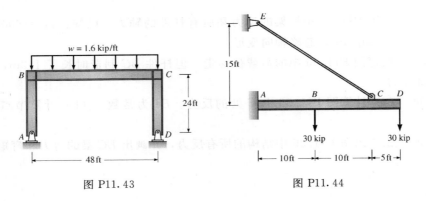

图 P11.43 图 P11.44

P11.45 设计实例

图 P11.45 中所示的高层建筑为钢结构建筑。非绝缘的外柱暴露于周围环境中。由于建筑物外柱与内柱温度的不同，它们之间产生了不同的竖直位移，为了减少这种位移，在建筑顶部加上了屋架。例如，由于冬天外柱和内柱温度相差 60°F 而使外柱缩短，如果屋架不被用于约束其缩短，外柱顶部的结点 D、F 将会相对于内柱顶部结点 E 下沉 1.68in。上部的这种大小的位移可以使楼板极大地倾斜，破坏其外表面。

如果内柱 BE 的温度始终为 70°F，但外柱在冬天下降 10°F，试求：（a）温度不同所引起的柱和桁架上的力；（b）柱顶部节点 D 和 E 的竖向位移。桁架节点 D 和 F 作为辊轴支撑仅仅传递竖向力，E 点作为固定节点。梁的腹板和柱之间为铰接。

已知：$E=30000 \text{kip/in}$，内柱和外柱的平均面积分别为 42in^2 和 30in^2。桁架杆件的面积为 20in^2。温度膨胀系数 $\alpha=6.5 \times 10^{-6}$(in/in)/ °F。注意：内柱设计应考虑楼层荷载以及温度差异产生的压力。

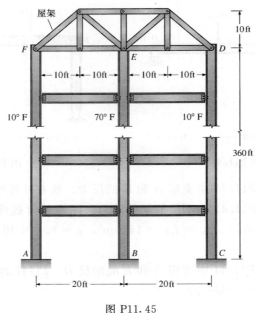

图 P11.45

在建钢筋混凝土建筑的坍塌

　　倒塌的主要原因是该建筑的底层缺少支柱的支撑且混凝土的强度也不够。该建筑是在冬季施工的，由于没有足够的热量，大多数新拌灌注混凝土还未充分水化就在模板中凝固了，因而无法达到设计强度。

第 12 章

超静定梁与框架的转角位移法分析

本章目标
- 学习使用刚度法,把节点位移(包括角位移和线位移)作为未知量。
- 找出所有未知节点位移并确定其自由度。
- 建立独立杆件的转角位移法方程。
- 建立平衡方程求出未知位移。

12.1 引言

转角位移法是分析超静定梁与框架的一种方法。因为用于分析的平衡方程是通过未知的节点位移表示,所以称之为位移法。

转角位移法之所以很重要是因为它为同学们引入了刚度分析法。该方法是许多通用计算机程序的基础,这些程序能分析所有类型的结构——梁、桁架、壳体等。另外,弯矩分配法——快速分析梁、框架的常用手算方法——也是基于刚度方程。

在转角位移法中,位移方程的表达式建立起了构件端部的弯矩与构件端部位移、作用在构件上的荷载之间的关系。构件端部位移包括转角和垂直于构件纵轴的平移。

12.2 转角位移法实例

为了介绍转角位移法的主要特征,我们简要地概述两跨连续梁分析。如图 12.1 (a) 所示,组成结构的单一构件支承在 A 与 B 点的滚轴和 C 点的铰上。假定通过梁支座前后微小距离处的平面将结构细分成梁段 AB、BC,以及节点 A、B、C [见图 12.1 (b)]。因为这些节点实际上是空间内的点,各构件长度等于节点之间的距离。在本例中,节点转角位移 θ_A、θ_B、θ_C (即各构件端点的转角位移)都是未知量。图 12.1 (a) 中的虚线显示了放大后的转角位移。因为支座在竖向上不能移动，节点的侧向位移为 0，因此本例中没有未知的节点位移。

　　根据节点未知位移和所作用的荷载，运用转角位移方程（将在随后建立）以位移和荷载表示构件端点弯矩。

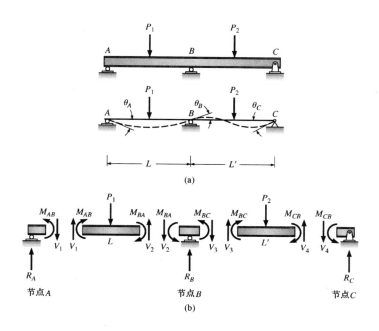

图 12.1

（a）荷载作用下的连续梁（虚线表示变形形状）；（b）梁和节点的自由体

（符号规定：构件端部顺时针方向弯矩为正）

可以用下列方程表示这一步：

$$\left.\begin{array}{l} M_{AB}=f(\theta_A,\theta_B,P_1) \\ M_{BA}=f(\theta_A,\theta_B,P_1) \\ M_{BC}=f(\theta_B,\theta_C,P_2) \\ M_{BC}=f(\theta_B,\theta_C,P_2) \end{array}\right\} \tag{12.1}$$

式中的符号 $f(\ )$ 表示函数。

　　下一步建立弯矩作用下节点处于平衡状态的平衡方程，也就是说，通过梁端作用到每个节点上的弯矩之和应该等于 0。符号规定如下：假定所有未知的弯矩都为正，均沿顺时针方向作用在构件端部。因为作用在构件端部的弯矩代表了节点对构件的作用，节点处必定有大小相等且方向相反的弯矩［见图 12.1（b）］。3 个节点平衡方程如下：

$$\left.\begin{array}{lll} 节点\ A: & M_{AB}=0 \\ 节点\ B: & M_{BA}+M_{BC}=0 \\ 节点\ C: & M_{CB}=0 \end{array}\right\} \tag{12.2}$$

将式（12.1）代入式（12.2），可以得到包含 3 个未知位移量（也包含所施加的荷载和指定构件的特性）的函数的 3 个方程。联立 3 个方程可以解得未知角位移的值。得到位移转角值后，将它们代入式（12.1）计算构件端部弯矩。一旦确定了端部弯矩值和方向，我们可以应用静力方程解得梁隔离体的端部剪力。最后一步，我们考虑节点的平衡计算支座的反力（即竖直方向上的力平衡）。

在 12.3 节中我们运用第 9 章中的弯矩面积法建立典型等截面受弯构件的位移方程。

12.3 转角位移方程的推导

为了建立把构件端部弯矩和位移以及施加的荷载之间的关联起来的转角位移方程，我们将分析图 12.2（a）中的连续梁 AB 跨。因为连续梁支座的沉降差也会产生弯矩，我们在推导时考虑此项的影响。最初平直的梁截面为常量，即 EI 沿着纵轴是常量。分布荷载 $w(x)$ 沿着纵轴任意变化，支座 A 与 B 分别下沉 Δ_A 与 Δ_B 至 A' 点和 B' 点。图 12.2（b）表示的是所有荷载作用下 AB 跨梁的隔离体。弯矩 M_{AB} 和 M_{BA}，剪力 V_A 和 V_B 表示通过节点施加到梁端的力。尽管我们假定没有轴力作用，较小到适中小的轴向荷载（屈曲荷载的 10%～15%）的存在不会影响公式推导。另外，较大的压力将会降低构件的抗弯刚度，由于轴向荷载偏心——$P-\Delta$ 效应引起的二次弯矩产生了附加变形。关于符号规定，我们假定作用在构件端部的弯矩顺时针为正。构件端部顺时针旋转也为正。

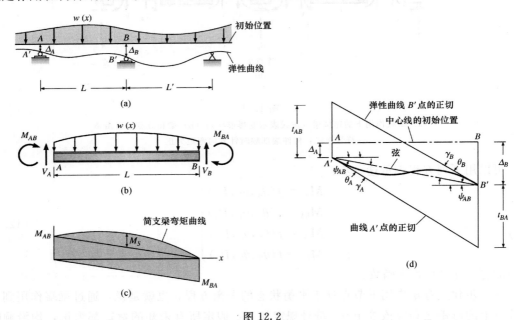

图 12.2

（a）荷载作用下支座发生位移的连续梁；（b）构件 AB 的隔离体；（c）各部分的弯矩曲线，M_s 等于简支梁弯矩曲线的纵坐标；（d）构件 AB 在竖向上放大的变形

在图 12.2（c）中，画出来的是分别由均布荷载 $w(x)$ 及端部弯矩产生的弯矩曲线。与均布荷载相关的弯矩曲线称作简支梁弯矩曲线。换句话说，在图 12.2（c）中我们叠加了 3 种荷载产生的弯矩：①端部弯矩 M_{AB}；②端部弯矩 M_{BA}；③作用在梁间的荷载 $w(x)$。每一种荷载的弯矩曲线都画在其荷载使梁受压的一侧。

图 12.2（d）表示的是放大的 AB 跨变形。图示的所有角度及旋转为正；即都从原始的轴向位置顺时针旋转。弦连接了构件变形后的端点位置 A' 点和 B' 点，它的倾角定义为 Ψ_{AB}。为了确定弦倾角的正负，我们可以在任何一个端点画一条水平线。若水平线必须经过顺时针方向旋转一个锐角后才与该弦的方向一致，则该倾角为正。若为逆时针，则该倾角为负。注意，在图 12.2（d）中 Ψ_{AB} 为正，不考虑该梁端转角的计算值。θ_A 与 θ_B 点分别表示构件端部的旋转角。在弹性曲线上画出了 AB 跨的两个端点处的切线；t_{AB} 与 t_{BA} 是切线与弹性曲线之间的切向偏离量（竖向距离）。

为了推导位移方程，我们将运用二次弯矩面积理论建立构件端部弯矩 M_{AB} 及 M_{BA} 与图 12.2（d）中大比例放大的弹性曲线转角位移之间的关系。因为变形都非常小，A 点处弦与弹性曲线的切线之间的夹角 γ_A 可以这样表示：

$$\gamma_A = \frac{t_{BA}}{L} \tag{12.3a}$$

同理，B 点处弦与弹性曲线的切线之间的夹角 γ_B 等于

$$\gamma_B = \frac{t_{AB}}{L} \tag{12.3b}$$

因为 $\gamma_A = \theta_A - \Psi_{AB}$，$\gamma_B = \theta_B - \Psi_{AB}$，我们可以将式 12.3（a）与式 12.3（b）表示为

$$\theta_A - \psi_{AB} = \frac{t_{AB}}{L} \tag{12.4a}$$

$$\theta_B - \psi_{AB} = \frac{t_{AB}}{L} \tag{12.4b}$$

$$\psi_{AB} = \frac{\Delta_B - \Delta_A}{L} \tag{12.4c}$$

为了利用弯矩表示 t_{AB} 和 t_{BA}，我们将图 12.2（c）中弯矩曲线的纵坐标除以 EI，得到 M/EI 曲线，应用二次弯矩面积原理，M/EI 曲线图面积对 AB 跨 A 点的面积矩求和得到 t_{AB}，对 B 点则得到 t_{BA}。

$$t_{AB} = \frac{M_{BA}}{EI} \times \frac{L}{2} \times \frac{2L}{3} - \frac{M_{AB}}{EI} \times \frac{L}{2} \times \frac{L}{3} - \frac{(A_M \bar{x})_A}{EI} \tag{12.5}$$

$$t_{BA} = \frac{M_{AB}}{EI} \times \frac{L}{2} \times \frac{2L}{3} - \frac{M_{BA}}{EI} \times \frac{L}{2} \times \frac{L}{3} - \frac{(A_M \bar{x})_B}{EI} \tag{12.6}$$

式（12.5）与式（12.6）中的第一项与第二项表示与端部弯矩 M_{AB} 及 M_{BA} 相关的三角区域内的面积矩。

最后一项——式（12.5）中的 $(A_M \bar{x})_A$ 及式（12.6）中的 $(A_M \bar{x})_B$——表示简支梁弯矩曲线图面积对端点取矩（下标表示取矩的梁端点）。符号规定如下：我们假定若弯矩能增加切线偏离，则该弯矩曲线对切线偏离为正，反之，若弯矩曲线减少切线偏离，则该弯矩曲线对切线偏离为负。

为了阐述均布荷载 w（见图 12.3）作用下梁（$A_M \bar{x})_A$ 的计算，我们绘制出简支梁的弯矩曲线，即抛物

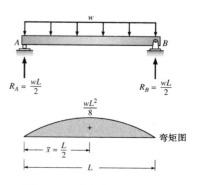

图 12.3 均布荷载作用下简支梁的弯矩图

线，计算曲线域的面积与 A 点到区域中心的距离 $\overline{x}$ 的乘积：

$$(A_M \overline{x})_A = area \cdot \overline{x} = \frac{2L}{3} \times \frac{WL^2}{8} \times \frac{L}{2} = \frac{WL^4}{24} \tag{12.7}$$

因为弯矩曲线对称，$(A_M \overline{x})_B$ 等于 $(A_M \overline{x})_A$。

下一步将式（12.5）与式（12.6）得到的 t_{AB} 与 t_{BA} 值分别代入式（12.4a）与式（12.4b），我们将得到

$$\theta_A - \psi_{AB} = \frac{1}{L}\left[\frac{M_{BA}}{EI} \times \frac{L}{2} \times \frac{2L}{3} - \frac{M_{AB}}{EI} \times \frac{L}{2} \times \frac{L}{3} - \frac{(A_M \overline{x})_A}{EI}\right] \tag{12.8}$$

$$\theta_B - \psi_{AB} = \frac{1}{L}\left[\frac{M_{AB}}{EI} \times \frac{L}{2} \times \frac{2L}{3} - \frac{M_{BA}}{EI} \times \frac{L}{2} \times \frac{L}{3} - \frac{(A_M \overline{x})_A}{EI}\right] \tag{12.9}$$

为了建立转角位移方程，我们同时解得式（12.8）与式（12.9）中的 M_{BA} 和 M_{AB}，得到

$$M_{AB} = \frac{2EI}{L}(2\theta_A + \theta_B - 3\psi_{AB}) + \frac{2(A_M \overline{x})_A}{L^2} - \frac{4(A_M \overline{x})_B}{L^2} \tag{12.10}$$

$$M_{BA} = \frac{2EI}{L}(2\theta_B + \theta_A - 3\psi_{AB}) + \frac{4(A_M \overline{x})_A}{L^2} - \frac{2(A_M \overline{x})_A}{L^2} \tag{12.11}$$

式（12.10）、式（12.11）中含有 $(A_M \overline{x})_A$ 与 $(A_M \overline{x})_B$ 的最后两项仅是作用于构件端点之间的荷载的函数。我们通过分析与图 12.2（a）所示有相同尺寸（截面与跨长），承受相同荷载的固端梁的弯矩来说明其物理意义（见图 12.4）。因为图 12.4 中的梁端是固定的，构件的端部弯矩也称作固端弯矩，可以定义为 FEM_{AB}、FEM_{BA}。由于图 12.4 中的梁端是固定的，也没有支座沉降发生，应满足：

$$\theta_A = 0 \quad \theta_B = 0 \quad \psi_{AB} = 0$$

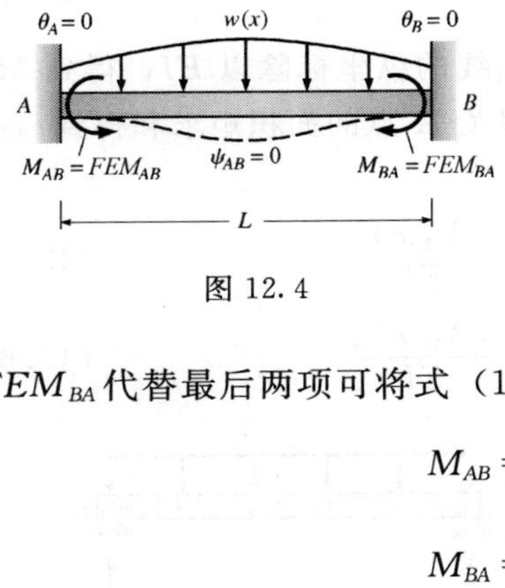

将这些值代入式（12.10）与式（12.11）中可解得图 12.4 中构件的端部弯矩（固端弯矩），可表示为

$$FEM_{AB} = M_{AB} = \frac{2(A_M \overline{x})_A}{L^2} - \frac{4(A_M \overline{x})_B}{L^2} \tag{12.12}$$

$$FEM_{BA} = M_{Ba} = \frac{4(A_M \overline{x})_A}{L^2} - \frac{2(A_M \overline{x})_B}{L^2} \tag{12.13}$$

图 12.4

运用式（12.12）和式（12.13）的结果，用 FEM_{AB} 与 FEM_{BA} 代替最后两项可将式（12.10）和式（12.11）简写为

$$M_{AB} = \frac{2EI}{L}(2\theta_A + \theta_B - 3\psi_{AB}) + FEM_{AB} \tag{12.14}$$

$$M_{BA} = \frac{2EI}{L}(2\theta_B + \theta_A - 3\psi_{AB}) + FEM_{BA} \tag{12.15}$$

因为式（12.14）和式（12.15）具有相同的形式，我们将用一个方程表示它们，定义取距计算的端点为近端点（N），相对的端点为远端点（F）。通过调整，我们可以将位移转角方程表示为

$$M_{NF} = \frac{2EI}{L}(2\theta_N + \theta_F - 3\psi_{NF}) + FEM_{NF} \tag{12.16}$$

式（12.16）中构件的尺寸出现在比例 EI/L 中，该比例我们称为构件 NF 的相对抗弯刚度，用符号 K 表示。

$$相对抗弯刚度 \ K = \frac{I}{L} \tag{12.17}$$

将式（12.17）代入式（12.16）中，我们得到的转角位移方程如下：

$$M_{NF} = 2EK(2\theta_N + \theta_F - 3\psi_{AB}) + FEM_{NF} \tag{12.16a}$$

式（12.16）或式（12.16a）中任何荷载作用下的固端弯矩（FEM_{NF}）值可以通过式（12.12）和式（12.13）计算。例12.1将阐述运用这些方程计算承受跨中集中力的固端梁的固端弯矩，如图12.5所示。其他荷载作用下和具有支座位移下的固端弯矩参见附录部分。

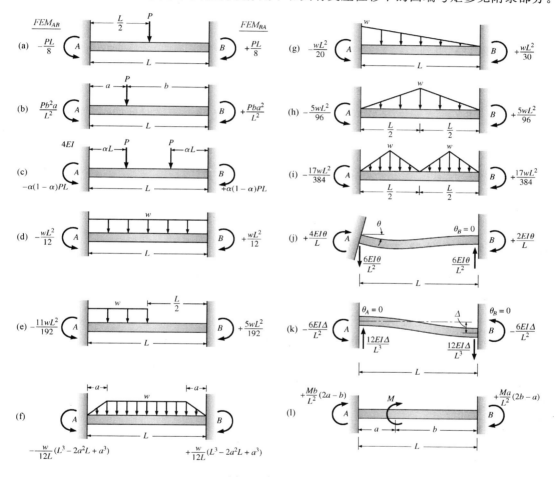

图12.5 固端弯矩

【**例 12.1**】 运用式（12.12）和式（12.13），计算图12.6（a）中承受跨中集中力 P 的固端梁的固端弯矩，EI 为常量。

解：

式（12.12）和式（12.13）要求我们计算荷载作用下简支梁的弯矩曲线图相对图12.6（a）中梁的两端部的面积矩。为了建立简支梁的弯矩曲线图，我们设想图12.6（a）中梁 AB 去除了固定支座，取而代之的是简支座，如图12.6（b）所示。图12.6（c）是假想简支梁在跨中集中荷载作用下产生的弯矩图。因为弯矩曲线图区域是对称的

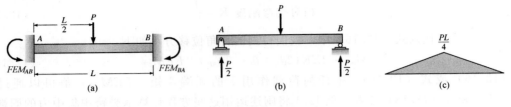

图 12.6

$$(A_M \overline{x})_A = (A_M \overline{x})_B = \frac{1}{2} \times L \times \frac{PL}{4} \times \frac{L}{2} = \frac{PL^3}{16}$$

运用式（12.12）得到

$$FEM_{AB} = \frac{2(A_M \overline{x})_A}{L^2} - \frac{4(A_M \overline{x})_B}{L^2}$$

$$= \frac{2}{L^2} \times \frac{PL^3}{16} - \frac{4}{L^2} \times \frac{PL^3}{16} = -\frac{PL}{8} \text{（负号表示逆时针弯矩）}$$

运用式（12.13）得到

$$FEM_{BA} = \frac{4(A_M \overline{x})_A}{L^2} - \frac{2(A_M \overline{x})_B}{L^2}$$

$$= \frac{4}{L^2} \times \frac{PL^3}{16} - \frac{2}{L^2} \times \frac{PL^3}{16} = +\frac{PL}{8} \quad \text{（顺时针）}$$

12.4 运用转角位移法的结构分析

尽管可以运用转角位移法分析各种类型的超静定梁与框架，我们仍将此方法局限于支座不发生沉降的超静定梁、节点自由旋转但不发生平移的支撑框架——约束可由支撑构件 [图 3.23（g）] 或支座提供。对于这类结构，式（12.16）中的弦旋转角度 ψ_{NF} 等于 0。图 12.7（a）给出了几种节点不能侧移但可以自由旋转的结构实例。图 12.7（a）中，固端支座限制了节点 A 的位移，铰支座限制了节点 C 的侧移。忽略弯曲与轴向变形导致的构件长度尺寸的二阶变形。我们假定构件 BC 限制节点 B 的水平位移，构件 AB 限制节点 B 的竖向位移，构件 BC 在 C 点与固端支座连接，构件 AB 在 A 点与固定支座连接。图 12.7 中虚线表示荷载作用下结构的近似变形。

图 12.7（b）给出了形状与荷载关于通过构件 BC 中心的竖轴对称的结构。由于对称荷载作用下的结构产生的变形必定是对称的，所以顶部节点不会在任何方向上发生侧向位移。图 12.7（c）和（d）给出的是在荷载作用下，节点能发生自由旋转与侧向位移的框架实例。在侧向荷载作用下，图 12.7（c）中节点 B 与 C 向右移动，该位移使构件 AB 与 CD 产生了弦转角 $\psi = \Delta/h$。因为节点 B、C 没有发生竖向位移——忽略柱子的二阶弯曲与轴向变形——梁弦转角 $\psi_{BC} = 0$。图 12.7（d）中尽管框架只承受竖向荷载，但由于构件 AB 与 BC 发生轴向变形导致节点 B、C 向右侧移 Δ。在 12.5 节中我们将考虑包含一至多个构件发生弦转角的结构分析。

12.2 节中论述了转角位移法的基本步骤，现小结如下：

（1）标示所有未知节点位移（旋转）确定未知量的数目。

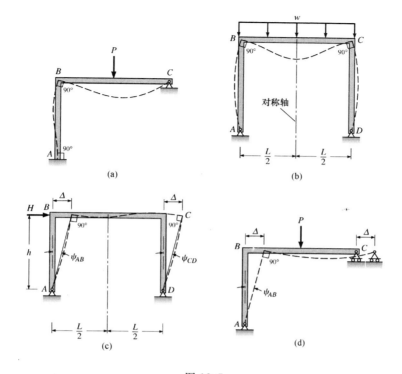

图 12.7

（a）所有节点无侧移，所有弦转角 ψ 等于 0；（b）由于结构与荷载对称，节点能自由
旋转但不能侧移，弦转角 ψ 等于 0；（c）、（d）有弦转角的无支撑框架

（2）运用转角位移方程［式（12.16）］，以节点位移与作用荷载来表示所有构件端部的弯矩。

（3）除了固定支座，对每个节点建立平衡方程，即弯矩之和（通过形成节点的构件作用）等于 0。对于固定支座的平衡方程，将退化至 0＝0，没有任何有用信息。平衡方程的数目必须等于未知位移的数目。

对于符号规定，假定构件端部顺时针方向的弯矩为正。若构件端部的弯矩未知，则在构件端部表示为顺时针方向。通过构件作用到节点的弯矩总是与作用在杆端的弯矩大小相等，方向相反。如果构件端部的弯矩大小与方向已知，则按实际方向给出。

（4）将这些弯矩的表达式，即位移的函数（见第 2 步）代入第 3 步的平衡方程，并解得未知位移。

（5）将第 4 步得到的位移代入第 2 步的构件端部弯矩表达式中，得到构件端部的弯矩值。一旦得到构件端部弯矩，分析的最后一步——画出构件的剪力和弯矩图或是计算支座的反力——将由静力计算完成。

例 12.2 与例 12.3 将说明上述步骤的实际应用。

【例 12.2】 运用转角位移法确定如图 12.8（a）所示超静定梁的端部弯矩。该弹性梁在跨中承受一集中荷载，确定端部弯矩后，画出剪力和弯矩图。若 $I = 240\text{in}^4$，$E = 30000\text{kip/in}^2$，试计算节点 B 的转角值。

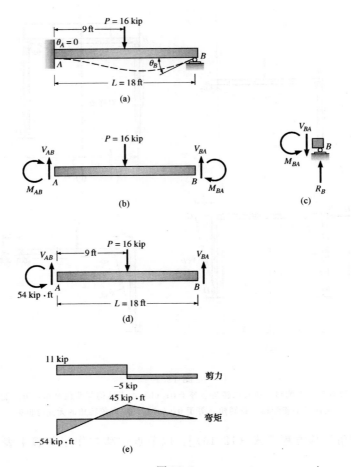

图 12.8

(a) 含有一个未知位移 θ_B 的梁；(b) 梁 AB 的隔离体；构件端部的
未知弯矩 M_{BA}、M_{AB} 以顺时针方向给出；(c) 节点 B 的隔离
体；(d) 计算端部剪力的隔离体；(e) 剪力和弯矩图

解：

因为节点 A 为固端，$\theta_A=0$，所以只有一个未知位移 θ_B，即节点 B 的转角（因为支座没有沉降，ψ_{AB} 为 0）。根据转角位移方程：

$$M_{NF}=\frac{2EI}{L}(2\theta_N+\theta_F-3\psi_{NF})+FEM_{NF}$$

和图 12.5（a）中跨中集中荷载作用下的固端弯矩值，图 12.8（b）中的端点弯矩可以表示成

$$M_{Ab}=\frac{2EI}{L}\theta_B-\frac{PL}{8} \tag{1}$$

$$M_{BA}=\frac{2EI}{L}\theta_A+\frac{PL}{8} \tag{2}$$

为了确定 θ_B，我们将建立节点 B 的弯矩平衡方程［见图 12.8（c）］：

$$\circlearrowleft^+ \quad \sum M_B=0$$

$$M_{BA}=0 \tag{3}$$

将式（2）给出的 M_{BA} 值代入式（3），解得 θ_B：

$$\frac{4EI}{L}\theta_B+\frac{PL}{8}=0$$

$$\theta_B=-\frac{PL^2}{32EI} \tag{4}$$

负号表示构件 AB 的 B 端点及节点 B 的旋转是逆时针方向。为了确定构件端部弯矩，将式（4）得到的 θ_B 值分别代入式（1）和式（2），得到

$$M_{AB}=\frac{2EI}{L}\left(\frac{-PL^2}{32EI}\right)-\frac{PL}{8}=-\frac{3PL}{16}=-54(\text{kip}\cdot\text{ft})$$

$$M_{BA}=\frac{4EI}{L}\left(\frac{-PL^2}{32EI}\right)+\frac{PL}{8}=0$$

尽管我们知道铰点 B 处的弯矩为0，但 M_{BA} 的计算可以起到校验作用。

为了完成分析，对于构件 AB 的隔离体［见图12.8（d）］，我们则应用静力方程。

$$\circlearrowright^+ \quad \sum M_A=0$$

$$0=16\times9-18V_{BA}-54$$

$$V_{BA}=5\text{kip}$$

$$\uparrow^+ \sum F_y=0$$

$$0=V_{BA}+V_{AB}-16$$

$$V_{AB}=11\text{kip}$$

为了计算 θ_B，我们将式（4）的所有变量的单位统一为 in 和 kip。

$$\theta_B=-\frac{PL^2}{32EI}=-\frac{16\times(18\times12)^2}{32\times30000\times240}=-0.0032(\text{rad})$$

用度表示 θ_B，我们得到

$$\frac{2\pi}{360°}=\frac{-0.0032}{\theta_B}$$

$$\theta_B=-0.183°$$

转角 θ_B 很小，肉眼无法辨认出来。

注意：当用转角位移法分析结构时，建立平衡方程必须遵循严格的程序。没有必要去猜测构件端部未知弯矩的方向，因为平衡方程的解答会自动得到位移与转角的正确方向。例如，我们假定图12.8（b）中构件端部弯矩 M_{AB} 与 M_{BA} 是顺时针方向，即使根据图12.8（a）中的变形草图可以直观地发现弯矩 M_{AB} 必须以逆时针方向作用，因为梁在荷载作用下会向下凹弯。当解得 M_{AB} 为 $-54\text{kip}\cdot\text{ft}$，根据负号我们可以确定 M_{BA} 实际是以逆时针方向作用在构件端部。

【例12.3】 运用转角位移法确定图12.9（a）中支撑框架的构件端部弯矩。计算支座 D 的反力，绘制构件 AB 与 BD 的剪力与弯矩曲线。

解：

由于节点为固定支座，θ_A 为0，仅 θ_B 与 θ_D 是我们必须要考虑的未知节点位移。尽管

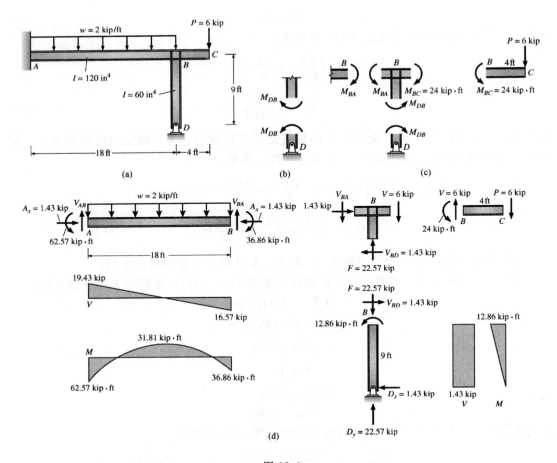

图 12.9

（a）框架详图；（b）节点 D；（c）节点 B（为了更清晰，省略了剪力与轴力）；（d）计算剪力与支座
反力的各构件与节点的隔离体（为清晰，节点 B 省略了弯矩作用）

节点平衡方程必须包括悬臂构件 BC 在节点 B 处产生的弯矩，但是没有必要把悬臂构件包含在框架超静定部分的转角位移分析内，因为悬臂构件是静定结构；即构件 BC 的任何截面的弯矩与剪力都可以通过静力平衡确定。转角位移解答过程中，我们可以将悬臂梁视为荷载，以竖向力 6kip、顺时针弯矩 24kip·ft 作用于节点 B。

运用转角位移方程：

$$M_{NF} = \frac{2EI}{L}(2\theta_N + \theta_F - 3\psi_{NF}) + FEM_{NF}$$

所有变量均统一单位，kip·in，均布荷载产生的固端弯矩［见图 12.5（d）］等于

$$FEM_{AB} = -\frac{wL^2}{12}$$

$$FEM_{BA} = +\frac{wL^2}{12}$$

构件的端部弯矩：

$$M_{AB} = \frac{2E \times 120}{18 \times 12}\theta_B - \frac{2 \times 18^2 \times 12}{12} = 1.11E\theta_B - 648 \tag{1}$$

$$M_{BA} = \frac{2E \times 120}{18 \times 20} \times 2\theta_B + \frac{2 \times 18^2 \times 12}{12} = 2.22E\theta_B + 648 \tag{2}$$

$$M_{BD} = \frac{2E \times 60}{9 \times 12} \times (2\theta_B + \theta_D) = 2.22E\theta_B + 1.11E\theta_D \tag{3}$$

$$M_{DB} = \frac{2E \times 60}{9 \times 12} \times (2\theta_D + \theta_B) = 2.22E\theta_D + 1.11E\theta_B \tag{4}$$

为了解得节点的未知位移 θ_B 与 θ_D，我们建立节点 D 和 B 的平衡方程：

节点 D [见图 12.9 (b)]：$\circlearrowright^+$ $\quad \sum M_D = 0$

$$M_{DB} = 0 \tag{5}$$

节点 B [见图 12.9 (c)]：$\circlearrowright^+$ $\quad \sum M_B = 0$

$$M_{BA} + M_{BD} - 24 \times 12 = 0 \tag{6}$$

悬臂构件 B 点的弯矩 M_{BC} 大小与方向可以通过静力学计算（对 B 取距求和），如图 12.9 (c) 所示，它以实际的方向（顺时针）作用于构件 BC 的端部。另外，由于端部弯矩 M_{BA} 与 M_{BD} 的值与方向均未知，假定它们以正方向作用——构件端部为顺时针，节点处为逆时针。

通过运用式（2）～式（4），我们可以利用位移表示式（5）和式（6）中的弯矩，建立如下的平衡方程：

节点 D：$\qquad\qquad 2.22E\theta_D + 1.11E\theta_B = 0 \tag{7}$

节点 B：$\qquad (2.22E\theta_B + 648) + (2.22E\theta_B + 1.11E\theta_D) - 228 = 0 \tag{8}$

求解式（7）和式（8）得

$$\theta_D = \frac{46.33}{E}$$

$$\theta_B = -\frac{92.66}{E}$$

为了确定构件端部的弯矩值，将上面的 θ_B 与 θ_D 代入式（1）、式（2）、式（3）得

$$M_{AB} = 1.11E \times \left(-\frac{92.66}{E}\right) - 648$$

$$= -750.85 \text{kip} \cdot \text{in} = -62.57(\text{kip} \cdot \text{ft})$$

$$M_{BA} = 2.22E \times \left(-\frac{92.66}{E}\right) + 648$$

$$= 442.29 \text{kip} \cdot \text{in} = +36.86(\text{kip} \cdot \text{ft})$$

$$M_{BD} = 2.22E \times \left(-\frac{92.66}{E}\right) + 1.11E \times \left(\frac{46.33}{E}\right)$$

$$= -154.28 \text{kip} \cdot \text{in} = -12.86(\text{kip} \cdot \text{ft})$$

现在构件端部的弯矩都已求得，我们通过静力方程确定所有构件端部的剪力，完成最终的分析。图 12.9 (d) 给出的是构件与节点隔离体的图：除了悬臂构件，所有构件均承受轴力，剪力和弯矩。得到剪力后，根据节点的平衡计算轴力与反力。例如，作用于节点 B 的竖向力的平衡要求柱 BD 的竖向力 F 等于构件 AB 与 BC 的 B 端作用到节点 B 的剪

力之和。

【例 12.4】 运用对称性简化对称荷载下的对称结构分析。

确定图 12.10（a）中刚性框架柱子与梁的内力，并绘制剪力与弯矩曲线。条件如下：$I_{AB}=I_{CD}=120\text{in}^4$，$I_{BC}=360\text{in}^4$，所有构件的 E 为常量。

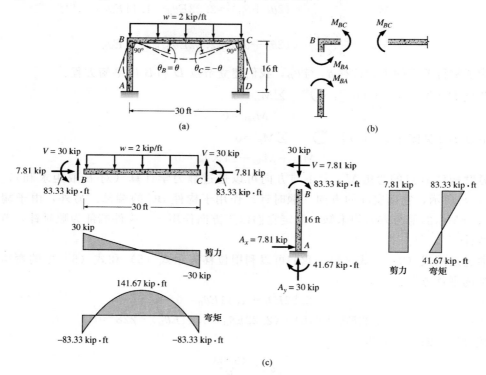

图 12.10

（a）对称结构与荷载；（b）节点 B 处的弯矩（省略了轴力与剪力）；（c）梁 BC 与柱 AB 隔离体；
也给出了最终的剪力与弯矩曲线

解：

尽管节点 B 与 C 能转动，因为结构与其荷载相对于通过梁中心的竖轴对称，所以它们不会发生侧移。而且，θ_B 与 θ_C 大小相等，但 θ_B 为正，即顺时针方向，θ_C 为负，即逆时针方向。既然只有一个未知角位移，我们可以建立节点 B 或 C 的平衡方程，确定位移。我们随机选择节点 B。

用式（12.16）表示构件端部弯矩，从图 12.5（d）中读取构件 BC 的固端弯矩值，单位为 kip·in。设定 $\theta_B=\theta$，$\theta_C=-\theta$，我们得到

$$M_{AB}=\frac{2E\times120}{16\times12}\times\theta_B=1.25E\theta_B \tag{1}$$

$$M_{BA}=\frac{2E\times120}{16\times12}\times2\theta_B=2.50E\theta_B \tag{2}$$

$$M_{BC}=\frac{2E\times360}{30\times12}\times(2\theta_B+\theta_C)-\frac{wL^2}{12}$$

$$=2E[2\theta+(-\theta)]-\frac{2\times30^2\times12}{12}=2E\theta-1800 \tag{3}$$

节点 B 的平衡方程［见图 12.10（b）］为

$$M_{BA}+M_{BC}=0 \tag{4}$$

将式（2）、式（3）代入式（4），解得 θ：

$$2.5E\theta+2.0E\theta-1800=0$$

$$\theta=\frac{400}{E} \tag{5}$$

将式（5）的 θ 值代入式（1）、式（2）、式（3），得到

$$M_{AB}=1.25E\times\frac{400}{E}$$

$$=500\text{kip}\cdot\text{in}=41.67(\text{kip}\cdot\text{ft})$$

$$M_{BA}=2.5E\times\frac{400}{E}$$

$$=1000\text{kip}\cdot\text{in}=83.33(\text{kip}\cdot\text{ft})$$

$$M_{BC}=2E\times\frac{400}{E}-1800$$

$$=-1000\text{kip}\cdot\text{in}=-83.33(\text{kip}\cdot\text{ft})$$

最后的分析结果见图 12.10（c）。

【例 12.5】 运用对称性简化图 12.11（a）中框架转角位移分析，确定支座 A 与 D 的反力。所有杆件 EI 为常数。

解：

通过分析，框架的所有节点转角均为 0。因为支座 A 与 C 是固定支座，θ_A 与 θ_C 都是 0。柱 BD 落在竖向对称轴上，我们推断它必然保持直线形状，因为结构的变形要相对于对称轴对称。如果柱子在任何一个方向弯曲，则违背了变形对称的原则。

因为柱子保持直线状态，顶部节点 B 与底部节点 D 都没有发生旋转，所以 θ_B 与 θ_D 都等于 0。另外支座没有发生沉降，所有构件的弦转角均为 0。既然所有节点转角以及弦转角均为 0，根据转角位移方程［式（12.16）］可求得梁 AB 与 BC 的各构件端部的弯矩都等于图 12.5（a）中给出的固端弯矩 $PL/8$：

$$FEM=\pm\frac{PL}{8}=\frac{16\times20}{8}=\pm40(\text{kip}\cdot\text{ft})$$

图 12.11（b）中给出的是梁 AB、节点 B 和柱 BD 的隔离体。

注意：图 12.11 中的框架分析表明柱 BD 只承受轴力，这是因为梁作用到节点两侧的弯矩是一样的。类似的情况还发生在多层建筑的内柱上，这些结构由连续钢筋混凝土或焊接刚性钢框架构成。刚性节点有一定的承载能力传递梁柱之间的弯矩，该弯矩是主梁作用到节点各侧的弯矩差，它确定了传递弯矩的大小。当梁的跨度与支承的荷载近似相同的话（这一情况在大部分建筑中存在），弯矩的差值比较小。所以在最初的设计阶段，只要考虑轴向荷载值就能准确地确定大部分柱子的尺寸，轴向荷载是柱子支承的影响面积内的重力荷载。

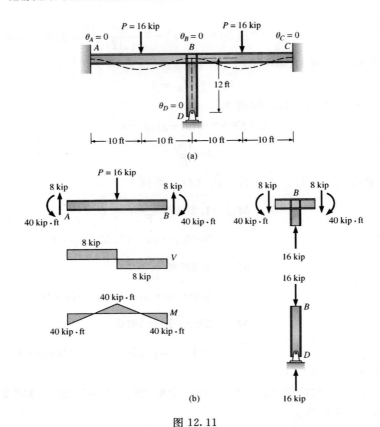

图 12.11

(a) 对称荷载作用下的对称框架（虚线表示变形）；(b) 梁 AB、
节点 B、柱 BD 的隔离体。梁 AB 的最终剪力和弯矩图

【例 12.6】 确定图 12.12 中梁的反力，绘制梁的剪力和弯矩图。支座 A 处建造时意外出现了转角，它与通过支座 A 的竖向 y 轴的交角为 0.009rad。支座 B 偏离到预定位置下方 1.2in。EI 为常量，$I=360\text{in}^4$，$E=29000\text{kip/in}^2$。

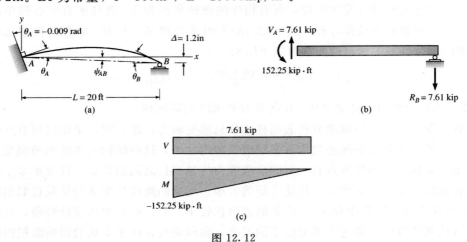

图 12.12

(a) 变形后形状；(b) 计算 V_A 与 R_B 的隔离体；(c) 剪力与弯矩图

解：

通过提供的支座位移信息确定 A 处的转角与弦转角 ψ_{AB}。因为两端与固定支座 A 为刚性连接，它与支座一起逆时针旋转，$\theta_A = 0.009\mathrm{rad}$。相对于支座 A，支座 B 的沉降产生了顺时针弦转角：

$$\psi_{AB} = \frac{\Delta}{L} = \frac{1.2}{20 \times 12} = 0.005(\mathrm{rad})$$

唯一未知的位移是角 θ_B。因为没有荷载作用，固端支座的弯矩为 0。将各构件端部的弯矩用转角位移方程表示［式（12.16）］，我们得到

$$M_{AB} = \frac{2EI_{AB}}{L_{AB}}(2\theta_A + \theta_B - 3\psi_{AB}) + FEM_{AB}$$

$$M_{AB} = \frac{2E \times 360}{20 \times 12}[2 \times (-0.009) + \theta_B - 3 \times 0.005] \tag{1}$$

$$M_{BA} = \frac{2E \times 360}{20 \times 12}[2\theta_B + (-0.009) - 3 \times 0.005] \tag{2}$$

建立节点 B 平衡方程得到

$$\circlearrowleft^+ \quad \sum M_B = 0$$
$$M_{BA} = 0 \tag{3}$$

将式（2）代入式（3），解得 θ_B：

$$3E(2\theta_B - 0.009 - 0.015) = 0$$
$$\theta_B = 0.012\mathrm{rad}$$

将 θ_B 代入式（1），计算 M_{AB}：

$$M_{AB} = 3 \times 29000 \times [2 \times (-0.009) + 0.012 - 3 \times 0.005]$$
$$= -1827\mathrm{kip \cdot in} = -152.25(\mathrm{kip \cdot ft})$$

运用静力学知识计算 B 点的反力及 A 点剪力，并完成分析［见图 12.12（b）］。

$$\circlearrowright^+ \quad \sum M_A = 0$$
$$0 = R_B \times 20 - 152.25$$
$$R_B = 7.61\mathrm{kip}$$

$$\uparrow^+ \quad \sum F_y = 0$$
$$V_{AB} = 7.61\mathrm{kip}$$

【例 12.7】 如图 12.13 所示，支座建造时处于预定位置，框架的主梁 AB 在建造时偏长了 1.2in。确定当框架与支座连接时产生的反力。EI 为常量，$I = 240\mathrm{in}^4$，$E = 29000\mathrm{kip/in}^2$。

解：

图 12.13（a）中的虚线表示框架变形后的形状。尽管框架与支座连接时产生了内力（轴力、剪力、弯矩），但相对于偏长 1.2in，这些内力产生的变形很小，可以忽略。所以柱 BC 产生的弦转角 ψ_{BC} 等于

$$\psi_{BC} = \frac{\Delta}{L} = \frac{1.2}{9 \times 12} = \frac{1}{90}(\mathrm{rad})$$

因为主梁两端处于相同高度，$\psi_{AB} = 0$。未知位移为 θ_B 与 θ_C。

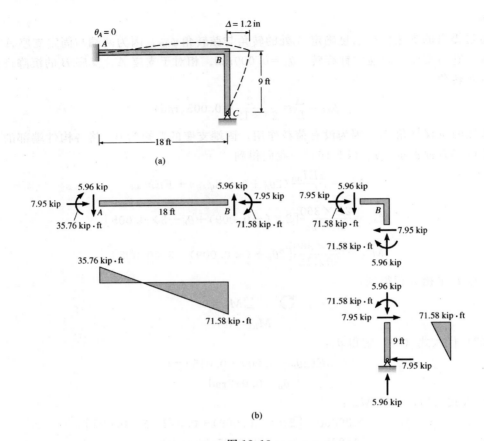

图 12.13

(a) 主梁偏长 1.2in；(b) 梁 AB、节点 B、柱 BC 的隔离体图

　　根据转角位移方程 ［见式 (12.16)］，我们以未知位移表示各构件的固端弯矩。因为构件上没有任何荷载，所有固端弯矩均为 0。

$$M_{AB} = \frac{2E \times 240}{18 \times 12} \theta_B = 2.222E\theta_B \tag{1}$$

$$M_{BA} = \frac{2E \times 204}{18 \times 12} \times 2\theta_B = 4.444E\theta_B \tag{2}$$

$$M_{BC} = \frac{2E \times 240}{9 \times 12}\left(2\theta_B + \theta_C - 3 \times \frac{1}{90}\right)$$

$$= 8.889E\theta_B + 4.444E\theta_C - 0.1481E \tag{3}$$

$$M_{CB} = \frac{2E \times 240}{9 \times 12}\left(2\theta_C + \theta_B - 3 \times \frac{1}{90}\right)$$

$$= 8.889E\theta_C + 4.444E\theta_B - 0.1481E \tag{4}$$

建立平衡方程：

节点 C：
$$M_{CB} = 0 \tag{5}$$

节点 B：
$$M_{BA} + M_{BC} = 0 \tag{6}$$

将式（2）、式（3）、式（4）代入式（5）、式（6）。解得 θ_B 与 θ_C：

$$8.889E\theta_C + 4.444E\theta_B - 0.1481E = 0$$

$$4.444E\theta_B + 8.889E\theta_B + 4.444E\theta_C - 0.1481E = 0$$

$$\theta_B = 0.00666 \text{ rad} \qquad (7)$$

$$\theta_C = 0.01332 \text{ rad} \qquad (8)$$

将 θ_B 与 θ_C 代入式（1）、式（2）、式（3），得到

$$M_{AB} = 35.76\text{kip} \cdot \text{ft} \qquad M_{BA} = 71.58\text{kip} \cdot \text{ft}$$

$$M_{BC} = -71.58\text{kip} \cdot \text{ft} \qquad M_{CB} = 0$$

图 12.13（b）给出了计算内力与反力所需的各隔离体图，也给出了弯矩图。

12.5 有侧移结构分析

到目前为止，我们已用转角位移法分析了超静定梁与框架，在这些超静定梁与框架中，节点能够自由旋转但不能侧向平移。我们现在将拓展此方法，使之能够运用于节点自由侧向移动即发生侧向位移的框架。例如，图 12.14（a）中的水平荷载使主梁 BC 发生距离为 Δ 的侧移。由于主梁的轴向变形非常小，我们假定两根柱子顶部的水平位移都等于 Δ。这一侧移使两框架柱产生了顺时弦转角 ψ，都等于

$$\psi = \frac{\Delta}{h}$$

式中 h——柱子的高度。

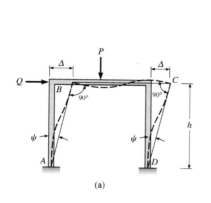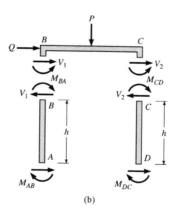

图 12.14

（a）无支撑框架，以虚线表示放大的变形形状。柱子弦转角为顺时针方向 ψ；（b）柱子与主梁的隔离体，未知弯矩以正向给出，即顺时针方向作用于固端（省略了柱子的轴力及主梁的剪力）

因为框架中有 3 个独立的位移〔例如，节点 B、C 的旋转角（θ_B 与 θ_C）以及弦转角 ψ〕，我们需要建立 3 个平衡方程。通过考虑节点 B、C 的弯矩平衡，可以得到两个平衡方程。因为在前面的例题中建立过这种类型的方程，我们将只论述第二种类型的平衡方程——剪力平衡方程。通过对主梁隔离体上的水平力求和可以得到剪力方程。例如，对于图 12.14（b）中的主梁，我们可以得到

$$\rightarrow^+ \sum F_x = 0$$
$$V_1 + V_2 + Q = 0 \qquad (12.18)$$

在式（12.18）中，通过各柱子隔离体上的力对端部取矩并求和，可以得到柱子 AB 的剪力 V_1 与柱子 CD 的剪力 V_2。像以前一样，柱端的未知弯矩必须以正向给出，即顺时针方向作用于构件端部。通过对柱子 AB 的 A 点取矩求和，我们计算得到 V_1：

$$\circlearrowleft^+ \qquad \sum M_A = 0$$
$$M_{AB} + M_{BA} - V_1 h = 0$$
$$V_1 = \frac{M_{AB} + M_{BA}}{h} \qquad (12.19)$$

同理，柱 CD 的剪力通过对 D 点取矩求和得到

$$\circlearrowleft^+ \qquad \sum M_D = 0$$
$$M_{CD} + M_{DC} - V_2 h = 0$$
$$V_2 = \frac{M_{CD} + M_{DC}}{h} \qquad (12.20)$$

将式（12.19）、式（12.20）得到的 V_1 与 V_2 代入式（12.18），我们将建立第三个平衡方程：

$$\frac{M_{AB} + M_{BA}}{h} + \frac{M_{CD} + M_{DC}}{h} + Q = 0 \qquad (12.21)$$

例 12.8 与例 12.9 将阐述运用转角位移法分析侧向荷载作用下发生侧向位移的框架。除非结构与荷载的类型都对称外，框架在承受竖向荷载时也将发生微小的侧移。例 12.10 将阐述这一情况。

【**例 12.8**】 用转角位移法分析图 12.15（a）中的框架。对于所有的构件，EI 为常量。$I_{AB} = 240\text{in}^4$，$I_{BC} = 600\text{in}^4$，$I_{CD} = 360\text{in}^4$。

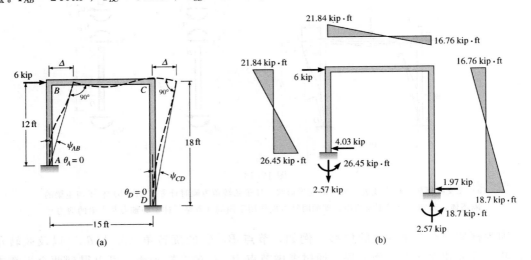

图 12.15
（a）框架详图；（b）反力与弯矩图

解：
确认未知位移数。θ_B、θ_C 及 Δ。以 Δ 表示弦转角 ψ_{AB} 与 ψ_{CD}：

$$\psi_{AB} = \frac{\Delta}{12} \quad \psi_{CD} = \frac{\Delta}{18}$$

因此
$$\psi_{AB} = 1.5\psi_{CD} \tag{1}$$

计算所有构件的相对抗弯刚度：

$$K_{AB} = \frac{EI}{L} = \frac{240E}{12} = 20E$$

$$K_{BC} = \frac{EI}{L} = \frac{600E}{15} = 40E$$

$$K_{CD} = \frac{EI}{L} = \frac{360E}{18} = 20E$$

我们设定 $20E = K$，则

$$K_{AB} = K \quad K_{BC} = 2K \quad K_{CD} = K \tag{2}$$

运用转角位移方程（12.16）：$M_{NF} = (2EI/L)(2\theta_N + \theta_F - 3\psi_{NF}) + FEM_{NF}$，以位移表示构件端部弯矩。因为所有节点之间均无荷载作用，所有 $FEM_{NF} = 0$。

$$\left.\begin{array}{l}
M_{AB} = 2K_{AB}(\theta_B - 3\psi_{AB}) \\
M_{BA} = 2K_{AB}(2\theta_B - 3\psi_{AB}) \\
M_{BC} = 2K_{BC}(2\theta_B + \theta_C) \\
M_{CB} = 2K_{BC}(2\theta_C + \theta_B) \\
M_{CD} = 2K_{CD}(2\theta_C - 3\psi_{CD}) \\
M_{DC} = 2K_{CD}(\theta_C - 3\psi_{CD})
\end{array}\right\} \tag{3}$$

上述的方程中，运用式（1），以 ψ_{CD} 表示 ψ_{AB}。运用式（2），以 K 表示所有的刚度。

$$\left.\begin{array}{l}
M_{AB} = 2K(\theta_B - 3\psi_{CD}) \\
M_{BA} = 2K(2\theta_B - 3\psi_{CD}) \\
M_{BC} = 4K(2\theta_B + \theta_C) \\
M_{CB} = 4K(2\theta_C + \theta_B) \\
M_{CD} = 2K(2\theta_C - 3\psi_{CD}) \\
M_{DC} = 2K(\theta_C - 3\psi_{CD})
\end{array}\right\} \tag{4}$$

平衡方程：

节点 B：
$$M_{BA} + M_{BC} = 0 \tag{5}$$

节点 C：
$$M_{CB} + M_{CD} = 0 \tag{6}$$

剪力方程：
$$\frac{M_{BA} + M_{AB}}{12} + \frac{M_{CD} + M_{DC}}{18} + 6 = 0 \tag{7}$$

［见式（12.21）］：

将式（4）代入式（5）、式（6）、式（7）。合并同类项得到

$$12\theta_B + 4\theta_C - 9\psi_{CD} = 0$$

$$4\theta_B + 12\theta_C - 6\psi_{CD} = 0$$

$$9\theta_B + 6\theta_C - 39\psi_{CD} = -\frac{108}{K}$$

联立这些方程求解得到

$$\theta_B = \frac{2.257}{K} \qquad \theta_C = \frac{0.97}{K} \qquad \psi_{CD} = \frac{3.44}{K}$$

$$\psi_{AB} = 1.5\psi_{CD} = \frac{5.16}{K}$$

因为所有角度均为正，则所有节点旋转与侧移角都为顺时针方向。

将上述的位移值代入式（4），我们可以解得构件端部弯矩：

$$M_{AB} = -26.45\text{kip} \cdot \text{ft} \qquad M_{BA} = -21.84\text{kip} \cdot \text{ft}$$

$$M_{BC} = 21.84\text{kip} \cdot \text{ft} \qquad M_{CB} = 16.78\text{kip} \cdot \text{ft}$$

$$M_{CD} = -16.76\text{kip} \cdot \text{ft} \qquad M_{DC} = -18.7\text{kip} \cdot \text{ft}$$

最终结果归纳在图 12.15（b）中。

【例 12.9】 运用转角位移法分析图 12.16（a）中的框架。所有构件的 EI 为常量。

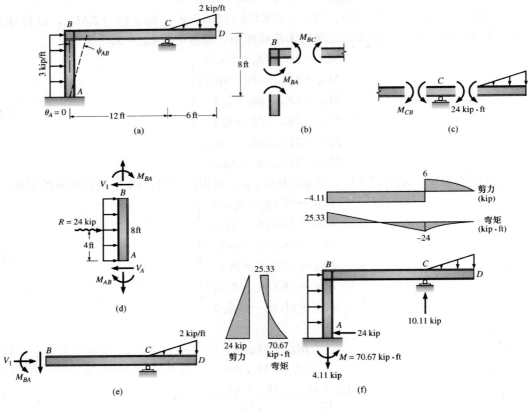

图 12.16

（a）框架详图：弦转角 ψ_{AB} 以虚线表示；（b）节点 B 处的弯矩（省略剪力与弯矩）；
（c）节点 C 处的弯矩（省略剪力与反力）；（d）柱 AB 的隔离体；（e）建立
第三个平衡方程所需的梁隔离体；（f）反力、剪力、弯矩图

解：

确认未知位移数；θ_B、θ_C、ψ_{AB}。因为悬臂构件是结构的静定部分，它的分析没有必要包含在转角位移方程中。另外我们可以将悬臂构件作为荷载处理，以竖向荷载 6kip、

顺时针弯矩 24kip·ft 作用于节点 C。

根据式（12.16），以位移表示构件端部弯矩（所有单位均为 kip·ft）。

$$
\left.
\begin{aligned}
M_{AB} &= \frac{2EI}{8}(\theta_B - 3\psi_{AB}) - \frac{3 \times 8^2}{12} \\
M_{BA} &= \frac{2EI}{8}(2\theta_B - 3\psi_{AB}) + \frac{3 \times 8^2}{12} \\
M_{BC} &= \frac{2EI}{12}(2\theta_B + \theta_C) \\
M_{CB} &= \frac{2EI}{12}(2\theta_C + \theta_B)
\end{aligned}
\right\} \tag{1}
$$

写出 B 点与 C 点的平衡方程。

节点 B〔见图 12.16（b）〕：

$$
{}^+\circlearrowleft \quad \sum M_B = 0： \quad M_{BA} + M_{BC} = 0 \tag{2}
$$

节点 C〔见图 12.16（c）〕：

$$
{}^+\circlearrowleft \quad \sum M_C = 0： \quad M_{CB} - 24 = 0 \tag{3}
$$

剪力方程〔见图 12.16（d）〕：

$$
\circlearrowright{}^+ \quad \sum M_A = 0 \quad M_{BA} + M_{AB} + 24 \times 4 - V_1 \times 8 = 0
$$

解得剪力 V_1 为

$$
V_1 = \frac{M_{BA} + M_{AB} + 96}{8} \tag{4a}
$$

隔离主梁〔见图 12.16（e）〕，考虑水平方向平衡：

$$
\rightarrow{}^+ \sum F_x = 0： 从而 V_1 = 0 \tag{4b}
$$

将式（4a）代入式（4b）：

$$
M_{BA} + M_{AB} + 96 = 0 \tag{4}
$$

将式（1）代入式（2）、式（3）、式（4），得到以位移表示的平衡方程，合并同类项，简化得到

$$
100\theta_B - 2\theta_C - 9\psi_{AB} = -\frac{192}{EI}
$$

$$
\theta_B - 2\theta_C = \frac{144}{EI}
$$

$$
3\theta_B - 6\psi_{AB} = -\frac{384}{EI}
$$

联立求解上述方程：

$$
{}_B = \frac{53.33}{EI} \quad \theta_C = \frac{45.33}{EI} \quad \psi_{AB} = \frac{90.66}{EI}
$$

将 θ_B、θ_C、ψ_{AB} 的值代入式（1），解得各构件的固端弯矩为

$$
M_{AB} = \frac{2EI}{8}\left(\frac{53.33}{EI} - \frac{3 \times 90.66}{EI}\right) - 16 = -70.67(\text{kip·ft})
$$

$$
M_{BA} = \frac{2EI}{8}\left(\frac{2 \times 53.33}{EI} - \frac{3 \times 90.66}{EI}\right) + 16 = -25.33(\text{kip·ft})
$$

$$
M_{BC} = \frac{2EI}{12}\left(\frac{2 \times 53.33}{EI} + \frac{45.33}{EI}\right) = 25.33(\text{kip·ft})
$$

$$
M_{CB} = \frac{2EI}{12}\left(\frac{2 \times 45.33}{EI} + \frac{53.33}{EI}\right) = 24(\text{kip·ft})
$$

得到构件端弯矩后，根据各构件的隔离体平衡计算所有构件的剪力，最终结果见图 12.16（f）。

【例 12.10】 运用转角位移法分析图 12.17（a）中的框架。确定构件的反力，绘制各构件的弯矩曲线、变形草图。若 $I=240\text{in}^4$，$E=30000\text{kip/in}^2$，确定节点 B 的水平位移。

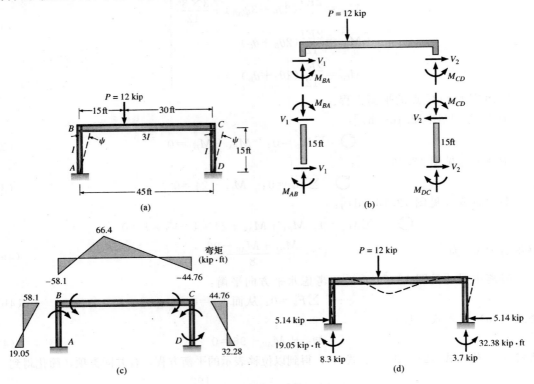

图 12.17

（a）无支撑框架，假定柱子的弦转角为正（见虚线），变形后见图（d）；（b）建立剪力
方程所需的柱子与主梁隔离体；（c）构件端部弯矩与
弯矩曲线（kip·ft）；（d）反力与变形

解：

未知位移为 θ_B、θ_C、ψ。因为节点 A 固定，θ_A 与 θ_D 都等于 0。梁 BC 没有弦转角。

根据转角位移方程，以位移表示各构件的端部弯矩。利用图 12.5 确定 FEM_{NF}。

$$M_{NF}=\frac{2EI}{L}(2\theta_N+\theta_F-3\psi_{NF})+FEM_{NF}$$

$$FEM_{BC}=-\frac{Pb^2a}{L^2}=\frac{12\times30^2\times15}{45^2}=-80(\text{kip}\cdot\text{ft})$$

$$FEM_{CD}=\frac{Pa^2b}{L^2}=\frac{12\times15^2\times30}{45^2}=40(\text{kip}\cdot\text{ft})$$

简化转角位移方程的表达式，设 $EI/15=K$。

$$\left.\begin{aligned}
M_{AB} &= \frac{2EI}{15}(\theta_B - 3\psi) = 2K(\theta_B - 3\psi) \\
M_{BA} &= \frac{2EI}{15}(2\theta_B - 3\psi) = 2K(2\theta_B - 3\psi) \\
M_{BC} &= \frac{2EI}{45}(2\theta_B + \theta_C) - 80 = \frac{2}{3}K(2\theta_B + \theta_C) - 80 \\
M_{CB} &= \frac{2EI}{45}(2\theta_C + \theta_B) + 40 = \frac{2}{3}K(2\theta_C + \theta_B) + 40 \\
M_{CD} &= \frac{2EI}{15}(2\theta_C - 3\psi) = 2K(\theta_C - 3\psi) \\
M_{DC} &= \frac{2EI}{15}(\theta_C - 3\psi) = 2K(\theta_C - 3\psi)
\end{aligned}\right\} \tag{1}$$

平衡方程：

节点 B：
$$M_{BA} + M_{BC} = 0 \tag{2}$$

节点 C：
$$M_{CB} + M_{CD} = 0 \tag{3}$$

剪力平衡方程［见图 12.17（b）中的主梁］：
$$\xrightarrow{+} \quad \sum F_x = 0 \quad V_1 + V_2 = 0 \tag{4a}$$

$$V_1 = \frac{M_{BA} + M_{AB}}{15} \quad V_2 = \frac{M_{CD} + M_{DC}}{15} \tag{4b}$$

将式（4b）得到的 V_1 与 V_2 代入式（4a）中，得到
$$M_{BA} + M_{AB} + M_{CD} + M_{DC} = 0 \tag{4}$$

另外，我们可以在式（12.21）中令 $Q = 0$，得到式（4）。

将式（1）代入式（2）、式（3）、式（4），得到以位移表示的平衡方程。合并同类项，并简化得到
$$8K\theta_B + K\theta_C - 9K\psi = 120$$
$$2K\theta_B + 16K\theta_C - 3K\psi = -120$$
$$K\theta_B + K\theta_C - 4K\psi = 0$$

联立求解上述方程：
$$\theta_B = \frac{410}{21K} \quad \theta_C = -\frac{130}{21K} \quad \psi = \frac{10}{3K} \tag{5}$$

将 θ_B、θ_C、ψ 的值代入式（1），我们可以计算得到构件端部弯矩为
$$\left.\begin{aligned}
M_{AB} &= 19.05 \text{kip} \cdot \text{ft} \\
M_{BA} &= 58.1 \text{kip} \cdot \text{ft} \\
M_{CD} &= -44.76 \text{kip} \cdot \text{ft} \\
M_{DC} &= -32.38 \text{kip} \cdot \text{ft} \\
M_{BC} &= -58.1 \text{kip} \cdot \text{ft} \\
M_{CB} &= 44.76 \text{kip} \cdot \text{ft}
\end{aligned}\right\} \tag{6}$$

图 12.17（c）给出了构件端部弯矩与弯矩曲线略图。变形形状见图 12.17（d）。

计算节点 B 处的水平位移。运用式（1）计算 M_{AB}，所有变量的单位为 in 或 kip。
$$M_{AB} = \frac{2EI}{15 \times 12}(\theta_B - 3\psi) \tag{7}$$

根据式（5）(p.485) $\theta_B = 5.86\psi$；将其代入式（7），计算得到

$$19.05 \times 12 = \frac{2 \times 30000 \times 240}{15 \times 12}(5.86\psi - 3\psi)$$

$$\psi = 0.000999\text{rad}$$

$$\psi = \frac{\Delta}{L} \quad \Delta = \psi L = 0.000999 \times 15 \times 12 = 0.18(\text{in})$$

12.6 机动不定性

为了运用柔度方法分析结构，我们首先确定结构的不确定阶数。超静定的次数决定了我们必须建立的求解多余未知量的兼容方程的数目。

在转角位移法中，位移——节点转角与侧移——均为未知。作为基本步骤，我们必须建立在数量上与独立节点位移数相等的平衡方程。独立节点位移数称作机动不定次数。为了确定超静定次数，我们只要核实节点能够自由发生独立的位移数。例如，若我们忽略了轴向变形，图 12.18 (a) 中的梁为一次机动不确定。假如我们运用转角位移法分析该梁，只有节点 B 的转角需作为未知量。

假如我们在广义刚度中考虑轴向刚度，则 B 点的轴向位移将成为一个未知量。该结构将归为二次机动不定。除非有其他的说明，在讨论中一般都忽略轴向变形。

图 12.18 (b) 中的框架归为四次机动不定。因为节点 A、B、C 能够自由旋转，主梁能够侧向移动。尽管节点旋转的数量容易辨认，但某些类型问题中节点的独立位移数目很难确定。作为确定节点的独立位移数的一种方法，引入假想的滚轴作为节点约束。约束结构节点侧移所需的滚轴数目等于节点独立侧移的数目。例如，在图 12.18 (c) 中的结构归为八次机动不确定，因为存在可能的 6 个节点旋转与 2 个节点侧移。各楼层处的每个假想滚轴 (标有数字 1 与 2) 限制了楼层的侧向位移。在图 12.18 (d) 中，空腹桁架可以归为十一阶机动不确定 (8 个节点转角与 3 个节点独立位移)。在节点 B、C、H 处增加滚轴 (标有 1、2、3) 约束了所有节点的侧移。

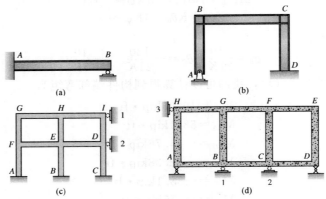

图 12.18 机动不确定阶数的建立

(a) 一阶机动不确定，忽略轴向变形；(b) 四阶机动不确定；(c) 八阶机动不确定，在点 1 与点 2 处增加假想滚轴；(d) 十一阶机动不确定，在 1、2、3 处增加假想滚轴

总结

· 转角位移方法是分析超静定梁与框架的经典方法，在此方法中节点位移是未知量。

- 12.4 节总结了使用转角位移法分析超静定梁或框架的一步步过程。
- 对于具有大量节点的高度超静定结构，转角位移法的解答要求工程师同时求解一系列在数量上等于未知位移数的平衡方程——相当费时。考虑到计算机程序的利用，运用转角位移方法分析结构是不切实际的，但是熟悉该方法的学生能够深入理解结构的性能。
- 20 世纪 30 年代发展起来的弯矩分配法是转角位移法的一种转化，它通过分配人为固定在节点处的不平衡弯矩分析超静定梁与框架。虽然此方法避免了大量方程的同时求解，它仍相对冗长，特别是在要考虑大量荷载条件的情况下。然而，弯矩分配法可以作为一种有效的近似分析方来检验计算机分析的结果及进行初步设计。我们将运用转角位移法（第 13 章）建立弯矩分配法。
- 广义刚度法是角位移法的一种变化，它用于编制计算机程序，将在第 16 章中涉及。该方法利用刚度系数——产生单位节点位移所需的外力。

习题

P12.1、P12.2　如图 P12.1、图 P12.2 所示，运用式（12.12）与式（12.13）计算固端梁的固端弯矩。

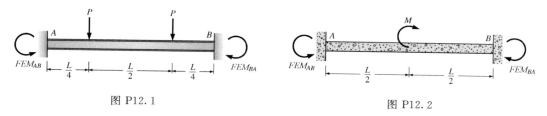

图 P12.1　　　　　　　　　　　图 P12.2

P12.3　使用转角位移法分析本题并绘制图 P12.3 中的梁的剪力、弯矩图。EI 为常量。

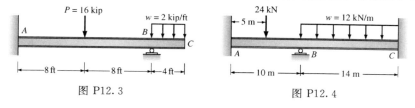

图 P12.3　　　　　　　　　　　图 P12.4

P12.4　使用转角位移法分析如图 P12.4 所示的梁，绘制梁的剪力和弯矩图。EI 为常量。

P12.5　计算图 P12.5 中 A 点、C 点处的反力。绘制构件 BC 的剪力和弯矩图。$I=2000\mathrm{in}^4$，$E=3000\mathrm{kip/in}^2$。

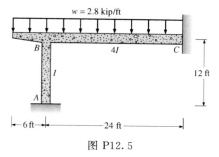

图 P12.5

P12.6 绘制图 P12.6 中框架的剪力和弯矩图。EI 为常量。

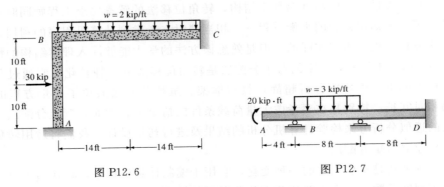

图 P12.6 图 P12.7

P12.7 分析图 P12.7 所示的梁。绘制剪力和弯矩图。已知：$E=29000\mathrm{ksi}$，$I=100\mathrm{in}^4$。

P12.8 如图 P12.8 所示，要使梁的末端 A 没有竖向位移，计算 CD 跨中所需的力 W。已知：$E=29000\mathrm{ksi}$，$I=100\mathrm{in}^4$。

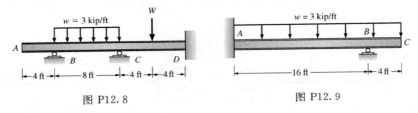

图 P12.8 图 P12.9

P12.9 （a）在荷载作用下，图 P12.9 中的支座 B 下沉 1in，确定所有反力。$E=30000\mathrm{kip/in}^2$，$I=240\mathrm{in}^4$。（b）计算 C 点的变形。

P12.10 如图 12.10 所示，支座 A 旋转 $0.002\mathrm{rad}$，支座 C 下沉 $0.6\mathrm{in}$。绘制剪力和弯矩图。已知：$E=29000\mathrm{kip/in}^2$，$I=144\mathrm{in}^4$。

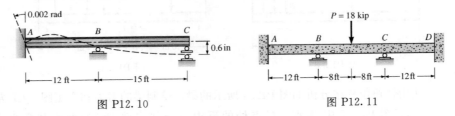

图 P12.10 图 P12.11

在习题 P12.11～习题 P12.14 中，利用对称性简化转角位移方法。

P12.11 （a）计算图 P12.11 中梁的反力，绘制剪力和弯矩图。（b）计算荷载作用下的变形。

P12.12 （a）确定图 P12.12 矩形环构件的端部弯矩。绘制构件 AB 与 AD 的剪力和弯矩图。矩形环的横截面尺寸为 12in×8in，$E=3000\mathrm{kip/in}^2$。（b）构件 AD 与构件 AB 的轴力是多少？

P12.13 图 P12.13 给出了土压力作用于每 1ft 混凝土渠上的力，以及作用于板顶的设计荷载值。假定墙底与基础板的连接节点 A 与 D 为刚接。试求杆件末端弯矩，绘制剪力和弯矩图。并画出挠曲形状。EI 为常量。

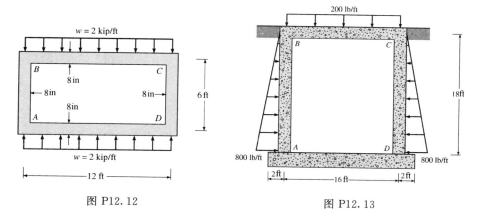

图 P12.12

图 P12.13

P12.14 计算图 P12.14 中反力，绘制梁的剪力和弯矩图。$E = 200\text{GPa}$，$I = 120 \times 10^6 \text{mm}^4$。

P12.15 考虑如图 12.14 所示梁无荷载作用，当支座 C 沉降 24mm，支座 A 逆时针旋转 0.005rad，计算反力并绘制剪力和弯矩图。

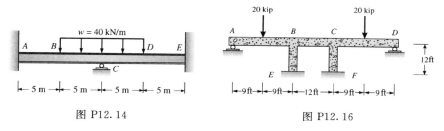

图 P12.14

图 P12.16

P12.16 分析如图 P12.16 所示的框架，除施加荷载外，支座 A 和 D 沉降 2.16in。梁的 $EI = 36000\text{kip} \cdot \text{ft}^2$，柱的 $EI = 72000\text{kip} \cdot \text{ft}^2$。运用对称性简化分析。

P12.17 分析图 P12.17 中所示的结构。除荷载作用外，支座 A 发生顺时针旋转 0.005rad。所有构件的 $E = 200\text{GPa}$，$I = 25 \times 10^6 \text{mm}^4$。

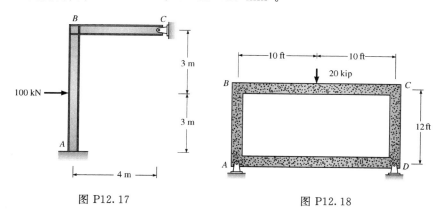

图 P12.17

图 P12.18

P12.18 分析如图 P12.18 所示的框架。计算所有反力。已知：EI 为常数。

P12.19 分析图 P12.19 中的框架。EI 为常量。

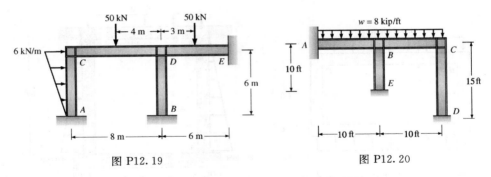

图 P12.19　　　　　　　　　　　图 P12.20

P12.20　分析图 P12.20 中的框架，计算所有反力。已知：EI 为常量。

P12.21　分析图 P12.20 中的框架。忽略外荷载，支座 E 沉降 1in，$E = 29000$ksi，$I = 100$in^4。

P12.22　计算图 P12.22 所示结构的反力，绘制梁 BD 的剪力和弯矩图。EI 为常量。

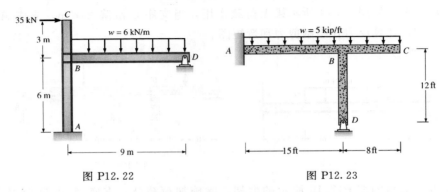

图 P12.22　　　　　　　　　　图 P12.23

P12.23　分析图 P12.23 中的框架。计算所有反力，并绘制杆件 AB 和 BD 的剪力和弯矩图。已知：EI 为常数。

P12.24　图 P12.24 中支座 A 制作时偏短了 0.48in，支座 C 相对于通过 C 点的竖轴发生了 0.016rad 的转角。当结构与支座连接时，确定产生的弯矩与反力。$E = 29000$kip/in^2。

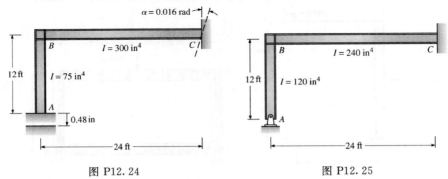

图 P12.24　　　　　　　　　　图 P12.25

P12.25　图 P12.25 中的构件 AB 制作时偏长了 (3/4) in。确定框架建造后产生的弯矩与反力，并绘制变形草图。已知：$E = 29000$kip/in^2。

P12.26　分析图 P12.26 所示的框架。已知：EI 为常量。

P12.27　分析图 P12.27 中的框架。注意支座 D 只能在水平方向上移动。计算所有反力，绘制剪力和弯矩图。已知：$E = 29000 \text{ksi}$，$I = 100 \text{in}^4$。

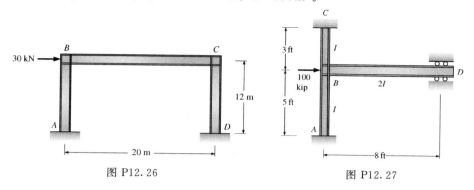

图 P12.26　　　　　　　　　　　图 P12.27

P12.28　分析图 P12.28 中的框架。注意由于荷载不对称可能发生的侧移。计算节点 B 的水平位移。已知对于所有构件：$E = 29000 \text{kip/in}^2$，$I = 240 \text{in}^4$。

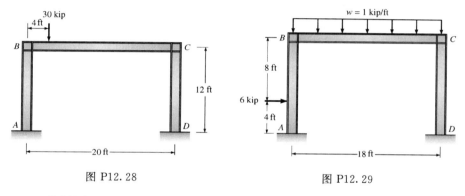

图 P12.28　　　　　　　　　　　图 P12.29

P12.29　分析图 P12.29 中的框架，计算所有反力。$I_{BC} = 200 \text{in}^4$，$I_{AB} = I_{CD} = 150 \text{in}^4$。$E$ 为常量。

P12.30　确定图 P12.30 中 A 点与 D 点的所有反力。EI 为常量。

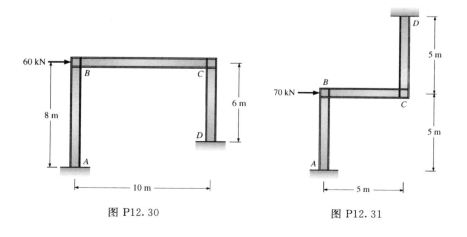

图 P12.30　　　　　　　　　　　图 P12.31

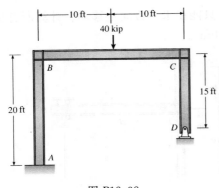

图 P12.32

P12.31 分析图 P12.31 中的框架。EI 为常量。

P12.32 如图 P12.32 所示,建立转角位移法所需的平衡方程,以适当的位移表示平衡方程。所有构件 EI 为常量。

P12.33 如图 P12.33 所示,建立转角位移法所需的平衡方程,以适当的位移表示平衡方程。所有构件 EI 为常量。

P12.34 如图 P12.34 所示,建立转角位移法所需的平衡方程,以适当的位移表示平衡方程。所有构件 EI 为常量。

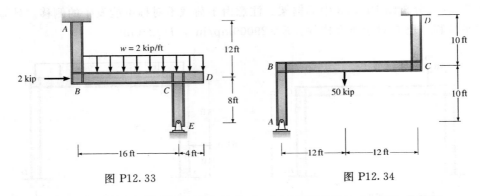

图 P12.33   图 P12.34

P12.35 确定图 P12.35 中每个结构的机动不定性的次数。忽略轴向变形。

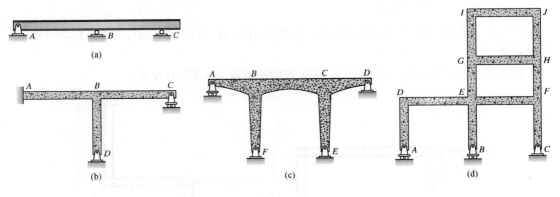

图 P12.35

联邦储备局办公楼（马萨诸塞州，波士顿）

波士顿联邦储备银行大楼绰号为"洗衣板"，它是一栋 33 层的办公大楼。36ft 深的钢桁架横跨两个塔端，高出街道水平面上 140ft，支撑起了这栋塔式写字楼。

第 **13** 章

弯矩分配法

本章目标

· 掌握弯矩分配法，一种用于分析超静定梁和框架的近似方法，它不需要书写求解联立方程。

· 理解如何达到节点平衡，通过一系列的锁定和放松节点，将弯矩分配并传递到节点的所有框架构件两端直到所有节点达到平衡。

· 先学习分析限制侧移的梁和框架的处理，然后延伸到处理未限制侧移的框架。

· 将弯矩分配法从梁和框架的应用延伸到变截面构件。

13.1 引言

弯矩分配法，是由哈迪·克罗斯在 20 世纪 30 年代早期发展起来的，它通过一系列简单的计算来求解超静定梁和框架杆件的最终弯矩。该方法基于节点处于平衡状态时，连接到该节点上的各杆件端弯矩之和为 0。在许多情况下，分析高次超静定结构时，弯矩分配法不像柔度法和角位移法那样，它不需要求解大量的联立方程。对连续的刚性连接结构——焊接钢结构或钢筋混凝土框架和连续梁，可用计算机程序快速地分析多种荷载条件的作用，此时弯矩分配法能够有效地检验计算机的分析结果或在初步设计阶段给出构件初始尺寸后，进行近似分析。

在弯矩分配法中，我们假设在结构上所有可以转动和平移的节点上加上临时约束。我们引入假想的夹具约束转动，引入假想的滚动支座阻止节点的侧移（仅当结构有侧移时才要加滚动支座）。

引入约束的基本作用使结构完全由端部固定的构件组成，当在约束结构上施加设计荷载时，构件和夹具中产生弯矩。

对于没有侧移的结构（最普遍的情形），分析过程即逐一地从连续节点上移除夹具，并将弯矩分配到连接该节点的各个杆件上，杆端弯矩按照各杆的抗弯刚度等比例分配。当所有夹具中的弯矩都分配到杆件上时，就完成了超静定分析，再根据静力方程进行平衡分析——作出剪力和弯矩图，计算杆件中的轴力和支座反力。

例如，图 13.1 (a) 是用弯矩分配法分析连续梁的第一步，我们在节点 B、C 处加上夹具，节点 A 是固定端，不需要外加夹具。当荷载作用在各段跨内时，杆件中产生固端弯矩，夹具中产生约束弯矩（M'_B 和 M'_C）。在进行弯矩分配时，轮流除去和加上 B 点和 C 点处的夹具，并反复进行，直到梁变形到其平衡位置，如图 13.1 (b) 中的虚线所示。在掌握了连接到一个节点的各杆件的弯矩分配方法后，你就能够快速地分析各种超静定梁和框架。

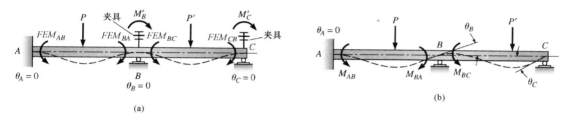

图 13.1　用弯矩分配法分析连续梁
(a) 在节点 B 和 C 处加上临时夹具，形成由两根固端梁组成的约束结构；
(b) 移去夹具后，梁变形到平衡位置

最初，我们仅考虑全部由直线柱状构件组成的结构，即构件的横截面沿其全长保持不变，然后再将分析过程扩展到含有变横截面构件的结构。

13.2　弯矩分配法的建立

为了建立弯矩分配法，如图 13.2 (a) 中的连续梁，我们移去节点 B 处阻止其转动的虚拟夹具，在结构变形到最终的平衡位置后，采用挠度方程计算各跨杆件的端部弯矩。

尽管我们通过分析只有一个可自由转动节点的简单结构来建立弯矩分配法，但能够从中得到该方法最重要的特征。

当集中荷载 P 作用在 AB 跨时，初始的直梁变形为虚线所示形状，梁变形后的弹性曲线在支座 B 处的切线与水平轴成夹角 θ_B。图中所示的 θ_B 被放大了很多，而其实际大小一般小于 $1°$。在支座 A 和 C 处，弹性曲线的斜率为 0，因为固定端不能自由转动。图 13.2 (b) 是梁受力变形到平衡位置后，节点 B 的详图，该节点即微小的梁段 ds，受到梁 AB 和 BC 的剪力和弯矩以及支座反力 R_B 作用。将弯矩对支座 B 求和，节点平衡要求弯矩 $M_{BA} = M_{BC}$，M_{BA} 和 M_{BC} 分别为构件 AB 和 BC 作用在节点 B 上的弯矩。因为该微段构件的表面与支座中心线的距离为无穷小，所以剪力引起的弯矩是二阶小量，可以不计入弯矩平衡方程中。

现在考虑图 13.2 中 AB、BC 跨，用弯矩分配法计算杆端弯矩过程的各步骤的细节。第一步〔见图 13.2 (c)〕，假设 B 点用大的夹具锁住而制止其转动。

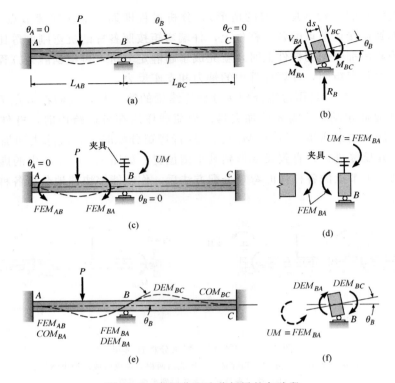

图 13.2 弯矩分配法分析梁的各阶段

（a）受力的梁的变形位置；（b）节点 B 在平衡位置的隔离体图；（c）约束了的梁（B 点锁住）的固端弯矩；

（d）约束解除前 B 点的隔离体图；（e）约束解除后梁的弯矩；

（f）平衡不平衡弯矩（UM）的节点转角产生的分配力矩

　　该夹具形成了两个端部固定的梁。当 AB 跨中作用上 P 后，构件各端产生固端弯矩，这些弯矩可以用图 12.5 或式（12.12）和式（12.13）计算。梁 BC 上不产生弯矩，因为该段无荷载作用。

　　图 13.2（d）所示为梁 AB 末端和节点 B 之间的弯矩，该梁在节点上施加了一个逆时针方向的弯矩 FEM_{BA}。为了阻止节点的转动，夹具要作用一个大小相等、方向相反的弯矩在节点上。夹具中的弯矩叫做不平衡弯矩（UM）。如果 BC 跨也受力，夹具中的不平衡弯矩等于连接到该节点两段梁杆端弯矩之差。

　　如果解除约束，节点 B 将逆时针旋转角度 θ_B 到其平衡位置 ［见图 13.2（e）］。随着节点 B 的旋转，在杆 AB 和 BC 杆端产生附加弯矩，记为 DEM_{BC}、COM_{BC}、DEM_{BA} 和 COM_{BA}。节点 B 处的这些弯矩被称为杆端分配弯矩（DEM_S），和不平衡弯矩方向相反 ［见图 13.2（f）］。换句话说，当节点处于平衡状态时，杆端分配弯矩的与原来夹具中的不平衡弯矩相等。我们可以将节点平衡条件表示为

$$\circlearrowleft^+ \quad \sum M_B = 0$$
$$DEM_{BA} + DEM_{BC} - UM = 0 \Bigg\} \tag{13.1}$$

式中　DEM_{BA}——B 点转动在杆 AB 端部 B 产生的弯矩；

DEM_{BC}——B 点转动在杆 BC 端部 B 产生的弯矩；

UM——节点不平衡弯矩。

在所有弯矩分配计算中，正负号规定和在转角位移法中的规定是一样：杆端的转角和弯矩，以顺时针方向为正，逆时针方向为负。在式（13.1）和图 13.2 中正负号未标出，但已经包含在各个弯矩的缩写里面了。

由节点 B 的转动在 AB 杆 A 端和 BC 杆 C 端产生的弯矩称为传递弯矩（COM_S），有如下性质：

（1）各杆杆端弯矩的最终值等于杆端分配弯矩（或传递弯矩）与固定端弯矩（如果该跨受力）之和。

（2）对于截面保持不变的梁，每跨的传递弯矩与杆端分配弯矩的符号相同，但大小是其 1/2。

要校核图 13.2（e）中杆 AB 和 BC 的杆端最终弯矩值，我们利用转角位移方程［式（12.16）］，采用各杆件的特性来表示杆端弯矩、作用荷载以及节点 B 的转角：因为 $\theta_A = \theta_B = \psi = 0$，由式（12.16）得出

杆 AB：

$$M_{BA} = \frac{2EI_{AB}}{L_{AB}} \times 2\theta_B + FEM_{BA} = \frac{4EI_{AB}}{L_{AB}}\theta_B + FEM_{BA} \tag{13.2}$$

$$(DEM_{BA})$$

$$M_{AB} = \frac{2EI_{AB}}{L_{AB}}\theta_B + FEM_{AB} \tag{13.3}$$

$$(COM_{BA})$$

杆 BC：

$$M_{BC} = \frac{2EI_{BC}}{L_{BC}} \times 2\theta_B = \frac{4EI_{BC}}{L_{BC}}\theta_B \tag{13.4}$$

$$(DEM_{BC})$$

$$M_{CB} = \frac{2EI_{BC}}{L_{BC}}\theta_B \tag{13.5}$$

$$(COM_{BC})$$

式（13.2）表示的是杆 AB［见图 13.2（e）］B 端的杆端弯矩 M_{BA} 等于固定端弯矩 FEM_{BA} 和杆端分配弯矩 DEM_{BA} 之和。DEM_{BA} 由式（13.2）右边第一项给出

$$DEM_{BA} = \frac{4EI_{AB}}{L_{AB}}\theta_B \tag{13.6}$$

式（13.6）中的 $4EI_{AB}/L_{AB}$ 被称为 AB 杆 B 端的转动刚度，表示当远端 A 固定时，B 点产生 1rad 的转角所需要的弯矩。如果梁不是柱状的，即杆件横截面沿轴线变化，转动刚度中的常量将不等于 4（见 13.9 节）。

式（13.3）表示杆 AB 的 A 端的总弯矩等于固端弯矩 FEM_{AB} 和传递弯矩 COM_{BA} 之和。COM_{BA} 由式（13.3）右边第一项得出

$$COM_{BA} = \frac{2EI_{AB}}{L_{AB}}\theta_B \tag{13.7}$$

如果将由式 (13.6) 和式 (13.7) 得出的 DEM_{BA} 和 COM_{BA} 的值进行比较，能发现它们的区别仅在于常数 2 和 4，可得

$$COM_{BA} = \frac{1}{2} DEM_{BA} \qquad (13.8)$$

由式 (13.6) 和式 (13.7) 得出的传递弯矩和分配弯矩都是 θ_B 的函数——θ_B 是唯一可正可负的变量，因此两个弯矩具有相同的正负号规定，即 θ_B 顺时针时为正值，逆时针时为负值。

式 (13.4) 表示 BC 杆 B 端弯矩仅和转角 θ_B 有关，因为该段没有荷载作用。类似的，式 (13.5) 表明 BC 杆 C 端的传递弯矩也只和节点 B 的转角 θ_B 有关。如果我们比较 BC 杆 B 端的杆端弯矩 M_{BC} 和 BC 杆 C 端的杆端弯矩 M_{CB}，可以得出与式 (13.8) 相同的结论，即传递弯矩等于分配弯矩的一半。

将式 (13.2) 的第一项和式 (13.4) 代入式 (13.1)，可以计算节点 B 的分配弯矩的大小 [见图 13.2 (f)] 占节点 B 夹具中不平衡弯矩的百分比：

$$DEM_{BA} + DEM_{BC} - UM = 0$$

$$\frac{4EI_{AB}}{L_{AB}} \theta_B + \frac{4EI_{BC}}{L_{BC}} \theta_B = UM \qquad (13.9)$$

解式 (13.9) 得出 θ_B：

$$\theta_B = \frac{UM}{4EI_{AB}/L_{AB} + 4EI_{BC}/L_{BC}} \qquad (13.10)$$

若令

$$K_{AB} = \frac{I_{AB}}{L_{AB}} \quad 和 \quad K_{BC} = \frac{I_{BC}}{L_{BC}} \qquad (13.11)$$

其中比值 I/L 称为线刚度，可将式 (13.10) 改写为

$$\theta_B = \frac{UM}{4EK_{AB} + 4EK_{BC}} = \frac{UM}{4E(K_{AB} + K_{BC})} \qquad (13.12)$$

如果将 $K_{AB} = I_{AB}/L_{AB}$ [见式 (13.11)] 和式 (13.12) 得出的 θ_B 代入式 (13.6)，杆端分配弯矩 DEM_{BA} 可表示为

$$DEM_{BA} = 4EK_{AB} \frac{UM}{4E(K_{AB} + K_{BC})} \qquad (13.13)$$

如果所有杆件的弹性模量 E 都相同，式 (13.13) 可以简化为 (约去常量 $4E$)

$$DEM_{BA} = \frac{K_{AB}}{(K_{AB} + K_{BC})} UM \qquad (13.14)$$

系数 $K_{AB}/(K_{AB} + K_{BC})$ 给出了 AB 杆线刚度占与节点 B 相连的所有杆 (AB 和 BC) 的线刚度总和的比例，称为 AB 杆的分配系数 (DF_{BA})。

$$DF_{BA} = \frac{K_{AB}}{K_{AB} + K_{BC}} = \frac{K_{AB}}{\sum K} \qquad (13.15)$$

其中 $\sum K = K_{AB} + K_{BC}$ 表示连接到节点 B 的所有杆的线刚度之和。由式 (13.15)，可将式 (13.14) 表示为

$$DEM_{BA} = DF_{BA}(UM) \qquad (13.16)$$

类似地，BC 的杆端分配弯矩可以表示为

$$DEM_{BC} = DF_{BC}(UM) \qquad (13.16a)$$

其中
$$DF_{BC} = \frac{K_{BC}}{K_{AB} + K_{BC}} = \frac{K_{BC}}{\sum K}$$

13.3 节点无平移的弯矩分配法概述

本节详细探讨了采用弯矩分配法分析节点可以自由转动、但不发生平移的连续结构。在举例应用之前，先将该方法概述如下：

（1）作出结构的示意图。

（2）计算每个可自由转动节点各杆件的分配系数，标示在图上节点附近的方框中，每个节点的分配系数之和必须等于 1。

（3）在每根受力杆件的端部写出固端弯矩，按符号规定以顺时针方向为正，逆时针方向为负。

（4）计算第一个解除夹具节点的不平衡弯矩，该点的不平衡弯矩等于连接到该点的所有杆件固端弯矩的代数和。在第一点解除夹具后，其相邻节点的不平衡弯矩等于固端弯矩和传递弯矩的代数和。

（5）解除节点约束，将不平衡弯矩分配到连接到该点的各杆件端部。杆端分配弯矩等于不平衡弯矩乘以各杆的分配系数，分配弯矩的符号与不平衡弯矩的符号相反。

（6）写出杆件远端的传递弯矩，符号和分配弯矩相同，但大小是其一半。

（7）重新加上夹具，再进行下一节点的弯矩分配。当所有夹具中的不平衡弯矩等于或接近 0 时，就可以结束弯矩分配。

13.4 梁的弯矩分配

通过例 13.1 分析图 13.3 中的两跨连续梁可以说明弯矩分配的过程。由于只有支座 B 处的节点可以自由转动，只需要对 B 点进行弯矩分配，而在后面的问题中，我们将考虑具有多个可以自由转动节点的结构。

在求解例 13.1 之前，我们首先计算杆件的刚度、节点 B 的分配系数以及 AB 跨的固端弯矩，这些数据记录在图 13.4 上，以便进行弯矩分配计算。为了图示的简洁，作用在 AB 跨上的 15kip 荷载和节点 B 上的夹具没有画出。节点 A 和 C 不需要解除约束，因此不计算它们的分配系数。B 点夹具中的不平衡弯矩等于节点 B 处固端弯矩的代数和，由于只有 AB 跨上有荷载，其不平衡

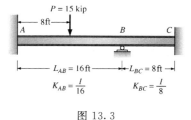

图 13.3

弯矩——图中未画出——等于 +30kip·ft。现在，假设解除节点 B 上的夹具，节点会发生转动，在 AB 和 BC 的杆端各分配 −10kip·ft 和 −20kip·ft 的端部弯矩。这些弯矩直接写在支座 B 处固端弯矩的下一行，节点 A 上的传递弯矩 −5kip·ft 和节点 C 上的传递弯矩 −10kip·ft 记在第 3 行。由于节点 A 和 C 为固定支座，不会发生转动，因此弯矩分配就全部完成了，每根杆端的最终弯矩值就等于每一列的弯矩之和。注：因为节点 B 处于平衡状态，其支座两侧的弯矩大小相等、方向相反。一旦得到了杆端弯矩，各段梁中的

剪力可取各段梁为隔离体，由静力平衡方程计算得出。求出剪力后，就可以作出剪力和弯矩图，最终结果如图 13.5 所示。

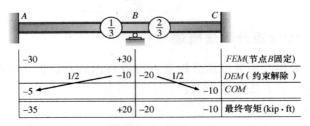

图 13.4 弯矩分配计算

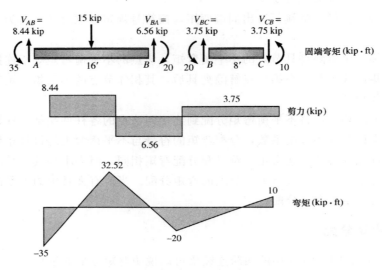

图 13.5 剪力和弯矩图

【例 13.1】 用弯矩分配法计算图 13.3 中连续梁各杆的杆端弯矩，所有杆件的 EI 都是常数。

解：

计算连接到节点 B 的各杆的刚度 K。

$$K_{AB} = \frac{I}{L_{AB}} = \frac{I}{16} \quad K_{BC} = \frac{I}{L_{BC}} = \frac{I}{8}$$

$$\sum K = K_{AB} + K_{BC} = \frac{I}{16} + \frac{I}{8} = \frac{3I}{16}$$

计算节点 B 处的分配系数，并标示在图 13.4 中。

$$DF_{BA} = \frac{K_{AB}}{\sum K} = \frac{I/16}{3I/16} = \frac{1}{3}$$

$$DF_{BC} = \frac{K_{BC}}{\sum K} = \frac{I/8}{3I/16} = \frac{2}{3}$$

计算 AB 两端的固端弯矩（见图 12.5），并标示在图 13.4 中。

$$FEM_{AB}=\frac{-PL}{8}=\frac{-15\times16}{8}=-30(\text{kip}\cdot\text{ft})$$

$$FEM_{BA}=\frac{+PL}{8}=\frac{15\times16}{8}=+30(\text{kip}\cdot\text{ft})$$

在例 13.2 中，我们采用弯矩分配法分析具有两个可自由转动节点（B 和 C）的连续梁（见图 13.6）。由图 13.7 中的弯矩分配表格可以看出，节点 B 和 C 上的夹具必须锁住和解除数次，因为每次解除其中一个节点上的夹具时，另一节点上夹具中的弯矩就会由于传递弯矩而发生变化。开始分析时，首先固定节点 B 和 C，计算分配系数和固端弯矩，并标示在结构简图中（见图 13.7）。为了帮助读者理解分析步骤，图 13.7 中每一行的右边给出了每一步操作的说明，而当读者对弯矩分配比较熟悉以后，就不会再有这些说明。

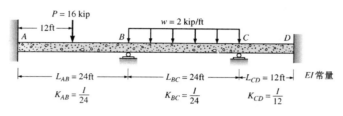

图 13.6

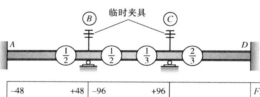

−48	+48	−96	+96		FEM（所有节点锁住）
	+24	+24			DEM（节点B解开）
+12			+12		COM
		−36	−72		DEM（节点C解开）
	−18			−36	COM
	+9	+9			DEM（节点B解开）
+4.5			+4.5		COM
		−1.5	−3		DEM（节点C解开）
	−0.76			−1.5	COM
	+0.38	+0.38			DEM（节点B解开）
+0.2			+0.2		COM
		−0.07	−0.13		DEM（节点C解开）
−31.3	+81.38	−81.38	+75.13	−75.13	−37.5	最终弯矩（kip·ft）

图 13.7 弯矩分配过程（所有弯矩的单位为 kip·ft）

我们可以从节点 B 或 C 中的任一个开始弯矩分配，这里假设先解除节点 B 处的夹具。B 点的不平衡弯矩——节点两侧固端弯矩的代数和——等于

$$UM=-96+48=-48(\text{kip}\cdot\text{ft})$$

我们将不平衡弯矩反号后乘以各杆件的分配系数（节点 B 处都是 $\frac{1}{2}$），就得到每个杆端的分配弯矩。分配弯矩 +24kip·ft 写在第 2 行，支座 A、C 的传递力矩写在图 13.7 的第 3

行。为了表示节点 B 的弯矩已分配且处于平衡状态，我们在每个分配弯矩下面画一短线。重新在 B 点加上夹具，因为此时 B 点处于平衡状态，夹具中的弯矩为 0。接下来，我们计算节点 C，此处的夹具有 $+108$kip·ft 的不平衡弯矩。C 点的不平衡弯矩是固定端弯矩 $+96$kip·ft 和节点 B 传来的 $+12$kip·ft 的弯矩之和。接着解除节点 C 的约束。因为节点可以转动，节点左侧和右侧分别产生了 -36kip·ft 和 -72kip·ft 的分配弯矩。节点 D、B 相应地产生了 -36kip·ft 和 -18kip·ft 的传递弯矩。因为每个可以自由转动的节点都被松开一次，我们完成了一次弯矩分配的循环。节点 C 上重新加上约束，尽管 C 中不存在弯矩，但 B 点的夹具产生了由 C 点传来的 -18kip·ft 的弯矩，因此，我们要继续弯矩分配的过程。第二次松开 B 点，两侧产生 $+9$kip·ft 的弯矩，并分别传递 $+4.5$kip·ft 的弯矩到节点 A 和 C。只要夹具中的弯矩不合理，我们都要继续弯矩分配。一般地，设计者在分配弯矩减小到只有杆端最终弯矩的 0.5% 时停止分配。在此题中，弯矩分配循环 3 次后，结束分析。将每一列的弯矩求和得到最终杆端弯矩，并列在图 13.7 的最后一行。

【例 13.2】　用弯矩分配法分析图 13.6 的连续梁。所有杆的 EI 为常量。

解：

计算节点 B、C 的分配系数，记在图 13.7 上。

节点 B：

$$K_{AB} = \frac{I}{24} \quad K_{BC} = \frac{I}{24} \quad \sum K = K_{AB} + K_{BC} = \frac{2I}{24}$$

$$DF_{BA} = \frac{K_{AB}}{\sum K} = \frac{I/24}{2I/24} = 0.5$$

$$DF_{BC} = \frac{K_{CB}}{\sum K} = \frac{I/24}{2I/24} = 0.5$$

节点 C：

$$K_{BC} = \frac{I}{24} \quad K_{CD} = \frac{I}{12} \quad \sum K = K_{BC} + K_{CD} = \frac{3I}{24}$$

$$DF_{Bc} = \frac{K_{BC}}{\sum K} = \frac{I/24}{3I/24} = \frac{1}{3} \quad DF_{CD} = \frac{K_{CD}}{\sum K} = \frac{I/12}{3I/24} = \frac{2}{3}$$

固定端弯矩（见图 12.5）：

$$FEM_{AB} = \frac{-PL}{8} = \frac{-16 \times 24}{8} = -48 (\text{kip} \cdot \text{ft})$$

$$FEM_{BA} = \frac{+PL}{8} = +48 (\text{kip} \cdot \text{ft})$$

$$FEM_{CB} = \frac{-wL^2}{12} = \frac{-2 \times 24^2}{12} = -96 (\text{kip} \cdot \text{ft})$$

$$FEM_{CB} = \frac{+wL^2}{12} = +96 (\text{kip} \cdot \text{ft})$$

因为 CD 跨不受力，$FEM_{CD} = FEM_{DC} = 0$

例 13.3 包括了在 C 点有滚轴支座以及有外部支座支承的连续梁的分析（见图 13.8）。分析从节点 B、C 锁住，计算每跨固定端弯矩开始（见图 13.9）。节点 C 的弯矩分配系数 DF_{CB} 等于 1，因为当松开该点时，夹具中所有不平衡弯矩都施加在杆 BC 的端部。也可以

由节点 C 的弯矩系数等于 1 得到 $\sum K = K_{BC}$，因为只有一个杆件连到节点 C。如果按照基本方法计算 DF_{CB}：

$$DF_{CB} = \frac{K_{BC}}{\sum K} = \frac{K_{BC}}{K_{BC}} = 1$$

计算节点 B 的分配系数和前面的计算过程一样。因为当节点 B 松开时，节点 A 和 C 总是锁住的。

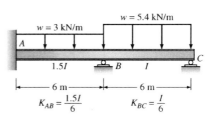

图 13.8

虽然可以选择先松开节点 B 或是节点 C，但我们通过解除节点 C 的约束开始，此处有 $+16.2\text{kN}\cdot\text{m}$ 的不平衡弯矩，因为当节点转动时，杆端弯矩减小为 0。而滚轴对梁端转动无约束，产生的角位移和在节点 C 处作用逆时针方向的 $-16.2\text{kN}\cdot\text{m}$ 的分配力矩所产生的角位移相等，C 点的转动仍然在 B 点产生 $-8.1\text{kN}\cdot\text{m}$ 的传递弯矩。如前面描述的各步骤，分析到最终平衡，剪力和弯矩如图 13.10 所示。

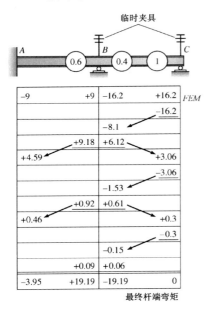

图 13.9 弯矩分配过程（所有弯矩的单位为 kN·m）

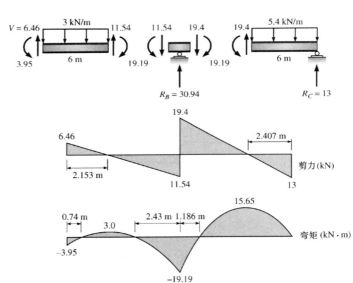

图 13.10 剪力图和弯矩图

【例 13.3】 用弯矩分配法分析图 13.8 所示梁，画出剪力图和弯矩图。

解：

$$K_{AB} = \frac{1.5I}{6} \quad K_{BC} = \frac{I}{6} \quad 那么 \quad \sum K = K_{AB} + K_{BC} = \frac{2.5I}{6}$$

计算 B 点的分配系数：

$$DF_{AB} = \frac{K_{AB}}{\sum K} = \frac{1.5I/6}{2.5I/6} = 0.6 \quad DF_{BC} = \frac{K_{BC}}{\sum K} = \frac{I/6}{2.5I/6} = 0.4$$

$$FEM_{AB} = \frac{-wL^2}{12} = \frac{-3 \times 6^2}{12} = -9(\text{kN} \cdot \text{m})$$

$$FEM_{BA} = -FEM_{AB} = +9(\text{kN} \cdot \text{m})$$

$$FEM_{BC} = -\frac{wL^2}{12} = -\frac{5.4 \times 6^2}{12} = -16.2(\text{kN} \cdot \text{m})$$

$$FEM_{CB} = -FEM_{BC} = +16.2(\text{kN} \cdot \text{m})$$

分析见图 13.9。

剪力图和弯矩图见图 13.10。

13.5　杆件刚度修正

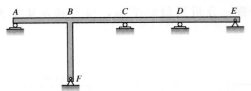

图 13.11

我们可以通过修正某些杆件的弯曲刚度来减少用弯矩分配法分析连续结构时的循环次数。在这一节里，我们讨论端部有铰或滚轴支座的杆件（见图 13.11 中的杆 AB、BF 和 DE）。也会确立各种各样的端部条件下梁的弯曲刚度。

要得到端部条件对梁转动刚度的影响，我们可以比较各种端部产生单位转角（1rad）时需要的弯矩。例如，如果一梁的远端是如图 13.12（a）所示的阻止转动的固定端，我们可以根据梁的特性用转角位移方程计算。这里 $\theta_A = 1\text{rad}$，$\theta_B = 0$。因为没有支座沉降，两端之间也无荷载，$\varphi_{AB} = 0$，且 $FEM_{AB} = FEM_{BA} = 0$。

将上述数据代入式（12.16）计算得

$$M_{AB} = \frac{2EI}{L}(2\theta_A + \theta_B - 3\varphi_{AB}) + FEM$$

$$= \frac{2EI}{L}(2 \times 1 + 0 - 0) + 0 \tag{13.17}$$

$$M_{AB} = \frac{4EI}{L}$$

前面我们已经知道 $4EI/L$ 代表远端固定的梁的绝对抗弯刚度 [式（13.6）]。

如果杆件 B 端支座是能阻止竖向位移但没有转动约束的铰或滚动支座 [见图 13.12（b）]，我们再次用转角位移方程计算杆件的弯曲刚度。这种情况下：

$\theta_A = 1\text{rad}$，$\theta_B = -\dfrac{1}{2}\text{rad}$ [θ_A、θ_B 的关系见图 11.3（e）]

$\varphi_{AB} = 0$ 且 $FEM_{AB} = FEM_{BA} = 0$

代入式（12.16）得到

$$M_{AB} = \frac{2EI}{L}\left(2 \times 1 - \frac{1}{2} + 0\right) + 0$$

$$M_{AB} = \frac{3EI}{L} \tag{13.18}$$

比较式（13.17）和式（13.18），发现梁在一端受弯矩作用，另一端为铰支座时的转动刚度是大小相同，而远端为固定端的梁的转动刚度的 3/4。

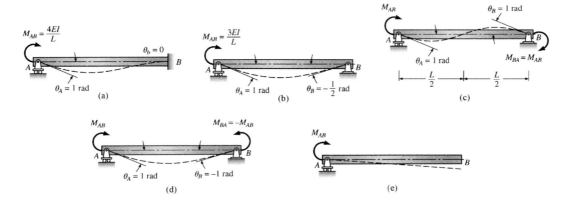

图 13.12

(a) 远端固定的梁；(b) 远端未约束转动的梁；(c) 各端相等的顺时针弯矩；

(d) 单曲率弯曲时各端受数值相同的弯矩；(e) 悬臂梁支座端受力

如果一杆在相等的杆端弯矩作用下［见图 13.12 (c)］发生 2 倍的曲率，由于 B 点的弯矩，转动抗力增加，A 点近端的转动和 A 的弯矩方向相反。我们可以用 A 点的转角来表示 M_{AB} 的大小，用转角位移方程有 $\theta_A = \theta_B = 1\text{rad}$，$\varphi_{AB} = 0$ 且 $FEM_{AB} = 0$。将上述值代入转角位移方程得到

$$M_{AB} = \frac{2EI}{L}(2\theta_A + \theta_B - 3\psi_{AB}) \pm FEM_{AB}$$

$$M_{AB} = \frac{2EI}{L}(2 \times 1 + 1) = \frac{6EI}{L}$$

这里转动刚度为

$$K_{AB} = \frac{6EI}{L} \tag{13.19}$$

比较式（13.19）和式（13.17），在相同的杆端弯矩作用下，曲率为 2 倍的梁的抗弯刚度比远端固定的梁的刚度大 50%。

如果一受弯构件在数值相同的杆端弯矩［见图 13.12 (d)］作用下发生单曲率弯曲，A 端的有效抗弯刚度会减小因为远端（B 端）的弯矩增加了 A 端的转动。

应用挠度方程，$\theta_A = 1\text{rad}$，$\theta_B = -1\text{rad}$，$\varphi_{AB} = 0$ 且 $FEM_{AB} = 0$，可以得到

$$M_{AB} = \frac{2EI}{L}(2\theta_A + \theta_B - 3\psi_{AB}) \pm FEM_{AB}$$

$$= \frac{2EI}{L}[2 \times 1 + (-1) - 0] \pm 0$$

$$= \frac{2EI}{L}$$

这里转动刚度为

$$K_{AB} = \frac{2EI}{L} \tag{13.20}$$

比较式（13.20）和式（13.17），在相同数值的杆端弯矩作用下，单曲率的梁的抗弯

刚度 K_{AB} 比远端固定的梁的有效刚度 K_{AB} 小 50%。

位于对称结构对称轴处的构件，当施加相同数值的杆端弯矩时产生单曲率弯曲 ［见图 13.13（c）的 BC 杆］。在对称荷载的箱型梁见图 13.13（c），端弯矩在四边都作用产生了单曲率弯曲。当然如果作用横向荷载，就会有正弯矩区和负弯矩区。我们也将在例 13.6 中论证到，利用对称性修正简化了的弯矩分配法在分析对称结构中的重要性。

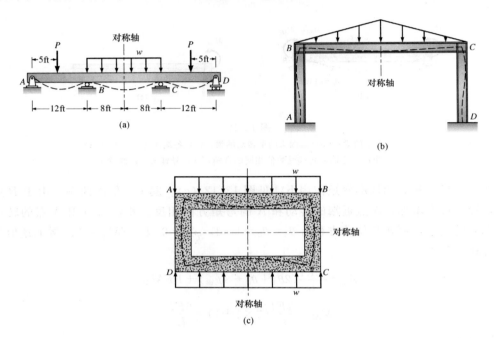

图 13.13　对称结构，对称荷载，含有端弯矩大小相同并产生单曲率弯曲的构件的例子
（a）连续梁的 BC 杆；（b）刚框架的 BC 杆；（c）箱梁的全部 4 根杆

13.5.1　悬臂梁的刚度

图 13.12（a）～（d）中，固定支座以及 B 点铰支座约束了竖向位移，阻止了梁绕支座 A 顺时针转动，因为每根梁都处于稳定状态，都能承受作用在 A 点的弯矩。换句话说，如图一弯矩作用在图 13.12（d）中悬臂梁的 A 端，悬臂端不产生弯曲抵抗力，因为梁的右端没有支座，它不能阻止该梁绕 A 端顺时针转动。因此，可以发现悬臂端的弯矩抗力为 0。当你计算包含悬臂端节点的分配系数时，悬臂端分配系数为 0，没有不平衡弯矩分配到悬臂梁。

当然，如果悬臂受力，它能够将剪力和弯矩传到支座，但这是另外的作用，对于抵抗不平衡弯矩不起作用。

在例 13.4 中，我们将举例说明用 3/4 的系数来修正连续梁一端铰支的刚度。在图 13.14（a）所示的梁的分析中，杆 AB 和 CD 的弯曲刚度 I/L 都减小 3/4，因为两杆端部有铰支座或滚轴支座，3/4 因子也应用在 CD 段的修正上，因为悬臂端 DE 延伸到支座的右端。然而，如刚讨论的，悬臂端不能吸收夹具 D 中的弯矩，因此，当去掉节点 D 的夹具后，悬臂端对于杆 CD 的转动约束没有影响。

我们首先分析图 13.15（a）中的所有节点锁住阻止转动，接下来施加荷载计算固端弯矩，列在第一行。从图 13.14（b）中悬臂段 DE 的隔离体图上可以看出，D 端作用逆时针方向大小为 −60kip·ft 的弯矩时，杆件才能处于平衡状态。因为杆 AB 和 CD 的弯曲刚度减少了 3/4，节点 A 和 D 处的夹具应先松开。当松开 A 点后，AB 跨产生 +33kip·ft 的分配弯矩和 +16.7kip·ft 的传递弯矩，此时 A 点的总弯矩为 0。在平衡分析中，节点 A 仍然是松开的。因为 A 可以自由转动，无论节点 B 是否松开，A 点都无法传递弯矩。

接着松开节点 D 上的夹具，其中原先承受的不平衡弯矩等于节点处的固端弯矩之差：

$$UM = +97.2 - 60 = +37.2 \ (\text{kip} \cdot \text{ft})$$

当节点 D 转动时，杆 CD 上 D 点会产生 −37.2kip·ft 的分配弯矩，C 点产生了 −18.6 kip·ft 的传递弯矩。注：节点 D 此时处于平衡状态，悬臂端 −60kip·ft 弯矩和 CD 杆 D 端 +60kip·ft 的弯矩平衡。在平衡分析中，节点 D 保持松开，且当 C 点松开时无传递弯矩产生。当节点 B 和 C 之间传递弯矩很小可以忽略时，弯矩分配才能结束。取支座之间梁的隔离体，支座反力用静力法计算，如图 13.15（b）所示。

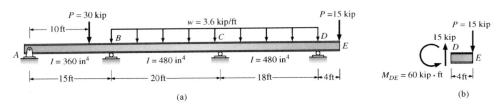

(a)

图 13.14

（a）连续梁；（b）悬臂段 DE 的隔离体

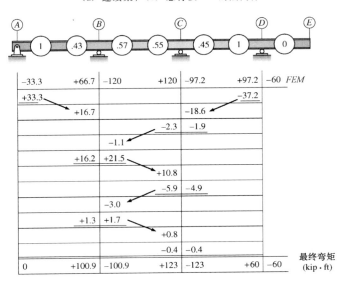

(a)

图 13.15（一）

（a）弯矩分配过程

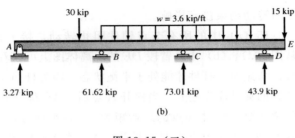

图 13.15（二）

（b）反力

【例 13.4】 修正杆 AB、CD 的弯曲刚度，用弯矩分配法分析图 13.14（a）中的梁。已知 EI 为常数。

解：

$$K_{AB} = \frac{3}{4} \times \frac{360}{15} = 18 \quad K_{BC} = \frac{480}{20} = 24$$

$$K_{CD} = \frac{3}{4} \times \frac{480}{18} = 20 \quad K_{DE} = 0$$

计算分配系数：

节点 B：

$$\sum K = K_{AB} + K_{BC} = 18 + 24 = 42$$

$$DF_{BA} = \frac{K_{AB}}{\sum K} = \frac{18}{42} = 0.43 \quad DF_{BC} = \frac{K_{BC}}{\sum K} = \frac{24}{42} = 0.57$$

节点 C：

$$\sum K = K_{BC} + K_{CD} = 24 + 20 = 44$$

$$DF_{BC} = \frac{K_{BC}}{\sum K} = \frac{24}{44} = 0.55 \quad DF_{CD} = \frac{K_{CD}}{\sum K} = \frac{20}{42} = 0.45$$

计算固定端弯矩（见图 12.5）：

$$FEM_{AB} = -\frac{Pab^2}{L^2} = -\frac{30 \times 10 \times 5^2}{15^2} \quad FEM_{BA} = \frac{Pab^2}{L^2} = \frac{30 \times 5 \times 10^2}{15^2}$$

$$= -33.3(\text{kip} \cdot \text{ft}) \qquad = +66.7(\text{kip} \cdot \text{ft})$$

$$FEM_{BC} = -\frac{wL^2}{12} = -120(\text{kip} \cdot \text{ft}) \quad FEM_{CB} = -FEM_{BC} = 120(\text{kip} \cdot \text{ft})$$

$$FEM_{CD} = -\frac{wL^2}{12} = -97.2(\text{kip} \cdot \text{ft}) \quad FEM_{DC} = -FEM_{CD} = 97.2(\text{kip} \cdot \text{ft})$$

$FEM_{DE} = -60\text{kip} \cdot \text{ft}$［见图 13.14（b）］因为杆端弯矩是逆时针作用的，所以是负值。

例 13.15 通过分析图 13.16 所示结构，给出了用弯矩分配法分析节点无平移但可以自由转动的框架的示例。首先从计算分配系数开始，并记在图 13.17（a）所示的框架简图上。可以自用转动的节点 A、B、C、D 开始是锁住的。作用在 AB 跨的荷载产生 ± 120 kip·ft 的固端弯矩，作用在 BC 跨的荷载产生 ± 80kip·ft 的弯矩，这些弯矩记录在图 13.17（a）中。首先松开节点 A 和 D 进行分析，因为杆 AB 和 CD 要用 3/4 的系数进行修正。当节点 A 发生转动时，AB 跨上节点 A 产生＋120kip・ft 的分配弯矩，节点 B 产生±60kip・ft 的传递弯矩。因为杆 CD 上无横向荷载作用，节点 D 松开后杆 CD 上不产生弯矩。在平衡分析中，节点 A 和 D 是松开的，所以这时两个节点中无传递弯矩。

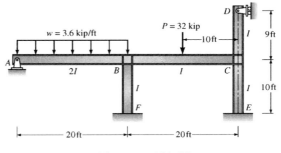

图 13.16　刚架图

节点 B 的不平衡弯矩等于100kip・ft ——固定端弯矩（＋120kip・ft 和 －80kip・ft）以及 A 点传来的弯矩（＋60kip・ft）的代数和，将不平衡弯矩反号得到与杆 BA、BC 和 BF 的 B 端对应的分配弯矩－33kip・ft、－22kip・ft 和－45kip・ft。另外，传递－11kip・ft 的弯矩到杆 BC 的 C 端，传递－22.5kip・ft 的弯矩到柱 BF 的底部。随后松开 C，不平衡弯矩为＋69kip・ft——固端弯矩（＋80kip・ft）和传递弯矩（－11kip・ft）的代数和。再将其分配。松开节点 C 仍要传递－7.2kip・ft 的弯矩到 B 点，传递－14.85kip・ft 的弯矩到柱 CE 的底部。弯矩分配完成二次循环后，传递弯矩可以忽略不计，分配可以结束。将各杆弯矩值累加得到最终弯矩值，并划上双线。根据各杆的隔离体计算反力，如图 13.17（b）所示。

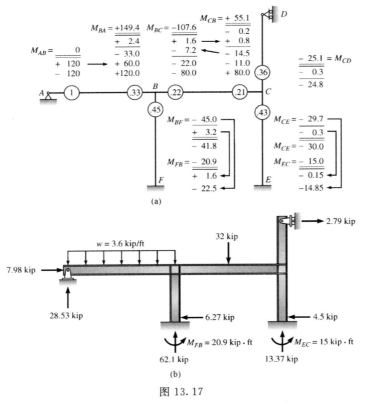

(a)

(b)

图 13.17

（a）弯矩分配；（b）由杆件隔离体图算出的反力

【**例 13.5**】 用弯矩分配法分析图 13.16 所示的框架。

解：

计算节点 B 的分配系数：

$$K_{AB}=\frac{3}{4}\times\frac{2I}{20}=\frac{3I}{40}\quad K_{BC}=\frac{I}{20}\quad K_{BF}=\frac{I}{10}\quad \sum K=\frac{9I}{40}$$

$$DF_{BA}=\frac{K_{AB}}{\sum K}=0.33\quad DF_{BC}=\frac{K_{BC}}{\sum K}=0.22\quad DF_{BF}=\frac{K_{BF}}{\sum K}=0.45$$

计算节点 C 的分配系数：

$$K_{CB}=\frac{I}{20}\quad K_{CD}=\frac{3}{4}\times\frac{I}{9}\quad K_{CE}=\frac{I}{10}\quad \sum K=\frac{14I}{160}$$

$$DF_{CB}=0.21\quad DF_{CD}=0.36\quad DF_{CE}=0.43$$

计算 AB 跨和 BC 跨的固端弯矩（见图 12.5）：

$$FEM_{AB}=\frac{-wL^2}{12}=\frac{-3.6\times20^2}{12}=-120(\text{kip}\cdot\text{ft})$$

$$FEM_{BA}=-FEM_{AB}=+120(\text{kip}\cdot\text{ft})$$

$$FEM_{BC}=\frac{-PL}{8}=\frac{-32\times20}{8}=-80(\text{kip}\cdot\text{ft})$$

$$FEM_{CB}=-FEM_{BC}=+80(\text{kip}\cdot\text{ft})$$

【**例 13.6**】 用弯矩分配法分析图 13.18（a）的框架，根据 13.5 节论述的对称结构在对称荷载下的影响因素修正梁和柱的刚度。

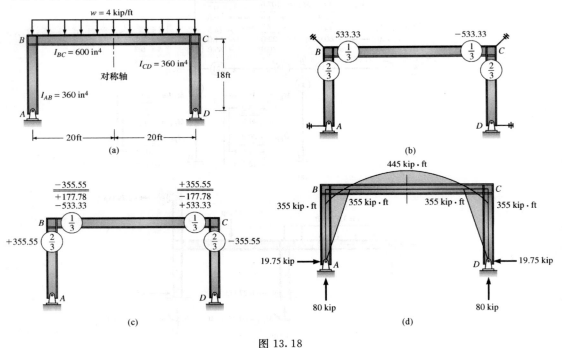

图 13.18

解：

第一步 因为 A、D 处为铰支座，则柱的刚度修正为 $3/4$。

$$K_{AB}=K_{CD}=\frac{3}{4}\times\frac{I}{L}=\frac{3}{4}\times\frac{360}{18}=15$$

将梁 BC 的刚度修正为 1/2（节点 B、C 同时解除约束没有传递弯矩可分配）。

$$K_{BC}=\frac{1}{2}\times\frac{I}{L}=\frac{1}{2}\times\frac{600}{40}=7.5$$

第二步 计算节点 B、C 的分配系数。

$$DF_{BA}=DF_{CD}=\frac{K_{AB}}{\sum K'_s}=\frac{15}{15+7.5}=\frac{2}{3}$$

$$DF_{BC}=DF_{CB}=\frac{K_{BC}}{\sum K'_s}=\frac{7.5}{15+7.5}=\frac{1}{3}$$

$$FEM_{BC}=FEM_{CB}=\frac{WL^2}{12}=\frac{4\times40^2}{12}=\pm533.33(\text{kip}\cdot\text{ft})$$

第三步 （a）锁住所有节点并在梁 BC 上施加均布荷载〔见图 13.18（b）〕。

（b）将支座 A、D 处的夹具松开，由于柱上未施加荷载，则没有弯矩分配。支座处节点仍然松开，因为如果远端松开则每根柱可自由转动，所以柱的刚度减少了 3/4。

第四步 节点 B、C 处的夹具同时松开，则节点 B、C 可同样地转动（这种情况是 1/2 的系数已修正了梁的刚度），有同等的端弯矩分配到梁 BC 的各端〔见图 13.18（c）〕。分析的最终结果见图 13.18（d）。

13.5.2 支座沉降、制作误差、温度变化

将弯矩分配和转角位移方程结合起来计算超静定梁和框架由于支座沉降、制作误差、温度变化而产生的弯矩。当所有可以自由转动的节点在转动方向上加上夹具固定后，在结构中引起一定的线位移。将节点锁住阻止转动发生，确保所有杆件不发生转动，可以由转角位移方程计算由一定的位移所产生的弯矩。分析完成后，解除所有的夹具，结构将变形到平衡位置。

在例 13.7 中，我们用该方法计算实际中经常出现的由于支座没安装到指定位置而在结构中产生的弯矩的情况。在例 13.8 中用该方法计算由于制造误差而产生的弯矩。

【例 13.7】 计算图 13.19（a）中连续梁的反力，并画出剪力图和弯矩图。A 点的固定支座由于制造误差与过 A 点的轴线形成了 0.002rad 的倾角，该角为逆时针转角。支座 C 被建在了原定位置以下 1.5in 处。已知：$E=29000\text{kip/in}^2$，$I=300\text{in}^4$。

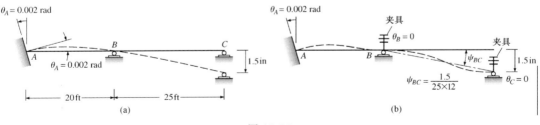

图 13.19

（a）梁支座建错位置，变形如虚线所示；（b）节点 B 和 C 加上临时约束的梁

解：

支座在实际建造的位置〔见图 13.19（b）〕，梁连到支座上。因为不受力的梁是直的，

但各支座并不在同一直线上，支座要和梁连在一起将产生外力，同时产生支反力保持其弯曲形状。仍然在节点 B 和 C 加上假想的夹具来保证梁端处于水平位置，即 θ_B 和 θ_C 等于 0。现在用转角位移方程计算图 13.19（b）中受约束的各端弯矩值。

$$M_{NF} = \frac{2EI}{L}(2\theta_N + \theta_F - 3\psi) + FEM_{NF}$$

计算 AB 跨的弯矩值：$\theta_A = -0.002\text{rad}$，$\theta_B = 0$，并且 $\psi_{AB} = 0$。因为无横向荷载作用在 AB 跨，$FEM_{AB} = FEM_{BA} = 0$。

$$M_{AB} = \frac{2 \times 29000 \times 300}{20 \times 12} \times [2 \times (-0.002)] = -290(\text{kip} \cdot \text{in}) = -24.2(\text{kip} \cdot \text{ft})$$

$$M_{BA} = \frac{2 \times 29000 \times 300}{20 \times 12} \times (-0.002) = -145(\text{kip} \cdot \text{in}) = -12.1(\text{kip} \cdot \text{ft})$$

计算 BC 跨弯矩：$\theta_B = 0$，$\theta_C = 0$，并且 $\psi = 1.5/(25 \times 12) = 0.005$。因为无横向荷载作用在 BC 跨，$FEM_{BC} = FEM_{CB} = 0$。

$$M_{BC} = M_{CB} = \frac{2 \times 29000 \times 300}{12 \times 25} \times (2 \times 0 + 0 - 3 \times 0.005)$$

$$= -870(\text{kip} \cdot \text{in}) = -72.5(\text{kip} \cdot \text{ft})$$

计算节点 B 的分配系数：

$$K_{AB} = \frac{300}{20} = 15 \quad K_{BC} = \frac{3}{4} \times \frac{300}{25} = 9 \quad \sum K = 24$$

$$DF_{BA} = \frac{K_{AB}}{\sum K} = \frac{15}{24} = 0.625 \quad DF_{BC} = \frac{K_{BC}}{\sum K} = \frac{9}{24} = 0.375$$

弯矩分配如图 13.20（a）所示，剪力和反力计算如图 13.20（b）所示，图 13.20（c）所示为弯矩图。

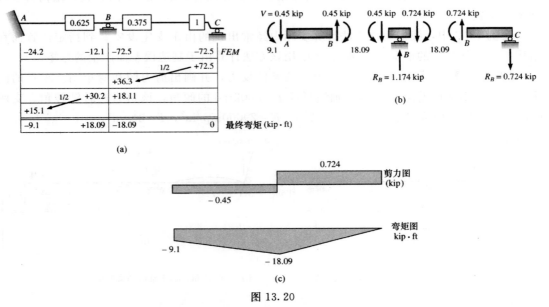

图 13.20

（a）弯矩分配；（b）计算剪力和反力的隔离体图；（c）支座沉降的弯矩图

【**例 13.8**】 如图 13.21（a）所示的刚性框架中，AB 梁制造长了 1.92in，当框架做好后将产生多少弯矩？已知 $E=29000\text{kip/in}^2$。

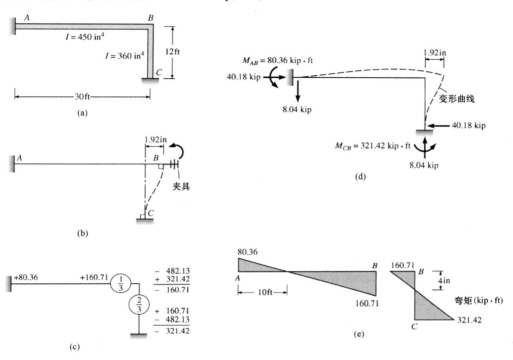

图 13.21

（a）框架；（b）节点 B 约束转动时产生的变形（θ_B）；（c）弯矩分配分析过程（弯矩单位 kip·ft）；
（d）反力和变形；（e）弯矩图

解：

在梁 AB 末端加上 1.92in 的长度，并在 B 点加上夹具约束转动［见图 13.21（b）］。用转角位移方程计算该结构中的固端弯矩。

柱 BC：$\theta_B=0$，$\theta_C=0$，$\psi_{BC}=\dfrac{1.92}{12\times12}=+0.0133\text{rad}$，且因为两节点间不受力，$FEM_{BC}=FEM_{CB}=0$。

$$M_{BC}=M_{CB}=\frac{2EI}{L}\times(-3\psi_{BC})$$

$$=\frac{2\times29000\times360}{12\times12}\times[(-3)\times0.0133]$$

$$=-5785.5(\text{kip}\cdot\text{in})=-482.13(\text{kip}\cdot\text{ft})$$

因为 $\psi_{AB}=\theta_A=\theta_B=0$，杆 AB 间无弯矩产生。

计算分配系数：

$$K_{AB}=\frac{I}{L}=\frac{450}{30}=15 \quad K_{BC}=\frac{360}{12}=30 \quad \sum K=15+30=45$$

$$DF_{BA}=\frac{K_{AB}}{\sum K}=\frac{15}{45}=\frac{1}{3} \quad DF_{BC}=\frac{K_{BC}}{\sum K}=\frac{30}{45}=\frac{2}{3}$$

弯矩分配过程如图 13.21 (c) 所示，各杆端弯矩及反力可由各自的自由体计算，并用静力方程计算剪力。反力及变形如图 13.21 (d) 所示。

13.6 有侧移框架的分析

我们已分析的结构都是节点可以自由转动但不能平移的结构，这种类型的框架称为刚性框架，这些结构我们可以通过将初始弯矩进行分配来计算，因为节点的最终位置是可知的（或者在支座沉降情况下确定位移）。

如果非支撑框架的某节点可以自由平移，设计者要考虑弦杆转动产生的弯矩。因为不知道未加约束的节点的最终位置，侧移的角度也无法计算，用来分配的杆端弯矩也就无法确定。要引入非支撑框架的分析，我们将首先考虑节点可以自由侧移，并受侧向力作用的框架的分析 ［见图 13.22 (a)］。在 13.7 节，我们将该方法的分析延伸到受力或支座有沉降的非支撑框架的分析。

在节点 B 的侧向力 P 的作用下，梁 BC 将产生侧向水平位移 Δ。因为 Δ 的大小和节点的转角未知，我们无法直接计算分配弯矩。然而如果结构处于线弹性状态，我们可以用间接的方法求解，即，内力以及位移随着节点 B 的侧向力线性变化。例如，如果框架处于弹性状态，P 值变为 2 倍，所有的内力和位移都变为原来的 2 倍 ［见图 13.22 (b)］。工程人员一般假设结构处于弹性状态。该假设只适用于变形以及应力不超过材料比例极限的情况。

如果力和位移之间存在线性关系可由下述过程来分析框架：

（1）当节点约束转动后，框架的梁可以向右任意移动。典型地，我们引入单位位移。要保证结构在变形位置引入临时约束 ［见图 13.22 (c)］。这些约束包括 B 点滚轴支座保证 1in 的位移，以及 A、B 和 C 点的夹具来阻止转动。因为所有位移都已知，我们可以用转角位移方程计算受约束的框架柱的杆端弯矩。由于所有节点的转角等于零（$Q_N = 0$，$Q_F = 0$），荷载作用下也无固端弯矩产生（$FEM_{NF} = 0$），有 $\psi_{NF} = \Delta/L$，转角位移方程 ［见式 (12.16)］可以简化为

$$M_{NF} = \frac{2EI}{L}(-3\psi_{NF}) = -\frac{6EI}{L}\frac{\Delta}{L}$$

因为 $\Delta = 1$，将上式写为

$$M_{NF} = -\frac{6EI}{L^2} \tag{13.21}$$

这一步中所有节点是锁住的来防止其转动，因为梁上无力作用，所以梁上的弯矩为 0。

（2）将约束松开，弯矩分配，直到结构恢复到其平衡位置 ［见图 13.22 (d)］。在平衡位置，B 处的临时支座处作用了一侧向力 S 到框架。该力要能使框架产生单位位移，记为 S，称为刚度系数。

（3）力 S 可以由梁的隔离体图计算，将水平方向的力求和 ［见图 13.22 (e)］。为了表示清楚，图 13.22 (e) 中省略了柱上的轴力和作用在梁上的弯矩。柱的剪力 V_1 和 V_2 可以由柱的隔离体计算。

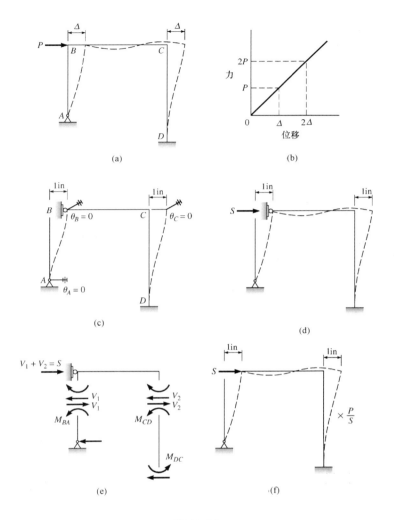

图 13.22

（a）受力框架的位移；（b）力和位移的线弹性曲线；（c）发生单位位移的框架加上临时滚轴支座和夹具；
（d）发生位移的框架解除所有约束，节点转动到平衡位置，所有杆端弯矩已知；（e）计算出柱剪力后
计算滚轴支座反力（S）；忽略柱轴力简化计算；（f）在水平力 S 作用下框架产生 1in 的位移，
所有力乘以 P/S 得到（a）中力 P 产生的内力和变形

　　（4）我们将图 13.22（d）所示框架的变形图重新画在图 13.22（f）中。假设解除滚轴支座，将支座作用力视为外荷载 S。这里已分析了框架受的是水平力 S，而不是 P。然而，因为框架是线性的，由 P 产生的内力可以将图 13.22（f）中的力和位移乘以 P/S 以做调整。例如，如果 P 等于 10kip，S 等于 2.5kip，将图 13.22（f）中的力和位移乘上系数 4 就得到 10kip 荷载产生的力。例 13.9 给出了本节讨论的简单框架分析的示例。

　　【例 13.9】　计算图 13.23（a）所示框架在节点 B 受 5kip 荷载所产生的反力和杆端弯矩，并计算梁 BC 的水平位移。已知：$E=30000\text{kip/in}^2$，I 的单位是 in^4。

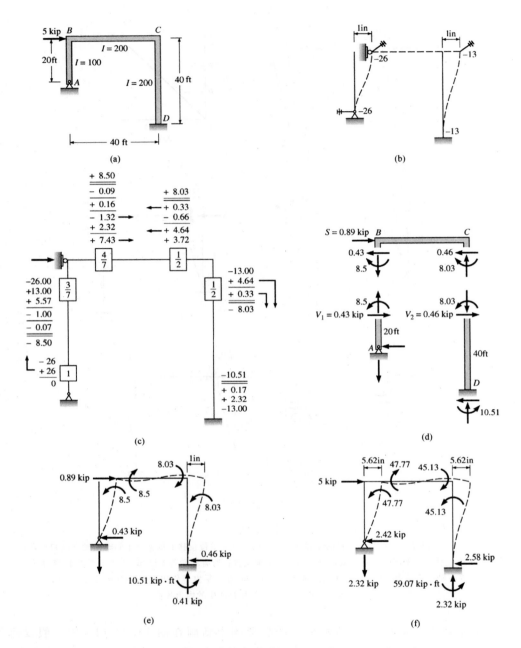

图 13.23

(a) 框架图;(b) 受约束的框架(节点锁住阻止转动)发生单位位移产生的弯矩,单位为 kip·ft;(c) 弯矩分配;
(d) 计算滚轴支座反力;(e) 分图(b)中约束解除后框架发生单位位移时产生的内力(弯矩单位为 kip·ft,
力单位为 kip);(f) 5kip 的力产生的反力和杆端弯矩

解:

首先框架向右移动 1in,并将所有节点锁住阻止转动 [见图 13.23 (b)]。在 B 点引入滚动支座提供水平约束,采用式 (13.21) 计算约束结构中柱的弯矩:

$$M_{AB} = M_{BA} = -\frac{6EI}{L^2} = \frac{6 \times 30000 \times 100}{(20 \times 12)^2} = -312(\text{kip} \cdot \text{in})$$
$$= -26(\text{kip} \cdot \text{ft})$$
$$M_{CD} = M_{DC} = -\frac{6EI}{L^2} = \frac{6 \times 30000 \times 200}{(40 \times 12)^2} = -166(\text{kip} \cdot \text{in})$$
$$= -13(\text{kip} \cdot \text{ft})$$

解除夹具（滚动支座保留），将弯矩进行分配直到所有节点处于平衡状态。分析的细节如图 13.23（c）所示，节点 B 与 C 的分配系数的计算如下。

节点 B:　　　　　　　　　　　　　　　　分配系数

$$K_{AB} = \frac{3}{4} \times \frac{I}{L} = \frac{3}{4} \times \frac{100}{20} = \frac{15}{4} \qquad\qquad \frac{K_{AB}}{\sum K} = \frac{3}{7}$$

$$K_{BC} = \frac{I}{L} = \frac{200}{40} = \frac{20}{4} \qquad\qquad\qquad \frac{K_{BC}}{\sum K} = \frac{4}{7}$$

$$\sum k = \frac{35}{4}$$

节点 C:　　　　　　　　　　　　　　　　分配系数

$$K_{CB} = \frac{I}{L} = \frac{200}{40} = 5 \qquad\qquad\qquad \frac{5}{10} = \frac{1}{2}$$

$$K_{CD} = \frac{I}{L} = \frac{200}{40} = 5 \qquad\qquad\qquad \frac{5}{10} = \frac{1}{2}$$

$$\sum K = 10$$

下面将每个柱子关于柱底轴线的所有弯矩相加来计算剪力［见图 13.23（d）］

计算 V_1:

$$\circlearrowright^+ \quad \sum M_A = 0 \quad 20V_1 - 8.5 = 0 \quad V_1 = 0.43\text{kip}$$

计算 V_2:

$$\circlearrowright^+ \quad \sum M_D = 0 \quad 40V_2 - 8.03 - 10.51 = 0 \quad V_2 = 0.46\text{kip}$$

考虑梁隔离体水平方向的平衡［见图 13.23（d）］，计算 B 点支反力

$$\rightarrow^+ \quad \sum F_x = 0 \quad S - V_1 - V_2 = 0$$
$$S = 0.46 + 0.43 = 0.89(\text{kip})$$

这一阶段我们解出了框架节点 B 在 0.89kip 的侧向力作用下的内力及反力。［结果如图 13.23（c）、(d) 所示，总结于图 13.23（e）中。］

要计算 5kip 的荷载产生的内力和位移，我们将所有的力和位移乘以系数 $P/S = 5/0.89 = 5.62$，最终结果如图 13.23（f）所示，梁的位移 $= (P/S) \times 1 = 5.62(\text{in})$。

13.7　一般荷载作用下无支撑框架的分析

如果一结构节点间受力并产生侧移［见图 13.24（a）］，我们分几种情况对其进行分析。分析从引入临时约束（保持力）阻止侧移开始，引的约束的数目等于节点独立位移的个数或侧移自由度（见 12.16 节），然后用弯矩分配法分析结构。由各杆的隔离体算出剪力后，约束力可由杆件或节点的静力平衡方程求得。例如，分析图 13.24（a）所示的框

架时，在 C（或 B）点加上临时滚动支座约束上部节点的侧移 [见图 13.24（b）]，然后用标准的弯矩分配法计算在荷载（P 和 P_1）作用下的结构，并确定滚动支座的支反力 R。这一步即情况 A 的分析。

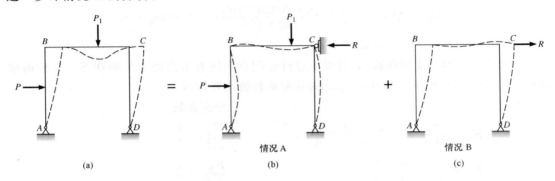

图 13.24
（a）无支撑框架的变形；（b）加上临时滚轴支座阻止侧移时 C 点产生的保持力 R；
（c）侧移修正，力 R 反向施加在节点 C

　　由于真实结构中 C 点无滚轴支座，我们要解除支座，使结构能吸收支座产生的力 R。要消除 R，要进行第 2 步——情况 B 的分析，如图 13.24（c）所示，该分析中，在节点 C 上施加和 R 大小相等、方向相反（向右）的力。综合情况 A 和 B 的分析，就得到图 13.24（a）所示的实际状态。

　　例 13.10 中即采用上述方法分析简单的单跨框架。由于在例 13.9 中已经分析了该框架在顶部节点受侧向力作用的情形，我们可以利用该结果作为进行情况 B 的分析（侧移修正）。

　　【例 13.10】 计算图 13.25（a）所示框架在 8kip 荷载作用下的反力及各杆杆端弯矩，并计算节点 B 的水平位移。转动惯量以 in^4 为单位，其值如图 13.23（a）所示，$E=30000kip/in^2$。

　　解：

　　由于图 13.25 所示框架和例 13.9 中的框架相同，侧向力产生的内力分析（情况 B）我们将参考该例。因为该框架可以自由侧移，该分析可以分为两种状态，情况 A 分析中，在支座 B 处引入一假想支座阻止侧移 [见图 13.25（b）]。受 8kip 的荷载的分析如图 13.25（d）所示，8kip 的力产生的固端弯矩等于：

$$FEM=\pm\frac{PL}{8}=\pm\frac{8(20)}{8}=\pm20(kip \cdot ft)$$

　　分配系数已在例 13.9 中计算，弯矩分配完成后，柱的剪力、轴力、临时支座 B 的支反力可以用图 13.25（e）隔离体图计算。因为 B 处滚动支座反力等于 4.97kip，我们必须叠加上图 13.25（c）所示情况 B 的侧移进行修正。

　　前面在图 13.23（e）中已经得出了框架在节点 B 受 $S=0.89kip$ 的水平力作用下的内力，该力使梁产生了 1in 的水平位移。因为已经假设框架为弹性的，我们可以按正比例计算 4.97kip 的水平力产生的位移，即图 13.23（e）中的内力和位移都乘以 $4.97/0.89=$

5.58，计算结果如图 13.25（f）所示。

将情况 A 和 B 的解相加就得到框架的最终内力，如图 13.25（g）所示，梁的侧移为 5.58in，方向向右。

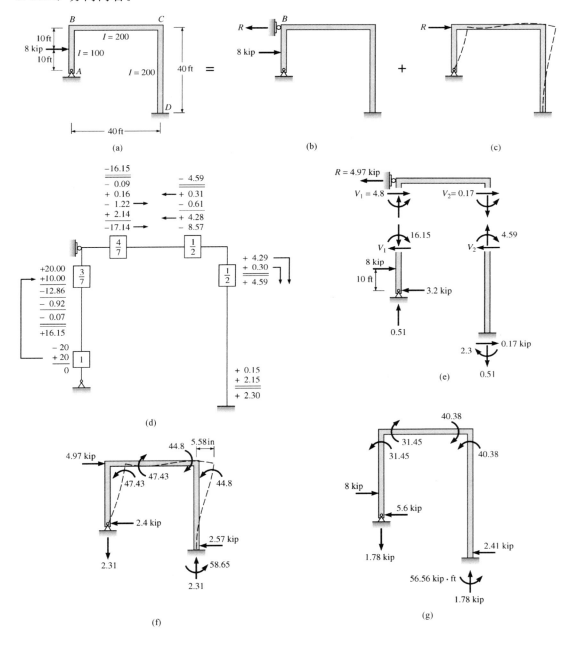

(a)　　　　　　　　　　(b)　　　　　　　　　　(c)

(d)　　　　　　　　　　(e)

(f)　　　　　　　　　　(g)

图 13.25　无支撑框架的分析

（a）荷载情况；（b）情况 A 的解（无侧移）；（c）情况 B（侧移修正）；（d）情况 A 分析；（e）计算情况 A 中 B 点的反力；（f）情况 B 的侧移修正；（g）叠加情况 A 和 B 得到最终值（力单位为 kip，弯矩为 kip·ft）

【例13.11】 如果例13.9中所示框架中，杆 BC 制作加工长了 2in，而框架仍按原设计连接到支座上时，计算其弯矩和反力。材料性质、尺寸、分配系数等在例13.9中已给出或求出。

解：

如果框架连接到固定支座 D［见图13.26（a）］，AB 柱的底部将由于制作误差而位于

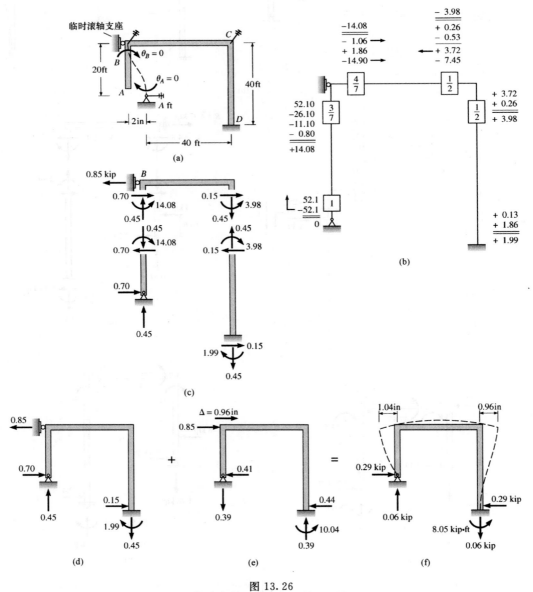

图 13.26

（a）框架梁 BC 制作加工长了 2in，在节点 C、B 加上夹具、节点 B 加上临时滚轴支座，接着将柱 AB 的 A 端无转动地向右移动 2in 与支座 A 相连并锁住；（b）将（a）中的约束解除后框架中产生的弯矩；（c）计算 B 点临时滚轴支座的反力（力单位为 kip，弯矩为 kip·ft）；（d）分图（c）的分析结果；（e）将图13.23（e）中的结果乘以 0.85/0.89 修正侧移；（f）最终结果

支座 A 的左边 2in 处，因此，需要用力使柱 AB 的底部向右以与支座 A 相连。在将框架柱 AB 连接到铰支座 A 之前，我们将通过在 B 处加上滚轴支座、在 B 和 C 处加上夹具来固定节点 B、C 的位置，然后在阻止节点 A 转动的情况下（$\theta_A = 0$），将 AB 柱底侧向平移 2in 连到支座 A；随后在 A 处加上夹具，阻止柱底转动；接着由柱 AB 的转角，利用修改后的转角位移方程 ［式（13.20）］计算柱 AB 的固端弯矩。因为杆件转角是逆时针方向的，ψ_{AB} 是负值

$$\psi_{AB} = -\frac{2}{20 \times 12} = -\frac{1}{20}(\text{rad})$$

$$M_{AB} = M_{BA} = -\frac{6EI}{L}\psi_{AB} = -\frac{6 \times 30000 \times 100}{20 \times 12} \times \left(-\frac{1}{120}\right)$$

$$= 625(\text{kip} \cdot \text{in}) = 52.1(\text{kip} \cdot \text{ft})$$

要分析受约束结构 ［见图 13.26（a）］的夹具解除后的结果，我们采用弯矩分配直到框架吸收了夹具中所有的弯矩——在该阶段的分析中 B 点的滚动支座仍在原来的位置。弯矩分配的细节如图 13.26（b）所示。支座处的反力可以由梁和柱的隔离体图 ［见图 13.26（c）］计算。由于支座对框架有向左的 0.85kip 的力，我们必须将上图 13.26（e）的侧移修正，修正后的力由图 13.23（e）所示基本情况的比例进行计算。最终反力如图 13.26（f）所示，由图 13.26（d）和（e）的力叠加得到。

13.8 多层框架的分析

要将弯矩分配法用于多层框架，我们要给每个独立的侧移进行侧移修正。由于框架各种情形下的重复分析很耗时间，学生也了解到解决方法的复杂性，所以我们仅仅概述了分析方法。实际中，工程师采用计算机分析有多个侧移的框架。

图 13.27（a）所示为一个有两个独立位移 ψ_1 和 ψ_2 的两层框架，我们在节点 D 和 E 处引入临时支座阻止侧移开始分析 ［见图 13.27（b）］，然后用弯矩分配分析节点间承受荷载的约束结构（状态 A 的解）。得出柱剪力后，可以利用梁的隔离体计算支座反力 R_1 和 R_2。因为真实结构中节点 D 和 E 无约束，所以我们要消除支座反力，为此我们要求出在节点 D 和 E 有侧向力作用下的独立解（侧移修正），最方便的修正侧移的方法就是在相应支座引入单位位移，所有其余节点不允许发生侧移。这两种情况如图 13.27（c）和（d）所示。在图 13.27（c）中约束住 E 点，在 D 点引入 1in 的位移，分析框架并计算节点 D 和 E 的力 S_{11} 和 S_{21}。在图 13.27（d）中约束住节点 D，同时在节点 E 引入单位位移，计算 S_{12} 和 S_{22}。

最后一步将约束结构上支座处的力叠加 ［见图 13.27（b）］，记情况 Ⅰ 为分量 X ［见图 13.27（c）］，情况 Ⅱ 为分量 Y ［见图 13.27（d）］，各种状态相加的和应当能消除支座 D、E 中的力。

为确定 X 和 Y 的值，可写出表达基本结构加上两个位移修正后节点 D、E 侧向力为需要求解得两个方程。对图 13.27（a）所示的框架，方程为

D 点：	$\sum F_X = 0$	(13.22)
E 点：	$\sum F_Y = 0$	(13.23)

将式（13.22）和式（13.23）中的各项用图 13.27（b）～（d）中的力表示可得

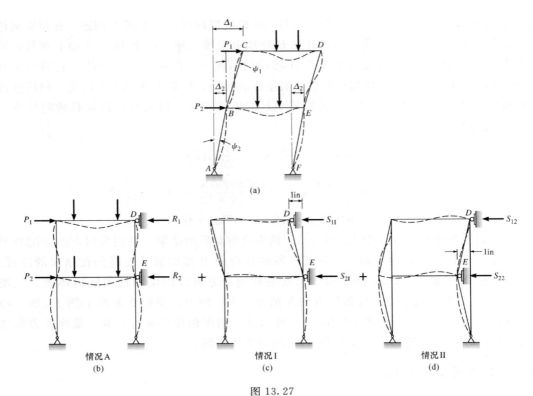

图 13.27

（a）建立有两个侧移的框架；（b）节点 D 和 E 产生的约束力；（c）情况 I 修正节点 D 的单位位移；
（d）情况 II 修正节点 E 的单位位移

$$R_1 + XS_{11} + YS_{12} = 0 \qquad (13.24)$$

$$R_2 + XS_{21} + YS_{22} = 0 \qquad (13.25)$$

将式（13.24）和式（13.25）联立求解，可以得出 X 和 Y 的值。观察图 13.27 可知，X 和 Y 分别表示节点 D 和 E 的位移大小，例如：如果我们考虑节点 D 的位移 Δ_1 的大小，很显然，所有的位移都要加上图 13.27（c）所示情况 I 的位移来修正，因为节点 D 在情况 I 和情况 II 的求解过程中是被约束住的。

13.9 非棱柱状杆件

许多连续结构包含横截面随长度变化的杆件，一些杆件被做成弯矩图的形状；其他一些杆件尽管深度不变，但最大弯矩处变厚（见图 13.28）。尽管仍可用弯矩分配来分析这些结构，但固端弯矩、传递弯矩以及杆件的刚度等和由棱柱状的杆件组成的结构有所不同，本节将讨论分析非棱柱状杆系结构所需数据的计算过程。由于这些数据及系数的计算量很大，书中给出了表格（见表 13.1 和 13.2）以方便计算。

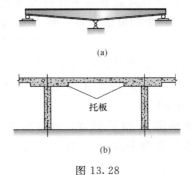

图 13.28

（a）锥形梁；（b）带有托板的板设计
成高度变化的连续梁

表 13.1 一端加腋梁（摘自波特兰水泥协会《框架常数手册》）

右端加腋		传递系数		刚度系数 ($r_A=0$)		均布荷载 FEM 系数×wL^2		集中荷载 FEM—系数×PL，b ($a_A=0$)										1-a_B		弯矩 M ($b=1-a_B$) FEM 系数×M		加腋荷载 FEM 系数×wL^2	
								0.1		0.3		0.5		0.7		0.9							
a_B	r_B	C_{AB}	C_{BA}	k_{AB}	k_{BA}	M_{AB}	M_{BA}	M_{AB}	M_{BA}	M_{AB}	M_{BA}	M_{AB}	M_{BA}	M_{AB}	M_{BA}	M_{AB}	M_{BA}	M_{AB}	M_{BA}	M_{AB}	M_{BA}	M_{AB}	M_{BA}
0.1	0.4	0.593	0.491	4.24	5.12	0.0749	0.1016	0.0799	0.0113	0.1397	0.0788	0.1110	0.1553	0.0478	0.1798	0.0042	0.0911	0.0042	0.0911	0.0793	0.8275	0.0001	0.0047
	0.6	0.615	0.490	4.30	5.40	0.0727	0.1062	0.0797	0.0119	0.1378	0.0828	0.1074	0.1630	0.0439	0.1881	0.0029	0.0937	0.0029	0.0937	0.0561	0.8780	0.0001	0.0048
	1.0	0.639	0.488	4.37	5.72	0.0703	0.1114	0.0794	0.0125	0.1358	0.0873	0.1035	0.1716	0.0396	0.1974	0.0016	0.0966	0.0016	0.0966	0.0304	0.9339	0.0001	0.0049
	1.5	0.652	0.487	4.40	5.89	0.0690	0.1143	0.0792	0.0129	0.1346	0.0898	0.1012	0.1764	0.0373	0.2026	0.0008	0.0982	0.0008	0.0982	0.0161	0.9651	0.0000	0.0049
	2.0	0.658	0.487	4.42	5.97	0.0684	0.1156	0.0791	0.0131	0.1341	0.0910	0.1002	0.1786	0.0361	0.2050	0.0005	0.0990	0.0005	0.0990	0.0094	0.9795	0.0000	0.0050
0.2	0.4	0.677	0.469	4.42	6.37	0.0706	0.1126	0.0791	0.0134	0.1345	0.0925	0.1020	0.1788	0.0409	0.1975	0.0050	0.0890	0.0182	0.1581	0.1640	0.6037	0.0013	0.0171
	0.6	0.730	0.463	4.56	7.18	0.0664	0.1225	0.0785	0.0149	0.1302	0.1025	0.0942	0.1972	0.0335	0.2148	0.0037	0.0917	0.0137	0.1684	0.1241	0.7005	0.0010	0.0178
	1.0	0.793	0.458	4.74	8.22	0.0510	0.1353	0.0777	0.0168	0.1248	0.1154	0.0843	0.2207	0.0242	0.2368	0.0022	0.0951	0.0080	0.1815	0.0728	0.8245	0.0006	0.0187
	1.5	0.831	0.455	4.86	8.88	0.0576	0.1434	0.0772	0.0180	0.1214	0.1235	0.0781	0.2355	0.0182	0.2507	0.0012	0.0973	0.0044	0.1897	0.0403	0.9029	0.0003	0.0193
	2.0	0.849	0.453	4.91	9.20	0.0559	0.1473	0.0769	0.0186	0.1197	0.1276	0.0750	0.2429	0.0153	0.2576	0.0007	0.0984	0.0026	0.1939	0.0242	0.9418	0.0002	0.0196
0.3	0.4	0.741	0.439	4.52	7.63	0.0698	0.1155	0.0787	0.0149	0.1319	0.1013	0.0987	0.1899	0.0420	0.1929	0.0056	0.0868	0.0420	0.1929	0.2371	0.3457	0.0045	0.0338
	0.6	0.831	0.427	4.75	9.24	0.0542	0.1296	0.0777	0.0175	0.1255	0.1182	0.0877	0.2185	0.0338	0.2130	0.0045	0.0893	0.0338	0.2130	0.1935	0.4682	0.0036	0.0359
	1.0	0.954	0.415	5.09	11.69	0.0559	0.1511	0.0762	0.0215	0.1158	0.1440	0.0711	0.2621	0.0217	0.2436	0.0028	0.0930	0.0217	0.2436	0.1261	0.6548	0.0023	0.0391
	1.5	1.036	0.409	5.34	13.53	0.0497	0.1673	0.0751	0.0245	0.1085	0.1633	0.0587	0.2948	0.0128	0.2665	0.0017	0.0959	0.0128	0.2665	0.0750	0.7952	0.0014	0.0415
	2.0	1.078	0.407	5.48	14.54	0.0464	0.1762	0.0745	0.0262	0.1045	0.1740	0.0520	0.3129	0.0080	0.2792	0.0010	0.0974	0.0080	0.2792	0.0467	0.8725	0.0008	0.0448
0.4	0.4	0.774	0.405	4.55	8.70	0.0703	0.1117	0.0786	0.0156	0.1315	0.1035	0.0992	0.1855	0.0445	0.1773	0.0059	0.0849	0.0713	0.1938	0.2780	0.0876	0.0106	0.0509
	0.6	0.901	0.386	4.83	11.28	0.0646	0.1269	0.0774	0.0192	0.1240	0.1254	0.0875	0.2182	0.0377	0.1932	0.0049	0.0869	0.0611	0.2204	0.2456	0.2035	0.0089	0.0547
	1.0	1.102	0.367	5.33	16.03	0.0549	0.1548	0.0752	0.0257	0.1105	0.1658	0.0671	0.2780	0.0267	0.2222	0.0034	0.0904	0.0438	0.2689	0.1817	0.4177	0.0063	0.0616
	1.5	1.260	0.357	5.79	20.46	0.0462	0.1807	0.0732	0.0319	0.0982	0.2035	0.0485	0.3339	0.0173	0.2491	0.0022	0.0938	0.0284	0.3142	0.1198	0.6183	0.0037	0.0579
	2.0	1.349	0.352	6.09	23.32	0.0407	0.1975	0.0719	0.0358	0.0903	0.2278	0.0367	0.3699	0.0113	0.2664	0.0014	0.0959	0.0187	0.3434	0.0793	0.7479	0.0027	0.0720

续表

右端加腋（$r_A=0$，$a_A=0$）

右端加腋		传递系数		刚度系数		均布荷载 FEM 系数×wL^2		集中荷载 FEM—系数×PL (b)										($b=1-a_B$)		弯矩 M ($b=1-a_B$) FEM 系数×M		加腋荷载 FEM 系数×wL^2	
a_B	r_B	C_{AB}	C_{BA}	k_{AB}	k_{BA}	M_{AB}	M_{BA}	0.1 M_{AB}	0.1 M_{BA}	0.3 M_{AB}	0.3 M_{BA}	0.5 M_{AB}	0.5 M_{BA}	0.7 M_{AB}	0.7 M_{BA}	0.9 M_{AB}	0.9 M_{BA}	$1-a_B$ M_{AB}	$1-a_B$ M_{BA}	M_{AB}	M_{BA}	M_{AB}	M_{BA}
	0.4	0.768	0.371	4.56	9.45	0.0700	0.1048	0.0786	0.0154	0.1312	0.0993	0.0983	0.1679	0.0442	0.1663	0.0059	0.0836	0.0983	0.1679	0.2710	+0.1319	0.0189	0.0556
	0.6	0.919	0.343	4.84	12.94	0.0651	0.1176	0.0774	0.0193	0.1240	0.1218	0.0884	0.1935	0.0386	0.1769	0.0051	0.0849	0.0884	0.1935	0.2593	+0.0493	0.0167	0.0702
0.5	1.0	1.200	0.316	5.42	20.61	0.0561	0.1451	0.0749	0.0280	0.1096	0.1709	0.0706	0.2486	0.0299	0.1993	0.0038	0.0877	0.0705	0.2486	0.2203	+0.1356	0.0131	0.0802
	1.5	1.470	0.301	6.10	29.74	0.0466	0.1777	0.0720	0.0384	0.0934	0.2290	0.0516	0.3137	0.0215	0.2255	0.0027	0.0909	0.0516	0.3137	0.1663	+0.3579	0.0094	0.0918
	2.0	1.647	0.295	6.63	37.04	0.0393	0.2036	0.0698	0.0466	0.0807	0.2755	0.0370	0.3655	0.0153	0.2463	0.0019	0.0934	0.0370	0.3655	0.1209	+0.5361	0.0067	0.1011
	0.4	0.726	0.341	4.62	9.84	0.0675	0.0986	0.0782	0.0146	0.1280	0.0916	0.0923	0.1519	0.0419	0.1603	0.0056	0.0829	0.1154	0.1276	0.2103	+0.2862	0.0283	0.0769
	0.6	0.872	0.305	4.88	13.97	0.0630	0.1072	0.0771	0.0183	0.1214	0.1096	0.0835	0.1664	0.0368	0.1666	0.0048	0.0837	0.1068	0.1463	0.2221	+0.2453	0.0254	0.0813
0.6	1.0	1.196	0.267	5.43	24.35	0.0560	0.1277	0.0748	0.0274	0.1092	0.1537	0.0705	0.1999	0.0299	0.1804	0.0038	0.0854	0.0926	0.1910	0.2190	+0.1321	0.0212	0.0913
	1.5	1.588	0.247	6.18	39.79	0.0482	0.1572	0.0718	0.0408	0.0939	0.2183	0.0572	0.2478	0.0237	0.1997	0.0030	0.0878	0.0762	0.2559	0.1926	+0.0433	0.0171	0.1055
	2.0	1.905	0.237	6.92	55.51	0.0412	0.1870	0.0688	0.0544	0.0792	0.2839	0.0455	0.2960	0.0186	0.2189	0.0023	0.0901	0.0611	0.3215	0.1589	+0.2243	0.0136	0.1197
	0.4	0.657	0.321	4.86	9.96	0.0631	0.0954	0.0770	0.0138	0.1175	0.0846	0.0844	0.1461	0.0392	0.1582	0.0053	0.0827	0.1175	0.0846	0.0959	+0.3666	0.0372	0.0854
	0.6	0.770	0.275	5.14	14.39	0.0580	0.1006	0.0758	0.0167	0.1097	0.0955	0.0745	0.1543	0.0335	0.1621	0.0045	0.0832	0.1097	0.0955	0.1322	+0.3615	0.0330	0.0890
0.7	1.0	1.056	0.224	5.62	26.45	0.0516	0.1122	0.0738	0.0243	0.0992	0.1203	0.0626	0.1710	0.0269	0.1694	0.0035	0.0841	0.0992	0.1213	0.1655	+0.3228	0.0280	0.0965
	1.5	1.491	0.196	6.24	47.48	0.0463	0.1304	0.0714	0.0371	0.0890	0.1633	0.0537	0.1959	0.0223	0.1796	0.0028	0.0854	0.0890	0.1633	0.1731	+0.2367	0.0241	0.1076
	2.0	1.944	0.183	6.95	73.85	0.0417	0.1523	0.0687	0.0530	0.0793	0.2149	0.0468	0.2255	0.0191	0.1915	0.0024	0.0869	0.0793	0.2149	0.1646	+0.1219	0.0210	0.1210
	0.4	0.583	0.319	5.46	9.97	0.0585	0.0951	0.0741	0.0137	0.1040	0.0837	0.0793	0.1456	0.0380	0.1580	0.0053	0.0826	0.1023	0.0461	0.0804	+0.3734	0.0452	0.0917
	0.6	0.645	0.263	5.89	14.44	0.0516	0.0990	0.0721	0.0160	0.0921	0.0907	0.0667	0.1520	0.0311	0.1614	0.0043	0.0831	0.0950	0.0517	0.0150	+0.3956	0.0388	0.0951
0.8	1.0	0.818	0.196	6.47	27.06	0.0435	0.1053	0.0696	0.0211	0.0781	0.1025	0.0521	0.1615	0.0232	0.1660	0.0031	0.0838	0.0863	0.0628	0.0588	+0.4118	0.0314	0.1004
	1.5	1.128	0.155	6.98	50.85	0.0385	0.1130	0.0676	0.0296	0.0692	0.1175	0.0432	0.1715	0.0184	0.1705	0.0024	0.0844	0.0802	0.0793	0.0990	+0.4009	0.0268	0.1064
	2.0	1.533	0.135	7.47	84.60	0.0355	0.1222	0.0658	0.0412	0.0638	0.1357	0.0384	0.1824	0.0159	0.1750	0.0020	0.0849	0.0759	0.1009	0.1150	+0.3684	0.0242	0.1133
	0.4	0.524	0.356	6.87	10.10	0.0604	0.0948	0.0674	0.0157	0.1031	0.0835	0.0844	0.1439	0.0418	0.1568	0.0059	0.0824	0.0674	0.0157	0.3652	+0.2913	0.0550	0.0942
	0.6	0.542	0.295	7.95	14.58	0.0497	0.0991	0.0623	0.0184	0.0866	0.0913	0.0691	0.1510	0.0339	0.1605	0.0048	0.0830	0.0623	0.0184	0.2658	+0.3364	0.0460	0.0985
0.9	1.0	0.594	0.206	9.44	27.16	0.0372	0.1052	0.0553	0.0226	0.0642	0.1023	0.0484	0.1603	0.0231	0.1656	0.0032	0.0837	0.0553	0.0226	0.1311	+0.3969	0.0337	0.1044
	1.5	0.695	0.142	10.48	51.25	0.0289	0.1098	0.0506	0.0266	0.0492	0.1105	0.0346	0.1680	0.0159	0.1692	0.0021	0.0842	0.0505	0.0266	0.0410	+0.4351	0.0255	0.1089
	2.0	0.842	0.107	11.07	86.80	0.0245	0.1147	0.0481	0.0305	0.0414	0.1159	0.0274	0.1723	0.0121	0.1714	0.0016	0.0845	0.0481	0.0306	0.0049	+0.4515	0.0213	0.1117

注　所有传递系数为负，刚度系数为正。所有固端弯矩系数为负，除非加了正号。

表13.2　两端加腋梁（摘自波特兰水泥协会《框架常数手册》）

| a | r | 传递系数 $C_{AB}=C_{BA}$ | 刚度系数 $k_{AB}=k_{BA}$ | 均布荷载 FEM 系数×wL² | 集中荷载 FEM—系数×PL b=0.1 | | b=0.3 | | b=0.5 | | b=0.7 | | b=0.9 | | 加腋荷载（两端）FEM 系数×wL² $M_{AB}=M_{BA}$ |
					M_{AB}	M_{BA}	M_{AB}	M_{BA}	M_{AB}	M_{BA}	M_{AB}	M_{BA}	M_{AB}	M_{BA}	
0.1	0.4	0.583	5.49	0.0921	0.0905	0.0053	0.1727	0.0606	0.1396	0.1396	0.0606	0.1727	0.0053	0.0905	0.0049
	0.6	0.603	5.93	0.0940	0.0932	0.0040	0.1796	0.0589	0.1428	0.1428	0.0589	0.1796	0.0040	0.0932	0.0049
	1.0	0.624	6.45	0.0961	0.0962	0.0023	0.1873	0.0566	0.1462	0.1462	0.0566	0.1873	0.0023	0.0962	0.0050
	1.5	0.636	6.75	0.0972	0.0980	0.0013	0.1918	0.0551	0.1480	0.1480	0.0551	0.1918	0.0013	0.0980	0.0050
	2.0	0.641	6.90	0.0976	0.0988	0.0008	0.1939	0.0543	0.1489	0.1489	0.0543	0.1939	0.0008	0.0988	0.0050
0.2	0.4	0.634	7.32	0.0970	0.0874	0.0079	0.1852	0.0623	0.1506	0.1506	0.0623	0.1852	0.0079	0.0874	0.0187
	0.6	0.674	8.80	0.1007	0.0899	0.0066	0.1993	0.0584	0.1575	0.1575	0.0584	0.1993	0.0066	0.0899	0.0191
	1.0	0.723	11.09	0.1049	0.0935	0.0046	0.2193	0.0499	0.1654	0.1654	0.0499	0.2193	0.0046	0.0935	0.0195
	1.5	0.752	12.87	0.1073	0.0961	0.0029	0.2338	0.0420	0.1699	0.1699	0.0420	0.2338	0.0029	0.0961	0.0197
	2.0	0.765	13.87	0.1084	0.0976	0.0018	0.2410	0.0372	0.1720	0.1720	0.0372	0.2410	0.0018	0.0976	0.0198
0.3	0.4	0.642	9.02	0.0977	0.0845	0.0097	0.1763	0.0707	0.1558	0.1558	0.0707	0.1763	0.0097	0.0845	0.0397
	0.6	0.697	12.09	0.1027	0.0861	0.0095	0.1898	0.0700	0.1665	0.1665	0.0700	0.1898	0.0095	0.0861	0.0410
	1.0	0.775	18.68	0.1091	0.0890	0.0094	0.2136	0.0627	0.1803	0.1803	0.0627	0.2136	0.0084	0.0890	0.0426
	1.5	0.828	26.49	0.1132	0.0920	0.0065	0.2376	0.0492	0.1891	0.1891	0.0492	0.2376	0.0065	0.0920	0.0437
	2.0	0.855	32.77	0.1153	0.0943	0.0048	0.2555	0.0366	0.1934	0.1934	0.0366	0.2555	0.0048	0.0943	0.0442
0.4	0.4	0.599	10.15	0.0937	0.0825	0.0101	0.1601	0.0732	0.1509	0.1509	0.0732	0.1601	0.0101	0.0825	0.0642
	0.6	0.652	14.52	0.0986	0.0833	0.0106	0.1668	0.0776	0.1632	0.1632	0.0776	0.1668	0.0106	0.0833	0.0668
	1.0	0.744	26.06	0.1067	0.0847	0.0112	0.1790	0.0835	0.1833	0.1833	0.0835	0.1790	0.0112	0.0847	0.0711
	1.5	0.827	45.95	0.1131	0.0862	0.0113	0.1919	0.0852	0.1995	0.1995	0.0852	0.1919	0.0113	0.0862	0.0746
	2.0	0.878	71.41	0.1169	0.0876	0.0108	0.2033	0.0822	0.2089	0.2089	0.0822	0.2033	0.0108	0.0876	0.0766
0.5	0.0	0.500	4.00	0.0833	0.0810	0.0090	0.1470	0.0630	0.1250	0.1250	0.0630	0.1470	0.0090	0.0810	0.0833

注　所有传递系数与固端弯矩系数为负，所有刚度系数为正。

13.9.1 传递系数的计算

在弯矩分配过程中解除某点的约束后，不平衡弯矩被分配到连接到该点的各杆件中。图 13.29（a）所示荷载作用于一典型构件（弯矩作用端可以自由转动，但不发生平移，远端固定），弯矩 M_A 表示分配端弯矩，M_B 为传递弯矩。

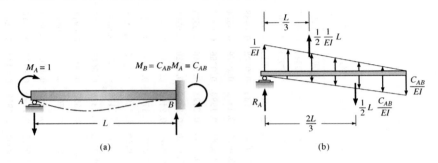

图 13.29

（a）A 点受单位力矩的梁；（b）共轭结构的 M/EI 部分曲线

由 13.2 节已知传递弯矩和分配弯矩有关，例如，棱柱状杆件 $COM = \frac{1}{2} DEM$，我们可将传递弯矩 M_B 表示为

$$M_B = COM_{AB} = C_{AB} M_A \tag{13.26}$$

其中 C_{AB} 是从 A 到 B 的传递系数。要计算 C_{AB}，我们可以利用图 13.29（b）的 M/EI 曲线，即在图 13.29（a）所示荷载作用下的共轭梁的 M/EI 曲线，计算可以进一步简化，令式（13.22）中 $M_A = 1\mathrm{kip} \cdot \mathrm{ft}$，可得

$$M_B = C_{AB}$$

如果我们假设（简化计算）杆件是棱柱状的（即 EI 是常量）我们可以将共轭梁支座 A 处 M/EI 曲线的面积相加计算 C_{AB}：

$$\circlearrowright^{+} \quad \sum M_A = 0$$

$$\frac{1}{2} L \frac{1}{EI} \frac{L}{3} - \frac{1}{2} L \frac{C_{AB}}{EI} \frac{2L}{3} = 0$$

$$C_{AB} = \frac{1}{2}$$

上述值显然验证了 13.2 节的结果，在例 13.2 中我们将用该方法计算惯性矩变化的梁的传递系数，由于该梁不对称，两端的传递系数不一样。

13.9.2 转动刚度的计算

要计算变截面杆件相交节点处的分配系数，可以用杆件的转动刚度 K_{ABS}。杆件的转动刚度可由该杆产生一定的转角（通常 1rad）所需的力矩来衡量，此外一杆和另一杆比较时，杆件的边界条件必须一致。因为弯矩分配法中，杆件一端可以自由转动，而另一端固定，即采用这些边界条件。

为了说明计算梁转动刚度的方法，我们考虑图 13.30 中的梁横截面保持不变，在 A 端施加弯矩 K_{ABS}，使其支座 A 产生 1rad 的转角。如果假定 C_{AB} 前面已经计算，固定端的

弯矩则等于 $C_{AB}K_{ABS}$，利用转角位移方程将弯矩 K_{ABS} 用杆件性质表示为

$$K_{ABS}=\frac{2EI}{L}\times 2\theta_A=\frac{4EI\theta_A}{L}$$

代入 $\theta_A=1\,\mathrm{rad}$ 得

$$K_{ABS}=\frac{4EI}{L} \qquad (13.27)$$

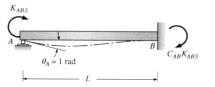

图 13.30　计算 AB 梁 A 端弯曲刚度的支座条件。弯曲刚度用使得 A 端产生单位转角所需的弯矩 K_{ABS} 来衡量

因为转角位移方程只能用于等截面的杆件，我们要用不同的方法来表示变截面杆件的线刚度 K_{ABS}。尽管有很多方法可用，我们仍然选择弯矩面积法。由于 A 点的转角为 0，B 点的转角为 1，要画出惯性矩变化的 M/EI 曲线，我们将各截面的惯性矩表示成最小惯性矩的倍数，该过程将在例 13.12 中阐述。

13.9.3　折算转动刚度

当算出一非棱柱状杆件的传递系数及转动刚度后可以用来确定远端铰支梁的折算转动刚度 K_{ABS}^R，要确定 K_{ABS}^R 的表达式，我们考虑如图 13.31（a）所示的简支梁。如果临时夹具作用于节点 B，A 点作用和 K_{ABS} 相等的弯矩，将使其产生 1rad 的转角，以及在节点 B 产生 $C_{AB}K_{ABS}$ 的传递弯矩。如果现在锁住节点 A，松开节点 B ［见图 13.31（b）］，B 点的弯矩减为 0，此时 A 处的弯矩就为 K_{ABS}^R，等于

$$\begin{aligned}K_{ABS}^R&=K_{ABS}-C_{BA}C_{AB}K_{ABS}\\&=K_{ABS}(1-C_{BA}C_{AB})\end{aligned} \qquad (13.28)$$

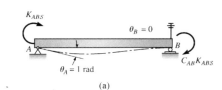
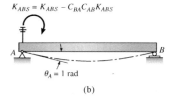

图 13.31

13.9.4　固端弯矩的计算

要计算变截面梁的固端弯矩，我们可以根据共轭梁的 M/EI 曲线加载，当实际的梁为固定端，共轭梁的端部则为自由端。为了便于计算，弯矩图应按"部分"形成简单的几何形状。此时这一阶段固端弯矩的值是未知的，要求出固端弯矩，我们必须写出两个平衡方程：因为共轭梁处于平衡状态，M/EI 曲线（荷载）下面积的代数和应等于 0；另外，共轭梁 M/EI 曲线下的面积对两端的矩都应等于 0。要求出固端弯矩，只需要将上述方程中的任两个联立求解。

我们将通过计算跨中受集中荷载作用的等截面梁（EI 是常数）的固端弯矩来阐述该方法的基本原理，相同的方法（用修改后的 M/EI 图解决惯性矩的变化）将用在例 13.12 中来计算变截面梁的固端弯矩。

13.9.5　计算图 13.32（a）中梁的固端弯矩

根据 M/EI 曲线给共轭梁加载 ［见图 13.32（c）］，对 A 点弯矩求和得

$$\circlearrowright^{+} \qquad \sum M_A = 0$$

$$-\frac{1}{2} \times \frac{PL}{4EI} \times L \times \frac{L}{2} + \frac{1}{2} \times FEM_{AB} \times L \times \frac{L}{3} + \frac{1}{2} \times FEM_{BA} \times L \times \frac{2L}{3} = 0 \qquad (1)$$

该结构及荷载都对称，可令式（1）中 $FEM_{AB} = FEM_{BA}$，解出 FEM_{BA}：

$$FEM_{BA} = \frac{PL}{8}$$

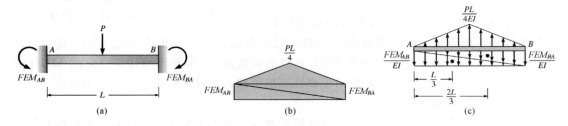

(a)   (b)   (c)

图 13.32

（a）EI 为常量的两端固定的梁；（b）分部弯矩图；（c）共轭梁按 M/EI 图加载

【例 13.12】 图 13.33（a）所示梁的惯性矩是变化的，计算：（a）A 到 B 的传递系数；（b）左端转动刚度；（c）跨中作用 P 时产生的固端弯矩。梁全长 E 为常数。

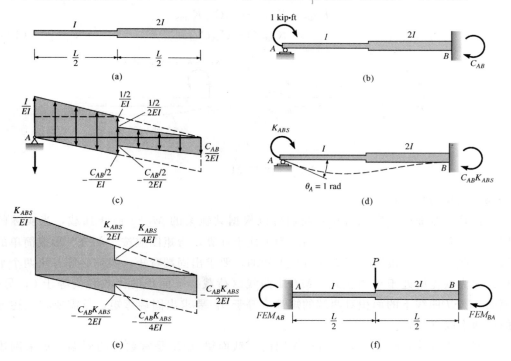

图 13.33 （一）

（a）截面变化的梁；（b）计算从 A 到 B 传递系数的荷载及边界条件；（c）加上（b）图荷载后梁的 M/EI 图；
（d）计算梁 AB 左端的转动刚度；（e）（d）中梁的 M/EI 曲线（分部）；（f）计算梁 AB 的固端弯矩

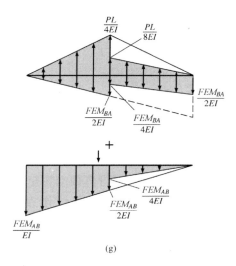

图 13.33（二）

（g）施加（f）中力的梁的 M/EI 图（分部）

解：

（a）计算传递系数。在梁端 A 处施加 1kip·ft 的单位力矩［见图 13.33（b）］，在 B 处产生传递弯矩 C_{AB}，分部画出弯矩图，形成两个三角形弯矩图形。弯矩图的纵坐标左半部分用 EI，右半部分用 $2EI$，形成 M/EI 曲线，作为荷载作用于共轭梁上［见图 13.33（c）］。因为梁右半部分的惯性矩是左半部分的 2 倍，跨中 M/EI 曲线不连续。正弯矩由向上的力施加，负弯矩则来自于向下的力。要用杆件的性质表示 C_{AB}，我们将 M/EI 图分为矩形和三角形，将各部分面积对支座 A 的矩相加，此处弯矩-面积法和要求 A、B 两点的切向偏差为零等价。

$$\circlearrowright^+ \qquad \sum M_A = 0$$

$$\frac{1}{2EI} \times \frac{L}{2} \times \frac{L}{4} + \frac{1}{2} \times \frac{1}{2EI} \times \frac{L}{2} \times \frac{L}{6} + \frac{1}{2} \times \frac{1}{4EI} \times \frac{L}{2} \times \left(\frac{L}{2} + \frac{L}{6}\right)$$

$$-\frac{1}{2} \times \frac{L}{2} \times \frac{C_{AB}}{2EI} \times \frac{2}{3} \times \frac{L}{2} - \frac{C_{AB}}{4EI} \times \frac{L}{2} \times \left(\frac{L}{2} + \frac{L}{4}\right) - \frac{1}{2} \times \frac{L}{2} \times \frac{C_{AB}}{4EI} \times \left(\frac{L}{2} + \frac{2}{3} \times \frac{L}{2}\right) = 0$$

化简，求解 C_{AB} 得

$$C_{AB} = \frac{2}{3}$$

调换支座（固端支座移到 A，滚轴支座移到 B），单位力作用于 B，我们就得到 B 到 A 的传递系数 $C_{AB} = 0.4$。

（b）计算转动刚度 K_{ABS}。左端由滚轴支座约束竖向位移［见图 13.33（d）］，右侧固定端绕左端产生单位转角（$\theta_A = 1\text{rad}$）所需的弯矩 K_{ABS} 定义为转动刚度。图 13.33（e）为图 13.33（d）荷载作用下的 M/EI 曲线。因为 B 处转角为 0，梁两端斜率的变化（根据弯矩-面积第一原理，等于 M/EI 曲线的面积）等于 1。

将 M/EI 曲线下的面积划分为矩形和三角形来计算其面积。

$$\sum \text{areas} = 1$$

$$\frac{1}{2} \times \frac{L}{2} \times \frac{K_{ABS}}{EI} + \frac{1}{2} \times \frac{L}{2} \times \frac{K_{ABS}}{2EI} + \frac{1}{2} \times \frac{L}{2} \times \frac{K_{ABS}}{4EI}$$

$$- \frac{1}{2} \times \frac{L}{2} \times \frac{C_{AB}K_{ABS}}{EI} - \frac{C_{AB}K_{ABS}}{4EI} \times \frac{L}{2} - \frac{1}{2} \times \frac{C_{AB}K_{ABS}}{4EI} \times \frac{L}{2} = 1$$

代入（a）中的 $C_{AB} = \frac{2}{3}$ 解 K_{ABS} 得

$$K_{ABS} = 4.36 \frac{EI}{L}$$

（c）计算跨中集中力引起的固端弯矩。要计算固端弯矩，将梁两端锁住并施加集中力 [见图 13.33（f）]，分部画出弯矩图并将 M/EI 曲线作为荷载施加到共轭梁上，如图 13.33（g）所示。由左端的固端弯矩 FEM_{AB} 得出的 M/EI 曲线画在共轭梁下面以示区别。因为两固端弯矩均未知，所以要列出两个方程来求解：

$$\sum F_y = 0 \tag{1}$$

$$\sum M_A = 0 \tag{2}$$

用 M/EI 曲线的面积表示式（1）得

$$\frac{1}{2} \times \frac{L}{2} \times \frac{PL}{EI} + \frac{1}{2} \times \frac{L}{2} \times \frac{PL}{8EI} - \frac{1}{2} \times \frac{FEM_{BA}}{2EI} \times \frac{L}{2} - \frac{FEM_{BA}}{4EI} \times \frac{L}{2} - \frac{1}{2} \times \frac{L}{2} \times \frac{FEM_{BA}}{4EI}$$

$$- \left(\frac{1}{2} \times \frac{FEM_{AB}}{EI} \times L - \frac{1}{2} \times \frac{FEM_{AB}}{4EI} \times L \right) = 0$$

简化得

$$\frac{5}{16} FEM_{BA} + \frac{7}{16} FEM_{AB} = \frac{3PL}{32} \tag{1a}$$

将上述面积乘以点 A 到相应质心之间距离得到面积矩，代入式（2）可得

$$\frac{8}{49} FEM_{BA} + \frac{1}{8} FEM_{AB} \frac{PL}{24} = 0 \tag{2a}$$

联立式（1a）、式（2a）求解得

$$FEM_{AB} = 0.106PL \quad FEM_{BA} = 0.152PL \quad \text{得解}$$

和预计的一样，由于右侧梁的刚度较大，右端的固端弯矩大于左端。

【例 13.13】 用弯矩分配法分析图 13.34 所示刚架。所有杆件垂直于结构平面方向的厚度为 12in。

解：

由于梁的惯性矩是变化的，我们利用表 13.2 计算分配系数、刚度系数以及固端弯矩。计算表 13.2 中的各参数：

$$aL = 10\text{ft}, \text{其中} L = 50\text{ft}, a = \frac{10}{50} = 0.2$$

$$rh_e = 6\text{in}, \text{其中} h_e = 10\text{in}, r = 0.6$$

由表 13.2 可查得

$$C_{CB} = C_{BC} = 0.674$$

$$k_{BC} = 8.8$$

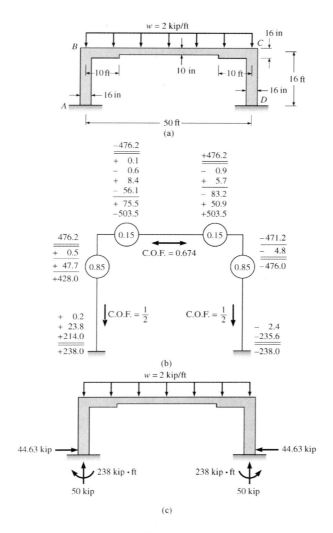

图 13.34

（a）刚架详图；（b）弯矩分配分析；（c）支座反力

$$FEM_{CB} = -FEM_{BC} = 0.1007wL^2$$
$$= 0.1007 \times 2 \times 50^2$$
$$= 503.5(\text{kip} \cdot \text{ft})$$

$$I_{最小梁} = \frac{bh^3}{12} = \frac{12 \times 10^3}{12} = 1000(\text{in}^4)$$

$$I_{柱} = \frac{bh^3}{12} = \frac{12 \times 16^3}{12} = 4096(\text{in}^4)$$

计算 B、C 的分配系数：

$$K_{梁} = \frac{8.8EI}{L} = \frac{8.8E \times 1000}{50} = 176E$$

$$K_{柱} = \frac{4EI}{L} = \frac{4E \times 4096}{16} = 1024E$$

$$\sum K = 1200E$$

$$DE_{柱} = \frac{1024E}{1200E} = 0.85$$

$$DE_{梁} = \frac{176E}{1200E} = 0.15$$

分配过程如图 13.34（b）所示，支座反力如图 13.34（c）所示。

总结

• 弯矩分配法是分析超静定梁或框架的一种近似方法，不需要像位移法联立求解很多方程。

• 分析由假设在所有可自由转动的节点上加夹具开始，从而形成固定端的条件，当作用荷载时，产生固端弯矩。求解过程就是不断地松开和锁上所有节点，并将弯矩分配到连接节点的各杆件上，直到所有杆件都处于平衡状态。如果框架有侧移，分析的次数将要增加；如果有计算表格可用（见表 13.1），该方法可以被引申到求解非棱柱状杆件。

• 一旦求出杆端弯矩，可用杆件隔离体计算剪力，剪力算出后可根据节点的隔离体计算轴力。

• 尽管弯矩分配法能使学生掌握分析连续结构的要点，但实际应用有限，因为用计算机分析快捷而且准确。

• 尽管如此，弯矩分配法提供了一个简单的方法来校核多层、多跨连续结构在竖向力作用下的计算机分析结果。在该过程中（见 15.7 节），每一层的隔离体图（包括上下层相连的柱）是独立的，并且柱端认为是固定端，或以柱刚度作为其边界条件。由于层间影响较小，该方法是计算楼面体系力近似值的较好方法。

习题

P13.1～P13.7 用弯矩分配法分析各结构，确定所有支座反力，画出剪力、弯矩图，找出每跨的弯矩剪力突变点并标出最大值。除特别注明，EI 为常数。

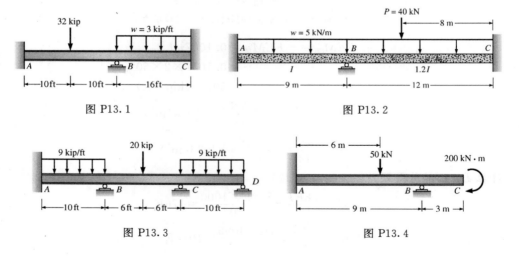

图 P13.1   图 P13.2

图 P13.3   图 P13.4

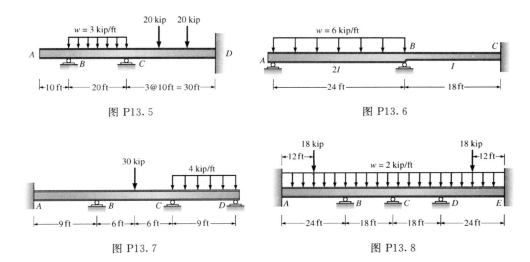

图 P13.5

图 P13.6

图 P13.7

图 P13.8

P13.8～P13.10 用弯矩分配法。修正刚度如 13.5 节中所讨论的，EI 为常数。画出剪力、弯矩图。

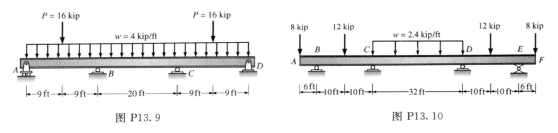

图 P13.9

图 P13.10

P13.11 用弯矩分配法分析图 P13.11 所示框架，确定所有反力，并画出剪力、弯矩图，找出弯矩、剪力的突变点并标出最大值。已知：EI 为常数。

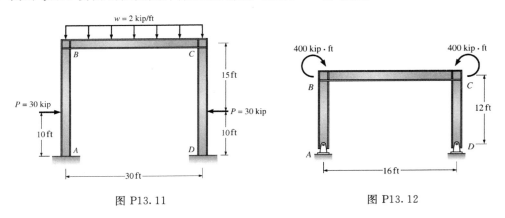

图 P13.11

图 P13.12

P13.12 用弯矩分配法分析图 P13.12 所示框架。确定所有反力，并画出剪力、弯矩图，已知：EI 为常数。

P13.13 用弯矩分配法分析图 P13.13 所示的箱形钢筋混凝土结构，修正刚度如 13.5 节中所讨论的。画出 AB 的剪力、弯矩图。已知：EI 为常数。

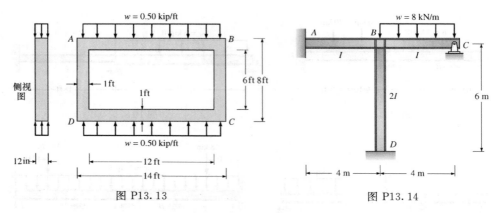

图 P13.13 图 P13.14

P13.14 用弯矩分配法分析图 P13.14 所示框架，确定所有反力，画出弯矩、剪力图。已知 E 为常数，A、D 为固定支座。

P13.15 图 P13.15 所示的矩形环，横截面大小为 12in×8in，画出环的剪力、弯矩图。$E=3000\text{kip/in}^2$。

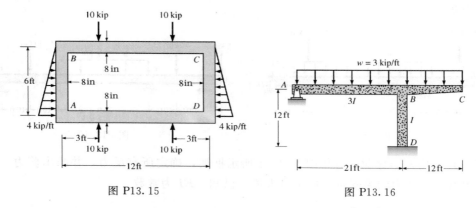

图 P13.15 图 P13.16

P13.16 用弯矩分配法分析图 P13.16 所示框架。确定所有反力，并画出剪力、弯矩图，找出弯矩、剪力突变的点并标出最大值。E 是常量，但 I 是变化的。

P13.17 用弯矩分配法分析图 P13.17 所示框架。确定所有反力，并画出剪力、弯矩图，找出弯矩、剪力突变的点并标上最大值。已知：EI 为常数。

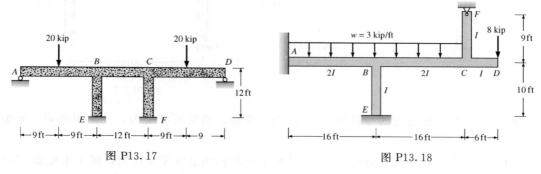

图 P13.17 图 P13.18

P13.18 用弯矩分配法分析图 P13.18 所示框架。确定所有反力，并画出剪力、弯矩图，找出弯矩、剪力突变的点并标上最大值。E 为常数，I 的变化在图中已注明。

P13.19　用弯矩分配法分析图 P13.19 所示框架，确定所有反力，并画出剪力、弯矩图。已知：EI 为常数。

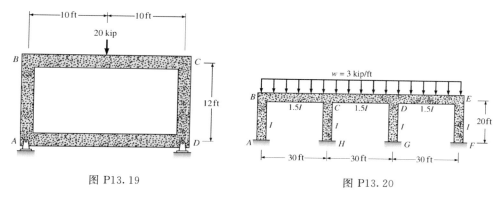

图 P13.19　　　　　　图 P13.20

P13.20　用弯矩分配法分析图 P13.20 所示框架，确定所有反力，并画出剪力、弯矩图。已知：EI 为常数，I 的变化在图中已注明。

P13.21　用弯矩分配法分析图 P13.21 所示框架，确定所有反力，并画出梁 ABCDE 的剪力、弯矩图。已知：EI 为常数。

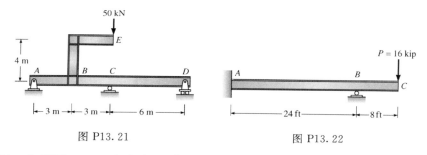

图 P13.21　　　　　　图 P13.22

P13.22　如果图 13.22 中支座 B 建在低于 B 原位置 1.2in 的 B′ 处，在 B 点施加多大的力，才能将梁连接到 B′支座上？已知：$I=400\text{in}^4$，$E=29000\text{kip/in}^2$。

P13.23　如图 P13.23 支座 A 建在向下 0.48in 的位置，支座 C 有初始的偶然顺时针方向 0.016rad 的转角，当结构连接到支座上时确定其弯矩和反力。

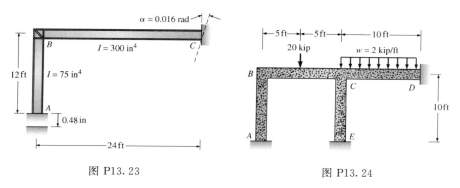

图 P13.23　　　　　　图 P13.24

P13.24　用弯矩分配法分析图 P13.24 所示框架，确定所有反力，并画出剪力、弯矩图。已知：EI 为常数。

P13.25 由于制造误差，支座 D 建在离 BD 柱左边 0.6in 的位置，当框架连接到铰支座 D、力均布在 BC 杆时，用弯矩分配法确定其支座反力。画出剪力、弯矩图，并作出变形曲线。已知：所有杆件的 EI 为常数，$E=29000\text{kip/in}^2$，$I=240\text{in}^4$。

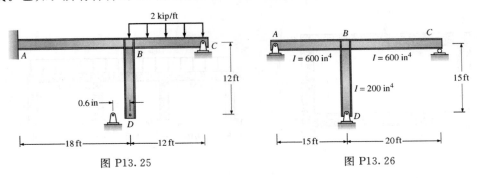

图 P13.25　　　　　　　　　图 P13.26

P13.26 当梁 ABC 温度变化 $+80°\text{F}$ 时，框架中将产生多少弯矩？温度膨胀系数 $\alpha_1 = 6.6\times10^{-6}(\text{in/in})/°\text{F}$，$E=29000\text{kip/in}^2$。

P13.27 确定图 13.27 中框架构件的所有反力、弯矩。确定节点 B 的水平位移。已知：所有杆件的 EI 为常数，$I=1500\text{in}^4$，$E=3000\text{kip/in}^2$。

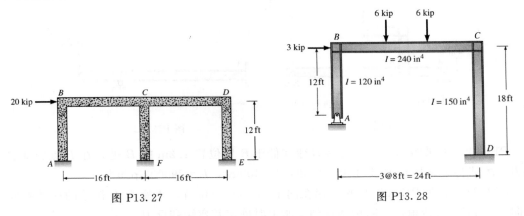

图 P13.27　　　　　　　　　图 P13.28

P13.28 用弯矩分配法分析图 P13.28 所示框架，画出剪力、弯矩图，并作出变形曲线。同时计算节点 B 的水平位移。E 为常数，等于 30000kip/in^2。

P13.29 用弯矩分配法分析图 P13.29 所示框架，画出剪力、弯矩图，并作出变形曲线。所有构件 E 为常量，等于 30000kip/in^2，$I=300\text{in}^4$。

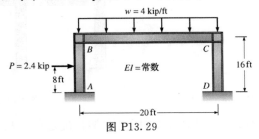

图 P13.29

P13.30 用弯矩分配法分析图 P13.30 所示框架，确定所有反力，并画出剪力、弯矩图，并作出变形曲线。E 为常量，等于 $30000\mathrm{kip/in^2}$。

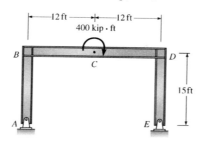

图 P13.30

P13.31 用弯矩分配法分析图 P13.31 所示空腹桁架。画出杆 AB 和 AF 的剪力、弯矩图，作出其变形，并确定跨中位移。已知：EI 为常量。$E = 200\mathrm{GPa}$，$I = 250 \times 10^6\mathrm{mm^4}$。

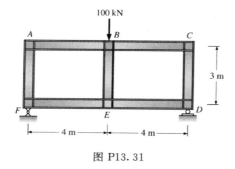

图 P13.31

P13.32 用弯矩分配法分析图 P13.32 所示框架，画出剪力、弯矩图，计算节点 B 的水平位移。并作出变形曲线。E 为常量，等于 $30000\mathrm{kip/in^2}$。

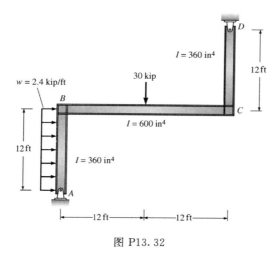

图 P13.32

乔治·华盛顿大桥横跨曼哈顿与新泽西州的李堡之间的哈得孙河

中心跨度为 3500ft，塔墩高出水面 604ft，离锚地两岸的总距离 4760ft。建造总价为 5900 万美元，在此显示的最初结构于 1931 年通车。1962 年增加了下层的 6 线道。

第 **14** 章

超静定结构：影响线

本章目标

- 将第 8 章所学的米勒-布瑞斯劳原理沿用到建立超静定结构的定性的影响线。
- 应用超静定结构分析方法（例如弯矩分配法、刚度法或柔度法）得到影响线的纵坐标值。
- 在影响线的基础上掌握如何布置活荷载来求最大的内力和反力。

14.1 引言

为确定当活荷载通过一个结构时，结构上一指定点处的内力的变化，我们要绘制影响线。超静定结构的影响线的画法同第 8 章中静定结构影响线的画法在程序上是一样的；即单位荷载在结构上移动，而反力或内力的值都被连续地标注在荷载位置的下方。由于用来分析结构的计算机程序正在逐渐被工程师用来进行设计，即使是高次超静定结构在单位荷载作用于很多位置情况下的分析也能很快且很廉价地进行。因此，传统的费时的手算法已很少被现代的工程师用来绘制影响线了。我们学习本章的主要目的是：

（1）熟悉连续梁和框架的支座反力及内力影响线的形状。

（2）培养快速地画出超静定梁和框架的大致影响线形状的能力。

（3）学会如何在连续结构上布置分布荷载，以使梁或柱的危险截面上的剪力和弯矩最大。

我们从绘制几个简单的超静定梁的反力、剪力和弯矩的影响线开始本章的学习。虽然静定结构的影响线是由直线组成的，但超静定梁和框架的影响线是弯曲的。因此，为了清楚地定义一个超静定梁的影响线的形状，我们需要计算纵坐标值的点要多于静定梁所需计算的点。对于一个超静定桁架或主梁，如果它在其节点处受到由楼面梁和由简支杆件构成的纵梁系统的荷载的作用，则在节点之间的影响线将由直线组成。

我们还将讨论用米勒-布瑞斯劳原理定性地画出各种超静定梁和框架的内力及反力影响线，以这些影响线为基础，我们将可以确定活荷载在什么位置时，结构的危险截面（邻近支座或跨中）上的剪力和弯矩会取得最大值。

14.2 运用弯矩分配法绘制影响线

弯矩分配提供了一种方便的方法来绘制等截面连续梁和框架的影响线。另外，通过利用适当的设计图表，这一方法可以很容易地推广到由变截面的构件组成的结构（例如，见表 13.1）。

对于单位荷载作用的每一个位置，弯矩分配分析都提供了所有杆件的端部弯矩。在端部弯矩确定后，可通过先截出隔离体，然后用静力方程去计算内力的方法求出危险截面处的反力和内力。例 14.1 阐明了利用弯矩分配法绘制一根一次超静定梁的反力影响线的过程。在此例中，为简化计算，我们只计算了梁的五分点处所对应的影响线的纵坐标值［见图 14.1（c）～（e）］。在实际设计中（例如桥的主梁），一般取更小的单元——跨长的 $1/12 \sim 1/15$ 将更合适。

【例 14.1】 (a) 利用弯矩分配，画出图 14.1（a）中梁的支座 A 和 B 的反力影响线。

(b) 已知 $L = 25\text{ft}$，当图 14.1（a）中的 16kip 和 24kip 的轮式荷载被布置在点 3 和点 4 处时，求支座 B 处的弯矩。EI 为常数。

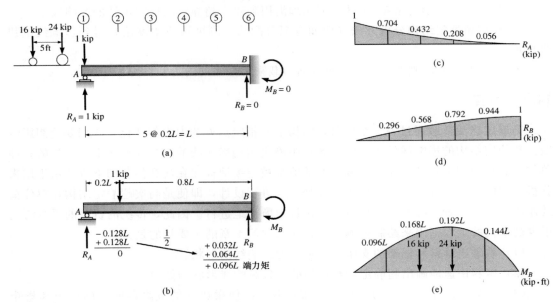

图 14.1

(a) 单位荷载作用于支座 A；(b) 单位荷载作用于支座 A 右侧 $0.2L$ 处；(c) A 处反力的影响线；

(d) B 处竖向反力的影响线；(e) 支座 B 处的弯矩影响线

解：

(a) 我们通过把单位荷载布置在沿着梁的轴线方向上的 6 个点——间隔距离为

0.2L——来绘制影响线。每个点的号码都标好了，如图 14.1（a）所示。我们将讨论在点 1、2 和 6 处的计算来阐明整个过程。

为求得影响线左端（点 1 处）的纵坐标值，我们把单位荷载直接布置在支座 A 正上方的梁上 [见图 14.1（a）]。由于全部荷载直接传到了支座上，故梁处于无应力状态；所以，$R_A = 1\text{kip}$、$R_B = 0$、$M_B = 0$。类似的，如果单位荷载移动到了点 6 处（直接施加在固定支座上），则 $R_B = 1\text{kip}$、$R_A = 0$、$M_B = 0$。以上的反力分别表示了影响线在点 1 和点 6 处的纵坐标值，都被标注在图 14.1（c）、（d）和（e）中。

接下来我们把单位荷载移动到支座 A 右侧 0.2L 处，并通过弯矩分配确定 B 处的弯矩 [见图 14.1（b）]。计算固定端弯矩（见图 12.5）：

$$FEM_{AB} = -\frac{Pab^2}{L^2} = -\frac{1 \times 0.2L \times (0.8L)^2}{L^2} = -0.128L$$

$$FEM_{BA} = \frac{Pba^2}{L^2} = \frac{1 \times 0.8L \times (0.2L)^2}{L^2} = +0.032L$$

图 14.1（b）展示了弯矩分配的操作图。在支座 B 的弯矩被算出是 0.096L 后，我们通过取出一个隔离体，并将隔离体上的所有力对支座 B 弯矩求和以求出 A 处的竖向反力。

$$\circlearrowright^+ \quad \sum M_B = 0$$
$$R_A L - 1 \times 0.8L + 0.096L = 0$$
$$R_A = 0.704\text{kip}$$

计算 R_B：

$$\uparrow^+ \quad \sum F_y = 0$$
$$R_A + R_B - 1 = 0$$
$$R_B = 0.296\text{kip}$$

为了画出整条影响线，我们把单位荷载依次移动到点 3、点 4 和点 5 处，并做同样的分析。这些计算可以确定剩余的影响线的纵坐标值，不过具体过程没有列出。图 14.1（c）~（e）展示了最终的影响线。

（b）由轮式荷载引起的 B 处弯矩 [见图 14.1（e）] 为

$$M_B = \sum 影响线纵坐标值 \times （荷载）$$
$$= 0.168L \times 16 + 0.192L \times 24$$
$$= 7.296L = 7.296 \times 25 = 182.4(\text{kip} \cdot \text{ft}) \quad 得解$$

【例 14.2】 画出图 14.1（a）中梁的 4 号截面处的剪力和弯矩影响线。利用图 14.1（c）中的影响线计算单位荷载作用在不同位置时所对应的 A 处的反力。

解：

当单位荷载在支座 A 或 B 时 [图 14.1（a）中的点 1 和点 6]，梁都处于无应力状态；因此点 4 处的剪力和弯矩都为 0。在图 14.2（e）和（f）中，影响线的纵坐标值在起点和终点都为 0。

为求出单位荷载作用于其他位置时，影响线的纵坐标值，我们把点 4 左边的梁截为隔离体，然后用静力方程计算该隔离体的内力。图 14.2（a）显示了单位荷载作用于隔离体上的点 2 处。从图 14.1（c）中可读出此时 A 处的反力为 0.704kip。

$$\overset{+}{\uparrow}\quad \sum F_y = 0$$
$$0.704 - 1 - V_2 = 0$$
$$V_2 = -0.296\text{kip}$$
$$\overset{+}{\circlearrowright}\quad \sum M_4 = 0$$
$$0.704 \times 0.6L - 1 \times 0.4L - M_2 = 0$$
$$M_2 = 0.0224L(\text{kip} \cdot \text{ft})$$

图 14.2（b）显示了单位荷载作用于 4 点左侧无穷近处，对于这一位置，由平衡方程可得出 $V_{4L} = -0.792\text{kip}$ 和 $M_{4L} = 0.125L$（kip·ft）。如果单位荷载向截面 4 右侧移动了一个 $\mathrm{d}x$ 的距离，A 处的反力不会变化，但单位荷载已不在隔离体上了［见图 14.2（c）］。列出平衡方程，我们可算出 $V_{4R} = 0.208\text{kip}$ 和 $M_{4r} = 0.125L(\text{kip} \cdot \text{ft})$。图 14.2（d）显示了当单位荷载作用于点 5 处（离开隔离体了）时，隔离体上的力。计算得出 $V_5 = 0.056\text{kip}$ 和 $M_5 = 0.0336L(\text{kip} \cdot \text{ft})$。利用单位荷载作用于不同位置时，截面 4 上的剪力和弯矩的值，我们可画出图 14.2（e）中的剪力影响线和图 14.2（f）中的弯矩影响线。

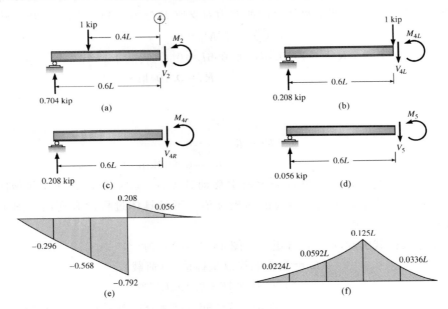

图 14.2　截面 4 处的剪力和弯矩影响线
（a）单位荷载在截面 2 处；（b）单位荷载在截面 4 左侧；（c）单位荷载在截面 4 右侧；
（d）单位荷载在截面 5 处；（e）剪力影响线；（f）弯矩影响线

14.3　米勒-布瑞斯劳原理

米勒-布瑞斯劳原理（曾在 8.4 节介绍过，并被用于静定结构）表述为：

> 把结构的一个约束去掉，然后在修正过的结构上引入一个对应于被移走的约束的单位位移，得到的释放结构的变形形状与对应的反力或内力（剪力，弯矩）的影响线一致。

我们通过利用贝蒂法则去论证米勒-布瑞斯劳原理的有效性来开始本章的学习。接着，我们将利用米勒-布瑞斯劳原理分别定量和定性地画出几种常见的超静定梁和框架的影响线。

为了论证米勒-布瑞斯劳原理的有效性，考虑用两种方法画出图 14.3（a）中连续梁的支座 A 的反力影响线。在传统的方法中，我们将一个单位荷载在梁上移动，逐一作用于梁上不同的位置，计算出对应的 R_A 的值，把它标在单位荷载作用的位置的下方。例如，图 14.3（a）显示了一个用来画影响线的单位荷载，作用于梁上任意一点 x 处；假定 R_A 所指的方向为正方向（竖直向上）。

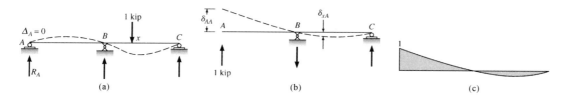

图 14.3

（a）用于画 R_A 影响线的单位荷载；（b）用于将位移引入释放结构的单位荷载；（c）R_A 的影响线

如果米勒-布瑞斯劳原理是有效的，只要简单地移走 A 处的支座（产生一个释放结构），把由滚动支座提供的反力 R_A 作用于 A 点，就会产生一个竖直的位移［见图 14.3（b）］，也可以得到 A 处反力的影响线的正确的形状。通过在 A 处任意施加一个竖直的 1kip 的荷载以引入对应于 R_A 的位移。

把图 14.3（a）中的荷载标注为系统 1，把图 14.3（b）中的荷载标注为系统 2。现在用给定的式（10.40）对这两个系统应用贝蒂法则：

$$\sum F_1 \Delta_2 = \sum F_2 \Delta_1$$

其中 Δ_2 是系统 2 中对应于 F_1 的位移，Δ_1 是系统 1 中对应于 F_2 的位移。如果一个力在某一个系统中为弯矩，则该弯矩所对应的位移是一个转角，代入式（10.41），我们会发现

$$R_A \delta_{AA} + 1 \times \delta_{xA} = 1 \times 0 \tag{14.1}$$

由于在两个系统中，支座 B 和 C 的反力都没有做虚功——因为支座在另一个系统中没有位移，这些项在式（14.1）的两边都被省略了。由式（14.1）解出 R_A，可以得到

$$R_A = -\frac{\delta_{xA}}{\delta_{AA}} \tag{14.2}$$

由于 δ_{AA} 为常数，而 δ_{xA} 的值沿着梁的轴线会变化，式（14.2）显示了 R_A 和图 14.3（b）中弯曲形状的纵坐标成比例关系，因此，R_A 的影响线的形状同在 A 点处有 δ_{AA} 位移的释放结构的弯曲形状是一样的。这样就证实了米勒-布瑞斯劳原理。R_A 最终的影响线如图 14.3（c）所示。由于在真实结构中，当单位荷载作用于 A 处时，A 处的反力为 1kip，所以 A 处的纵坐标为 1。

图 14.3（c）所示为一条定性的影响线。通常对于大多数类型的分析是足够的；然而，如果需要的是一条定量的影响线，如式（14.2）所示，可以通过用弯曲形状的纵坐标值除以 A 处的位移 δ_{AA} 得到。

式（14.2）中负号的意义　作为绘制影响线的第一步，我们必须假定函数的正方向。例如，在图 14.3（a）中，我们假定 R_A 的正方向为竖直向上。因为位移 δ_{AA} 和反力 R_A 是

同向的，所以式（14.1）中的第一虚功项总是正的。因为 1kip 的力和位移 δ_{zA} 都是向下的，所以由第二项（$1 \times \delta_{zA}$）表示的竖向做功也是正的。当我们把第二项移到式（14.1）的右边时，就要加上一个负号，负号表示 R_A 实际上是向下的。如果 1kip 的荷载作用在 AB 跨上——影响线的纵坐标为正的区域——包含 δ_{zA} 的虚功项将是负的，当把该项移到式（14.1）的右边时，R_A 的表达式是正的，表明 R_A 是向上的。

总之，结论是，在影响线为正的区域，向下的荷载总是产生一个指向正方向的函数值；另一方面，在影响线为负的区域，向下的荷载总是产生一个指向负方向的函数值。

14.4 梁的定性的影响线

在本节，我们介绍用米勒-布瑞斯劳法绘制连续梁和框架中各种力的定性的影响线。根据 14.3 节中对米勒-布瑞斯劳法的介绍，我们先撤掉要绘制影响线的力的约束。在释放位置我们引入一个对应于释放的约束的位移，则最终的弯曲形状和影响线的形状几何相似。如果你不能确定引入何种位移，你可以想象将一个对应于影响线的力作用于释放位置而产生的位移。

举个例子，我们将画出图 14.4（a）中的两跨连续梁的点 C 处的正弯矩影响线。点 C 位于 BD 跨的中点。为了去掉梁的弯曲能力，在点 C 处插入一个铰，由于原结构为一次超静定，所以图 14.4（b）所示的释放结构是几何不变且静定的。接着在 C 处引入一个对应于正弯矩的位移，用两条分别位于铰左右两边的弯曲箭头表示。C 处正弯矩的作用是使杆件的端部都沿着弯矩的方向转动并使铰产生向上的位移。图 14.4（c）显示了梁的弯曲形状，同时也是影响线的形状。

虽然知道 C 处的正弯矩会使杆件的端部转动，但是竖向位移可能并不明显。为了使铰两边的弯矩产生的位移明显，我们将检验铰两边的隔离体 [见图 14.4（d）]。首先通过将 CD 杆件上的力对 C 处的铰弯矩求和算出 D 处的反力。

$$\circlearrowright^{+} \quad \sum M_C = 0$$

$$M - R_D \frac{L}{2} = 0$$

$$R_D = \frac{2M}{L}$$

根据杆件 CD 在 y 方向上力的平衡，铰所在处的竖向力 C_y 一定和 R_D 大小相等、方向相反。由于 C_y 表示隔离体左边的作用力，所以一定有一个等质反向的力——方向向上——作用于杆件 ABC 的节点 C 上。

我们接着计算杆件 ABC 的支座 A 和 B 处的反力，并画出每根杆件的弯矩曲线。由于沿着每一根杆件的全长方向弯矩都是正的，所以它们都凹向上弯曲，如同弯矩图下方的曲线所标注的一样。当杆件 ABC 被放置在支座 A 和 B 上时 [见图 14.4（c）]，点 C 必然竖直向上移动以符合由支座提供的约束以及由弯矩产生的曲率。最终的影响线的形状如图 14.5（e）所示。虽然正、负坐标值的大小不知道，但我们可以断定纵坐标的最大值必定在铰和施加荷载所在的跨内。通常，一个力对某一跨的影响随着它与该跨距离的增大而快速减小。然而，如果某一跨中有一个铰，则它的弯曲能力要比连续梁大得多。

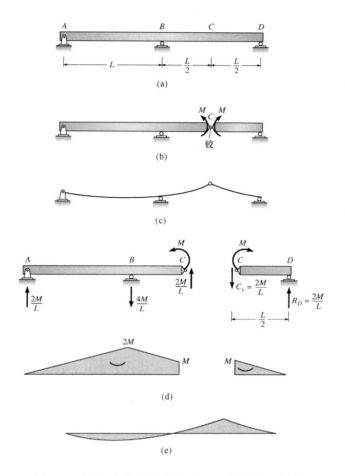

图 14.4 用米勒-布瑞斯劳法绘制 C 处的弯矩影响线

(a) 两跨梁；(b) 释放结构；(c) 去掉 C 点约束后，由引入的位移产生的结构的弯曲形状；
(d) 用以确定释放结构的弯曲形状的弯矩曲线；(e) C 处的弯矩影响线

连续梁的附加影响线

在图 14.5 中我们用米勒-布瑞斯劳原理画出三跨连续梁中各种力和反力的定性的影响线。在每一种情况中，由影响线表示的函数所对应的约束都被去掉了，然后把对应于各个约束的位移引入结构。图 14.5（b）显示了支座 C 处的反力影响线。图 14.5（c）中的滚轴板装置可以去掉截面传递剪力的能力但保留了截面传递轴向荷载和弯矩的能力。由于当剪切变形发生时，两块平板必须保持平行，所以与平板连接的两根杆件的斜率一定是一样的，如梁右边的详图所示。图 14.5（d）中的负弯矩影响线是通过在梁上 C 处插入一个铰画出的。由于在该点处梁与支座连在一起，所以在弯矩作用下，铰两边的杆件的端点都可以自由的转动，但不能竖向移动。F 处的反力影响线可以通过移走 F 处的竖向支承，并在 F 处引入一个竖向位移得到［见图 14.5（f）］。

在例 14.3 中，我们将阐明如何利用定性的影响线来确定怎样在一根连续梁上布置荷载，以使指定截面处产生最大剪力。

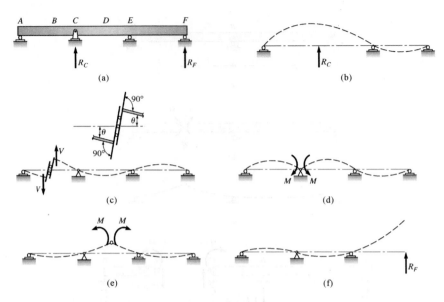

图 14.5 用米勒-布瑞斯劳法画出

（a）三跨连续梁的影响线；（b）R_C 的影响线；（c）B 处的剪力影响线；（d）C 处的负弯矩影响线；

（e）D 处的正弯矩影响线；（f）反力 R_F 的影响线

【例 14.3】 图 14.6（a）中的连续梁承受一 4kip/ft 的均布荷载。该荷载可以布满全跨，也可布置于每跨的一部分。求杆件 AC 跨中处（点 B）的最大剪力值。已知：EI 为常数。

解：

为了确定如何布置荷载可使 B 处的剪力最大，我们先画一张点 B 处的剪力的定性的影响线。利用米勒-布瑞斯劳原理，我们把对应于正剪力的位移引入梁的截面 B 处，可得图 14.6（b）所示的影响线。由于该影响线既包含正区域也包含负区域，所以我们必须分析两种荷载布置的情况：在第一种情况中［见图 14.6（c）］，我们把均布荷载满布在影响线的纵坐标为负值的区域；在第二种情况中［见图 14.6（d）］，我们只在连续梁的 B、C 点之间的部分布置荷载，该区域的影响线的纵坐标都是正值。接下来，我们利用弯矩分配求支座 C 处的弯矩。由于梁关于中间支座是对称的，所以每根杆件的刚度相同，且节点 C 处的分配系数也相同，等于 $\dfrac{1}{2}$。利用图 12.5，我们算出图 14.6（c）中杆件 AC 和 CD 的固端弯矩。

$$FEM_{AC} = -\frac{11wL^2}{192} = -\frac{11 \times 4 \times 20^2}{192} = -91.67(\text{kip} \cdot \text{ft})$$

$$FEM_{CA} = \frac{5wL^2}{192} = \frac{5 \times 4 \times 20^2}{192} = 41.67(\text{kip} \cdot \text{ft})$$

$$FEM_{CD} = -FEM_{DC} = \frac{wL^2}{12} = \frac{4 \times 20^2}{12} = \pm133.33(\text{kip} \cdot \text{ft})$$

现在我们开始进行弯矩分配，具体操作在图 14.6（c）中梁的简图的下方。经过分配，得到 C 处的弯矩为 143.76kip·ft。由于分析中舍入误差的存在，所以在节点 C 的两边，弯矩值有微小的差异。接下来，我们通过把所有作用于梁 AC 的隔离体上的力关于 C

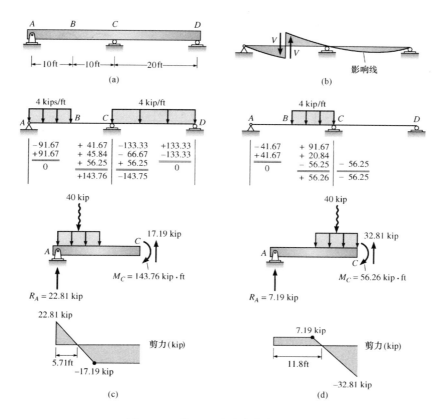

图 14.6 截面 B 处最大剪力的计算

(a) 连续梁；(b) B 处剪力影响线；(c) 将分布荷载布置在影响线为负值的区域，在 B 处的最大负剪力
为 17.19kip；(d) 将分布荷载布置在影响线为正值的区域，在 B 处的最大正剪力为 7.19kip

点弯矩求和，从而解出 A 处反力。在 A 处的反力求出后，剪力图［见图 14.6 (c) 底部的
简图］就画好了。分析表明 $V_B = -17.19$kip。图 14.6 (d) 为荷载的另一种布置，经过类
似的分析得出 $V_B = +7.19$kip。由于符号表示的是力的方向，所以截面 B 处能产生的最大
剪力为 17.19kip。

【例 14.4】 图 14.7 (a) 中的连续梁承受一 3kip/ft 的均布活荷载。假定该荷载既可
以布满整根梁，也可以布置于任意跨的某一部分，求杆件 BD 的跨中处能产生的最大正弯
矩和最大负弯矩。已知：EI 为常数。

解：

利用米勒-布瑞斯劳原理可画出杆 BD 中点 C 处弯矩的定性的影响线。把一个铰插入
C 点，在该点再引入一个由正弯矩产生的变形［见图 14.7 (b)］。图 14.7 (c) 显示了荷
载被布置在弯矩影响线的纵坐标为正值的梁段上。利用弯矩分配（计算过程未写出），可
以算出杆端弯矩并画出弯矩曲线。C 点最大正弯矩为 213.33kip·ft。

为求出点 C 处的最大负弯矩，荷载被布置在弯矩影响线的纵坐标为负值的梁段上
［见图 14.7 (d)］。梁下方所示为对应的荷载产生的弯矩曲线。最大负弯矩为 -72kip·ft。

注意：为求出截面 C 处的总弯矩，我们必须把每种活荷载在 C 处产生的弯矩和恒载

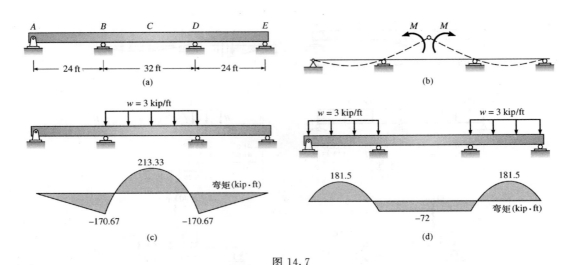

图 14.7

（a）梁的详图；（b）C 处定性的弯矩影响线的绘制；（c）使 C 处取得最大正弯矩的荷载布置；
（d）使 C 处取得最大负弯矩的荷载布置

在 C 处产生的正弯矩叠加起来。

【例 14.5】 图 14.8（a）中的框架只有主梁 ABC 受荷。如果框架承受一个 3kip/ft 的均布荷载，该荷载既可布满整根梁，也可单独布置于 AB 跨或 BC 跨。求支座 D 处的侧向推力 D_x 在左右两个方向上的最大值。所有杆件的 EI 为常数。

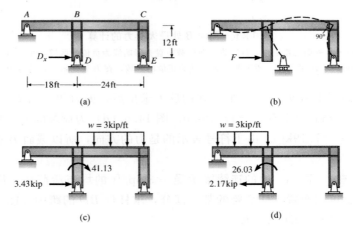

图 14.8

（a）框架尺寸；（b）确定影响线的形状，通过用一个滚动支座代替原来的铰支座以去掉水平向约束，虚线表示影响线；（c）产生正的（向右）最大侧向推力的荷载布置；
（d）产生负的最大侧向推力的荷载布置

解：

图 14.8（a）所示为侧向推力 D_x 的正方向。为了用米勒-布瑞斯劳原理画出支座 D 的水平反力的影响线，我们通过在 D 处引入一个滚动支座来去掉水平约束［见图 14.8（b）］。通过在 D 处施加一个水平力 F 以引入对应于 D_x 的位移。虚线所示的弯曲形状就

是影响线。

在图 14.8（c）中，我们在影响线的纵坐标值为正的 BC 跨上布满均布荷载。用弯矩分配法对框架进行分析，我们得出柱顶端有 41.13kip·ft 的顺时针方向的弯矩。取 BD 柱为隔离体，用静力法分析后得出 D 处的水平反力为 3.43kip。

为了计算负方向的最大侧向推力，我们在影响线的纵坐标值为负的 AB 跨上布满均布荷载 ［见图 14.8（d）］。对框架分析后得出 D 处水平反力为 2.17kip，方向向左。

14.5　确定多层建筑最大内力的活荷载形式

建筑规范规定多层建筑的构件在设计时既要考虑支承均布活荷载也要考虑支承结构的恒载及非结构构件。非结构构件包括墙、天花板、电气管道、水管、轻型装置等。一般情况下，我们对活载和恒载是分开分析的。恒载的作用位置是固定的，而活载作用位置要变化地布置以使指定截面上的某一特定力取得最大值。在大多数情况下，某一截面上由活荷载产生的最大的力都是由局部活载作用产生的；即活载作用于部分跨或部分跨上的某几段区域而不是作用在所有跨上。利用米勒-布瑞斯劳原理画出定性的影响线后，我们就可以确定活载作用于哪几跨或是一跨的哪几段会使要设计的危险截面处的力取得最大值。

例如，为了确定使一根柱的轴力取得最大值的荷载形式，我们想象去掉柱子承受轴向荷载的能力，并把一轴向位移引入该结构中。如果我们希望求出活载作用于图 14.9（a）中的结构的哪几跨，可以使 AB 柱的轴力取得最大值，我们应将柱子和它的支座 A 分开，并在分开点引入一个 Δ 的竖向位移。由 Δ 产生的弯曲形状就是影响线，由虚线表示。由于活载必须被布置在影响线的纵坐标为正值的所有跨上，所以我们必须把均布活载布置在各楼层与这根柱子相连的梁的全长范围上 ［见图 14.9（b）］。由于各层的位移是一样的，故作用在第三层或第四层（顶层）上的已知活载所产生的柱 AB 的轴向荷载的增量同作用于第二层（也就是直接与 AB 柱相连的楼层）上的活载所产生的柱 AB 的轴向荷载的增量是一样的。

除了轴向荷载，图 14.9（b）中显示的荷载还会在柱中产生弯矩。由于柱子底部为铰接，故最大弯矩发生在柱子顶部。对于一个内部柱，如果柱子每一边的梁的长度大致相同（最常见的情况），则由于各根梁在节点处的弯矩大小几乎相等、方向相反，所以柱子顶部由各根梁传来的弯矩可平衡或基本平衡。由于节点处的不平衡弯矩的值很小，故柱子中弯矩也很小。因此，在内部柱的初等设计中，工程师只通过考虑轴向荷载来确定柱的尺寸。

虽然图 14.9（b）中的荷载形式产生的力控制了大多数内部柱的尺寸，但在特定条件下——例如，相邻跨的长度差别很大，或是活载与恒载的比值很大时——我们希望证实柱子有足够的能力承受由这种荷载形式产生的最大弯矩（而不是轴力）。

为了画出定性的柱中弯矩的影响线，我们把一个铰插入楼面梁下方的柱子上的 B 点处，并在铰的上方和下方施加一个转动位移 ［见图 14.9（c）］。可以想象这一位移是由作用于结构上的、大小为 M 的弯矩产生的。对应的弯曲形状由虚线表示。图 14.9（d）显示了交错排列的活载可使柱顶部的弯矩取得最大值。由于在每一层上，荷载只作用于柱子上方某一边的梁上，故与最大弯矩匹配的轴向荷载大约只有图 14.9（b）中的荷载形式产生的最大轴向荷载的一半。由于由 B 处的弯矩产生的影响线的纵坐标值随着点与铰的

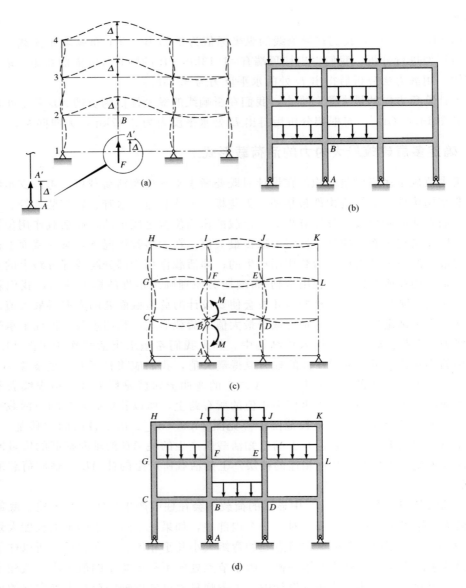

图 14.9　使柱中的力取得最大值的荷载形式
（a）柱 AB 中轴向荷载的影响线；（b）使柱 AB 中的轴力取得最大值的活载形式；
（c）柱 AB 中弯矩的影响线；（d）使柱 AB 的弯矩取得最大值的活载的布置，
由于荷载采用的是交错排列，所以与最大弯矩匹配的轴力的值大约为
（b）所示的轴力的一半

距离的增大而快速减小，故 B 处柱子弯矩的大部分（一般为 90%）是由作用于 BD 跨上的荷载产生的。因此，我们通常忽略其他跨上的荷载对 B 处弯矩（而不是轴向荷载）的贡献。例如，8.8.1 节中提到的控制美国的钢筋混凝土设计的《美国钢筋混凝土协会建筑规范》规定："在设计柱子时，要考虑柱子足以抵抗……由楼面或屋顶的单独的相邻跨上的荷载产生的最大弯矩。"

由恒载产生的弯矩

除了活载，我们必须考虑由每一跨都有的恒载在柱中产生的力。如果考虑图 14.9（c）中的 BC 跨和 BD 跨，我们会发现，在 BC 跨影响线是负的，在 BD 跨是正的。作用在 BD 跨上的竖向荷载产生的弯矩的方向如图所示。另一方面，作用于 BC 跨上的荷载产生的方向相反的弯矩减小了由 BD 跨上的荷载产生的弯矩。当一个内部柱每边的梁的长度一样时，相邻跨上的荷载在柱子上产生的净弯矩就减小为一个很小的值。由于外部柱是一边受荷，故这些柱中的弯矩比内部柱中的弯矩大得多，但轴力将小得多。

【**例 14.6**】　利用米勒-布瑞斯劳原理，画出图 14.10（a）中 BC 跨的中点处的正弯矩影响线以及与节点 B 相邻的主梁中的负弯矩影响线。框架的节点为刚性节点。指出均布活荷载作用于哪几跨时，使得各力取得最大值。

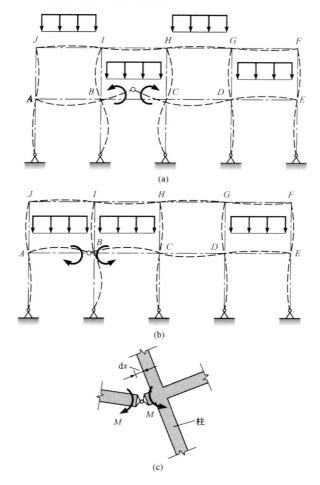

图 14.10　在连续框架上布置均布荷载以使框架内的弯矩取得最大正值和最大负值
（a）梁 BC 跨中处的正弯矩影响线；（b）梁柱交接处的负弯矩影响线；（c）分图（b）中铰点位置的详图

解：

在图 14.10（a）中，通过在梁 BC 的跨中处插入一个铰并引入一个与正弯矩匹配的位移就可以得到跨中处的正弯矩影响线。虚线表示的弯曲形状就是影响线。由简图我们可以发现，BC 跨两边的影响线的纵坐标值快速地减小，另外，顶部楼面梁的弯曲也很小。该影响线表明在多层建筑中，作用于某一层楼面的竖向荷载（也称重力荷载）对相邻楼层的弯矩的影响是很小的。此外，根据我们前面提到的，在同一楼层内，各梁段弯矩的影响，随着跨间的距离的增加而快速减小。因此，作用于 DE 跨上的荷载对于 BC 跨上的正弯矩的贡献是很小的——大约只有相同荷载作用下，BC 跨上弯矩的 5％～6％。为了使 BC 跨中的正弯矩取得最大值，我们把活荷载布置在所有影响线为正值的跨上。

图 14.10（b）显示了主梁的负弯矩影响线以及在哪几跨要布置荷载。图 14.10（c）所示为图 14.10（b）中在节点 B 处引入的变形的详图。根据前面的讨论，对梁上 B 处的负弯矩贡献最大的是 AB 跨和 BC 跨上的荷载，DE 跨上的荷载产生的贡献较小。认识到其他跨上的荷载对 B 处的负弯矩的贡献很小，我们只需要将均布荷载布置在 AB 跨、BC 跨和 DE 跨上就可以计算出 B 处的最大负弯矩。

【例 14.7】 （a）利用式（14.2）所表述的米勒-布瑞斯劳原理，画出图 14.11（a）中梁的支座 C 处的弯矩影响线；（b）列出点 B 处影响线的纵坐标值的计算过程。已知：EI 为常数。

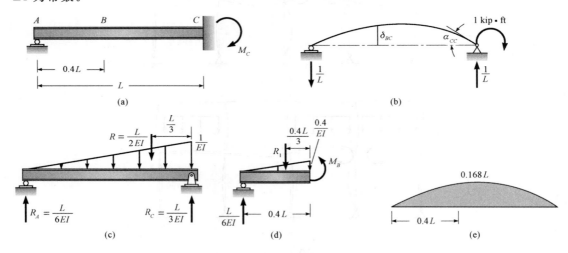

图 14.11 M_C 的影响线

（a）M_C 的正方向；（b）在释放结构中引入位移 α_{CC}；（c）共轭梁承受 M/EI 的荷载；
（d）共轭梁中的弯矩等于真实结构中 B 处的挠度；（e）M_C 的影响线

解：

（a）假定顺时针为 M_C 的正方向，如图 14.11（a）所示。通过把 C 处的固定支座改为铰支座以得到释放结构。如图 14.11（b）所示，通过在梁的右端施加一个单位弯矩以求在 C 处引入转动位移。弯曲形状就是 M_C 的影响线。

（b）利用共轭梁法得出式（14.2）中的挠度就可以计算出影响线在 B 处的纵坐标值。图 14.11（b）所示为梁受 M_C 的单位值作用。图 14.11（c）所示为梁受 M/EI 的分布荷载的作用。图 14.11（c）和图 14.11（b）是匹配的。为了得出共轭梁的反力，我们先算出三角形荷载的合力 R：

$$R = \frac{1}{2} \times L \times \frac{1}{EI} = \frac{L}{2EI}$$

由于释放结构中 C 处的斜率等于共轭梁中 C 处的反力，所以我们通过对滚动支座 A 弯矩求和得出 R_C：

$$\alpha_{CC} = R_C = \frac{L}{3EI}$$

为了计算 B 处的挠度，我们计算共轭梁中 B 处的弯矩，利用图 14.11（d）中的隔离体：

$$\delta_{BC} = M_B = \frac{L}{6EI} \times 0.4L - R_1 \times \frac{0.4L}{3}$$

其中 $R_1 = M/(EI)$ 曲线下的面积 $= \frac{1}{2} \times 0.4L \times \frac{0.4}{EI} = \frac{0.08L}{EI}$

$$\delta_{BC} = \frac{0.4L^2}{6EI} - \frac{0.08L}{EI} \times \frac{0.4L}{3} = \frac{0.336L^2}{6EI}$$

利用式（14.2），计算影响线在点 B 处的纵坐标值：

$$M_C = \frac{\delta_{BC}}{\alpha_{CC}} = \frac{0.336L^2/(6EI)}{L/(3EI)} = 0.168L$$

图 14.11（e）为影响线，同例 14.1［见图 14.1（e）］中的是一样的。

【例 14.8】 利用式（14.2）表述的米勒-布瑞斯劳原理，画出图 14.2（a）中梁的 B 处的反力影响线。计算影响线在 AB 跨中点 B 处和 C 处的纵坐标值。已知：EI 为常数。

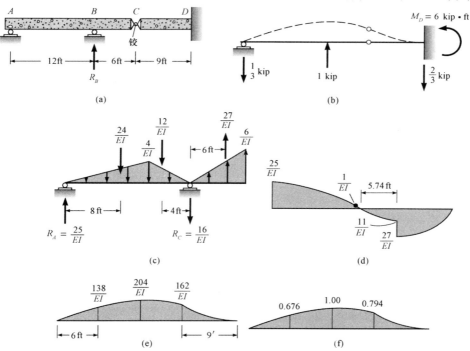

图 14.12　利用米勒-布瑞斯劳原理画出 R_B 的影响线

（a）梁的尺寸；（b）由 R_B 的单位值引起的释放结构的位移；（c）共轭梁承受与（b）中
匹配的 M/EI 曲线荷载的作用；（d）共轭梁中的剪力（释放结构的斜率）；
（e）共轭梁中的弯矩（释放结构的挠度）；（f）R_B 的影响线

解：

如图 14.12（a）中，以向上为 R_B 的正方向。图 14.12（b）显示了通过用 R_B 的单位值作用在释放结构上，使结构发生位移从而得出影响线。虚线就是影响线。图 14.12（c）中的共轭梁为释放结构，它所受的 M/EI 曲线荷载的作用结果与图 14.12（b）中的释放结构是匹配的。释放结构的斜率由图 14.12（d）中的共轭梁的剪力图给出。这一曲线表示共轭梁上的最大挠度发生在剪力为 0 的点，该点在支座 B 右侧很近处。释放结构的挠度可由图 14.12（e）中共轭梁的弯矩图来表示。我们用式（14.2）来计算影响线的纵坐标。

$$R_B = \frac{\delta_{XB}}{\delta_{BB}}$$

其中 $\delta_{BB} = 204/EI$ 和 δ_{XB} 都被显示在图 14.12（e）中。

图 14.12（f）所示为影响线。

【例 14.9】 对于图 14.13 中的超静定桁架，画出 I 和 L 处的反力影响线和上弦杆 DE 的轴力影响线。桁架的下弦节点受荷，且所有杆件的 AE 为常数。

解：

可通过将 1kip 的荷载连续作用于桁架的各节点对桁架进行分析。由于该桁架为一次超静定，故可利用一致变形法来进行分析。又由于该结构是对称的，故只需要考虑单位荷载作用于节点 N 和 M，这里只列出了单位荷载作用于节点 N 时的计算过程。

我们首先画出中间支座的反力 R_L 的影响线。当单位荷载作用于每一点所对应的 R_L 都求出后，其余的反力和杆件轴力就可由静力方程求得。

选定 R_L 为多余力，图 14.13（b）所示为当单位荷载作用于节点 N 时，释放结构中各杆件的轴力。支座 L 处的挠度用 Δ_{LN} 表示。图 14.13（c）所示为当多余力的单位值作用于节点 L 时，各杆的轴力和 L 点竖向挠度 δ_{LL}，由于 L 处的滚动支座不发生挠曲，故变形协调方程为

$$\Delta_{LN} + \delta_{LL} R_L = 0 \tag{1}$$

其中竖直向上为位移正方向。

利用虚功法，计算 Δ_{LN}：

$$1 \times \Delta_{LN} = \sum \frac{F_P F_Q L}{AE} \tag{2}$$

由于 AE 为常数，所以我们把它从求和公式中提出来：

$$\Delta_{LN} = \frac{1}{AE} \sum F_P F_Q L = -\frac{64.18}{AE} \tag{3}$$

其中数值 $\sum F_P F_Q L$ 可通过表 14.1 求出（见第 5 列）。

用虚功法计算 δ_{LL}：

$$1 \times \delta_{LL} = \frac{1}{AE} \sum F_Q^2 L = \frac{178.72}{AE} \tag{4}$$

数值 $\sum F_Q^2 L$ 可由表 14.1 中第 6 列求出。

把以上 Δ_{LN} 和 δ_{LL} 的值代入式（1），我们得出 R_L：

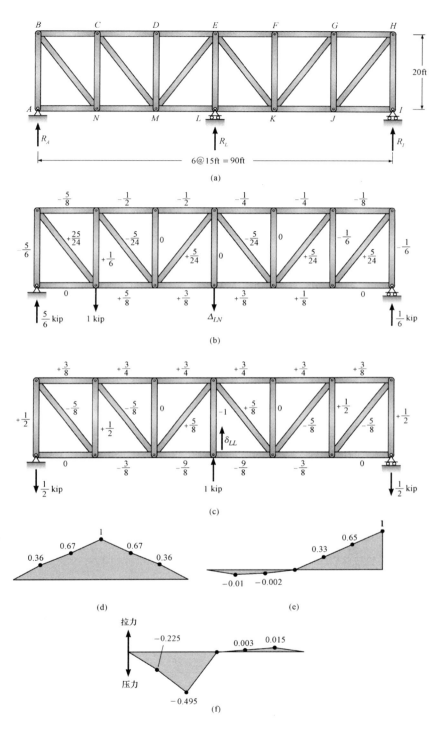

图 14.13

（a）桁架详图；（b）单位荷载作用在释放结构上产生力 F_P；（c）多余力 R_L 的单位值产生力 F_Q；

（d）R_L 的影响线；（e）R_I 的影响线；（f）上弦杆 DE 的轴力 F_{DE} 的影响线

$$-\frac{64.18}{AE}+R_L\times\frac{178.72}{AE}=0$$

$$R_L=0.36\text{kip}$$

表 14.1

杆件 （1）	F_P （2）	F_Q （3）	L （4）	F_QF_PL （5）	F_Q^2L （6）
AB	$-\dfrac{5}{6}$	$\dfrac{1}{2}$	20	-8.33	5.00
BC	$-\dfrac{5}{8}$	$\dfrac{3}{8}$	15	-3.52	2.11
CD	$-\dfrac{1}{2}$	$\dfrac{3}{4}$	15	-5.63	8.44
DE	$-\dfrac{1}{2}$	$\dfrac{3}{4}$	15	-5.63	8.44
EF	$-\dfrac{1}{4}$	$\dfrac{3}{4}$	15	-2.81	8.44
FG	$-\dfrac{1}{4}$	$\dfrac{3}{4}$	15	-2.81	8.44
GH	$-\dfrac{1}{8}$	$\dfrac{3}{8}$	15	-0.70	2.11
HI	$-\dfrac{1}{6}$	$-\dfrac{1}{2}$	20	-1.67	5.00
IJ	0	0	15	0	0
JK	$\dfrac{1}{8}$	$-\dfrac{3}{8}$	15	-0.70	2.11
KL	$\dfrac{3}{8}$	$-\dfrac{9}{8}$	15	-6.33	18.98
LM	$\dfrac{3}{8}$	$-\dfrac{9}{8}$	15	-6.33	18.98
MN	$\dfrac{5}{8}$	$-\dfrac{3}{8}$	15	-3.52	2.11
NA	0	0	15	0	0
BN	$\dfrac{25}{24}$	$-\dfrac{5}{8}$	25	-16.28	9.76
CN	$\dfrac{1}{6}$	$\dfrac{1}{2}$	20	1.67	5.00
CM	$-\dfrac{5}{24}$	$-\dfrac{5}{8}$	25	3.26	9.76
DM	0	0	20	0	0
EM	$\dfrac{5}{24}$	$\dfrac{5}{8}$	25	3.26	9.76
EL	0	-1	20	0	20.00
EK	$-\dfrac{5}{24}$	$\dfrac{5}{8}$	25	-3.26	9.76
FK	0	0	20	0	0
KG	$\dfrac{5}{24}$	$-\dfrac{5}{8}$	25	-3.26	9.76
GJ	$-\dfrac{1}{6}$	$\dfrac{1}{2}$	20	-1.67	5.00
JH	$\dfrac{5}{24}$	$-\dfrac{5}{8}$	25	-3.26	9.76

$$\sum F_QF_PL=-64.18 \quad \sum F_Q^2L=178.72$$

如果单位荷载被移到了节点 M，则我们重复以上的一致变形法的计算，可得出

$$R_L = 0.67 \text{kip}$$

图 14.13（d）所示为 R_L 的影响线，它是关于结构的中线对称的。当单位荷载作用在支座 L 上时，全部荷载都由支座 L 支承；因此 $R_L = 1$。对单位荷载作用的每一个位置运用静力方程可画出其余的影响线。图 14.13（e）所示为 R_I 的影响线。因为对称，所以 R_A 的影响线为 R_I 影响线的镜像。

可见，桁架杆件的轴力影响线和反力影响线几乎都是线性的。而且，由于支座间的节点数量较少，桁架相对显得短而高，具有很大的刚度。因此，由荷载引起的杆件的轴力被很大程度地限制在荷载所作用的跨内。例如，当单位荷载移动到 LI 跨上时，左跨中杆件 DE 的轴力几乎为 0 ［见图 14.13（f）］。如果在每一跨中增加几个附加节间，则结构的柔度就会增加，当一个荷载作用于某一跨时，相邻跨上的杆件轴力就会增大。

总结

· 关于超静定结构的定性的影响线可以用前面第 8 章中介绍的米勒-布瑞斯劳原理绘制。

· 可以把一根单独的杆件均匀的分成 15～20 段，然后用一单位荷载逐一作用于每一个间隔点上，利用计算机分析就可以很容易地得出定量的影响线了。另一种画影响线的方法是：设计者把活荷载沿跨长连续地布置，然后用计算机分析危险截面处的力。超静定结构的影响线是由曲线组成的。

· 由连续框架构成的多层建筑的影响线（见 14.5 节）清楚地阐明了标准建筑规范中关于如何在楼面上布置均布活荷载使得危险截面处取得最大弯矩值的规定。

习题

如无其他提示，所有习题中的 EI 为常数。

P14.1 利用弯矩分配，画出图 P14.1 中支座 A 处的竖向反力和支座 C 处弯矩的影响线。计算影响线在间隔为 6ft 处的纵坐标。EI 为常数。

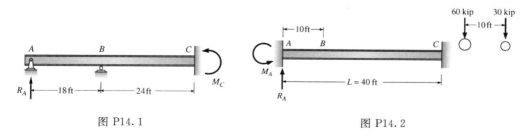

图 P14.1   图 P14.2

P14.2 （a）利用弯矩分配，画出图 P14.2 中梁的支座 A 处的竖向反力 R_A 的影响线及 A 处的弯矩影响线。计算影响线在梁的四分点处的纵坐标值。（b）利用反力影响线，画出点 B 处的弯矩影响线。计算由一组轮式荷载产生的 R_A 的最大值。

P14.3 利用弯矩分配，画出 A 处的反力影响线和 B 处的剪力及弯矩影响线（图 P14.3）。计算影响线在 AC 跨和 CD 跨上间隔为 8ft 处的纵坐标值及影响线在 E 处的纵坐标值。

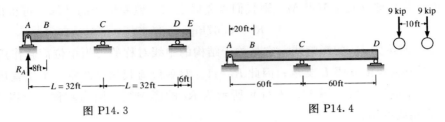

图 P14.3 图 P14.4

P14.4　(a) 画出 B 处的定性的弯矩影响线 (图 P14.4)。(b) 如果梁上作用一长度可变、大小为 2kip/ft 的活荷载以及一个可作用于任何位置、大小为 20kip 的集中活荷载，试计算 B 处的最大弯矩。(c) 计算 B 处由一组轮式活荷载产生的最大弯矩。

P14.5　画出图 P14.5 中梁关于 R_A、R_B、M_C、V_C 的定性影响线以及支座 D 左侧的剪力。

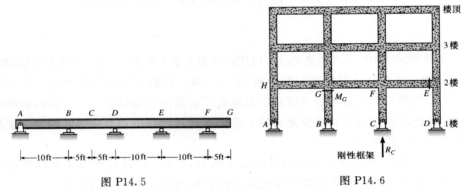

图 P14.5 图 P14.6

P14.6　(a) 画出一楼的柱 BG 柱顶截面的弯矩和支座 C 处的竖向反力的定性影响线。柱间距相等。(b) 指出均布活荷载作用于哪几跨时，柱 BG 柱顶截面的弯矩取得最大值。(c) 画出楼面梁竖向截面 E 处的定性负弯矩影响线。

P14.7　两跨连续梁在跨中 B 处的弯矩影响线每 1/10 跨距的纵坐标值如图 P14.7 所示。(a) 指出如图 8.25 (a) 所示标准的 HS20-44 卡车作用下产生的最大正弯矩。(b) 指出作用如图 8.25 (b) 所示的 HS20-44 车道荷载下产生的最大正弯矩。求出临界荷载。

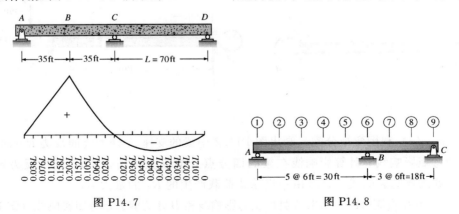

图 P14.7 图 P14.8

P14.8　(a) 画出图 P14.8 中梁支座 A 处反力的定性影响线。用弯矩分配法计算截面 4 处影响线的纵坐标值。（b）画出 B 处弯矩的定性影响线。用共轭梁或弯矩分配法计算截面 8 处影响线的纵坐标值。EI 为常数。

P14.9 利用米勒-布瑞斯劳原理，画出图 P14.9 中的 R_A 和 M_C 的影响线。计算 A、B、C、D 点处的纵坐标值。

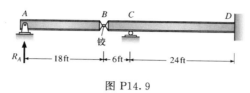

图 P14.9

P14.10 电脑分析变深度梁。连接到大规模端墙的钢筋混凝土桥梁如图 P14.10 所示，可以当做变深度的固端梁。（a）画出支座 A 处反力 R_A、M_A 的影响线。估计间隔为 15ft 处的纵坐标值。（b）估计当矿车 30kip 的后轮作用在 B 点时产生的反力 R_A 和弯矩 M_A。$E=3000\mathrm{kip/in^2}$。

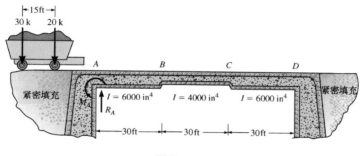

图 P14.10

连接斯塔顿岛和巴约纳的贝永大桥

贝永大桥（Bayonne Bridge）连接纽约的斯塔顿岛和新泽西州的巴约纳，是一座长1675ft、独具特色的钢拱桥。它在1931年建成时是世界上最长的拱桥。该桥在建造时采用临时支架来代替悬臂法跨越海峡。顶弦平面内的重型桁架支撑可以增强边拱的刚度，还可以把风力的侧向分力传递到拱桥的端部支座上。

第 **15** 章

超静定结构的近似分析

本章目标

• 掌握近似分析的重要性，包括准确估算构件作用力、手算校核和避免计算机生成的结构分析结果所带来的依赖。

• 近似分析亦是十分有效的工具来估算设计作用力，作用力可以用来确定结构构件的初步选型。

• 近似分析包括估算梁和框架反弯点的位置，并运用梁的作用类比桁架的近似分析。

• 门架法（portal method）和悬臂梁法（cantilever method）对承受横向荷载的多层框架来说是非常有用的近似分析方法，例如风荷载和地震荷载。

15.1 引言

迄今为止，我们用精确的方法分析了超静定结构。这些方法所得出的解可以满足所有节点和支座的力的平衡方程和变形协调方程。但如果一个结构的超静定次数很高，精确的分析方法（如一致变形或倾斜挠度）将非常耗时。即使用计算机对结构进行分析，如果该结构包含很多的节点或者它的几何形状非常复杂，那么求解的过程也将是费时又费力的。

若设计者了解某个特定结构的性质，他们通常就可以使用近似分析的方法进行大致地估算，经过一些简单地计算，就可以得出结构上各个点处的力的近似的大小。在近似分析法中，我们对结构性质或作用于各个杆件上的作用力的分布进行简化假定。

这些假定通常允许我们在估算内力时只需通过静力方程，而不需要考虑变形协调条件。

尽管近似法得出的解有时会与精确解之间有 $10\% \sim 20\%$ 的误差，但它们在一定的设计阶段是有价值的。设计者可将近似分析的结果用于以下用途：

（1）在设计初始阶段（即确定结构的最初构造和比例的阶段）确定结构主要构件的尺寸。由于在超静定结构中，力的分布是受各个构件的刚度影响的，因此设计者在对结构进行精确分析之前，必须大致地估算出构件的尺寸。

（2）验证精确分析结果的准确性。正如你在做家庭作业时所发现的，我们分析一个结构时，计算错误是难以避免的。因此，设计者不断地用近似分析的结果去验证精确分析结果的准确性是十分必要的。如果在计算中出现了严重的错误，导致结构的设计尺寸过小，则结构可能倒塌。结构倒塌的后果是不可估量的——生命的损失、投资的损失、名誉的损失、需承担的法律责任、给社会带来的危害等。另一方面，如果结构的尺寸设计得过大，则无疑是浪费。

如果基本假定被用于构建一个复杂结构的模型，则对简化模型进行精确分析所得的结果通常并不优于近似分析得出的结果。在这种情况下，设计者可以结合适当的安全系数，将近似分析作为设计的基础。

设计者使用很多方法进行近似分析，包括以下几种：

（1）推测连续梁或框架中反弯点的位置。

（2）利用典型结构的解法去求其他与之作用相似的结构中的力。例如，在估算连续桁架中某根杆件的内力时，可将该桁架假定成连续梁来处理。

（3）分析结构的一部分以代替整个结构。

本章，我们讨论适用于以下结构的近似分析的方法：

（1）承受竖向荷载的连续梁和桁架。

（2）承受竖向及水平荷载的简单刚性框架和多层框架。

15.2　重力荷载作用下连续梁的近似分析

连续梁的近似分析一般采用以下两种方法中的一种：

（1）推测反弯点位置（弯矩为 0 的点）。

（2）估算杆端弯矩值。

15.2.1　方法一：推测反弯点位置

由于反弯点处（曲率相反的点）弯矩为 0，分析时，我们可以将反弯点当作铰。每个反弯点处，可列出一个条件方程（即 $\sum M = 0$）。因此，每在一个反弯点处引入一个铰，结构的超静定次数就会减一。只要引入铰的数量和结构超静定次数相等，就可以把超静定的梁转化为静定结构，然后就可以利用静力方程对其进行分析。

为了熟悉如何在连续梁中确定反弯点的大致位置，我们可以观察图 15.1 中所示的理想情况下反弯点的位置。在各种实际的端部条件下，就可以通过判断对这些理想情况进行修正，从而确定实际情况中反弯点的位置。

对于两端固结，承受均布荷载的梁 [见图 15.1 (a)]，反弯点位于距各自端部 $0.21L$ 处。对于两端固结，跨中承受集中荷载的梁 [见图 15.1 (b)]，反弯点位于距各自端部 $0.25L$ 处。对于简支梁，杆端弯矩为 0 [见图 15.1 (c)]，反弯点的位置就向外移动到了杆件的端部。图 15.1 (a)（全约束）和图 15.1 (c)（无约束）中的支承条件反映了反弯点可能的位置范围。对于承受均布荷载，一端固结一端铰接的梁，反弯点位于距固定支座

$0.25L$ 处〔见图 15.1 (d)〕。

　　画出标有反弯点大致位置的弯矩图，有助于对连续梁进行初步的近似分析。例 15.1 和例 15.2 阐明了图 15.1 中所示通过假定反弯点的位置对连续梁进行分析。

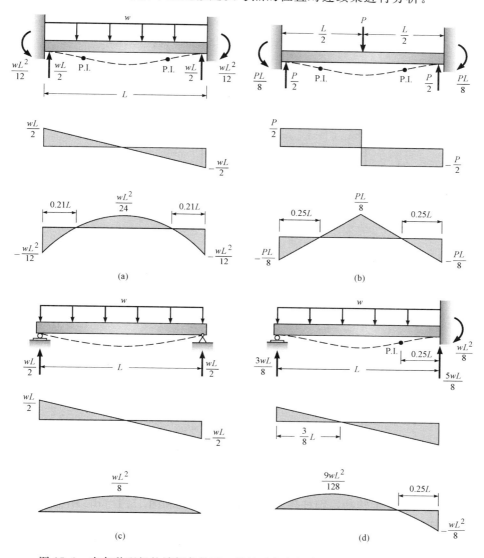

图 15.1　在各种理想的端部条件下，梁的反弯点的位置以及剪力和弯矩曲线

【例 15.1】　通过假定反弯点的位置对图 15.2 (a) 中的连续梁进行近似分析。

解：

　　图 15.2 (a) 所示，虚线表示连续梁的弯曲形状，虚线上的小黑点表示反弯点的大致位置。虽然在连续梁的每一跨上都有一个反弯点，但由于该梁为一次超静定，所以我们只需要推测一个反弯点的位置。由于较长的 AC 跨的弯曲形状比较短的 CE 跨描述起来要准确些，所以我们将推测此跨中反弯点的位置。

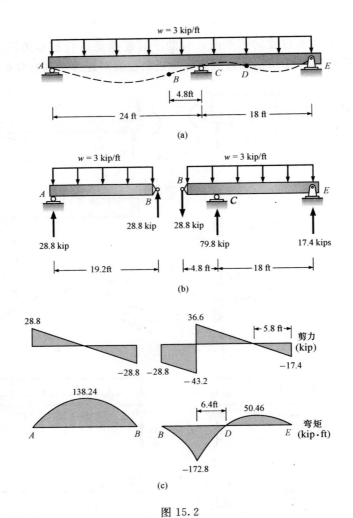

图 15.2

（a）连续梁，黑点表示反弯点；（b）反弯点两侧梁的隔离体；（c）基于近似分析得出的剪力和弯矩曲线

注意：精确分析的结果是 $M_C = -175.5 \text{kip} \cdot \text{ft}$

如果节点 C 不发生转动，则杆件 AC 的弯曲形状就和图 15.1（d）中的梁的弯曲形状完全一致，反弯点将位于支座 C 左侧 $0.25L$ 处。但因为 AC 跨比 CE 跨长，则 AC 跨对节点 C 施加的固端弯矩大于 CE 跨对节点 C 施加的固端弯矩，所以节点 C 将发生逆时针的转动。节点 C 的转动将引起 B 处的反弯点的位置朝着支座 C 右移了一个很短的距离。

我们假定反弯点位于支座 C 左侧 $0.2L_{AC} = 4.8 \text{ft}$ 处。

现在，我们假想把一个铰引入梁中的反弯点处，用静力方程计算反力。图 15.1（b）表示了分析的结果。图 15.2（c）中的剪力和弯矩曲线为近似分析的结果。

【例 15.2】 估算图 15.3（a）中梁的支座 B 处的弯矩以及杆件 BC 的跨中弯矩。

解：

由于图 15.3（a）中的梁为二次超静定，所以我们必须假定两个反弯点的位置才能用静力方程去分析该结构。由于各跨的长度相等，所受的荷载也一样，所以在支座 B 和 C

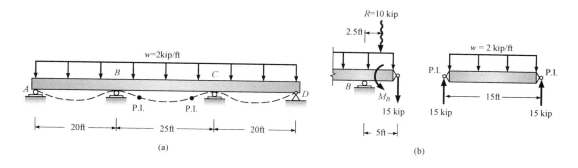

图 15.3

（a）承受均布荷载的连续梁上，假定的反弯点的位置；（b）中间跨的隔离体

处，梁的倾角都为 0 或几乎为 0。因此，虚线表示的弯曲形状和图 15.1（a）中的两端固结的梁的弯曲形状是相似的。因此，我们可以假定反弯点位于距各支座 $0.2L = 5\text{ft}$ 处。如果我们假想在每个反弯点处都引入一个铰，则两个反弯点之间 15ft 的梁段可以被当作一简支梁来分析。则跨中弯矩就等于

$$M \approx \frac{wL^2}{8} = \frac{2 \times 15^2}{8} = 56.25 (\text{kip} \cdot \text{ft})$$

把假象铰和支座 B 之间 5ft 的梁段当作悬臂梁来分析，我们可算出 B 处的弯矩为

$$M_B \approx 15 \times 5 + 2 \times 5 \times 2.5 = 100 (\text{kip} \cdot \text{ft})$$

15.2.2　方法 2：估计端部弯矩的值

根据前面 12 章和 13 章中对超静定梁的学习，我们知道对于连续梁，在其各根杆件的端部弯矩确定后，就可以得到各跨的剪力和弯矩曲线了。端部弯矩的大小是由端部支座或相邻杆件提供的转动约束的函数。对于一根承受均布荷载的杆件，根据端部的转动约束的大小，其端部弯矩可以从 0（简支）变化到 $wL^2/8$（一端固结，一端铰接）。

为了确定端部约束对于连续梁中某一跨正负弯矩的大小的影响，我们再一次对图 15.1 中所示的几种情况进行分析。通过对图 15.1（a）和（c）中的情况的分析，我们发现承受均布荷载，边界条件对称的梁，其剪力曲线是相同的。由于支座和跨中之间剪力曲线下的面积等于简支梁跨中处的弯矩 $wL^2/8$，故我们得出

$$M_s + M_c = \frac{wL^2}{8} \tag{15.1}$$

其中，M_s 是每个端部的负弯矩的绝对值，M_c 是跨中处的正弯矩值。

在连续梁中，由相邻杆件提供的转动约束取决于相邻杆件的受荷情况以及它们的弯曲刚度。例如，在图 15.4（a）中，由于外部梁的跨度是一定的，所以当均布荷载作用于所有跨上时，节点 B 和 C 的转角都为 0。在这种情况下，杆件 BC 的弯矩就和相同跨度两端固结的梁的弯矩一样［见图 15.4（b）］。另一方面，如果两个外部跨不受荷而中间跨受荷［见图 15.4（c）］，则节点 B 和 C 将发生转动，端部弯矩将减小 35%。由于端部的转动增大了跨中的曲率，所以跨中正弯矩将增大 70%。跨中弯矩的变化——与端部的转动有关——是支座弯矩变化的 2 倍，原因是端部的初始弯矩（假定一开始为两端固结的梁，然后让端部节点转动）是跨中初始弯矩的 2 倍。我们还发现杆件端部的转动使得反弯点向两

边的支座发生了移动（与各边支座的距离从 $0.2L_2$ 变到了 $0.125L_2$）。

现在，我们将利用图 15.1 和图 15.4 的结论对图 15.5 中的承受均布荷载的等跨连续梁进行近似分析。由于各跨的长度相等且受均布荷载，因此，梁跨的中部上凹——表示跨中或跨中附近为正弯矩，而在支座附近梁下凹——表示为负弯矩。

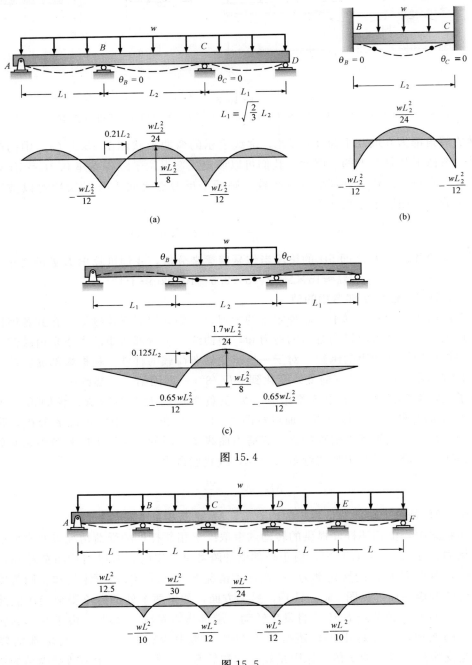

图 15.4

图 15.5

我们先考虑内部的 CD 跨。由于施加在内部节点每一边上的端部弯矩几近相同，所以节点不会发生明显地转动，梁在支座 C 和 D 处的倾角几乎水平——与图 15.1（a）中的两端固结的梁相似；因此，我们可以假定支座 C 和 D 处的负弯矩近似等于 $wL^2/12$。另外，图 15.1（a）还显示了 CD 跨的跨中正弯矩近似为 $wL^2/24$。

为了估计 AB 跨的弯矩，以图 15.1（d）中梁的弯矩曲线为指导。如果 B 处的支座完全固定，则 B 处的负弯矩将为 $wL^2/8$。但由于节点 B 发生了少许逆时针的转动，所以负弯矩将适度地减少。假定负弯矩减少了 20%，则我们得出 B 处的负弯矩为 $wL^2/10$。在得出负弯矩之后，通过对外部跨的隔离体进行分析，得出跨中处的正弯矩为 $wL^2/12.5$。以此类推，可以算出 BC 跨的跨中正弯矩近似为 $wL^2/30$。

连续梁端部的剪力值是受端部弯矩的大小以及荷载的形式和作用的位置等因素影响的。如果端部弯矩相同，梁所受的荷载对称，则端部的反力就相同。在图 15.1 中，两个端部反力差别最大的情况发生在一端固结、一端铰接的梁中，即 $(3/8)wL$ 的荷载传到了铰支座，$(5/8)wL$ 的荷载传到了固定支座［见图 15.1（d）］。

15.3 竖向荷载作用下的刚性框架的近似分析

对于支承仓库或商场屋顶的刚性框架，其主梁和柱子的设计都是由弯矩控制的。由于刚性框架的柱子和主梁中的轴力都很小，因此可忽略不计，这样在近似分析法中，它们的尺寸都由弯矩决定。

在刚性框架中，梁端负弯矩的大小取决于柱和梁之间的相对刚度。一般情况下，梁比柱长 4～5 倍。另一方面，梁的惯性矩通常比柱的惯性矩大很多。由于在框架中，柱和梁之间的相对刚度会在一个很大的范围内变化，所以梁的端部弯矩值会在固定端弯矩的 20%～75% 之间变化，造成的结果就是用近似法算出的弯矩值可能会与精确法得出的值有较大的偏差。

如果承受均布荷载作用的刚性框架的构件尺寸是一样的，则较短柱子的弯曲刚度将大于梁的弯曲刚度。对于这种情况，我们可以假定由柱子提供的转动约束在承受均布荷载的梁中产生的端部弯矩，为跨度相同、两端固结、承受相同荷载的梁弯矩的 70%～85%［见图 15.1（a）］。另一方面，如果由于建筑设计的原因，框架由窄柱和高梁组成，则由柔性柱提供的转动约束很小。对于这种情况，梁的端部弯矩只有受荷情况相同、两端固结的梁的端部弯矩的 15%～25%。

图 15.6 显示了以柱和梁的弯曲刚度

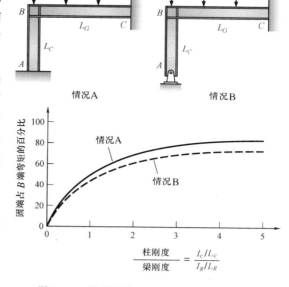

图 15.6 柱子刚度对于远端固定的梁端点 B 处的弯矩的影响

情况 A：柱子底部固结；情况 B：柱子底部铰接

比为参数，梁（C 端固定）端的负弯矩的变化。

估算框架中弯矩的第二步是推测梁反弯点（弯矩为 0 的点）的位置。一旦这些点确定，则可以利用静力法确定框架中力的平衡。如果柱子是刚性的，提供梁很大的转动约束，则该框架中梁的反弯点的位置就和两端固结的梁的反弯点的位置相同（即距每边端点 $0.2L$ 处）。另一方面，如果柱子的柔度相对于梁很大，反弯点就会向梁的端部移动。对于这种情况，设计者可以假定反弯点位于距梁端 $0.1L \sim 0.15L$ 之间的某一点。例 15.4 体现了利用这种方法估计刚性框架的内力。

作为第三种确定刚性框架中弯矩的方法，设计者可以估计梁中正负弯矩的比值。一般的，负弯矩比正弯矩大 $1.2 \sim 1.6$ 倍。由于承受均布荷载的梁中的正负弯矩之和必须等于 $wL^2/8$，一旦假定了弯矩的比值，正负弯矩的值也就确定了。

【例 15.3】 分析该框架，估算图 15.7（a）中框架的节点 B 和 C 处的负弯矩的值。柱和梁尺寸相同，即 EI 为常数。

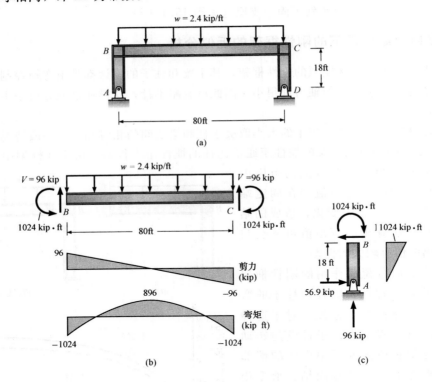

图 15.7
（a）承受均布荷载的对称框架；（b）梁的隔离体，近似的剪力图和弯矩图；
（c）用以估计端部弯矩的柱的隔离体

解：
由于较短柱的刚度比较长梁的刚度大得多（弯曲刚度随着构件长度的增加而减小），所以我们假定节点 B 和 C 处的负弯矩是跨度相同、两端固结的梁的端部弯矩的 80%。

$$M_B = M_C = -0.8 \times \frac{wL^2}{12} = -\frac{0.8 \times 2.4 \times 80^2}{12} = -1024 \,(\text{kip} \cdot \text{ft})$$

接下来，把梁［图 15.7（b）］和柱［图 15.7（c）］取为隔离体。利用静力方程计算端部剪力，并绘出剪力图和弯矩图。

精确分析表明梁的端部弯矩为 1113.6kip·ft，跨中弯矩为 806kip·ft。

【**例 15.4**】 通过推测梁中反弯点的位置估算图 15.8（a）中的框架内的弯矩。

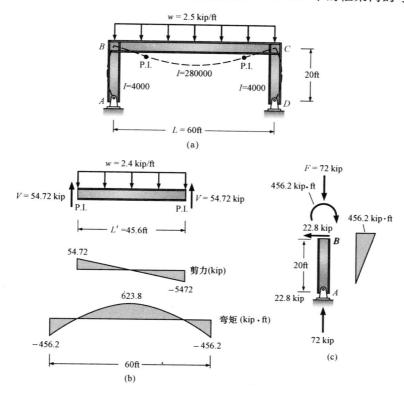

图 15.8

（a）框架详图；（b）反弯点之间的梁的隔离体，注意：全梁的弯矩曲线的单位为 kip·ft，
反弯点之间的剪力曲线的单位为 kip；（c）柱 AB 的隔离体

解：

如果我们同时考虑长度和惯性矩对于柱和梁弯曲刚度的影响，我们会发现，由于柱子的 I 较小，所以它的柔度比较大。因此，我们可以设想梁的反弯点距端部 0.12L 处。

计算梁中反弯点之间的距离 L'：

$$L' = L - 0.12L \times 2 = 0.76L = 45.6(\text{ft})$$

由于反弯点之间的梁段近似为简支梁（即端部弯矩为 0），故跨中弯矩为

$$M_c = \frac{wL'^2}{8} = \frac{2.4 \times 45.6^2}{8} = 623.8(\text{kip·ft}) \quad \text{得解}$$

由式（15.1），得出梁端弯矩 M_s：

$$M_s + M_c = \frac{wL^2}{8} = \frac{2.4 \times 60^2}{8} = 1080(\text{kip·ft})$$

$$M_s = 1080 - 623.8 = 456.2(\text{kip·ft}) \quad \text{得解}$$

图 15.8（b）和（c）所示为梁和柱的弯矩图。梁端弯矩的精确值为 404.64kip·ft。

15.4 连续桁架的近似分析

如 4.1 节所述，桁架在结构上的作用就如同梁（见图 15.9）。桁架弦杆的作用就如同梁的翼缘，可以承受弯矩，而桁架的对角杆的作用就如同梁的腹板，可以承受剪力。由于桁架和梁的作用相似，所以我们可以通过把桁架当作梁来计算它的内力以代替节点法或截面法。换言之，我们把承受节点荷载的桁架想象为各跨相等的梁，就可以很方便地画出剪力和弯矩曲线。通过将由弦杆上的力产生的内力偶 M_I 等同于由外荷载（由弯矩曲线给出）在截面处产生的内部弯矩 M，我们就可以计算出弦杆中轴向荷载的近似值。例如，在图 15.9（b）中，通过将作用在截面上的水平力，对底部弦上的点 o 进行弯矩求和，体现出桁架的截面①上的内部弯矩：

$$M_I = Ch$$

令 $M_I = M$，写出 C 的表达式：

$$C = \frac{M}{h} \tag{15.2}$$

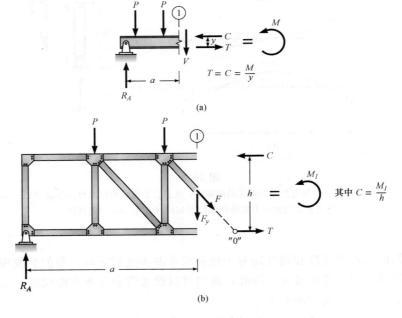

图 15.9 梁（a）和桁架（b）中的内力
腹板形心间的距离为 y，弦杆形心间的距离为 h

其中 h 为上弦杆和下弦杆形心间的距离，M 为图 15.9（a）中梁截面①处的弯矩。

当作用在桁架上的节间荷载大小相等时，我们可以通过用等效的均布荷载 w 代替集中荷载来简化梁的分析。为进行这一计算，我们把节间荷载的和 $\sum P_n$ 除以跨长 L：

$$w = \frac{\sum P_n}{L} \tag{15.3}$$

如果桁架的长度与它的高度匹配（即跨高比在 10 以上），则这种替代对分析结果影响很小。当我们把连续桁架当作梁来分析时将利用这一替代，这是因为在全跨范围内承受均布荷载的梁的固端弯矩的计算，比在全跨范围内承受一系列集中荷载的梁的固端弯矩的计算要简单。以此类推，我们可通过假定桁架的对角杆的轴力的竖向分力 F_y 等于梁对应截面处的剪力 V 来计算桁架的对角杆的轴力（见图 15.9）。

为阐明以上方法的详细过程并检验其精确性，我们将用该方法计算例 15.5 中静定桁架的几个构件的内力。接着我们将用该方法分析例 15.6 中的超静定桁架。

例 15.5 表明，将桁架类比为梁所求出的静定桁架杆件的轴力是准确的。产生这一结果的原因是在静定结构中，力的分配不由各构件的刚度而定。换言之，静定梁或静定桁架中的力是通过对桁架的隔离体由静力方程得出的。另一方面，连续桁架中的力将受到桁架弦杆（相当于梁的翼缘）尺寸的影响。由于在邻近内部支承处的弦杆内力很大，故这一位置处杆件的横截面大于各跨中点和外部支承之间的杆件的横截面。因此，桁架就如同惯性矩在变化的梁。近似分析中，为了调整等效梁变化的刚度，设计者可以将弦杆中的力任意增加 15% 或 20%（将桁架作为等截面的梁来分析）。在邻近内部支承处的对角杆件中的力可以增加 10%。该方法被应用在例 15.6 中的超静定桁架上。

【例 15.5】 通过把图 15.10（a）中的桁架当成梁来分析，以求出跨中处的上弦杆（杆件 CD）和下弦杆（杆件 JK）的轴力和对角杆 BK 的轴力。将所得结果与由节点法或截面法得出的结果进行比较。

解：

将作用于桁架底部节点上的荷载作用在相同跨度的梁上，并画出剪力和弯矩曲线［见图 15.10（b）］。

由式（15.2）和梁 D 端弯矩［见图 15.10（c）］，计算桁架的杆件 CD 的轴力。

$$\sum M_J = 0$$

$$F_{CD} = C = \frac{M_D}{h} = \frac{810}{12} = 67.5(\text{kip})$$

同样，由式（15.2）和梁 C 端弯矩［见图 15.10（d）］，计算桁架的杆件 JK 的轴力。

$$F_{JK} = C = \frac{M_C}{h} = \frac{720}{12} = 60(\text{kip})$$

计算对角杆 BK 的轴力。令梁 BC 间 30kip 的剪力与杆件 BK 轴力的竖向分力 F_y 相等［见图 15.10（e）］。

$$F_y = V$$
$$= 30(\text{kip})$$

$$F_{BK} = \frac{5}{4}F_y = 37.5(\text{kip})$$

各力的值与由桁架的精确分析得出的值一致。

【例 15.6】 估算图 15.11 中连续桁架的杆件 a、b、c 和 d 的轴力。

解：

将该桁架当作一根等截面的梁［见图 15.11（b）］。由式（15.3），将节点荷载转化为等效的静力均布荷载。

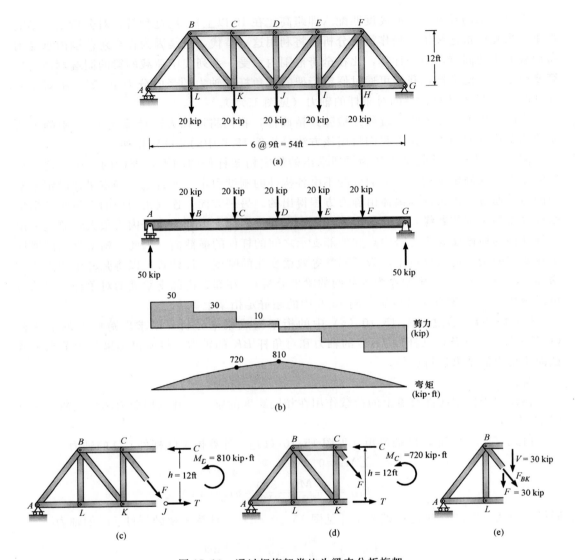

图 15.10 通过把桁架类比为梁来分析桁架

（a）桁架详图；（b）将桁架上的荷载作用在跨度相同的梁上；（c）由一距跨中左侧无限近处的竖直截面
切出的桁架的隔离体；（d）由 K 点右侧无限近处的竖直截面切出的桁架的隔离体；
（e）由过节间 BC 的竖直截面切出的桁架的隔离体

$$w = \frac{\sum P}{L} = \frac{8 \times 13 + 4 \times 2}{72 + 96} = \frac{2}{3} \, (\text{kip/ft})$$

通过弯矩分配对梁进行分析〔见图 15.11（c）的详图〕。利用图 15.11（d）中的隔离体计算反力。

为了计算杆件轴力，我们用一竖直截面把梁截开；求出反力后，直接分析桁架。

对于 a 杆〔见图 15.11（e）中的隔离体〕：

$$\stackrel{+}{\uparrow} \quad \sum F_y = 0$$

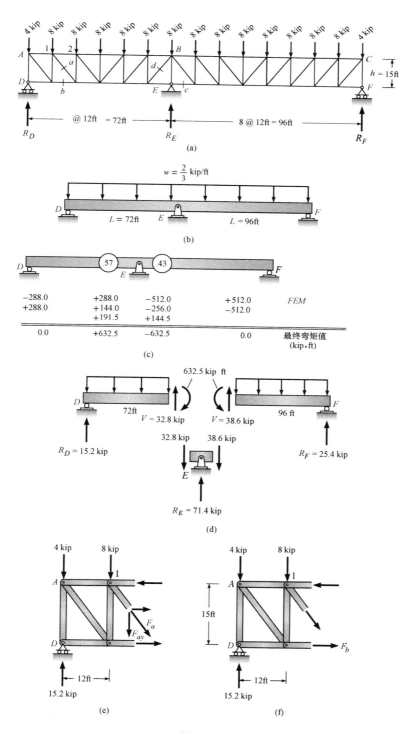

图 15.11
（a）桁架和荷载详图；（b）梁承受等效均布荷载；（c）通过弯矩分配（单位 kip·ft）对（b）中梁分析；
（d）利用梁和 E 处支座的隔离体计算反力；（e）对角杆中内力的计算；（f）力 F_b 的计算

$$15.2 - 4 - 8 - F_{ay} = 0$$

$$F_{ay} = 3.2\text{kip}$$

$$F_a = \frac{5}{4} F_{ay} = \frac{5}{4} \times 3.2 = 4(\text{kip}) \quad 得解$$

对于 b 杆，对支座 D 右侧 12ft 处的点 1 弯矩求和〔见图 15.11（f）〕：

$$\circlearrowright^{+} \quad \sum M_1 = 0$$

$$15.2 \times 12 - 4 \times 12 - 15 F_b = 0$$

$$F_b = \frac{134.4}{15} = 8.96(\text{kip})(拉力)，取整为 9\text{kip} \quad 得解$$

对于 c 杆：

$$中间支座处弯矩 = 632.5\text{kip} \cdot \text{ft}$$

$$F_c = \frac{M}{h} = \frac{623.5}{15} = 42.2(\text{kip}) \quad 得解$$

由于在实际的桁架中，与中间支座相邻的弦杆的刚度有所增加，故我们可以将弦杆中的力增加 10%。

$$F_c = 1.1 \times 42.2 = 46.4(\text{kip})(压力)$$

对于 d 杆，考虑支座 E 左侧由一竖直截面切出的隔离体：

$$\uparrow^{+} \quad \sum F_y = 0$$

$$15.2 - 4 - 5 \times 8 + F_{dy} = 0$$

$$F_{dy} = 28.8\text{kip}(拉力)$$

$$F_d = \frac{5}{4} F_{dy} = \frac{5}{4} \times 28.8 = 36(\text{kip})$$

增大 10%：

$$F_d = 39.6\text{kip} \quad 得解$$

15.5 估算桁架的挠度

虚功法是计算桁架挠度精确值的唯一方法，而这要求我们把桁架中所有杆件的应变能相加。为证实由这种方法算出的挠度是精确的，我们可将桁架当作梁，并利用如图 11.3 中所给出的标准梁挠曲方程对桁架进行近似分析。

梁的所有变形都是由弯矩产生的，这一假定是梁的挠曲公式的基础。这些公式的分母上都包含惯性矩 I。由于在浅梁中剪切变形一般很小，所以可忽略不计。

与梁不同，桁架的竖直和对角杆件的变形对于总挠度的贡献几乎和上下弦的变形所作贡献相同。因此，如果我们用梁的公式来预测桁架的挠度，则得出的值比实际值几乎小 50%。因此，要考虑腹杆对于桁架挠度的贡献，设计者应将由梁的公式得出的挠度值扩大 1 倍。

例 15.7 阐明了用梁的公式估算桁架的挠度。在梁的公式中，惯性矩 I 的值取决于跨中弦杆的面积。如果桁架端部的弦杆面积较小（端部的力也较小），则使用桁架跨中截面性能进行计算会导致桁架整体刚度偏高，由此所求挠度值会小于实际挠度值。

【**例 15.7**】 把图 15.12 中的桁架当作一根等截面梁，估算其跨中挠度。该桁架关于跨中轴线对称。中间四个节间上下弦杆的面积为 6in^2，其余弦杆的面积为 3in^2。所有斜腹杆的面积均为 1.5in^2。此外，$E = 30000\text{kip/in}^2$。

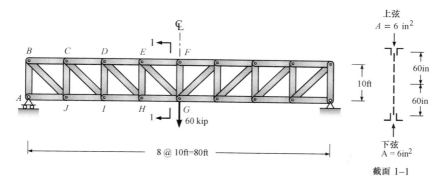

图 15.12

解：

计算跨中横截面的惯性矩 I。以上弦杆和下弦杆的面积为基础，忽略弦杆面积对形心的惯性矩 (I_{na})，由标准公式计算 I（见截面 $1-1$）：

$$I = \sum (I_{na} + Ad^2)$$
$$= 2 \times 6 \times 60^2 = 43200 (\text{in}^4)$$

计算跨中挠度〔见图 11.3（d）的公式〕：

$$\Delta = \frac{PL^3}{48EI}$$

$$= \frac{60 \times (80 \times 12)^3}{48 \times 30000 \times 43200}$$

$$= 0.85 (\text{in})$$

考虑腹杆的作用，将 Δ 扩大 1 倍：

$$估计 \Delta_{\text{truss}} = 2\Delta = 2 \times 0.85 = 1.7 (\text{in}) \quad 得解$$

考虑端部弦杆面积的减小以及斜腹杆和竖杆对于总挠度的实际贡献，由虚功原理可得 $\Delta_{\text{truss}} = 2.07\text{in}$。

15.6 带交叉斜腹杆的桁架

带交叉斜腹杆的桁架是很常见的结构系统。交叉斜腹杆普遍与建筑屋顶及墙或桥梁的桥面系统相结合以稳定结构，或是把风荷载及其他侧向荷载（例如火车的摆动）传递到支座上。每个节间包含一对对角杆，桁架的超静定次数就加 1；因此，设计者必须对每个节间进行假定以便使用近似分析法。

如果斜腹杆由重型杆件构成且具有足够的弯曲刚度来抵抗屈曲，则节间中的剪力可以被假定为平均分给两个斜腹杆。构件抵抗屈曲的能力是长细比（长度除以截面的回转半径，同时考虑边界条件）的函数。例 15.8 阐明了对两根斜腹杆均起作用的桁架的分析。

若为细长斜腹杆——由轻型的小直径钢杆构成——则设计者可以假定斜腹杆只承受拉力且受压会屈曲。由于斜腹杆的倾角决定其受拉还是受压，所以设计者必须确定在每个节间中哪个对角杆是作用的，并假定其余对角杆的内力为 0。由于风荷载或其他侧向荷载可以沿任一横向作用，所以每一组斜腹杆都是必要的。例 15.9 阐明了桁架中对斜腹杆受压情况的分析。

【**例 15.8**】 分析图 15.13 中的超静定桁架。每个节间的斜腹杆都是相同的，且都具有足够的强度和刚度以承受拉力或压力。

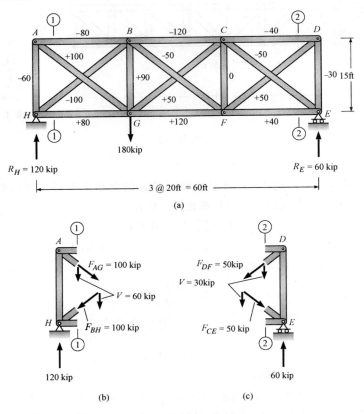

图 15.13

(a) 两根斜腹杆都有效的桁架；(b) 由 1-1 截面切出的桁架的隔离体；(c) 由 2-2 截面切出的桁架的隔离体，所有杆件轴力的单位都是 kip

解：

用贯穿桁架第一节间的竖直 1-1 截面切出如图 15.13 (b) 所示的隔离体。假定每根斜腹杆承受 1/2 的节间剪力（由支座 H 处的反力产生的 120kip 的剪力）。由于支反力向上，所以每根杆轴力的竖向分力大小为 60kip，方向向下。为满足以上要求，杆 AG 必须承受拉力，杆 BH 必须承受压力。由于轴力是其竖向分力的 $\frac{5}{3}$，故每根杆的轴力为 100kip。

接下来，我们用 2-2 截面在右侧末端节间将桁架切开。对竖直方向上的力求和，我们得出该节间中需要一个大小为 60kip、方向向上的剪力来平衡右侧的支座反力；因此，每个斜腹杆轴力的竖向分力为 30kip 且方向向下。考虑到杆件的倾角，我们得出杆 DF 承受 50kip 的拉力，杆 CE 承受 50kip 的压力。如果用一个竖直平面在桁架的中间节间把桁架切开，考虑截面右侧的隔离体，我们会发现不平衡剪力为 60kip，且斜腹杆轴力的作用方向如图 15.13（c）所示。在所有斜腹杆对角杆的轴力求出后，弦杆和竖直杆的轴力就可以由节点法算出了。最终结果见图 15.13（a）。

【例 15.9】 图 15.14（a）中桁架的斜腹杆由小直径钢杆构成。斜腹杆可传递拉力，但在受压的情况下会屈曲。桁架受荷情况如图所示，对该桁架进行分析。

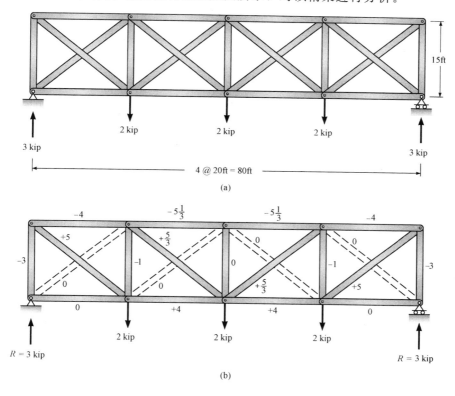

图 15.14

（a）斜腹杆受拉的桁架；（b）杆件轴力的单位为 kip，虚线表示承受压力的斜腹杆

解：

由于该桁架是外部超静定，故我们先计算反力。接着我们用竖直截面逐一切开桁架的各节间，根据每个节间中剪力的竖向平衡确定对角杆的轴力的方向，然后根据例 15.8 中的讨论确定各斜腹杆是承受拉力还是压力［在图 15.14（b）中，虚线表示承受压力的对角杆］。由于受压的斜腹杆会屈曲，所以我们把每个节间的剪力都分配给受拉的斜腹杆，并令受压的斜腹杆的轴力为 0。一旦受压的对角杆被确定，我们就可以用节点法或截面法对桁架进行分析了。最后的分析结果如图 15.14（b）所示。

15.7 重力荷载作用下多层刚性框架的近似分析

为了估算高次超静定的多层刚节点框架中构件的内力，建立一系列的准则，我们将验证图 15.15 中对称钢筋混凝土框架的计算结果，该结果是由计算机分析得出的。计算机分析考虑了所有构件的轴向刚度和弯曲刚度。框架中构件的尺寸和性能采用的都是典型的小型办公室或公寓式建筑的数据。在本例中，为简化计算，框架中所有梁都承受一大小为 4.3kip/ft 的均布荷载。在实际设计中，建筑规范允许工程师在较低层适量减小活荷载的值，因为所有楼层在某一时刻同时承受最大活荷载的可能性很小。

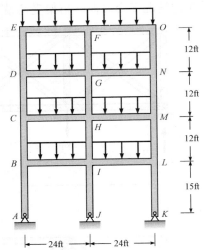

构件性能		
构件	A/in^2	I/in^4
外柱	100	1000
内柱	144	1728
主梁	300	6000

图 15.15　承受竖向荷载的多层框架的尺寸和构件性能

15.7.1　楼面梁中的力

图 15.16 中标有剪力、弯矩和轴向荷载的四根梁是图 15.15 中的左边半个框架中的四根梁。所有力的单位都是 kip，所有弯矩的单位都是 kip·ft。图 15.16 中梁的排列顺序和实际结构中的顺序一一对应。（即最上面一根梁是屋顶梁，接着是第四层楼板梁，依次类推）。我们发现对于每一根梁，梁的右端（与内柱连接）弯矩大于梁的左端（与外柱连接）弯矩。原因是两边的梁同时在内部节点上施加了大小相等、方向相反的弯矩［见图 15.18（b）中的曲线箭头］，这样内部节点无法转动，如同一个固定支座。

另一方面，外部节点处，梁与一边的柱子连接，这样节点处存在不平衡弯矩，节点发生顺时针转动。随着节点的转动，由于传递弯矩的存在，梁的左端弯矩将减小，而梁的右端弯矩将增大。因此，第一个内部支承处的负弯矩总是大于固定端的弯矩。对于承受均布荷载的梁，其第一个内部支承处的负弯矩一般在 $wL^2/9 \sim wL^2/10$ 的范围内变化。随着外部柱柔度的增加，梁中的弯矩将接近图 15.1（d）中所示的情况。

在图 15.16（a）中，屋顶梁的外端弯矩为 70.7kip·ft，小于下一层楼面梁的外端弯矩，原因是屋顶梁在节点 E 处只受一根柱的约束，而其下方的楼面梁受到两根柱的约束（即楼面梁上柱和下柱）。假定两根柱具有相同的尺寸和端部条件，则它们提供的转动约束是一根柱的两倍。在图 15.16（d）中，第二层楼面梁的节点 B 处的弯矩比其上方的梁的端部弯矩小，这是因为底部柱与基础铰接且柱长为 15ft，因此柔度大于上层楼面中呈双曲率弯曲的短柱。

我们还发现第三和第四层的梁端反应以及剪力和弯矩曲线几乎一样，这是因为它们有

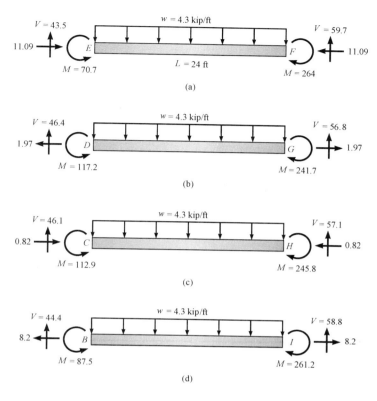

图 15.16 精确分析得出的楼面梁隔离体的内力
（a）顶层；（b）第四层；（c）第三层；（d）第二层（荷载的单位为 kip/ft，
力的单位为 kip，弯矩的单位为 kip·ft）

相同的跨度、受荷情况并且以及支承它们的柱的尺寸相同。

因此，如果我们设计出一典型的楼面梁，则该楼面梁可用于与该楼层情况相同的楼层。在高层建筑中，底层柱的截面尺寸和弯曲刚度大于受荷小的上层柱，导致楼面梁外部弯矩随着柱子刚度的增加而增加，但这种作用一般不显著，通常在实际设计中忽略不计。

15.7.2 估算梁端部剪力的值

由于梁（见图 15.16）的右端弯矩大于左端弯矩，所以端部剪力也不相等。端部弯矩的差异使得由均布荷载产生的剪力发生了变化——左端剪力减小，右端剪力增大。对所有外部梁（与外柱连接的梁），假定总均布荷载 wL 的 45% 由外柱承受，55% 由内柱承受。如果是由两个内柱支承的内部梁，则两端的剪力近似相等（即，$V = wL/2$）。

15.7.3 梁中轴向荷载

虽然柱中剪力的存在导致所有梁中都有轴向荷载，但是梁中轴力产生的应力很小，可忽略不计。例如，11.09kip 的轴力［见图 15.16（a）］产生的屋顶梁的轴向应力是整个框架中最大的，大约为 37psi。

15.7.4 楼面梁中剪力和弯矩的近似值的计算

对于典型的承受重力荷载作用的梁，梁中剪力和弯矩基本由直接作用在梁上的荷载产生。因此，我们可以通过分析某一楼层代替整栋建筑，近似估计整体结构的情况。为求出图 15.15 中框架楼面梁中的剪力和弯矩，我们将分析由楼面梁及与之相连的柱组成的一榀框架。图 15.17（a）所示为用于分析屋顶梁的框架。图 15.17（b）所示为用于分析第三层楼面梁的框架。

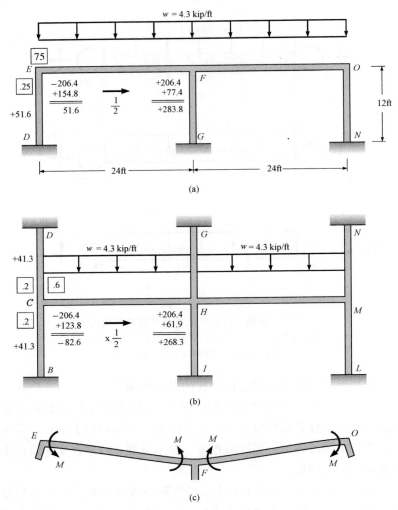

图 15.17　承受竖向荷载的框架梁的近似分析（所有弯矩值的单位为 kip·ft）
（a）由屋顶梁和与之相连的柱组成的刚性框架；（b）由楼面梁和与之相连的柱组成的刚性框架；
（c）由内部和外部节点的不同位移产生的弯矩（在近似分析中忽略）

通常假定柱子的端部与要分析的楼面的上、下楼板之间是固结的（例如，这一假定是 8.9 节中美国混凝土协会建筑规范规定的）。由于内部节点的转动很小，所以这一假定是有道理的。另一方面，由于每一层上的外部节点都沿着相同的方向转动，所以外柱都呈双曲率弯曲［见图 15.18（c）］。根据图 13.12（c），呈双曲率弯曲的杆件的弯曲刚度比一端固结的杆件的弯曲刚度大 50%。结果表明，在图 15.17（a）和（b）中，对框架近似分析所得外柱的弯矩值远远小于对框架整体分析所得值，因此，工程师应用 1.5 的系数来增加外部柱的刚度。

由于建筑方面的原因，业主通常希望外柱尽可能的小（小柱可以很容易地隐藏在外墙中，也使墙变得简洁），所以柱的固定端假定被作为钢筋混凝土建筑的设计标准而保留。

用弯矩分配法对图 15.17 中的框架进行分析。由于由竖向荷载产生的侧移为 0（结构和荷载均对称的情况下）或者很小，所以我们在运用近似分析法时忽略由侧移产生的弯矩。弯矩分配的具体过程如图所示。由于该结构对称，假定中间节点不发生转动，当作固定支承。如此，只需分析半榀框架。将近似分析法得出的弯矩与由计算机分析后得出的精确值进行比较（见表 15.1），我们发现，如果把外柱（不包括底部为铰接的 AB 柱）的刚度增大 50%，则近似分析的结果与精确值之间的差别只有 5% 或 6%（见表 15.1 中最后一列）。

表 15.1   梁端弯矩的精确值与近似值之间的比较   单位：kip·ft

弯矩	精确分析 （图 15.16）	近 似 分 析	
		柱端 假定固定 （图 15.17）	双曲弯曲， 外部柱的 刚度增加 50%
M_{EF}	70.7	51.6	68.8
M_{FE}	264.0	283.6	275.2
M_{CH}	112.9	82.6	103.2
M_{HC}	245.8	268.3	258.0

在屋顶梁中，弯矩的近似值和精确值之间的差异大部分是由端部节点在竖直方向上的不同的位移造成的。由于内柱承受的荷载是外柱的两倍多，而截面积只比外部柱大 44%，所以内柱产生的轴向变形大于外柱。图 15.17（c）显示了由梁端部的不同位移在屋顶梁中产生的端部弯矩，使构件发生的变形及变形方向。柱子长度对顶部楼层影响最大，随着楼层下降逐渐减小，到底部楼层时最小。

在计算机分析中，构件的特性（面积和惯性矩）主要取决于构件横截面的毛面积（标准假定）。如果要考虑钢筋面积对轴向刚度的影响，可以把刚度较大的钢筋转化为等效的混凝土，这样各种柱子的轴向变形的差异就会大大地减小。因为由柱子的不同轴向变形引起的梁中弯矩一般较小，所以在近似分析中均可忽略不计。

15.7.5 柱中轴力

每一层柱子所承受的荷载是由各层梁端部的剪力和弯矩产生的。

图 15.18（a）中的各梁端部的箭头表示通过梁端施加在柱子上的力（梁的端部剪力，为了表示得清楚，作用在所有梁上的 4.3kip/ft 的均布荷载未被标出）。任一层的柱中轴力 F 等于其上方各层的梁端剪力之和。由于柱中轴力随着楼层数目的变化而变化，所以柱中荷载从上往下随着楼层数目的增加几乎呈线性增加。对于多层建筑的底柱，工程师通常通过增大截面积或是提高柱子材料的强度来承受较大的荷载。内柱承受两边梁传来的荷载，其轴力一般是外柱轴力的两倍多——除非外部墙自重较大 [见图 15.18（a）]。

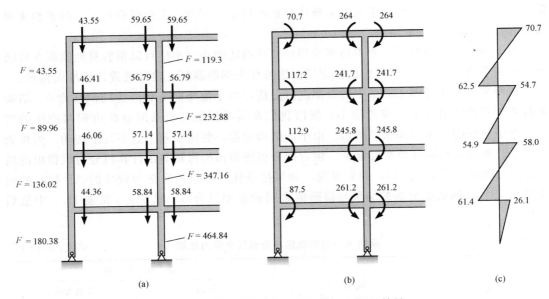

图 15.18　图 15.15 中框架的计算机分析的结果

（a）承受 4.3kip/ft 均布荷载的梁的作用产生的柱中轴力（kip）；（b）由梁施加给柱的弯矩（kip·ft），

弯矩在顶柱和底柱之间分配；（c）外柱的弯矩曲线（kip·ft）

注意：弯矩没有像轴向荷载一样叠加

　　图 15.18（b）是建筑框架中梁端弯矩施加在柱上的示意图。由于框架中的内部梁长度相同，承受的均布荷载也相同，所以它们在内部节点处施加到柱子上的弯矩也相同。由于柱子每边所受的弯矩大小相等、方向相反，所以节点不发生转动。因此，内柱中没有弯矩。这样，当我们对内柱进行近似分析时，只需要考虑轴向荷载。如果我们考虑活载的布置（即在柱的两边，全部荷载布置在较长跨上而恒载布置在较短跨上），则柱中将有弯矩产生，但轴向荷载会减小。即使梁的长度不是完全一样或是承受的荷载不完全一样，内柱中的弯矩都是很小的，一般在近似分析中均可忽略不计。弯矩较小的原因如下：

　　（1）柱上的不平衡弯矩等于与柱连接的梁的弯矩的差值。虽然各根梁的弯矩可能很大，但差值通常很小。

　　（2）不平衡弯矩根据节点上下的柱和节点左右的梁之间的弯曲刚度的比例关系分配给各构件。由于梁的刚度通常等于或是大于柱的刚度，所以分配给内柱的不平衡弯矩的增量较小。

15.7.6　由重力荷载引起的外柱中的弯矩

　　图 15.18（b）显示了由各层梁施加在与之连接的内部和外部柱上的弯矩。在外部柱中，由每层楼（顶层楼面除外，因为该层只有下方有柱子）提供给其上方和下方的柱子的弯矩使得柱子呈双曲率弯曲，产生的弯矩曲线如图 15.18（c）所示。通过对弯矩曲线的观察，我们可得出以下结论：

　　（1）弯矩在较低层不叠加。

　　（2）所有外部柱（除了与基础铰接的底部柱）都是呈双曲率弯曲，且在柱子的中点附近会有一反弯点。

（3）最大弯矩发生在支承顶层梁的柱子的顶端。这是由于顶层梁的全部弯矩都施加在了这根单独的柱上，而在以下的各层，梁施加在节点上的弯矩被分配给了两根柱。

（4）在一个柱段（两个楼层之间）上，最大应力截面要么发生在顶部要么发生在底部；这是因为在柱的全长范围内，轴向荷载为常数，但最大弯矩只发生在其中一端。

【例 15.10】 利用近似分析，估计图 15.19（a）中框架的 BG 柱和 HI 柱的轴力和弯矩。另外，画出梁 HG 的剪力和弯矩曲线。假定所有外部柱的 I 为 833in⁴，内部柱的 I 为 1728in⁴，所有梁的 I 为 5000in⁴。圆圈中的数字代表弯矩的分配系数。

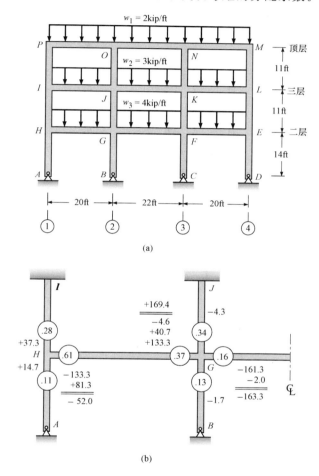

图 15.19

（a）建筑框架；（b）用弯矩分配法近似分析框架的第二层所得出的梁和柱中弯矩；
由于剩余弯矩较小，所以只循环一次即可（弯矩的单位是 kip·ft）

解：

柱 HI 中的轴向荷载：假定作用在梁 PO 和 IJ 上的均布荷载的 45％由外部柱承受。

$$F_{HI} = 0.45(w_1 L + w_2 L) = 0.45 \times (2 \times 20 + 3 \times 20) = 45\,(\text{kip})\quad\text{得解}$$

柱 BG 中的轴向荷载：假定 BG 柱承受其左侧外部梁上的均布荷载的 55％和其右侧内部梁上的均布荷载的 50％。

$$F_{BG} = 0.55 \times (2 \times 20 + 3 \times 20 + 4 \times 20) + 0.5 \times (2 \times 22 + 3 \times 22 + 4 \times 22)$$
$$= 198(\text{kip}) \quad \text{得解}$$

利用弯矩分配，对图 15.19（b）中的框架进行分析，计算出柱子和梁 HG 中的弯矩。假定楼层上方的柱子的远端是固结，由于该框架是对称的，故将中部梁的刚度进行修正并分析 1/2 的结构。另外，将柱 HI 的刚度增加 50% 以使柱呈双曲率弯曲。分析的结果如图 15.20 所示。由于柱子两端的端部弯矩近似相等，所以柱 HI 的顶部弯矩也等于其底部弯矩，为 37.3kip·ft。

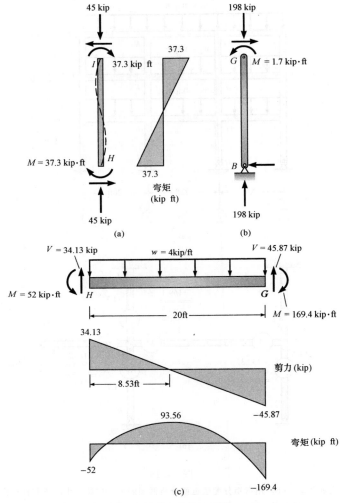

图 15.20　框架的近似分析结果
（a）柱 HI；（b）柱 BG；（c）梁 HG 的剪力和弯矩曲线

15.8　水平荷载作用下无支撑框架的分析

虽然我们主要关心的是用近似分析法分析多层刚节点、无支撑的框架，但是本节我们将从简单的单层矩形无支撑框架的分析开始讨论。通过分析该简单结构：①了解侧向荷载如何作用在一个刚框架上，并使之发生变形；②为更加复杂的多层框架的近似分析引入基本假定。作用在建筑上的侧向荷载一般为风或地震过程中地面移动引起的惯性力。

当重力荷载远大于侧向荷载时，设计者先由重力荷载确定框架的尺寸，然后根据建筑规范中的规定将各种重力荷载和侧向荷载进行组合来检验根据重力荷载得出的框架的尺寸。

如 15.7 节所示，除了外部柱，柱中轴力主要由重力荷载产生。由于柱子能有效地承受轴力，所以即使截面尺寸较小也能承受很大的轴向荷载；此外，由于建筑学的原因，设计者喜欢使用较小的柱截面——较小的截面比较大的截面容易隐藏在建筑中。但由于较小的截面的弯曲刚度小于较大的截面，所以柱子的弯曲刚度往往小于其轴向刚度。无支撑多层框架用以抵抗侧向荷载的柱子截面过小，以致侧向荷载作用下会产生明显的侧向位移。因此，有经验的设计者通常会尽量避免设计出必须抵抗侧向荷载的无支撑的框架。相反，他们会在结构中引入剪力墙或是对角支撑以有效地传递侧向荷载。

在 15.9 节，我们将介绍如何计算由于侧向荷载的作用，在无支撑多层框架上产生的内力。计算方法包括门架法和悬臂法。门架法最适用于低层建筑（一般为 5 层或 6 层）。在低层建筑中，剪力由柱子的双曲率弯曲来抵抗。对于高层建筑，考虑到高层框架类似竖直的悬臂梁，故可使用悬臂法，由此可以得出较好的结果。尽管各种方法都可合理地估算框架中各构件内力，但没有一种方法可得出侧向挠度的估计值。由于在高层建筑中，侧向挠度较大，挠度计算应作为完整设计的一部分给予考虑。

15.8.1 简单铰支座框架的近似分析

图 15.21（a）中的刚框架由 A 和 D 处的铰支座支承，结构为一次超静定。为分析这一结构，我们需对其上力的分布做一个假定。如果框架的两根柱相同，则两根杆件的弯曲刚度相等（两根杆件杆端也具有相同的约束）。

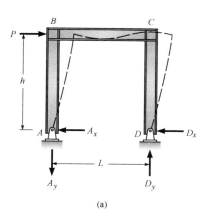

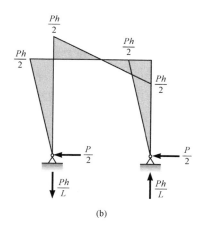

(a) (b)

图 15.21

（a）承受侧向荷载的框架；（b）支反力和弯矩曲线；反弯点位于梁的中点处

由于侧向荷载是根据柱弯曲刚度的比例进行分配，故我们可以假定侧向荷载平分给两根柱子，在柱底部产生相同的 $P/2$ 的水平反力。若该假定成立，竖直反力和内力都可由静力法计算得出。为算出 D 处的竖直反力，我们对 A 点弯矩求和 [图 15.21 (a)]：

$$\circlearrowright^+ \quad \sum M_A = 0$$

$$Ph - D_y L = 0$$

$$D_y = \frac{Ph}{L} \uparrow$$

计算 A_y：

$$\uparrow^+ \quad \sum F_y = 0$$

$$-A_y + D_y = 0 \quad \text{和} \quad A_y = D_y = \frac{Ph}{L} \downarrow$$

杆件的弯矩曲线如图 15.21 (b) 所示。由于梁跨中弯矩为 0，所以该点为反弯点，且梁呈双曲率弯曲 [弯曲形状如图 15.21 (a) 中的虚线所示]。

15.8.2 柱底与基础固结的框架的近似分析

如果刚性框架中，柱底为固结，不能转动，则柱子将呈双曲率弯曲（见图 15.22）。在柱中，反弯点的位置取决于梁与柱子的弯曲刚度的比值。反弯点的位置永远不可能低于柱中点高度，除非理论上梁的刚度为无穷大。随着梁的刚度相对于柱的刚度在减小，反弯点的位置会上移。对于典型的框架，设计者可以假定反弯点位于柱底往上 60% 柱长的位置。在实际情况中，由于大多数基础并不是完全刚性的，所以很难得到真正的固定支座。如果固定支座发生了转动，则反弯点会上移。

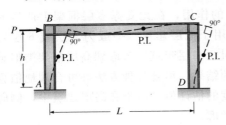

图 15.22 柱子端部为固结、承受
侧向荷载作用的刚性框架

由于图 15.22 中的框架是为三次超静定，因此需假定所以我们必须做出三个关于力的分布及反弯点的位置的假定。继而，支反力及杆件内力的近似值就可以用静力法求解。如果柱子的尺寸相同，则假定侧向荷载平分给两根柱子，这样每根柱子底部的水平反力（即柱中的剪力）为 $P/2$。根据我们前面的讨论，我们可以假定柱子的反弯点位于柱底往上 0.6 倍柱长的位置。最后，虽然无需求解（如果使用前面的三个假定），但我们可以假定梁的反弯点位于跨中。这些假定被用于例 15.11 中框架的分析。

【例 15.11】 图 15.23 (a) 中的框架在其节点 B 处承受大小为 4kip 的水平荷载的作用。计算其底部反力。两根柱子完全相同。

解：

假定 4kip 的荷载平分给两根柱，在每根柱中产生了 2kip 的剪力，并在支座 A 和支座 D 产生 2kip 的水平支反力。假定反弯点（P.I）位于每根柱的底部往上 0.6 倍柱长的位置，即柱底往上 9ft 处。图 15.23 (b) 所示为反弯点上方及下方框架的隔离体图。考虑上部的隔离体，我们对左边柱子上的反弯点（E 点）弯矩求和，得出右边柱子中的轴力为 $F = 0.6$kip。然后我们把反弯点上部的隔离体上位于反弯点处的力反向作用于反弯点下方的隔离体上。接着，我们用静力方程得出柱底弯矩。

$$M_A = M_D = 2 \times 9 = 18 (\text{kip} \cdot \text{ft})$$

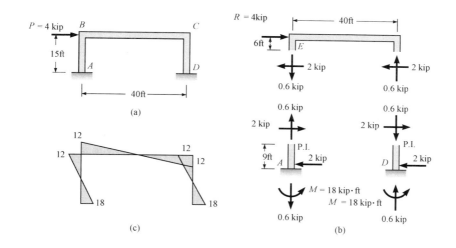

图 15.23

（a）框架的尺寸；（b）柱中反弯点上部和下部的隔离体（力的单位是 kip，
弯矩的单位是 kip·ft）；（c）弯矩图（kip·ft）

15.9 门架法

在侧向荷载作用下，刚节点多层框架的各楼层将随着梁和柱的双曲率弯曲而发生水平变形。若忽略梁的轴向变形，则假定某楼层中的所有节点发生相同的侧向位移。图 15.24 显示了一个两层框架的变形。反弯点（零弯矩点）用小黑点表示，均位于构件的中点或中点附近。该图还显示了柱和梁的弯矩曲线（弯矩标在受压的一侧）。

门架法，估算侧向荷载作用下多层框架的杆件内力，基于以下三个假定：

（1）内柱中剪力是外柱剪力的 2 倍。

（2）柱中的反弯点位于柱子中点处。

（3）梁中的反弯点位于梁的中点处。

我们从第一个假定可知，由于内柱承受的荷载大，内部柱的尺寸通常大于外部柱。内部柱所支承的楼板面积一般是外部柱的 2 倍。然而，外部柱除了支承楼板荷载，还要支承外墙的重量。如果窗户面积较大，则外墙的重量会减小。另一方面，如果外墙是由很重的砖块砌成的，且窗户面积较小，则外部柱所支承的荷载有可能与内部

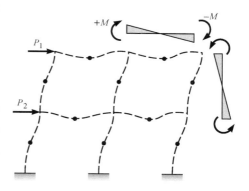

图 15.24 刚性框架的变形形状；各构件
中点处的小黑点表示反弯点

柱支承的荷载相近。在这种情况下，设计者可能希望修正假定 1 中关于剪力的分布。对于支承特殊楼层的柱子中的剪力分布将近似地遵循柱子的弯曲刚度（EI/L）之间的比值。

由于同一楼层中的柱子的长度和组成材料基本相同，所以它们的弯曲刚度将只和其横截面的惯性矩有关。

　　因此，如果可以估计柱子的横截面，则设计者希望根据柱子的惯性矩之间的比值分配剪力。

　　第二个假定表明承受侧向荷载的框架中的柱子呈现双曲率弯曲。由于柱子上方和下方的楼面的尺寸一般相近，所以柱子顶部和底部所受的约束也大致相同。因此反弯点位于柱子的中点或中点附近。

　　如果底层柱的下端为铰接，则柱子呈单曲率弯曲。对于这种情况，反弯点（零弯矩点）位于柱子底部。

　　最后一个假定表明在承受侧向荷载的框架中，梁的反弯点位于梁的跨中，或跨中附近。由于剪力在梁的全长范围内为常数，故梁呈双曲率弯曲，且梁两端弯矩大小相等，方向相同。此前，我们在图 15.21 和图 15.22 所绘梁中遇到类似情况。利用门架法分析多层刚框架的具体步骤如下：

　　（1）用一假想截面在柱子的中点处切开该层的所有柱子。由于该截面经过所有柱子的反弯点，故在柱子被截开的截面上只有剪力和轴力作用。各柱的剪力之和等于截面上方的所有侧向荷载之和。假定内部柱的剪力大小是外部柱的两倍（除非柱子的特性表明还有其他更合适的力的分配形式）。

　　（2）计算柱端弯矩。柱端弯矩等于柱中剪力与半层楼高的乘积。

　　（3）通过考虑节点平衡计算梁端弯矩。从外部节点开始计算，沿着楼面开始计算同时考虑梁和节点的隔离体。假定所有的梁在跨中处都有反弯点，因此梁端部的弯矩大小相等、方向相同（顺时针或逆时针）。在每一个节点处，梁中的弯矩平衡了柱中的弯矩。

　　（4）将梁端弯矩之和除以梁的跨度得到每根梁中的剪力。

　　（5）将梁中的剪力作用在与之连接的节点上，计算出柱中的轴力。

　　（6）为了分析整个框架，应从顶部开始逐渐往下。整个过程见例 15.12。

　　【例 15.12】　利用门架法分析图 15.25（a）中的框架。假定点 A、B 和 C 处的钢筋底盘起了固定端的作用。

　　解：

　　用水平截面 1（圈中数字）沿所有支撑柱中点切开，考虑截面上部的隔离体 ［见图 15.25（b）］。令截面上方的侧向荷载（节点 L 处的 3kip）与柱子的剪力之和相等，从而解出各柱的剪力，用 V_1 表示外部柱中的剪力，$2V_1$ 表示内部柱中的剪力。

$$\xrightarrow{\quad}^+ \quad \sum F_x = 0$$
$$3 - (V_1 + 2V_1 + V_1) = 0$$
$$V_1 = 0.75\text{kip}$$

　　将反弯点处的剪力与 6ft 相乘，即层高的一半，得出柱顶弯矩。柱子对于其顶部节点的弯矩如图中的弯曲箭头所示。节点对于柱子的反力大小相等、方向相反。

　　取节点 L 为隔离体（见图 15.25）。对 x 轴方向上的力求和得 $F_{LK} = 2.25\text{kip}$。由于梁上的弯矩必须和柱中的弯矩大小相等、方向相反以达到平衡，故 $M_{LK} = 4.5\text{kip} \cdot \text{ft}$。当梁 LK 中的剪力求出后，即可求出 V_L 和 F_{LG} ［见图 15.25（d）］。把与力 F_{LK} 以及弯矩 M_{LK} 等值反向的力作用在图 15.25（d）中梁的隔离体上。由于剪力在梁的全长范围内为常数，

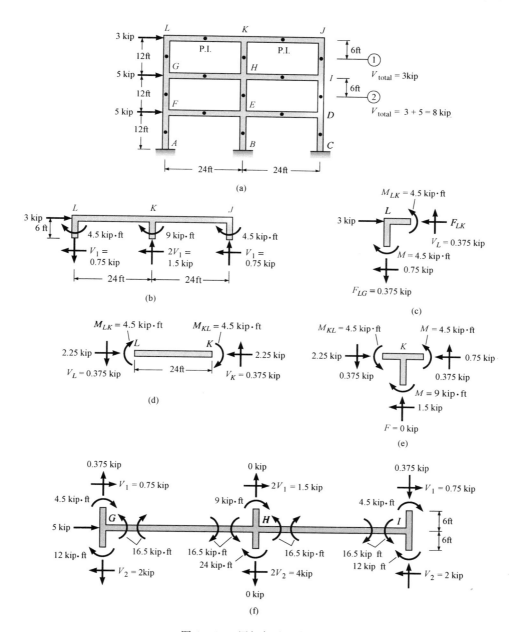

图 15.25 用门架法进行分析

(a) 刚性框架的详图；(b) 由截面①沿柱反弯点切出的屋顶和柱的隔离体；(c) 节点 L 的隔离体
(力的单位是 kip，弯矩的单位是 kip·ft)；(d) 用于计算梁中剪力的梁 LK 的隔离体；
(e) 节点 K 的隔离体；(f) 位于 (a) 中截面①和截面②之间楼板和
柱子的隔离体 (弯矩单位是 kip·ft)

且我们假定反弯点位于梁的跨中处，所以梁右端弯矩 M_{KL} 等于 4.5kip·ft，在梁端呈顺时针转动。我们观察到在所有楼层上的所有梁的端部弯矩都沿着同一方向作用（顺时针）。通过对 K 点弯矩求和计算梁中剪力。

$$V_L = \frac{\sum M}{L} = \frac{4.5 + 4.5}{24} = 0.375(\text{kip})$$

对于节点 L [见图 15.25 (c)]。由于柱中的轴力等于梁中的剪力，故 $F_{LG} = 0.375\text{kip}$，且为拉力。接下来讨论节点 K [见图 15.25 (e)]，利用平衡方程计算出作用在该节点上的所有未知力。将截面①和②之间的梁和柱取为隔离体 [见图 15.25 (f)]。沿截面②，计算柱反弯点处的剪力。

$$\xrightarrow{+} \quad \sum F_x = 0$$
$$3 + 5 - 4V_2 = 0$$
$$V_2 = 2\text{kip}$$

通过将剪力与柱的一半长度相乘得出节点 G、H 和 I 上的弯矩的值（见曲线箭头）。我们从某个外部节点（例如节点 G）开始，根据前面介绍的顶层的分析步骤，计算梁的内力和柱的轴力。最后得出的剪力值、轴力值和弯矩值见图 15.26 中的建筑简图。

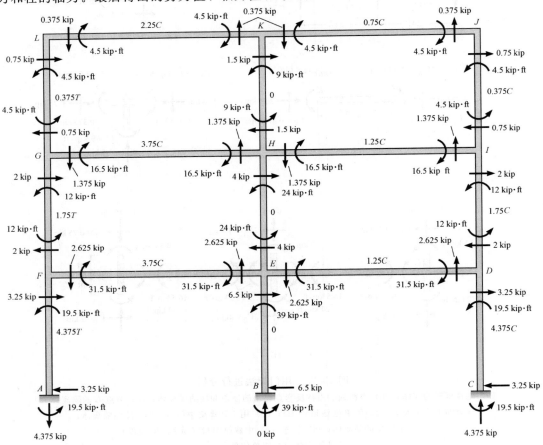

图 15.26 门架法的分析总结

箭头表示通过节点作用于杆件上的力的方向。杆件作用于节点上的力与节点作用于杆件上的力大小相等、方向相反。对于轴力，C 表示压力，T 表示拉力。所有力的单位均为 kip；所有弯矩的单位均为 kip·ft

空腹桁架的分析

门架法亦可用于空腹桁架的近似分析［见图 15.27（a）］。在空腹桁架中，斜腹杆被忽略。桁架的节间为由上下弦杆和竖杆组成的中空的矩形。由于去掉斜腹杆，桁架的部分重要作用就会丧失（即力不再仅仅通过杆件中的轴力来传递）。剪力必须由上弦和下弦来传递，剪力还会在这些杆件上产生弯矩。由于竖直杆件的主要作用是在节点上提供一个抵抗弯矩，以平衡弦杆作用在节点上产生的弯矩之和，因此它们所承受的压力较大。

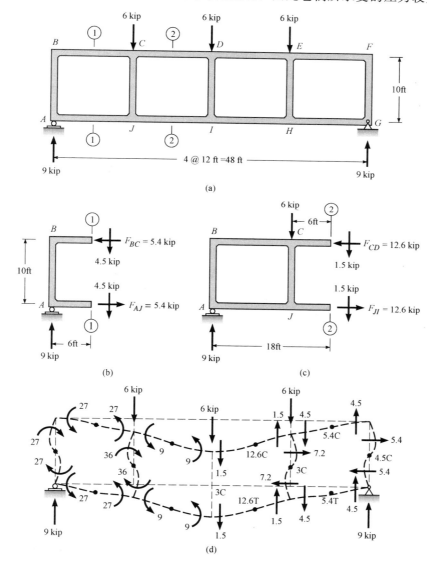

图 15.27

（a）空腹桁架的详图；（b）用于计算桁架第一节间的反弯点上的力的隔离体；（c）用于计算桁架第二节间的反弯点上的力的隔离体；（d）弯曲形状：黑点表示反弯点，弯曲箭头表示作用于杆件端部的弯矩
剪力和轴力的单位是 kip，弯矩的单位是 kip·ft，结构关于中线对称

对于空腹桁架的分析，我们假定：①上弦和下弦的尺寸相同，因此，分配到上下弦的剪力亦相等；②所有杆件都呈双曲率弯曲，且反弯点位于跨中处。对于图 15.27 中的承受对称荷载的四节桁架，由于中间的竖直杆位于对称轴处，所以其上没有弯矩。弯曲形状如图 15.27（d）所示。

为了用门架法分析空腹桁架，我们用竖直平面穿过各节间的中点（即穿过 $M=0$ 的反弯点）。然后我们求出反弯点处的剪力和轴力。一旦反弯点处的力知道了，其他的力都可由静力法求出。例 15.13 阐明了详细的分析过程。

【例 15.13】 利用门架法的假定，用近似分析法分析图 15.27 中的空腹桁架。

解：

由于该结构是外部静定的，故支座反力可由静力法求得。接着我们用①-①截面沿桁架的第一节间的中点切开，得到如图 15.27（b）所示的隔离体。由于截面穿过了上下弦的反弯点，所以在杆件被切开的端点处没有弯矩作用。假定两根弦杆上的剪力是相等的，由竖直方向力的平衡可知各根弦杆的剪力为 4.5kip，以平衡 A 支座处的 9kip 的反力。接着我们对底部的反弯点（①-①截面和下弦的纵轴线的交点）弯矩求和，得出上弦中的轴力为压力，大小为 5.4kip。

$$\overset{+}{\circlearrowright} \quad \sum M=0$$
$$9\times 6 - F_{BC}\times 10 = 0$$
$$F_{BC}=5.4\text{kip}$$

根据 x 方向上的力平衡，我们得出下弦中的轴力为拉力，大小也是 5.4kip。

为计算第二个节间中反弯点处的内力，我们用②-②截面沿第二个节间的中点切开，得如图 15.27（c）所示的隔离体。同上，我们把 3kip 的不平衡剪力平分给两根弦杆，然后通过对底部的反弯点弯矩求和得出弦杆中的轴力。

$$\overset{+}{\circlearrowright} \quad \sum M=0$$
$$9\times 18 - 6\times 6 - F_{CD}\times 10 = 0$$
$$F_{CD}=12.6\text{kip}$$

分析的最终结果标注在图 15.27（d）中的弯曲图中。图中左边半个框架所示为通过节点作用于杆件上的弯矩。右边半个框架所示为杆件中的剪力和轴力。由于对称性，中线两边对应的杆件上的力是相同的。

对于图 15.27（d）中的空腹桁架的研究表明此种结构的表现部分类似于桁架，部分类似于梁。由于弦杆中的弯矩是由剪力产生的，所以在剪力最大的端部节间上，弦杆中的弯矩取得最大值。在剪力最小的中间节间上，弦杆中的弯矩取得最小值。另一方面，由于外加荷载产生的弯矩的一部分要平衡弦杆中的轴力，所以中间节间中的轴力最大。在节间荷载作用下，中间节间处的弯矩最大。

15.10 悬臂梁法

第二种用于估算承受侧向荷载作用的框架的内力的方法是悬臂梁法，它是基于框架的表现如同悬臂梁这一假定。在该方法中，我们假定假想梁的横截面是由柱子的横截面组合而成的。例如，在图 15.28（b）中假想梁的横截面（由④-④截面切出的）是由四块面

积 A_1、A_2、A_3 和 A_4 组合而成的。在贯穿框架的任一水平面上，我们都假定柱中的纵向应力——等同与梁——沿着横截面形心的连线呈线性变化。这些应力产生的柱中轴力组成的内力矩平衡了由侧向荷载产生的力偶。悬臂梁法和门架法一样，也假定反弯点位于梁和柱的中点处。

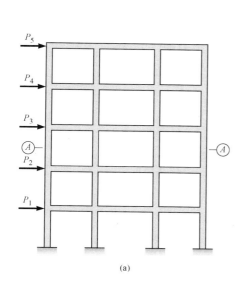

(a)

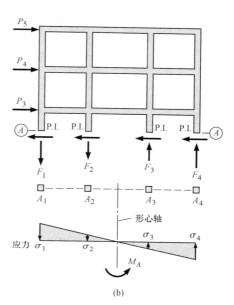

(b)

图 15.28

（a）承受侧向荷载作用的框架；（b）由 $A-A$ 截面切出的框架的隔离体，假定柱中轴向应力
（$\sigma_1 \sim \sigma_4$）沿着四根柱的截面形心的连线呈线性变化

用悬臂梁法分析框架，我们要按以下步骤进行：

（1）切出各楼层的隔离体，隔离体中要有楼层及与之相连的上下柱。截面沿柱子中点切出隔离体（即是层高的中点）。由于截面穿过反弯点，故在每根柱的截开点上只有轴力和剪力作用。

（2）通过令柱中内力产生的内部弯矩与由截面以上的所有侧向荷载产生的弯矩之和相等，求出指定楼层每根柱的反弯点处的柱中轴力。

（3）通过考虑节点竖直方向上的力平衡计算梁中剪力。梁中的剪力等于其上下柱中的轴力的差值。我们要从一个外部节点开始计算，并逐渐沿着侧向穿过整个框架。

（4）计算梁中弯矩。由于剪力为常数，故梁上的弯矩等于

$$M_G = V \times \frac{L}{2}$$

（5）考虑节点的平衡计算柱中弯矩。从顶层楼面的外部节点开始计算并逐渐向下推进。

（6）把柱中弯矩之和除以柱子的长度得出柱中的剪力。

（7）把柱中剪力施加在节点上并通过考虑 x 方向上力的平衡计算梁中的轴力。

例 15.14 阐明了该方法的具体应用。

【例 15.14】　用悬臂梁法估算图 15.29（a）中承受侧向荷载作用的框架各杆件的内力。假定内柱的面积是外柱的两倍。

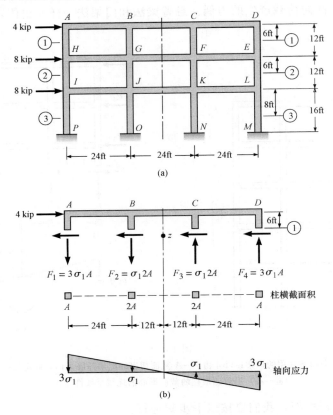

图 15.29　利用悬臂梁法分析

（a）承受侧向荷载作用的连续框架；（b）由 1-1 截面切出的顶层楼面及与之相连的
柱的隔离体，假定柱中的轴向应力沿着截面形心的连线呈线性变化

解：

求柱中轴力。用①-①截面沿顶层柱的中点将框架切开。图 15.29（b）所示为①-①截面上方的隔离体。由于截面贯穿反弯点，所以在柱子被切开点上只有剪力和轴力作用。计算①-①截面上由 A 处 4kip 的外荷载产生的弯矩：

外部弯矩：
$$M_{外} = 4 \times 6 = 24 \text{(kip·ft)} \tag{1}$$

计算①-①截面上由柱中轴力产生的内部弯矩。图 15.29（b）所示为假定的柱中轴向应力的变化。

将内柱中的轴向应力定为 σ_1。由于假定柱中应力沿着柱面形心的连线呈线性变化，所以外柱中的应力为 $3\sigma_1$。为求出各柱的轴力，将各柱的面积乘以对应的轴向应力。接着，将柱中轴力对过 z 点的轴线进行弯矩求和得出内部弯矩。

$$M_{内} = 36F_1 + 12F_2 + 12F_3 + 36F_4 \tag{2}$$

用 σ_1 和柱面积来表示式（2）中的各力，可得

$$M_{内}=3\sigma_1 A\times 36+2\sigma_1 A\times 12+2\sigma_1 A\times 12+3\sigma_1 A\times 36$$
$$=264\sigma_1 A \tag{3}$$

令由式（1）得出的外弯矩与由式（3）得出的内弯矩相等，可得

$$24=264\sigma_1 A$$

$$\sigma_1 A=\frac{1}{11}$$

把 $\sigma_1 A$ 的值代入各柱的轴力表达式，得

$$F_1=F_4=3\sigma_1 A=\frac{3}{11}=0.273(\text{kip})$$

$$F_2=F_3=2\sigma_1 A=\frac{2}{11}=0.182(\text{kip})$$

计算第二层的柱中轴力。用②-②截面沿第二层所有柱子的反弯点切开，并将截面以上的整个结构作为一个隔离体进行考虑。计算②-②截面上由外部荷载产生的弯矩。

$$M_{外}=4\times(12+6)+8\times 6=120(\text{kip}\cdot\text{ft}) \tag{4}$$

计算②-②截面上由柱中轴力产生的内弯矩。由于被②-②截面切开的柱子的切开面上的应力变化同前［见图 15.29（b）］，所以任一截面上的内部弯矩都可由式（3）来表示。

为表明是作用在②-②截面上的应力，把应力的下标改为 2。令外部弯矩与内部弯矩相等，可得

$$120=264\sigma_2 A$$

$$\sigma_2 A=\frac{5}{11}$$

柱中轴力为

$$F_1=F_4=3\sigma_2 A=\frac{15}{11}=1.364(\text{kip})$$

$$F_2=F_3=2\sigma_2 A=\frac{10}{11}=0.91(\text{kip})$$

为求出第一层的柱中轴力，我们用③-③截面沿第一层的所有柱的反弯点切开，并将截面以上的整个结构作为一个隔离体来考虑。计算③-③截面上由作用在截面以上的所有外部荷载产生的弯矩。

$$M_{外}=4\times 32+8\times 20+8\times 8=352(\text{kip}\cdot\text{ft})$$

令 352kip·ft 的外部弯矩与由式（3）得出的内部弯矩相等。为表明是作用在③-③截面上的应力，我们要将式（3）中的应力符号的下标改为 3。

$$264\sigma_3 A=352$$

$$\sigma_3 A=\frac{3}{4}$$

计算各柱中的轴力：

$$F_1=F_4=3\sigma_3 A=3\times\frac{4}{3}=4(\text{kip})$$

$$F_2 = F_3 = 2\sigma_3 A = 2 \times \frac{4}{3} = 2.67(\text{kip})$$

在各柱的轴力都求出后，我们将对各节点、柱和梁的隔离体应用静力平衡方程以求出框架的所有杆件的内力。为阐明这一过程，我们将详细介绍梁 AB 和柱 AH 的内力的计算。

通过考虑施加在节点 A 上的竖向力的平衡，可得出梁 AB 的剪力［见图 15.30 （a）］。

$$\stackrel{+}{\uparrow} \quad \sum F_y = 0 \quad 0 = -0.273 + V_{AB} \quad V_{AB} = 0.273\text{kip}$$

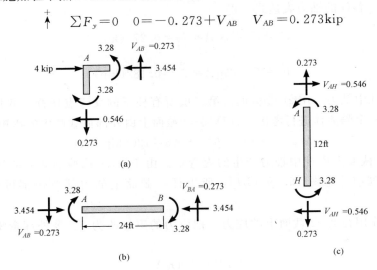

图 15.30

（a）用于 $V_{AB} = 0.273$kip 的节点 A 的隔离体；（b）梁 AB 的隔离体，
用于求梁端弯矩；（c）用于计算剪力的柱的隔离体
注：所有弯矩的单位都是 kip·ft，所有力的单位都是 kip

计算梁 AB 的端部弯矩。由于假定在跨中处有一反弯点，故梁两端的端部弯矩大小相等，作用方向相同。

$$M = V_{AB} \times \frac{L}{12} = 0.273 \times 12 = 3.28(\text{kip} \cdot \text{ft})$$

把梁的端部弯矩施加在节点 A 上，由弯矩求和得出柱顶部的弯矩为 3.28kip·ft（柱底部的弯矩与柱顶部的弯矩相同）。

计算柱 AH 中的剪力。由于假定柱子中点处有反弯点，所以柱中剪力为

$$V_{AH} = \frac{M}{L/2} = \frac{3.28}{6} = 0.547(\text{kip})$$

为计算梁 AB 中的轴力，我们把柱中剪力施加在节点 A 上。根据 x 方向上力的平衡，我们得出大小为 4kip 的外荷载与柱 AH 的剪力的差值即为梁中轴力。

所有内力结果通过节点施加在各杆件上，全部标注在图 15.31 中。由于结构的对称性和荷载的反对称性，故在竖直对称轴两边的对应点上的剪力和弯矩必相等。对应点上的力的值本应相等，但会有微小的差异，这是由于舍入误差造成的。

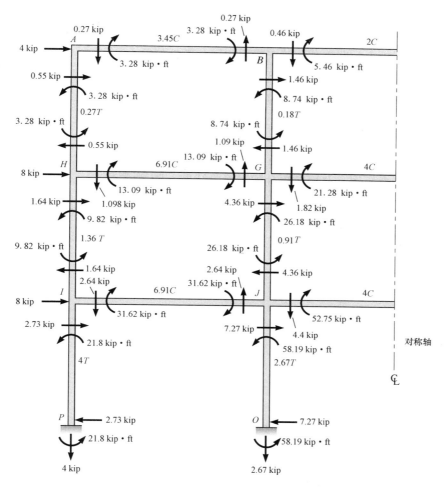

图 15.31 悬臂梁法分析的最终结果
箭头表示作用在杆件端部的力的方向。对于轴力，C 表示压力，T 表示拉力。
所有力的单位都是 kip，所有弯矩的单位都是 kip·ft

总结

- 由于在分析具有很多节点和杆件的高次超静定结构时出现错误是难以避免的，故设计者一般要用近似分析法的结果来检验计算机分析的结果（或前边提到的经典方法中某一种的分析结果）。另外，在建立构件性质的最初设计阶段，设计者可以用近似分析法估计设计荷载以选择合适的构件。

- 本章介绍了几种最常见的近似分析方法。对于很了解结构表现的设计者，他们通过一些简单的计算就可以估算出大多数结构中的力。其与精确值的误差只有 $10\%\sim15\%$。

- 分析连续结构的简单过程是推测指定跨内反弯点（弯矩为 0 的点）的位置。确定了反弯点的位置，设计者就可以切出一个几何不变且静定的隔离体。为了有助于确定反弯点的位置（曲率由凹向上变为凹向下），设计者可先画一张弯曲简图。

• 我们把连续桁架看作连续梁，估算出桁架的弦杆、斜腹杆和竖直杆中的力。在画出剪力图和弯矩图之后，可将某一给定截面上的弯矩值除以桁架的高度得出弦杆中的力。我们还假定斜腹杆轴力的竖直分力等于梁中相同截面处的剪力。

• 在 15.9 节和 15.10 节，我们介绍了经典的近似分析方法——门架法和悬臂法，它们可用于分析承受侧向风荷载或地震力的多层框架。

习题

P15.1 用近似分析法（假定反弯点的位置）估算该梁支座 B 处弯矩（图 P15.1）。画出梁的剪力图和弯矩图。并用弯矩分配法检验结果。EI 为常数。

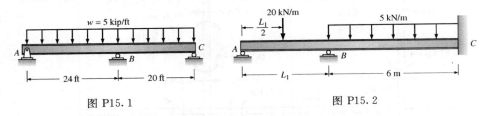

图 P15.1   图 P15.2

P15.2 推测图 P15.2 中各跨的反弯点位置。计算支座 B 和 C 处的弯矩值，并画出剪力图和弯矩图。EI 为常数。

情况 1：$L_1 = 3m$

情况 2：$L_2 = 12m$

用弯矩分配法检验结果。

P15.3 假定图 P15.3 中各杆件的端部弯矩并根据你假定的弯矩值计算各支座的反力。已知：EI 为常数。如果 $I_{BC} = 8I_{BA}$，如何调整关于各杆件的端部弯矩的假定？

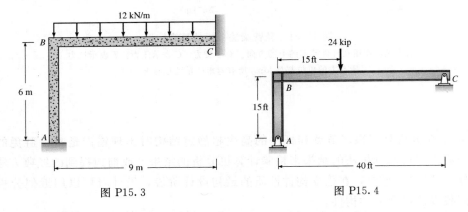

图 P15.3   图 P15.4

P15.4 推测图 P15.4 中梁的反弯点的位置，并估算 B 处的弯矩，计算 A 和 C 处的反力。已知：EI 为常数。

P15.5 推测图 P15.5 中 CD 跨反弯点的位置，估算支座 C 处弯矩以及 CD 跨的最大正弯矩。并用弯矩分配法检验结果。EI 为常数。

P15.6 估算图 P15.6 中支座 C 处的弯矩。根据估算结果，计算 B 和 C 处的反力。

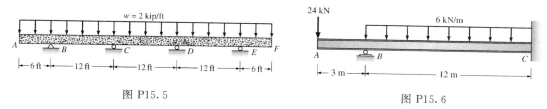

图 P15.5

图 P15.6

P15.7　该梁不限定于二维空间。推测弯矩最小点用于梁的分析，计算梁的内力并绘制剪力图和弯矩图。用弯矩分配法检验结果。

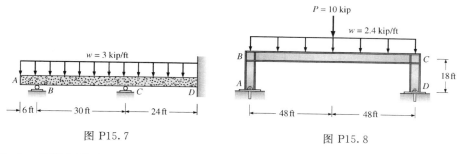

图 P15.7

图 P15.8

P15.8　为限制挠度，图 P15.8 中框架的梁很高。为满足建筑要求，柱子的尺寸要尽可能的小。假定梁端弯矩为固定端弯矩的 25%，试计算支座反力并画出梁的弯矩曲线。

P15.9　图 P15.9 中框架的柱和梁的横截面相同。通过估计梁中反弯点的位置对该框架进行近似地分析，包括计算支座反力并绘制柱 AB 和梁 BC 的弯矩图。用弯矩分配法检验结果。EI 为常数。

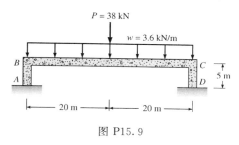

图 P15.9

P15.10　将图 P15.10 中的桁架当做一根等截面的连续梁进行近似地分析。估算杆件 DE 和 EF 中的轴力并计算支座 A 和支座 K 处的反力。

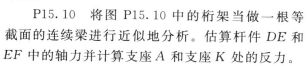

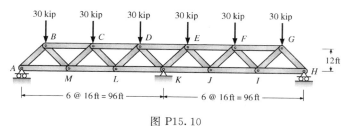

图 P15.10

P15.11　用近似分析法分析图 P15.11 中的连续桁架，求出支座 A 和支座 B 处的反力。并求出杆件 a、b、c 和 d 中的轴力。已知：$P = 9\text{kN}$。

P15.12　将该桁架当做等截面梁，估算图 P15.12 中桁架跨中处的挠度。上弦和下弦的截面面积均为 10in^2。$E = 29000\text{ksi}$。上下弦的形心间距为 9ft。

P15.13　求图 P15.13 中桁架的各根杆件轴力的近似值。假定斜腹杆既可以承受拉力也可以承受压力。

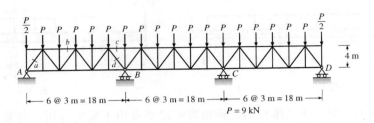

图 P15.11

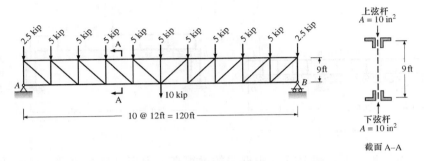

图 P15.12

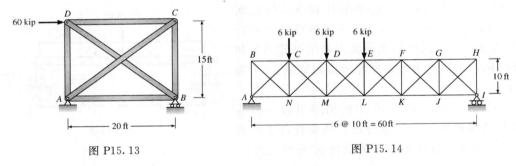

图 P15.13

图 P15.14

P15.14 计算以下两种情况下，图 P15.14 中桁架的各根杆件轴力的近似值。（a）斜腹杆为细长杆，只能承受拉力。（b）斜腹杆既可以承受拉力也可以承受压力，且不会屈曲。

P15.15 （a）图 P15.15 中框架的所有梁具有相同的截面且都承受 3.6kip/ft 的均布荷载，求柱 AH 和 BH 的轴力值及顶部弯矩值。并计算梁 IJ 和 JK 的端部剪力和弯矩。（b）假定所有柱的截面面积为 $12in^2$（$I=1728in^4$），且所有梁的惯性矩为 $12000in^4$。通过将第二层的楼面梁和与之相连的柱（上方的和下方的）作为一个刚性框架来考虑，对其进行近似分析。

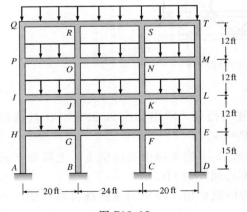

图 P15.15

P15.16 对图 P15.16 中的空腹桁架进行近

似分析，求出外力作用下，杆件 AB、BC、IB 和 HC 的隔离体上的弯矩和轴力。

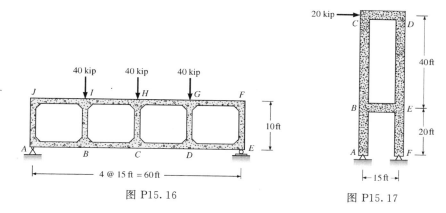

图 P15.16

图 P15.17

P15.17　计算机分析——比较悬臂法和门架法。（a）用门架法计算图 P15.17 中桁架各杆件的弯矩、剪力和轴力。（b）用悬臂法再次计算。（c）用计算机软件再次分析。（d）制作一个总结性的表格并比较这三种方法得出的结果。所有杆件 $E = 6240\mathrm{kip/in^2}$，$I = 18000\mathrm{in^4}$。

P15.18　计算机分析——比较悬臂法和门架法。（a）用门架法计算图 P15.18 中框架各杆件的弯矩、剪力和轴力。（b）用悬臂法再次计算。假设内柱横截面积为外柱的两倍。（c）用计算机软件分析比较结果。所有杆件 $E = 29000\mathrm{kip/in^2}$；梁和内柱 $A = 12\mathrm{in^2}$，$I = 600\mathrm{in^4}$；外柱 $A = 8\mathrm{in^2}$，$I = 400\mathrm{in^4}$。

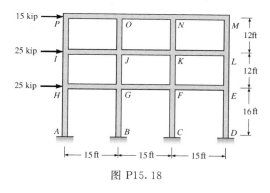

图 P15.18

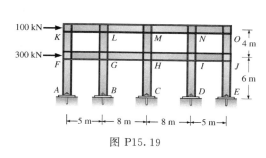

图 P15.19

P15.19　计算机分析——比较悬臂法和门架法。（a）用门架法分析图 P15.19 中的两层框架。（b）用悬臂法再次分析。假设内柱的横截面积为外柱的两倍，且柱底板与基础为螺栓连接。（c）用计算机软件分析比较两种计算结果。所有构件 $E = 200\mathrm{GPa}$；梁和内柱 $A = 10000\mathrm{mm^2}$，$I = 50 \times 10^6 \mathrm{mm^4}$；外柱 $A = 5000\mathrm{mm^2}$，$I = 25 \times 10^6 \mathrm{mm^4}$。

P15.20　计算机分析——比较悬臂法和门架法。（a）用近似分析法计算图 P15.20 中框架柱 AB 和主梁 BC 的内力，并绘制弯矩图。

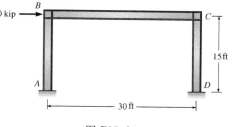

图 P15.20

柱底考虑为固结。（b）考虑柱底 A 和 D 为铰接，再次计算。（c）用计算机软件分析比较结果。柱 $A = 16.2\text{in}^2$，$I = 348\text{in}^4$；主梁 $A = 16.2\text{in}^2$，$I = 1350\text{in}^4$。所有杆件 $E = 29000\text{kip/in}^2$。

P15.21、P15.22 计算机分析——比较悬臂法和门架法。分别考虑图 P15.21 和图 P15.22 所示结构。（a）用近似分析法计算柱 AB 的内力并绘制弯矩图，并画出结构大致的挠曲形状。（b）确定桁架杆内力。桁架的所有节点为铰接。（c）用计算机软件分析比较结果。桁架杆件 $A = 4\text{in}^2$，柱 $A = 13.1\text{in}^2$，所有杆件 $I = 348\text{in}^4$，$E = 29000\text{kip/in}^2$。

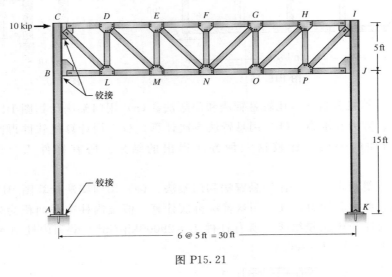

图 P15.21

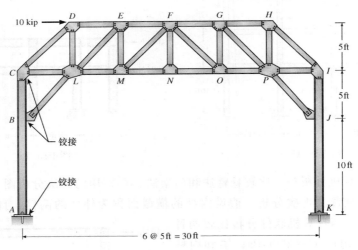

图 P15.22

P15.23 将题 P15.20 中的问题（a）和（c）的结果与题 P15.21 中的问题（a）和（c）的结果进行比较。

P15.24 将题 P15.21 中的问题（a）和（c）的结果与题 P15.22 中的问题（a）和（c）的结果进行比较。

支承雷达天线的空间桁架

支承直径 150ft 的雷达天线的三维空间桁架正在安装。采用矩阵公式的计算机程序用于分析此承受各种静力和动力荷载的复杂结构。

第 **16** 章

广义刚度法概述

本章目标
- 本章提供从结构分析经典方法向矩阵方法的变换。
- 先进行经典柔度法和刚度法（转角位移法）的比较，然后将后一种方法扩展为分析具有机动不定次数 1 的超静定结构的广义刚度方法。

16.1 引言

本章提供从经典手算分析法，例如柔度法（11 章）、位移法（12 章），到基于一套程序指令的计算机分析方法的转变。在 20 世纪 50 年代计算机可用前，高次超静定三维空间框架的近似分析要花去一个小组工程师团队几个月的时间；而今天只要工程师们确定了节点坐标、节点类型（例如铰接、刚接）、材料性质、荷载分布，计算机程序能在几分钟内给出精确的分析结果，包括各个构件的内力、支座反力、节点和支座的位移等。

虽然目前复杂的计算机程序已可以用来分析由板、壳、空间框架组成的非常复杂的结构，在概论性质的本章，我们将讨论的范围限定在由线弹性构件组成的平面结构（桁架、梁和框架）。为简化计算和说明概念，我们将只考虑仅有机动不定次数 1 的结构。在后续的第 17、18 章，采用矩阵形式，我们将刚度法推广到具有多个机动不定次数的复杂结构。

为建立计算机分析的解析过程，我们采用转角位移法的改进形式——刚度法，其中节点平衡方程由节点未知位移表达。刚度法和第 11 章中讨论的不同，它不需要解除多余约束得到静定结构。

我们将在 16.2 节中开始研究刚度法，首先比较分别采用刚度法和柔度法分析一个两杆铰接简单超静定体系需要的基本步骤，然后将刚度法推广应用到超静定的梁、框架和桁架。方便计算机分析超静定结构程序编写的矩阵运算的简要复习可见如下网页：

http：//www. mhhe. com//leet。

16.2 柔度法和刚度法的比较

柔度法和刚度法是分析超静定结构的两种基本方法。第 11 章中讨论了柔度法，而第 12 章中的转角位移法属于刚度法。

柔度法中，用未知的多余力表达相容方程；而在刚度法中，用未知节点位移表达平衡方程。我们通过分析图 16.1 （a）中的两杆结构来说明每种方法的主要特点。该结构是一次超静定的，轴向受力杆与中间支座相连，该支座在水平方向上可以自由移动，在竖向则无法移动。结构中的节点用带方框的数字表示，杆件用带圆圈的数字表示。

16.2.1 柔度法

为分析图 16.1 （a）的结构，我们选择节点 1 处的支座反力 F_1 为多余力，将节点 1 处的固定铰支座用滚动支座代替，得到静定的基本体系。分析结构时，分别在静定的基本体系上施加外荷载 ［见图 16.1 （b）］和多余的约束力 F_1 ［见图 16.1 （c）］，然后叠加节点 1 处位移，并解出 F_1 。

由于原结构的基本体系中只有支座 3 能够抵抗水平力，图 16.1 （b）中 30kip 的荷载全部通过杆 2 传递。杆 2 被压缩后，节点 1 和节点 2 向右位移 Δ_{10} ，Δ_{10} 由式（10.8）计算。构件的参数见图 16.1 （a）。

$$\Delta_{10}=\frac{F_{20}L_2}{A_2E_2}=\frac{-30\times150}{0.6\times20000}=-0.375(\text{in}) \tag{16.1}$$

式中负号表示 Δ_{10} 的方向和多余约束力 F_1 的方向相反。

在基本体系上施加单位多余未知力 ［见图 16.1 （c）］，用式（16.1）计算由杆 1 和杆 2 的伸长引起的水平位移 δ_{11} 。

$$\delta_{11}=\frac{F_{11}L_1}{A_1E_1}+\frac{F_{21}L_2}{A_2E_2}$$

$$=\frac{1\times120}{1.2\times10000}+\frac{1\times150}{0.6\times20000}=0.0225(\text{in}) \tag{16.2}$$

为确定反力 F_1 ，我们写出要求节点 1 处的水平位移为 0 的变形协调方程，即

$$\Delta_1=0 \tag{16.3}$$

用位移表示式（16.3）得

$$\Delta_{10}+\delta_{11}F_1=0 \tag{16.4}$$

将 Δ_{10} 和 δ_{11} 的值代入式（16.4），解出 F_1 ：

$$F_1=\frac{-\Delta_{10}}{\delta_{11}}=\frac{0.375}{0.0225}=16.67(\text{kip})$$

为了计算 F_2 ，我们考虑中间支座水平方向上的平衡 ［见图 16.1 （d）］：

$$\rightarrow+ \quad \sum F_x=0$$

$$30-F_1-F_2=0$$

$$F_2=30-F_1=13.33(\text{kip})$$

节点 2 的实际位移可以通过计算杆 1 的伸长或杆 2 的缩短而得到：

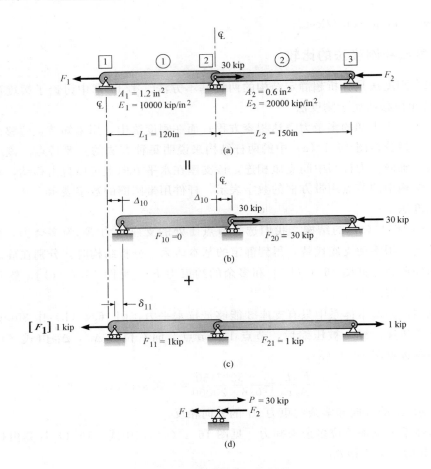

图 16.1　按柔度法分析

(a) 结构详图；(b) 设计荷载作用于结构的基本体系；(c) 多余未知力 F_1

作用于基本体系的节点 1 处；(d) 作用于支座 2 上的力

$$\Delta L_1 = \frac{F_1 L_1}{A_1 E_1} = \frac{16.67 \times 120}{1.2 \times 10000} = 0.167(\text{in})$$

$$\Delta L_2 = \frac{F_2 L_2}{A_2 E_2} = \frac{13.33 \times 150}{0.6 \times 20000} = 0.167(\text{in})$$

16.2.2　刚度法

现在将采用刚度法重新分析图 16.1（a）[即图 16.2（a）] 中的结构。因为只有节点 2 可以有自由位移，结构只有一次机动不定度。如图 16.2（b）所示，结构在 30kip 力的作用下，节点 2 向右移动了 Δ_2，根据变形协调，杆 1 的伸长量等于杆 2 的缩短量，即

$$\Delta L_1 = \Delta L_2 = \Delta_2 \tag{16.5}$$

根据式（16.1）和式（16.5），可用节点 2 的位移和构件的参数来表示各杆中的力。

$$\left.\begin{array}{l} F_1 = \dfrac{A_1 E_1}{L} \Delta L_1 = \dfrac{1.2 \times 10000}{120} \Delta_2 = 100\Delta_2 \\[2mm] F_2 = \dfrac{A_2 E_2}{L} \Delta L_2 = \dfrac{0.6 \times 20000}{150} \Delta_2 = 80\Delta_2 \end{array}\right\} \tag{16.6}$$

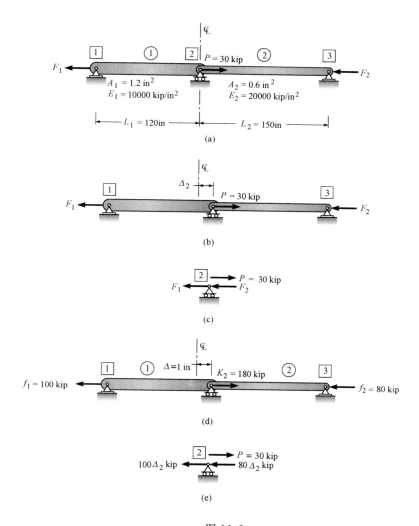

图 16.2
（a）一次机动不定结构；（b）受力变形后的结构位置；（c）节点 2 的隔离体；
（d）节点 2 单位位移引起的力；（e）中间支座的隔离体

由节点 2 水平方向的平衡 ［见图 16.2 （c）］ 可得

$$\sum F_x = 0$$

$$30 - F_1 - F_2 = 0 \tag{16.7}$$

用式 （16.6） 求得的位移 Δ_2 表示式 （16.7） 中的力，解出 Δ_2：

$$30 - 100\Delta_2 - 80\Delta_2 = 0$$

$$\Delta_2 = \frac{1}{6} \text{in} \tag{16.8}$$

为了求出杆中的力，将上面得到的 Δ_2 的值，代入式 （16.6）：

$$F_1 = 100\Delta_2 = 100 \times \frac{1}{6} = 16.67 (\text{kip})$$

$$F_2 = 80\Delta_2 = 80 \times \frac{1}{6} = 13.33(\text{kip}) \tag{16.9}$$

用另一种稍有差异的方法也能得到式（16.8）。在节点 2 处引入 1in 的单位位移，如图 16.2 （d） 所示。

根据式（16.1），为使节点不发生位移所需的力 K_2 等于使杆 1 伸长 1in 所需的力和使杆 2 缩短 1in 所需的力之和。

$$K_2 = \frac{A_1 E_1}{L_1} \times 1 + \frac{A_2 E_2}{L_2} \times 1$$
$$= 180(\text{kip/in}) \tag{16.10}$$

注意 K_2 代表节点 2 产生单位位移需要的力，K_2 的单位是 kip/in。因为节点 2 的实际位移不是 1in，而是 Δ_2，我们必须将所有的力和变形（见图 16.2）乘以 Δ_2 的值，如节点 3 右边的方括号中所示。为使该部分保持平衡，节点 2 位移 Δ_2 的大小必须足够引起 30kip 的抵抗力。由于杆件施加的反力是节点 2 位移的线性函数，由节点 2 水平方向上力的平衡 ［见图 16.2 （e）］ 就能确定实际的节点位移 Δ_2。

$$\rightarrow + \quad \sum F_x = 0$$
$$30 - K_2 \Delta_2 = 0$$

则

$$\Delta_2 = \frac{30}{180} = \frac{1}{6}(\text{in})$$

K_2 称为刚度系数。若将两根杆视作很大的弹簧，刚度系数就是结构的抵抗力（或刚度）与其变形之比。

大部分计算机程序采用的是刚度法。这种方法不需要设计者确定结构静定的基本体系，使结构分析能够自动进行。设计者只要给出哪些节点可以自由移动以及节点的坐标，计算机程序就能自行引入单位位移，得到所需的刚度系数，建立并求解节点的平衡方程，计算出所有的支座反力和构件内力。

16.3 用广义刚度法分析超静定结构

图 16.3 的例子中，我们将广义刚度法推广到分析超静定梁——变形是由弯矩引起的结构单元。该例题还提供了分析超静定框架（采用矩阵形式，将在第 18 章中介绍）的基础。你会发现这种方法利用了前面第 12、13 章中的方法和公式，这两章分别介绍了转角位移法和弯矩分配法。

图 16.3 （a） 中的等截面连续梁，其唯一的未知位移是节点 2 处的转角 θ_2，该结构只有一个自由度（见 12.6 节）。

分析的第一步，在加载以前，固定节点 2 以阻止其转动，从而得到了两根固端梁 ［见图 16.3 （b）］。然后，施加 15kip 的荷载，产生固端弯矩 FEM_{12} 和 FEM_{21}，由图 12.5 （a） 计算这些弯矩如下：

$$FEM_{12} = -\frac{PL}{8} = -\frac{15 \times 16}{8} = -30(\text{kip} \cdot \text{ft})$$

$$FEM_{21} = \frac{PL}{8} = \frac{15 \times 16}{8} = 30(\text{kip} \cdot \text{ft})$$

我们采用前面第 12 和 13 章中的符号规定，即构件端部的顺时针弯矩和转角为正，逆时针弯矩和转角为负。

图 16.3（c）是节点 2 受力的隔离体图。因为此时 8ft 的跨上无荷载作用，所以构件中没有内力产生，对节点 2 右端没有力的作用。

考虑到梁中的实际转角 θ_2［见图 16.3（d）］，我们下一步在节点 2 处引入顺时针的单位转角 +1rad，并且将梁固定在变形后的位置。该转角引起的构件端部弯矩可以利用转角位移方程［式（12.16）］的前两项求得。我们给这些力矩加上上标 JD，表示是节点位移，此时指的是节点转角。

1－2 跨：

$$M_{12}^{\mathrm{JD}}=\frac{2EI}{L}(2\times0+1)=\frac{2EI}{16}(0+1)=\frac{EI}{8} \tag{16.11}$$

$$M_{21}^{\mathrm{JD}}=\frac{2EI}{L}(2\times1+0)=\frac{2EI}{16}(2\times1+0)=\frac{EI}{4} \tag{16.12}$$

2－3 跨：

$$M_{23}^{\mathrm{JD}}=\frac{2EI}{L}(2\times1+0)=\frac{2EI}{8}\times2=\frac{EI}{2} \tag{16.13}$$

$$M_{32}^{\mathrm{JD}}=\frac{2EI}{L}(2\times0+1)=\frac{2EI}{8}\times1=\frac{EI}{4} \tag{16.14}$$

由图 16.3（e）所示节点 2 的隔离体，我们发现夹具施加的以维持单位转角的力矩 K_2（刚度系数）等于 $M_{21}^{\mathrm{JD}}+M_{23}^{\mathrm{JD}}$［由式（16.12）和式（16.13）给出］之和，即

$$K_2=M_{21}^{\mathrm{JD}}+M_{23}^{\mathrm{JD}}=\frac{EI}{4}+\frac{EI}{2}=\frac{3EI}{4} \tag{16.15}$$

因为结构是线弹性的，将单位转角和其引起的弯矩［见图 16.3（d）］乘以实际转角 θ_2 就得到构件的实际变形和端部弯矩。用带有方括号的 θ_2 写在固定端 1 的左侧表示此步运算。

由于在实际的梁中，节点 2 处没有外加力矩或夹具，因此为了保持节点平衡，图 16.3（c）中的 M_2 必须等于图 16.3（e）中的 $\theta_2 K_2$：

$$\circlearrowright^+ \quad \sum M_2=0 \atop 30+K_2\theta_2=0 \left.\right\} \tag{16.16}$$

将式（16.15）得到的 K_2 的值代入式（16.16）得

$$30+\frac{3EI\theta_2}{4}=0$$

解出 θ_2：

$$\theta_2=-\frac{40}{EI} \tag{16.17}$$

因为 θ_2 是负值，节点 2 转动方向与定义刚度系数的图 16.3（d）中的假定相反，即是逆时针方向。求出 θ_2 以后，将图 16.3（b）和图 16.3（d）所示的两种情况叠加就得到构件端部弯矩。例如，计算节点 2 左侧梁中的弯矩，按式（16.18）进行叠加，将式（16.12）求得的 M_{21}^{JD} 和式（16.17）的 θ_2 代入可得

$$M_{21}=FEM_{21}+M_{21}^{\mathrm{JD}}\theta_2 \tag{16.18}$$

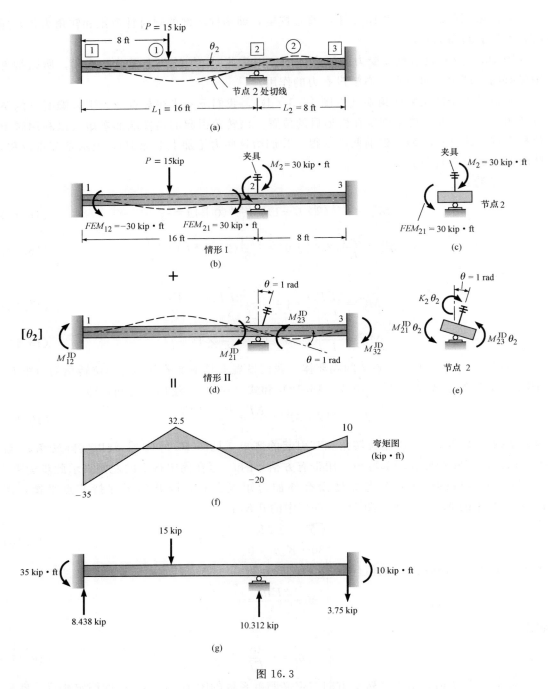

图 16.3

$$M_{21} = 30 + \frac{EI}{4} \times \left(-\frac{40}{EI}\right) = 20(\text{kip} \cdot \text{ft}) \quad \text{顺时针}$$

在固定端（节点 3）处：

$$M_{32} = 0 + M_{32}^{\text{JD}}\theta_2 = 0 + \frac{EI}{4} \times \left(-\frac{40}{EI}\right) = -10(\text{kip} \cdot \text{ft})$$

其中负号表示 M_{32} 是逆时针的。

得到构件端部弯矩后，根据每根梁的隔离体图就能求出剪力和支座反力。最终的弯矩图如图 16.3（f）所示，支座反力如图 16.3（g）所示。

广义刚度法总结

对图 16.3（a）中连续梁的分析基于两种情况的叠加。情况 1 中，固定所有可以自由转动的节点，在结构上施加荷载。荷载在梁中引起固端弯矩，并且在夹具中产生与其大小相等的力矩。如果梁的两跨上都有荷载作用，那么夹具中的力矩就等于作用在中间支座上的固端弯矩之差。此时，结构已经承受了荷载，但是节点被夹具固定了，不会发生转动。

为了消除夹具的影响，必须将其除去，允许节点转动。节点转动会在构件中引起附加弯矩，我们需要求出每根构件端部弯矩的大小。由于在单独的情况 2 中，无法知道转角的大小，我们就任意引入 1 rad 的单位转角，并将梁固定在变形后的位置。在情况 2 中，夹具对结构施加一个力矩，以维持梁的转动状态，称为刚度系数。因为引入的是特定大小的转角（即 1 rad），通过角位移方程可以计算出每个构件端部的弯矩；再根据节点的隔离体图，就能计算出夹具中的力矩。我们将情况 2 中得到的力和位移乘以节点转角 θ_2 的实际大小，就得到所有力和位移的实际值（包括夹具中的力矩和节点 2 的转角）。因为实际的梁中不存在夹具，所以两种情况下夹具中的力矩之和应当为 0；由这一条件列出平衡方程，可以求得 θ_2 的值。得到 θ_2 后，就能求出情况 2 中所有的力，并可以与情况 1 得到的力直接相加。

【例 16.1】 采用广义刚度法分析图 16.4（a）中的刚架。EI 为常数。

解：

唯一的未知位移是节点 2 处的转角 θ_2，结构只有一个自由度，因此只要写出节点 2 处的一个平衡方程就能求解。首先，假设在节点 2 处加上一个夹具阻止其转动，形成两个固端构件［见图 16.4（b）］。当荷载作用时，由于夹具阻止柱顶的转动，只有梁中产生固端弯矩，而柱中没有弯矩产生。采用图 12.5（c）中的公式，梁中的固端弯矩为

$$FEM = \pm \frac{2PL}{9} = \pm \frac{2 \times 24 \times 18}{9} = \pm 96 (\text{kN} \cdot \text{m}) \tag{1}$$

图 16.4（c）所示为作用在节点 2 隔离体上的固端弯矩的隔离体。

下一步我们在节点 2 引入 1 rad 顺时针的单位转角，并将其固定在变形后的位置。单位转角引起的弯矩用上标 JD（节点位移）表示。我们需要求出 24kN 荷载引起的实际转角 θ_2 作用的结果，必须将这种情况下的结果乘以 θ_2，在图 16.4（d）中用左侧方括号中的符号 θ_2 表示。根据转角位移方程［式（12.16）］，我们将节点 2 单位转角引起的弯矩用构件的参数来表示。因为节点 2 不能移动，式（12.6）中的 ψ_{NF} 和 FEM_{NF} 等于 0，转角位移方程简化为

$$M_{NF} = \frac{2EI}{L} \times (2\theta_N + \theta_F) \tag{2}$$

下面采用式（2）计算单位节点转角引起的构件端部弯矩。

$$M_{12}^{\text{JD}} = \frac{2EI}{6} \times (0+1) = \frac{EI}{3} \tag{3}$$

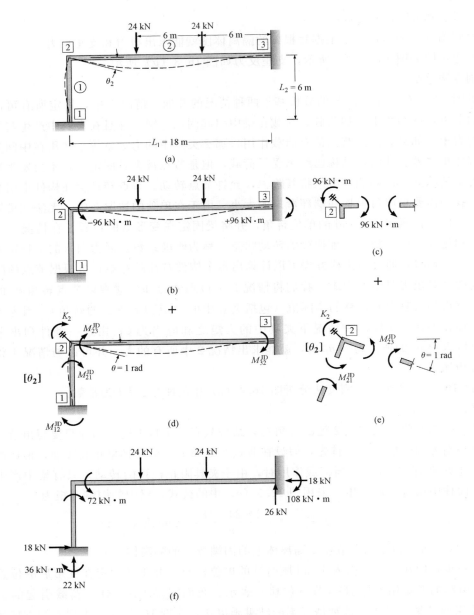

图 16.4

$$M_{21}^{JD} = \frac{2EI}{6} \times (2 \times 1 + 0) = \frac{2EI}{3} \tag{4}$$

$$M_{23}^{JD} = \frac{2EI}{18} \times (2 \times 1 + 0) = \frac{2EI}{9} \tag{5}$$

$$M_{32}^{JD} = \frac{2EI}{18} \times (2 \times 0 + 1) = \frac{EI}{9} \tag{6}$$

刚臂施加的总力矩 K_2 等于每根杆端作用在节点 2 上的力矩之和 ［见图 16.4（e）］。

$$K_2 = M_{21}^{JD} + M_{23}^{JD}$$

$$K_2 = \frac{2EI}{3} + \frac{2EI}{9} = \frac{8EI}{9} \tag{7}$$

移去刚臂后，平衡要求作用在节点 2 上的力矩之和等于 0 [见图 16.4（c）和图 16.4（e）]。

$$\circlearrowright^+ \quad \sum M_2 = 0$$
$$K_2 \theta_2 - 96 = 0 \tag{8}$$

将式（7）得到的 K_2 的值代入式（8），解得 θ_2：

$$\frac{8EI}{9} \times \theta_2 - 96 = 0$$

$$\theta_2 = \frac{108}{EI} \tag{9}$$

为了求出每根杆的端部弯矩，我们将图 16.4（b）和图 16.4（d）中每个节点上的力叠加，即将单位位移引起的弯矩 [式（3）、式（4）、式（5）、式（6）] 乘以实际转角 θ_2，再加上对应的固端弯矩。

$$M_{12} = \theta_2 M_{12}^{\mathrm{JD}} = \frac{108}{EI} \frac{EI}{3} = 36 (\mathrm{kN \cdot m}) \quad \text{顺时针}$$

$$M_{21} = \theta_2 M_{21}^{\mathrm{JD}} = \frac{108}{EI} \frac{2EI}{3} = 72 (\mathrm{kN \cdot m}) \quad \text{顺时针}$$

$$M_{23} = \theta_2 M_{23}^{\mathrm{JD}} + FEM_{23} = \frac{108}{EI} \frac{2EI}{9} - 96 = -72 (\mathrm{kN \cdot m}) \quad \text{逆时针}$$

$$M_{32} = \theta_2 M_{32}^{\mathrm{JD}} + FEM_{32} = \frac{108}{EI} \frac{EI}{9} + 96 = 108 (\mathrm{kN \cdot m}) \quad \text{顺时针}$$

余下的分析就是利用每个构件的隔离体图求出剪力和支座反力，最终结果见图 16.4（f）。

【**例 16.2**】 如图 16.5（a）所示铰接杆系在节点 1 处连接一个滚动支座。试确定 60kip 的力作用引起的每根杆中的内力和节点 1 水平位移 Δ_x 的大小。杆 1 的截面积为 $3\mathrm{in}^2$，杆 2 的截面积为 $2\mathrm{in}^2$，$E = 30000\mathrm{kip/in}^2$。

解：

首先，将滚动支座向右移动 1in，连接到一个假想的铰支座上 [见图 16.5（b）]，为了保持节点在新的位置上，铰支座中产生反力 K_1。图 16.5（b）中夸大地表示了位移，而实际节点 1 的水平位移相对于杆的长度是很小的，因此我们假定变形后的倾角仍然是 45°。为了确定杆 1 的伸长量，我们将杆件未受力时的原长绕节点 3 处的铰转动后标在位移后的杆上。因为未受力杆的端部从点 A 到 B 是沿着一段圆弧移动，所以杆端的初始位移垂直于其原始的轴线。要求实际位移（远小于 1in）引起的杆件中的力，我们将图 16.5（b）中的力和位移乘以 Δ_x。

根据节点 1 处位移三角形的几何关系 [见图 16.5（b）] 计算 ΔL_1：

$$\Delta L_1 = 1 \times \cos 45° = 0.707 (\mathrm{in})$$

求得了每根杆的伸长量以后，由式（16.1）可计算得到每根杆中的力。

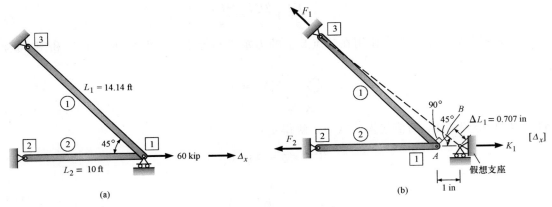

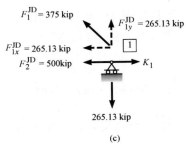

图 16.5

（a）结构详图；（b）节点 1 向右平移 1in，连上假想的支座；（c）1in 的水平位移在节点 1 处引起的力

$$F_1^{JD} = \frac{A_1 E \Delta L_1}{L_1} = \frac{3 \times 30000 \times 0.707}{14.14 \times 12} = 375 \text{(kip)}$$

$$F_2^{JD} = \frac{A_2 E \Delta L_2}{L_2} = \frac{2 \times 30000 \times 1}{10 \times 12} = 500 \text{(kip)}$$

然后计算 F_1 的水平和垂直分量：

$$F_{1x}^{JD} = F_1^{JD} \cos 45° = 375 \times 0.707 = 265.13 \text{(kip)}$$

$$F_{1y}^{JD} = F_1^{JD} \sin 45° = 375 \times 0.707 = 265.13 \text{(kip)}$$

对作用在铰上的水平力 [见图 16.5（c）] 求和，就得到 K_1：

$$\sum F_x = 0$$

$$K_1 - F_{1x}^{JD} - F_2^{JD} = 0$$

$$K_1 = F_{1x}^{JD} + F_2^{JD} = 265.13 + 500 = 765.13 \text{(kip)}$$

为求实际位移，将图 16.5（c）中的力 K_1 乘以实际位移 Δ_x，考虑节点 2 力的平衡：

$$K_1 \Delta_x - 60 = 0$$

$$765.13 \Delta_x - 60 = 0$$

$$\Delta_x = 0.0784 \text{(in)}$$

各杆内力计算如下

$$F_1 = F_1^{JD} \Delta_x = 375 \times 0.0784 = 29.4 \text{(kip)}$$

$$F_2 = F_2^{JD} \Delta_x = 500 \times 0.0784 = 39.2 \text{(kip)}$$

【**例 16.3**】 采用广义刚度法分析图 16.6（a）所示刚架。

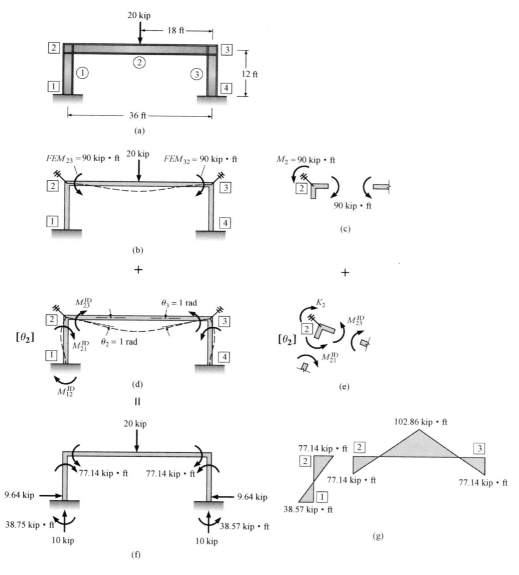

图 16.6

（a）框架详图；（b）设计荷载作用于结构的基本体系；（c）节点 2 上的力；（d）在节点 2 和节点 3 处引入
单位转角；（e）节点 2 上的力；（f）最终的反力；（g）构件 1 和构件 2 的弯矩图

解：

图 16.6（a）中的刚架有 3 个自由度：节点 2 和节点 3 可以转动，梁可以侧向平移。然而，因为结构和荷载都是对称的，所以变形模式也是对称的；因此，节点 2 和节点 3 的转角 θ_2 和 θ_3 大小相等，并且框架不发生侧向位移。此种条件下，我们任选节点 2 建立一个平衡方程就能求解整个结构。

首先，夹住节点 2 和节点 3 以阻止其转动 [见图 16.6（b）]，施加荷载，在梁中引起固端弯矩：

$$FEM = \pm\frac{PL}{8} = \pm\frac{20 \times 36}{8} = \pm 90(\text{kip} \cdot \text{ft}) \tag{1}$$

图 16.6（c）中作出了梁、柱和刚臂作用在节点 2 上的力矩（为了清楚，省去了剪力）。

接着，在节点 2 处引入 1rad 的顺时针转角，同时在节点 3 处引入 -1rad 的逆时针转角，并将节点固定在变形后的位置［见图 16.6（d）］。这些转角引起的梁和柱中在节点 2 和节点 3 处的弯矩大小相等，作用方向相反。利用节点 2 处转角位移方程的前两项，计算梁左端以及左柱顶部和底部的弯矩如下：

$$M_{23}^{\text{ID}} = \frac{2EI}{36} \times [2 \times 1 + (-1)] = \frac{EI}{18} \tag{2}$$

$$M_{21}^{\text{ID}} = \frac{2EI}{12} \times (2 \times 1 + 0) = \frac{EI}{3} \tag{3}$$

$$M_{12}^{\text{ID}} = \frac{2EI}{12} \times (2 \times 0 + 1) = \frac{EI}{6} \tag{4}$$

刚臂施加在节点 2 上的力矩 K_2 ［见图 16.6（e）］等于作用在节点 2 上的力矩之和：

$$\circlearrowright^+ \quad \sum M_2 = 0 \tag{5}$$

$$K_2 = M_{21}^{\text{ID}} + M_{23}^{\text{ID}} \tag{6}$$

将式（2）和式（3）代入式（6）得

$$K_2 = \frac{EI}{3} + \frac{EI}{18} = \frac{7EI}{18} \tag{7}$$

将图 16.6（d）中的所有力和位移乘以 θ_2 就得到实际转角引起的弯矩。

由于图 16.6（c）和（e）中作用在节点 2 处刚臂上的力矩之和必须等于 0，写出平衡方程：

$$\circlearrowright^+ \quad \sum M_2 = 0$$

$$\theta_2 K_2 - 90 = 0 \tag{8}$$

将式（7）求得的 K_2 的值代入式（8）得

$$\theta_2 \times \frac{7EI}{18} = 90$$

$$\theta_2 = \frac{231.42}{EI} \tag{9}$$

将图 16.6（b）和（d）中对应截面上的弯矩叠加，就得到每个截面上的最终弯矩。
在节点 2 处的梁中：

$$M_{23} = FEM_{23} + \theta_2 M_{23}^{\text{ID}}$$

$$= -90 + \frac{231.42}{EI} \times \frac{EI}{18} = -77.14(\text{kip} \cdot \text{ft}) \quad 逆时针$$

由对称性得

$$M_{32} = M_{23} = 77.14(\text{kip} \cdot \text{ft}) \quad 顺时针$$

$$M_{21} = \theta_2 M_{21}^{\text{ID}} = \frac{231.42}{EI} \times \frac{EI}{3} = 77.14(\text{kip} \cdot \text{ft}) \quad 顺时针$$

$$M_{12} = \theta_2 M_{12}^{\text{ID}} = \frac{231.42}{EI} \times \frac{EI}{6} = 38.57(\text{kip} \cdot \text{ft}) \quad 顺时针$$

最终结果如图 16.6（f）和（g）所示。

总结

· 本章介绍的广义刚度法是大部分计算机程序分析所有的静定和超静定结构，包括平面结构、三维桁架、框架和壳体的基础。刚度法和柔度法相比，不需要确定多余的超静定力和静定的基本体系。

· 在广义刚度法中，节点位移是未知量。先固定所有的节点，然后在每个节点处引入单位位移，计算单位位移引起的力（即刚度系数）。本章简要分析了只有一个未知线位移或转角的梁、框架和桁架；而在有多个节点可以自由位移的结构中，未知位移的数目等于结构自由度的个数。程序在分析具有刚节点的三维结构时，每个非固定节点可能有 6 个未知位移（3 个线位移和 3 个转角）；此时，在计算刚度系数时，除了抗拉和抗弯刚度，还要考虑构件的抗扭刚度。

· 通常，在使用计算机程序时，设计者必须选定一个坐标系，以确定节点的位置，并且给出构件的参数（例如面积、惯性矩和弹性模量）以及荷载的类型。可通过近似分析（见第 15 章）初步确定构件尺寸。

习题

P16.1 图 P16.1 中的结构由三根杆铰接而成，杆的面积如图所示，给定：$E=30000\text{kip/in}^2$。

（a）计算节点 A 发生 1in 竖向位移时的刚度系数 K。（b）确定在 24kip 向下的荷载作用下，节点 A 处的竖向位移。（c）求出所有杆的轴力。

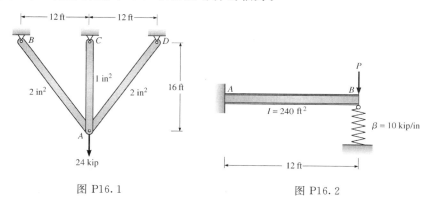

图 P16.1   图 P16.2

P16.2 图 P16.2 中悬臂梁的节点 B 支承在一个弹簧上，弹簧的刚度为 10kip/in。给定：$E=30000\text{kip/in}^2$。

（a）计算节点 B 发生 1in 竖向位移时的刚度系数。（b）确定在 B 处 15kip 向下的荷载作用下，弹簧的竖向变形。（c）确定所有的支座反力。

P16.3 图 P16.3 所示铰接杆系水平拉伸 1in 连接于铰支座 4。确定支座作用于杆水平及竖向力。杆 1 截面积为 2in^2，杆 2 截面积为 3in^2，$E=30000\text{kip/in}^2$。K_{2x}、K_{2y} 为刚度系数。

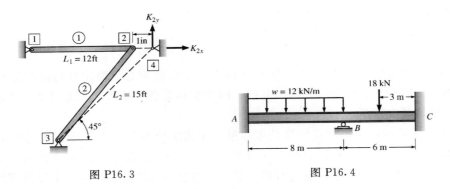

图 P16.3　　　　　　　　　　图 P16.4

P16.4　分析图 P16.4 所示梁。得到构件的端部弯矩后，求出所有的支座反力，并画出弯矩图。EI 为常数。

P16.5　分析图 P16.5 所示钢框架。得到构件的端部弯矩后，求出所有的支座反力，并画出梁 BC 的弯矩图。A 和 C 处为固定端。

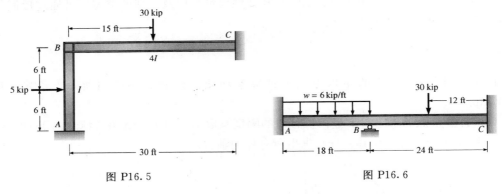

图 P16.5　　　　　　　　　　图 P16.6

P16.6　分析图 P16.6 所示梁，求出所有的支座反力，并作出梁的剪力和弯矩图。EI 为常数。

P16.7　分析图 P16.7 所示钢筋混凝土框架，确定所有的支座反力。E 是常数。

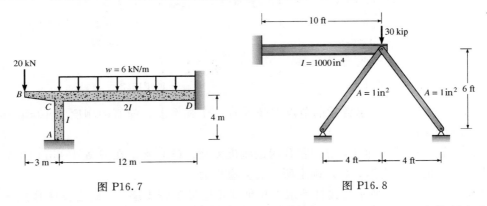

图 P16.7　　　　　　　　　　图 P16.8

P16.8　如图 P16.8 所示结构由在悬臂端由两根支柱支撑的梁构成。计算所有支座反力和支柱构件内力。采用 $E = 30000\text{kip/in}^2$。

P16.9　如图 P16.9，悬臂梁和杆在节点 2 处铰接，计算所有的支座反力。$E =$ 30000kip/in²，忽略梁的轴向变形。

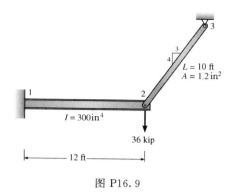

图 P16.9

P16.10 和 P16.11　分析图 P16.10 和图 P16.11 中的刚架，利用对称性简化计算。计算所有的支座反力，并画出所有构件的弯矩图。E 为常数。

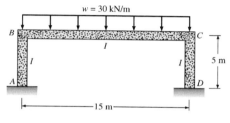

图 P16.10

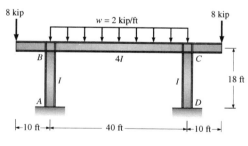

图 P16.11

1967 年加拿大蒙特利尔世界博览会上的美国展览馆

美国馆被一个直径为 250ft 的巨型网格球顶所覆盖。该圆球顶是一个完美对称的 3/4 球体，带有 1900 块塑形丙烯塑料板的空间桁架。设计者使用了最少的材料，将结构的重量分散于整个圆球顶的表面。

第 17 章

桁架矩阵分析的直接刚度法

本章目标

• 掌握对静定或超静定桁架建立矩阵形式平衡方程的方法，通过矩阵运算解决节点的未知位移和位置力。

• 掌握建立结构刚度矩阵的方法，该矩阵由基础力学或更简便的单个构件刚度矩阵所构成，这种方法叫做直接刚度法，适用于计算机运算。

• 在单元坐标或整体坐标体系中建立构件的刚度矩阵。掌握如何运用坐标转换的概念将构件的刚度矩阵从单元坐标体系转变为整体坐标体系。

17.1 引言

本章中将介绍直接刚度法，它是大部分结构分析计算软件的基础。这种方法可以应用于几乎所有的结构形式，例如桁架、连续梁、超静定框架、板和壳等。当此种方法应用于板和壳时（或其他二维和三维构件），就被称作有限元法。

与第 11 章中的柔度法相同，直接刚度法要求将对结构的分析分解为许多基本组件的分析，并且当把它们叠加在一起时，与原结构等价。和柔度法不同的是，柔度法是由未知超静定力和柔度系数写出相容方程，而直接刚度法是根据未知节点位移和刚度系数（产生单位位移所需的力）写出节点平衡方程。一旦知道了节点位移，就能够由力-位移的关系求出结构构件中的力。

为了举例说明这种方法，分析图 17.1 （a）中的两杆桁架。我们用带圆圈的数字表示节点，带方框的数字表示杆件。在节点 2 处有 10kip 的竖向荷载作用，杆件变形，使节点 2 发生水平位移 Δ_x 和竖向位移 Δ_y，在刚度法中，这些位移是未知的。在节点 2 处建立一个全局的 x-y 坐标系来规定力和位移在水平和竖直方向上的正负号，其 x 方向用数字 1

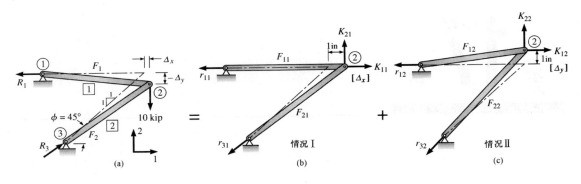

图 17.1

(a) 10kip 的荷载作用在节点 2 上，引起水平和竖向位移 Δ_x 和 Δ_y，初始杆 1 是水平的，杆 2 与水平方向成 45°夹角；

(b) 使节点 2 产生单位水平位移所需的力 K_{21} 和 K_{11}（刚度系数）；

(c) 使节点 2 产生单位竖向位移所需的力 K_{22} 和 K_{12}

表示，y 方向用 2 表示，箭头所指的方向为正向。

采用刚度法，将对桁架的分析分解为两种荷载情况的叠加：

情况 I　在节点 2 处作用一组力使其只向右移 1 个单位，而不发生竖向位移。单位位移下的力和位移乘上 Δ_x 的大小就得到实际位移 Δ_x 下的力和位移［见图 17.1 （b）］。

情况 II　在节点 2 处作用一组力使其只在竖直方向上移动了 1 个单位，而不发生水平位移。此时的力和位移乘上 Δ_y 的大小，就得到实际位移 Δ_y 下的力和位移［见图 17.1 （c）］。

如果结构在荷载作用下的反应是线弹性的，上面两种情况的叠加就和实际情况是等价的。情况 I 提供必需的水平位移，情况 II 提供必需的竖向位移。

图 17.1 （b）中，力 K_{11} 和 K_{21} 是使节点 2 向右移动 1 个单位所需的力，图 17.1 （c）中，为 K_{22} 和 K_{12} 是使节点 2 向上移动 1 个单位所需的力。

它们的下标表示力和单位位移相对于节点 2 处的参考坐标系的方向，其中第一个数字表示力的方向，第二个数字表示单位位移的方向。引起单位位移所需的力定义为刚度系数。考察图 17.2 中与水平轴夹角为 ϕ 的构件，可以求出这些刚度系数。图 17.2 （a）中，构件未受力时的初始位置如虚线所示，构件的端部有一单位水平位移，而没有竖向位移。该位移使构件伸长了 $\cos\phi$，从而引起轴力 F 等于 $(AE/L)\cos\phi$，该轴力的水平分量 F_x 和竖向分量 F_y 分别是构件在 K_{11} 和 K_{12} 中的那部分，见图 17.1 （b）。采用相似的方法计算构件在 K_{12} 和 K_{22} 中的组成部分。构件产生单位竖向位移，引起轴向变形 $\sin\phi$，相应的轴力及其分量见图 17.2 （b）。这些表达式建立了一端约束的轴向受力杆件的轴力和其另一端的单位水平和竖向位移之间的关系。

我们没有必要猜测节点位移的真实方向，而只要任意假定单位位移的正向。（本书中假定位移的正向和局部坐标的正向一致。）如果平衡方程（分析过程中简要讨论的一步）解出的位移为正值，则位移的方向和单位位移的方向一致，否则就和单位位移的方向相反。

为了得到图 17.1 （a）中桁架的 Δ_x 和 Δ_y 的值，我们求解两个平衡方程。

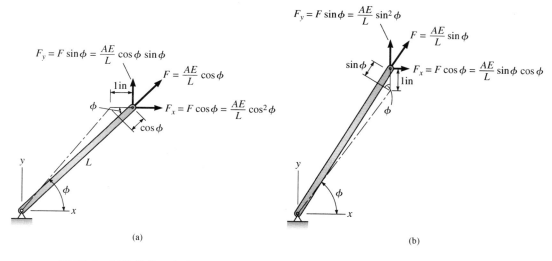

图 17.2 杆件横截面积为 A，长度为 L，弹性模量为 E，在轴向受力时的刚度系数

(a) 单位水平位移引起的力；(b) 单位竖向位移引起的力

这些方程由图 17.1 (b) 和 (c) 中作用于节点 2 上力叠加而得到，它们的和与原结构中节点上实际作用的力相等 [见图 17.1 (a)]。

$$\xrightarrow{+} \quad \sum F_x = 0 \quad K_{11}\Delta_x + K_{12}\Delta_y = 0 \tag{17.1}$$

$$\overset{+}{\uparrow} \quad \sum F_y = 0 \quad K_{21}\Delta_x + K_{22}\Delta_y = -10 \tag{17.2}$$

式 (17.1) 和式 (17.2) 可以写成矩阵形式如下：

$$\boldsymbol{K\Delta} = \boldsymbol{F} \tag{17.3}$$

其中

$$\boldsymbol{K} = \begin{bmatrix} K_{11} & K_{12} \\ K_{21} & K_{22} \end{bmatrix} \boldsymbol{\Delta} = \begin{bmatrix} \Delta_x \\ \Delta_y \end{bmatrix} \boldsymbol{F} = \begin{bmatrix} F_1 \\ F_2 \end{bmatrix} = \begin{bmatrix} 0 \\ -10 \end{bmatrix} \tag{17.4}$$

式中　$\boldsymbol{K}$——结构刚度矩阵（它的元素就是刚度系数）；

$\boldsymbol{\Delta}$——未知节点位移的列向量；

$\boldsymbol{F}$——外加节点力的列向量。

为了求出 Δ_x 和 Δ_y 的值（Δ 矩阵中的元素），在式 (17.3) 的两边分别左乘 $\boldsymbol{K}^{-1}$，即 $\boldsymbol{K}$ 的逆矩阵。

$$\boldsymbol{K}^{-1}\boldsymbol{K\Delta} = \boldsymbol{K}^{-1}\boldsymbol{F}$$

因为 $\boldsymbol{K}^{-1}\boldsymbol{K} = 1$

$$\boldsymbol{\Delta} = \boldsymbol{K}^{-1}\boldsymbol{F} \tag{17.5}$$

求出 Δ_x 和 Δ_y 后，将情况 I 和情况 II 作用于支座上和构件中的力叠加，就能得到支座反力和杆件内力。即 Δ_x 与其对应力的乘积加上 Δ_y 与其对应力的乘积。例如：

支座 1 的反力：$\qquad\qquad\qquad R_1 = r_{11}\Delta_x + r_{12}\Delta_y \tag{17.6a}$

杆 1 中的力：$\qquad\qquad\qquad F_1 = F_{11}\Delta_x + F_{12}\Delta_y \tag{17.6b}$

我们分析图 17.1 (a) 中桁架来说明刚度法的细节，假定构件的参数如下：

杆件面积：$\qquad A_1 = A_2 = A$

　　弹性模量：$\qquad E_1 = E_2 = E$

　　杆件长度：$\qquad L_1 = L_2 = L$

　　由图 17.1（b）和图 17.2（a）计算刚度系数，其中杆 1 的 $\phi = 0°$，杆 2 的 $\phi = 45°$，$\sin\phi$ 和 $\cos\phi$ 的值分别如下：

杆 1：$\qquad\qquad \cos 0° = 1 \qquad \sin 0° = 0$

杆 2：$\qquad\qquad \cos 45° = \dfrac{\sqrt{2}}{2} \qquad \sin 45° = \dfrac{\sqrt{2}}{2}$

　　虽然两根杆的参数是相同的，我们对每根杆的项目还是采用不同的下标。由图 17.2（a）来计算图 17.1（b）中的刚度系数：

$$K_{11} = \sum \frac{AE}{L}\cos^2\phi = \frac{A_1 E_1}{L_1} \times 1^2 + \frac{A_2 E_2}{L_2} \times \left(\frac{\sqrt{2}}{2}\right)^2 \tag{17.7}$$

$$K_{21} = \sum \frac{AE}{L}\cos\phi\,\sin\phi = \frac{A_1 E_1}{L_1} \times 1 \times 0 + \frac{A_2 E_2}{L_2} \times \left(\frac{\sqrt{2}}{2}\right)^2 \tag{17.8}$$

由图 17.2（b）来计算图 17.1（c）中的刚度系数：

$$K_{22} = \sum \frac{AE}{L}\sin^2\phi = \frac{A_1 E_1}{L_1} \times 0^2 + \frac{A_2 E_2}{L_2} \times \left(\frac{\sqrt{2}}{2}\right)^2 \tag{17.9}$$

$$K_{12} = \sum \frac{AE}{L}\sin\phi\,\cos\phi = \frac{A_1 E_1}{L_1} \times 0 \times 1 + \frac{A_2 E_2}{L_2} \times \left(\frac{\sqrt{2}}{2}\right)^2 \tag{17.10}$$

把式（17.7）和式（17.10）中的刚度系数用 A、E、L 来表示，合并同类项，并将其代入式（17.4），可得结构刚度矩阵 $\boldsymbol{K}$ 如下：

$$\boldsymbol{K} = \begin{bmatrix} \dfrac{3AE}{2L} & \dfrac{AE}{2L} \\[2mm] \dfrac{AE}{2L} & \dfrac{AE}{2L} \end{bmatrix} = \frac{AE}{2L}\begin{bmatrix} 3 & 1 \\ 1 & 1 \end{bmatrix} \tag{17.11}$$

　　$\boldsymbol{K}$ 的逆反矩阵为

$$\boldsymbol{K}^{-1} = \frac{L}{AE}\begin{bmatrix} 1 & -1 \\ -1 & 3 \end{bmatrix} \tag{17.12}$$

　　将式（17.12）给出的 $\boldsymbol{K}^{-1}$ 和式（17.4）给出的 $\boldsymbol{F}$ 代入式（17.5）并相乘得到

$$\begin{bmatrix} \Delta_x \\ \Delta_y \end{bmatrix} = \frac{L}{AE}\begin{bmatrix} 1 & -1 \\ -1 & 3 \end{bmatrix}\begin{bmatrix} 0 \\ -10 \end{bmatrix} = \frac{L}{AE}\begin{bmatrix} 10 \\ -30 \end{bmatrix}$$

即

$$\Delta_x = \frac{10L}{AE} \quad \Delta_y = \frac{30L}{AE} \tag{17.13}$$

　　此时，将情况 I 和 II 叠加就能求出杆件内力。由图 17.2 来计算单位位移引起的轴力。对杆 1（$\phi = 0°$）：

$$F_1 = F_{11}\Delta_x + F_{12}\Delta_y$$

其中 $F_{11} = F = (AE/L)\cos\phi$（图 17.2），$F_{12} = F = (AE/L)\sin\phi$［图 17.2（b）］。

$$F_1 = \frac{AE}{L} \times 1 \times \frac{10L}{AE} + \frac{AE}{L} \times 0 \times \left(-\frac{30L}{AE}\right) = 10(\text{kip})$$

对杆 2（$\phi=45°$），

$$F_2=\Delta_x F_{21}+\Delta_y F_{22}$$

其中 $F_{21}=F=(AE/L)\cos\phi$ ［图 17.2（a）］，$F_{22}=F=(AE/L)\sin\phi$ ［图 17.2（b）］。

$$F_2=\frac{AE}{L}\times\frac{\sqrt{2}}{2}\times\frac{10L}{AE}+\frac{AE}{L}\times\frac{\sqrt{2}}{2}\times\left(-\frac{30L}{AE}\right)=-10\sqrt{2}(\text{kip})$$

17.2 单元刚度矩阵和整体刚度矩阵

为了使刚度法能够由程序读取输入数据（节点坐标、构件参数、节点荷载等）自动实现，我们采用一种改进的方法来建立结构的整体刚度矩阵 $\boldsymbol{K}$，即先建立单根桁架杆的单元刚度矩阵 $\boldsymbol{k}$，再将它们集成就得到结构的整体刚度矩阵。

轴向受力杆件的单元刚度矩阵建立了其端部的轴向力和每一端的轴向位移之间的关系。单元刚度矩阵一开始是采用的局部坐标系，即 x 轴的方向与构件的纵向一致。由于每根杆件的斜度通常都不一样，因此在集成之前，必须把它们由局部坐标系转换到整体坐标系下。虽然整体坐标系的方向可以任意假定，我们一般将其原点定位于结构基础上的外部节点处，并且对平面结构，x 和 y 轴分别取为水平和竖直方向。

在 17.3 节中，将介绍在局部坐标系下建立单元刚度矩阵 $\boldsymbol{k}'$ 的过程。17.4 节介绍了当所有桁架杆的局部坐标系和整体坐标系一致时，如何由单元刚度矩阵集成整体刚度矩阵。

17.5 节将告诉我们在得到结构的整体刚度矩阵以后，怎样求解未知的节点位移、约束反力、构件变形以及内力。17.6 节讨论了更多与整体坐标系倾斜的桁架杆的一般情况，并对此给出了直接在整体坐标系下建立单元刚度矩阵 $\boldsymbol{k}$ 的方法。17.7 节介绍了采用坐标变换矩阵将 $\boldsymbol{k}'$ 转换为 $\boldsymbol{k}$。

17.3 局部坐标系下的单元刚度矩阵

如图 17.3（a）所示的杆件 n，长度为 L，横截面积为 A，弹性模量为 E，建立其轴向受力时的单元刚度矩阵。杆件的节点用数字 1 和 2 表示，局部坐标系数的原点位于节点 1 处，x' 和 y' 轴如图所示，并假设轴力和位移的正向和 x' 轴的正向一致（向右）。

如图 17.3（b）所示，首先在节点 1 处引入位移 Δ_1，节点 2 由一临时铰支座约束，由 Δ_1 采用式（16.6）可得端部力为

$$Q_{11}=\frac{AE}{L}\Delta_1 \quad Q_{21}=-\frac{AE}{L}\Delta_1 \tag{17.14}$$

位移 Δ_1 引起的端部力有两个下标，第一个数字表示力作用的位置，第二个数字表示位移发生的位置。Q_{21} 的负号不可以省略，因为它作用的方向是 x' 的负向。由 17.1 节可知，在节点 1 处引入单位位移，得到刚度系数 $K_{11}=AE/L$，$K_{21}=-AE/L$，再乘上实际位移 Δ_1，也能求得 Q_{11} 和 Q_{21}。

相似的，当节点 1 被约束，节点 2 发生正向位移 Δ_2 时，端部力为

$$Q_{12}=-\frac{AE}{L}\Delta_2 \quad Q_{22}=\frac{AE}{L}\Delta_2 \tag{17.15}$$

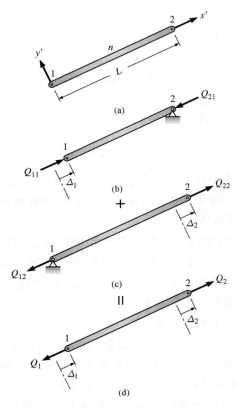

图 17.3 轴向受力杆的刚度系数

（a）局部坐标系，原点位于杆件的节点 1；（b）节点 1 位移，节点 2 约束；（c）节点 2 位移，节点 1 约束；（d）将分图（b）和（c）叠加，得到杆件实际的端部力和位移

将式（17.14）和式（17.15）分别相加，就得到端部位移 Δ_1 和 Δ_2 时的合力 Q_1 和 Q_2 ［见图 17.3（d）］：

$$Q_1 = Q_{11} + Q_{12} = \frac{AE}{L}(\Delta_1 - \Delta_2)$$

$$（17.16）$$

$$Q_2 = Q_{21} + Q_{22} = \frac{AE}{L}(-\Delta_1 + \Delta_2)$$

式（17.16）的矩阵形式如下

$$\begin{bmatrix} Q_1 \\ Q_2 \end{bmatrix} = \begin{bmatrix} \dfrac{AE}{L} & -\dfrac{AE}{L} \\ -\dfrac{AE}{L} & \dfrac{AE}{L} \end{bmatrix} \begin{bmatrix} \Delta_1 \\ \Delta_2 \end{bmatrix}$$

$$（17.17）$$

即 $\qquad Q = k'\Delta \qquad （17.18）$

其中局部坐标系下的单元刚度矩阵为

$$k' = \begin{bmatrix} \dfrac{AE}{L} & -\dfrac{AE}{L} \\ -\dfrac{AE}{L} & \dfrac{AE}{L} \end{bmatrix} = \frac{AE}{L}\begin{bmatrix} 1 & -1 \\ -1 & 1 \end{bmatrix}$$

$$（17.19）$$

Δ 是位移向量。k' 加上上标表示它是在局部坐标系 $x'-y'$ 下建立的。因为矩阵 k' 中的元素 AE/L 就是构件一端约束，另一端发生单位轴向位移时的力，即刚度系数，可以表达如下

$$k = \frac{AE}{L} \qquad （17.20）$$

我们发现 k' 中每一列元素的和都等于 0。这是因为每一列的元素表示杆件一端约束，另一端发生单位轴向位移时的力，由于杆件在 x' 方向上是平衡的，所以它们的和必定为 0。而且，主对角线上的元素都是正的，因为它们表示的是当节点发生正向位移时，作用在该节点上的与位移方向相同的力。

式（17.17）的位移矩阵 Δ 中只有构件的轴位移 Δ_1 和 Δ_2，而没有包括构件端部 y' 方向上的位移，这是因为根据小变形原理，横向位移不会在桁架杆中引起内力。

17.4 整体刚度矩阵的集成

如果一个结构由一些杆件组成，并且它们的局部坐标系与整体坐标系一致，则可以由以下两种方法的任一种来建立结构的整体刚度矩阵 K：

（1）在每个节点引入位移，而其他所有节点都被约束。

（2）集成每根杆的单元刚度矩阵。

我们分别采用两种方法来建立图 17.4（a）中两杆结构的整体刚度矩阵。

17.4.1 方法 1——叠加节点位移引起的力

如图 17.4（b）～（d）所示，在每个节点引入位移，而保持其余的节点约束，采用式（16.6）[即 $Q=(AE/L)\Delta=k\Delta$] 计算节点上的力。位移和力以向右为正向，令 $k_1=A_1E_1/L_1$，$k_2=A_2E_2/L_2$。

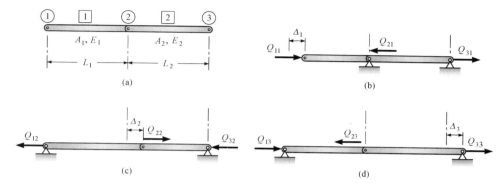

图 17.4　建立整体刚度矩阵的荷载条件

（a）两杆体系的参数；（b）节点 1 正向位移 Δ_1，节点 2 和节点 3 约束时的节点力；（c）节点 2 正向位移，
节点 1 和节点 3 约束时的节点力；（d）节点 3 正向位移，节点 1 和节点 2 约束时的节点力

（1）情况 1。节点 1 位移 Δ_1，节点 2 和节点 3 约束 [见图 17.4（b）]，杆 2 没有发生变形，所以节点 3 处没有反力产生。

$$Q_{11}=k_1\Delta_1 \quad Q_{21}=-k_1\Delta_1 \quad Q_{31}=0 \tag{17.21}$$

（2）情况 2。节点 2 位移 Δ_2，节点 1 和节点 3 约束 [见图 17.4（c）]。

$$Q_{12}=-k_1\Delta_1 \quad Q_{22}=(k_1+k_2)\Delta_2 \quad Q_{32}=-k_2\Delta_2 \tag{17.22}$$

（3）情况 3。节点 3 位移 Δ_3，节点 1 和节点 2 约束 [见图 17.4（d）]。

$$Q_{13}=0 \quad Q_{23}=-k_2\Delta_3 \quad Q_{33}=k_2\Delta_3 \tag{17.23}$$

将式（17.21）、式（17.22）和式（17.23）中每个节点的力分别求和，就得到由节点位移表达的节点合力 Q_1、Q_2 和 Q_3。

$$\left.\begin{array}{l} Q_1=Q_{11}+Q_{12}+Q_{13}=k_1\Delta_1 \quad -k_1\Delta_2 \\ Q_2=Q_{21}+Q_{22}+Q_{23}=-k_1\Delta_1+(k_1+k_2)\Delta_2-k_2\Delta_3 \\ Q_3=Q_{31}+Q_{32}+Q_{33}= \quad\quad -k_2\Delta_2+k_2\Delta_3 \end{array}\right\} \tag{17.24}$$

上面三个方程的矩阵形式如下

$$\begin{bmatrix} Q_1 \\ Q_2 \\ Q_3 \end{bmatrix} = \begin{bmatrix} k_1 & -k_1 & 0 \\ -k_1 & k_1+k_2 & -k_2 \\ 0 & -k_2 & k_2 \end{bmatrix} \begin{bmatrix} \Delta_1 \\ \Delta_2 \\ \Delta_3 \end{bmatrix} \tag{17.25}$$

即

$$\boldsymbol{Q}=\boldsymbol{K\Delta} \tag{17.26}$$

式中　$\boldsymbol{Q}$——节点力的列向量；

　　　$\boldsymbol{\Delta}$——节点位移的列向量；

　　　$\boldsymbol{K}$——整体刚度矩阵。

前面已经讨论过，式（17.25）的刚度矩阵每一列元素的和都为 0，因为它们构成一组平衡力，又由于矩阵是对称的（Maxwell-Betti 原理），其每一行元素的和也一定为 0。

如果式（17.26）中的节点力向量 Q 已知，我们看出在式（17.26）的两边各乘一个整体刚度矩阵 K 的逆矩阵就能得出节点位移。然而，式（17.25）中的 3 个方程并不是相互独立的，其中第 2 行是第 1 行和第 3 行的线性组合，将第 1 行和第 3 行分别乘上 -1，再相加就得到第 2 行。只有 2 个独立的方程却有 3 个未知量，因此矩阵 K 是奇异的、不可逆的（见 16.8 节），这种情况下，无法求解 3 个平衡方程，说明结构是不稳定的（即处于不平衡状态）。结构之所以不稳定，是因为没有支座约束它〔见图 17.4（a）〕。简而言之，如果有足够的支座使结构保持稳定，就能将矩阵分解为子矩阵，来求解未知节点位移。

17.4.2 方法 2——由单元刚度矩阵集成整体刚度矩阵

将杆 1 和杆 2 的单元刚度矩阵集成，也能得到图 17.4 中结构的整体刚度矩阵。由式（17.19）写出两根杆的单元刚度矩阵如下

$$k_1' = \begin{bmatrix} \overset{1}{k_1} & \overset{2}{-k_1} \\ -k_1 & k_1 \end{bmatrix}\begin{matrix} 1 \\ 2 \end{matrix} \quad k_2' = \begin{bmatrix} \overset{2}{k_2} & \overset{3}{-k_2} \\ -k_2 & k_2 \end{bmatrix}\begin{matrix} 2 \\ 3 \end{matrix} \tag{17.27}$$

刚度系数的下标表示其所代表的杆件。每一列上的数字表示该列元素所对应的节点的位移，每一行括号右边的数字表示该行元素所对应的节点力。

在节点 1 处建立整体坐标系 xy，它和每根杆的局部坐标系 $x'y'$ 一致。

每根杆的 x' 轴和整体坐标系的 x 轴一致，因此 $k_1 = k_1'$，$k_2 = k_2'$。由式（17.27）中每个矩阵的第一列和第二列表示的节点不同，把它们直接相加没有任何的物理意义。为了使它们能够叠加，我们分别添加一行和一列，将它们扩展为和整体刚度矩阵的阶数（对本例的三个节点水平位移时为 3）相同。

$$k_1 = \begin{bmatrix} \overset{1}{k_1} & \overset{2}{-k_1} & \overset{3}{0} \\ -k_1 & k_1 & 0 \\ 0 & 0 & 0 \end{bmatrix}\begin{matrix} 1 \\ 2 \\ 3 \end{matrix} \quad k_2 = \begin{bmatrix} \overset{1}{0} & \overset{2}{0} & \overset{3}{0} \\ 0 & k_2 & -k_2 \\ 0 & -k_2 & k_2 \end{bmatrix}\begin{matrix} 1 \\ 2 \\ 3 \end{matrix} \tag{17.28}$$

举例来说，矩阵 k_1〔式（17.27）〕中的系数表示节点 1 和 2 处的力与其位移之间的关系。为了消除扩展后的矩阵中〔式（17.28）〕节点 3 的位移对节点 1、2、3 上的力的影响，该矩阵第三列的元素必须为 0，因为这些元素将会乘上节点 3 的位移。同样，原 2×2 的矩阵 k_1 对节点 3 上的力没有影响，所以最后一行的元素也要全为 0。同理，扩展后的 3×3 矩阵 k_2 的第一行和第一列的元素也必须都为 0。式（17.28）中给出的扩展后的矩阵是同阶的，因此将它们直接相加就得到整体刚度矩阵 K。

$$K = k_1 + k_2 = \begin{bmatrix} \overset{1}{k_1} & \overset{2}{-k_1} & 0 \\ -k_1 & k_1 & 0 \\ 0 & & \end{bmatrix} + \begin{bmatrix} & \overset{2}{} & \overset{3}{} \\ 0 \\ & k_2 & -k_2 \\ & -k_2 & k_2 \end{bmatrix}\begin{matrix} 1 \\ 2 \\ 3 \end{matrix} = \begin{bmatrix} \overset{1}{k_1} & \overset{2}{-k_1} & \overset{3}{0} \\ -k_1 & k_1+k_2 & -k_2 \\ 0 & -k_2 & k_2 \end{bmatrix}\begin{matrix} 1 \\ 2 \\ 3 \end{matrix} \tag{17.29}$$

这样求得的刚度矩阵〔式（17.29）〕和方法 1 求得的〔式（17.25）〕相同。

在实际应用中，集成整体刚度矩阵时，并不一定要扩展单元刚度矩阵，而只要简单地把单元刚度矩阵中的刚度系数插入到整体刚度矩阵的对应的行和列中。式（17.29）中，为每根杆件的单元刚度矩阵加上虚线框来显示其在整体刚度矩阵中的位置。

17.5 直接刚度法的求解

本节中将讨论在集成了结构的整体刚度矩阵 K 并且建立了为一位移的关系［式（17.26）］后，如何计算结构未知的节点位移向量 Δ 和支座反力。17.1 节中已经讲过刚度分析的第一步是计算未知节点位移。

这一步需要求解一组平衡方程［例如式（17.1）和式（17.2）］，其中节点位移是未知量。这些平衡方程中的项就是式（17.26）中三个矩阵 Q、K 和 Δ 的子矩阵，将式（17.26）中的矩阵分解就能得到这些子矩阵，因而需要分离那些自由节点对应的项和受支座约束的节点对应的项。在这一步中，要把所有自由节点对应的行移到矩阵的顶部。（当某一行向上移动时，其所对应的列也要相应地向左移动）如果是手工进行矩阵分析，这一步只要在标号时，把未受约束的节点放在受约束节点的前面就可以了。经过这样的重组和分解，就能用下面的子矩阵表示式（17.26）：

$$\left[\begin{array}{c} Q_f \\ \hline Q_s \end{array}\right] = \left[\begin{array}{c:c} K_{11} & K_{12} \\ \hdashline K_{21} & K_{22} \end{array}\right] \left[\begin{array}{c} \Delta_f \\ \hline \Delta_s \end{array}\right] \tag{17.30}$$

式中 Q_f——自由节点荷载矩阵；

$\quad Q_s$——支座反力矩阵；

$\quad \Delta_f$——未知结点位移矩阵；

$\quad \Delta_s$——支座位移矩阵。

式（17.30）中的矩阵相乘可得

$$Q_f = K_{11}\Delta_f + K_{12}\Delta_s \tag{17.31}$$

$$Q_s = K_{21}\Delta_f + K_{22}\Delta_s \tag{17.32}$$

若是支座没有位移（即 Δ_s 是零矩阵），上式可以简化为

$$Q_f = K_{11}\Delta_f \tag{17.33}$$

$$Q_s = K_{21}\Delta_f \tag{17.34}$$

Q_f 和 K_{11} 已知，式（17.33）的两边左乘 K_{11}^{-1} 就能求得 Δ_f：

$$\Delta_f = K_{11}^{-1}Q_f \tag{17.35}$$

将 Δ_f 的值代入式（17.34）就得到支座反力：

$$Q_s = K_{21}K_{11}^{-1}Q_f \tag{17.36}$$

在例 17.1 中，我们采用刚度法来分析一个简单桁架。这种方法与结构的超静定次数无关，并且对静定结构和超静定结构同样适用，没有区别。

【例 17.1】 对整体刚度矩阵分块，来求解图 17.5 中结构的节点位移和支座反力。

解：

从自由节点开始，给节点标号。每个节点处位移和力的正向如箭头所示。杆件只受轴向力作用，因此我们只考虑水平位移。

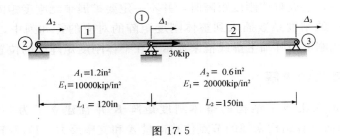

图 17.5

计算每根杆的刚度 $k=AE/L$：

$$k_1=\frac{1.2\times 10000}{120}=100(\text{kip/in})$$

$$k_2=\frac{0.6\times 20000}{150}=80(\text{kip/in})$$

由式（17.19）计算单元刚度矩阵。因为每根杆的局部坐标系和整体坐标系一致，$\boldsymbol{k}'=\boldsymbol{k}$。

$$\boldsymbol{k}_1=k_1\begin{bmatrix}1 & -1\\ -1 & 1\end{bmatrix}=\begin{bmatrix}\overset{1}{100} & \overset{2}{-100}\\ -100 & 100\end{bmatrix}\!\!\begin{matrix}1\\ 2\end{matrix}$$

$$\boldsymbol{k}_2=k_2\begin{bmatrix}1 & -1\\ -1 & 1\end{bmatrix}=\begin{bmatrix}\overset{1}{80} & \overset{3}{-80}\\ -80 & 80\end{bmatrix}\!\!\begin{matrix}1\\ 3\end{matrix}$$

由单元刚度矩阵 $\boldsymbol{k}_1$ 和 $\boldsymbol{k}_2$ 集成整体刚度矩阵 $\boldsymbol{K}$，根据式（17.30）表示如下：

$$\begin{bmatrix}Q_1=30\\ \hline Q_2\\ Q_3\end{bmatrix}=\begin{bmatrix}\overset{1}{100+80} & \overset{2}{-100} & \overset{3}{-80}\\ \hline -100 & 100 & 0\\ -80 & 0 & 80\end{bmatrix}\begin{bmatrix}\Delta_1\\ \hline \Delta_2=0\\ \Delta_3=0\end{bmatrix}$$

按照式（17.30），将矩阵分块，并由式（17.35）求解 Δ_1。因为每个子矩阵只有一个元素，式（17.35）可简化为一个代数方程：

$$\boldsymbol{\Delta}_f=\boldsymbol{K}_{11}^{-1}\boldsymbol{Q}_f$$

$$\Delta_1=\frac{1}{180}\times 30=\frac{1}{6}(\text{in})$$

由式（17.36）求解支座反力：

$$\boldsymbol{Q}_s=\boldsymbol{K}_{21}\boldsymbol{K}_{11}^{-1}\boldsymbol{Q}_f$$

$$\begin{bmatrix}Q_2\\ Q_3\end{bmatrix}=\begin{bmatrix}-100\\ -80\end{bmatrix}\begin{bmatrix}\frac{1}{180}\end{bmatrix}\begin{bmatrix}30\end{bmatrix}=\begin{bmatrix}-16.67\\ -13.33\end{bmatrix}$$

其中

$$Q_2=\frac{1}{180}\times(-100)\times 30=-16.67(\text{kip})$$

$$Q_3=\frac{1}{180}\times(-80)\times 30=-13.33(\text{kip})$$

因此，节点 2 和节点 3 处的支座反力分别为 −16.67kip 和 −13.33kip，负号表示力作用方向向左。

17.6 斜杆的单元刚度矩阵

在 17.4 节中，说明如何建立整体刚度矩阵时，我们分析的是一个只有水平杆件的简单桁架，因为其各个杆的局部坐标系和整体坐标系是一致的，k' 等于 k，因此可以直接将 $2×2$ 的单元刚度矩阵插入到整体刚度矩阵中。但是，对于有斜杆的桁架，就不能这样处理。本节会告诉我们如何在整体坐标系下建立斜杆的单元刚度矩阵 k，以便将直接刚度法扩展到有斜杆的桁架。

如图 17.6（a）中所示的斜杆 ij，节点 i 是近端，节点 j 是远端，杆件未受力时的原始位置用虚线表示，杆件局部坐标系 x' 轴和原点位于节点 i 的整体坐标 x 轴的夹角为 ϕ。我们用沿着杆的轴线，从节点 i 指向 j 的箭头来表示其正向，这样就能确定单元刚度矩阵元素中正弦和余弦函数的符号（正的或负的）。

为了建立斜杆在整体坐标系下力-位移的关系，依次在杆的每个节点引入 x 和 y 方向上的位移。我们用两个下标来标志这些位移：前面的表示发生位移的节点的位置，后面的表示位移在整体坐标系下的方向。

根据图 17.2，分别计算图 17.6 中各个位移在杆中引起的端部力的分量和杆端沿杆轴向位移的大小。因为图 17.2 中的力和变形是由单位位移引起的，所以它们必须乘上图 17.6 中实际位移的大小。为了清楚地显示出几何关系，图 17.6 中的位移被放大了，但实际上位移很小，因此我们可以认为杆端位移后，杆的斜度并没有变化。令 x_i、y_i、x_j、y_j 分别为节点 i 和 j 的坐标，则 $\sin\phi$ 和 $\cos\phi$ 用节点 i 和 j 的坐标表示如下：

$$\sin\phi = \frac{y_j - y_i}{L} \quad \cos\phi = \frac{x_j - x_i}{L} \tag{17.37}$$

其中

$$L = \sqrt{(x_j - x_i)^2 + (y_j - y_i)^2} \tag{17.38}$$

17.6.1 情况 1

在节点 i 引入水平位移 Δ_{ix}，节点 j 约束，在杆中引起轴力 F_i [见图 17.6（a）]。

$$F_i = \frac{AE}{L}\delta_{ix} \quad 其中 \ \delta_{ix} = (\cos\phi)\Delta_{ix} \tag{17.39}$$

$$\left.\begin{aligned}
F_{ix} &= F_i\cos\phi = \frac{AE}{L}(\cos^2\phi)\Delta_{ix} \\
F_{iy} &= F_i\sin\phi = \frac{AE}{L}(\cos\phi)(\sin\phi)\Delta_{ix} \\
F_{jx} &= -F_{ix} = -\frac{AE}{L}(\cos^2\phi)\Delta_{ix} \\
F_{jy} &= -F_{iy} = -\frac{AE}{L}(\cos\phi)(\sin\phi)\Delta_{ix}
\end{aligned}\right\} \tag{17.40}$$

17.6.2 情况 2

在节点 i 引入竖向位移 Δ_{iy}，节点 j 约束 [见图 17.6（b）]。

$$F_i = \frac{AE}{L}\delta_{iy} \quad 其中 \ \delta_{iy} = (\sin\phi)\Delta_{iy} \tag{17.41}$$

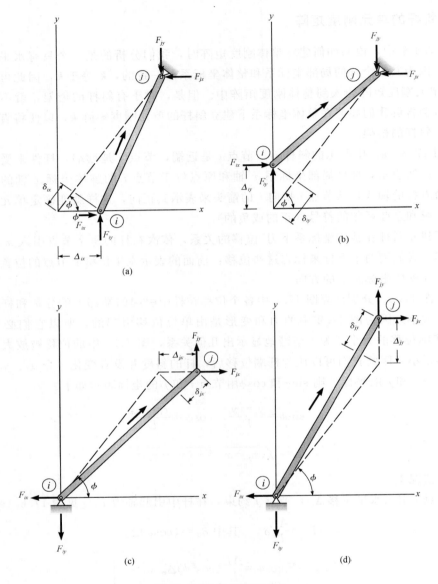

图 17.6 几种情况下的力

（a）水平位移 Δ_{ix}；（b）竖向位移 Δ_{iy}；（c）水平位移 Δ_{jx}；（d）竖向位移 Δ_{jy}

$$
\left.\begin{array}{l}
F_{ix} = \dfrac{AE}{L}(\sin\phi)(\cos\phi)\Delta_{iy} \\[3mm]
F_{iy} = \dfrac{AE}{L}(\sin^2\phi)\Delta_{iy} \\[3mm]
F_{jx} = -F_{ix} = -\dfrac{AE}{L}(\sin\phi)(\cos\phi)\Delta_{iy} \\[3mm]
F_{jy} = -F_{iy} = -\dfrac{AE}{L}(\sin^2\phi)\Delta_{iy}
\end{array}\right\} \qquad (17.42)
$$

17.6.3 情况 3

在节点 j 引入水平位移 Δ_{jx}，节点 i 约束［见图 17.6 (c)］。

$$\delta_{jx} = (\cos\phi)\Delta_{jx} \tag{17.43}$$

节点力的数值和式（17.40）中给出的相同，只是将 Δ_{ix} 替换为 Δ_{jx}，并且符号相反，即作用在节点 j 上的力方向向上和向右，作用在节点 i 上的支座反力方向向下和向左。

$$\left.\begin{aligned}
F_{ix} &= -\frac{AE}{L}(\cos^2\phi)\Delta_{jx} \\
F_{iy} &= -\frac{AE}{L}(\sin\phi)(\cos\phi)\Delta_{jx} \\
F_{jx} &= \frac{AE}{L}(\cos^2\phi)\Delta_{jx} \\
F_{jy} &= \frac{AE}{L}(\sin\phi)(\cos\phi)\Delta_{jx}
\end{aligned}\right\} \tag{17.44}$$

17.6.4 情况 4

在节点 j 引入竖向位移 Δ_{jy}，节点 i 约束［见图 17.6 (d)］。

$$\delta_{jy} = (\sin\phi)\Delta_{jy} \tag{17.45}$$

节点力的数值和式（17.42）中给出的相同，只是将 Δ_{jy} 替换为 Δ_{jy}，并且符号相反。

$$\left.\begin{aligned}
F_{ix} &= -\frac{AE}{L}(\sin\phi)(\cos\phi)\Delta_{jy} \\
F_{iy} &= -\frac{AE}{L}(\sin^2\phi)\Delta_{jy} \\
F_{jx} &= \frac{AE}{L}(\sin\phi)(\cos\phi)\Delta_{jy} \\
F_{jy} &= \frac{AE}{L}(\sin^2\phi)\Delta_{jy}
\end{aligned}\right\} \tag{17.46}$$

将式（17.40）、式（17.42）、式（17.44）及式（17.46）求和，就能得到在节点 i 和 j 同时发生水平和竖向位移时，杆端力 Q 的分量，即

$$\left.\begin{aligned}
Q_{ix} &= \sum F_{ix} = \frac{AE}{L}\left[(\cos^2\phi)\Delta_{ix} + (\sin\phi)(\cos\phi)\Delta_{iy} - (\cos^2\phi)\Delta_{jx} - (\sin\phi)(\cos\phi)\Delta_{jy}\right] \\
Q_{iy} &= \sum F_{iy} = \frac{AE}{L}\left[(\sin\phi)(\cos\phi)\Delta_{ix} + (\sin^2\phi)\Delta_{iy} - (\sin\phi)(\cos\phi)\Delta_{jx} - (\sin^2\phi)\Delta_{jy}\right] \\
Q_{jx} &= \sum F_{jx} = \frac{AE}{L}\left[-(\cos^2\phi)\Delta_{ix} - (\sin\phi)(\cos\phi)\Delta_{iy} + (\cos^2\phi)\Delta_{jx} + (\sin\phi)(\cos\phi)\Delta_{jy}\right] \\
Q_{jy} &= \sum F_{jy} = \frac{AE}{L}\left[-(\sin\phi)(\cos\phi)\Delta_{ix} - (\sin^2\phi)\Delta_{iy} + (\sin\phi)(\cos\phi)\Delta_{jx} + (\sin^2\phi)\Delta_{jy}\right]
\end{aligned}\right\} \tag{17.47}$$

令 $\cos\phi = c$、$\sin\phi = s$，上面的式子表达为矩阵形式如下

$$\begin{bmatrix} Q_{ix} \\ Q_{iy} \\ Q_{jx} \\ Q_{jy} \end{bmatrix} = \frac{AE}{L}\begin{bmatrix} c^2 & sc & -c^2 & -sc \\ sc & s^2 & -sc & -s^2 \\ -c^2 & -sc & c^2 & sc \\ -sc & -s^2 & sc & s^2 \end{bmatrix}\begin{bmatrix} \Delta_{ix} \\ \Delta_{iy} \\ \Delta_{jx} \\ \Delta_{jy} \end{bmatrix} \tag{17.48}$$

即
$$\boldsymbol{Q} = \boldsymbol{k}\boldsymbol{\Delta} \tag{17.49}$$

式中 Q——整体坐标系下的杆端力向量；

    k——整体坐标系下的单元刚度矩阵；

    Δ——整体坐标系下的节点位移矩阵。

对式（17.39）和式（17.41）求和，就能将节点 i 沿杆轴向的位移 δ_i 用于其水平和竖向位移分量来表示。相似的，式（17.43）和式（17.45）求和就能得到节点 j 的轴向位移。

$$\left.\begin{array}{l}\delta_i=\delta_{ix}+\delta_{iy}=(\cos\phi)\Delta_{ix}+(\sin\phi)\Delta_{iy}\\ \delta_j=\delta_{jx}+\delta_{jy}=(\cos\phi)\Delta_{jx}+(\sin\phi)\Delta_{jy}\end{array}\right\} \tag{17.50}$$

上面的表达式也能写成矩阵形式：

$$\begin{bmatrix}\delta_i\\ \delta_j\end{bmatrix}=\begin{bmatrix}c & s & 0 & 0\\ 0 & 0 & c & s\end{bmatrix}\begin{bmatrix}\Delta_{ix}\\ \Delta_{iy}\\ \Delta_{jx}\\ \Delta_{jy}\end{bmatrix} \tag{17.51}$$

即
$$\boldsymbol{\delta}=\boldsymbol{T}\boldsymbol{\Delta} \tag{17.52}$$

其中 T 是变换矩阵，用来将整体坐标系下的杆端位移分量转换为沿杆轴向的位移。

杆 ij 中的轴力 F_{ij} 取决于杆件的净轴向位移，即杆端位移的差 $\delta_j-\delta_i$。以及杆的刚度 AE/L，表达如下：

$$F_{ij}=\frac{AE}{L}(\delta_j-\delta_i) \tag{17.53}$$

【例 17.2】 用直接刚度法计算图 17.7 中桁架的杆件内力。构件参数：$A_1=2\text{in}^2$，$A_2=2.5\text{in}^2$，$E=30000\text{kip/in}^2$。

解：

分别用带方框和带圆圈的数字标志桁架的杆和节点，任意选定节点 1 作为整体坐标系的原点，图中沿着每根杆的箭头由近端节点指向远端节点。在每个节点处，用一对标有数字的箭头来表示位移和力分量的正向。因为建立式（17.48）的单元刚度矩阵时，先引入的是 x 方向上的位移，再引入 y 方向的位移，所以 x 坐标用较小的数字来表示，并且按 17.4 节，我们从自由节点开始依次为这些方向标号。例如，在图 17.7 中，从节点 3 开始，将其 x 和 y 方向分别标为 1 和 2，在标志完自由节点后，再为受

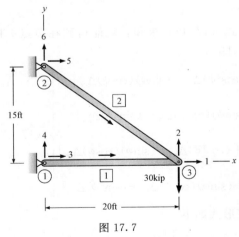

图 17.7

约束节点的坐标标上数字。采用这种标号顺序生成的整体刚度矩阵不需要变换行和列的顺序，就能按式（17.30）进行分块。

建立单元刚度矩阵［见式（17.48）］。对杆 1，节点 1 是近端，节点 3 是远端。由式（17.37）计算倾角的正弦和余弦值。

$$\cos\phi=\frac{x_j-x_i}{L}=\frac{20-0}{20}=1 \quad \sin\phi=\frac{y_j-y_i}{L}=\frac{0-0}{20}=0$$

$$\frac{AE}{L}=\frac{2\times30000}{20\times12}=250(\text{kip/in})$$

$$\boldsymbol{k}_1=250\begin{bmatrix}\overset{1}{1} & \overset{2}{0} & \overset{3}{-1} & \overset{4}{0} \\ 0 & 0 & 0 & 0 \\ -1 & 0 & 1 & 0 \\ 0 & 0 & 0 & 0\end{bmatrix}$$

对杆 2，节点 2 是近端，节点 3 是远端：

$$\cos\phi=\frac{20-0}{25}=0.8 \quad \sin\phi=\frac{0-15}{25}=-0.6$$

$$\frac{AE}{L}=\frac{2.5\times30000}{25\times12}=250(\text{kip/in})$$

$$k_2=250\begin{bmatrix}\overset{1}{0.64} & \overset{2}{-0.48} & \overset{5}{-0.64} & \overset{6}{0.48} \\ -0.48 & 0.36 & 0.48 & -0.36 \\ -0.64 & 0.48 & 0.64 & -0.48 \\ 0.48 & -0.36 & -0.48 & 0.36\end{bmatrix}$$

在力-位移关系式（17.30）（即 $\boldsymbol{Q}=\boldsymbol{K}\boldsymbol{\Delta}$）中代入相应的矩阵。其中将单元刚度矩阵 $\boldsymbol{k}_1$、$\boldsymbol{k}_2$ 的元素插入到正确的行和列中，就能集成整体刚度矩阵。

$$\begin{bmatrix}Q_1=0 \\ Q_2=-30 \\ \hline Q_3 \\ Q_4 \\ Q_5 \\ Q_6\end{bmatrix}=250\begin{bmatrix}\overset{1}{1.64} & \overset{2}{-0.48} & \overset{3}{-1} & 0 & \overset{5}{-0.64} & \overset{6}{0.48} \\ -0.48 & 0.36 & 0 & 0 & 0.48 & -0.36 \\ \hline -1 & 0 & 1 & 0 & 0 & 0 \\ 0 & 0 & 0 & 0 & 0 & 0 \\ -0.64 & 0.48 & 0 & 0 & 0.64 & -0.48 \\ 0.48 & -0.36 & 0 & 0 & -0.48 & 0.36\end{bmatrix}\begin{bmatrix}\Delta_1 \\ \Delta_2 \\ \hline \Delta_3=0 \\ \Delta_4=0 \\ \Delta_5=0 \\ \Delta_6=0\end{bmatrix}$$

按照式（17.30），对上面的矩阵分块，并由式（17.33）求解未知位移 Δ_1 和 Δ_2。

$$\boldsymbol{Q}_f=\boldsymbol{K}_{11}\boldsymbol{\Delta}_f$$

$$\begin{bmatrix}0 \\ -30\end{bmatrix}=250\begin{bmatrix}1.64 & -0.48 \\ -0.48 & 0.36\end{bmatrix}\begin{bmatrix}\Delta_1 \\ \Delta_2\end{bmatrix}$$

解得位移如下

$$\Delta_f=\begin{bmatrix}\Delta_1 \\ \Delta_2\end{bmatrix}=\begin{bmatrix}-0.16 \\ -0.547\end{bmatrix}$$

将 Δ_1 和 Δ_2 的值代入式（17.34），求解支座反力 $\boldsymbol{Q}_s$。

$$\boldsymbol{Q}_s=\boldsymbol{K}_{21}\boldsymbol{\Delta}_f$$

$$\begin{bmatrix}Q_3 \\ Q_4 \\ Q_5 \\ Q_6\end{bmatrix}=250\begin{bmatrix}-1 & 0 \\ 0 & 0 \\ -0.64 & 0.48 \\ 0.48 & -0.36\end{bmatrix}\begin{bmatrix}-0.16 \\ -0.547\end{bmatrix}=\begin{bmatrix}40 \\ 0 \\ -40 \\ 30\end{bmatrix}$$

负号表示力或位移的方向和图中节点处箭头所指的方向相反。

由式（17.51），根据杆的坐标计算杆端位移 δ。对杆 1，$i=$ 节点 1，$j=$ 节点 3，$\cos\phi=1$，$\sin\phi=0$。

$$\begin{bmatrix}\delta_1\\\delta_3\end{bmatrix}=\begin{bmatrix}1&0&0&0\\0&0&1&0\end{bmatrix}\begin{bmatrix}\Delta_3=0\\\Delta_4=0\\\Delta_1=-0.16\\\Delta_2=-0.547\end{bmatrix}=\begin{bmatrix}0\\-0.16\end{bmatrix}\quad\text{得解}$$

将 δ 的值代入式（17.53），计算杆 1 中的内力如下：

$$F_{13}=250\begin{bmatrix}0&-0.16\end{bmatrix}\begin{bmatrix}-1\\1\end{bmatrix}=-40(\text{kip})(\text{压力})\quad\text{得解}$$

对杆 2，$i=$ 节点 2，$j=$ 节点 3，$\cos\phi=0.8$，$\sin\phi=0.6$。

$$\begin{bmatrix}\delta_2\\\delta_3\end{bmatrix}=\begin{bmatrix}0.8&-0.6&0&0\\0&0&0.8&-0.6\end{bmatrix}\begin{bmatrix}\Delta_3=0\\\Delta_4=0\\\Delta_1=-0.16\\\Delta_2=-0.547\end{bmatrix}=\begin{bmatrix}0\\-0.20\end{bmatrix}$$

代入式（17.53）得到

$$F_{23}=250\begin{bmatrix}0&0.20\end{bmatrix}\begin{bmatrix}-1\\1\end{bmatrix}=50(\text{kip})(\text{拉力})\quad\text{得解}$$

【例 17.3】 用直接刚度法分析图 17.8 中的桁架。建立整体刚度矩阵时，不考虑节点的约束情况，然后重新排列矩阵行和列的顺序，并对其分块，再由式（17.30）求解未知的节点位移 $\boldsymbol{\Delta}_f$。令 $k_1=k_2=AE/L=250\text{kip/in}$，$k_3=2AE/L=500\text{kip/in}$。

解：

如图 17.8 所示，任意对节点进行标号，沿着每根桁架杆的箭头，由其近端节点指向远端节点，再按序号依次在每个节点处用一对带数字的箭头表示位移和力的正向。以节点 1 为原点，建立整体坐标系。采用式（17.48）建立单元刚度矩阵。对于杆 1，$i=$ 节点 1，$j=$ 节点 2，由式（17.37）可得

$$\cos\phi=\frac{x_j-x_i}{L}=\frac{15-0}{15}=1$$

$$\sin\phi=\frac{y_j-y_i}{L}=\frac{0-0}{15}=0$$

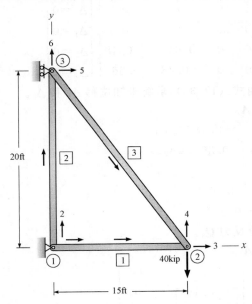

图 17.8 桁架整体坐标系的原点位于节点 1

$$\boldsymbol{k}_1=250\begin{array}{c}\begin{array}{cccc}1&2&3&4\end{array}\\\begin{bmatrix}1&0&-1&0\\0&0&0&0\\-1&0&1&0\\0&0&0&0\end{bmatrix}\begin{array}{c}1\\2\\3\\4\end{array}\end{array}$$

对杆 2，$i=$ 节点 1，$j=$ 节点 3。

$$\cos\phi=\frac{0-0}{20}=0 \qquad \sin\phi=\frac{20-0}{20}=1$$

$$\boldsymbol{k}_2=250\begin{bmatrix} 0 & 0 & 0 & 0 \\ 0 & 1 & 0 & -1 \\ 0 & 0 & 0 & 0 \\ 0 & -1 & 0 & 1 \end{bmatrix}\begin{matrix} 1 \\ 2 \\ 5 \\ 6 \end{matrix}$$

对杆 3，$i=$ 节点 3，$j=$ 节点 2。

$$\cos\phi=\frac{15-0}{25}=0.6 \qquad \sin\phi=\frac{0-20}{25}=-0.8$$

$$\boldsymbol{k}_3=500\begin{bmatrix} 0.36 & -0.48 & -0.36 & 0.48 \\ -0.48 & 0.64 & 0.48 & -0.64 \\ -0.36 & 0.48 & 0.36 & -0.18 \\ 0.48 & -0.64 & -0.48 & 0.64 \end{bmatrix}\begin{matrix} 5 \\ 6 \\ 3 \\ 4 \end{matrix}$$

把单元刚度矩阵 $\boldsymbol{k}_1$、$\boldsymbol{k}_2$、$\boldsymbol{k}_3$ 的元素插入到适当的位置，来集成整体刚度矩阵。将 $\boldsymbol{k}_3$ 中的每个元素乘以 2，这样所有的矩阵都能提取出系数 AE/L，即 250。

$$\boldsymbol{K}=250\begin{bmatrix} 1 & 0 & -1 & 0 & 0 & 0 \\ 0 & 1 & 0 & 0 & 0 & -1 \\ -1 & 0 & 1.72 & -0.96 & -0.72 & 0.96 \\ 0 & 0 & -0.96 & 1.28 & 0.96 & -1.28 \\ 0 & 0 & -0.72 & 0.96 & 0.72 & -0.96 \\ 0 & -1 & 0.96 & -1.28 & -0.96 & 2.28 \end{bmatrix}\begin{matrix} 1 \\ 2 \\ 3 \\ 4 \\ 5 \\ 6 \end{matrix}$$

交换整体刚度矩阵行和列的顺序，使发生位移的节点对应的元素（即方向分量 3、4、6）移动到矩阵的左上角。这样就得到式（17.30）中的力-位移矩阵。具体操作：先把第三行移到顶部，同时把第三列移到第一列，再对方向分量 4 和 6 重复这样的过程。

$$\begin{bmatrix} Q_3=0 \\ Q_4=-40 \\ Q_6=0 \\ \hline Q_1 \\ Q_2 \\ Q_5 \end{bmatrix}=250\left[\begin{array}{ccc:ccc} 1.72 & -0.96 & 0.96 & -1 & 0 & -0.72 \\ -0.96 & 1.28 & -1.28 & 0 & 0 & 0.96 \\ 0.96 & -1.28 & 2.28 & 0 & -1 & -0.96 \\ \hdashline -1 & 0 & 0 & 1 & 0 & 0 \\ 0 & 0 & -1 & 0 & 1 & 0 \\ -0.72 & 0.96 & -0.96 & 0 & 0 & 0.72 \end{array}\right]\begin{bmatrix} \Delta_3 \\ \Delta_4=0 \\ \Delta_6=0 \\ \hline \Delta_1=0 \\ \Delta_2=0 \\ \Delta_5=0 \end{bmatrix}$$

对矩阵分块，并由式（17.33）求解未知节点位移。

$$\boldsymbol{Q}_f=\boldsymbol{K}_{11}\boldsymbol{\Delta}_f$$

$$\begin{bmatrix} 0 \\ -40 \\ 0 \end{bmatrix}=250\begin{bmatrix} 1.72 & -0.96 & 0.96 \\ -0.96 & 1.28 & -1.28 \\ -0.96 & -1.28 & 2.28 \end{bmatrix}\begin{bmatrix} \Delta_3 \\ \Delta_4 \\ \Delta_6 \end{bmatrix}$$

解上面的方程组可得

$$\begin{bmatrix} \Delta_3 \\ \Delta_4 \\ \Delta_6 \end{bmatrix} = \begin{bmatrix} -0.12 \\ -0.375 \\ -0.16 \end{bmatrix} \quad \text{得解}$$

由式（17.34）计算支座反力：

$$Q_s = K_{21}\Delta_f$$

$$\begin{bmatrix} Q_1 \\ Q_2 \\ Q_3 \end{bmatrix} = 250 \begin{bmatrix} -1 & 0 & 0 \\ 0 & 0 & -1 \\ -0.72 & 0.96 & -0.96 \end{bmatrix} \begin{bmatrix} -0.12 \\ -0.375 \\ -0.16 \end{bmatrix} = \begin{bmatrix} 30 \\ 40 \\ -30 \end{bmatrix} \quad \text{得解}$$

【例 17.4】 在例 17.3 桁架的节点 2 处加上一滚动支座约束水平位移（见图 17.9），试计算其支座反力。

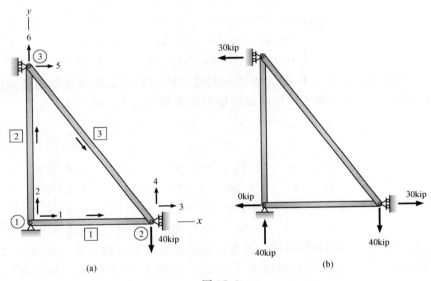

图 17.9
（a）桁架详图；（b）分析结果

解：

例 17.3 中已经得到了桁架的整体刚度矩阵。虽然加上的支座使结构变为超静定的，但求解的方法还是一样的。将整体刚度矩阵中能够自由位移的方向分量所对应的行和列移到其左上角，就得到如下的力-位移矩阵：

$$\begin{bmatrix} Q_4 = -40 \\ Q_6 = 0 \\ \hline Q_1 \\ Q_2 \\ Q_3 \\ Q_5 \end{bmatrix} = 250 \begin{bmatrix} 1.28 & -1.28 & 0 & 0 & -0.96 & 0.96 \\ -1.28 & 2.28 & 0 & 0 & 0.96 & -0.96 \\ \hline 0 & 0 & 1 & 0 & -1 & 0 \\ 0 & -1 & 0 & 1 & 0 & 0 \\ -0.96 & 0.96 & -1 & 0 & 1.72 & -0.72 \\ 0.96 & -0.96 & 0 & 0 & -0.72 & 0.72 \end{bmatrix} \begin{bmatrix} \Delta_4 \\ \Delta_6 \\ \Delta_1 = 0 \\ \Delta_2 = 0 \\ \Delta_3 = 0 \\ \Delta_5 = 0 \end{bmatrix}$$

对上面的矩阵分块，由式（17.33）求解未知节点位移。

$$Q_f = K_{11} \Delta_f$$

$$\begin{bmatrix} -40 \\ 0 \end{bmatrix} = 250 \begin{bmatrix} 1.28 & -1.28 \\ -1.28 & 2.28 \end{bmatrix} \begin{bmatrix} \Delta_4 \\ \Delta_6 \end{bmatrix}$$

解上面的方程组得

$$\begin{bmatrix} \Delta_4 \\ \Delta_6 \end{bmatrix} = \begin{bmatrix} -0.285 \\ -0.160 \end{bmatrix}$$

由式（17.34）计算支座反力。

$$Q_s = K_{21} \Delta_f$$

$$\begin{bmatrix} Q_1 \\ Q_2 \\ Q_3 \\ Q_4 \end{bmatrix} = 250 \begin{bmatrix} 0 & 0 \\ 0 & -1 \\ -0.96 & 0.96 \\ 0.96 & -0.96 \end{bmatrix} \begin{bmatrix} -0.285 \\ -0.160 \end{bmatrix} = \begin{bmatrix} 0 \\ 40 \\ 30 \\ -30 \end{bmatrix} \quad \text{得解}$$

结果如图 17.9（b）所示。杆中的内力可由式（17.52）和式（17.53）求出。

17.7 单元刚度矩阵的坐标变换

在 17.3 节中，我们得到桁架杆在局部坐标系下的 2×2 单元刚度矩阵 k'〔见式（17.19）〕。17.6 节讨论了有多种倾角斜杆的桁架，在整体坐标系下建立单元刚度矩阵以便集成整体刚度矩阵 K。对单独轴线与整体坐标 x 轴成 ϕ 角的桁架杆（见图 17.10），其整体坐标系下的 4×4 单元刚度矩阵 k 由式（17.48）中间的矩阵给出。虽然我们可以采用 17.6 节中的方法，但更常用的是采用坐标变换矩阵 T 将局部坐标系下的单元刚度矩阵 k' 转换为 k，其中 T 由局部坐标系和整体坐标系之间的几何关系得出。坐标变换公式如下

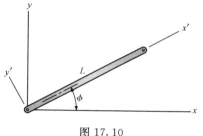

图 17.10
xy 为整体坐标系；$x'y'$ 为局部坐标系

$$k = T^{\mathrm{T}} k' T \tag{17.54}$$

式中　k——整体坐标系下的 4×4 单元刚度矩阵；

　　　k'——局部坐标系下的 2×2 单元刚度矩阵；

　　　T——坐标变换矩阵，即将整体坐标系下的 4×1 位移量 Δ 转换为 2×1 杆件轴向位移向量 δ。

变换矩阵 T 在前面 17.6 节的式（17.51）中已经出现过。

【例 17.5】　由局部坐标系下的单元刚度矩阵 k'〔见式（17.19）〕采用式（17.54）来求式（17.48）中出现的整体坐标系下的单元刚度矩阵。

解：

$$k = T^{\mathrm{T}} k' T = \begin{bmatrix} c & 0 \\ s & 0 \\ 0 & c \\ 0 & s \end{bmatrix} \frac{AE}{L} \begin{bmatrix} 1 & -1 \\ -1 & 1 \end{bmatrix} \begin{bmatrix} c & s & 0 & 0 \\ 0 & 0 & c & s \end{bmatrix} = \begin{bmatrix} c^2 & sc & -c^2 & -sc \\ sc & s^2 & -sc & -s^2 \\ -c^2 & -sc & c^2 & sc \\ -sc & -s^2 & sc & s^2 \end{bmatrix} \quad 得解$$

由上可见，我们得到了前面出现在式（17.48）中的单元刚度矩阵。

总结

- 结构分析软件一般都采用刚度矩阵进行计算。平衡方程的矩阵形式如下：

$$K\Delta = F$$

式中　K——整体刚度矩阵；

　　　F——桁架节点力的列向量；

　　　Δ——未知节点位移的列向量。

- 矩阵 K 中第 i 行第 j 列的元素 k_{ij} 为刚度系数，它表示在 j 方向上发生单位位移时，在 i 方向（自由度）上引起的节点力。在这种定义下，就能由基本的力学知识建立矩阵 K，而对计算机程序，由单元刚度矩阵集成整体刚度矩阵更加简便。

- 对桁架的每根杆件都能建立一个局部坐标系 $x'-y'$（见图 17.3）。在杆的每个节点引入一个沿杆轴向（x' 方向）的位移，可以建立一个局部坐标系下的 2×2 单元刚度矩阵 k'，见式（17.19）。如果结构中没有斜杆，并且杆件的局部坐标系和桁架的整体坐标系（$x-y$）一致，17.4 节给出了由单元刚度矩阵集成整体刚度矩阵的方法［见式（17.29）］。

- 要对平衡方程分块，将可以位移的自由度和不能位移的（即有支座约束的）分开，不能位移的自由度上的节点力就是支座反力。当平衡方程按式（17.30）分块后，得到两个方程，式（17.33）和式（17.34）。利用式（17.33）求解未知节点位移 Δ_f，Δ_f 已知后，再用式（17.34）计算支座反力 Q_s。

- 当桁架中有斜杆时，推荐在整体坐标系下建立单元刚度矩阵。式（17.48）给出了该 4×4 单元刚度矩阵 k 的一般形式，17.6 节介绍了利用基本的力学知识建立矩阵 k。17.7 节给出了得到 k 的另一种方法：由 k' 坐标变换而得。

- 由平衡方程计算出未知节点位移后，利用式（17.52）可求出杆件两端的轴向变形，再由式（17.53）就能得到杆件的轴力。

习题

P17.1　采用刚度法，写出必要的平衡方程，求解图 P17.1 中节点 1 的水平和竖向位移。对所有的杆，$E=200\mathrm{GPa}$，$A=800\mathrm{mm}^2$。

P17.2　采用刚度法，确定图 P17.2 中节点 1 的水平和竖向位移，并求出所有杆的内力。对所有的杆，$L=20\mathrm{ft}$，$E=30000\mathrm{kip/in}^2$，$A=3\mathrm{in}^2$。

P17.3　建立图 P17.3 中桁架结构的整体刚度矩

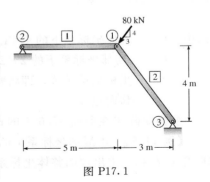

图 P17.1

阵，并按式（17.30）对其分块。由式（17.34）和式（17.35）计算所有的节点位移和支座反力。对所有的杆，$A=2\text{in}^2$，$E=30000\text{kip/in}^2$。

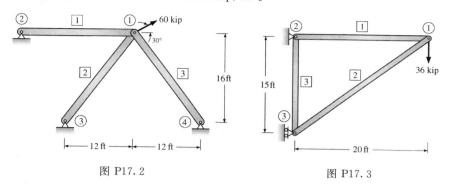

图 P17.2   图 P17.3

    P17.4   建立图 P17.4 中桁架的整体刚度矩阵，对其分块计算所有的节点位移和支座反力，并求出杆件内力。杆 1 和杆 2 的面积为 2.4in^2，杆 3 的面积为 2in^2，$E=30000\text{kip/in}^2$。

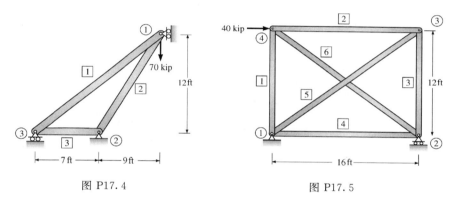

图 P17.4   图 P17.5

    P17.5   确定图 P17.5 中桁架的所有节点位移、支座反力和杆件内力。所有杆的 AE 都是常数。$A=2\text{in}^2$，$E=30000\text{kip/in}^2$。

    P17.6   确定图 P17.6 中桁架的所有节点位移、支座反力和杆件内力。对所有的杆，$A=1500\text{mm}^2$，$E=300\text{GPa}$。

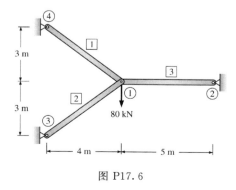

图 P17.6

美国康乃迪克州哈特福德市民中心广场屋顶桁架坍塌

如第 3 章前面的照片所示，该屋顶是空间桁架结构，它的破坏提醒我们：工程师提供的信息和计算机分析的结果同样重要（详见 1.7 节）。虽然现在的工程师能够使用强大的计算机程序分析十分复杂的结构，他们仍必须注意结构建模和荷载的选择。

第**18**章

梁和框架矩阵分析的直接刚度法

本章目标

- 将第 17 章所学桁架的直接刚度法扩展应用至超静定梁和框架。
- 掌握建立结构的刚度矩阵的方法，该矩阵可通过基础力学或更简便的单个构件的刚度矩阵建立。
- 建立构件刚度的 2×2、4×4 或 6×6 矩阵，不考虑节点位移和轴向变形。
- 运用坐标转换的概念，掌握将构件刚度矩阵从单元坐标系转换到整体坐标系的方法。

18.1 引言

第 17 章讨论了用直接刚度法分析桁架，本章将把这种方法扩展到跨中承受横向荷载，同时产生轴力、剪力和弯矩的构件。在分析桁架时，我们认为平衡方程中只有节点平移是未知的；而对框架，还有节点转角是未知的，因此平面框架的每个节点一共有 3 个平衡方程，其中两个关于力的，一个关于弯矩的。

虽然在用直接刚度法分析平面框架时，每个节点有 3 个位移分量（θ、Δ_x、Δ_y），但我们通常忽略构件长度的变化，以减少需要求解的方程的数量。

在一般的梁和框架中，这种简化只会在结果中引起很小的误差。

在用直接刚度法分析任意结构时，所有量（如剪力、弯矩、位移）的值都是两部分的和。第一部分是对结构基本体系（所有的节点位移都被约束）的分析结果——每个构件端部产生的弯矩，即固端弯矩。这个分析过程与第 13 章弯矩分配法中的类似。在求出每个节点的约束力并将其反号后，就进行第二步分析：将约束力作用在原结构上，以此来确定节点位移作用的结果。

以图 18.1（a）中的框架为例，说明如何对两部分力和位移进行叠加。该框架由两根杆件组成，B 处刚接。在如图所示的荷载作用下，结构会发生变形，并且在两根杆中引起轴力、剪力和弯矩。

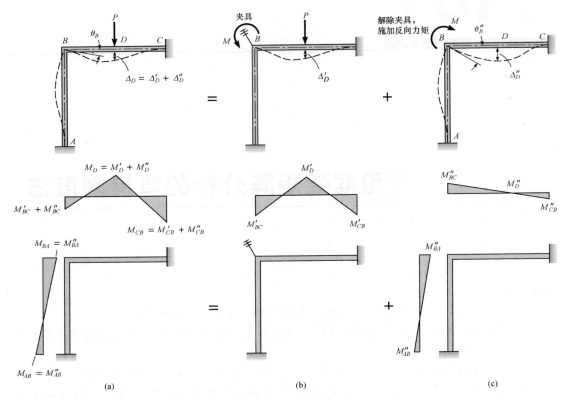

图 18.1　采用刚度法分析

（a）在 D 点竖向荷载作用下的挠曲线和弯矩图（图的下方）；（b）荷载作用在基本体系上，B 点假想的夹具约束转动，使结构变为两根固端梁；（c）与 B 处夹具施加的力矩方向相反的力矩引起的挠曲线和弯矩图

除了转角 θ_B 外，由于轴力引起构件长度的变化，节点 B 还会在 x 和 y 方向上产生位移。然而，因为这些位移很小，对构件内力没有明显的影响，所以将其忽略不计。在这样的简化下，框架只有一个自由度（即节点 B 的转动）。

在第一步分析中，即对基本体系时，我们在节点 B 处引入转动约束［假想的夹具，见图 18.1（b）］，从而使结构变为两根固端梁，可以采用表格很容易地对这些梁进行分析（见表 12.5）。框架变形后的挠曲线以及相应的弯矩图如图 18.1（b）（在框架示意图的正下方）所示，此时的力和位移用一撇上标来表示。

由于原结构在 B 点处不存在夹具施加的逆时针方向的弯矩 M，所以必须消除它的影响。因此，第二步分析中，在 B 点作用一个与夹具施加的力矩大小相等、方向相反的力矩，求出由此引起的 B 点的转角 θ_B。此种情况下构件的弯矩和位移用两撇上标表示，如图 18.1（c）所示。最终结果［见图 18.1（a）］由图 18.1（b）和（c）两种情况直接叠加而得。

不仅最终的弯矩可以由以上两种情况叠加而得，而且其他任何的力和位移都能由同样的方法得到。例如荷载直接作用下的挠度 Δ_D 就等于图 18.1（b）和（c）中 D 点处对应的挠度之和，即

$$\Delta_D = \Delta_D' + \Delta_D''$$

18.2 整体刚度矩阵

采用直接刚度法分析结构时，首先分析基本体系：在所有的自由节点加上刚性约束（如夹具）来阻止其位移，再计算约束力，即节点处所有构件的端部力之和，并由此确定构件其他位置的内力。

分析的第二步是确定没有约束力时的节点位移值。先施加一个等效节点荷载（和节点约束力大小相等，方向相反），然后求解一组关于节点处力和位移的平衡方程，其矩阵形式如下：

$$\boldsymbol{K\Delta} = \boldsymbol{F} \tag{18.1}$$

式中 $\boldsymbol{F}$——等效节点荷载列向量；

$\boldsymbol{\Delta}$——自由度上的节点位移列向量；

$\boldsymbol{K}$——整体刚度矩阵。

自由度（DOF）是指在用直接刚度法求解某一问题时，所采用的独立的节点位移分量。自由度的数目一般等于所有可能的节点位移分量的个数（例如，在平面框架中，是自由节点数目的 3 倍）；当有简化假设（例如忽略构件的轴向变形）时，其数目就会少一些。

一旦求出节点位移 Δ，就能容易地得到构件的反应（即这些位移引起的弯矩、剪力和轴力），把这些结果和由基本体系求得的叠加，就得到最终结果。

分别在每个自由度上引入单位位移，并约束其余所有的自由度，就能求得整体刚度矩阵 $\boldsymbol{K}$ 中的各个元素：为了保持变形后的平衡，各个自由度上作用的外力就是矩阵 $\boldsymbol{K}$ 的元素。整体刚度矩阵 $\boldsymbol{K}$ 中元素 k_{ij} 的定义如下：k_{ij} 为自由度 j 上发生单位位移且其他所有自由度都被约束时，自由度 i 上产生的力。

18.3 受弯构件的 2×2 单元转动刚度矩阵

本节中，仅考虑单个受弯构件的节点转动，建立其单元刚度矩阵。这种关于构件端部弯矩和转角的 2×2 矩阵很常用，它能够用来直接求解许多实际问题，例如没有节点平移的连续梁和有支撑的框架；而且，它还是 18.4 节导出的 4×4 单元刚度矩阵中的基本项。

图 18.2 中的梁长度为 L，端部弯矩 M_i 和 M_j 如图所示，端部转角 θ_i、θ_j 和弯矩都以顺时针为正，逆时针为负。为了表明下面的推导与构件的方向无关，其轴线与水平方向成一任意倾角 α。

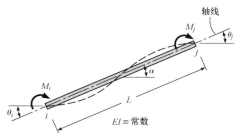

图 18.2 构件端部弯矩引起端部转角

端部弯矩和其引起的转角之间的关系用矩阵形式表示如下：

$$\begin{bmatrix} M_i \\ M_j \end{bmatrix} = \bar{k} \begin{bmatrix} \theta_i \\ \theta_j \end{bmatrix} \tag{18.2}$$

式中　$\bar{k}$——2×2 单元转动刚度矩阵。

为了确定该矩阵中的元素，我们采用角位移方程建立端部弯矩和转角之间的关系〔见式（12.14）和式（12.15）〕。上面方程的符号规定和记号与第 12 章中推导角位移方程时所使用一致。因为构件上没有轴向荷载作用，并且杆件不发生整体转动 φ（φ 和 FEM 都等于 0），端弯矩可以表达为

$$M_i = \frac{2EI}{L}(2\theta_i + \theta_j) \tag{18.3}$$

$$M_j = \frac{2EI}{L}(\theta_i + 2\theta_j) \tag{18.4}$$

式（18.3）和式（18.4）可以写成矩阵形式如下：

$$\begin{bmatrix} M_i \\ M_j \end{bmatrix} = \frac{2EI}{L} \begin{bmatrix} 2 & 1 \\ 1 & 2 \end{bmatrix} \begin{bmatrix} \theta_i \\ \theta_j \end{bmatrix} \tag{18.5}$$

对照式（18.2）和式（18.5）可得单元转动刚度矩阵 $\bar{k}$ 如下：

$$\bar{k} = \frac{2EI}{L} \begin{bmatrix} 2 & 1 \\ 1 & 2 \end{bmatrix} \tag{18.6}$$

下面我们将使用上面的公式来求解几个例子。在分析结构之前，必须先判断其有几个自由度，确定了自由度的数目后，求解过程可以分为以下 5 步：

（1）分析基本体系，求出节点处的约束力。

（2）集成整体刚度矩阵。

（3）在原结构上施加等效节点荷载，采用式（18.1）计算未知节点位移。

（4）求出节点位移作用的结果（如挠度、弯矩、剪力）。

（5）将第（1）步和第（4）步的结果叠加得到最终结果。

【例 18.1】　采用直接刚度法分析图 18.3（a）中所示的框架，不考虑构件长度的变化。框架由两根杆件组成，其抗弯刚度 EI 为常数，节点 B 处刚接。构件 BC 跨中作用向下的集中荷载 P，AB 承受向右的均布荷载 w，其大小为 $3P/L$（单位长度上的力）。

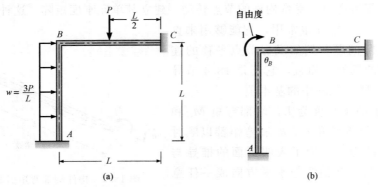

图 18.3（一）
（a）框架详图；（b）弯箭头表示节点 B 转角的正向

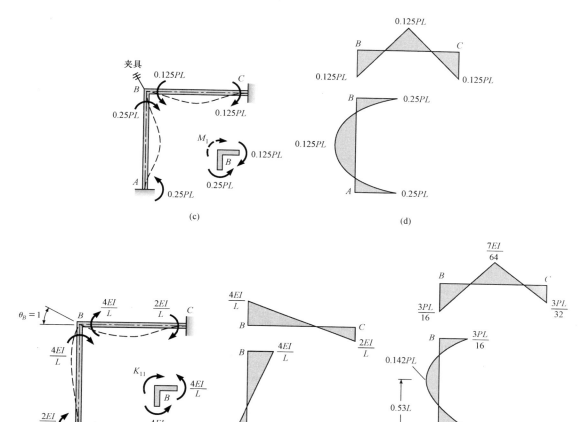

图 18.3（二）

（c）外加荷载作用下，基本体系的固端弯矩（为了图形简洁，外加荷载没有画出）；B 处的夹具对结构作用力矩 M_1

（详见右下角的图）；（d）基本体系的弯矩图；（e）节点 B 处单位转角产生的弯矩，刚度系数 k_{11} 表示

产生单位转角所需施加的弯矩大小；（f）节点 B 处产生单位转角时的弯矩图；

（g）最终的弯矩图，由（d）中的弯矩加上（f）中的弯矩乘以 θ_B

解：

因为不计轴向变形，结构的自由度为 1（在 18.1 节中讨论过）。如图 18.3（b）所示，节点 B 处的转角以顺时针为正方向。

第 1 步：分析基本体系。

用一临时夹具约束 B 点的转动，结构转变为两根固端梁［见图 18.3（c）］。构件 AB 的固端弯矩为［见图 12.5（d）］

$$M'_{AB} = -\frac{wL^2}{12} = -\frac{3P}{L}\frac{L^2}{12} = -\frac{PL}{4} \tag{18.7}$$

$$M'_{BA} = -M'_{AB} = \frac{PL}{4} \tag{18.8}$$

构件 BC 的端弯矩为［见图 12.5（a）］

$$M'_{BC} = -\frac{PL}{8} \tag{18.9}$$

$$M'_{CB} = -M'_{BC} = \frac{PL}{8} \tag{18.10}$$

图 18.3（c）给出了基本体系的固端弯矩和挠曲线，其右下角是节点 B 的隔离体图，用来求约束力矩 M_1。为了图形清楚，省略了节点处的剪力。由节点的转动平衡（$\sum M_B = 0$）可得

$$-\frac{PL}{4} + \frac{PL}{8} + M_1 = 0$$

解方程得

$$M_1 = \frac{PL}{8} \tag{18.11}$$

本题只有 1 个自由度，约束力向量 $\boldsymbol{F}$［见式（18.1）］中只有 1 个元素（$-M_1$）。基本体系构件的弯矩图如图 18.3（d）所示。

第 2 步：集成整体刚度矩阵。

为了集成整体刚度矩阵，在节点 B 处引入单位转角，并计算其引起的弯矩。节点 B 发生单位转角时，框架的挠曲线如图 18.3（e）所示。

将 $\theta_A = \theta_C = 0$ 和 $\theta_B = 1\text{rad}$ 代入式（18.5），可得构件 AB 和 BC 的端弯矩为

$$\begin{bmatrix} M_{AB} \\ M_{BA} \end{bmatrix} = \frac{2EI}{L}\begin{bmatrix} 2 & 1 \\ 1 & 2 \end{bmatrix}\begin{bmatrix} 0 \\ 1 \end{bmatrix} = \begin{bmatrix} \dfrac{2EI}{L} \\ \dfrac{4EI}{L} \end{bmatrix}$$

及

$$\begin{bmatrix} M_{BC} \\ M_{CB} \end{bmatrix} = \frac{2EI}{L}\begin{bmatrix} 2 & 1 \\ 1 & 2 \end{bmatrix}\begin{bmatrix} 1 \\ 0 \end{bmatrix} = \begin{bmatrix} \dfrac{4EI}{L} \\ \dfrac{2EI}{L} \end{bmatrix}$$

图 18.3（e）中画出了这些弯矩。为了保持节点 B 平衡所需的弯矩由图 18.3（e）右下角的隔离体图可以很容易地求得。对作用在节点 B 上的力矩求和，可得刚度系数 K_{11} 为

$$K_{11} = \frac{4EI}{L} + \frac{4EI}{L} = \frac{8EI}{L} \tag{18.12}$$

本题中式（18.12）得到的值是刚度矩阵 $\boldsymbol{K}$ 中唯一的元素。转角 $\theta_B = 1\text{rad}$ 引起的构件的弯矩图如图 18.3（f）所示。

第 3 步：求解式（18.1）。

因为本题只有一个自由度，式（18.1）是一个简单的代数方程，将前面由式（18.11）和式（18.12）求得的 $\boldsymbol{F}$ 和 $\boldsymbol{K}$ 分别代入可得

$$\boldsymbol{K\Delta} = \boldsymbol{F}$$

$$\frac{8EI}{L}\theta_B = -\frac{PL}{8} \tag{18.13}$$

解出 θ_B

$$\theta_B = -\frac{PL^2}{64EI} \tag{18.14}$$

负号表示节点 B 的转角是逆时针的，即和图 18.3（b）中规定的正方向相反。

第 4 步：求出节点位移作用的结果。

第 2 步中已经求出了节点 B 单位转角引起的弯矩［见图 18.3（f）］，将图 18.3（f）中的力乘以式（18.14）得出的 θ_B，就得到实际节点位移下的弯矩，即

$$M''_{AB} = \frac{2EI}{L}\theta_B = -\frac{PL}{32} \tag{18.15}$$

$$M''_{BA} = \frac{4EI}{L}\theta_B = -\frac{PL}{16} \tag{18.16}$$

$$M''_{BC} = \frac{4EI}{L}\theta_B = -\frac{PL}{16} \tag{18.17}$$

$$M''_{CB} = \frac{2EI}{L}\theta_B = -\frac{PL}{32} \tag{18.18}$$

符号上的两撇表示其是节点位移情况下的弯矩。

第 5 步：求解最终结果。

将基本体系求得的值（第 1 步）和节点位移情况下求得的（第 4 步）叠加，就得到最终结果。

$$M_{AB} = M'_{AB} + M''_{AB} = -\frac{PL}{4} + \left(-\frac{PL}{32}\right) = -\frac{9PL}{32}$$

$$M_{BA} = M'_{BA} + M''_{BA} = \frac{PL}{4} + \left(-\frac{PL}{16}\right) = \frac{3PL}{16}$$

$$M_{BC} = M'_{BC} + M''_{BC} = -\frac{PL}{8} + \left(-\frac{PL}{16}\right) = -\frac{3PL}{16}$$

$$M_{CB} = M'_{CB} + M''_{CB} = \frac{PL}{8} + \left(-\frac{PL}{32}\right) = \frac{3PL}{32}$$

把基本体系和节点位移情况下的弯矩图叠加也能得到最终的弯矩图。只要求出端部弯矩，就可以利用基本的静力学知识，得到构件的弯矩图。最终结果如图 18.3（g）所示。

【**例 18.2**】 画出图 18.4（a）中三跨连续梁的弯矩图。梁的抗弯刚度 EI 为常数，BC 跨中作用 20kip 的集中荷载，CD 满跨作用 4.5kip/ft 的均布荷载。

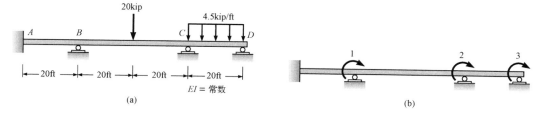

图 18.4（一）

（a）连续梁详图；（b）B、C、D 处的未知节点转角的正方向如弯箭头所示

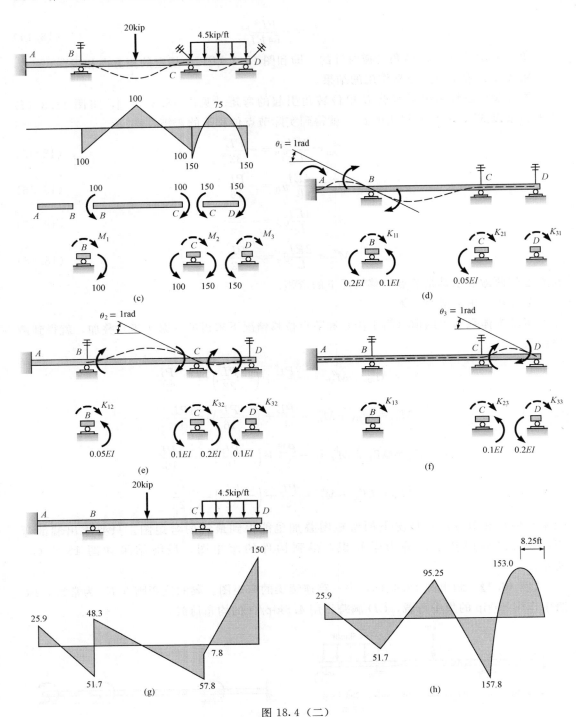

图 18.4（二）

（c）外加荷载在基本体系中引起的弯矩；下方的是被约束节点上所作用弯矩的隔离体图（为了图形清楚，省略了剪力和
支座反力）；（d）节点 B 发生单位转角，节点 C 和 D 约束时的刚度系数；（e）节点 C 发生单位转角，节点 B 和 D
约束时的刚度系数；（f）节点 D 发生单位转角，节点 B 和 C 约束时的刚度系数；
（g）实际节点转角引起的弯矩；（h）最终的弯矩图（单位 kip·ft）

解：

通过观察发现结构的自由度为 3，3 个自由度（B、C、D 处的转角）的正向如图 18.4（b）中的弯箭头所示。

第 1 步：分析基本体系。

外加荷载在基本体系上引起的固端弯矩由图 12.5 中的公式计算。基本体系的弯矩图如图 18.4（c），图中节点隔离体图用来计算约束力。根据力矩平衡计算约束力矩如下：

节点 B：$\qquad\qquad M_1+100=0\quad M_1=-100\text{kip}\cdot\text{ft}$

节点 C：$\qquad\qquad -100+M_2+150=0\quad M_2=-50\text{kip}\cdot\text{ft}$

节点 D：$\qquad\qquad -150+M_3=0\quad M_3=150\text{kip}\cdot\text{ft}$

将上面的约束力矩反号，得到力向量 $\boldsymbol{F}$：

$$\boldsymbol{F}=\begin{bmatrix}100\\50\\-150\end{bmatrix}\text{kip}\cdot\text{ft} \qquad\qquad (18.19)$$

第 2 步：集成整体刚度矩阵。

各个自由度上的单位位移在构件端部引起的力如图 18.4（d）～（f）所示，由节点的隔离体图可以容易地求出整体刚度矩阵中的元素。由图 18.4（d）对力矩求和：

$$-0.2EI-0.1EI+K_{11}=0\quad K_{11}=0.3EI$$
$$-0.05EI+K_{21}=0\quad K_{21}=0.05EI$$
$$K_{31}=0\quad K_{31}=0$$

由图 18.4（e）得

$$-0.05EI+K_{12}=0\qquad K_{12}=0.05EI$$
$$-0.1EI-0.2EI+K_{22}=0\qquad K_{22}=0.3EI$$
$$-0.1EI+K_{32}=0\qquad K_{32}=0.1EI$$

由图 18.4（f）得

$$K_{13}=0\qquad K_{13}=0$$
$$-0.1EI+K_{23}=0\qquad K_{23}=0.1EI$$
$$-0.2EI+K_{33}=0\qquad K_{33}=0.2EI$$

将这些刚度系数写成矩阵形式，就得到整体刚矩阵 $\boldsymbol{K}$ 如下：

$$\boldsymbol{K}=EI\begin{bmatrix}0.3 & 0.05 & 0\\0.05 & 0.3 & 0.1\\0 & 0.1 & 0.2\end{bmatrix} \qquad\qquad (18.20)$$

由 Betty 法则，也可知整体刚度矩阵 $\boldsymbol{K}$ 是对称的。

第 3 步：求解式（18.1）。

将前面得到的 $\boldsymbol{F}$ 和 $\boldsymbol{K}$ 的值［见式（18.19）和式（18.20）］代入式（18.1）可得

$$EI\begin{bmatrix}0.3 & 0.05 & 0\\0.05 & 0.3 & 0.1\\0 & 0.1 & 0.2\end{bmatrix}\begin{bmatrix}\theta_1\\\theta_2\\\theta_3\end{bmatrix}=\begin{bmatrix}100\\50\\-150\end{bmatrix} \qquad\qquad (18.21)$$

解式（18.21）得

$$\begin{bmatrix} \theta_1 \\ \theta_2 \\ \theta_3 \end{bmatrix} = \frac{1}{EI} \begin{bmatrix} 258.6 \\ 448.3 \\ -974.1 \end{bmatrix} \qquad (18.22)$$

第 4 步：求出节点位移作用的结果。

单位位移引起得弯矩［见图 18.4（d）～（f）］乘以实际得位移并叠加，就得到实际节点转角在结构中引起得弯矩。

例如，BC 跨的端弯矩为

$$M''_{BC} = \theta_1 \times 0.1EI + \theta_2 \times 0.05EI + \theta_3 \times 0 = 48.3 (\text{kip} \cdot \text{ft}) \qquad (18.23)$$
$$M''_{CD} = \theta_1 \times 0.05EI + \theta_2 \times 0.1EI + \theta_3 \times 0 = 57.8 (\text{kip} \cdot \text{ft}) \qquad (18.24)$$

采用叠加的方法计算节点位移引起的构件端弯矩时，对 n 个自由度的结构，就有 n 个项目，随着 n 的增加，这种方法越来越繁琐；而采用单元转动刚度矩阵，一步就能求出这些弯矩。例如，对 BC 跨，前面已经由叠加法求出了其节点位移引起的端弯矩，我们将端部转角 θ_1 和 θ_2 ［式（18.22）给出］代入式（18.5），$L=40\text{ft}$，可得

$$\begin{bmatrix} M''_{BC} \\ M''_{CB} \end{bmatrix} = \frac{2EI}{40} \begin{bmatrix} 2 & 1 \\ 1 & 2 \end{bmatrix} \frac{1}{EI} \begin{bmatrix} 258.6 \\ 448.3 \end{bmatrix} = \begin{bmatrix} 48.3 \\ 57.8 \end{bmatrix} \qquad (18.25)$$

结果和式（18.23）、式（18.24）中叠加求得的相同。

同理，对 AB 和 CD 跨计算如下

$$\begin{bmatrix} M''_{AB} \\ M''_{BA} \end{bmatrix} = \frac{2EI}{20} \begin{bmatrix} 2 & 1 \\ 1 & 2 \end{bmatrix} \frac{1}{EI} \begin{bmatrix} 0 \\ 258.6 \end{bmatrix} = \begin{bmatrix} 25.9 \\ 57.1 \end{bmatrix} \qquad (18.26)$$

$$\begin{bmatrix} M''_{CD} \\ M''_{DC} \end{bmatrix} = \frac{2EI}{20} \begin{bmatrix} 2 & 1 \\ 1 & 2 \end{bmatrix} \frac{1}{EI} \begin{bmatrix} 488.3 \\ -974.1 \end{bmatrix} = \begin{bmatrix} -7.8 \\ -150.0 \end{bmatrix} \qquad (18.27)$$

结果如图 18.4（g）所示。

第 5 步：计算最终结果。

将图 18.4（c）中基本体系的结果和图 18.4（g）中节点位移作用的结果叠加就得到最终结果，如图 18.4（h）中所示的弯矩图。

18.4　局部坐标系下的 4×4 单元刚度矩阵

在 18.3 节中，我们对只能转动不能平移的结构导出了 2×2 单元转动刚度矩阵，本节将推导同时有节点转角和横向位移的受弯构件的单元刚度矩阵，仍然不考虑构件的轴向变形。利用该 4×4 矩阵，就能由直接刚度法求解在荷载作用下，同时产生平移和转角的结构。

为了达到教学的目的，将采用三种不同的途径来推导局部坐标系下的 4×4 单元刚度矩阵。

18.4.1　推导 1：采用角位移方程

图 18.5（a）中长 L 的受弯构件，端部有弯矩和剪力，图 18.5（b）表示其对应的节点位移。它们的符号规定如下：弯矩和转角以顺时针方向为正，剪力和节点的横向位移以 y 轴的正向为正。

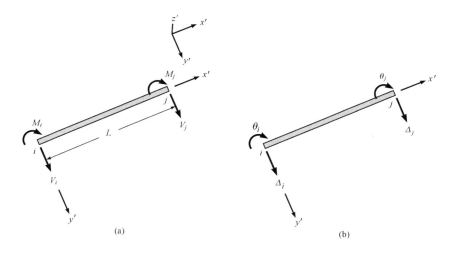

图 18.5

(a) 剪力和弯矩的正向规定；(b) 节点转角和位移的正向规定

局部坐标系的正方向按如下规定：x' 轴沿着构件由近端节点指向远端节点，z' 轴总是以进入纸面的方向为正方向，y' 与它们构成右手坐标系。

令式（12.14）和式（12.15）中的固端弯矩（*FEM*）等于 0（假设节点间无荷载作用）可得

$$M_i = \frac{2EI}{L}(2\theta_i + \theta_j - 3\psi) \tag{18.28}$$

$$M_j = \frac{2EI}{L}(2\theta_j + \theta_i - 3\psi) \tag{18.29}$$

其中轴线的转角 ψ 由式（12.14c）求得

$$\psi = \frac{\Delta_j - \Delta_i}{L} \tag{18.30}$$

根据平衡条件（$\sum M_j = 0$）得到图 18.5（a）中的端部剪力和弯矩有如下关系：

$$V_i = -V_J = \frac{M_i + M_J}{L} \tag{18.31}$$

将式（18.30）代入式（18.28）和式（18.29），再把它们代入式（18.31），我们得到如下 4 个等式：

$$M_i = \frac{2EI}{L}\left(2\theta_i + \theta_j + \frac{3}{L}\Delta_i - \frac{3}{L}\Delta_j\right) \tag{18.32}$$

$$M_j = \frac{2EI}{L}\left(\theta_i + 2\theta_j + \frac{3}{L}\Delta_i - \frac{3}{L}\Delta_j\right) \tag{18.33}$$

$$V_i = \frac{2EI}{L}\left(\frac{3}{L}\theta_i + \frac{3}{L}\theta_j + \frac{6}{L^2}\Delta_i - \frac{6}{L^2}\Delta_j\right) \tag{18.34}$$

$$V_j = -\frac{2EI}{L}\left(\frac{3}{L}\theta_i + \frac{3}{L}\theta_j + \frac{6}{L^2}\Delta_i - \frac{6}{L^2}\Delta_j\right) \tag{18.35}$$

将这些等式写成矩阵形式如下：

$$
\begin{bmatrix} M_i \\ M_j \\ V_i \\ V_j \end{bmatrix} = \frac{2EI}{L} \begin{bmatrix} 2 & 1 & \dfrac{3}{L} & -\dfrac{3}{L} \\[2mm] 1 & 2 & \dfrac{3}{L} & -\dfrac{3}{L} \\[2mm] \dfrac{3}{L} & \dfrac{3}{L} & \dfrac{6}{L^2} & -\dfrac{6}{L^2} \\[2mm] -\dfrac{3}{L} & -\dfrac{3}{L} & -\dfrac{6}{L^2} & \dfrac{6}{L^2} \end{bmatrix} \begin{bmatrix} \theta_i \\ \theta_j \\ \Delta_i \\ \Delta_j \end{bmatrix} \tag{18.36}
$$

其中的 4×4 矩阵乘上系数 $2EI/L$ 就是 4×4 单元刚度矩阵 $\boldsymbol{k}'$。

18.4.2 推导2：采用刚度系数的基本定义

在每个自由度上引入单位位移，也能得出 4×4 单元刚度矩阵。在每种变形情况下，为保持平衡，各个自由度上所需的外力就是单元刚度矩阵中该自由度所对应列的元素。根据图 18.6，作出如下推导。

（1）自由度 1 引入单位位移（$\theta_i=1\mathrm{rad}$）。

如图 18.6（b）所示，由式（18.5）计算端弯矩为 $4EI/L$ 和 $2EI/L$，由静力学求出端部剪力。〔位移的正方向如图 18.6（a）中代数字的箭头所示。〕由这些计算可得

$$
k'_{11} = \frac{4EI}{L}
$$

$$
k'_{21} = \frac{2EI}{L}
$$

$$
k'_{31} = \frac{6EI}{L^2}
$$

$$
k'_{41} = -\frac{6EI}{L^2} \tag{18.37}
$$

这 4 个元素组成了矩阵 $\boldsymbol{k}'$ 的第一列。

（2）自由度 2 引入单位位移（$\theta_j=1\mathrm{rad}$）。

如图 18.6（c）所示，同理可得

$$
k'_{12} = \frac{2EI}{L}
$$

$$
k'_{22} = \frac{4EI}{L}
$$

$$
k'_{32} = \frac{6EI}{L^2}
$$

$$
k'_{42} = -\frac{6EI}{L^2} \tag{18.38}
$$

这 4 个元素组成了矩阵 $\boldsymbol{k}'$ 的第二列。

（3）自由度 3 引入单位位移（$\Delta_i=1$）。

如图 18.6（d）所示，我们发现在构件变形以后，这种位移模式等价于正向转角 $1/L$（梁变形后轴线与原轴线的夹角）。（注：刚体位移不会在梁中引起弯矩或剪力。）将该转角代入式（18.5），得到端弯矩如下

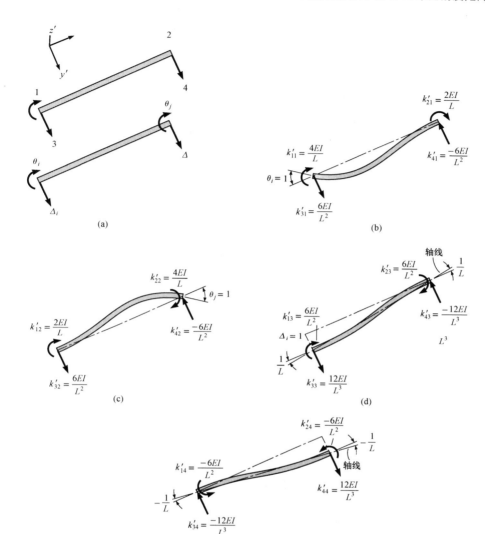

图 18.6

（a）带数字的箭头表示未知节点位移的正方向；（b）在梁的左端引入顺时针的单位转角，其余所有节点固定
情况下的刚度系数；（c）在梁的右端引入顺时针的单位转角，其余所有节点固定情况下的刚度系数；
（d）在梁的左端引入横向单位位移，其余所有节点固定情况下的刚度系数；（e）在梁的右端引
入横向单位位移，其余所有节点固定情况下的刚度系数

$$\begin{bmatrix} M_i \\ M_j \end{bmatrix} = \frac{2EI}{L}\begin{bmatrix} 2 & 1 \\ 1 & 2 \end{bmatrix}\frac{1}{L}\begin{bmatrix} 1 \\ 1 \end{bmatrix} = \frac{6EI}{L^2}\begin{bmatrix} 1 \\ 1 \end{bmatrix} \tag{18.39}$$

端弯矩和对应的剪力（由静力学求得）标注在图 18.6（d）中，即

$$k'_{13} = \frac{6EI}{L^2}$$

$$k'_{23} = \frac{6EI}{L^2}$$

$$k'_{33} = \frac{12EI}{L^3}$$

$$k'_{43} = -\frac{12EI}{L^3} \tag{18.40}$$

这 4 个元素构成了矩阵 $\boldsymbol{k}'$ 的第三列。

（4）自由度 4 引入单位位移（$\Delta_j = 1$）。

如图 18.6（e）所示，此时梁变形前后轴线的转角是逆时针的，即是负的。同理可得

$$k'_{14} = -\frac{6EI}{L^2}$$

$$k'_{24} = -\frac{6EI}{L^2}$$

$$k'_{34} = -\frac{12EI}{L^3}$$

$$k'_{44} = \frac{12EI}{L^3} \tag{18.41}$$

这 4 个元素构成了矩阵 $\boldsymbol{k}'$ 的第四列。

将这些元素组合成矩阵形式，就得到了单元刚度矩阵：

$$\boldsymbol{k}' = \frac{2EI}{L} \begin{bmatrix} 2 & 1 & \dfrac{3}{L} & -\dfrac{3}{L} \\ 1 & 2 & \dfrac{3}{L} & -\dfrac{3}{L} \\ \dfrac{3}{L} & \dfrac{3}{L} & \dfrac{6}{L^2} & -\dfrac{6}{L^2} \\ -\dfrac{3}{L} & -\dfrac{3}{L} & -\dfrac{6}{L^2} & \dfrac{6}{L^2} \end{bmatrix} \tag{18.42}$$

式（18.42）和前面采用角位移方程得出的矩阵［式（18.36）］相同。

18.4.3 推导 3：由 2×2 单元转动刚度矩阵进行坐标变换

在前面的推导过程中，我们发现变形以后，受弯构件的横向位移可以等价为轴线的转角。因为轴线的转角是其相对于局部坐标系 x' 轴的夹角和横向位移的函数，可得

$$\begin{bmatrix} \theta_{ic} \\ \theta_{jc} \end{bmatrix} = \boldsymbol{T} \begin{bmatrix} \theta_i \\ \theta_j \\ \Delta_i \\ \Delta_j \end{bmatrix} \tag{18.43}$$

式中 $\boldsymbol{T}$——坐标变换矩阵；

下标 c——用来区别与构件轴线的夹角和与 x' 轴的夹角。

借助图 18.7，能够求得坐标变换矩阵 $\boldsymbol{T}$ 的元素。我们得出

$$\theta_{ic} = \theta_i - \psi \tag{18.44}$$

$$\theta_{jc} = \theta_j - \psi \tag{18.45}$$

其中轴线的转角 ψ 为

$$\psi = \frac{\Delta_j - \Delta_i}{L}$$

将上式代入式（18.44）和式（18.45），可得

$$\theta_{ic}=\theta_i+\frac{\Delta_i}{L}-\frac{\Delta_j}{L} \qquad (18.46)$$

$$\theta_{jc}=\theta_j+\frac{\Delta_i}{L}-\frac{\Delta_j}{L} \qquad (18.47)$$

将式（18.46）和式（18.47）写成矩阵形式如下

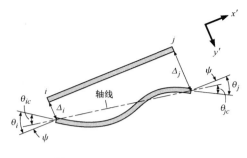

图 18.7 梁节点发生转动和
横向位移后的形状

$$\begin{bmatrix} \theta_{ic} \\ \theta_{jc} \end{bmatrix}=\begin{bmatrix} 1 & 0 & \dfrac{1}{L} & -\dfrac{1}{L} \\ 0 & 1 & \dfrac{1}{L} & -\dfrac{1}{L} \end{bmatrix}\begin{bmatrix} \theta_i \\ \theta_j \\ \Delta_i \\ \Delta_j \end{bmatrix}$$

$$(18.48)$$

和式（18.43）对比，可知式（18.48）中的 2×4 矩阵是坐标变换矩阵 **T**。

由 17.7 节可知，如果两个坐标系之间存在几何关系，那么只要其中一个坐标系下的刚度矩阵已知，就能由下面的公式将其转换到另一个坐标系下：

$$\boldsymbol{k}'=\boldsymbol{T}^{\mathrm{T}}\,\overline{\boldsymbol{k}}\boldsymbol{T} \qquad (18.49)$$

式中 $\overline{\boldsymbol{k}}$——2×2 单元转动刚度矩阵［式（18.6）］；

$\boldsymbol{k}'$——局部坐标系下的 4×4 单元刚度矩阵。

将式（18.48）中的矩阵 **T** 和式（18.6）中的单元转动刚度矩阵 $\overline{\boldsymbol{k}}$ 代入可得

$$\boldsymbol{k}'=\begin{bmatrix} 1 & 0 \\ 0 & 1 \\ \dfrac{1}{L} & \dfrac{1}{L} \\ -\dfrac{1}{L} & -\dfrac{1}{L} \end{bmatrix}\frac{2EI}{L}\begin{bmatrix} 2 & 1 \\ 1 & 2 \end{bmatrix}\begin{bmatrix} 1 & 0 & \dfrac{1}{L} & -\dfrac{1}{L} \\ 0 & 1 & \dfrac{1}{L} & -\dfrac{1}{L} \end{bmatrix}$$

上面的矩阵相乘得到的梁的单元刚度矩阵与前面式（18.42）中的相同，具体的校验作为练习，由读者完成。

【例 18.3】 分析图 18.8（a）中的平面框架。其中两根柱的惯性矩为 I，梁的惯性矩为 $3I$，梁柱刚接。结构承受 80kip 的集中荷载，作用于柱 AB 的中点，方向水平向右。不计轴向变形。

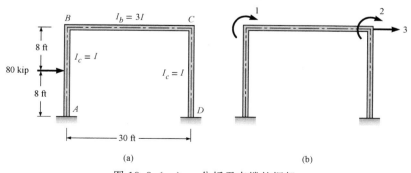

(a)   (b)

图 18.8（一） 分析无支撑的框架

（a）框架详图；（b）规定未知节点位移的正方向

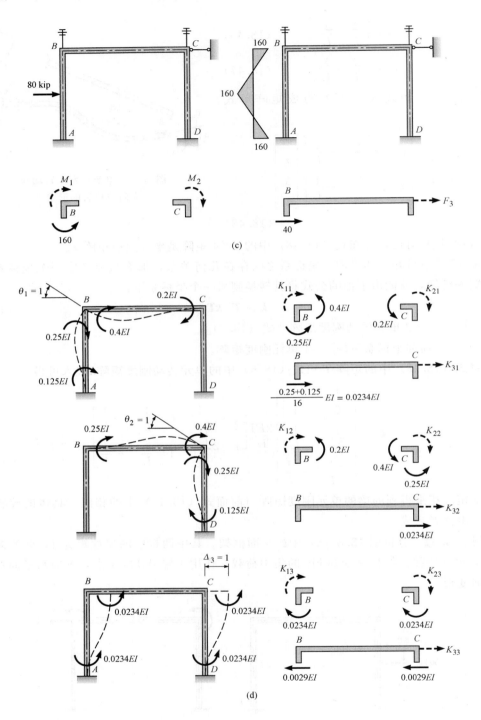

图 18.8（二） 分析无支撑的框架

（c）计算 3 个未知节点位移对应的约束力，弯矩的单位是 kip·ft；（d）在各个自由度上引入单位
位移来计算刚度系数，为了简化图形，省去了约束（夹具和节点 C 处的侧向支座）

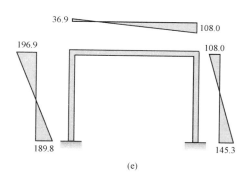
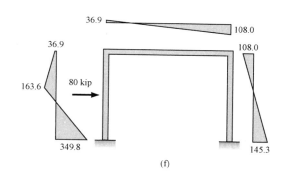

图 18.8（三）　分析无支撑的框架

（e）节点位移引起的弯矩；（f）最终的结果弯矩的单位为 kip·ft

解：

因为不计轴向变形，节点 B 和 C 没有竖向位移，只有相同的水平位移。在图 18.8（b）中，用箭头表示 3 个自由节点位移分量的正方向。下面我们采用前面例题中的五步过程来求解。

第 1 步：分析基本体系。

约束各个自由度，在 B 处加上一个夹具，在 C 处加上一个夹具和一个水平支座，框架变为 3 根独立的固端梁。加上约束后，结构的弯矩图如图 18.8（c），约束力根据图 18.8（c）底部的隔离体图计算。

我们注意到加在节点 C 处阻止框架侧移（自由度 3）的水平约束可以加在 B 或 C 任一点上，而对结果没有影响。图 18.8（c）中任意选定为节点 C。忽略轴向变形并不表示没有轴向力，而是假设构件在承受轴向荷载时，没有缩短或伸长。

由图 18.8（c）中的隔离体图计算约束力如下：

$$-160.0 + M_1 = 0 \qquad M_1 = 160.0$$

$$M_2 = 0$$

$$40.0 + F_3 = 0 \qquad F_3 = -40.0$$

将约束力反号后建立力向量 $\boldsymbol{F}$：

$$\boldsymbol{F} = \begin{bmatrix} -160.0 \\ 0 \\ 40.0 \end{bmatrix} \tag{18.50}$$

其中力的单位是 kip，弯矩的单位是 kip·ft。

第 2 步：集成整体刚度矩阵。

每个自由度上的单位位移对应的变形曲线如图 18.8（d）所示。节点 B 和 C 的单位转角（即自由度 1 和 2）引起的构件端部的弯矩容易由式（18.5）中的 2×2 单元转动刚度矩阵求出。由相应的隔离体图可得

$$-0.25EI-0.4EI+K_{11}=0 \qquad K_{11}=0.65EI$$
$$-0.2EI+K_{21}=0 \qquad K_{21}=0.20EI$$
$$0.0234EI+K_{31}=0 \qquad K_{31}=-0.0234EI$$
$$-0.4EI-0.25EI+K_{22}=0 \qquad K_{22}=0.65EI$$
$$0.0234EI+K_{32}=0 \qquad K_{32}=-0.0234EI$$

在框架顶部引入单位水平位移（自由度 3），计算整体刚度矩阵第三行的元素。构件的内力计算如下。如图 18.8（d）所示，这种情况下构件 BC 没有变形，所以也没有弯矩或剪力。

柱 AB 和 DC 的位移：

$$\begin{bmatrix} \theta_i \\ \theta_j \\ \Delta_i \\ \Delta_j \end{bmatrix} = \begin{bmatrix} 0 \\ 0 \\ 0 \\ 1 \end{bmatrix}$$

其中，下标 i 和 j 分别表示近端和远端节点。规定柱的方向是从 A 到 B、从 D 到 C，其局部坐标系的 y 轴和前面规定的一致，方向向右，因此位移 Δ=1 是正的。

将位移代入到前面的式（18.36）中，就得到了每根梁中的弯矩和剪力：

$$\begin{bmatrix} M_i \\ M_j \\ V_i \\ V_j \end{bmatrix} = \frac{2EI}{L} \begin{bmatrix} 2 & 1 & \dfrac{3}{L} & -\dfrac{3}{L} \\ 1 & 2 & \dfrac{3}{L} & -\dfrac{3}{L} \\ \dfrac{3}{L} & \dfrac{3}{L} & \dfrac{6}{L^2} & -\dfrac{6}{L^2} \\ -\dfrac{3}{L} & -\dfrac{3}{L} & -\dfrac{6}{L^2} & \dfrac{6}{L^2} \end{bmatrix} \begin{bmatrix} 0 \\ 0 \\ 0 \\ 1 \end{bmatrix}$$

代入 L=16ft 得

$$\begin{bmatrix} M_i \\ M_j \\ V_i \\ V_j \end{bmatrix} = EI \begin{bmatrix} -0.0234 \\ -0.0234 \\ -0.0029 \\ 0.0029 \end{bmatrix}$$

这些结果标注在图 18.8（d）中。由梁水平方向上力的平衡，可得

$$-0.0029EI-0.0029EI+K_{33}=0 \text{ 或}$$
$$K_{33}=0.0058EI$$

节点 B 和 C 处的力矩平衡要求 $K_{13}=K_{23}=-0.0234EI$。

将这些系数组合成矩阵形式，就得到整体刚度矩阵：

$$\boldsymbol{K}=EI \begin{bmatrix} 0.65 & 0.20 & -0.0234 \\ 0.20 & 0.65 & -0.0234 \\ -0.0234 & -0.0234 & 0.0058 \end{bmatrix}$$

通过计算检验，我们发现整体刚度矩阵 K 是对称的（Betty 法则）。

第 3 步：求解式（18.1）。

将 $\boldsymbol{F}$ 和 $\boldsymbol{K}$ 代入式（18.1），得到如下一组联立方程：

$$EI\begin{bmatrix} 0.65 & 0.20 & -0.0234 \\ 0.20 & 0.65 & -0.0234 \\ -0.0234 & -0.0234 & 0.0058 \end{bmatrix}\begin{bmatrix} \theta_1 \\ \theta_2 \\ \Delta_3 \end{bmatrix} = \begin{bmatrix} -160.0 \\ 0.0 \\ 40.0 \end{bmatrix}$$

解得

$$\begin{bmatrix} \theta_1 \\ \theta_2 \\ \Delta_3 \end{bmatrix} = \frac{1}{EI}\begin{bmatrix} -57.0 \\ 298.6 \\ 7793.2 \end{bmatrix}$$

单位是 rad 和 ft。

第 4 步：求出节点位移作用的结果。

由例 18.2 可知，采用单元刚度矩阵，能够非常容易地求出实际的节点位移。计算得到每个构件端部的位移如下。构件 AB：

$$\begin{bmatrix} \theta_A \\ \theta_B \\ \Delta_A \\ \Delta_B \end{bmatrix} = \frac{1}{EI}\begin{bmatrix} 0 \\ -57.0 \\ 0 \\ 7793.2 \end{bmatrix}$$

构件 BC：

$$\begin{bmatrix} \theta_B \\ \theta_C \\ \Delta_B \\ \Delta_C \end{bmatrix} = \frac{1}{EI}\begin{bmatrix} -57.0 \\ 298.6 \\ 0 \\ 0 \end{bmatrix}$$

构件 DC：

$$\begin{bmatrix} \theta_D \\ \theta_C \\ \Delta_D \\ \Delta_C \end{bmatrix} = \frac{1}{EI}\begin{bmatrix} 0 \\ 298.6 \\ 0 \\ 7793.2 \end{bmatrix}$$

将这些位移代入式（18.36）（并代入相应的 L 和抗弯刚度 EI 的值）就能得到结果，如图 18.8（e）所示。

第 5 步：计算最终结果。

将基本体系的结果［见图 18.8（c）］和节点位移作用的结果［见图 18.8（e）］叠加，就得到最终结果。最终的弯矩图见图 18.8（f）。

18.5 局部坐标系下的 6×6 单元刚度矩阵

虽然实际情况中，所有的结构构件都既有轴向变形又有弯曲变形，但是分析结构模型时，通常只要考虑其中的一种变形，就能得到足够精确的解。例如，在第 17 章中分析桁架时，只考虑轴向力和变形来建立单元刚度矩阵；虽然也存在弯曲作用（实际的铰节点并不是无摩擦的,构件的自重会引起弯矩),但这些都是可以忽略的。对其他的一些结构,例如本章前面几节中讨论的梁和框架,它们的轴向变形的影响是可以忽略的,而只考虑弯曲变形。有些时候,需要同时考虑轴向和弯曲变形,本节将推导此种情况局部坐标系下的单元刚度矩阵。

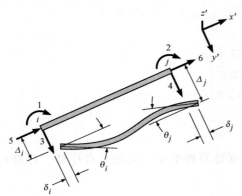

图 18.9 受弯构件节点位移的正向规定

当同时考虑弯曲和轴向变形时,每个节点有 3 个自由度,因此单元刚度矩阵是 6 阶的。局部坐标系下,各个自由度(节点位移)的正方向如图 18.9 所示。端部转角和横向位移(自由度 1~4)的符号规定与前面推导式(18.36)中的单元刚度矩阵时所采用的一致。轴向位移(自由度 5 和 6)的正方向为 x' 轴的正向,这在前面也已经提到过,即从构件的近端节点指向远端节点。

6×6 单元刚度矩阵中的元素由前面梁和桁架的结果能够很容易地得到。

18.5.1 自由度 1~4 引入单位位移

变形情况如图 18.6 所示。18.4 节已经计算得出了结果,见式(18.37)、式(18.38)、式(18.40)和式(18.41)。这些位移不会引起任何轴向变形,因此

$$k'_{51}=k'_{52}=k'_{53}=k'_{54}=k'_{61}=k'_{62}=k'_{63}=k'_{64}=0 \qquad (18.51)$$

18.5.2 自由度 5 和 6 引入单位位移

第 17 章推导桁架杆的 2×2 单元刚度矩阵时,就是考虑的这两种情况。由式(17.15)可得

$$k'_{55}=k'_{66}=-k'_{56}=-k'_{65}=\frac{AE}{L} \qquad (18.52)$$

这些轴向变形不会引起任何弯矩或剪力,因此

$$k'_{15}=k'_{25}=k'_{35}=k'_{45}=k'_{16}=k'_{26}=k'_{36}=k'_{46}=0 \qquad (18.53)$$

可以发现式(18.51)和式(18.53)中元素的系数是对称的(Betty 法则)。

将所有的刚度系数组合成矩阵,就得到局部坐标系下的 6×6 单元刚度矩阵:

$$
k'=
\begin{bmatrix}
\dfrac{4EI}{L} & \dfrac{2EI}{L} & \dfrac{6EI}{L^2} & -\dfrac{6EI}{L^2} & 0 & 0 \\[2mm]
\dfrac{2EI}{L} & \dfrac{4EL}{L} & \dfrac{6EI}{L^2} & -\dfrac{6EI}{L^2} & 0 & 0 \\[2mm]
\dfrac{6EI}{L^2} & \dfrac{6EI}{L^2} & \dfrac{12EI}{L^3} & \dfrac{-12EI}{L^3} & 0 & 0 \\[2mm]
-\dfrac{6EI}{L^2} & -\dfrac{6EI}{L^2} & -\dfrac{12EI}{L^3} & \dfrac{12EI}{L^3} & 0 & 0 \\[2mm]
0 & 0 & 0 & 0 & \dfrac{AE}{L} & -\dfrac{AE}{L} \\[2mm]
0 & 0 & 0 & 0 & -\dfrac{AE}{L} & \dfrac{AE}{L}
\end{bmatrix}
\qquad (18.54)
$$

我们在例 18.4 中说明式（18.54）的用法。

【**例 18.4**】 分析图 18.10（a）中的结构，考虑轴向和弯曲变形。两根杆的抗弯刚度 EI 和抗拉刚度 EA 相同，分别为 $24×10^6 \text{kip} \cdot \text{in}^2$ 和 $0.72×10^6 \text{kip}$。BC 跨中作用一 40kip 的集中荷载，方向竖直向下。

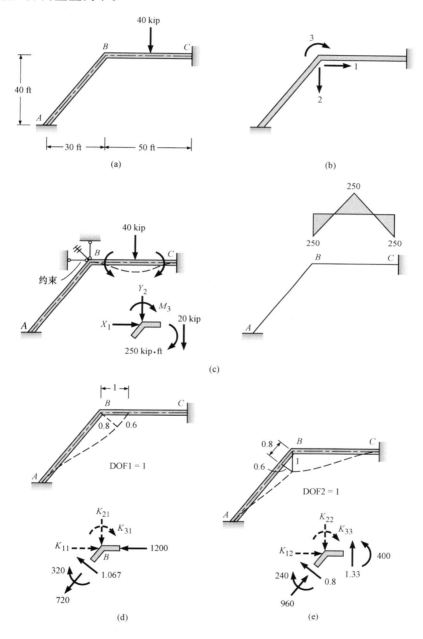

图 18.10 （一）

（a）结构详图；（b）未知节点位移的正向规定；（c）40kip 的荷载在基本体系中引起的力，只有构件 BC 中产生内力，弯矩的单位为 $\text{kip} \cdot \text{ft}$；（d）节点 B 单位水平位移时的刚度系数；（e）节点 B 单位竖向位移时的刚度系数

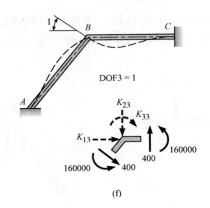

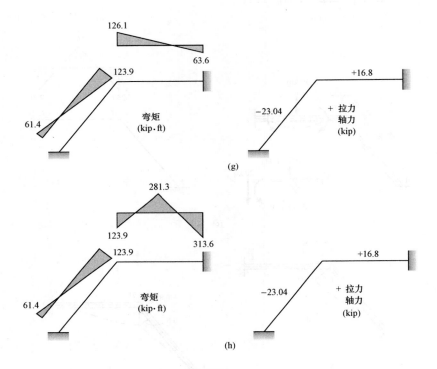

图 18.10（二）

（f）节点 B 单位转角时的刚度系数；（g）节点 B 的实际位移引起的轴力和弯矩图；
（h）最终的结果

解：

　　如图 18.10（b）所示，考虑轴向变形，结构是 3 次超静定的。采用 5 步求解过程如下：

　　第 1 步：分析基本体系。

　　约束节点 B 处的 3 个自由度，框架变为两根固端梁，此时的弯矩如图 18.10（c）所示。由节点 B 隔离体的平衡可得

$$X_1 = 0 \qquad X_1 = 0$$

$$Y_2 + 20.0 = 0 \qquad Y_2 = -20.0$$

$$M_3 + 250.0 = 0 \qquad M_3 = -250.0 \text{kip} \cdot \text{ft} = -3000 (\text{kip} \cdot \text{in})$$

将上面的约束力反号，建立力向量 $\boldsymbol{F}$：

$$\boldsymbol{F} = \begin{bmatrix} 0 \\ 20.0 \\ 3000.0 \end{bmatrix} \tag{18.55}$$

单位是 kip（千磅）和 in（英寸）。

第 2 步：集成整体刚度矩阵。

构件 AB 和 BC 在局部坐标系下的刚度矩阵是相同的，因为它们的参数是相同的。将 EI 和 EA 的值以及长度 $L = 600$in 代入式（18.54）得

$$\boldsymbol{k}' = 10^2 \begin{bmatrix} 1600 & 800 & 4 & -4 & 0 & 0 \\ 800 & 1600 & 4 & -4 & 0 & 0 \\ 4 & 4 & 0.0133 & -0.0133 & 0 & 0 \\ -4 & -4 & -0.0133 & 0.0133 & 0 & 0 \\ 0 & 0 & 0 & 0 & 12 & -12 \\ 0 & 0 & 0 & 0 & -12 & 12 \end{bmatrix} \tag{18.56}$$

自由度 1 上 1in 位移引起得变形如图 18.10（d）所示。局部坐标系下构件 AB 的变形如下：

$$\begin{bmatrix} \theta_A \\ \theta_B \\ \Delta_A \\ \Delta_B \\ \delta_A \\ \delta_B \end{bmatrix} = \begin{bmatrix} 0 \\ 0 \\ 0 \\ 0.8 \\ 0 \\ 0.6 \end{bmatrix} \tag{18.57}$$

构件 BC 的变形为

$$\begin{bmatrix} \theta_B \\ \theta_C \\ \Delta_B \\ \Delta_C \\ \delta_B \\ \delta_C \end{bmatrix} = \begin{bmatrix} 0 \\ 0 \\ 0 \\ 0 \\ 1 \\ 0 \end{bmatrix} \tag{18.58}$$

单位是 rad 和 in。

单元刚度矩阵左乘构件的变形就得到构件的内力。用式（18.56）左乘式（18.57）和式（18.58）可得构件 AB 的内力为

$$
\begin{bmatrix} M_i \\ M_j \\ V_i \\ V_j \\ F_i \\ F_j \end{bmatrix} = \begin{bmatrix} -320.0 \\ -320.0 \\ -1.064 \\ 1.064 \\ -720.0 \\ 720.0 \end{bmatrix} \tag{18.59}
$$

构件 BC 的内力为

$$
\begin{bmatrix} M_i \\ M_j \\ V_i \\ V_j \\ F_i \\ F_j \end{bmatrix} = \begin{bmatrix} 0 \\ 0 \\ 0 \\ 0 \\ 1200.0 \\ -1200.0 \end{bmatrix} \tag{18.60}
$$

式（18.59）和式（18.60）中的下标 i 和 j 分别表示近端和远端节点。将这些端部力反号后，代入到节点 B 的隔离体图中，如图 18.10（d）所示，计算保持节点平衡所需的力。

$$K_{11} - 1200 - 720 \times 0.6 - 1.067 \times 0.8 = 0 \quad 或 \quad K_{11} = 1632.85$$
$$K_{21} + 720 \times 0.8 - 1.067 \times 0.6 = 0 \quad 或 \quad K_{21} = -575.36$$
$$K_{31} + 320.0 = 0 \quad 或 \quad K_{31} = -320.0$$

自由度 2 单位位移引起的变形如图 18.10（e）所示，同理计算构件的变形。
构件 AB：

$$
\begin{bmatrix} \theta_A \\ \theta_B \\ \Delta_A \\ \Delta_B \\ \delta_A \\ \delta_B \end{bmatrix} = \begin{bmatrix} 0 \\ 0 \\ 0 \\ 0.6 \\ 0 \\ -0.8 \end{bmatrix} \tag{18.61}
$$

构件 BC：

$$
\begin{bmatrix} \theta_B \\ \theta_C \\ \Delta_B \\ \Delta_C \\ \delta_B \\ \delta_C \end{bmatrix} = \begin{bmatrix} 0 \\ 0 \\ 1 \\ 0 \\ 0 \\ 0 \end{bmatrix} \tag{18.62}
$$

单元刚度矩阵左乘式（18.61）和式（18.62）的构件变形就得到构件的内力如下
构件 AB：

$$\begin{bmatrix} M_i \\ M_j \\ V_i \\ V_j \\ F_i \\ F_j \end{bmatrix} = \begin{bmatrix} -240.0 \\ -240.0 \\ -0.8 \\ 0.8 \\ 960.0 \\ -960.0 \end{bmatrix} \tag{18.63}$$

构件 BC：

$$\begin{bmatrix} M_i \\ M_j \\ V_i \\ V_j \\ F_i \\ F_j \end{bmatrix} = \begin{bmatrix} 400.0 \\ 400.0 \\ 1.333 \\ -1.333 \\ 0 \\ 0 \end{bmatrix} \tag{18.64}$$

求得了构件的内力后，根据图 18.10（e）中节点 B 的隔离体图，就能够求出各个自由度上为保持节点平衡所需的外力。计算刚度系数如下：

$$K_{12} + 960 \times 0.6 - 0.8 \times 0.8 = 0 \ \text{或} \quad K_{12} = -575.36$$

$$K_{22} - 960 \times 0.8 - 0.8 \times 0.6 - 1.333 = 0 \ \text{或} \quad K_{22} = 796.81$$

$$K_{32} + 240 - 400 = 0 \ \text{或} \quad K_{32} = -160.0$$

最后，在自由度 3 上引入单位位移，得到如下的结果［见图 18.10（f）］。构件 AB 的变形为

$$\begin{bmatrix} \theta_A \\ \theta_B \\ \Delta_A \\ \Delta_B \\ \delta_A \\ \delta_B \end{bmatrix} = \begin{bmatrix} 0 \\ 1 \\ 0 \\ 0 \\ 0 \\ 0 \end{bmatrix} \tag{18.65}$$

构件 BC：

$$\begin{bmatrix} \theta_B \\ \theta_C \\ \Delta_B \\ \Delta_C \\ \delta_B \\ \delta_C \end{bmatrix} = \begin{bmatrix} 1 \\ 0 \\ 0 \\ 0 \\ 0 \\ 0 \end{bmatrix} \tag{18.66}$$

构件 AB 的内力为

$$\begin{bmatrix} M_i \\ M_j \\ V_i \\ V_j \\ F_i \\ F_j \end{bmatrix} = \begin{bmatrix} 80000 \\ 160000 \\ 400 \\ -400 \\ 0 \\ 0 \end{bmatrix} \qquad (18.67)$$

构件 BC：

$$\begin{bmatrix} M_i \\ M_j \\ V_i \\ V_j \\ F_i \\ F_j \end{bmatrix} = \begin{bmatrix} 160000 \\ 80000 \\ 400 \\ -400 \\ 0 \\ 0 \end{bmatrix} \qquad (18.68)$$

根据图 18.10（f）中节点 B 的隔离体图，得到下面的刚度系数：

$$K_{13} + 400 \times 0.8 = 0 \qquad 或 \qquad K_{13} = -320$$
$$K_{23} + 400 \times 0.6 - 400 = 0 \qquad 或 \qquad K_{23} = 160$$
$$K_{33} - 160000 - 160000 = 0 \qquad 或 \qquad K_{33} = 320000$$

将上面的刚度系数组合成矩阵形式，就得到整体刚度矩阵如下：

$$\boldsymbol{K} = \begin{bmatrix} 1632.85 & -575.36 & -320.0 \\ -575.36 & 769.81 & 160.0 \\ -320.0 & 160.0 & 320000.0 \end{bmatrix} \qquad (18.69)$$

第 3 步：求解式（18.1）。

将 $\boldsymbol{F}$ 和 $\boldsymbol{K}$ 代入式（18.1），得到如下方程组：

$$\begin{bmatrix} 1632.85 & -575.36 & -320.0 \\ -575.36 & 796.81 & 160.0 \\ -320.0 & 160.0 & 320000.0 \end{bmatrix} \begin{bmatrix} \Delta_1 \\ \Delta_2 \\ \theta_3 \end{bmatrix} = \begin{bmatrix} 0 \\ 20.0 \\ 3000.0 \end{bmatrix} \qquad (18.70)$$

解式（18.70）得

$$\begin{bmatrix} \Delta_1 \\ \Delta_2 \\ \theta_3 \end{bmatrix} = \begin{bmatrix} 0.014 \\ 0.0345 \\ 0.00937 \end{bmatrix} \qquad (18.71)$$

单位是 rad 和 in。

第 4 步：求出节点位移作用的结果。

单元刚度矩阵乘以图 18.9 中定义的局部坐标系下构件的变形，就得到节点位移作用的结果。根据图 18.10（d）、（e）和（f）之间的几何关系，由整体坐标系下的位移就能计算出构件的变形。下面以计算构件 AB 的轴向变形为例。节点 A 是固定端，所以其轴向变形 δ_A 为 0；单位水平位移，单位竖向位移和单位转角引起的轴向变形 δ_B 分别为 0.6、

−0.8 和 0，因此，式（18.71）得出的节点位移在节点 B 处的轴向变形为
$$\delta_B = 0.014 \times 0.6 + 0.0345 \times (-0.8) + 0.00937 \times 0 = -0.0192$$
同样的方法可得局部坐标系下构件 AB 的 6 个变形分量为
$$\theta_A = 0$$
$$\theta_B = 0.00937$$
$$\Delta_A = 0$$
$$\Delta_B = 0.014 \times 0.8 + 0.0345 \times 0.6 = -0.0319$$
$$\delta_A = 0$$
$$\delta_B = 0.014 \times 0.6 + [0.0345 \times (-0.8)] = -0.0192$$
同理，对构件 BC 有：
$$\theta_B = 0.00937$$
$$\theta_C = 0$$
$$\Delta_B = 0.0345$$
$$\Delta_C = 0$$
$$\delta_B = 0.014$$
$$\delta_C = 0$$

用单元刚度矩阵［式（18.54）］乘以上面的变形，就得到节点位移引起的构件内力。
构件 AB：

$$\begin{bmatrix} M''_{AB} \\ M''_{BA} \\ V''_{AB} \\ V''_{BA} \\ F''_{AB} \\ F''_{BA} \end{bmatrix} = \begin{bmatrix} 736.98 \\ 1486.71 \\ 3.706 \\ -3.706 \\ 23.04 \\ -23.04 \end{bmatrix} \tag{18.72}$$

构件 BC：

$$\begin{bmatrix} M''_{BC} \\ M''_{CB} \\ V''_{BC} \\ V''_{CB} \\ F''_{BC} \\ F''_{CB} \end{bmatrix} = \begin{bmatrix} 1513.29 \\ 763.54 \\ 3.79 \\ -3.79 \\ 16.80 \\ -16.80 \end{bmatrix} \tag{18.73}$$

式（18.72）和式（18.73）的结果的图形在图 18.10（g）中画出，图中弯矩的单位为 kip·ft。

第 5 步：计算最终结果。

将基本体系的结果［见图 18.10（c）］和节点位移作用的结果［见图 18.10（g）］叠

加，就得到最终结果，如图 18.10 (h) 所示。

18.6　整体坐标系下的 6×6 单元刚度矩阵

在一个自由度上引入单位位移（固定其他的节点），然后计算此时保持平衡所需的节点力，这样就能得到结构的刚度矩阵。虽然在手工计算时，这种方法是最有效的，但却不适合计算机程序的应用。

计算机程序实际采用的集成整体刚度矩阵的方法是整体坐标系下的单元刚度矩阵相加。在 17.2 节中分析桁架时，已经讨论过这种方法，即在一个公共的整体坐标系下表示单元刚度矩阵。一旦得到了整体坐标系下的单元刚度矩阵，将它们扩展到和整体刚度矩阵相同的阶数（在需要的地方加上元素均为 0 的行和列），再直接相加即可。

本节将推导一般梁-柱构件在整体坐标系下的单元刚度矩阵，18.7 节将用一个具体的例子来说明如何由这些矩阵直接求和得到结构的整体刚度矩阵。

18.5 节中已经推导出了局部坐标系下梁-柱构件的 6×6 单元刚度矩阵，见式 (18.54)。在整体坐标系下的推导也可以采用同样的方法，即在每个节点引入单位位移，然后计算所需的节点力。然而，因为存在不同的几何关系，这个过程非常繁琐，相比更简便的推导方法是由局部坐标系下的单元刚度矩阵通过 17.7 节中给出的坐标变换公式求出结果。为了后面表述的方便，将坐标变换公式 (17.54) 重复如下为式 (18.74)。

$$k = T^{\mathrm{T}} k' T \tag{18.74}$$

式中　k'——局部坐标系下的单元刚度矩阵 [式 (18.54)]；

　　　k——整体坐标系下的单元刚度矩阵；

　　　T——坐标变换矩阵。矩阵 T 由局部坐标系和整体坐标系之间的几何关系得出，即

$$\delta = T\Delta \tag{18.75}$$

式中　δ、Δ——局部坐标系和整体坐标系下的节点位移向量。

图 18.11 (a) 和图 18.11 (b) 分别是构件 ij 在局部坐标系和整体坐标系下的情况，两种情况下构件端部的平移分量不同，而转角是一致的。

按下面的方法，建立局部坐标系下位移向量 δ 和整体坐标系下位移向量 Δ 之间的关系。图 18.11 (c) 和图 18.11 (d) 分别是用节点 i 整体坐标系下的位移 Δ_{ix} 和 Δ_{iy} 表示其局部坐标系下的位移分量。由图可得

$$\delta_i = (\cos\phi)(\Delta_{ix}) - (\sin\phi)(\Delta_{iy}) \tag{18.76}$$

$$\Delta_i = (\sin\phi)(\Delta_{ix}) + (\cos\phi)(\Delta_{iy}) \tag{18.77}$$

类似地，分别用 Δ_{jx} 和 Δ_{jy} 表示节点 j 在局部坐标系的位移分量 [见图 18.11 (e) 和图 18.11 (f)]，可得如下的表达式：

$$\delta_j = (\cos\phi)(\Delta_{jx}) - (\sin\phi)(\Delta_{jy}) \tag{18.78}$$

$$\Delta_j = (\sin\phi)(\Delta_{jx}) + (\cos\phi)(\Delta_{jy}) \tag{18.79}$$

再加上两个节点转角的恒等式（$\theta_i = \theta_i$ 和 $\theta_j = \theta_j$），得到 δ 和 Δ 的关系如下：

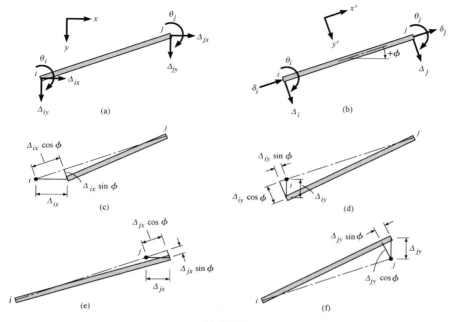

图 18.11

(a) 构件在整体坐标系下的位移分量；(b) 构件在局部坐标系下的位移分量；(c) 用 Δ_{ix} 表示节点 i 局部
坐标系下的位移分量；(d) 用 Δ_{iy} 表示节点 i 局部坐标系下的位移分量；(e) 用 Δ_{jx} 表示
节点 j 局部坐标系下的位移分量；(f) 用 Δ_{jy} 表示节点 j 局部坐标系下的位移分量

$$\begin{bmatrix} \theta_i \\ \theta_j \\ \Delta_i \\ \Delta_j \\ \delta_i \\ \delta_j \end{bmatrix} = \begin{bmatrix} 0 & 0 & 1 & 0 & 0 & 0 \\ 0 & 0 & 0 & 0 & 0 & 1 \\ s & c & 0 & 0 & 0 & 0 \\ 0 & 0 & 0 & s & c & 0 \\ c & -s & 0 & 0 & 0 & 0 \\ 0 & 0 & 0 & c & -s & 0 \end{bmatrix} \begin{bmatrix} \Delta_{ix} \\ \Delta_{iy} \\ \theta_i \\ \Delta_{jx} \\ \Delta_{jy} \\ \theta_j \end{bmatrix} \tag{18.80}$$

其中的 $s=\sin\phi$，$c=\cos\phi$，6×6 矩阵是坐标变换矩阵 $\boldsymbol{T}$。

由式 (18.74)，整体坐标系下的单元刚度矩阵为

$$\boldsymbol{k} = \boldsymbol{T}^{\mathrm{T}} \boldsymbol{k}' \boldsymbol{T}$$

$$= \begin{bmatrix} 0 & 0 & s & 0 & c & 0 \\ 0 & 0 & c & 0 & -s & 0 \\ 1 & 0 & 0 & 0 & 0 & 0 \\ 0 & 0 & 0 & s & 0 & c \\ 0 & 0 & 0 & c & 0 & -s \\ 0 & 1 & 0 & 0 & 0 & 0 \end{bmatrix} \begin{bmatrix} \dfrac{4EI}{L} & \dfrac{2EI}{L} & \dfrac{6EI}{L^2} & -\dfrac{6EI}{L^2} & 0 & 0 \\[2mm] \dfrac{2EI}{L} & \dfrac{4EI}{L} & \dfrac{6EI}{L^2} & \dfrac{6EI}{L^2} & 0 & 0 \\[2mm] \dfrac{6EI}{L^2} & \dfrac{6EI}{L^2} & \dfrac{12EI}{L^3} & \dfrac{-12EI}{L^3} & 0 & 0 \\[2mm] -\dfrac{6EI}{L^2} & -\dfrac{6EI}{L^2} & -\dfrac{12EI}{L^3} & \dfrac{12EI}{L^3} & 0 & 0 \\[2mm] 0 & 0 & 0 & 0 & \dfrac{AE}{L} & -\dfrac{AE}{L} \\[2mm] 0 & 0 & 0 & 0 & -\dfrac{AE}{L} & \dfrac{AE}{L} \end{bmatrix} \begin{bmatrix} 0 & 0 & 1 & 0 & 0 & 0 \\ 0 & 0 & 0 & 0 & 0 & 1 \\ s & c & 0 & 0 & 0 & 0 \\ 0 & 0 & 0 & s & c & 0 \\ c & -s & 0 & 0 & 0 & 0 \\ 0 & 0 & 0 & c & -s & 0 \end{bmatrix}$$

$$
\boldsymbol{k}=\frac{EI}{L}
\begin{bmatrix}
Nc^2+Ps^2 & sc(-N+P) & Qs & -(Nc^2+Ps^2) & -sc(-N+P) & Qs \\
 & Ns^2+Pc^2 & Qc & sc(N-P) & -(Ns^2+Pc^2) & Qc \\
 & & 4 & -Qs & -Qc & 2 \\
\text{关于主对角线对称} & & & Nc^2+Ps^2 & sc(-N+P) & -Qs \\
 & & & & Ns^2+Pc^2 & -Qc \\
 & & & & & 4
\end{bmatrix}
$$

$$(18.81)$$

其中 $\boldsymbol{k}'$ 由式（18.54）求得，$N=A/I$，$P=12/L^2$，$Q=6/L$。

18.7 集成整体刚度矩阵——直接刚度法

得到了整体坐标系下的单元刚度矩阵以后，用第 17 章中的方法将它们直接相加，就得到整体刚度矩阵。为了简化计算，我们将式（18.81）用下面的符号来表示。在第 3 列和第 3 行分块后，式（18.81）可以写成如下的紧凑形式：

$$
\boldsymbol{k}=
\begin{bmatrix}
\boldsymbol{k}_N^m & \boldsymbol{k}_{NF}^m \\
\boldsymbol{k}_{FN}^m & \boldsymbol{k}_F^m
\end{bmatrix}
$$

$$(18.82)$$

其中下标 N 和 F 分别表示构件的近端和远端节点；上标 n 是一个数字，表示在结构简图中相对应的构件。式（18.82）中的每个子阵可由式（18.81）得到，此处不再冗述。

为了说明如何直接求和来集成整体刚度矩阵，我们再次以图 18.10 中的框架为例。前面的例 18.4 已经求出了它的整体刚度矩阵，见式（18.69）。

【例 18.5】 采用直接刚度法集成图 18.10（a）中结构的整体刚度矩阵。

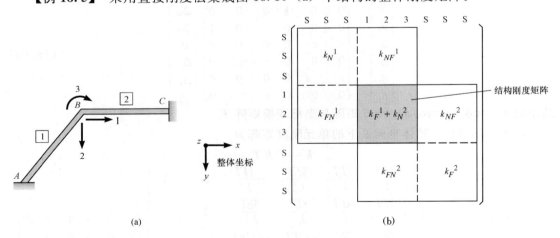

(a) (b)

图 18.12
（a）结构有 3 个自由度；（b）由单元刚度矩阵集成整体刚度矩阵

解：

结构简图如图 18.12（a）所示，图中标出了各个自由度。自由度是按整体坐标 x、y、z 轴的顺序标号的，并且其正方向与坐标轴的正向一致；这种标号顺序是应用特殊形式的式（18.82）所必需的。

结构有 3 个节点，在不考虑支座时，一共有 9 个独立的节点位移分量。如图 18.12 (b) 所示，将两个构件的单元刚度矩阵 [式（18.82）] 插入到 9×9 矩阵的适当位置中。根据具体的支座条件，表示为 S（支座）的行和列可以删除，这样只剩下 3×3 整体刚度矩阵。

如图 18.12 (b) 所示，整体刚度矩阵由单元刚度矩阵表达如下：

$$\boldsymbol{K} = \boldsymbol{k}_F^1 + \boldsymbol{k}_N^2 \tag{18.83}$$

式中　$\boldsymbol{k}_F^1$——构件 1 的远端节点；

　　　$\boldsymbol{k}_N^2$——构件 2 的近端节点。

根据式（18.81），计算式（18.83）中的矩阵如下。对于构件 1，$\alpha = 53.13°$（整体坐标 x 轴的顺时针方向，为正值），因此 $s = 0.8$，$c = 0.6$。

由例 18.4 中的数值得

$$N = \frac{A}{I} = \frac{0.72}{24.0} = 0.03 (\text{in}^{-2})$$

$$P = \frac{12}{L^2} = \frac{12}{600^2} = 33.33 \times 10^{-6} (\text{in}^{-2})$$

$$Q = \frac{6}{L} = \frac{6}{600} = 0.01 (\text{in}^{-1})$$

$$\frac{EI}{L} = \frac{24.0 \times 10^6}{600} = 40000 (\text{kip} \cdot \text{in})$$

对于构件 2，$\alpha = 0°$，$s = 0$，$c = 1$，N、P、Q 和 EI 的值与构件 1 的相同。将这些数值代入式（18.81）可得

$$\boldsymbol{k}_F^1 = \begin{bmatrix} \overset{1}{432.85} & \overset{2}{-575.36} & \overset{3}{-320} \\ -575.36 & 768.48 & -240 \\ -320 & -240 & 160000 \end{bmatrix} \begin{matrix} 1 \\ 2 \\ 3 \end{matrix} \tag{18.84}$$

$$\boldsymbol{k}_N^2 = \begin{bmatrix} \overset{1}{1200} & \overset{2}{0} & \overset{3}{0} \\ 0 & 1.33 & 400 \\ 0 & 400 & 160000 \end{bmatrix} \begin{matrix} 1 \\ 2 \\ 3 \end{matrix} \tag{18.85}$$

最后，将式（18.84）和式（18.85）代入式（18.83），直接求和就得到结构的整体刚度矩阵。

$$\boldsymbol{K} = \begin{bmatrix} 1632.85 & -575.36 & -320 \\ -575.36 & 769.81 & 160 \\ -320 & 160 & 320000 \end{bmatrix} \tag{18.86}$$

上式中矩阵 $\boldsymbol{K}$ 的值和例 18.4 中引入单位位移求得的结果 [式（18.69）] 相同。

总 结

• 本章给出了采用刚度矩阵分析超静定梁和框架结构的 5 个步骤。首先分析结构的基本体系，求出节点约束力后，再求解原结构的平衡方程：

$$\boldsymbol{K}\boldsymbol{\Delta} = \boldsymbol{F}$$

式中 K——整体刚度矩阵；

F——反号后的节点约束力列向量；

Δ——未知节点位移列向量。

- 采用直接刚度法，可以由单元刚度矩阵直接求和集成整体刚度矩阵 K。当只考虑两端节点的转动时，式（18.6）给出了 2×2 单元转动刚度矩阵 $\bar{k}$。18.3 节给出了分析节点无平移的超静定梁和有支撑框架的 5 步求解过程。

- 对节点有平移，但轴向变形可以忽略的构件（见图 18.5），式（18.42）给出了局部坐标系下的 4×4 单元刚度矩阵。

- 在同时考虑弯曲和轴向变形时，每个节点有 3 个自由度，如图 18.9 所示，式（18.54）给出了局部坐标系下的 6×6 单元刚度矩阵 k'。

- 计算机程序要求在整体坐标系下表示单元刚度矩阵，这样直接求和就得到整体刚度矩阵 K。由 k' 通过坐标变换求得式（18.81）中整体坐标系下每个构件的单元刚度矩阵 k 后，将它们相加就得到整体刚度矩阵 K（见 18.7 节）。

习题

P18.1 采用刚度法分析图 P18.1 中的两跨连续梁，并画出剪力和弯矩图。EI 是常数。

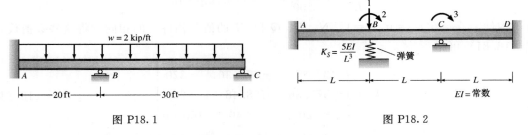

图 P18.1

图 P18.2

P18.2 如图 P18.2 中的连续梁，有自由度 1、2 和 3，写出其整体刚度矩阵。

P18.3 见习题 18.2，若梁 $ABCD$ 承受向下的均布荷载 w，作用于梁的全长，试计算 B 处弹簧中的力。

P18.4 不计轴向变形，确定图 P18.4 中框架的端部弯矩。荷载作用在梁 BC 的跨中。

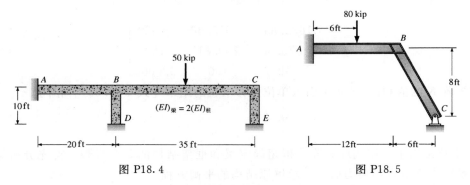

图 P18.4

图 P18.5

P18.5 分析图 P18.5 中的桁架，绘制弯矩图和剪力图。忽略轴向变形。EI 为常数。

P18.6　采用刚度法分析图 P18.6 中的框架，并作出构件的剪力和弯矩图。不计轴向变形。*EI* 是常数。

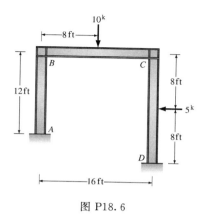

图 P18.6

P18.7　如图 P18.7 中所示的框架，有 3 个自由度，试写出整体刚度矩阵。要求使用单元位移法和式（18.36）的单元刚度矩阵两种方法。已知：$E = 30000\text{kip/in}^2$，$I = 500\text{in}^4$，$A = 15\text{in}^2$。

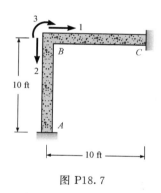

图 P18.7

P18.8　用整体坐标系下的单元刚度矩阵法直接求和，求解习题 P18.7。

附录 A

术语

绝对抗弯刚度：一端铰接、一段固定的梁在铰接点产生 1rad 时所需的弯矩。

支柱：将荷载从结构构件的底部传递到基础的端墙或构件。

基底剪力：作用于建筑各楼层并被传递到基础的侧向总惯性力或总风荷载。

梁柱：承受轴力与弯矩的柱子。当轴力较大时，会降低柱子的抗弯刚度。

承重墙：结构墙，通常由钢筋砌体或钢筋混凝土建造，承担楼板与屋盖荷载。

柏努利法则：气流在其路径上穿过障碍物时，风速的增加会降低气压。确定建筑物外墙或屋盖的风载设计值时，建筑规范考虑了这一影响。

箱梁：矩形中空梁，通过除去构件中心的材料降低重量，但是刚度没有明显变化。

支撑框架：一种节点能够自由旋转但不能侧向移动的框架结构。剪刀撑、与剪力墙或固定支座的连接约束了侧向位移。

屈曲：柱子、板、壳体处于压力状态时的一种破坏模型。当达到屈曲荷载时，初始形状不再稳定且将发生弯曲变形。

建筑规范：在指定区域内控制设计与建造的一系列规定。它的这些规定为建筑与其他结构确定了最低的建筑、结构、机械、电气的设计要求。

垂度：索与其弦的竖向距离。

库谱儿 E80 荷载：此荷载包含在 AREMA 手册中，面向铁道工程。该荷载由两列机车车轮荷载构成，车轮后面是以均布荷载表示运货车厢的重量。

剪刀撑：X 形状的轻型构件，它从柱子的顶部到邻近柱子的底部。该支撑与楼板梁和柱协同工作，像桁架一样将侧向荷载传递到基础并减小侧向位移。

恒荷载：也称作重力荷载。该荷载与结构以及它的组成如墙、地板、公共设施管道、通风管道等相关。

斜撑：参见剪刀撑。

薄膜效应：浅地板与屋盖板将面内荷载传递到支撑构件上的能力。

延性：材料或结构能承受变形而没有破坏的能力。延性是脆性的对立性能。

动力分析：该分析考虑了结构运动产生的惯性力。动力分析要求结构在建模时考虑刚度、质量与阻尼的影响。

极限设计荷载：该荷载通过将设计荷载乘以荷载系数得到——通常大于 1（部分为安全系数）。

一阶分析：结构分析基于结构的初始几何形状，假定变形没有影响。

柔度系数：单位荷载和弯矩产生的位移。

板梁：板系中跨度方向上的横向构件。板梁通常承受纵梁的荷载并将其传递到主要结构构件的节点，如桁架、主梁、拱。

隔离体图：结构或部分结构的草图，显示分析所需的荷载与尺寸。

几何可变：指支撑结构不能约束刚体在任何方向上的位移。

主梁：通常支撑一个或多个次梁的大型梁。

重力荷载：参见恒荷载。

节点板：通常用来形成桁架节点的连接板。构件之间的内力通过节点板传递到节点。

飓风区：指能发生很大风速的（144.8km/h 或是更大）的沿海地区。

理想结构：简化的结构略图——通常只有线条——显示荷载、尺寸以及假定的支座条件。

冲击：运动物体施加的荷载，即动能转化为附加力。动能大小是物体质量和速度平方的函数。

超静定结构：指运用静力方程不能确定其反力与内力的结构。

惯性力：运动物体因为其自身的质量产生的力。

动能：运动物体所具有的能量。它的大小随速度的平方与质量的变化而变化。

背风面：风荷载直接作用的建筑物表面的对立面。

连杆：参见二力杆。

活荷载：能移动至或离开结构的荷载，如家具、车辆、人、供应品等。

荷载系数：安全系数的一部分，用于确定强度设计中的构件尺寸，该设计是基于构件的破坏强度。

薄膜应力：在荷载作用下，壳体或板在其面内产生的应力。

弹性模量：材料刚度的测量标准，定义为应力与应变的比值，用字母 E 表示。

单体弯矩曲线：由各个独立荷载作用在已知几何形状和质心的简单几何形状而得到的弯矩图。

惯性矩：横截面区域的性质，是截面抗弯刚度的测量标准。

整体结构：结构的所有部分以一连续的整体工作。

固有周期：结构运动一个周期所需要的时间。

变截面：构件的横截面随着纵轴的长度发生变化。

$P\text{-}\Delta$ 效应：由于构件纵轴发生侧向位移，轴力产生了附加的弯矩。

节点：楼板梁与主梁或桁架形成的节点。也指桁架的节点。

荷载图：确定活荷载在某个区域内使结构某个断面的内力最大时的位置。运用影响线可以实现该目的。

墩台：承受结构支座的荷载并将其传递到基础的混凝土墙或砌体墙。

平面结构：结构的所有构件都位于一个平面内。

反弯点：梁轴向上曲率从正变到负的那一点。

预应力：通过拉紧的杆或索锚固到构件上，使构件产生有益的应力。

叠加原理：一系列荷载作用下产生的应力与变形和各个荷载单独得到的效应叠加结果是一样的。

刚框架：柔性构件通过刚性节点组成的结构。

二阶振型分析：基于节点位移影响的分析。节点位移是由于荷载作用在结构上使其经历较大位移。

截面模数：截面的性质，衡量构件承受弯矩的能力。

地震荷载：与地震相关的地面运动引起的荷载。

使用荷载：建筑规范规定的具体设计荷载。

可靠性：在所有荷载条件下，结构安全使用的能力。

抗剪连接：该结合面能够传递剪力，但不能传递弯矩。尤其是指连接到柱的梁或者是其他的梁的腹板的扣角钢能传递此荷载。

剪力墙：刚度很大的结构墙，承担所有楼层的侧向荷载并将其传递到基础。

侧移：结构在荷载作用下节点发生自由侧向位移。

长细比：参数 l/r（l 是构件的计算长度，r 是回转半径）衡量构件的长细比。当长细比增大时柱子的抗压强度会下降。

静风压：是一个均匀分布的荷载数值，这个数值是建筑规范中表示由风作用在外墙或房顶的压力。这个压力是一个关于给定区域的风速、海拔高度和地表粗糙度的函数。

应变：长度的变化值与原长度比值。

应力：单位面积上的力。

纵梁：桥梁的纵方向梁，将桥面支持在其上翼缘，并将荷载传递到横向桥面梁上。

从属面积：某一梁或柱所承受的板或墙的面积。对于柱子，通常是柱子周围的板中心线围成的区域。

二力杆：只承担轴力的构件。在构件端点之间没有荷载作用。

无支撑框架：框架的侧向刚度只取决于构件的抗弯刚度。

空腹桁架：具有刚性节点、没有斜撑构件的桁架。这类构件的弦将承受剪力并产生很大的弯曲应力。

虚位移：外力产生的位移。用于虚功法中。

虚功：基于功-能原理计算某构件的一个位移的方法。

涡流脱落：气流通过构件表面时摩擦抑制气流产生的一种现象。先前被抑制的小气团在离开构件时加速，气压的循环变化导致构件振动。

腹板连接：参见剪力连接。

抗风支撑：该支撑体系的目的是将侧向风荷载传递到基础，并减小风荷载引起的位移。

迎风面：面向风向的建筑物侧面。风荷载在迎风墙上产生直接应力。

功-能原理：一种定理，表达如下：变形的结构所具有的能量等于作用于结构上的外力所做的功。

零杆：桁架杆，在某一荷载条件下处于无应力状态。

附录 B

奇数习题答案

第 2 章

2. 1　900lb/ft

2. 3　1. 66kip/ft

2. 5　(a)方法 1：$A_{B1}=600ft^2$；

　　　方法 2：$A_{B1}=500ft^2$；

　　　(b)$A_{c2}=2200ft^2$

2. 7　43. 03kip

2. 9　(a)$I=20\%$,

　　　(b)2300lb, (c)1000lb

2. 11　迎风墙压力：$0\sim15'$为 8. 43psf，15'

　　　$\sim16'$为 9. 17psf，迎风屋顶压力为 p

　　　$=3. 44psf\searrow$

2. 13　(a)迎风墙压力 $p'_0=34. 4psf$，$p'_{35}=$

　　　39. 7psf，$p'_{70}=44. 7psf$，$p'_{105}=$

　　　48psf，$p'_{140}=50. 7psf$.

2. 15　$V=810kip$

2. 17　313. 6lb/ft

第 3 章

3. 1　$R_{AX}=6kip\rightarrow$，$R_{AY}=8. 62kip\uparrow$，

　　　$R_{BY}=19. 38kip\uparrow$

3. 3　$R_{AX}=4. 2kN\rightarrow$，$R_{AY}=34. 4kN\uparrow$

3. 5　$R_{AX}=0$，$R_{AY}=0. 83kip\downarrow$，

　　　$R_{CY}=0. 83kip\uparrow$

3. 7　$M_A=12kN\cdot m\,\circlearrowright$，$R_{CY}=7kN\,\uparrow$，

$R_{DY}=3kN\downarrow$

3. 9　$R_{AX}=1. 33kip\leftarrow$，$R_{AY}=5kip\uparrow$

　　　$R_{EX}=4. 67kip\leftarrow$，$R_{EY}=11kip\uparrow$

3. 11　$R_{AX}=15kip\leftarrow$，$R_{AY}=7. 5kip\uparrow$，

　　　$R_{CY}=81. 5kip\uparrow$，$R_{DY}=56kip\uparrow$，

　　　$R_{BY}=13kip\uparrow$，$R_{BY}=0$

3. 13　$R_{AX}=9kN\rightarrow$，$R_{AY}=12kN\uparrow$，

　　　$R_{GX}=9kN\rightarrow$，$R_{GY}=0$

3. 15　$R_{AY}=4kN\,\uparrow$，$R_{CY}=80kN\uparrow$，

　　　$R_{EY}=4kN\uparrow$，$M_E=16kN\cdot m\,\circlearrowright$

3. 17　$R_{AX}=75kN\leftarrow$，$R_{BY}=152. 25kN\uparrow$，

　　　$R_{AX}=39. 75kN\uparrow$

3. 19　$R_{AX}=450kip\rightarrow$，$R_{AY}=675kip\uparrow$

3. 21　$R_{AX}=5kip\leftarrow$，$R_{AY}=10. 44kip\downarrow$

　　　$R_{DX}=6. 6kip\leftarrow$，$R_{DY}=2. 44kip\uparrow$

3. 23　$R_{AX}=21. 6kip\rightarrow$，$R_{AY}=5. 13kip\downarrow$，

　　　$R_{CY}=0. 27kip\downarrow$

3. 25　$R_{AX}=6. 25kip\rightarrow$，$R_{AY}=20kip\uparrow$，

　　　$M_A=0$，$R_{FX}=6. 25kip\leftarrow$，

　　　$R_{FY}=20kip\uparrow$

3. 27　$R_{AX}=8kip\leftarrow$，$R_{AY}=65. 83kip\uparrow$，

　　　$R_{DY}=121. 37kip\uparrow$

3. 29　$R_{AX}=10kip\leftarrow$，$R_{AY}=90kN\uparrow$，

　　　$R_{BY}=70kN\downarrow$，$E_X=30kN$，

　　　$E_Y=105kN$

3.31 $R_{AX} = 5.6\text{kip} \rightarrow, R_{AY} = 5.6\text{kip} \uparrow,$
$R_{CX} = 25.6\text{kip} \leftarrow, R_{CY} = 38.4\text{kip} \uparrow,$
$R_{EX} = 20\text{kip} \rightarrow, R_{EY} = 40\text{kip} \uparrow$

3.33 (a)超静定,1°;(b)超静定,3°;
(c)不稳定;(d)超静定,2°;
(e)超静定,3°;(f)超静定,4°

3.35 $R_{AX} = 20\text{kip} \leftarrow, R_{AY} = 75\text{kip} \uparrow,$
$M_A = 760\text{kip} \cdot \text{ft} \curvearrowright,$
$F_{BF} = 29.73\text{kip(C)},$
$F_{CG} = 11\text{kip(C)}, F_{DE} = 64\text{kip(T)}$

3.37 $R_{AX} = 0, R_{AY} = 100.8\text{kip} \uparrow,$
$R_{BY} = 259.2\text{kip} \uparrow,$
$R_{EY} = 257.3\text{kip} \uparrow,$
$R_{FY} = 132.7\text{kip} \uparrow$

第4章

4.1 (a)稳定,二阶超静定;
(b)二阶超静定;(c)不稳定;
(d)静定;(e)几何形不稳定;
(f)稳定,静定;(g)稳定,静定

4.3 $F_{AB} = 20\text{kN}, F_{AG} = 15\text{kN},$
$F_{DF} = 0, F_{EF} = 25\text{kN}$

4.5 $F_{AJ} = 17.5\text{kip}, F_{CD} = -15\text{kip},$
$F_{DG} = -45.96\text{kip}$

4.7 $F_{BC} = 125\text{kip}, F_{BD} = -125\text{kip}$

4.9 $F_{AB} = 38.67\text{kip}, F_{AC} = 4.81\text{kip}$

4.11 $F_{AB} = -14.12\text{kip}, F_{CE} = 30\text{kip}$

4.13 $F_{BH} = -26.5\text{kip}, F_{CG} = 6.5\text{kip},$
$F_{EF} = 4.7\text{kip}$

4.15 $F_{AB} = 104\text{kip}, F_{CG} = 42.67\text{kip},$
$F_{CF} = -20.87\text{kip}$

4.17 $F_{AB} = 0, F_{GF} = 17.5\text{kip},$
$F_{IC} = -3.54\text{kip}$

4.19 $F_{AB} = -42\text{kN}, F_{AD} = 0,$
$F_{BF} = 59.4\text{kN}$

4.21 $F_{AB} = -34.67\text{kN}, F_{BG} = -2\text{kN},$
$F_{ED} = 46.67\text{kN}$

4.23 $F_{AB} = 123.8\text{kN}, F_{AF} = -39.6\text{kN}$

4.25 $F_{AB} = 124.9\text{kip}, F_{CQ} = 0,$
$F_{CF} = -49.5\text{kip}$

4.27 不稳定

4.29 $F_{AB} = 24\text{kip}, F_{FE} = 0$

4.31 $F_{AB} = -7.2\text{kip}, F_{FE} = 5.625\text{kip}$

4.33 $F_{AB} = 14.85\text{kip}, F_{CG} = -17.57\text{kip}$

4.35 $F_{AB} = -18\text{kip}, F_{BD} = 18\text{kip},$
$F_{AD} = -30\text{kip}$

4.37 $F_{BF} = 40\text{kip}, F_{BL} = -135\text{kip},$
$F_{CD} = 145\text{kip}$

4.39 $F_{IJ} = -13.33\text{kN}, F_{MC} = 6.67\text{kN}$

4.41 $F_{AB} = 40\text{kip}, F_{IH} = -50\text{kip},$
$F_{GF} = -40\text{kip}$

4.43 $F_{AB} = 5\text{kN}, F_{IE} = -48.47\text{kN},$
$F_{CG} = 12\text{kN}$

4.45 $F_{AB} = -25\text{kN}, F_{BC} = -20\text{kN},$
$F_{CF} = -5\text{kN}$

4.47 $F_{AB} = -30\text{kip}, F_{DE} = -40\text{kip},$
$F_{CI} = 8\text{kip}$

4.49 $F_{AB} = -60\text{kN}, F_{CE} = -150\text{kN}$

4.51 $F_{AJ} = 30\text{kN}, F_{JI} = 108.66\text{kN},$
$F_{EH} = 40.75\text{kN}$

4.53 情况1,节点1:$\delta_x = 0.0\text{in}$;
节点2:$\delta_x = 0.492\text{in}, \delta_y = 0.11\text{in}$。
情况2,当 $A = 6\text{in}^2$ 时,$\delta_x = 0.217\text{in}$

4.55 (a)$F_1 = 64.8\text{kip}, F_2 = 71.9\text{kip},$
$F_{8,9} = 54\text{kip}, F_{10} = -24\text{kip},$
$F_{11} = 21.5\text{kip}, F_{12} = 0,$
$\Delta_{MIDSPAN} = 0.892\text{in}$;
(b)$F_{5,6} = 57\text{kip},$
$M_{@jt.6} = 7.22\text{ft} \cdot \text{kip},$
$\sigma_{\max} = 63.2\text{ksi}$

第5章

5.1 $V_{B-C} = -53.75\text{kip},$
$M_B = -53.5\text{ft} \cdot \text{kip},$
$M_C = -187.5\text{ft} \cdot \text{kip}$

5.3 $V = 1 - \dfrac{x^2}{4}$; $M = 12 + x - \dfrac{x^3}{12}$

5.5 开始于 B 点，BC 段；
$$V=-4-3x; M=-16-4x-\frac{3}{2}x^2$$

5.7 BC 段；$0 \leqslant x \leqslant 3$；开始于 B 点；
$$V=17.83-5x;$$
$$M=-40+37.83x-\frac{5}{2}(4+x)^2$$

5.9 BC 构件；$0 \leqslant x \leqslant 16$；开始于 B 点；
$$M=-60+48x-3x^2$$

5.11 $V_{BC}=\frac{2}{9}x^2-8.67,$
$$M_{BC}=8.67x-\frac{2x^3}{27}$$

5.13 $M_{max}=218.4$ kip • ft

5.15 D 点 $M_{max}=-650$ kip • ft

5.17 D 点 $V_{max}=87.7$ kip，
从 D 点开始 11.87ft 处 $M_{max}=481.3$kip • ft

5.19 节点 C 左侧 $V_{max}=-462$kip • ft

5.21 $R_{DY}=32$kip ↑，$R_{EX}=6$kip←，
$R_{EY}=22$kip↑，
从 D 点开始 10.67ft 处，
$M_{max}=170.67$kip • ft

5.23 $M_A=120$kN • m ↺，
$R_{AY}=15$kN ↑，$R_{DY}=15$kN ↑

5.25 $M_A=140$kip • ft ↻，$R_{AX}=4$kip→，
$R_{AY}=42$kip ↑

5.27 $R_{AX}=2$kip→，$R_{AY}=8$kip ↑，
$R_{CX}=2$kip ←

5.29 $M_A=33.36$kN • m ↻，
$R_{AY}=13.33$kN ↑，
$B_Y=11.67$kN ↓，
$R_{CY}=76.67$kN ↑，$R_{EY}=0$

5.31 $R_{BY}=15.19$kip ↑，
$R_{CY}=10.5$kip ↑，
从 BC 段的 B 点开始 2.62ft 处 $M_{max}=13.76$kip • ft

5.33 $R_{AY}=18.85$kip ↑，
$R_{BY}=85.49$kip ↑，

$R_{CY}=27.66$kip ↑

5.35 max$+M=52.12$kip • ft，
max$-M=47.96$kip • ft

5.37 $R_{AY}=10.4$kip ↓，$R_{BY}=23.4$kip ↑，
$R_{EY}=18.2$kip ↑，
$R_{FY}=5.2$kip ↓，
$M_{max}=-104$kip • ft

5.39 $R_{AY}=R_{HY}=6$kip ↑，
$M_{max}=\pm 18$kip • ft

5.41 $R_{AY}=21$kip ↑，$R_{DX}=24$kip ←，
$R_{DY}=3$kip ↑

5.43 $R_{BY}=R_{CY}=10$kip ↑，
$M_{max}=-42.7$kip • ft

5.45 $M_{CB}=120$kip • ft，
$M_{CE}=200$kip • ft，
$M_{CD}=-80$kip • ft，
$M_A=120$kip • ft ↺，
$R_{AY}=20$kip ↓，$R_{EY}=40$kip ↑

5.47 BE 构件：$M_{max}=34.03$kip • ft，
$M_{BA}=18$kip • ft，
$M_{BC}=0$，$M_{BE}=-18$kip • ft

5.49 $M_{max}=908.3$kip • ft，
$V_{max}=244.8$kip。

5.51 (a)超静定，2°；(b)不稳定；
(c)超静定，3°；(d)超静定，6°；
(e)静定；(f)超静定，9°

5.53 梁 1：$R_{AY}=R_{BY}=10.5$kip ↑
梁 2：$R_{AY}=R_{CY}=7.5$kip ↑

5.55 (a)$R_{1X}=25.395$kip，
$R_{1Y}=25.395$kip，$M_1=0$
$R_{4X}=-31.395$kip，$R_{4Y}=82.25$kip，
$M_4=0$
(b)梁跨中的垂直挠度为 1.179in，
实际应用轮外倾角为 1.25in

第 6 章

6.1 $A_Y=60$kip，$A_X=75$kip，
$T_{AB}=96$kip，

$T_{BC}=80.78\text{kip}$,悬索长 114.3ft

6.3　$A_Y=400\text{kip}$, $A_X=447.4\text{kip}$,
$h_B=44.7\text{ft}$

6.5　$A_X=B_X=2160\text{kip}$, $A_Y=0$,
$B_Y=1440\text{kip}$,
$T_{\max}=2531.4\text{kip}$

6.7　$T=28.02\text{kip}$

6.9　悬索力 = 38.2 kip,柱力=15kip

6.11　$A_Y=37.67\text{kN}$, $T_{\max}=100.65\text{kN}$,
$H=93.33\text{kN}$,
$B_Y=14.33\text{kN}$

6.13　$A_X=78.75\text{kN}$, $A_Y=18\text{kN}$,
$T_{\max}=80.78\text{kN}$

6.15　所需拉力环的重量=11.78kip,
$T_{\max}=25.28\text{kip}$,
$A_{CABLE\ REQUIRED}=0.23\text{in}^2$

第 7 章

7.1　$h=12\text{ft}$ 处 $T=969.33\text{kip}$;
$h=24\text{ft}$ 处 $T=576.28\text{kip}$;
$h=36\text{ft}$ 处 $T=486.6\text{kip}$;
$h=48\text{ft}$ 处 $T=424.53\text{kip}$;
$h=48\text{ft}$ 处 $T=402.5\text{kip}$

7.3　$A_X=48.3\text{kN} \rightarrow$, $A_Y=48.3\text{kN} \uparrow$,
$C_X=48.3\text{kN} \leftarrow$, $C_Y=88.26\text{kN} \uparrow$

7.5　$A_Y=27.29\text{kip}$, $C_Y=12.71\text{kip}$,
$T=16.95\text{kip}$

7.7　$A_X=20\text{kip} \rightarrow$, $A_Y=30\text{kip} \uparrow$,
$E_X=20\text{kip} \leftarrow$, $E_Y=30\text{kip} \uparrow$,
$F_B=25\text{kip} \swarrow$, $V_B=0$, $M_B=0$,
$F_D=34\text{kip} \searrow$, $V_B=12\text{kip} \swarrow$,
$M_D=75\text{kip} \cdot \text{ft} \circlearrowright$

7.9　$A_X=30.5\text{kN} \rightarrow$, $A_Y=38.75\text{kN} \uparrow$,
$C_X=12.5\text{kN} \leftarrow$, $C_Y=21.25\text{kN} \uparrow$

7.11　情况 A: $A_X=67.5\text{kN} \rightarrow$,
$A_Y=G_Y=45\text{kN} \uparrow$,
$G_X=67.5\text{kN} \leftarrow$, $F_{AM}=22.5\text{kN}$,
$F_{BL}=15\text{kN}$,
$F_{ML}=22.5\text{kN}$, $F_{LK}=F_{KD}=67.5\text{kN}$

情况 B: $A_X=37.5\text{kN} \rightarrow$,
$A_Y=25\text{kN} \uparrow$,
$C_X=97.5\text{kN} \leftarrow$, $C_Y=65\text{kN} \uparrow$,
$F_{DE}=205.55\text{kN}$,
$F_{EF}=156.21\text{kN}$, $F_{FG}=137.88\text{kN}$

7.13　$P=46.67\text{kN}$, $y_1=8\text{m}$

7.15　$y_B=7.73\text{m}$, $y_C=11.7\text{m}$,
$y_E=5.4\text{m}$

7.17　节点 4 处 max. $\Delta_X=4.23\text{in} \rightarrow$,
节点 18 处 max. $\Delta_Y=5.88\text{in} \downarrow$

第 8 章

8.1　R_A 方向:A 点为 1,D 点为 0;
M_C:A 点为 0,跨中为 5kip·ft

8.3　R_A:A 点为 1,D 点为 $-\dfrac{2}{7}$;
M_B:A 点为 0,
B 点为 $-\dfrac{24}{7}$; V_C:B 点为 $-\dfrac{4}{7}$,
D 点为 $-\dfrac{2}{7}$

8.5　V_E:C 点为 0.5,G 点为 -0.5

8.7　R_A 方向:B 点为 1.5,C 点为 1,D 点
为 0,E 点为 -0.5;
R_D 方向:B 点 0.5,C 点为 0,D 点为
1,E 点为 -1.5;
M_D:E 点为 -5, M_C:B 点为 -5, V_C:
B 点为 0.5,E 点为 -0.5

8.9　F_{CE}:A 点为 0,D 点为 -2.29
R_{AY}:A 点为 1,B 点为 0.5,C 点为 0,
D 点为 -1.5
M_B:A 点为 0,B 点为 2,C 点为 0,D
点为 -1.5

8.11　M_A:A 点为 0,B 点为 $-12\text{kip} \cdot \text{ft}$,
D 点为 6kip·ft;
R_A:A 点为 1,B 点为 1,D 点为
-0.5

8.13　R_C:A 点为 0,B 点为 1.4,D 点
为 0.5;

M_D：A 点为 0，B 点为 -8kip·ft，D 点为 5kip·ft

8.15 V_{AB}：B 点为 0.8，C 点为 0.6

      M_E：C 点为 9.8，E 点为 9.6

8.17 V_{BC}：A 点为 -2，铰接处为 0.625，D 点为 0.25；

      M_C：A 点为 -8，铰接处为 10

8.19 R_1：B 点为 1，C 点为 $\frac{2}{3}$；V（I 右侧）：C 点为 $\frac{2}{3}$；

      V_{CE}：D 点为 $-\frac{1}{2}$，C 点为 $\frac{1}{3}$，E 点为 $\frac{1}{3}$

8.21 R_A：B 点为 0.8，D 点为 0.4；

      M_D：B 点为 2，D 点为 6；

      V_A：B 点为 0.8，D 点为 0.4

8.23 A_Y：A 点为 1.0，B 点为 0.342，C 点为 0；

      A_X：A 点为 0，B 点为 0.658，C 点为 0

8.25 M_A：A 点为 1，B 点为 -1，C 点为 0；

      R_F：A 点为 0，B 点为 2，C 点为 0；

      V_1：-0.75；截面 1 为 0.25，B 点为 -1；

      M_1：A 点为 0，截面 1 为 0.375，B 点为 -15；

      $R_A = 200$kN ↓，$R_F = 800$kN ↑

8.27 B 点：柱轴力 $= -1$kip，索作用力 $= 1.346$kip

8.29 A_X 方向：B 点为 0，截面 1 为 0.28，C 点为 0，D 点为 0；

      A_Y 方向：B 点为 1，截面 1 为 0.979，C 点为 0.5，D 点为 0；

      $M_{截面1}$ 方向：B 点为 0.479，C 点为 -11.5，D 点为 0

8.31 F_{DE} 方向：0，-0.25，-0.5，-0.75，-1，-0.5，0；

F_{DI} 方向：0，-0.208，-0.417，-0.625，0.417，0.208，0；

F_{EI} 方向：0，0.083，0.167，0.25，0.33，0.167，0；

F_{IJ} 方向：0，0.375，0.75，1.12，0.75，0.375，0

8.33 B 点 $F_{AD} = -\dfrac{5}{11}$，

      B 点 $F_{EF} = -0.566$，

      M 点 $F_{EM} = 0.884$，

      B 点 $F_{NM} = -0.75$

8.35 L 点 $F_{CD} = -\dfrac{2}{3}$，

      J 点 $F_{CD} = +\dfrac{2}{3}$；

      M 和 J 点 $F_{BL} = -\sqrt{2}/3$

8.37 C 点荷载：$F_{BC} = 0$，

      $F_{CA} = -0.938$kip，

      $F_{CD} = 0.375$kip，$F_{CG} = 0.375$kip

8.39 C 点荷载：$F_{AL} = 0$，$F_{KJ} = 0.75$kip

8.41 $M_{max} = 208.75$kip·ft，

      $V_{max} = 33.33$kip

8.43   (a) $V_{max} = 49.67$kN，

      $M_{max} = 280.59$kN·m；

      (b) 跨中处 $M_{max} = 276$kN·m

8.45 $M_{max} = 323.26$kip·ft，

      $V_{max} = 40.2$kip

8.47 B 点，$V = 60$kN；C 点，$V = 39$kN；D 点，$V = 24$kN

8.49   (a) C 点右侧 2.4ft $\Delta_{max} = 107400000/EI$ ↓；

      (b) 跨中 $\Delta_{max} = 108749000/EI$ ↓

第 9 章

9.1 $\theta_B = -PL^2/2EI$；$\Delta_B = PL^3/3EI$

9.3 x 点 $\Delta_{max} = 0.4725L$；

     $\Delta_{max} = -0.094ML^2/EI$

9.5 $\theta_A = \dfrac{ML}{24}$，$\theta_C = \dfrac{ML}{24}$

9.7 $\theta_A = \theta_C = -960/EI$,
$v_B = 3840/EI \uparrow$, $v_C = 7680/EI \uparrow$

9.9 $\theta_A = -40/EI$, $\theta_C = 40/EI$,
$v_B = 106.67/EI \downarrow$

9.11 $\theta_A = 360/EI$, $\Delta_A = 1800/EI \downarrow$,
跨中处 $\Delta_E = 540/EI \uparrow$

9.13 $\theta_A = 114PL^2/768EI$,
$v_B = 50PL^3/1536EI \downarrow$

9.15 $\theta_C = -282/EI$, $\Delta_C = 1071/EI \downarrow$

9.17 $\theta_B = 0$, $\Delta_B = 0.269\text{in} \downarrow$, $\theta_D = 0$,
$\Delta_D = 0.269\text{in} \downarrow$

9.19 $P = 5.184\text{kip}$

9.21 $\theta_D = 216/EI \rightarrow$, $\Delta_{BV} = 0$

9.23 $\theta_C = 0.00732\text{rad}$,
$\Delta_{CV} = -0.903\text{in} \downarrow$,
$\Delta_{DH} = 0.309\text{in} \rightarrow$

9.25 $\Delta_C = 1728/EI \uparrow$

9.27 $\theta_A = 450/EI$, $\Delta_{DH} = 2376/EI \rightarrow$,
$\Delta_{DV} = -1944/EI \downarrow$

9.29 $\theta_B = 0.0075\text{rad}$, $v_D = 0.07\text{m} \uparrow$

9.31 $\theta_B = -607.5/EI$,
$\Delta_B = 3645/EI \downarrow$

9.33 $\theta_C = -67.5/EI$, $\Delta_C = 175.5/EI \downarrow$,
$\Delta_{max} = 54/EI \uparrow$

9.35 $M@A$ 处 $K = 3.20EI/L$,
$M@B$ 处 $K = 5.33EI/L$

9.37 $\Delta_{max} = -444.8/EI$, $\theta_{BL} = -72/EI$,
$\theta_{BR} = -48/EI$

9.39 $\theta_{BL} = 90/EI$, $\theta_{BR} = 95/EI$,
$\Delta_B = 720/EI \downarrow$,
$\Delta_{max} = 1272/EI \downarrow$

9.41 $\theta_B = -87.2/EI$, $\Delta_C = 1628/EI \downarrow$

9.43 $0.312\text{in} \uparrow$

9.45 $I_{REQ'D} = 2038.6\text{in}^4$

第 10 章

10.1 $\delta_{BH} = 0.70\text{in} \rightarrow$, $\delta_{BV} = 0.28\text{in} \uparrow$

10.3 $\delta_{CH} = 0.02\text{m} \rightarrow$, $\delta_{CV} = 0$

10.5 $\delta_{BH} = 0.298\text{in} \rightarrow$,

$\delta_{BV} = 0.198\text{in} \downarrow$

10.7 $P = 1.488\text{kip}$

10.9 $\delta_{BV} = 1.483\text{in} \downarrow$

10.11 $\delta_{CV} = 0.41\text{in} \downarrow$, $\delta_{CH} = 0$

10.13 (a) $\delta_{DV} = 0.895\text{in}$;
(b) $\delta_{BH} = 8/3\text{in}$

10.15 (a) $\delta_{EH} = 0.18\text{in} \rightarrow$,
$\delta_{EV} = 0.135\text{in} \uparrow$;
(b) $\delta_{EV} = 0.18\text{in} \uparrow$

10.17 $\delta_{CV} = 8.6\text{in} \downarrow$, $\delta_{CH} = 15.4\text{in} \rightarrow$

10.19 跨中 $\delta = 0.86\text{in} \downarrow$,
$\theta_A = 0.00745\text{rad}$.

10.21 $\delta_B = 24468.7/EI$,
$\theta_C = 2568.75/EI$

10.23 $\delta_C = 1.034\text{in} \downarrow$

10.25 $\delta_{AH} = 2\text{in} \rightarrow$

10.27 (a) $\delta_{BH} = 1\text{in} \rightarrow$, $\delta_{BV} = 3/4\text{in} \uparrow$;
(b) $\Delta\theta_{BC} = 0.004167\text{rad}$

10.29 $\delta_{CH} = 25.4\text{mm} \rightarrow$,
$\delta_{CV} = 30.3\text{mm} \downarrow$

10.31 $\theta_B = 0.00031\text{rad}$,
$\delta_{CH} = 44.1\text{mm} \rightarrow$

10.33 $\delta_{BH} = 1.175\text{in} \rightarrow$, $\delta_{BV} = 0.883\text{in} \downarrow$

10.35 $\delta_{CV} = 76.3\text{mm} \downarrow$

10.37 $\delta_{BV} = 1.13\text{in} \downarrow$, $\delta_{CH} = 0.096\text{in} \leftarrow$

10.39 (a) $\delta_{BV} = 0.59\text{in}$; (b) $\Delta L_{DE} = 4\text{in}$
（缩短量）

10.41 $\delta_{BH} = 92.5\text{mm} \rightarrow$

10.43 $\delta_C = 206.2\text{mm} \downarrow$

第 11 章

11.1 $M_A = 90.72\text{kip} \cdot \text{ft} \zeta$,
$R_{AY} = 20.45\text{ kip} \uparrow$,
$R_{CY} = 15.55\text{kip} \uparrow$

11.3 $M_A = 3.75\text{kN} \cdot \text{m} \zeta$,
$R_{AY} = 3.375\text{ kN} \uparrow$,
$R_{CY} = 3.375\text{kN}$

11.5 $R_{AY} = 6.71\text{kip} \uparrow$,

$M_A = 40.65$ kip·ft $\circlearrowleft$,
如果 I 是恒定的则 $R_{CY} = 6.71$kip ↓,
$M_A = 30$ kip·ft $\circlearrowleft$

11.7 $R_{AY} = 18.9$ kip ↑,
$M_A = 30.8$ kip·ft $\circlearrowleft$,
$R_{BY} = 21.15$kip ↑

11.9 $R_{AY} = 0.559$kip ↑,
$M_A = 8.39$ kip·ft $\circlearrowleft$

11.11 $M_A = 5wL^2/16$ $\circlearrowleft$,
$R_{AY} = 13wL^2/16$ ↑,
$R_{CY} = 3wL^2/16$ ↑,
$M_C = 3wL^2/16$ $\circlearrowright$

11.13 (a)$R_{AY} = 6.5$kip ↑,
$R_{BY} = 11$kip ↑,
$R_{CY} = 1.5$kip ↓;
(b)$R_{AY} = 6.75$kip ↑,
$R_{BY} = 10.5$kip ↑,
$R_{CY} = 1.25$kip ↓

11.15 (a)$R_{AY} = 0.787$kip ↑,
$R_{BY} = 1.967$kip ↓,
$R_{CY} = 1.18$kip ↑
(b)$R_{AY} = 1.925$kip ↑,
$R_{BY} = 3.187$kip ↑,
$R_{CY} = 10.89$kip ↑

11.17 $R_{AY} = R_{BY} = wL/2$ ↑,
$M_A = wL^2/12$ $\circlearrowleft$,
$M_B = wL^2/12$ $\circlearrowright$

11.19 $M_A = 140$kN·m $\circlearrowleft$,
$R_{AY} = 34$kN ↑,
$R_{BY} = 6$kN

11.21 $R_{AX} = 32.9$kip ←,
$R_{AY} = 35.33$kip ↑,
$R_{DY} = 84.67$kip ↑,
$R_{CX} = 32.9$kip →,
$F_{AB} = -58.9$kip,
$F_{BC} = 41.1$kip,
$F_{AE} = F_{ED} = 80$kip,
$F_{BE} = 120$kip,

$F_{BD} = -100$kip,
$F_{CD} = -24.67$kip

11.23 $R_{AX} = 1.89$kN →,
$R_{AY} = 2.25$kN ↓,
$R_{CX} = 31.89$kN ←,
$R_{CY} = 20.25$kN ↑,
$F_{AB} = 6.8$kN,
$F_{BC} = -30.7$kN,
$F_{BD} = 14.34$kN,
$R_{AD} = F_{CD} = -7.54$kN

11.25 $R_{AX} = 30.95$kN ←,
$R_{AY} = 80.42$kN ↑,
$R_{CX} = 30.95$kN →,
$R_{CY} = 139.58$kN ↑,
$F_{AB} = -29.4$kN,
$F_{BC} = 45$kN,
$F_{CD} = -75$kN,
$R_{AD} = 100.53$kN,
$F_{BE} = 24.47$kN
$F_{BD} = -99.47$kN,
$F_{DE} = 45.63$kN

11.27 $\Delta_{AH} = 0$, $\Delta_{AV} = 4.69$mm ↓

11.29 (a)$R_{AX} = 30$kip ←,
$R_{AY} = 14.2$kip ↓,
$R_{BY} = 5.9$kip ↑,
$R_{CY} = 8.3$kip ↑,
$R_{AB} = F_{BC} = 11.07$kip,
$F_{AD} = 23.7$kip,
$F_{CD} = -13.83$kip,
$F_{BD} = -5.9$kip;
(b)$R_{AX} = 30$kip ←,
$R_{AY} = 13.57$kip ↑,
$R_{BY} = 49.64$kip ↓,
$R_{CY} = 36.07$kip ↑,
$R_{AB} = F_{BC} = 48.1$kip,
$F_{AD} = -22.6$kip,
$F_{CD} = -60.1$kip,
$F_{BD} = 49.64$kip

11.31 长度的变化将产生节点的运动,但
不产生应力,没有闩受到压力

11.33 $R_{AY} = 45.4\text{kN} \downarrow$,
$R_{CY} = 136.1\text{kN} \uparrow$,
$R_{CX} = 68\text{kN} \leftarrow$,
$R_{EY} = 90.7\text{kN} \downarrow$,
$R_{EX} = 68\text{kN} \rightarrow$,
$F_{AB} = 45.4\text{kN}$,
$F_{BC} = -81.78\text{kN}$,
$F_{BD} = 68\text{kN}$,
$F_{CD} = -90.7\text{kN}$,
$F_{DE} = 113.3\text{kN}$

11.35 $R_{AX} = 15.74\text{kip} \leftarrow$,
$R_{CX} = 15.74\text{kip} \rightarrow$,
$R_{CY} = 60\text{kip} \uparrow$,
$M_C = 60.54\text{kip} \cdot \text{ft} \downarrow$

11.37 $R_{AX} = 4.6\text{kip} \rightarrow$,
$R_{AY} = 2.3\text{kip} \uparrow$,
$R_{CX} = 4.6\text{kip} \leftarrow$,
$R_{CY} = 2.3\text{kip} \downarrow$

11.39 $R_{AX} = 4\text{kip} \leftarrow$,
$M_A = 31.98\text{kip} \cdot \text{ft} \downarrow$,
$R_{AY} = 0.89\text{kip} \downarrow$,
$R_{CY} = 0.89\text{kip} \uparrow$

11.41 (a)$R_{AY} = 15\text{kip} \downarrow$,
$R_{EY} = 52.5\text{kip} \uparrow$,
$R_{DY} = 22.5\text{kip} \leftarrow$,
(b)$\Delta_C = 10800/EI \downarrow$

11.43 $R_{AY} = 38.4\text{kip} \uparrow$,
$R_{AX} = 7.26\text{kip} \rightarrow$,
$R_{DX} = 7.26\text{kip} \leftarrow$,
$R_{DY} = 38.4\text{kip} \uparrow$

11.45 $R_{EY} = 232.18\text{kip} \uparrow$,
$R_{DY} = R_{FY} = 116.09\text{kip} \downarrow$

第 12 章

12.1 $FEM_{AB} = -3PL/16$,
$FEM_{BA} = 3PL/16$

12.3 $M_A = 40\text{kip} \cdot \text{ft} \downarrow$,
$R_{AY} = 9.5\text{kip} \uparrow$,
$R_{BY} = 14.5\text{kip} \uparrow$

12.5 $R_{AX} = 3.5\text{kip} \rightarrow$,
$M_A = 14\text{kip} \cdot \text{ft} \downarrow$,
$R_{AY} = 46.9\text{kip} \uparrow$,
$R_{CX} = 3.5\text{kip} \leftarrow$,
$R_{CY} = 37.1\text{kip} \uparrow$,
$M_C = 162.4\text{kip} \cdot \text{ft} \downarrow$

12.7 $R_{BY} = 7.07\text{kip} \uparrow$,
$R_{CY} = 20.57\text{kip} \uparrow$,
$R_{DY} = 3.64\text{kip} \downarrow$,
$M_D = 9.71\text{kip} \cdot \text{ft} \downarrow$

12.9 $R_{AY} = 29.27\text{kip} \uparrow$,
$M_A = 108.4\text{kip} \cdot \text{ft} \downarrow$,
$R_{BY} = 30.73\text{kip} \uparrow$,
$\Delta_C = 0.557\text{in} \uparrow$

12.11 $M_{AB} = 13.09\text{kip} \cdot \text{ft}$,
$M_{BA} = -26.18\text{kip} \cdot \text{ft}$,
$R_{AY} = 3.27\text{kip} \downarrow$,
$R_{BY} = 12.27\text{kip} \uparrow$,
$\Delta = 698.1/EI \downarrow$

12.13 $M_A = 14.36\text{kip} \cdot \text{ft} \downarrow$,
$R_{AX} = 5.27\text{kip} \leftarrow$,
$R_{AY} = 1.6\text{kip} \uparrow$,
$M_B = 5.84\text{kip} \cdot \text{ft} \downarrow$

12.15 $M_A = 76.56\text{kN} \cdot \text{m} \downarrow$,
$R_{AY} = 12.312\text{kN} \uparrow$,
$R_{CY} = 21.024\text{kN} \downarrow$

12.17 $M_A = 77.94\text{kN} \cdot \text{m} \downarrow$,
$R_{AX} = 55.636\text{kN} \leftarrow$,
$R_{AY} = 11.031\text{kN} \uparrow$,
$R_{CX} = 44.364\text{kip} \leftarrow$,
$R_{CY} = 11.031\text{kN} \downarrow$

12.19 $R_{AX} = 0.62\text{kN} \rightarrow$,
$R_{AY} = 22.715\text{kN} \uparrow$,
$M_A = 4.84\text{kN} \cdot \text{m} \downarrow$,
$R_{BX} = 1.96\text{kN} \leftarrow$,

$R_{BY} = 54.245\text{kN} \uparrow$,

$M_B = 3.92\text{kN} \cdot \text{m} \curvearrowright$

12.21 $R_{AX} = 2.53\text{kip} \rightarrow$,

$R_{AY} = 18.29\text{kip} \uparrow$,

$M_A = 94.12\text{kip} \cdot \text{ft} \curvearrowleft$,

$R_{EX} = 1.62\text{kip} \rightarrow$,

$R_{EY} = 30.25\text{kip} \downarrow$,

$M_E = 5.4\text{kip} \cdot \text{ft} \curvearrowright$

$R_{DX} = 4.15\text{kip} \leftarrow$,

$R_{DY} = 11.96\text{kip} \uparrow$,

$M_D = 20.7\text{kip} \cdot \text{ft} \curvearrowleft$

12.23 $R_{AX} = 2.67\text{kip} \leftarrow$,

$R_{AY} = 34.08\text{kip} \uparrow$,

$M_A = 76.66\text{kip} \cdot \text{ft} \curvearrowleft$,

$R_{DX} = 2.67\text{kip} \rightarrow$,

$R_{DY} = 40.92\text{kip} \uparrow$

12.25 $R_{AX} = 1.12\text{kip} \rightarrow$,

$R_{AY} = 1.495\text{kip} \uparrow$,

$M_{BA} = 13.45\text{kip} \cdot \text{ft}$

12.27 $M_A = 61.2\text{kip} \cdot \text{ft} \curvearrowleft$,

$R_{AX} = 26.7\text{kip} \leftarrow$,

$M_C = 119.9\text{kip} \cdot \text{ft} \curvearrowright$,

$R_{CX} = 73.4\text{kip} \leftarrow$,

$M_D = 14.2\text{kip} \cdot \text{ft} \curvearrowleft$,

$R_{DY} = 5.3\text{kip} \downarrow$

12.29 $R_{AX} = 3.1\text{kip} \leftarrow$,

$R_{AY} = 8.8\text{kip} \uparrow$,

$M_A = 7.23\text{kip} \cdot \text{ft} \curvearrowleft$,

$R_{DX} = 2.9\text{kip} \leftarrow$,

$R_{DY} = 9.2\text{kip} \uparrow$,

$M_D = 13.57\text{kip} \cdot \text{ft} \curvearrowleft$

12.31 $M_{AB} = -116.66\text{kN} \cdot \text{m}$,

$M_{BA} = -58.33\text{kN} \cdot \text{m}$,

$M_{DC} = 116.66\text{kN} \cdot \text{m}$

12.33 $M_{BA} + M_{BC} = 0$,

$M_{CB} + M_{CE} - 16 = 0$,

$M_{EC} = 0$,

$2 - \dfrac{M_{AB} + M_{BA}}{12} + \dfrac{M_{CE}}{8} = 0$

12.35 (a)超静定,$3°$:$\theta_A,\theta_B,\theta_C$;

(b)超静定,$3°$:$\theta_B,\theta_C,\theta_D$;

(c)超静定,$6°$:$\theta_A,\theta_B,\theta_C,\theta_D,\theta_E,\theta_F$;

(d)超静定,$13°$:10 节点旋转和 3° 侧移

第 13 章

13.1 $R_{AY} = 16.53\text{kip} \uparrow$,

$M_A = 83.56\text{kip} \cdot \text{ft} \curvearrowleft$,

$M_B = -72.89\text{kip} \cdot \text{ft}$,

$M_C = 59.56\text{kip} \cdot \text{ft} \curvearrowright$,

$R_{CY} = 23.17\text{kip} \uparrow$,

$R_{BY} = 40.3\text{kip} \uparrow$

13.3 $R_{AY} = 50.81\text{kip} \uparrow$,

$M_A = 94.4\text{kip} \cdot \text{ft} \curvearrowleft$,

$R_{BY} = 46.74\text{kip} \uparrow$,

$R_{CY} = 64.04\text{kip} \uparrow$,

$R_{DY} = 38.42\text{kip} \uparrow$

13.5 $R_{BY} = 22.94\text{kip} \uparrow$,

$R_{CY} = 57.45\text{kip} \uparrow$,

$R_{DY} = 19.61\text{kip} \uparrow$,

$M_D = 12.94\text{kip} \cdot \text{ft} \curvearrowright$

13.7 $R_{AY} = 4.64\text{kip} \downarrow$,

$M_A = 13.9\text{kip} \cdot \text{ft} \curvearrowright$,

$R_{BY} = 17.97\text{kip} \uparrow$,

$M_B = -27.86\text{kip} \cdot \text{ft}$,

$R_{CY} = 40\text{kip} \uparrow$,

$M_C = -47.96\text{kip} \cdot \text{ft}$,

$R_{DY} = 12.67\text{kip} \uparrow$

13.9 $R_{AY} = 34.87\text{kip} \uparrow$,

$R_{BY} = R_{CY} = 93.13\text{kip} \uparrow$,

$R_{DY} = 34.87\text{kip} \uparrow$,

$M_B = M_C = -164.33\text{kip} \cdot \text{ft}$

13.11 $M_A = 80.47\text{kip} \cdot \text{ft} \curvearrowleft$,

$M_D = 80.47\text{kip} \cdot \text{ft} \curvearrowright$,

$R_{AX} = 16.14\text{kip} \leftarrow$,

$R_{AY} = R_{DY} = 30\text{kip} \uparrow$

13.13　$V_A = V_B = 3.25\text{kip}$，
　　　　$M_A = M_B = -4.58\text{kip} \cdot \text{ft}$

13.15　$M_A = M_D = -17.4\text{kip} \cdot \text{ft}$，
　　　　$M_B = M_C = -16.8\text{kip} \cdot \text{ft}$

13.17　$R_{AY} = 7.2\text{kip} \uparrow$，
　　　　$R_{EY} = 12.8\text{kip} \uparrow$，
　　　　$R_{EX} = 4.2\text{kip} \leftarrow$，
　　　　$M_E = 16.88\text{kip} \cdot \text{ft} \circlearrowleft$

13.19　$R_{AX} = 3.5\text{kip} \rightarrow$，
　　　　$R_{AY} = 10\text{kip} \uparrow$，
　　　　$R_{DX} = 3.5\text{kip} \leftarrow$，
　　　　$R_{DY} = 10\text{kip} \uparrow$，
　　　　$M_B = M_C = -36.4\text{kip} \cdot \text{ft}$

13.21　$R_{AY} = 6.25\text{kN} \downarrow$，
　　　　$R_{CY} = 62.5\text{kN} \uparrow$，
　　　　$R_{DY} = 6.25\text{kN} \leftarrow$

13.23　$M_A = 17.62\text{kip} \cdot \text{ft} \circlearrowleft$，
　　　　$M_B = 35.24\text{kip} \cdot \text{ft}$，
　　　　$M_C = 151\text{kip} \cdot \text{ft} \circlearrowright$，
　　　　$R_{AX} = 4.4\text{kip} \leftarrow$，
　　　　$R_{AY} = 7.76\text{kip} \downarrow$

13.25　$R_{AY} = 2.21\text{kip} \downarrow$，
　　　　$R_{AX} = 0.69\text{kip} \rightarrow$，
　　　　$M_A = 13.25\text{kip} \cdot \text{ft} \circlearrowright$，
　　　　$R_{DX} = 1.71\text{kip} \leftarrow$，
　　　　$R_{DY} = 14.71\text{kip} \uparrow$，
　　　　$R_{CX} = 1.03\text{kip} \rightarrow$，
　　　　$R_{CY} = 11.5\text{kip} \uparrow$

13.27　$R_{AX} = 5.99\text{kip} \leftarrow$，
　　　　$R_{AY} = 3.17\text{kip} \downarrow$，
　　　　$M_A = 43.6\text{kip} \cdot \text{ft} \circlearrowleft$，
　　　　$R_{FX} = 8.02\text{kip} \leftarrow$，
　　　　$R_{FY} = 0, M_F = 51.69\text{kip} \cdot \text{ft} \circlearrowleft$，
　　　　$M_{CB} = 22.25\text{kip} \cdot \text{ft}$，
　　　　$M_{CF} = 44.49\text{kip} \cdot \text{ft}$，
　　　　$\Delta_{BH} = 0.543\text{in} \rightarrow$

13.29　$R_{AX} = 7\text{kip} \rightarrow$，
　　　　$R_{AY} = 39.8\text{kip} \uparrow$，

$M_A = 36.96\text{kip} \cdot \text{ft} \circlearrowright$，
　　　　$R_{DX} = 9.4\text{kip} \leftarrow$，
　　　　$R_{DY} = 40.2\text{kip} \uparrow$，
　　　　$M_D = 52.14\text{kip} \cdot \text{ft} \circlearrowleft$

13.31　$R_{DY} = R_{FY} = 50\text{kN} \uparrow$，
　　　　$M_A = -44.44\text{kN} \cdot \text{m}$，
　　　　$M_B = 55.56\text{kN} \cdot \text{m}, \Delta = 3.56\text{mm}$

第 14 章

14.1　R_A 方向：$1, 0.593, 0.241, 0, -0.083$
　　　　M_C 方向：$0, -0.667, -0.833,$
　　　　$0, 3.75$

14.3　R_A 方向：$1, 0.691, 0.406, 0.168, 0,$
　　　　$-0.082, -0.094, -0.059, 0, 0.047$
　　　　M_B 方向：$0, 5.53, 3.25, 1.344, 0,$
　　　　$-0.66, -0.75, -0.472, 0, 0.376$
　　　　V_B 方向：$0, -0.309, 0.691, 0.406,$
　　　　$0.168, 0, -0.082, -0.0938,$
　　　　$-0.059, 0, 0.047$

14.5　R_A 方向：$1, 0, -0.074, 0, 0, 0, 0.009$
　　　　R_B 方向：$0, 1, 0.567, 0, 0, 0, -0.054$
　　　　M_C 方向：$0, 0, 0.497, 0, 0, 0,$
　　　　-0.022

14.7　(a)$M_{\max} = 773.36\text{kip} \cdot \text{ft}$　(b)$M_{\max} =$
　　　　$550.56\text{kip} \cdot \text{ft}$

14.9　R_A 方向：$A = 1\text{kip}, B = 0, C = 0, D$
　　　　$= 0$
　　　　M_C 方向：$A = 0, B = -6\text{kip} \cdot \text{ft}, C$
　　　　$= 0, D = 0$

第 15 章

注意：由于问题 P15.1～P15.9 的近似分析
需要假设，每个人的答案会有所不同。

15.1　假设 P.I. 的跨度 $AB = 0.25L = 6\text{ft}$，
　　　　$M_B = -360\text{kip} \cdot \text{ft}$。通过力矩分配：
　　　　$M_B = -310\text{kip} \cdot \text{ft}$

15.3　假设节点 B 右侧 P.I. $= 0.2L = 8\text{ft}$：
　　　　$A_X = 8.48\text{kip}, A_Y = 18.18\text{kip}, M_B =$
　　　　$127.2\text{kip} \cdot \text{ft}$

$C_Y = 5.82$kip，通过力矩分配：$C_x = 8.85$kip，

$C_Y = 5.68$kip，$M_B = 132.95$kip・ft

15.5   在 CD 跨中假设 P. I. $= 0.2L = 2.4$ft
则：最大量＋弯矩 $= 13.0$kip・ft，
$M_C = 127.2$kip・ft。通过弯矩分配，
最大量＋弯矩 $= 14.4$kip・ft，$M_C = 21.6$kip・ft

15.7   在节点中心左侧假设 P. I. $= 0.25L$
并假设墙外
P. I. $= 0.2L$；$R_B = 54.15$kip，$R_C = 99.17$kip，
$M_B = 95.9$kip・ft。。通过弯矩分配：
$R_B = 56.53$kip，
$R_C = 93.79$kip，$M_D = 91.97$kip・ft

15.9   假设主梁 P. I. $= 0.2L$：
$M_A = 306.4$kip・f，
$A_X = 183.84$kip，$A_Y = 91$kip。通过
弯矩分配：
$M_A = 315.29$kip・ft，
$A_X = 189.18$kip，$A_Y = 91$kip

15.11   将桁架视为连续梁：$R_B = 59.4$kip，
$F_B = 18.9$kip 受压，
$F_D = 34.88$kip・ft

15.13 BD：$F = 37.5$kip 受压；$F = 22.5$kip 受压；
CD：$F = 30$kip 受压

15.15   在 CD 跨中假设 P. I. $= 0.2L = 2.4$ft：最大量＋力矩 $= 13.0$kip・
ft，$M_C = 23.0$kip・ft. 通过弯矩分
配，最大量＋力矩 $= 14.4$kip・ft，
$M_C = 21.6$kip・ft

15.17   (a)$M_{BE} = 400$kip・ft，
(b)$M_{BE} = 400$kip・ft，
(c)$M_{BE} = 390$kip・ft

15.19   柱底 AF (a)$M = 300$kN・m，剪力
$= 50$kN，$P = -140$kN，(b)$M = 131.3$kN・m，

$V = 21.9$kN，$P = -61.3$kN，(b)$M = 312.3$kN・m，
$V = 52.1$kN，$P = -161.9$kN

15.21   (a)$A_x = 5$kip，$A_y = 6.67$kip，B 点柱
弯矩 $= 75$kip・ft
(b)$F_{BL} = +20$kip，
$F_{CD} = -18.33$kip
(c)$A_x = 4.9$kip，$A_y = 6.67$kip，B 点
柱弯矩 $= 73.8$kip・ft，$F_{BL} = +19.7$kip，$F_{CD} = -18.10$kip

第 16 章

16.1   (a)$K = 476.25$ kip/in，(b)$\Delta = 0.050$ in，
(c)$F_{AB} = F_{AD} = 10.08$kip，
$F_{AC} = 7.87$kip

16.3 $K_{2x} = 666$ kip；
$K_{2y} = 249.93$ kip

16.5 $M_A = 12.69$kip・ft ↷，
$M_C = 144.81$kip・ft ↷，
$R_{AX} = 2.55$kip →，
$R_{AY} = 11.77$kip ↑，
$R_{CX} = 7.55$kip ←，
$R_{CY} = 18.23$kip ↑

16.7 $K_2 = -5/3EL$，
$M_{CD} = -67.2$kN・m，
$A_X = 2.7$kN，$M_{DC} = 74.4$kN・m

16.9   节点 3：$F = 42.96$kip；节点 1：
$R_X = 25.78$kip，$R_Y = 1.62$kip；
$M = 19.42$kip・ft

16.11 $R_{AX} = 8.187$kip →，
$R_{AY} = R_{DY} = 48$kip ↑，
$R_{DX} = 8.187$kip ←，
$M_A = 49.12$kip・ft ↷，
$M_D = 49.12$kip・ft ↶

第 17 章

17.1 $\Delta_X = -96L/AE$；$\Delta_Y = -172L/AE$

17.3   节点 1，$\Delta_X = 0.192$ in，$\Delta_Y = 0.865$in

方向向下；

17.5 节点 3，$\Delta_X = 0.152\text{in} \rightarrow$，$\Delta_Y = 0.036\text{in} \downarrow$；

节点 4，$\Delta_X = 0.216\text{in} \rightarrow$，$\Delta_Y = 0.036\text{in} \uparrow$

第 18 章

18.1 $M_A = 13.89\text{kip} \cdot \text{ft}$，$A_Y = 12.08\text{kip}$，
$B_Y = 63.66\text{kip}$，$C_Y = 24.26\text{kip}$

18.3 起拱面的力 $= 0.208wL$

18.5 $M_A = 151.579\text{kip} \cdot \text{ft} \zeta$，
$R_{AY} = 47.895\text{kip} \uparrow$，
$R_{AX} = 31.184\text{kip} \rightarrow$，
$V_{BC} = 5.684\text{kip}$

18.7 $[K] = \begin{bmatrix} 3854.2 & 0 & -6250 \\ 0 & 3854.2 & 6250 \\ -6250 & 6250 & 1000000 \end{bmatrix}$

附录 C

照片许可

第1章

开篇：美国国会图书馆；1.1：版权所有者为肯尼思·利特；1.2：来自戈登的收藏品，经加利福尼亚大学伯克利分校国家地震工程情报服务处的许可；1.3：版权所有者为考比斯公司，照片由迈克尔·马斯蓝·赫史特瑞克拍摄；1.4（a）～（b）：来自戈登的收藏品，经加利福尼亚大学伯克利分校国家地震工程情报服务处的许可。

第2章

开篇：经加利福尼亚大学圣地亚哥分校弗里德·塞博的许可；2.1：版权所有者为美联社；2.2：经加利福尼亚交通部门的许可；2.3：版权所有者为汪家铭；2.4（a）：版权所有者为汪家铭；2.4（b）：经罗伯特·雷德门的许可。

第3章

开篇：版权所有者为康涅狄格大学霍华德·爱泼斯坦；3.1：版权所有者为汪家铭；3.2：版权所有者为汪家铭；3.3：来自戈登的收藏品，经加利福尼亚大学伯克利分校国家地震工程情报服务处的许可。

第4章

开篇：经纽约和新泽西州港务局的许可；4.1：经宾夕法尼亚州费城的尤因·科尔·彻丽·布洛特建筑工程有限公司的许可；4.2：来自戈登的收藏品，经加利福尼亚大学伯克利分校国家地震工程情报服务处的许可。

第5章

开篇：照片由班克斯照片服务中心拍摄，经辛普森·冈珀兹和黑格尔股份有限公司的许可；5.1～5.2：版权所有者为肯尼思·利特；5.3：经伯格曼联合公司的许可。

第6章

开篇：版权所有者为林同棪国际的维纳斯史泰勒；6.1～6.2：经波特兰水泥协会的许可。

第7章

开篇：来自戈登的收藏品，经加利福尼亚大学伯克利分校国家地震工程情报服务处的许可；7.1：来自戈登的收藏品，经加利福尼亚大学伯克利分校国家地震工程情报服务处的许可。

第8章

开篇：吉傅乐 S.A.（2. 希腊哈兰德瑞·瑞扎瑞欧 152 街道 33 号）。尼可斯·丹尼尼迪斯（希腊雅典株德侯·匹格斯 114 街道 73 号）

第9章

开篇：经长荣工程咨询股份有限公司的凯文·张的许可；开篇插图：经罗云·威廉姆斯·戴维斯 & 欧文股份有限公司（RWDI）的许可。

第10章

开篇：经钢铁勘探公司的麦克·林德尔的许可。

第11章

开篇：经阿维德·格兰特和联合公司的许可。

第12章

开篇：经辛普森·冈珀兹和黑格尔股份有限公司的许可。

第13章

开篇：经波士顿联邦储蓄银行的许可。

第14章

开篇：经纽约和新泽西州港务局的许可。

第15章

开篇：经纽约和新泽西州港务局的许可。

第16章

开篇：经辛普森·冈珀兹和黑格尔股份有限公司的许可。

第17章

开篇：经辛普森·冈珀兹和黑格尔股份有限公司的许可。

第18章

开篇：版权所有者为阿尔曼·海特西恩公司的哈特福特·科朗特。

附表 1 弯矩图和最大位移公式

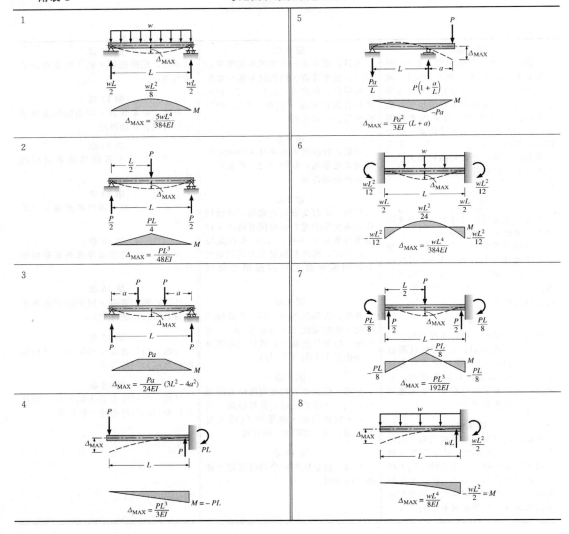

附表 2　　　　　　　　　　　　　固　端　弯　矩

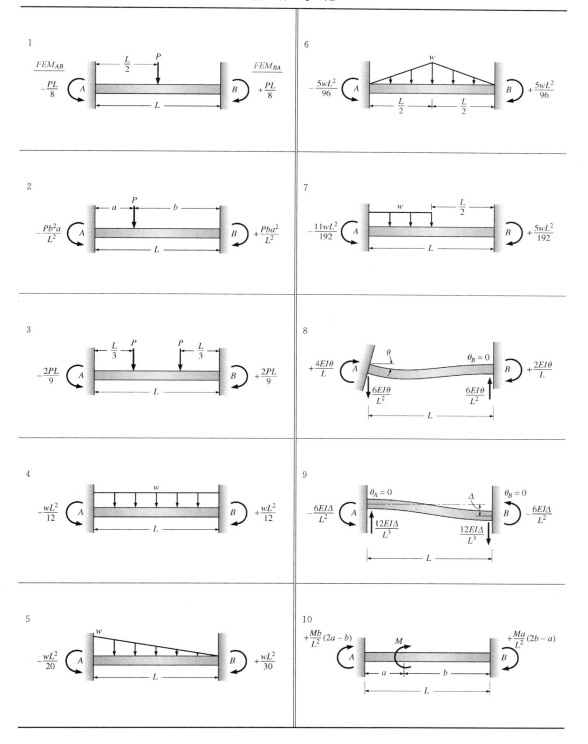

面 积 特 性

形状	图形	面积	形心距离$\bar{x}$
（a）三角形		$\dfrac{bh}{2}$	$\dfrac{b+c}{2}$
（b）直角三角形		$\dfrac{bh}{2}$	$\dfrac{b}{3}$
（c）抛物线		$\dfrac{2bh}{3}$	$\dfrac{3b}{8}$
（d）抛物线		$\dfrac{bh}{3}$	$\dfrac{b}{4}$
（e）三次抛物线		$\dfrac{bh}{4}$	$0.2b$
（f）矩形		bh	$\dfrac{b}{2}$
（g）梯形		$\dfrac{b}{2}(h_1+h_2)$	$\dfrac{b(2h_1+h_2)}{3(h_1+h_2)}$

附表 4 乘积积分值 $\int_{x=0}^{x=L} M_Q M \, \mathrm{d}x$

M_P \ M_Q	M_1 (L)	M_1 (L)	M_1, M_2 (L)	M_1 (a, b, L)
M_3 (L)	$M_1 M_3 L$	$\dfrac{1}{2} M_1 M_3 L$	$\dfrac{1}{2}(M_1+M_2) M_3 L$	$\dfrac{1}{2} M_1 M_3 L$
M_3 (L)	$\dfrac{1}{2} M_1 M_3 L$	$\dfrac{1}{3} M_1 M_3 L$	$\dfrac{1}{6}(M_1+2M_2) M_3 L$	$\dfrac{1}{6} M_1 M_3 (L+a)$
M_3 (L)	$\dfrac{1}{2} M_1 M_3 L$	$\dfrac{1}{6} M_1 M_3 L$	$\dfrac{1}{6}(2M_1+M_2) M_3 L$	$\dfrac{1}{6} M_1 M_3 (L+b)$
M_3, M_4 (L)	$\dfrac{1}{2} M_1 (M_3 - M_4) L$	$\dfrac{1}{6} M_1 (M_3 + 2M_4) L$	$\dfrac{1}{6} M_1 (2M_3 + M_4) L$ $+ \dfrac{1}{6} M_2 (M_3 + 2M_4) L$	$\dfrac{1}{6} M_1 M_3 (L+b)$ $+ \dfrac{1}{6} M_1 M_4 (L+a)$
M_3 (c, d, L)	$\dfrac{1}{2} M_1 M_3 L$	$\dfrac{1}{6} M_1 M_3 (L+c)$	$\dfrac{1}{6} M_1 M_3 (L+d)$ $+ \dfrac{1}{6} M_2 M_3 (L+c)$	$c \leqslant a$ 时: $\left[\dfrac{1}{3} - \dfrac{(a-c)^2}{6ad}\right] M_1 M_3 L$
抛物线 M_3 (L)	$\dfrac{2}{3} M_1 M_3 L$	$\dfrac{1}{3} M_1 M_3 L$	$\dfrac{1}{3}(M_1+M_2) M_3 L$	$\dfrac{1}{3} M_1 M_3 \left(L + \dfrac{ab}{L}\right)$
抛物线 M_3 (L)	$\dfrac{1}{3} M_1 M_3 L$	$\dfrac{1}{4} M_1 M_3 L$	$\dfrac{1}{12}(M_1+3M_2) M_3 L$	$\dfrac{1}{12} M_1 M_3 \left(3a + \dfrac{a^2}{L}\right)$

译后记

　　本书翻译出版过程可谓一波三折。2004 年年初，中国水利水电出版社和知识产权出版社阳淼女士、张宝林先生联系我，希望我能组织人翻译 *Fundamentals of Structural Analysis* 的第 1 版。翻开出版社送来的 *Fundamentals of Structural Analysis*，其精美的插图、赏心悦目的版式深深地吸引了我，让我情不自禁地浏览起来。粗略阅读后我得出了明确的结论：这是一本不可多得的好书。回想自己当年学习结构力学课程时寻找合适参考书的不易，想到现在不少学生学习结构力学课程时的艰辛，我感到出版社引进出版该书真是独具慧眼。正因为此，出版社委托我组织翻译时我觉得责无旁贷，非常愉快地接受了这一"光荣而艰巨"的任务。随后我们组织了精干得力的翻译队伍，加班加点地工作，终于在 2004 年年底将完整的译稿交给了出版社。

　　在翻译过程中我们发现，该书是一本对学习"结构力学"大有裨益的好书，可以作为"结构力学"双语教学的参考教材，因而向出版社提出了改编出版《结构力学》双语教材的设想。出版社及时与原书出版社 McGraw－Hill 取得了联系，并在认真协商和调研后，采纳了我们的建议。我们于 2004 年 10 月提出了详细的计划，出版社聘请了清华大学、同济大学和东南大学的有关专家对改编计划作了评审，所提出的改编思路得到了评审专家们的一致认可。改编双语教材的计划还得到了南京工业大学教务处和土木工程学院的大力支持，"结构力学"课程被列入学校 2005—2006 年度双语教学改革项目，双语教材被推荐申报并顺利获批为"2005 年江苏省高等学校重点立项建设精品教材"。在多方支持下，我们于 2005 年 10 月初顺利完成了《结构力学》双语教材的注释改编工作，2006 年 3 月正式出版。在注释改编《结构力学》双语教材的同时，我们还专门制作了与教材配套的课件作为随书光盘，以方便教师备课和学生学习使用。因 *Fundamentals of Structural Analysis* 于 2005 年年初出版了第 2 版，双语教材注释改编以第 2 版为基础。

　　中国水利水电出版社和知识产权出版社全力支持双语教材的出版，但当时出版社编辑人员紧张，再加上后来出版社经营管理进行调整等诸多原因，*Fundamentals of Structural Analysis* 翻译稿的出版就被搁置了下来。时间如白驹过隙，一晃就到了 2011 年，*Fundamentals of Structural Analysis* 出第 3 版了，出版社又联系我，希望在第 1 版译稿的基础上，完成第 3 版的翻译，我们及时组织了力量，于 2011 年 10 月底完成了任务，提交了完整的译稿。然而，此译稿仍然未能顺利变成正式的出版物。很快到了 2014 年，*Fundamentals of Structural Analysis* 出第 4 版了，出版社又联系我，希望我能以第 1 版译稿为基础，完成第 4 版的翻译，并尽快出版。我们于 2014 年 12 月提交了第 4 版译稿，然后静待其发展。经过了 2015 年，最近译稿终于要变成出版物了，简要回顾走过的历程，令人感慨万千。

能顺利完成本书的翻译，得益于我的同事和研究生的努力和支持。第 1 版翻译时，研究生季克和、陆曦、陆永涛付出了辛勤的劳动，是他们过错成了初译并将译稿全部录入电脑（季克和负责前言、目录、第 1 章、第 2 章、第 6 章、第 7 章、第 12 章及附录，陆曦负责第 4 章、第 5 章、第 8 章、第 9 章、第 11 章、第 14 章、第 15 章，陆永涛负责第 3 章、第 10 章、第 13 章、第 16 章、第 17 章、第 18 章），使我得以集中精力在译文的准确性、可读性上下功夫，并最终交给出版社高质量的电子文档，减少了后续排版过程出错的可能性。研究生贾照远、张雪姣、王士琦、于雷、吴建霞等在文字校对、复印、邮寄等方面做了大量工作。研究生金晓兰对第 3 版与第 1 版不同的地方地行了补充翻译。研究生陈子璇、王玉华、郑一夫、张方翔、甘结良、王梦玲、赵譞、刘旋、何军保对第 4 版与第 1 版不同的地方进行了补充翻译。我的同事张大长教授经常给研究生提供翻译指导，并与我共同完成了第 2 版的注释改编工作；彭洋博士作为团队中最年轻的教师，在第 4 版翻译中做出了重要贡献。总之，没有大家的齐心协力和长期坚持，本书的出版是不可能的，在此我衷心地感谢他们。

感谢出版社阳森女士自始至终对本书翻译出版的关注和大力支持，感谢李康编辑在本书编辑方面的出色工作。

虽然我已尽了自己最大的努力，但由于学识和能力所限，译稿中一定还有诸多值得商榷改进之处，诚挚希望读者诸君能不吝赐教。

董军

2016 年 3 月 27 日

于南京工业大学土木工程学院